SPURENSUCHE
IM TEILCHENZOO

SPURENSUCHE IM TEILCHENZOO

Die elementaren Bausteine der Materie

Frank Close, Michael Marten und Christine Sutton

Aus dem Englischen übersetzt von
Jürgen Brau, Walter Hauser und Roswitha Wellnhofer

Erschienen bei Spektrum DER WISSENSCHAFT in Heidelberg

Inhalt

1. Die Welt der Elementarteilchen

Holen Sie einmal tief Luft! Sie haben gerade Sauerstoffmoleküle eingeatmet, wie sie in der Atemluft aller Menschen, die jemals gelebt haben, bereits enthalten waren. Zu manchen Zeiten mag es in Ihrem Körper Atome gegeben haben, die zuvor vielleicht schon einmal zu Moses oder Isaac Newton gehörten. Der eingeatmete Sauerstoff verbindet sich in Ihrem Körper mit Kohlenstoff zu Kohlendioxid, das Sie dann wieder ausatmen. Pflanzen wandeln Kohlendioxid und Wasser biochemisch in andere Kohlenstoffverbindungen (Zucker) und Sauerstoff um, indem sie die atomaren Bestandteile neu ordnen. Eines Tages werden unsere Nachfahren vielleicht wieder einen Teil dieses Sauerstoffs einatmen.

Wenn Atome sprechen könnten, was für eine Geschichte würden sie wohl erzählen? Einige Kohlenstoffatome in der Druckerschwärze auf dieser Seite sind vielleicht schon einmal Bestandteil eines Dinosauriers gewesen. Ihre Atomkerne könnten als kosmische Teilchenstrahlung zur Erde gekommen sein, nachdem sie in fernen erloschenen Sternen durch die Verschmelzung von Wasserstoff- und Heliumkernen entstanden waren. Wie auch immer die Geschichte der verschiedenen Atome ausgesehen haben mag, eines ist sicher: Ihre elementaren Bausteine, die Elektronen und Quarks, sind bereits seit dem Urknall — dem Beginn von Raum und Zeit — im Universum vorhanden. Heute verstehen es die Physiker, diese Elementarteilchen im Laboratorium zu erzeugen und zu untersuchen. Davon erhoffen sie sich unter anderem auch einigen Aufschluß über Anfang und Ursprung des Universums.

In diesem ersten, einführenden Kapitel geben wir einen Überblick über die elementaren Materiebausteine im Kosmos und über die Methoden, mit denen man sie erzeugt und untersucht. In den weiteren Kapiteln gehen wir dann näher darauf ein, wie die verschiedenen Elementarteilchen entdeckt wurden, und stellen die wichtigsten und relativ gut erforschten Teilchen in eigenen „Portraits" genauer vor.

Atome sind die komplexen Endprodukte der Elemententstehung. Ihre elementaren Bestandteile bildeten sich in den ersten Sekunden des Urknalls. Danach dauerte es einige Jahrtausende, bis sich diese Teilchen zu Atomen kombinierten. Die Temperaturbedingungen, unter denen Atome im heute kalten Universum existieren können, sind weit entfernt von dem extrem heißen Urknall. Um etwas über diese Anfänge zu erfahren, müssen wir gleichsam ins Atominnere blicken und zu den Grundbausteinen der Materie vordringen.

Die verschlungenen Labyrinthe innerhalb eines Atoms sind unserer alltäglichen Erfahrungswelt ebenso fern wie das Innere der Sterne. Wir können die atomaren Bausteine aber im Laboratorium beobachten, wenn wir dort eine ähnliche nukleare Glut entfachen, wie sie in Sternen herrscht. Das führt uns in die Welt der Hochenergie-Teilchenbeschleuniger, die einen schwachen Abglanz des Urknalls in kleinsten Raumbereichen von der Größenordnung einiger weniger Atome erzeugen. Die Wissenschaft, die sich mit den Grundbausteinen der Atome befaßt und die subatomare Struktur der Materie erforscht, ist die Elementarteilchenphysik.

1.1 Die Spuren elektrisch geladener Teilchen, die hier auf einen Tisch projiziert wurden, beinhalten eine Fülle von Informationen über das Geschehen in der subatomaren Welt. Es ist die Arbeit der Teilchenphysiker, solche Spuren zu deuten und Theorien zu entwickeln, die das Verhalten der Teilchen und die Eigenschaften der auf sie einwirkenden Kräfte beschreiben. Das Photo zeigt Renee Jones vom Fermi National Accelerator Laboratory (Fermilab) nahe Chicago beim Auswerten von Teilchenspuren, die an der 4,60 Meter langen Blasenkammer des Fermilab aufgenommen wurden. Die Blasenkammer ist ein mit flüssigem Wasserstoff gefüllter Tank, in dem geladene Teilchen Spuren aus winzigen Gasbläschen hinterlassen. Die abgebildete Aufnahme entstand, als die Kammer einem Strahl aus Neutrinos ausgesetzt wurde, elektrisch neutralen Teilchen, die selbst keine Spuren hinterlassen; eines der Neutrinos aber hat bei einer heftigen Kollision mit einem Proton des flüssigen Wasserstoffs ein ganzes Bündel geladener Teilchen erzeugt, deren Spuren von einem gemeinsamen Punkt ausgehen und sich fächerartig zum unteren Bildrand hin ausbreiten. Der Projektionstisch erleichtert Frau Jones die exakte Vermessung der Spuren auf der Aufnahme, wobei Längen, Krümmungen, Winkel und Positionen bestimmt werden. Aus diesen Daten können die Physiker Rückschlüsse auf die verschiedenen Teilchensorten ziehen, die an dem Stoßereignis beteiligt waren.

Dieser Zweig der Physik geht auf eine Reihe von Entdeckungen im ausgehenden 19. Jahrhundert zurück. Drei davon waren besonders wichtig: Die Entdeckung der Röntgenstrahlen, der Radioaktivität und des Elektrons (siehe Kapitel 2). Sie haben entscheidend zu unserem Verständnis vom Aufbau der Atome beigetragen und dazu geführt, daß Hunderte von neuen subatomaren Teilchen aufgespürt wurden. Heute stehen die Physiker einer neuen Herausforderung gegenüber: Sie versuchen eine Theorie zu entwickeln, die die verschiedenen Bausteine und Kräfte der Natur in einem einzigen Erklärungsmodell vereinigt.

Um die Jahrhundertwende war die Existenz der Atome kaum mehr als eine Hypothese. Man stellte sich Atome meist als eine Art fester Kügelchen vor. Heute wissen wir, daß sich die Atome aller chemischen Elemente aus Elektronen, Protonen und Neutronen zusammensetzen (wobei das leichteste Atom, das Wasserstoffatom, insofern eine Ausnahme darstellt, als es nur aus einem Proton und einem Elektron besteht und kein Neutron enthält). Darüber hinaus gibt es innerhalb eines Atoms ungemein viel leeren Raum, in dem die leichten, negativ geladenen Elektronen kreisen. Vergleichsweise kompakt ist nur der dichte Atomkern, in dem die massiveren, elektrisch neutralen Neutronen und positiv geladenen Protonen durch Kernkräfte zusammengehalten werden. Die Anzahl der Protonen ist dabei ein charakteristisches Merkmal des jeweiligen Elements. So hat Wasserstoff, das leichteste Element, die Protonenzahl 1. Bei Uran, dem schwersten natürlich vorkommenden Element, enthält ein Kern 92 Protonen. (Näheres zur Struktur des Atoms finden Sie in Kapitel 3.)

Das Verständnis des grundlegenden Aufbaus der Atome hat das 20. Jahrhundert verwandelt. Die Erforschung des Atomkerns führte zur Entwicklung von Atombomben und Kernkraftwerken. Unser detailliertes Wissen über das Verhalten der Elektronen unter dem Einfluß der elektrischen Kräfte der Atomkerne hat die chemische Industrie revolutioniert und die Elektronik begründet.

Heute haben die Teilchenphysiker eine umfassendere Vorstellung von der subatomaren Welt. Hunderte neuer Teilchen sind inzwischen von ihnen entdeckt worden. Da wimmelt es von Pionen und Kaonen, Omegas und Psis, „seltsamen" Teilchen und „Charm"-Teilchen. Die Mitglieder dieses subatomaren „Zoos" bekamen ihre Namen scheinbar ohne jede Logik. Viele Teilchen sind nach Buchstaben des griechischen Alphabets benannt und werden von den Physikern einfach mit dem griechischen Anfangsbuchstaben abgekürzt, das Pion beispielsweise mit π. Die meisten der neu entdeckten Teilchen kommen nicht nur in einer einzigen Erscheinungsform vor, sondern in verschiedenen Spielarten entsprechend ihrer elektrischen Ladung. So gibt es tatsächlich drei verschiedene Arten von Pionen: positive, negative und neutrale, die man Pi-plus (π^+), Pi-minus (π^-) und Pi-null (π^0) nennt.

Eine zusätzliche Schwierigkeit besteht darin, daß es zu jedem Materieteilchen ein entsprechendes Gegenstück aus Antimaterie gibt. Dieses Antiteilchen ist mit ihm in nahezu jeder Hinsicht identisch, außer daß es die entgegengesetzte elektrische Ladung trägt; das Pi-minus beispielsweise ist das entsprechende Antiteilchen des Pi-plus. Als erstes Teilchen aus Antimaterie wurde 1932 das Positron entdeckt, das Antiteilchen des Elektrons. Ungeachtet ihres Namens sind Teilchen aus Antimaterie so real wie Materieteilchen und können von den Physikern in Teilchenbeschleunigern nach Belieben erzeugt werden.

Diese auf den ersten Blick unüberschaubare Flut neuer Teilchen schien die Physiker zunächst in Verlegenheit zu bringen. In den vergangenen zwei Jahrzehnten hat sich jedoch ein Bildungsgesetz herauskristallisiert, das all diesen verschiedenen Teilchen zugrunde liegt. Heute sind die Teilchenphysiker der Auffassung, daß ihr subatomarer Zoo letztendlich auf nur zwei Gruppen von Teilchen zurückgeführt werden kann, nämlich auf Quarks und Leptonen. Darüber hinaus wird lediglich eine weitere Gruppe von Teilchen benötigt, die der Eichbosonen, die die Grundkräfte der Materie — wie die Schwerkraft und den Elektromagnetismus — übertragen.

Alle Materie ist aus diesen Grundbausteinen zusammengesetzt. Darüber hinaus glaubt man, daß Quarks, Leptonen und Eichbosonen elementar sind, das heißt, sie bestehen nicht aus noch kleineren Bestandteilen. Sie sind in einem Punkt kristallisierte Energie und die kleinsten Bestandteile aller anderen Materie im Universum, vom Speisequark bis hin zu Quasaren.

Quarks sind die Bausteine der Protonen, Neutronen und vieler anderer Teilchen. Nach dem Stand von 1989 gibt es wahrscheinlich sechs verschiedene Arten von Quarks, sogenannte „flavours" (was wörtlich übersetzt soviel wie Düfte, Geschmacksrichtungen bedeutet). Man nennt sie up-Quark, down-Quark, charm-Quark, strange-Quark, top- oder truth-Quark und bottom- oder beauty-Quark. Bei der Bildung von Teilchen schließen sich Quarks entweder in Dreiergruppen oder mit einem Antiquark zusammen; für sich alleine treten sie anscheinend nicht auf.

Eine zweite, davon verschiedene Gruppe fundamentaler Teilchen sind die Leptonen, von denen das Elektron das bekannteste ist. Die Elektronen der subatomaren Welt kennen wir in unserem Alltag als elektrischen Strom. Es gibt zudem zwei schwerere Versionen des Elektrons, nämlich das Müon, ein wichtiges Nebenprodukt der kosmischen Strahlen (siehe Kapitel 4 und 5), und das Tau; niemand weiß, warum es sie gibt. Zu diesen drei Leptonen gehört außerdem jeweils ein Neutrino: das Elektron-Neutrino, das Müon-Neutrino und das Tau-Neutrino („Neutrino" ist die italienische Verkleinerungsform von Neutron). Neutrinos durchdringen das ganze Universum. Sie sind so leicht, daß ihre Massen bisher nicht nachgewiesen werden konnten; man fragt sich daher, ob sie überhaupt eine besitzen. Wenn sie aber Masse haben, dann könnte ihr Gesamtgewicht schwerer sein als das aller sichtbaren Galaxien zusammengenommen — was zur Folge hätte, daß das Universum möglicherweise unter seinem eigenen Gewicht kollabieren würde.

Es gibt also neben den sechs Quarks insgesamt sechs Leptonen. Die Teilchenphysiker sind der Auffassung, daß diese zwölf Elementarteilchen in drei verschiedenen Generationen vorkommen: die up- und down-Quarks mit dem Elektron und seinem Neutrino, die charm- und strange-Quarks mit dem Müon und seinem Neutrino sowie die top- und bottom-Quarks mit dem Tau und seinem Neutrino. Die drei Teilchengenerationen unterscheiden sich dadurch, daß sie unter sehr verschiedenen energetischen Bedingungen auftreten. Bei den Energien, die im heute relativ kalten Universum verfügbar sind, kann nur die erste Generation überleben; aus diesem Grunde bestehen unsere Atome aus Protonen und Neutronen (und diese wiederum aus up- und down-Quarks) sowie aus Elektronen. Unmittelbar nach dem Urknall standen im heißen Universum jedoch extrem hohe Energien für den Aufbau exotischer Formen von Materie zur

1.2 In den zwanziger und dreißiger Jahren dieses Jahrhunderts, als die Teilchenphysik noch in den Kinderschuhen steckte, konzentrierten sich die Physiker auf die Erforschung der kosmischen Strahlen. Dies sind hochenergetische Teilchenströme aus dem Weltall, die beim Durchgang durch die Erdatmosphäre mit Atomen zusammenstoßen und wechselwirken. Um diese Wechselwirkungen zu erforschen, mußten die Meßapparaturen in größtmögliche Höhen befördert werden. Auf dem Bild sehen wir Robert Millikan (1868 – 1953), einen der Pioniere auf diesem Gebiet, mit seinem Team bei der Besteigung des Mount Whitney, dem mit 4350 Metern höchsten Berg Kaliforniens. Von links nach rechts: Robert Millikans Sohn Glenn, Otto Oldenberg, Robert Millikan, Ted Cooke (der Bergführer) und C. H. Prescott jr.

Verfügung; Materie aus Teilchen der zweiten oder dritten Generation mag damals so verbreitet gewesen sein, wie es heutzutage die Materie aus der ersten Generation ist.

Die Teilchenphysik beschränkt sich aber nicht darauf, die Materieteilchen zu identifizieren; das ist nur die eine Hälfte ihrer Aufgabe. Ein weiteres wichtiges Ziel besteht ferner darin, die verschiedenen Kräfte zu verstehen, die die einzelnen Teilchen in massiver Materie zusammenhalten.

Diese Kräfte werden durch die Wirkung einer dritten größeren Familie von Teilchen, der bereits erwähnten Eichbosonen, vermittelt.

Die bekanntesten Eichbosonen sind die Photonen, die die elektromagnetischen Kräfte übertragen. Photonen sind die kleinsten Pakete – *Quanten* – elektromagnetischer Strahlung, deren Spektrum sich von Gamma- und Röntgenstrahlen auf der einen Seite über ultraviolettes, „sichtbares" und infrarotes Licht bis hin zu Wärme-, Mikro- und Radiowellen auf der anderen Seite erstreckt. So verschieden uns diese Formen elektromagnetischer Strahlung erscheinen mögen, physikalisch unterscheiden sie sich nur durch ihre Wellenlängen: Gammastrahlen haben sehr kurze und Radiowellen sehr lange Wellenlängen. Der Träger von all diesen

gativ geladenen Elektronen auf eine Art Umlaufbahn um den positiv geladenen Kern und verleiht damit den Atomen und der Materie ihre relative Festigkeit und Stabilität. Die klassische Theorie des Elektromagnetismus wurde 1865 von James Clerk Maxwell veröffentlicht; aus ihr ist schließlich die moderne Quantenelektrodynamik (QED) hervorgegangen. Diese Theorie beschreibt viele subatomare Phänomene so elegant und ist derart aussagekräftig, daß sie zum Vorbild für andere Theorien in der Teilchenphysik geworden ist.

Die zweite subatomare Kraft ist die „schwache Kraft" (oder „schwache Wechselwirkung"), die wir im Zusammenhang mit der Radioaktivität kennen. Sie bewirkt den Zerfall der radioaktiven Atomkerne, indem sie die Neutronen im Kern in Proto-

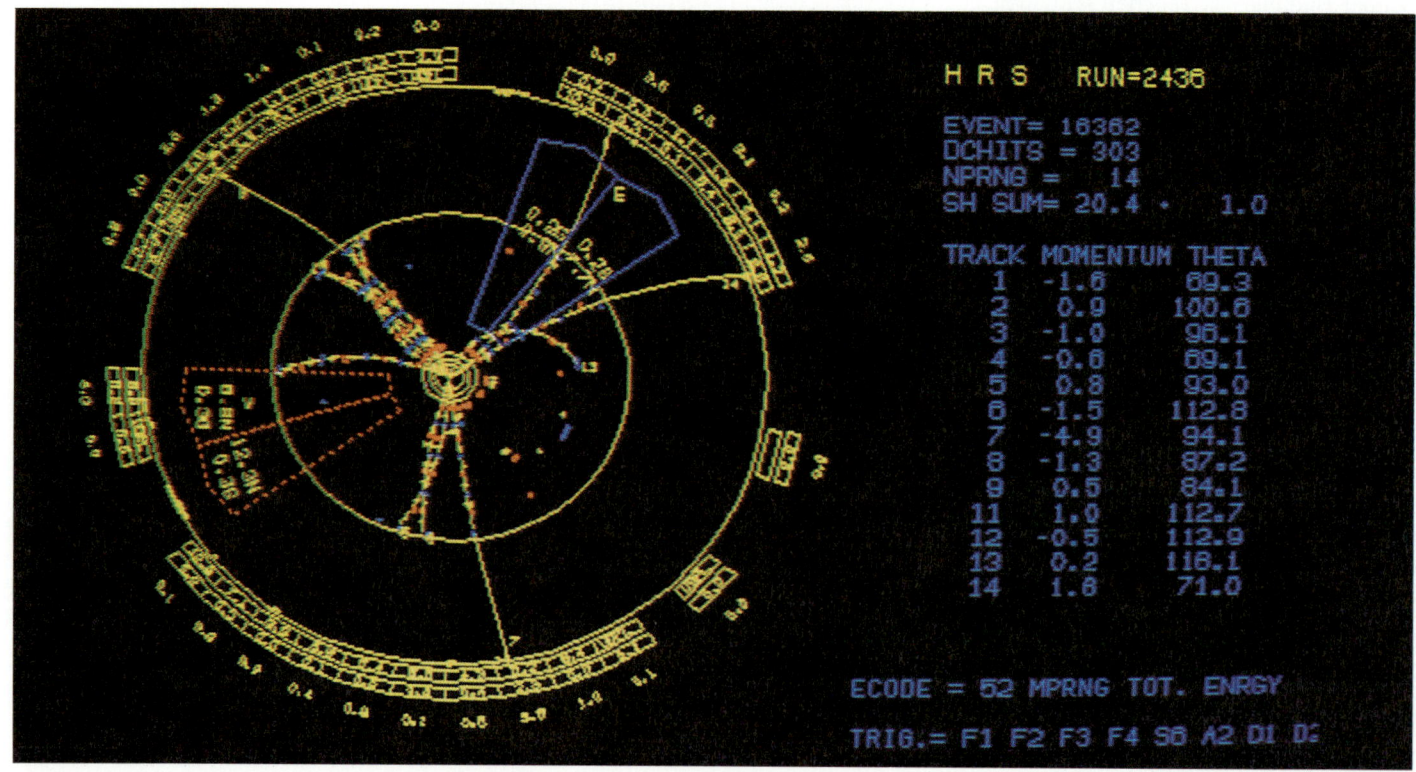

Strahlungsarten ist immer das Photon, wobei die Photonen von Gammastrahlen eine hohe Energie und diejenigen von Radiowellen eine niedrige Energie besitzen.

Die elektromagnetische Kraft gehört zu den drei Grundkräften, die das Verhalten der Atome bestimmen. Sie zwingt die ne-

nen, Elektronen und Neutrinos umwandelt. Die Träger dieser schwachen Kraft, die W- und Z-Bosonen, sind mit dem Photon vergleichbar, wobei es allerdings einen bemerkenswerten Unterschied gibt: Während das Photon keine (Ruhe-)Masse hat, sind die W- und Z-Bosonen selbst im Vergleich zum Proton enorm schwer.

Die dritte und stärkste subatomare Kraft wird durch Eichbosonen übertragen, die Gluonen heißen. Sie binden die Quarks innerhalb der Neutronen und Protonen aneinander und halten den Atomkern zusammen. Wir nehmen diese „starke Kraft" nicht direkt wahr, weil sie nur innerhalb des Kerns wirkt. Dort allerdings ist sie über hundertmal stärker als die elektromagnetische Kraft. Zusammen mit der schwachen Kraft ist die starke Kraft verantwortlich für die maßgeblichen Wechselwirkungen zwischen Protonen im Zentrum der Sonne, die die Kernfusion einleiten und damit der Sonne ihre Leuchtkraft verleihen.

Hier herrscht ein empfindliches Gleichgewicht. Das nukleare Feuer der Sonne brennt relativ langsam, weil die schwache

1.3 Dieses Computerbild eines sogenannten „Drei-Jet-Ereignisses" ist ein Hinweis auf die Existenz von Gluonen, deren Name sich aus ihrer Rolle als Vermittler der starken Kraft zwischen Quarks ableitet: Die Gluonen bilden sozusagen den Leim (englisch *glue*) zwischen den Quarks und sind letztlich verantwortlich für den Zusammenhalt von Protonen und Neutronen innerhalb der Atomkerne. Das Bild zeigt einen Querschnitt durch den hochempfindlichen Spektrometer-Detektor am Stanford Linear Accelerator Center (SLAC) in Kalifornien; eingezeichnet sind Spuren und Daten der Teilchen, die der Detektor registriert hat. Ein Elektron und sein Antiteilchen, ein Positron, sind hier von vorn beziehungsweise von hinten kommend jeweils im rechten Winkel zur Bildebene aufeinandergeprallt. Bei einem solchen Frontalzusammenstoß im Zentrum des Detektors vernichten sich beide Teilchen gegenseitig, das heißt, ihre Massen werden in Energie umgewandelt, die sich sofort wieder zu Materie verdichtet: Es bilden sich ein Quark und ein Antiquark, wobei eines von beiden fast augenblicklich ein Gluon emittiert. Diese drei Teilchen sind zwar selbst nicht sichtbar, hinterlassen aber in der Folge ihre charakteristischen Spuren. Es bilden sich nämlich um sie herum sofort weitere Quarks und Antiquarks, die sich zu neuen Teilchen zusammenschließen und in drei getrennten Strahlenbündeln, sogenannten „Jets", fortgeschleudert werden. Die drei auf dem Computerbild sichtbaren Jets weisen jeweils auf ein Quark, Antiquark und ein Gluon hin.

Kraft tatsächlich schwach ist; nur deshalb konnte die Sonne über einen so langen Zeitraum hinweg scheinen und damit die Entstehung der Erde und des Lebens ermöglichen. Die starke Kraft verschmilzt die Protonen mit den Neutronen und verwandelt damit den Wasserstoff in Helium. Der dabei verlorengegangene kleine

Bruchteil an Masse wird als Strahlungsenergie freigesetzt, die sich im All ausbreitet. 150 Millionen Kilometer trennen uns von dieser nuklearen Glut, wenn wir uns auf der Erde von ihr bescheinen lassen.

Dank der vierten fundamentalen Naturkraft, der Gravitation, wird die Erde auf ihrer Umlaufbahn um die Sonne gehalten. Ohne Gravitations- oder Schwerkraft gäbe es kein Universum. Die Schwerkraft besitzt einander widerstreitende Eigenschaften: Einerseits ist sie so schwach, daß sie innerhalb einzelner Atome keine meßbaren Wirkungen zeigt; andererseits wirkt sie jedoch über riesige Entfernungen, und jedes kleine Atom steuert seinen noch so geringen Anteil zur Gesamtwirkung bei. Die Gravitation hält die Planeten auf ihren Umlaufbahnen und bewirkt, daß sich die Sterne in Galaxien sammeln. Sie sorgt dafür, daß wir den Boden unter den Füßen behalten und ließ jenen Apfel vom Baum fallen, der einer Anekdote zufolge Newton zur Entdeckung des Gravitationsgesetzes inspirierte. Es ist eine Ironie der Geschichte, daß Newton damit bereits im 17. Jahrhundert ausgerechnet diejenige Grundkraft physikalisch beschreiben konnte, die wir bis heute am wenigsten verstehen. Wir wissen zwar, *was* sie bewirkt, aber nicht, *wie* sie es bewirkt. Man hat zum Beispiel Experimente angestellt, um Gravitationswellen nachzuweisen, doch bis heute sind noch keine gefunden worden. So bleibt das Graviton, das Eichboson der Gravitation, zunächst eine Hypothese.

Teilchenphysik heute

Die Vorstellung, daß das Universum aus drei Arten von Elementarteilchen besteht, die von vier Grundkräften beherrscht werden, wird durch eine beträchtliche Anzahl bedeutender Experimente gestützt. Es wäre jedoch völlig falsch anzunehmen, daß wir damit schon am Ende angelangt sind. Im Gegenteil — einige der großen Rätsel bleiben ungelöst: Warum gibt es die verschiedenen Quarks, Leptonen und Eichbosonen? Warum haben sie gerade die beobachteten Massen und keine anderen? Und warum gibt es ausgerechnet vier Kräfte? Sind sie möglicherweise nur verschie-

11

dene Erscheinungsformen einer einzigen, grundlegenden Kraft? Sind vielleicht noch andere, bis jetzt unbeobachtete Kräfte am Werk?

Um diese Fragen beantworten zu können, sind Teilchentheoretiker seit vielen Jahren auf der Suche nach der „Vereinheitlichung der Grundkräfte". Das klassische Beispiel einer Vereinheitlichung ist Maxwells Theorie des Elektromagnetismus, die die scheinbar unterschiedlichen Phänomene der Elektrizität und des Magnetismus auf ein und dieselbe Grundkraft zurückführte. In ähnlicher Weise wurden gegen Ende der sechziger Jahre dieses Jahrhunderts der Elektromagnetismus und die schwache Kraft in der „elektroschwachen Theorie" vereinigt. Neben ihren vielen anderen Konsequenzen sagte diese Theorie der elektroschwachen Kraft das Z-Teilchen

1.4 Moderne Teilchenbeschleuniger sind monumentale Bauwerke des „High-Tech-Zeitalters". Der Ringtunnel des Hauptbeschleunigers am Fermilab in Illinois hat zum Beispiel einen Durchmesser von zwei Kilometern; sein unterirdischer Verlauf ist durch eine Versorgungsstraße auf der Erdoberfläche zu erkennen. Links vom Ring stehen die Hauptgebäude der Forschungsanlage mit dem alles überragenden Verwaltungshochhaus, das Robert Wilson, von 1967 bis 1978 Leiter des Fermilab, entworfen hat. Am oberen Bildrand sind die Ausläufer von Chicago zu sehen.

voraus, eines der Eichbosonen, die die schwache Kraft vermitteln. Die Entdeckung des Z-Teilchens im Jahre 1983 bestätigte das Modell der elektroschwachen Vereinheitlichung und ermutigte die Theoretiker darin, eine noch umfassendere Vereinheitlichung anzustreben, die die elektromagnetische und die schwache Kraft mit der starken Kraft zusammenfassen sollte. Diese „großen Vereinigungstheorien", GUTs genannt (aus dem Engli-

schen *grand unified theories*), sagen aus, daß die starke Kraft, die die Protonen im Atomkern zusammenhält, und die schwache Kraft, die radioaktive Zerfälle verursacht, letztlich Ausdruck einer einzigen Kraft sind. Das hätte zur Folge, daß Protonen — wenn auch höchst selten — zerfallen würden. Der Nachweis solcher Protonzerfälle wäre eine direkte Bestätigung dieser Theorien. Alle bisher durchgeführten Experimente haben allerdings ergeben, daß Protonen wesentlich stabiler sind, als von den GUTs vorausgesagt wird (siehe dazu auch Kapitel 10).

Die Theoretiker vermuten, daß in der anfänglichen Glut des Urknalls alle Kräfte, einschließlich der Gravitation, ununterscheidbar als eine Kraft vereinigt waren. Erst mit dem Abkühlen des Universums trat dann eine Differenzierung in die vier Grundkräfte ein, so daß deren gemeinsamer Ursprung heute verborgen ist. Aus diesem Grunde ist die Suche nach einer vereinheitlichten Theorie eine Suche nach dem physikalischen Beginn des Universums, die dadurch eine Bedeutung weit über die Teilchenphysik hinaus erhält. Eine der überraschenden Entwicklungen in den vergangenen zehn Jahren ist die immer größer werdende Verflechtung der theoretischen und experimentellen Teilchenphysik mit der Astrophysik und der Kosmologie. In den Großforschungseinrichtungen für Teilchenphysik, wie etwa dem **Fermi** National Accelerator **Lab**oratory (Fermilab) nahe Chicago, untersuchen Astrophysiker die kosmologischen Konsequenzen der gegenwärtigen Vorstellungen in der Teilchenphysik. In ihren Instituten und den Computerbibliotheken arbeiten sie gemeinsam mit den Teilchentheoretikern an den Grundfragen, die allein schon durch die bloße Existenz des Universums aufgeworfen werden. Wie ist das Universum entstanden? Warum hat es gerade diese Struktur? Dehnt es sich auch in Zukunft aus, oder wird es sich möglicherweise wieder zusammenziehen?

Diese theoretischen Entwürfe sind nicht einfach nur phantastische Spekulationen oder moderne Gegenstücke der scholastischen Debatten über die Zahl der Engel, die auf einer Nadelspitze Platz finden. Theorien stehen oder fallen mit Experimenten, und Experimental- und theoretische Physiker arbeiten Hand in Hand.

Der Theoretiker deutet und verknüpft die experimentellen Fakten in einem Erklärungsmodell, das dann möglicherweise die Existenz neuer Teilchen als logische Konsequenz voraussagt. Der Experimentalphysiker versucht, diese vorausgesagten Teilchen experimentell nachzuweisen; er kann dabei aber auch auf ein ganz anderes, unvorhergesehenes Phänomen stoßen, das dann der Theoretiker wiederum mit einer abgeänderten oder völlig neuen Theorie erklären muß. Im Laufe ihrer Entwicklung ist die Physik so umfangreich geworden, daß der einzelne Physiker schon lange nicht mehr Experiment und Theorie gleichermaßen beherrschen kann. Heute ist eine weitgehende Spezialisierung vonnöten, obwohl sich Theoretiker wie Experimentalphysiker auch ein gewisses Verständnis für die Feinheiten des jeweils anderen Handwerks bewahren müssen, wenn sie in ihrer Arbeit voneinander profitieren wollen.

Ein weiteres Kennzeichen der modernen Teilchenphysik ist die Zusammenarbeit auf internationaler Ebene. Dutzende, manchmal über hundert Menschen verschiedener Nationalitäten sind an einem typischen Experiment beteiligt. Ein solches Unternehmen kann unmöglich von einer Institution allein entwickelt, aufgebaut und durchgeführt werden; an einem Experiment am Fermilab arbeiteten kürzlich beispielsweise zehn Forschungseinrichtungen zusammen: sechs aus Amerika und je eine aus Großbritannien, Italien, Japan und der Sowjetunion.

Am Stadtrand von Genf liegt das europäische Forschungszentrum für Teilchenphysik, kurz CERN genannt (Conseil Européen pour la Recherche Nucléaire), das länderübergreifend von 14 europäischen Staaten getragen wird; ein vielsprachiges Stimmengewirr empfängt den Besucher in der Kantine. Das CERN unterhält auch gute Verbindungen zu seinem osteuropäischen Gegenstück, dem JINR in der russischen Stadt Dubna, hundert Kilometer nördlich von Moskau, wo hauptsächlich Physiker aus der Sowjetunion und deren Bündnisstaaten zusammenarbeiten.

Da moderne Forschungsstätten für Teilchenphysik so riesig und kostspielig sind, gibt es nur ein paar größere Zentren über den Erdball verstreut. In Europa sind es das CERN an der französisch-schweizerischen Grenze und das DESY (Deutsches Elektronen-Synchrotron) in Hamburg; in den USA das Fermilab außerhalb Chicagos, das Brookhaven National Laboratory auf Long Island, das Stanford Linear Accelerator Center (SLAC) in Kalifornien und der Cornell Electron Storage Ring (CESR) an der Cornell-Universität im US-Bundesstaat New York. In der Sowjetunion werden größere Forschungszentren für Teilchenphysik in Dubna, in Nowosibirsk (Sibirien) und in Serpuchow, südlich von Moskau, betrieben. Die Japaner unterhalten eine entsprechende Forschungsstätte, genannt KEK, in der „Wissenschaftsstadt" Tsukuba, und in Beijing (Peking) in China gibt es das Institut für Hochenergiephysik.

Jede dieser Forschungsstätten ist ein gigantisches Unternehmen, das Hunderte von Physikern, Technikern und Hilfskräften beschäftigt, einschließlich einem großen Stab an Verwaltungspersonal. Eine solche Einrichtung, die eine ganze Reihe weit über das Gelände verstreuter Gebäude umfaßt, verfügt über ein Jahresbudget von mehreren hundert Millionen Mark. Das jeweilige Kernstück einer solchen Forschungsanlage ist ein riesiger Teilchenbeschleuniger.

Tatsächlich besitzen auch viele Privathaushalte einen kleinen Teilchenbeschleuniger, nämlich die Fernsehröhre. Im hinteren Teil der Röhre verdampfen Elektronen aus einem glühenden Metallfaden und werden durch ein elektrisches Feld zum Bildschirm hin beschleunigt. Dieser ist mit einer Leuchtschicht überzogen, die durch die auftreffenden Elektronen zum Leuchten angeregt wird; Magnetfelder lenken den Elektronenstrahl so über die Bildfläche, daß die einzelnen aufleuchtenden Bildpunkte ein sichtbares, zusammenhängendes Bild ergeben.

Ein moderner Teilchenbeschleuniger ist eine gigantische Maschine, die Teilchen mit extrem hohen Energien auf ein Ziel schießt. In der Regel wird der Beschleuni-

13

ger in einen unterirdischen Tunnel von mehreren Kilometern Länge eingebaut. Der Tunnel erinnert im Querschnitt an die Tunnelröhren einer Untergrundbahn. Auf der einen Seite ist er begehbar und bietet Raum für wissenschaftliche Geräte. Auf der anderen Seite zieht sich ein kleines ovales Rohr, das etwa zwanzig Zentimeter breit und zehn Zentimeter hoch ist, durch eine Reihe von Elektromagneten. In diesem Strahlrohr, in dem ein extremes Hochvakuum herrscht, bewegen sich die Teilchen, meist Elektronen oder Protonen. Elektrische Felder stoßen sie viele Millionen Male in jeder Sekunde an und beschleunigen sie dabei auf immer höhere Energien.

Der Kontrollraum des Beschleunigers erinnert mit seinen Reihen von Monitoren an die Kommandobrücke eines Raum-

schiffs; von hier aus wird die Maschine gesteuert. Während die Teilchen im Strahlrohr mit nahezu Lichtgeschwindigkeit herumsausen, scheint sich dort nicht viel abzuspielen. Zwei oder drei Mitarbeiter trinken vielleicht Kaffee, arbeiten an einem Bildschirm oder rufen jemanden in den Experimentierhallen an, um mitzuteilen, daß der Strahl in die Maschine eingespeist wird.

Der „automatische Pilot" hat die Steuerung übernommen; die Bahn der Teilchen ist vorprogrammiert. Die ständige Justierung von Beschleunigungseinheiten und Magneten, von Kühlaggregaten und Vakuumpumpen sowie die elektrische Versorgung werden von Computern überwacht, an deren Programmierung Expertenteams stundenlang gearbeitet haben. Das Personal im Kontrollraum hat, außer regelmäßigen Kontrollen am Computer, wenig zu tun. Für die Physiker und Ingenieure gibt es jedoch genauso Augenblicke äußerster Anspannung wie für den Piloten, der zur Landung ansetzt. Die technischen Physiker am CERN erzeugen beispielsweise Strahlen aus Antimaterie, die aber nur so lange überleben können, wie sie von der sie überall umgebenden Materie abgeschirmt werden. Es dauert einen ganzen Tag, bis der Strahl präpariert ist und genügend Teilchen angesammelt sind, um damit experimentieren zu können. Im Anschluß daran ist es Aufgabe der Kontrollstation, den Strahl so zu steuern, daß er schließlich am Experiment eintrifft. Ein falscher Knopfdruck und die ganze Arbeit war umsonst. Es braucht dann einen Tag, um alles wieder in Ordnung zu bringen.

1.5 Im Verlauf der siebziger Jahre bauten die Teilchenphysiker riesige Beschleuniger, um Teilchen künstlich auf hohe Geschwindigkeiten zu bringen. Diese Aufnahme von 1975 zeigt die Maschine, mit der etwa 60 Meter unter französischem und Schweizer Weideland in der Nähe von Genf der sieben Kilometer lange Ringtunnel ausgehöhlt worden ist, in dem schließlich das Super Proton Synchrotron (SPS) des CERN untergebracht wurde.

1.6 Bei vielen Beschleunigertypen wird ein Strahl geladener Teilchen von Elektromagneten auf Kreisbahnen gezwungen und fokussiert. Die beschleunigten Teilchen fliegen dabei in einem Rohr, in dem ein extremes Hochvakuum aufrechterhalten wird. Auf dem Photo ist ein sogenannter Quadrupol-Magnet zu sehen, der den Teilchenstrahl in ähnlicher Weise fokussiert, wie optische Linsen einen Lichtstrahl bündeln. Er besteht aus zwei Nord- und zwei Südpolen, wobei die jeweils gleichen Pole einander direkt gegenüber liegen. Deutlich erkennbar sind die cremefarben ummantelten Drahtwicklungen, die das magnetische Feld erzeugen. Das Strahlrohr verläuft zwischen den vier Polschuhen des Magneten.

Warum müssen Teilchenphysiker Elektronen und Protonen auf hohe Energien beschleunigen? Energiereiche Teilchenstrahlen eröffnen den Physikern zwei Möglichkeiten, die Struktur der Materie zu untersuchen. Zum einen kann ein Strahl auf ein ruhendes Ziel gerichtet werden, ein sogenanntes „fixiertes Target", das zum Beispiel aus einem Element mit einer relativ einfachen Struktur wie Wasserstoff besteht oder aus einem physikalisch komplexeren Element wie Kupfer, das jedoch leichter zu handhaben ist. Immer häufiger aber nutzt man die andere Möglichkeit und läßt zwei Teilchenstrahlen im Beschleuniger gegenläufig zirkulieren. Die beiden Strahlen werden so lange auseinandergehalten, bis sie auf ihre maximale Energie beschleunigt worden sind; dann läßt man sie frontal zusammenstoßen. In beiden Fällen will man erreichen, daß eini-

nung sein, bei der sich zwei Teilchen wie Billardkugeln streifen; zwischen diesen beiden Extremen ist eine Fülle verschiedenster Prozesse möglich. Was auch immer geschieht: Es zeigt sich, daß die Wechselwirkungen der Teilchen um so aufschlußreicher sind, je höher die Energien sind, mit denen wir die Teilchen aufeinander schießen.

Manchmal kann die Energie so groß sein, daß weitere Teilchen materialisieren, im Einklang mit Albert Einsteins berühmter Äquivalenz von Masse (m) und Energie (E): $E = mc^2$ (c ist die konstante Vakuumlichtgeschwindigkeit). Im Extremfall vernichten sich Materie und Antimaterie gegenseitig und zerstrahlen in reine Energie, aus der sich wiederum neue, andere Teilchen bilden können. Auf diese Weise sind Teilchenphysiker heute in der Lage,

1.7 In dieser Illustration zeigt uns Max, der freundliche Physiker vom Brookhaven National Laboratory auf Long Island, New York, wie sich die Teilchenphysik durch Experimente mit immer größeren Beschleunigungsmaschinen entwickelt hat. Nachdem er Protonen (p), Pionen (π), Kaonen (K) und Antiprotonen (p̄) an den Beschleunigern der fünfziger Jahre erforscht hatte (links), ging Max über zu den größeren Maschinen der siebziger Jahre (Mitte), die einen ständig anwachsenden Teilchenzoo hervorbrachten. Darin fanden sich auch das Omega (Ω) und das Psi (J/Ψ), zwei Teilchen, die eine wichtige Rolle bei dem Nachweis spielten, daß die meisten Teilchen aus Quarks aufgebaut sind − so wie das J/Ψ, das aus charm-Quarks zusammengesetzt ist. In den achtziger Jahren schließlich arbeitet Max mit der neuesten, vorerst letzten Beschleunigergeneration (rechts). Bei diesem Maschinentyp läßt man zwei Teilchenstrahlen frontal zusammenstoßen, um möglichst hohe Kollisionsenergien zur erreichen. Dieser Beschleunigertyp gibt uns den momentan tiefsten Einblick in die Welt der Quarks (q).

Max bekommt einen größeren
Teilchenbeschleuniger

Quark!!!

Max mit seinem ersten großen
Teilchenbeschleuniger

J/Ψ Charm

Max mit seinem größten
Teilchenbeschleuniger

ge der beteiligten Teilchen miteinander wechselwirken. Die sich dabei abspielenden Prozesse erlauben es den Physikern dann, Rückschlüsse auf das Geschehen im submikroskopischen Bereich der Materie zu ziehen.

Die Wechselwirkung zwischen zwei Teilchen kann aus einer heftigen Kollision bestehen, bei der die aufeinandertreffenden Teilchen zerstört werden, nur um sofort in neuer Gestalt wieder zu materialisieren. Es kann aber auch eine flüchtige Begeg-

Teilchen und Formen von Materie zu erzeugen, die natürlicherweise zwar nicht auf der Erde vorkommen, aber in turbulenteren Gegenden des Universums vielleicht doch nicht so ungewöhnlich sind.

Auf den Spuren der Teilchen

Wir kennen nur einen Weg, um das Atominnere zu erforschen: Teilchen auf hohe Energien zu beschleunigen und sie — als eine Art Sonde — auf ein feststehendes oder bewegtes Target zu schießen. In der Natur gilt in diesem Zusammenhang der Grundsatz: Je feiner die Einzelheiten sind, die wir sehen wollen, desto mehr Energie müssen wir aufwenden, um sie auflösen zu können. Bei solchen Hochenergiekollisionen kann man heute Teilchen erzeugen, die eine Ausdehnung von etwa 10^{-16} Zentimetern und eine Lebensdauer von nur einigen Hundertmillionstelsekunden oder noch weniger haben. Diese äußerst winzigen und kurzlebigen Stoßtrümmer zu registrieren, ist die Aufgabe der Detektoren.

Detektoren gibt es in einer Vielzahl unterschiedlicher Größen und Typen; die meisten sind heutzutage jedoch riesige Aufbauten aus ineinander verschachtelten Meßapparaturen. Trotz ihrer Unterschiede beruhen alle Detektoren auf denselben Grundprinzipien. Sie können die Teilchen niemals direkt „sehen", sondern sie nur über deren Auswirkungen auf ihre Umgebung nachweisen — ähnlich wie man ein Tier anhand seiner Spuren im Schnee oder einen Düsenjet anhand der Kondensstreifen am Himmel erkennen kann.

Elektrisch geladene Teilchen, die ein Gas, eine Flüssigkeit oder einen Festkörper durchqueren, geben ihre Energie nach und nach an das Material ab und hinterlassen dadurch Spuren. Die Kunst des Nachweisens von Teilchen besteht nun darin, diese im Material zurückgelassene Energie so aufzuspüren, daß sie sich aufzeichnen läßt. Aus der daraus gewonnenen Information können sich dann einzelne charakteristische Merkmale eines Teilchens ergeben, zum Beispiel dessen Masse oder elektrische Ladung — ähnlich wie man aus den Abmessungen fossiler Fußabdrücke unserer stammesgeschichtlichen Vorfahren auf ihre Körpergröße und ihre Art zu gehen schließen kann. Alle Nachweismethoden, die in den folgenden Kapiteln beschrieben werden, beruhen auf diesem Prinzip, angefangen von den einfachen Photoemulsionen der dreißiger und vierziger Jahre bis hin zu den modernen, meterlangen Drift-

kammern, die mit einem Gas gefüllt und mit einem feinen Netz aus Drähten ausgestattet sind.

Ein Detektor ist eine Art hochentwickeltes Mikroskop, mit dem man beobachten und aufzeichnen kann, was passiert, wenn ein Teilchen auf ein anderes prallt — sei es ein Teilchen in einer festen Metallprobe, im Gas oder in der Flüssigkeit einer Kammer oder auch ein Teilchen im gegenläufigen Strahl eines Beschleunigers. Die fünfziger und sechziger Jahre waren die große Zeit der Blasenkammer; sie heißt so, weil elektrisch geladene Teilchen in der Kammerflüssigkeit Spuren aus winzigen Bläschen hinterlassen, die photographiert werden können. Blasenkammeraufnahmen beherrschten viele Jahre hindurch die Vorstellungswelt der Teilchenphysiker. Aber heutzutage sind nur noch wenige Blasenkammern in Gebrauch; die meisten Experimente werden heute mit elektronischen Detektoren durchgeführt.

Elektronische Detektoren nehmen leicht riesige Ausmaße an. Es mag uns paradox vorkommen, aber in der Teilchenphysik erfordern die kleinsten Untersuchungsgegenstände tatsächlich die größten Detektoren. Beispiele dafür sind der UA1- und der UA2-Detektor des CERN, mit deren Hilfe die Träger der schwachen Kraft, die W- und Z-Teilchen, entdeckt wurden. Beide Detektoren sind in unterirdischen Schächten untergebracht (daher die Bezeichnung UA für *underground area* beziehungsweise unterirdischer Bereich); wer schwindelfrei ist, kann sich von oben einen Eindruck vom UA1 verschaffen. Zuerst erscheint er gar nicht so riesig, bis man die Menschen daran arbeiten sieht. Unten im Schacht wird dann deutlich, daß er die Ausmaße eines zweistöckigen Hauses besitzt.

Detektoren wie der UA1 und der UA2 sind komplexe Vorrichtungen, die aus vielen verschiedenen Komponenten zusammengesetzt sind, zum Beispiel aus Szintillationszählern, Funkenkammern, Driftkammern und Tscherenkow-Zählern. Ihre Aufgabe besteht darin, die Bahnen, Winkel, Krümmungen, Geschwindigkeiten oder Energien der in einem Stoßereignis erzeugten Teilchen zu messen. Die vielen spezielle Nachweisgeräte werden aneinander gekoppelt, wobei es zwei Grundanordnungen gibt: Die Detektoren können in einer Reihe hintereinander gesetzt werden (etwa bei einem Experiment, in dem ein Teilchenstrahl auf ein festes Target trifft, oder sie werden ringförmig um das Strahlrohr angeordnet (zum Beispiel bei einem Experiment mit zwei sich kreuzenden Strahlen). Hunderte von Kabeln, die je-

1.8 Ebenso riesig wie die Beschleunigermaschinen muten die Teilchendetektoren an. Auf dieser Aufnahme von 1981 ist der UA2-Detektor am CERN in seiner Aufbauphase zu sehen. Seine Konstruktion ist typisch für die elektronischen Detektoren, die in modernen Zweistrahl-Beschleunigern Verwendung finden. Die beiden links und rechts auf dem Photo erkennbaren Teile werden nach ihrer Fertigstellung an das Herzstück des Detektors in der Bildmitte angekoppelt. Anschließend rollt der gesamte Aufbau in den Tunnel des Super Proton Synchrotron. Das Vakuumrohr des Beschleunigers, in dem der Protonen- und der Antiprotonenstrahl gegenläufig zirkulieren, verläuft horizontal durch die Mitte des Detektors hindurch. Detektoren wie der UA2 sind überaus komplexe Gebilde aus vielen verschiedenen Komponenten; ihre unterschiedlichen Funktionen ergänzen sich bei der Identifikation der Teilchen. Das Herzstück des UA2 beispielsweise strotzt vor Hunderten von Photomultipliern, die schwache Lichtblitze in elektronische Signale umwandeln und verstärken (daher heißen sie – weniger gebräuchlich – auch Elektronenvervielfacher). Die Lichtblitze (Szintillationen) selbst werden von geladenen Teilchen beim Durchgang durch spezielle „szintillierende" Substanzen, meist Kunststoffe, ausgelöst. Dabei geben die Teilchen ihre Bewegungsenergie sukzessiv an die Kunststoffatome ab und regen sie zum Leuchten an. Der große Augenblick des UA2-Detektors kam im Jahre 1983, als hier und im Schwesterexperiment am UA1 die W- und Z-Bosonen, die Trägerteilchen der schwachen Kraft, entdeckt wurden.

weils zu einem bestimmten Platz im Kontrollsystem führen, gehen von jeder Komponente des Detektors aus.

Ein typischer Detektor in einer modernen Forschungseinrichtung für Teilchenphysik ist ein Großprojekt, das in drei- bis fünfjähriger Vorbereitungszeit entworfen und aufgebaut wird. Nachdem der Detektor dann fünf bis zehn Jahre lang im Experiment genutzt worden ist, benötigt man zwei bis vier weitere Jahre, um dessen Ergebnisse auszuwerten. Wer in einem solchen Projekt von Anfang bis Ende mitarbeitet, wird unter Umständen zwanzig Jahre nur an diesem einen Detektor verbringen. Unternehmen dieser Art können nicht von einigen wenigen Wissenschaftlern auf die Beine gestellt werden; an einem Detektor arbeiten neben etwa fünfzig oder sechzig Physikern aus einer Reihe von Instituten auch Computerfachleute, Konstruktionszeichner, Ingenieure und Techniker.

Detektoren registrieren selten alle Stoßereignisse, die bei einem bestimmten Teilchenexperiment vorkommen. Im allgemeinen finden Tausende von Kollisionen pro Sekunde statt, und kein Meßgerät kann schnell genug reagieren, um alle damit zusammenhängenden Daten zu erfassen. Außerdem können viele der Kollisionen „alltägliche" Ereignisse hervorrufen, die bereits vergleichsweise gut verstanden sind. Deshalb definieren Experimentalphysiker oft von vornherein die Arten von Ereignissen, bei denen die gesuchten Teilchen erzeugt werden könnten, und programmieren den Detektor entsprechend. Ein großer Teil der Elektronik in einem Detektor dient allein diesem Zweck.

Die Elektronik stellt ein System von Filtern dar, das innerhalb von Bruchteilen einer Sekunde darüber entscheidet, ob eine Teilchenkollision die Art von Ereignis hervorgebracht hat, die für die Experimentalphysiker interessant ist und deshalb vom Computer aufgezeichnet werden sollte. Möglicherweise wird von mehreren tausend Kollisionen in der Sekunde nur eine einzige tatsächlich aufgezeichnet. Einer der Vorteile dieses Verfahrens ist seine Flexibilität: Das Filtersystem kann jederzeit neu programmiert werden, um andere Arten von Ereignissen auszuwählen.

Das Ergebnis all dieser Recherchen ist eine Fülle von Magnetbändern, auf denen die ausgewählten Ereignisse gespeichert werden. Oft lassen sich diese Ereignisse graphisch auf Bildschirmen darstellen. Solche Computerbilder erleichtern es den Physikern, komplexe oder neuartige Ereignisse zu interpretieren und herauszufinden, ob ihr Detektor richtig arbeitet.

Die bildliche Darstellung hat in der Teilchenphysik schon immer eine wichtige Rolle gespielt. Früher wurden viele Daten tatsächlich photographisch aufgenommen: Man photographierte die Spuren in den Nebel- und Blasenkammern oder erzeugte sie direkt in der Photoemulsion speziell beschichteter Filme. Viele dieser Bilder haben ihren besonderen ästhetischen Reiz; manche erinnern an abstrakte Kunst. Selbst im subatomaren Bereich spiegeln sich in den Bildern unsere eigenen Vorstellungen wider.

Der Schlüssel zum Verständnis der Detektorbilder aus der Teilchenphysik liegt darin, daß sie zwar die Spuren der Teilchen zeigen, nicht aber die Teilchen selbst. Es bleibt ein Geheimnis, wie etwa ein Pion wirklich aussieht, aber seine Bahn durch eine feste, flüssige oder gasförmige Substanz kann aufgezeichnet werden. Die Teilchenphysiker sind bei der Deutung von Teilchenspuren inzwischen äußerst geschickt und erfahren − so wie die Indianer feindliche Spuren zu lesen verstanden.

1.9 Die Big European Bubble Chamber (BEBC) auf diesem Bild ist ein typisches Beispiel für die voluminösen Blasenkammern, die in den siebziger Jahren in Betrieb genommen wurden, um die Wechselwirkungen hochenergetischer Teilchen an den neuen großen Beschleunigern zu erforschen. Die zylinderförmige Kammer hat einen Durchmesser von 3,7 Metern und ist von einem Vakuumtank umschlossen. Dieses Vakuum isoliert den in der Kammer befindlichen flüssigen Wasserstoff von der Umgebung und hält ihn so während der Messungen auf einer Temperatur von −173°C. Normalerweise ist dieser Tank von den Windungen eines supraleitenden Magneten umwickelt und hinter verschiedenen weiteren Detektoren verborgen; diese dienen dem Nachweis der Teilchen, welche aus der Blasenkammer entkommen sind. Die ersten Teilchenspuren wurden mit der BEBC im Jahre 1973 aufgenommen; elf Jahre später stellte diese Blasenkammer dann ihren Betrieb ein, nachdem etwa 6,3 Millionen Aufnahmen von Teilchenwechselwirkungen gemacht worden waren.

Anhand einiger einfacher Anhaltspunkte lassen sich die Deutungsmöglichkeiten schnell einkreisen. Viele Detektoren sind zum Beispiel wie ein Kranz um einen Magneten angeordnet, weil elektrisch geladene Teilchen in einem magnetischen Feld abgelenkt werden. Mit anderen Worten, eine gekrümmte Spur weist also auf ein geladenes Teilchen hin. Ist die Richtung des Magnetfelds bekannt, dann kann man aus der Krümmungsrichtung der Spur (nach rechts oder links) ersehen, ob das Teilchen positiv oder negativ geladen ist. Der Radius der Krümmung ist gleichermaßen von

Bedeutung, denn er ist abhängig von der Geschwindigkeit und der Masse des Teilchens. Zum Beispiel können die leichten Elektronen in einem magnetischen Feld so stark abgelenkt werden, daß ihre Spuren kleine, eng zusammengezogene Spiralen bilden — ein charakteristisches Merkmal, das viele Aufnahmen in diesem Buch aufweisen.

Die meisten Teilchen des subatomaren Zoos haben eine kurze Lebensdauer, oft weniger als eine Milliardstelsekunde. Das ist für die Teilchen jedoch meistens lang

1.10 Das ist nicht gerade die Art Bläschen, die Physiker sehen wollen, wenn sie mit Blasenkammern arbeiten! Am Brookhaven National Laboratory fanden sie sich 1974 dennoch in einem Schaumbad wieder, als die Feuerlöschanlage der 2,1 Meter langen Blasenkammer aufgrund eines Konstruktionsfehlers in der Elektrik automatisch einsetzte. Die darauffolgenden Aufräumarbeiten nahmen einen ganzen Tag in Anspruch.

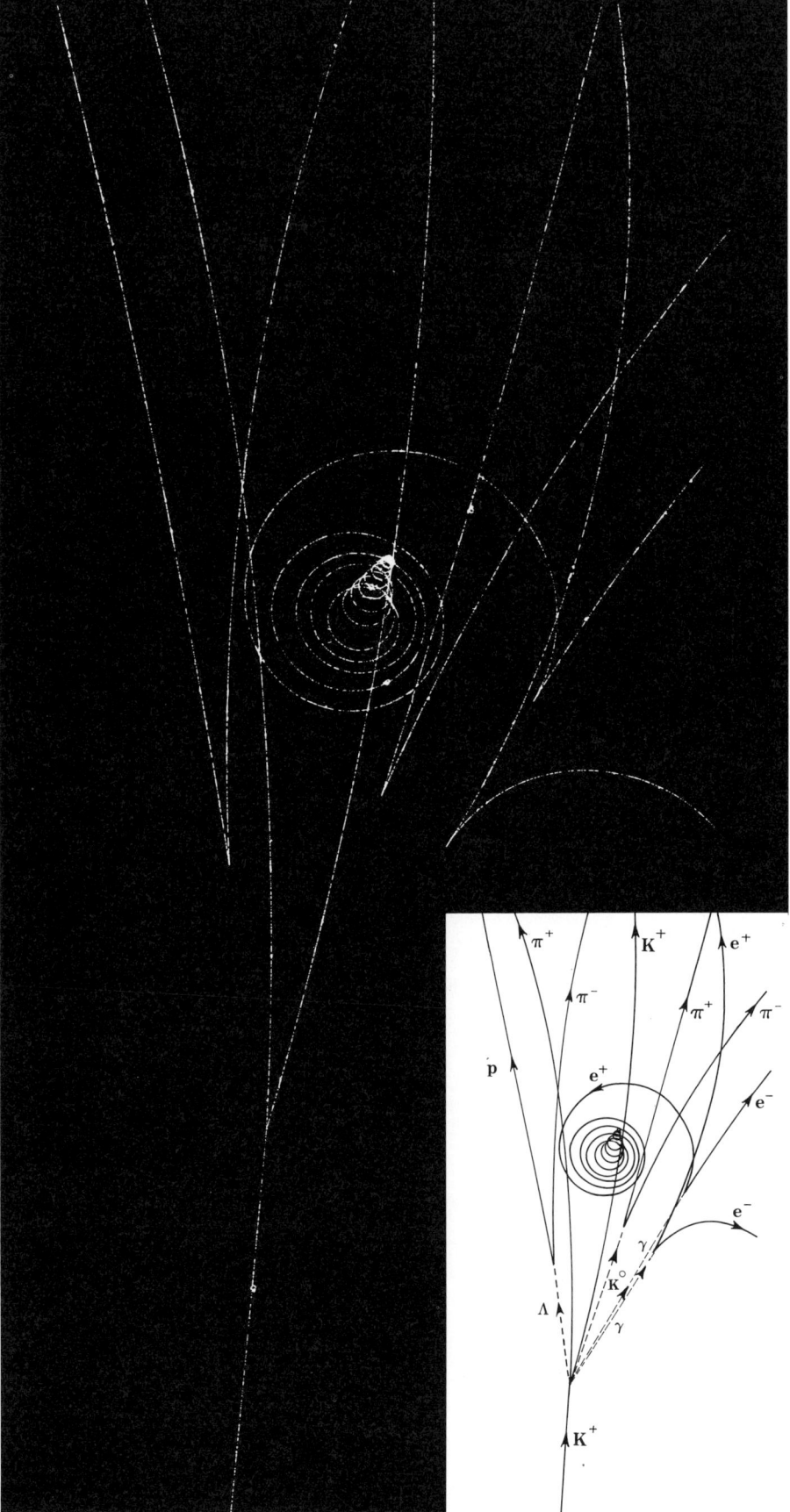

genug, um eine meßbare Spur zu hinterlassen. Teilchen mit relativ langer Lebensdauer hinterlassen langgestreckte Spuren, die durch den gesamten Detektor hindurchgehen können. Teilchen mit kürzerer Lebensdauer hingegen zerfallen normalerweise schon im Detektor und erzeugen dabei zwei oder mehr neue Teilchen. Meist sind solche Zerfälle auf den Bildern leicht zu erkennen: Eine einzelne Spur verzweigt sich dabei am Zerfallsort in mehrere Spuren.

1.11 Die Teilchenspuren einer Blasenkammeraufnahme haben ihren besonderen Reiz. Diese hier wurde am Lawrence Berkeley Laboratory gemacht, wo auch die erste Blasenkammer entwickelt worden ist. Auf dem Bild sind nur die Spuren von einem ausgesuchten Stoßereignis zu sehen; alle übrigen wurden entfernt. Die Teilchen hinterlassen im Magnetfeld der Kammer gekrümmte Spuren, wobei die Krümmungsrichtung auf ihre positive oder negative elektrische Ladung hinweist. Das abgebildete Ereignis zeigt mehrere für Blasenkammeraufnahmen typische Merkmale. Ein positiv geladenes Kaon (K^+) drang am unteren Bildrand in die Kammer ein und stieß dort mit einem Proton der Kammerflüssigkeit zusammen. Dabei entstanden ein positives Pion (π^+), ein positives Kaon und drei elektrisch neutrale Teilchen: ein Pi-null (π^0), ein neutrales Kaon (K^0) und ein Lambda (Λ), die im Diagramm durch gestrichelte Linien angedeutet sind. Die neutralen Teilchen hinterlassen in der Blasenkammer keine Spuren, weil sie die Wasserstoffatome der Kammerflüssigkeit nicht ionisieren. Wir können jedoch ihre Beteiligung an dem Stoßereignis indirekt erschließen, denn sie zerfallen jeweils in Paare geladener Teilchen, die dann charakteristische, V-förmige Spuren zeigen. Das Lambda zerfällt in ein Proton (p) und ein negatives Pion (π^-), das neutrale Kaon in ein positives und ein negatives Pion. Der Zerfall des π^0 ist komplizierter: Das π^0 ist so kurzlebig, daß es nicht einmal durch eine gestrichelte Linie dargestellt werden kann. Es zerfällt fast augenblicklich in zwei Gammaquanten (γ), die ebenfalls elektrisch neutral sind und darum nicht auf dem Photo erscheinen. Allerdings verraten sie ihre Anwesenheit dadurch, daß sie jeweils ein Elektron-Positron-Paar (e^+, e^-) erzeugen. Durch die Identifizierung und Analyse dieser geladenen Zerfallsprodukte können die Physiker die Eigenschaften der neutralen Teilchen erschließen und deren Bahnverlauf rekonstruieren, wie es im Diagramm durch die gestrichelten Linien angedeutet ist. Beachten Sie auch, wie eines der Positronen unter dem Einfluß des Magnetfelds eine eng zusammengezogene Spirale bildet. Diese Spurform ist ein charakteristisches Merkmal für niederenergetische Elektronen und Positronen, die ihre Bewegungsenergie nach und nach verlieren; solche spiralförmigen Spuren werden uns im vorliegenden Buch noch sehr häufig begegnen.

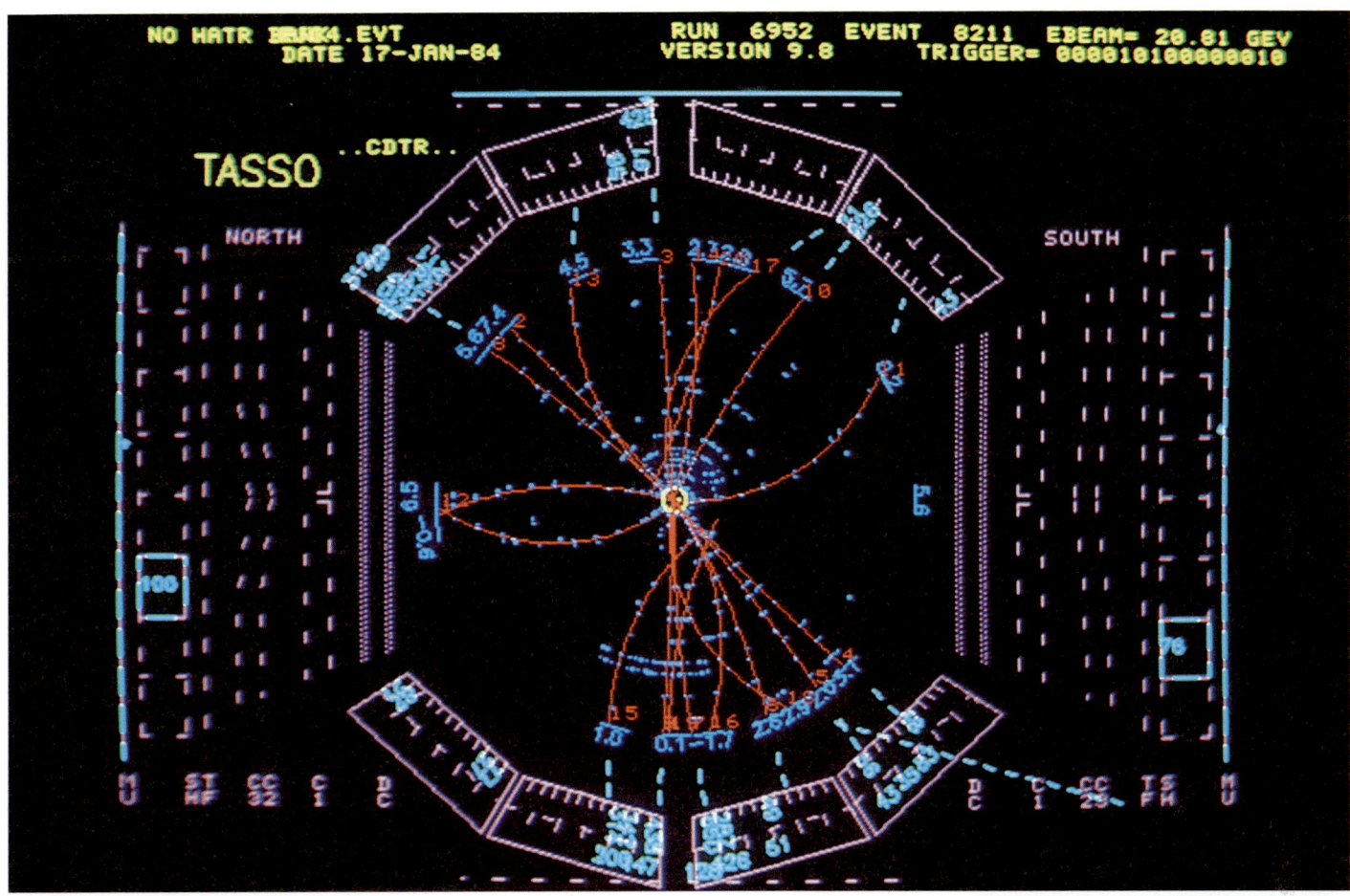

1.12 Der Detektor TASSO am DESY in Hamburg registriert die Spuren der Teilchen, die bei der Vernichtung von Elektron-Positron-Paaren entstehen. Das Computerbild zeigt einen Querschnitt durch den Detektor. Der Elektronenstrahl und der Positronenstrahl traten von vorn beziehungsweise aus dem Bildhintergrund kommend im jeweils rechten Winkel zur Bildebene in den Detektor ein, wo sie im Zentrum miteinander kollidierten. Bei dem Frontalzusammenstoß wurden ein Elektron und ein Positron in Strahlungsenergie umgewandelt, die wiederum in Form eines extrem kurzlebigen Teilchenpaares materialisierte. (Wahrscheinlich befand sich ein bottom-Teilchen darunter, das ein bottom-Quark enthält.) Dieses Teilchenpaar zerfällt augenblicklich in andere Teilchen, die in den Detektor hinausschießen und dort von den verschiedenen Meßinstrumenten als „Treffer" verzeichnet werden. Die blauen Punkte markieren Drähte einer sogenannten Driftkammer, die auf den Durchgang eines geladenen Teilchens angesprochen haben. Mehrere tausend solcher Drähte sind in der Kammer parallel aufgespannt, die mit einem Durchmesser von 2,6 Metern das Strahlrohr (gelber Kreis) umschließt. Die roten Spuren zeigen die vom Computer aus diesen Treffersignalen extrapolierten Teilchenbahnen; durch das Feld eines Elektromagneten, dessen Spulenwindungen um die Driftkammer herumgewickelt sind (was auf dem Computerbild nicht zu sehen ist), werden sie gekrümmt. Die violett umrandeten Blöcke repräsentieren „Schauerzähler", die

Die neutralen Teilchen bereiten den Experimentatoren mehr Kopfschmerzen. Teilchen ohne elektrische Ladung hinterlassen nämlich keine Spuren im Detektor, so daß sie nur anhand ihrer Zerfallsprodukte nachgewiesen werden können. Wenn man zwei Spuren sieht, die — anscheinend aus dem Nichts kommend — von einem gemeinsamen Punkt ausgehen, kann man fast sicher sein, daß an diesem Ort ein neutrales Teilchen in zwei geladene Teilchen zerfallen ist.

Unser Einblick in die subatomare Welt hat sich nicht nur dadurch vertieft, daß die Teilchenbeschleuniger immer leistungsstärker wurden; auch die Nachweismethoden wurden immer weiter verfeinert. Die Qualität des Bildmaterials und damit die Ausbeute an Informationen über die Teilchen konnten im Laufe der Jahre verbessert werden. Während Blasenkammeraufnahmen die Spuren aller geladenen Teilchen direkt ablichten und oft ein verwirrendes Durcheinander zeigen, kann ein

elektrisch neutrale Teilchen aufgrund der von ihnen abgegebenen Energie nachweisen. Der blaue Querstab am oberen Bildrand symbolisiert einen Detektor, der noch hinter dem Eisen des Magneten und den Bleiblöcken der Schauerzähler getroffen wurde. Die einzigen geladenen Teilchen, die so weit durchdringen können, sind Müonen; deswegen muß hier ein Müon durchgekommen sein.

Computer gezielt diejenigen Spuren hervorheben oder auswählen, auf die es ankommt, und sogar die Bahnen neutraler Teilchen einzeichnen.

Mit hochwertiger moderner Computergraphik lassen sich beachtenswert schöne, mehrfarbige Bilder erzeugen. In besonders raffinierten Systemen kann das Computerbild räumlich gedreht und das Ereignis auf diese Weise aus jedem beliebigen Blickwinkel betrachtet werden. Außerdem kann man den Computer so programmieren, daß uninteressante Spuren unterdrückt werden und dadurch die wesentlichen Merkmale eines Ereignisses deutlicher zum Vorschein kommen. Moderne Computer, die die Struktur eines komplizierten Ereignisses herausarbeiten und es dreidimensional aus jeder Perspektive darstellen können, helfen den Physikern, sich ein genaueres Bild von den Wechselwirkungen der Teilchen zu machen.

Beschleuniger, die hochenergetische Teilchen erzeugen, und Detektoren, die die Ergebnisse aus den Teilchenkollisionen aufzeichnen, sind die wichtigsten Hilfsmittel des Experimentalphysikers. Ihre Arbeit beruht aber wesentlich auf den physikalischen Effekten, die nur im Rahmen der Quantentheorie und der Speziellen Relativitätstheorie, den beiden tragenden Pfeilern der modernen Physik, verstanden werden können. Diese beiden Theorien ermöglichen es den theoretischen Physikern, das Verhalten der Materie in kleinsten Raumbereichen und bei hohen Energien plausibel zu machen. Die Experimentalphysiker haben auf der Grundlage dieser beiden Theorien die Techniken entwickeln können, mit denen sie Teilchen aufspüren.

Beispielsweise bewegen sich die Teilchen in einem Beschleuniger beinahe mit Lichtgeschwindigkeit. Sie gehorchen dabei den Gesetzen der Speziellen Relativitätstheorie Einsteins, die besagt, daß bewegte Körper an Masse zunehmen, wenn sie Energie gewinnen, und daß Zeitdauern und räumliche Entfernungen ganz entscheidend vom Bezugssystem abhängen, in dem sie gemessen werden. Teilchenphysiker sind mit den Begriffen der Speziellen Relativitätstheorie so vertraut, daß sie es bequemer

1.13 Albert Einstein (1879–1955) hat die Schwierigkeiten, denen sich experimentelle Teilchenphysiker gegenübersehen, in einer treffenden Bemerkung zusammengefaßt. Er verglich das Aufspüren von Elementarteilchen einmal mit einer »Jagd nach Spatzen in der Dunkelheit«.

finden, Teilchenmassen durch äquivalente Energieeinheiten auszudrücken.

Ein Proton, zum Beispiel, wiegt etwa $1,67 \times 10^{-27}$ Kilogramm – eine verschwindend kleine Masse. Nach Einstein ist die Energie (E) aber das Produkt aus der Masse (m) und dem Quadrat der Lichtgeschwindigkeit (c), also $E = mc^2$. In den Energieeinheiten, die die Teilchenphysiker verwenden, beträgt die Masse eines Protons dann 938 MeV/c². Ein Elektronenvolt (1 eV) ist dabei der Energiebetrag, den ein Elektron hinzugewinnt, wenn es durch eine elektrische Spannung von einem Volt (1 V) beschleunigt wird. Teilchenphysiker rechnen in Kiloelektronenvolt (1 keV = 1000 eV), Megaelektronenvolt (1 Mev = 10^6 eV) und Gigaelektronenvolt (1 GeV = 10^9 eV), also 1000 Millionen Elektronenvolt. Um sich die Arbeit weiter zu erleichtern, benutzen die Teilchenphysiker ein Einheitensystem, in dem die Lichtgeschwindigkeit den Zahlenwert 1 hat, so daß darin die Protonenmasse einfach mit 938 MeV angegeben werden kann. Die Masse des Elektrons ist beträchtlich kleiner als die des Protons; sie beträgt nur 0,51 MeV. Auf dieser Energieskala entspräche dem durchschnittlichen Gewicht eines Menschen ein Wert von 4×10^{31} MeV!

Die Masse eines ruhenden Protons beträgt also 938 MeV; wird ein solches Teilchen jedoch auf nahezu Lichtgeschwindigkeit beschleunigt, wächst – nach den Gesetzen der Relativitätstheorie – mit zunehmender Energie auch seine Masse. Der große Beschleuniger am Fermilab, das Tevatron, kann ein Proton auf eine Masse von 1000 GeV beschleunigen (1000 GeV = 1 TeV, das heißt ein Teraelektronenvolt); seine Masse ist dann tatsächlich auf das Tausendfache angewachsen. Würde ein Mensch im gleichen Maße beschleunigt werden, so hätte er das Gewicht eines Schwerlastzugs.

Das Relativitätsprinzip spielt noch eine weitere wesentliche Rolle in der Teilchenphysik: Aufgrund des Zeitdehnungseffekts kann nämlich ein energiereiches Teilchen mit einer Lebensdauer von nur einer Hundertmillionstelsekunde (10^{-8} s) tatsächlich einige Meter weit kommen, bevor es in andere Teilchen zerfällt. Dieser Effekt der Speziellen Relativitätstheorie besagt, daß eine bestimmte Zeitspanne — beispielsweise die Lebensdauer eines Teilchens — länger erscheint, wenn sie von einem relativ zum Teilchen bewegten Bezugssystem aus gemessen wird. Man mißt also im Laboratorium bei ruhenden Teilchen kürzere Lebensdauern als bei bewegten Teilchen. Anders ausgedrückt: Je schneller sich das Teilchen bewegt, desto langsamer verstreicht die Zeit für dieses Teilchen. Ähnlich ergeht es dem Zwilling, der in einer sehr schnellen Rakete weniger rasch altert als sein daheimgebliebener Bruder auf der Erde. Auf diese Weise können Beschleunigerstrahlen aus kurzlebigen Teilchen wie Pionen und Kaonen erzeugt werden, die für den experimentellen Einsatz hinreichend lange überleben.

Die Quantentheorie, die für die Arbeit der theoretischen Physiker entscheidend ist, spielt in der Praxis der Experimentalphysiker keine so wichtige Rolle, obwohl die Meßelektronik moderner Experimente auf der Grundlage quantenphysikalischer Prozesse arbeitet. Die Quantentheorie liefert den Theoretikern die Prinzipien, mit deren Hilfe sie das Verhalten wechselwirkender Teilchen erklären können. Die meisten Theoretiker befassen sich damit, die Meßergebnisse der Experimentalphysiker zu deuten. Im Idealfall sollte eine Theorie keine Fragen offenlassen: Sie darf also keine unbekannten Parameter enthalten, die erst gemessen werden müßten, und sie sollte Voraussagen machen, die in weiteren Experimenten geprüft werden können.

Die Anwendung der Quantentheorie auf die elektromagnetischen Wechselwirkungen der Teilchen brachte die vielleicht fruchtbarste physikalische Theorie überhaupt hervor, die Quantenelektrodynamik. Diese Theorie, die in den vierziger Jahren ausgearbeitet wurde, ermöglicht es, atomare Prozesse äußerst exakt vorauszuberechnen. Sie wurde mittlerweile zum Modell für Theorien, die andere Arten von Wechselwirkungen zwischen Teilchen beschreiben.

Das vorliegende Buch erzählt, wie wir zu unserem heutigen Verständnis der subato-

maren Teilchen gekommen sind. Es stellt die Welt der Elementarteilchen in ihren Bildern vor, angefangen von den Aufnahmen der ersten Nebelkammern und Photoemulsionen bis hin zu den modernsten Computergraphiken. Diese Bilder zeigen nicht nur, daß die subatomare Welt real und unserer Erkenntnis zugänglich ist; sie faszinieren auch durch die ihnen eigene abstrakte Schönheit.

Die folgenden Kapitel sind eine Reise ins Innerste der Materie und zugleich eine Reise durch die Zeit. Die geradzahligen Kapitel beschreiben die Geschichte der Teilchenphysik und die Techniken, die in den vergangenen hundert Jahren zur Erzeugung und Erforschung der Teilchen entwickelt wurden. Die im Laufe dieser technischen Fortschritte entdeckten Teilchen

1.14 Die Aufnahme aus dem Jahre 1965 zeigt Richard Feynman (1918–1988) bei einer seiner Vorlesungen am CERN, dem europäischen Forschungszentrum für Kern- und Elementarteilchenphysik in der Nähe von Genf. Theoretiker wie Feynman, der am California Institute of Technology in Pasadena arbeitete, tragen maßgeblich dazu bei, die experimentellen Ergebnisse der Teilchenphysik zu interpretieren. 1965 wurde Feynman gemeinsam mit Sin-itiro Tomonaga und Julian Schwinger der Physik-Nobelpreis für ihre Beiträge zur Quantenelektrodynamik (QED) verliehen; diese Theorie beschreibt die elektromagnetischen Wechselwirkungen subatomarer Teilchen.

werden in den Kapiteln 3, 5, 7 und 9 vorgestellt. Im Anschluß daran erläutert schließlich das letzte Kapitel, wie einige der Teilchen in den Dienst der Medizin gestellt oder industriell genutzt und sogar zum Nachweis von Kunstfälschungen eingesetzt wurden.

2. Die Erforschung des Atoms

Radioaktivität – das Wort allein schon beschwört eine Vielzahl von Vorstellungen herauf: einerseits schreckenerregende Bilder vom Fallout der Atombomben und von Unfällen in Atomkraftwerken bis hin zu Behandlungsmöglichkeiten im Kampf gegen den Krebs auf der anderen Seite. Radioaktivität ist zu einem Schlüsselbegriff des 20. Jahrhunderts geworden, der in vielen Menschen Mißtrauen weckt. Obwohl die Radioaktivität erst gegen Ende des 19. Jahrhunderts entdeckt wurde, handelt es sich hierbei eigentlich um einen natürlichen Prozeß, der ständig und überall abläuft, ja sogar in uns selbst – mehr noch: Natürliche radioaktive Prozesse sind notwendig für das Leben auf der Erde. Ohne Radioaktivität würden nämlich die Sterne nicht scheinen, und die Bestandteile des menschlichen Körpers hätten sich niemals bilden können. Darüber hinaus gewährt die Radioaktivität den Wissenschaftlern einen Einblick in den Atomkern im Inneren des Atoms und ermöglicht ihnen so, den grundlegenden Aufbau der Materie zu untersuchen.

Wir wissen heute, daß Radioaktivität die Folge der Umwandlung von Atomen einer Art in eine andere ist. Ein Uranatom beispielsweise kann sich spontan in ein Thoriumatom umwandeln, das geringfügig leichter ist. Dieser Umwandlungsprozeß unterliegt einem statistischen Gesetz, und da er eine geringe Wahrscheinlichkeit besitzt, ist er recht selten: Es dauert im Mittel 4 500 000 000 Jahre, bis die Hälfte eines Uranklumpens in Thorium umgewandelt ist. Während dieses Prozesses ordnen sich die Bestandteile des Atomkerns um und bilden eine stabile Konfiguration; dabei setzen die Uranatome eine Art *Strahlung* aus ihrem Inneren frei. Das Atom strebt einem energetisch günstigeren Gleichgewicht zu – ebenso wie Wasser seiner Gleichgewichtslage zustrebt, wenn es in die Horizontale zurückfließt.

Die natürlichen Umwandlungsprozesse von Uran und anderen Elementen sind die Ursache dafür, daß die Felsen und der Boden unserer Umgebung radioaktiv strahlen. Die Materialien, aus denen wir gewöhnlich unsere Häuser bauen, geben eine natürliche radioaktive Strahlung ab, und selbst unser Körper enthält radioaktive Bestandteile! Um eine Vorstellung von den quantitativen Verhältnissen zu gewinnen, nehmen wir einmal an, daß eine in Großbritannien lebende Person eine durchschnittliche Strahlendosis von 1000 Einheiten pro Jahr aus natürlichen Quellen aufnimmt: 160 Einheiten gehen davon auf das Konto der kosmischen Strahlung aus dem Weltraum; die übrigen Beiträge stammen von Felsen, Erdboden, Baumaterialien und aus Lebensmitteln. In manchen Gegenden im Südwesten Englands jedoch, wo in einer tieferliegenden Granitschicht einzelne Erzvorkommen mit hohen Urankonzentrationen liegen, kann die aus der Umgebung aufgenommene Strahlendosis unter Umständen bis zu dreimal so hoch sein. Ferner sind Menschen, die in höhergelegenen Bergregionen leben, einer höheren Strahlenbelastung ausgesetzt, weil die dünnere Erdatmosphäre sie weniger vor den kosmischen Strahlen schützt; auf 1000 Metern Höhe in den Alpen nimmt ein Mensch etwa 35 Strahlungseinheiten mehr auf als zum Beispiel ein Küstenbewohner in Holland. Andere Strahlungsquellen belasten die meisten Menschen vergleichsweise gering: Ein zweistündiger Flug in großer Höhe bedeutet eine zusätzliche Strahlenbelastung von zwei Einheiten, während einer typischen Röntgenuntersuchung beim Zahnarzt etwa zehn Einheiten entsprechen.

Die todbringende Wirkung radioaktiver Strahlung – ihre Fähigkeit, menschliches Gewebe zu zerstören – ist ihre wahrscheinlich bekannteste Eigenschaft. In Großbritannien sind einige tausend Todesfälle pro Jahr auf natürliche Strahlung zurückzuführen; das ist etwa ein Prozent der Todesfälle durch Krebs (150 000 Tote) oder Zigarettenkonsum (100 000 Tote).

Was aber ist nun Radioaktivität? Alle Atome, vom leichtesten Element Wasserstoff bis hin zu Uran, dem schwersten natürlich vorkommenden Element, bestehen aus einem kompakten, positiv geladenen Atomkern, der von vergleichsweise leichten, negativ geladenen Teilchen, den

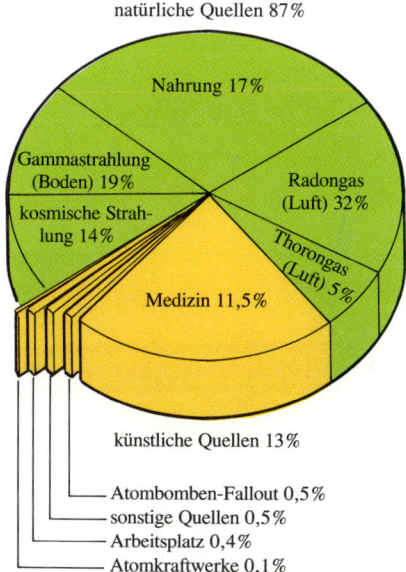

natürliche Quellen 87%

Nahrung 17%

Gammastrahlung (Boden) 19%

kosmische Strahlung 14%

Radongas (Luft) 32%

Thorongas (Luft) 5%

Medizin 11,5%

künstliche Quellen 13%

— Atombomben-Fallout 0,5%
— sonstige Quellen 0,5%
— Arbeitsplatz 0,4%
— Atomkraftwerke 0,1%

2.2 87% der gesamten Strahlendosis, die ein Bewohner Großbritanniens durchschnittlich aufnimmt, stammt aus natürlichen Quellen. Diese natürliche Strahlung wird hauptsächlich aus Felsgestein, Baumaterialien und dem Erdboden in Form von Gammastrahlen oder radioaktiven Gasen (Radon und Thoron) freigesetzt; ein weiterer Beitrag kommt mit der kosmischen Strahlung aus dem Weltraum beziehungsweise von radioaktiven Elementen, die wir mit unserer Nahrung aufnehmen. Die restlichen 13% stammen aus künstlichen Quellen, insbesondere in der medizinischen Diagnostik und Therapie.

2.1 Radioaktive Strahlung ist allgegenwärtig, auch wenn wir dieses Hinweisschild, das die Richtung zu einem Strahlenschutzbunker in Utah angibt, normalerweise unbeachtet lassen können.

Elektronen, umkreist wird. Die gleiche Anzahl positiver und negativer Ladungen läßt das Atom nach außen hin elektrisch neutral erscheinen; im Atominneren allerdings wirken immense elektrische Kräfte. Wenn die Bewegung der Elektronen an der Peripherie des Atoms durch benachbarte Atome gestört wird, spielen sich chemische Prozesse ab. Dagegen stammt die Radioaktivität aus dem Inneren des Atomkerns: Ihr Ursprung ist das Bestreben des *Kerns*, einem stabileren Gleichgewichtszustand näherzukommen. Dadurch wird der Umwandlungsprozeß in Gang gesetzt, der die Strahlung freisetzt.

Es gibt im wesentlichen drei Arten von Radioaktivität, für die jeweils die Emission sogenannter Alpha-, Beta- beziehungsweise Gammastrahlen charakteristisch ist. Obwohl sich diese radioaktiven Emissionen völlig voneinander unterscheiden, wurden sie im Laufe ihrer Entdeckungsgeschichte alle als Strahlen oder Strahlung bezeichnet − beide Begriffe werden synonym gebraucht. Die Gammastrahlung entspricht vielleicht am ehesten der gängigen Vorstellung von Strahlen, weil sie aus einer nicht sichtbaren, aber sehr energiereichen elektromagnetischen Strahlung besteht, die etwa eine Million Male mehr Energie besitzt als sichtbares Licht.

Bei den beiden anderen Arten, der Alpha- und der Beta-Radioaktivität, wird keine elektromagnetische Strahlung freigesetzt, sondern es werden elektrisch geladene, subatomare Teilchen emittiert. Betastrahlen haben ein größeres Durchdringungsvermögen als Alphastrahlen; sie bestehen aus Elektronen, die sich zwar nicht von den Elektronen der Atomhülle unterscheiden, aber anderen Ursprungs sind. Sie werden vom Atomkern fortgeschleudert und bewegen sich so schnell, daß sie Bleifolien von einem Millimeter Dicke durchdringen können. Eine Zeitlang waren Physiker der Auffassung, daß die Elektronen der Betastrahlung tatsächlich Bestandteile des Kerns seien, was aber nicht der Fall ist. Sie werden vom Atomkern spontan erzeugt und unmittelbar darauf abgestoßen.

Die Alphastrahlen haben im Vergleich zu den beiden anderen Strahlungsarten das geringste Durchdringungsvermögen.

Auch sie bestehen aus Teilchen − in diesem Fall positiv geladenen −, die als Heliumkerne identifiziert wurden. Emittiert ein Element ein Alphateilchen, so verwandelt es sich in ein anderes Element; beispielsweise verwandelt sich Uran unter Aussendung eines Alphateilchens in Thorium. Diese Entdeckung im Jahre 1902 rief große Bestürzung hervor; denn hiermit war zum ersten Mal nachgewiesen worden, daß sich die Atome eines Elements spontan in Atome anderer Elemente umwandeln können. Daraus war zu folgern, daß die Atome verschiedener Elemente zusammengesetzte Gebilde aus noch elementareren Teilchen sind und nicht wirklich unteilbar und fundamental sein konnten.

Heute wissen wir, daß diese Folgerung richtig ist: Atome bestehen aus Elektronen und einem Kern, der selbst aus positiv geladenen Protonen und elektrisch neutralen Neutronen zusammengesetzt ist. Auf welche Weise die Wissenschaftler am Anfang des 20. Jahrhunderts zu diesen Ergebnissen kamen, wollen wir in diesem Kapitel beschreiben, insbesondere, wie die Entdeckung der Röntgenstrahlen im Jahre 1895 eher beiläufig zur Entdeckung der Radioaktivität führte und wie diese wiederum den Weg für ein neues Verständnis des Atominneren bereitete und die Kernphysik begründete.

Elektronen und Röntgenstrahlen

Die industrielle Revolution brachte im Europa und Amerika des ausgehenden 19. Jahrhunderts allmählich auch einen verbesserten Lebensstandard für die Arbeiterklasse mit sich. Schmutzige und gefährliche Arbeiten, die zuvor von Hand durchgeführt wurden, konnten nun von Maschinen übernommen werden. Der Mensch war dabei, sich die Natur mit Hilfe der Wissenschaft gefügig zu machen und sie für seine Zwecke auszubeuten.

Die Dampfmaschine war damals der Inbegriff angewandter Thermodynamik; das elektrische Licht begann seinen unaufhaltsamen Siegeszug durch die Wohnungen, und die ersten Elektromotoren wurden gerade entwickelt. Die Idee der Atome als kleinste, unteilbare Bestandteile der Materie setzte sich zwar allmählich durch, schien jedoch von geringer praktischer Bedeutung zu sein. Man hatte das Gefühl, daß es in der Physik nichts Neues mehr zu entdecken gäbe; alles, was jetzt noch zu tun wäre, bestünde darin, den ganzen Nutzen aus der technischen Beherrschung der Natur zu ziehen: ein Gefühl der Allwissenheit erfaßte die Menschen.

Die Weiterentwicklung der Technik schaffte damals neue Möglichkeiten, die wissenschaftliche Forschung in bislang unbekanntes Terrain voranzutreiben, vor allem auf dem Gebiet der Elektrizität. Die Erforschung der Elektrizität, deren Entstehung und besondere Eigenschaften noch weitgehend im dunkeln lagen, war eines der großen wissenschaftlichen Abenteuer des 19. Jahrhunderts.

Eine Möglichkeit zur Untersuchung der Elektrizität war, die Vorgänge beim Durchgang elektrischen Stroms durch alle möglichen Arten von Substanzen − vor allem auch Gasen − zu beobachten. Bereits zu Beginn des 19. Jahrhunderts hatten Wissenschaftler die reizvollen Leuchteffekte bemerkt, die einen elektrischen Strom begleiten, wenn dieser durch ein Gas bei niedrigem Druck fließt − ein Phänomen, das wir heute in den Quecksilber- und Natriumdampflampen der Straßenbeleuchtung ausnutzen. Neue, verbesserte Vakuumpumpen, eine der vielen Erfindungen des 19. Jahrhunderts, kamen ab etwa 1880 in Gebrauch und ermöglichten den Wissenschaftlern, diese Untersuchungen weiterzuführen. Ihre Grundausrüstung war eine dünne Glasröhre, in der an beiden Enden Metallelektroden angebracht waren, sowie eine Pumpe, um die Luft aus der Röhre zu pumpen. Sobald ein elektrischer Strom durch das verdünnte Gas floß, war im Gas und auf der Innenseite der Glasröhre ein geheimnisvolles Leuchten zu sehen.

Diese Röhren wurden nach dem englischen Physiker William Crookes benannt, der im Jahre 1879 begann, diese elektrischen Leuchtphänomene systematisch zu untersuchen. Das farbige Licht, das man in den Crookesschen Röhren sah, war reizvoll und merkwürdig zugleich; Crookes,

der sich für Spiritualismus und übersinnliche Wahrnehmungen interessierte, mag dies besonders beschäftigt haben. Er war unter anderem Gründungsmitglied der Society for Psychical Research, einer Gesellschaft, die sich solchen Themen widmete. Die Crookessche Röhre wurde zum Vorläufer der modernen Fernsehbildröhre.

Wie kommt nun das geheimnisvolle Leuchten in der Crookesschen Röhre zustande, und wie fließt der elektrische Strom durch das verdünnte Gas in der Röhre? In den siebziger Jahren des vergangenen Jahrhunderts fanden die Forscher heraus, daß − obwohl weiterhin ein Strom floß − das Gas in der Tat zu leuchten aufhörte, sobald sie den Gasdruck immer mehr verringerten. Gleichzeitig erschien ein Leuchtfleck an der Röhrenwand gegenüber der negativen Elektrode oder Ka-

2.3 William Crookes (1832−1919). Diese Karikatur von Spy erschien 1903 in dem Magazin *Vanity Fair* und zeigt Crookes mit einer der nach ihm benannten Entladungsröhren.

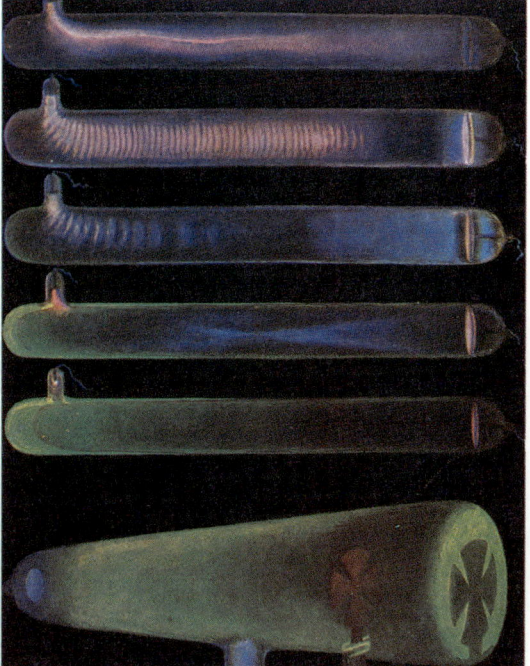

2.4 Ein wechselndes Muster farbiger Lichter erhält man, wenn man einen Strom durch eine Crookessche Röhre schickt und das Gas nach und nach herauspumpt; schließlich bleibt ein grünlicher Schimmer an der Innenseite des Glases, wenn die Röhre weitgehend evakuiert ist (fünfte Röhre von oben). In der untersten Röhre befindet sich ein Kreuz, das einen Schatten auf die rechtsseitige Röhrenwand wirft. Es müssen also Strahlen irgendwelcher Art die Glasröhre durchqueren, die von der negativen Elektrode (Kathode) ausgehen und von der positiven Anode angezogen werden.

thode. Brachte man einen Körper in das Innere der Röhre, konnte man deutlich seinen Schatten an der Glaswand sehen; dies bewies, daß von der Kathode Strahlen ausgehen mußten, die das Glas dort zum Leuchten brachten, wo sie auftrafen; man nannte sie daher *Kathodenstrahlen*.

Um die Mitte der neunziger Jahre des vergangenen Jahrhunderts gab es zwei konkurrierende Hypothesen darüber, was Kathodenstrahlen sein könnten: wellenartige Schwingungsvorgänge oder energiereiche, geladene Teilchen. 1895 wies Jean Perrin in Paris nach, daß die Strahlen negative elektrische Ladung tragen; mit Hilfe eines Magneten konnte er den fluoreszierenden Fleck und damit die Strahlen selbst ablenken. Damals herrschte jedoch eine weit verbreitete Abneigung, an eine neue Art von Teilchen zu glauben. Zwei Jahre später konnte dann J. J. Thomson, Professor für Physik an der Universität von Cambridge, in einer Reihe weiterer Experimente definitiv zeigen, daß Kathodenstrahlen tatsächlich Teilchenströme sind.

Thomson fand heraus, daß die Teilchenstrahlen sowohl durch magnetische als auch durch elektrische Felder abgelenkt werden konnten. Seine Entdeckung war möglich geworden, da er ein besseres Vakuum herstellen konnte als andere Forscher vor ihm; in einer schlecht evakuierten Röhre reicht nämlich das Restgas aus, die Elektrizität abzuleiten, so daß ein statisches elektrisches Feld nicht aufrechterhalten werden kann. Die Auswertung der gemessenen Teilchenablenkungen in den elektrischen und magnetischen Feldern führte Thomson zu einem bemerkenswerten Ergebnis: Die negativ geladenen Teilchen besaßen eine Masse, die etwa 2000mal kleiner war als die Masse eines Wasserstoffatoms, des leichtesten aller bekannten Atome. Da man damals jedoch annahm, Atome seien unteilbar, durfte es eigentlich gar keine Teilchen geben, die leichter als Wasserstoffatome waren!

Thomson erhielt immer das gleiche Ergebnis, unabhängig davon, welches Material er für die Kathoden verwandte und welches Gas er in die Röhre füllte. So kam er zu dem Schluß, daß die Kathodenstrahlen »Materie in einem neuen Zustand« sein mußten, »einem Zustand, in dem die Materie sehr viel feiner unterteilt ist ... (und) diese Materie die Substanz ist, aus der alle chemischen Elemente aufgebaut sind«. Diese neuen Teilchen wurden Elektronen genannt, und Thomson wurde für seine Arbeiten im Jahre 1906 der Nobelpreis verliehen.

2.5 Joseph John (J. J.) Thomson (1856–1940) zeigt hier in einem Demonstrationsversuch die Röhre, mit der er das Verhältnis von elektrischer Ladung und Masse für die Kathodenstrahlen bestimmen konnte. Seine Meßergebnisse führten ihn zu der Schlußfolgerung, daß die Kathodenstrahlen aus winzigen subatomaren Korpuskeln bestehen – den Elektronen.

Heute wissen wir, daß die Elektronen die Trägerteilchen des elektrischen Stroms in der Crookesschen Röhre sind und das geheimnisvolle Leuchten hervorrufen. Die Elektronen werden von der Kathode emittiert und nehmen Energie auf, da sie im elektrischen Feld der Röhre beschleunigt werden. Dabei können sie mit den Atomen des verdünnten Gases kollidieren und ihre Energie an sie abgeben, worauf die so angeregten Gasatome die aufgenommene Energie als Licht wieder abstrahlen: Das Gas leuchtet. Ist jedoch der Gasdruck niedrig genug, können die Elektronen die Röhre ohne eine Kollision durchqueren; das Leuchten verschwindet dann weitgehend, und die Kathodenstrahlen hinterlassen nur dort einen fluoreszierenden Fleck, wo sie auf die gegenüberliegende Glaswand treffen.

Auch heute noch, nahezu ein Jahrhundert später, behalten Thomsons Schlußfolgerungen ihre Gültigkeit. Nach wie vor spricht alles dafür, daß Elektronen fundamentale Teilchen sind: Selbst mit den besten „Mikroskopen" hat man bisher keine Hinweise auf eine innere Substruktur finden können. Die Entdeckung des Elektrons war die Basis für die moderne Revolution in der Elektronik und in der Datenverarbeitung. Sie ist ein gutes Beispiel dafür, wie reine Grundlagenforschung in der Physik einige Jahrzehnte später zu tiefgreifenden Veränderungen in der Gesellschaft führen kann. Thomsons Entdeckungen im Jahre 1897 erbrachten indes den ersten Beweis, daß Atome nicht homogen wie Billardkugeln sind, sondern eine komplizierte innere Struktur besitzen.

Wenn nun Atome negativ geladene Elektronen enthalten, dann müssen auch entsprechend viele positive Ladungen vorhanden sein, da die Atome nach außen hin elektrisch neutral erscheinen. Wo sind diese positiven Ladungen im Atom, und wie können wir jemals hoffen, sie im Inneren der winzigen Atome zu finden? Das entscheidende Hilfsmittel, das all diese Fragen beantworten half, war die Radioaktivität, die im Jahr vor Thomsons Einführung des Elektrons eher beiläufig bei Untersuchungen entdeckt worden war, die eigentlich den rätselhaften Röntgenstrahlen galten, einem anderen neuen Phänomen, das Mitte der neunziger Jahre Aufsehen erregte.

Einer der vielen Forscher, die das seltsame Leuchten in den Crookesschen Röhren untersuchten, war Wilhelm Röntgen, ein angesehener deutscher Professor, der in Würzburg arbeitete. Im Jahre 1895 hatte er versehentlich einige unbelichtete photographische Platten gut verpackt in der Nähe seiner Röhre liegen lassen. Als er sie einige Zeit später benutzen wollte, bemerkte er, daß sie geschwärzt waren; selbst als Röntgen die Abfolge der Ereignisse mehrfach wiederholte, kam er immer zu dem gleichen Ergebnis: Die unbelichteten, gut verpackten Photoplatten waren immer teilweise geschwärzt, wenn er sie neben der Crookesschen Röhre liegen gelassen hatte.

Eines Nachts, als Röntgen gerade sein Laboratorium verließ, erinnerte er sich, daß er vergessen hatte, die Crookessche Röhre auszuschalten. Er kehrte in den dunklen Raum zurück und bemerkte ein Leuchten, das von einem Blatt Papier auf dem Tisch ausging. Das Papier war mit Bariumplatinzyanid bestrichen, einer Substanz, die dafür bekannt ist, daß sie bei starkem Licht ein kaltes Leuchten ausstrahlt. Aber es war alles dunkel! Und die Crookessche Röhre war mit dünnem schwarzen Karton abgedeckt!

Röntgen erkannte, daß der Grund für dieses Leuchten der gleiche sein mußte wie für die belichteten Photoplatten: bisher unbekannte unsichtbare Strahlen, die von der Crookesschen Röhre ausgingen; er nannte sie *X-Strahlen*. (Im Jahre 1896 wurden sie zu Ehren ihres Entdeckers erstmals als *Röntgenstrahlen* bezeichnet.) Bald darauf bemerkte Röntgen ihre verblüffendste Eigenschaft, durch die sie weithin bekannt wurden: ihr Vermögen, viele Materialien ebenso zu durchdringen, wie sichtbares Licht Glas durchdringt. Wir wissen inzwischen, daß Röntgenstrahlen eine Art Licht mit sehr kurzer Wellenlänge sind. Viele Materialien, die für die längeren Wellenlängen des sichtbaren Lichts undurchlässig sind, lassen die kurzwelligeren Röntgenstrahlen ohne weiteres durch. Die Strahlen können Haut und Gewebe durchdringen, und nur wenn sie auf dichteres Material wie etwa die festere Knochensubstanz treffen, werfen sie einen Schatten.

2.6 Wilhelm Röntgen (1845–1923).

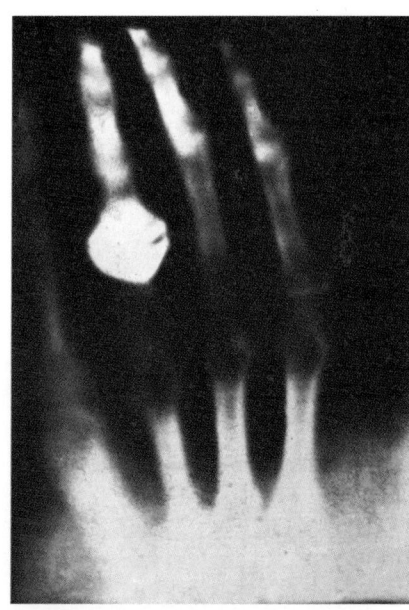

2.7 Röntgens erste, mit X-Strahlen gemachte Aufnahme von einem Menschen zeigt die Hand seiner Frau; deutlich zeichnet sich der Ring ab, den sie bei der Bestrahlung trug. (Im angelsächsischen Sprachraum ist die Bezeichnung *X-rays* auch heute noch üblich.)

Eine weitere wichtige Eigenschaft der Röntgenstrahlen wurde kurze Zeit später entdeckt: Röntgenstrahlen „elektrisieren" die sie umgebende Luft und machen sie bei Normaldruck zu einem guten elektrischen Leiter. An diesem Phänomen der *Ionisation* war insbesondere J. J. Thomson in Cambridge interessiert. Gemeinsam mit seinem jungen Assistenten Ernest Rutherford, von dem wir später mehr hören werden, untersuchte er diesen Effekt im Jahre 1896 näher. Sie konnten nachweisen, daß Röntgenstrahlen die Luftatome in eine gleiche Anzahl von negativ geladenen Teilchen und positiv geladenen Teilchen, die *Ionen*, aufspalten.

Später gelang es Thomson, die negativ geladenen Teilchen mit den von ihm eingeführten Elektronen zu identifizieren. Bei den positiv geladenen Ionen handelte es sich nach seiner Vorstellung um Atome, denen eines oder mehrere ihrer Elektronen fehlten, was tatsächlich zutrifft. Ein einzelnes Röntgenquant − ein energiereiches Photon − kann ein Elektron aus einem Atom der Luft oder einem anderen Medium herausschlagen („ionisieren") und dabei einen positiv geladenen Atomrumpf, ein Ion, zurücklassen. Das Photon verliert bei dieser Wechselwirkung seine gesamte Energie und wird dabei vernichtet: Es wird „absorbiert". Das Elektron und das Ion können sich später wieder zu einem elektrisch neutralen Atom vereinigen. Dieser Ionisierungsprozeß ist für die Teilchenphysik von grundlegender Bedeutung, denn er wird nicht nur durch Röntgenstrahlung ausgelöst, sondern auch durch beliebige elektrisch geladene Teilchen, zum Beispiel von Elektronen selbst. Die Ionisierung durch Teilchen verläuft jedoch etwas anders: Während ein Photon im allgemeinen seine gesamte Energie bei einem Stoßereignis abgibt, verliert ein hochenergetisches geladenes Teilchen pro Ereignis nur einen kleinen Anteil seiner Energie und erzeugt so in vielen aufeinanderfolgenden Wechselwirkungen einen Schweif von Ion-Elektron-Paaren. Diese Ionisationsspur können wir sichtbar machen und auf diese Weise die Wirkungen der kleinsten Bausteine der Materie „sehen".

2.8 Henri Becquerel (1852−1908).

Die Entdeckung der Radioaktivität

Im Jahre 1901 wurde Röntgen der erste Physik-Nobelpreis für die Entdeckung der nach ihm benannten Strahlen verliehen. Inzwischen hatten Illustrierte die sonderbaren Röntgenbilder für sich entdeckt, die eine bis dahin verborgene Innenwelt der Dinge zeigten, von der die Öffentlichkeit wie die Wissenschaftler gleichermaßen fasziniert waren. Die Menschen des prüden viktorianischen Zeitalters befürchteten gar, daß man mit Hilfe der Röntgenstrahlen die Damen unter ihren vielen Unterröcken nackt sehen könnte. Den Wissenschaftlern hingegen stellte sich die nach wie vor offene Frage, wie die Röntgenstrahlung entstand.

Am 20. Januar 1896 trug Henri Poincaré der Französischen Akademie der Wissenschaften seine Vorstellungen von der Entstehung der Röntgenstrahlen vor. Die Röntgenstrahlen schienen von dem leuchtenden Fleck auszugehen, wo die Kathodenstrahlen auf die Glaswand der Crookesschen Röhre auftrafen. Dies veranlaßte Poincaré zu der Vermutung, daß Röntgenstrahlen nicht allein in Crookesschen Röhren aufträten, sondern von allen fluoreszierenden Körpern ausgestrahlt würden − also von Materialien, die leuchten, wenn sie einer starken Lichtquelle wie der Sonne ausgesetzt sind. Innerhalb weniger Tage wurden von vielen Wissenschaftlern Versuche mit fluoreszierenden Materialien durchgeführt. Die Durchführung war denkbar einfach: Man wickelt eine Photoplatte in schwarzes Papier ein, legt ein Stück der fluoreszierenden Substanz obenauf, setzt das Ganze eine Zeitlang dem Sonnenlicht aus und entwickelt die Platte anschließend.

Dieselbe Idee hatte Henri Becquerel, ein Professor an der École Polytechnique und am Naturkundemuseum in Paris. Der damals 44jährige Becquerel, der aus einer alten Gelehrtenfamilie stammte, hatte einige Jahre zuvor seinem Vater, der ebenfalls Physiker war, bei einem Experiment mit Uransalzen geholfen und dabei bemerkt, daß die Kristalle noch einige Zeit, nachdem sie aus dem Sonnenlicht genommen worden waren, nachleuchteten. So benutzte er nun bei seinen Experimenten mit

Röntgenstrahlen dieselben Uransalze in der Hoffnung, aus dieser Quelle eine intensive Röntgenstrahlung und so einen deutlichen Abdruck auf den Photoplatten zu bekommen.

Am 26. Februar 1896 bereitete Becquerel seine Versuche mit dem Uransalz vor, konnte sie jedoch nicht ausführen, weil die Sonne den ganzen Tag nicht zum Vorschein kam. So räumte er alles wieder unverändert in eine Schublade: die in schwarzes Papier eingewickelten Photoplatten; darauf, zwischen dem Papier und dem Uran, eine ausgeschnittene Metallschablone, die einen eindeutigen Schatten auf dem Photo hinterlassen und helfen sollte, andere Ursachen einer eventuellen Schwärzung auszuschließen; schließlich das Uransalz, auf das es eigentlich ankam, das jedoch ohne die Anregung durch das Sonnenlicht nicht in der Lage sein sollte, den gewünschten Effekt zu zeigen — so jedenfalls dachte Becquerel.

Die Sonne kam auch während der nächsten drei Tage nicht hinter den Wolken hervor, und am 1. März beschloß Becquerel, die Platte trotzdem zu entwickeln — vermutlich, um zu beweisen, daß ohne stimulierendes Sonnenlicht nur eine geringe Schwärzung der Photoplatte zu sehen sein würde. Zu seinem Erstaunen fand er statt dessen ein sehr deutliches Bild. Das Uransalz gab offensichtlich selbst in stockdunkler Umgebung unsichtbare Strahlen ab.

Becquerel fand bald heraus, daß die Strahlen von dem Urananteil im Salz herrührten. Er machte daraufhin Aufnahmen von Proben aus reinem, metallischem Uran und stellte dabei fest, daß die Strahlen in mancher Hinsicht Röntgenstrahlen ähnelten: Sie waren unsichtbar, schwärzten photographische Platten und ionisierten Luft, spalteten also die Luftatome in positive und negative Ladungsträger auf und machten sie dadurch elektrisch leitend. In zweierlei Hinsicht verhielt sich die Strahlung aus dem Uran jedoch anders: Erstens durchdrangen die Uranstrahlen keine Materialien, und zweitens wurden sie vom Uran und von uranhaltigen Legierungen ohne jede äußere Anregung spontan emittiert. Tag und Nacht, über Wochen — und, wie wir heute wissen, über Jahrtausende — gibt das Uran seine unsichtbare Strahlung ab. Dagegen wurden die Röntgenstrahlen nur erzeugt, wenn Kathodenstrahlen, also hochenergetische Elektronen, auf ein Material wie die Glaswand am Ende einer Crookesschen Röhre trafen.

In diesem Zusammenhang muß erwähnt werden, daß die Qualität des photographischen Materials in den neunziger Jahren des vergangenen Jahrhunderts recht unterschiedlich war. Mehrere Experimente, die eine Schwärzung der Photoplatten durch nichtradioaktive Salze ergaben, wurden vermutlich mit schlechtem Aufnahmematerial gemacht. Um die Uranstrahlung nachzuweisen, benötigte man makellose photographische Platten, große Sorgfalt und Geschicklichkeit. Becquerel gelang seine Entdeckung — die Radioaktivität von Uran — aufgrund seines großen experimentellen Könnens, während andere an der mangelhaften technischen Durchführung ihrer Experimente scheiterten. Die Entdeckung Becquerels wird oft ein wenig herablassend als „zufällig" bezeichnet, als sei ihm ein Glückstreffer in einer Lotterie zugefallen. Damit tut man ihm aber unrecht; wie Röntgen vor ihm wurde er auf das *Unerwartete* aufmerksam und

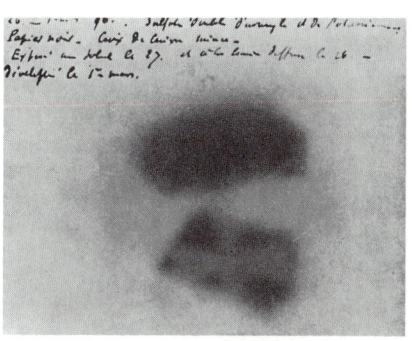

2.10 Becquerels erster Hinweis auf die Existenz einer radioaktiven Strahlung. Diese unscharfen Konturen zeichneten sich auf der photographischen Platte ab, die er im Februar 1896 ein paar Tage unter den Uransalzen in einer Schublade liegengelassen hatte.

ging ihm auf den Grund. Und wie Röntgen und Thomson wurde auch Becquerel mit dem Nobelpreis geehrt, den er im Jahre 1903 zusammen mit zwei Forschern erhielt, deren Namen seither im gleichen Atemzug mit dem Begriff der Radioaktivität genannt werden: Pierre und Marie Curie. (Der Ausdruck „Radioaktivität" wurde von Marie Curie geprägt.)

Fünf Jahre vor der Entdeckung der Radioaktivität war Manya (Maria) Sklodowska aus ihrem Heimatland Polen nach Paris gekommen, um Wissenschaftlerin zu werden. Sie hatte es nicht leicht: Um ihren Lebensunterhalt zu verdienen, reinigte sie Laborgeräte an der Sorbonne und gab Unterricht. Das reichte gerade aus, um die Miete für ihr kleines Zimmer in einer Dachwohnung bezahlen zu können. Sie war eine außerordentlich begabte Studentin; bald nach ihrem Examen im Jahre 1895 heiratete sie den Physikprofessor Pierre Curie und arbeitete von nun an in seinem Laboratorium. Als die Curies von den Entdeckungen Becquerels hörten, beschloß Marie Curie, die neue Art von Strahlung in ihrer Doktorarbeit zu untersuchen. Insbesondere wollte sie herausfinden, ob Uran das einzige Element sei, das radioaktive Strahlen emittiere, und die von verschiedenen Substanzen abgegebenen Strahlungsmengen messen.

Aufgrund der Dichte der schwarzen Punkte auf einer Photoplatte konnte damals bereits bestimmt werden, ob eine Materialprobe schwächer oder stärker strahlte. Diese Methode erlaubte jedoch keine sehr genauen Aussagen, und so entschied sich Marie Curie für ein anderes Meßverfahren. Sie baute einen kleinen Kondensator aus zwei parallel angeordneten Metallplatten, die durch eine Luftschicht voneinander getrennt waren; eine der Platten wurde elektrisch aufgeladen, die andere geerdet. Nun ist trockene Luft aber ein schlechter Elektrizitätsleiter, und so fließt normalerweise in einem solchen Kondensator ein sehr geringer Strom; sobald man jedoch nur ein wenig Uran auf eine der

beiden Platten sprenkelte, ionisierten seine Strahlen die Luft zwischen ihnen, wodurch der Stromfluß anstieg. Je intensiver die Strahlen waren, desto stärker war der elektrische Strom, den Marie Curie mit einem von ihrem Mann erfundenen empfindlichen Gerät messen konnte.

„Stärker" mag hier vielleicht ein irreführender Begriff sein, denn die Ströme waren von der Größenordnung eines Milliardstel Ampere, waren aber dennoch nachweisbar. Marie Curie untersuchte eine große Anzahl verschiedener Materialien, fand darunter aber nur noch ein weiteres radioaktives Element, das Thorium. Außerdem bestimmte sie die Intensität der radioaktiven Strahlung von einigen chemisch reinen Uranverbindungen. Die gemessene Stromstärke war dabei immer direkt proportional dem prozentualen Urananteil in der Materialprobe. Die Radioaktivität einer Substanz, die zehn Prozent Uran enthielt, war also zehnmal geringer als die des reinen Urans. Zu ihrem Erstaunen fand sie jedoch auch heraus, daß rohe, chemisch unreine Uranerze eine höhere Radioaktivität aufwiesen, als aufgrund ihres Urangehalts zu erwarten war. Marie Curie vermutete, daß unter den Verunreinigungen in den Uranerzen eine noch stärker strahlende Substanz als Uran zu finden sein müßte.

Aus einer Tonne Uranerz, der sogenannten Pechblende, extrahierten die Curies im Laufe des Jahres 1898 einige Gramm der gesuchten Substanz. Gleich zwei radioaktive Elemente kamen dabei zum Vorschein: Polonium, benannt nach der Heimat Marie Curies, und Radium, die bis heute stärkste radioaktive Strahlungsquelle.

Radiumstrahlung ist millionenfach intensiver als die Strahlung des Urans — die beiden sind so ungleich in ihrer Wirkung wie der Aufprall einer Gewehrkugel und das Streifen einer Feder. Jede Radiumquelle ergießt einen reißenden Energiestrom in ihre Umwelt. Radiumhaltige Kristalle leuchten so hell, daß man in einem ansonsten dunklen Raum sogar lesen kann. Radium kann die Haut verbrennen, wie Pierre Curie am eigenen Leibe erfuhr. Während Uran erst nach Stunden einen photographischen Abdruck hinter-

2.11 Pierre Curie (1859—1906) und Marie Curie (1867—1934). Das Titelblatt einer Zeitschrift aus dem Jahre 1904 porträtiert die beiden Forscher während der Arbeit in ihrem Labor.

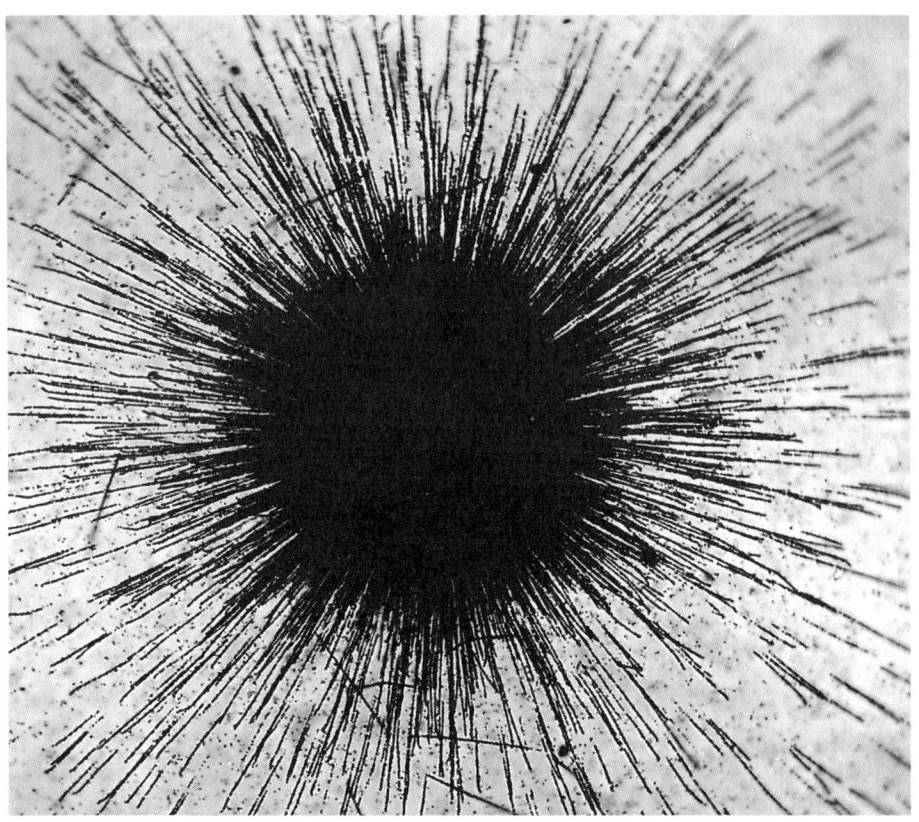

läßt, schwärzt Radium die Photoplatte sofort. Als zu Beginn des 20. Jahrhunderts qualitativ bessere Beschichtungen für Photoplatten entwickelt wurden, gelang es auch, die Radiumstrahlung direkt abzulichten (siehe Abbildung 2.12).

Armbanduhren mit Leuchtziffern, Revuetänzerinnen in radiumbestrichenen Kostümen auf verdunkelten Bühnen und leuchtende Chips in Spielsalons sind nur einige wenige Beispiele dafür, zu welchen Zwecken das Radium damals verwendet wurde. Es war überwältigend, welch schwindelerregende Energien sich in der Radioaktivität entfalteten. Die Zeitungen berichteten, daß die in einem Gramm Radium enthaltene und durch Radioaktivität freigesetzte Energie ausreichen würde, ein Schiff mit einem 50-PS-Motor mit einer Geschwindigkeit von 50 Kilometern in der Stunde um die ganze Erde fahren zu lassen – vorausgesetzt, es wäre möglich, die gesamte Strahlungsenergie in Antriebsenergie umzuwandeln. Zudem konnte die Strahlung Krebszellen abtöten und wurde von den Medien als ein Heilmittel gegen Krebs gepriesen, das greifbar nahe schien.

Im Zuge dieser allgemeinen Euphorie gründete Marie Curie das berühmte Institut für Radiumforschung in Paris. Erst später bemerkte man, daß Radium und überhaupt Radioaktivität nicht nur isolierte Krebszellen zerstören, sondern auch krebsartige Veränderungen in gesundem Gewebe bewirken kann. Einige der an den Arbeiten beteiligten Forscher starben. Pierre Curie wurde 1906 bei einem tragischen Unfall von einem Pferdewagen überrollt. Er hatte jedoch damals bereits deutliche Anzeichen einer radioaktiven Verseuchung aufgrund seines ständigen und ungeschützten Umgangs mit der Strahlung.

2.12 Die obenstehende Aufnahme zeigt Spuren von Alphateilchen, die aus einem Stückchen Radiumsalz herausgeschleudert wurden. Die Radiumquelle lag dabei direkt auf der Oberfläche der speziell beschichteten Photoplatte; auf dem entwickelten Negativ-Bild erscheinen die Spuren der elektrisch geladenen Alphateilchen als dunkle Strahlen. (Ihr Ausgangspunkt hat einen wahren Durchmesser von etwa einem zehntel Millimeter.)

2.13 »Gegen Rheuma, Arthritis, Gicht und nervöse Störungen« – so wird in dieser Werbeanzeige die belebende Wirkung von „Radonwasser" angepriesen. »Radonwasser«, so heißt es dort, »hält die Harnsäureverbindungen in ihren leicht löslichen Bestandteilen (Kohlensäure und Ammoniak), die – als Gase – sofort auf natürlichem Wege ausgeschieden werden ...« Man benutzte einen Ballon, der eine genau definierte Menge des »lebenswichtigen radioaktiven Elements, das die Quelle des Radons ist«, enthielt, und einen üblichen Siphon, um das Wasser zu dosieren.

Rutherford und die Radioaktivität

Becquerel hatte zwar die Radioaktivität entdeckt, und die Curies hatten das Radium isoliert, aber es war Ernest Rutherford, der ihre Entdeckungen zu einem Instrument der wissenschaftlichen Forschung weiterentwickelte. Rutherford benutzte die neuen Strahlen als Geschosse, mit denen er Atome bombardierte, um so das Atominnere zu sondieren. In diesen Untersuchungen, die er als Forschungsstipendiat in Cambridge in den neunziger Jahren begann und später als Professor an der McGill-Universität in Montreal und in Manchester fortführte, konnte Rutherford zeigen, daß das Atom in mancher Hinsicht einem Planetensystem im Kleinen ähnelt. Im Jahre 1919 kehrte Rutherford schließlich als Nachfolger seines Lehrers J. J. Thomson an das Cavendish-Laboratorium nach Cambridge zurück; er war damals einer der hervorragendsten Experimentalphysiker seiner Zeit.

Bereits als junger Student hatte er ein Stipendium erhalten und war 1895 aus seiner Heimat Neuseeland nach Cambridge gekommen, um dort mit seinen Forschungen über die Radioaktivität zu beginnen. In den Jahren 1897/98 entdeckte er zwei Komponenten der radioaktiven Strahlung, die er Alpha- beziehungsweise Betastrahlen nannte.

Rutherford hatte zusammen mit Thomson die ionisierende Wirkung von Röntgenstrahlen, insbesondere den Durchgang elektrischer Ströme durch ionisierte Gase, untersucht. Die Entdeckung der Radioaktivität gab Rutherfords Forschung eine neue Richtung. Er wandte sich der Ionisation durch Uranstrahlung und bald darauf der Strahlung selbst zu. Die ionisierende Wirkung der Radioaktivität in Gasen benutzte er jetzt nur mehr als ein Mittel zu ihrer Erforschung.

In der Regel führte Rutherford seine Untersuchungen mit einem Elektrometer als Meßinstrument durch. Es gibt verschiedene Ausführungen dieses Geräts, die jedoch alle auf dem Prinzip beruhen, die Auslenkung eines geladenen Metallstreifens in einem elektrischen Feld zu messen. Wird nun die den Metallstreifen umgebende Luft ionisiert und damit leitfähig, wandert die Ladung auf dem Streifen nach und nach ab, und es fließt kurzzeitig ein elektrischer Strom; aufgrund seiner nun geringeren Ladung bewegt sich der Metallstreifen. Aus der Geschwindigkeit dieses Vorgangs konnte Rutherford den Ladungsverlust pro Zeiteinheit bestimmen

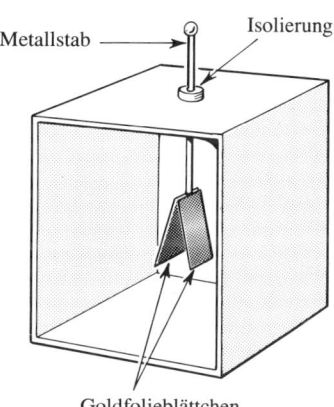

Metallstab — Isolierung

Goldfolieblättchen

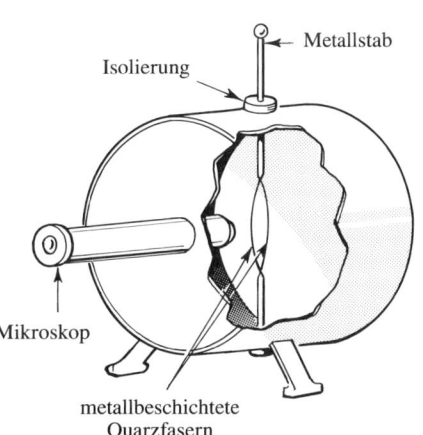

Isolierung — Metallstab

Mikroskop

metallbeschichtete Quarzfasern

2.14 Das Goldblättchen-Elektroskop (oben im Bild) war eines der ersten Meßinstrumente zur Erforschung elektrischer Phänomene. Im Prinzip besteht es aus zwei dünnen Streifen Goldfolie, die an einem Metallstäbchen zusammen aufgehängt sind. Wenn das Metallstäbchen elektrisch aufgeladen wird, sammeln sich gleichnamige Ladungen auf den beiden Goldblättchen, die einander abstoßen: Die Goldblättchen spreizen sich. Wird nun die Luft im Gehäuse ionisiert (zum Beispiel durch Bestrahlung), so werden die Ladungen auf den Goldblättchen nach und nach neutralisiert: Die elektrische Abstoßung nimmt ab, und die Blättchen fallen allmählich wieder in sich zusammen. Weiterentwicklungen des Elektroskops, die genaue quantitative Bestimmungen elektrischer Ladungen ermöglichen, heißen Elektrometer. Das hier (unten) abgebildete Gerät wurde von Theodor Wulf (siehe auch Seite 85) entwickelt. Es enthält zwei straff gespannte, metallbeschichtete Quarzfasern, die einander abstoßen, wenn sie aufgeladen werden. Der Abstand zwischen den Drähten ist ein Maß für die Abstoßungskraft und kann an der Mikroskop-Vorrichtung abgelesen werden.

2.15 Ernest Rutherford (1871–1937) als Student in Neuseeland im Jahre 1892.

2.16 Die Spur eines Alphateilchens. Bereits Rutherford entdeckte, daß radioaktive Materialien drei verschiedene Arten von Strahlen emittieren, nämlich Alpha-, Beta- und Gammastrahlen. Jede Strahlungsart hinterläßt charakteristische Spuren, die in Nebelkammeraufnahmen zu erkennen sind. Die abgebildete Spur stammt von einem Alphateilchen, das vom unteren Bildrand kommend in die Nebelkammer eintrat. Am Knickpunkt der Spur ist das Alphateilchen mit einem Luftmolekül zusammengestoßen und hat seine Flugrichtung geändert. Das letzte Stück der Spur wird plötzlich deutlich schwächer und verschwindet dann ganz: Das zweifach geladene Alphateilchen hat hier schrittweise seinen Ladungsüberschuß verloren, indem es Elektronen aus seiner Umgebung einfing.

2.17 Die Spur eines schnellen Betateilchens. Betastrahlen bestehen aus Elektronen, deren Masse viel kleiner ist als die der Alphateilchen; deshalb haben sie viel größere Geschwindigkeiten als Alphateilchen gleicher Energie. Aus diesem Grund ist ihre Wechselwirkung mit den Atomen der Kammer auch geringer: Sie können viel weniger Atome ionisieren und hinterlassen in der Nebelkammer dünnere Spuren. Auf dem Photo sehen wir die zeitweilig unterbrochene Spur ei-

nes schnellen Elektrons in der Betastrahlung. (Die kurzen dicken Spuren stammen von anderen Elektronen, die durch unsichtbare Röntgenstrahlen aus den Gasatomen der Nebelkammer herausgeschlagen wurden. Die Spuren dieser Elektronen sind dicker, weil sie sich langsamer als Betateilchen bewegen und deshalb mehr Gasatome ionisieren. Ihre Bahnen schlängeln sich kreuz und quer durch die Nebelkammer, da sie häufig durch elastische Stöße mit den Elektronen der Gasatome abgelenkt werden.)

2.18 Gammastrahlen hinterlassen in einer Nebelkammer keine Spuren, weil sie keine ionisierende Wirkung haben. Aber sie werden indirekt erkennbar, wenn ihre Energie zu gleichen Teilen in Teilchen aus Materie und Antimaterie verwandelt wird. In solchen Fällen entstehen aus einem Gammaquant stets paarweise ein Teilchen und sein Antiteilchen. Die beiden hier abgebildeten Spuren zeigen ein solches Elektron-Positron-Paar (das Positron ist das Antiteilchen des Elektrons), das aus einem Gammaquant materialisiert sein muß; das unsichtbare Gammaquant stammte aus einer radioaktiven Quelle. Da Elektronen und Positronen entgegengesetzte Ladungen tragen, werden sie im Magnetfeld entgegengesetzt abgelenkt.

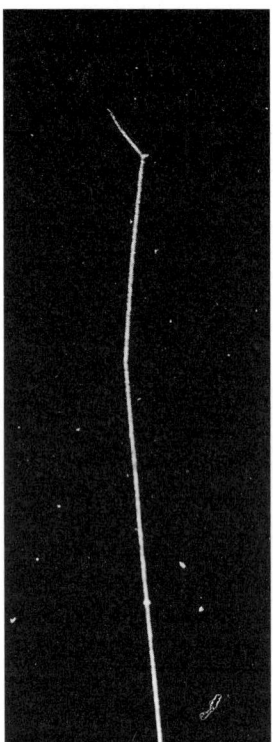
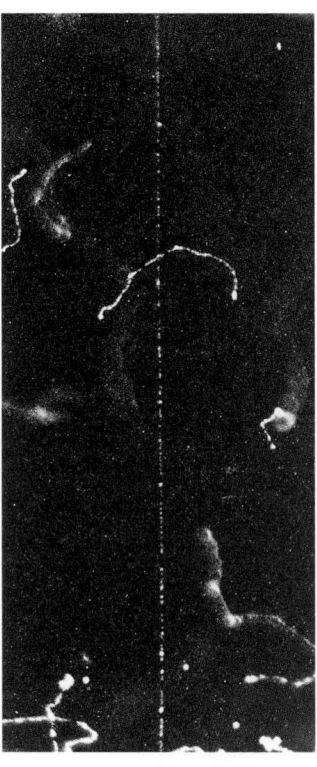
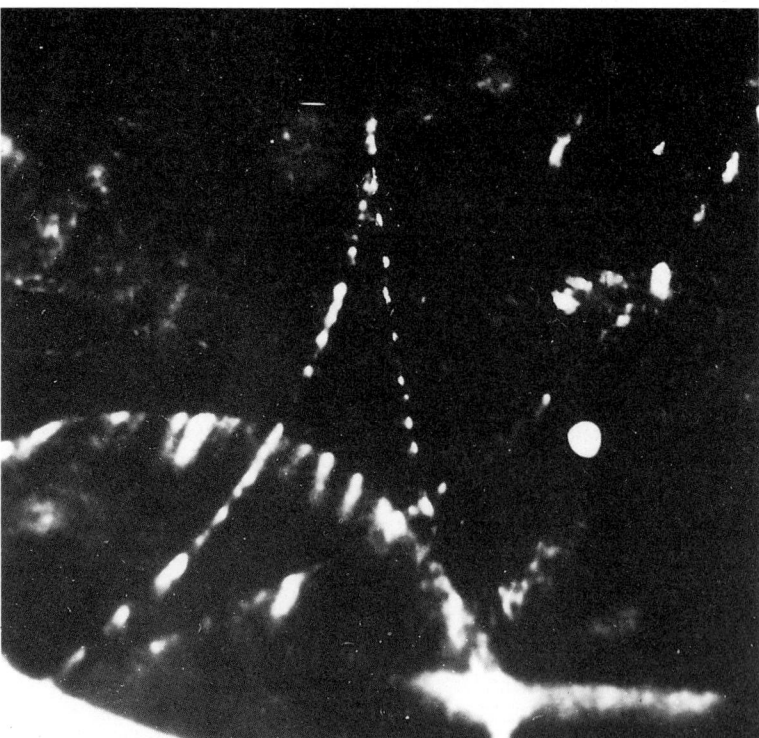

und auf die Anzahl der erzeugten Ionen rückschließen. Mit anderen Worten: Je schneller die Ladungen abflossen, desto mehr Ionen waren in der Umgebung der Metallstreifen vorhanden, und desto intensiver war also die eingefallene, zu messende Strahlung.

In seinen Experimenten bedeckte Rutherford eine Uranprobe mit unterschiedlich

dicken Aluminiumfolien, die die Strahlung absorbierten. Solange er die Foliendicke bis auf etwa einen hundertstel Millimeter vergrößerte, stellte er fest, daß immer weniger Strahlung hindurchdrang. Das hatte Rutherford erwartet — die Strahlung wird zunehmend absorbiert. Als er jedoch die Foliendicke weiter vergrößerte, fand er zu seiner Überraschung heraus, daß die Intensität der Strahlung konstant blieb.

Erst als er schließlich wesentlich dickere Abschirmungen einsetzte, konnte er eine sehr langsame Abnahme der Strahlungsintensität beobachten; einige Millimeter Aluminiumfolie waren nötig, um die Strahlung vollständig zu absorbieren. Rutherford kam so zu dem Schluß, daß es tatsächlich zwei Arten von Strahlung geben mußte. Die eine Art wurde sehr rasch absorbiert, während die andere zwar weniger intensiv, aber durchdringender war. Er nannte die leicht absorbierbare Komponente der Strahlung Alphastrahlen und die durchdringendere Betastrahlen.

Später untersuchte Rutherford die Strahlung von Thorium. Er fand auch hier, wie beim Uran, Alpha- und Betastrahlen. Darüber hinaus aber entdeckte er eine extrem durchdringende Art Strahlung, die noch durchdringender war als Betastrahlen und unter dem Namen Gammastrahlung bekannt wurde.

Im Jahre 1898 erhielt Rutherford einen Ruf als Professor für Physik an die McGill-Universität in Montreal. Dort begann er zunächst, die gesamte Energiemenge zu bestimmen, die vom Uran im radioaktiven Prozeß abgegeben wird. Erstaunt stellte er fest, daß viel mehr Energie freigesetzt wurde als in irgendeinem bekannten chemischen Prozeß. Dies war ein erster Hinweis auf das enorme Energiepotential, das im Inneren der Atome verborgen lag. Zwei Jahre später äußerte Rutherford die Vermutung, daß die Energie der Strahlung durch eine Umgruppierung von Bausteinen im Atominneren freigesetzt werden könnte — eine kühne Idee zu einer Zeit, als man kaum begonnen hatte, die Struktur der Atome aufzuklären.

Etwa zur selben Zeit wurde Rutherford auf das seltsame Verhalten radioaktiver Thoriumverbindungen aufmerksam: Die abgegebene Strahlungsmenge schien zu variieren und sehr empfindlich auf Luftströmungen zu reagieren. Rutherford untersuchte dieses Phänomen sehr sorgfältig und kam schließlich zu dem Ergebnis, daß das Thorium etwas emittierte, das selbst auch radioaktiv war. Er bezeichnete diese unbekannte Substanz als „Emanation" und stellte außerdem fest, daß sie nur für kurze Zeit radioaktiv blieb, ganz im Gegensatz

zu Thorium oder Uran. Rutherford war davon überzeugt, daß die emittierte Substanz ein Gas war, für dessen Nachweis er jedoch die Hilfe eines Chemikers benötigte. Es gelang ihm, den jungen Frederick Soddy als Mitarbeiter dafür zu gewinnen, einen begabten Chemiker, der gerade von Oxford an die McGill-Universität gekommen war.

Rutherford, der Physiker, und Soddy, der Chemiker, ergänzten sich aufs beste. In einer Reihe detaillierter Untersuchungen, in deren Verlauf sie verschiedene radioaktive Materialien mit großer Sorgfalt chemisch trennen mußten, fanden sie den schlüssigen Beweis dafür, daß die besagte Substanz nicht nur ein Gas war, sondern ein ganz neues Element. Es unterschied sich chemisch völlig von Thorium und glich eher den Edelgasen wie etwa dem

2.19 Frederick Soddy (1877–1956).

2.20 Rutherford mit einigen seiner Studenten an der McGill-Universität in Montreal, Kanada (1901).

Argon; heute ist es unter dem Namen Radon bekannt. Mit ihrer erstaunlichen Entdeckung hatten Rutherford und Soddy den ersten experimentellen Nachweis für die Umwandlung eines Elements in ein anderes erbracht. Eine ganz natürliche Alchemie schien hier am Werk!

Es gab noch mehr Überraschungen: Soddy zeigte, daß er aus Thoriumverbindungen eine Substanz isolieren konnte, von der ein Großteil der ursprünglichen Radioaktivität des Thoriums auszugehen schien und die auch die gesamte anfallende Menge

37

der Emanation produzierte. Diese neue Substanz, die sie Thorium-X nannten, unterschied sich chemisch wiederum völlig von Thorium; es war, wie sie schließlich feststellten, eine Form von Radium. Rutherford und Soddy entdeckten, daß Thorium sich zuerst in diese Form von Radium umwandelt, die seinerseits in Radon zerfällt. Dabei wird auf jeder Umwandlungsstufe radioaktive Strahlung frei. (Die vollständige Zerfallsreihe ist in der Tat noch um einiges komplizierter!)

Dieser letzte Schritt des Gedankengangs, daß nämlich die radioaktive Strahlung eine direkte Folge der Elementumwandlungen ist, war möglich geworden, als Rutherford im Jahre 1902 zeigen konnte, daß sich Alphastrahlen — die in der Zerfallsreihe des Thoriums dominierende Strahlungsart — wie Materieteilchen verhalten. Im Fall der Betastrahlen hatten bereits andere Wis-

senschaftler durch Ablenkversuche in elektrischen und magnetischen Feldern zeigen können, daß es sich um negativ geladene Teilchen handeln mußte, die man auch bald darauf als Elektronen identifizierte. Im Gegensatz dazu schien es zunächst, als seien Alphastrahlen durch solche Kräfte nicht ablenkbar. Woran viele Forscher zuvor gescheitert waren, gelang Rutherford: Er konnte Alphastrahlen in starken Kraftfeldern ablenken und zeigen, daß die Strahlen aus positiv geladenen Teilchen bestanden, die mehrere tausendmal schwerer als Elektronen sein mußten. Das war nun ein schlüssiger Beweis dafür, daß die Atome schwerer Elemente in leichtere zerfallen können und dabei winzige atomare Bruchstücke aus ihrem Inneren herausschleudern.

Rutherford und das Atom

Die Entdeckung des radioaktiven Zerfalls war ein entscheidender Schritt, der die Vorstellung von Atomen als unteilbaren Bausteinen ins Wanken brachte. Thomsons Forschungsarbeiten in Cambridge hatten bereits gezeigt, daß sich die Kathodenstrahlen wie winzige, negativ geladene Materieteilchen — wie Elektronen — verhalten. Im Jahre 1903, demselben Jahr, in dem auch Rutherford und Soddy ihre dramatischen Schlußfolgerungen veröffentlicht hatten, schlug Thomson ein Atommodell vor, in dem er sich das nach außen hin elektrisch neutrale Atom als ein elastisches Kügelchen aus einer positiv geladenen Grundsubstanz dachte, in die die Elektronen — wie Rosinen in einem Kuchen — eingebettet sind.

Wenig später schon, im Jahre 1914, schrieb Rutherford, daß Thomsons Atommodell »keinen Pfifferling wert« wäre; Rutherford hatte in der Zwischenzeit eine Reihe genial einfacher Experimente durchgeführt, die zeigten, wie Thomsons Modell von Grund auf korrigiert werden mußte.

1907 verließ Rutherford Montreal und ging als Professor für Physik an die Universität von Manchester. Dort wurde er Anziehungspunkt für viele, ganz verschiedene Menschen, die mit ihm zusam-

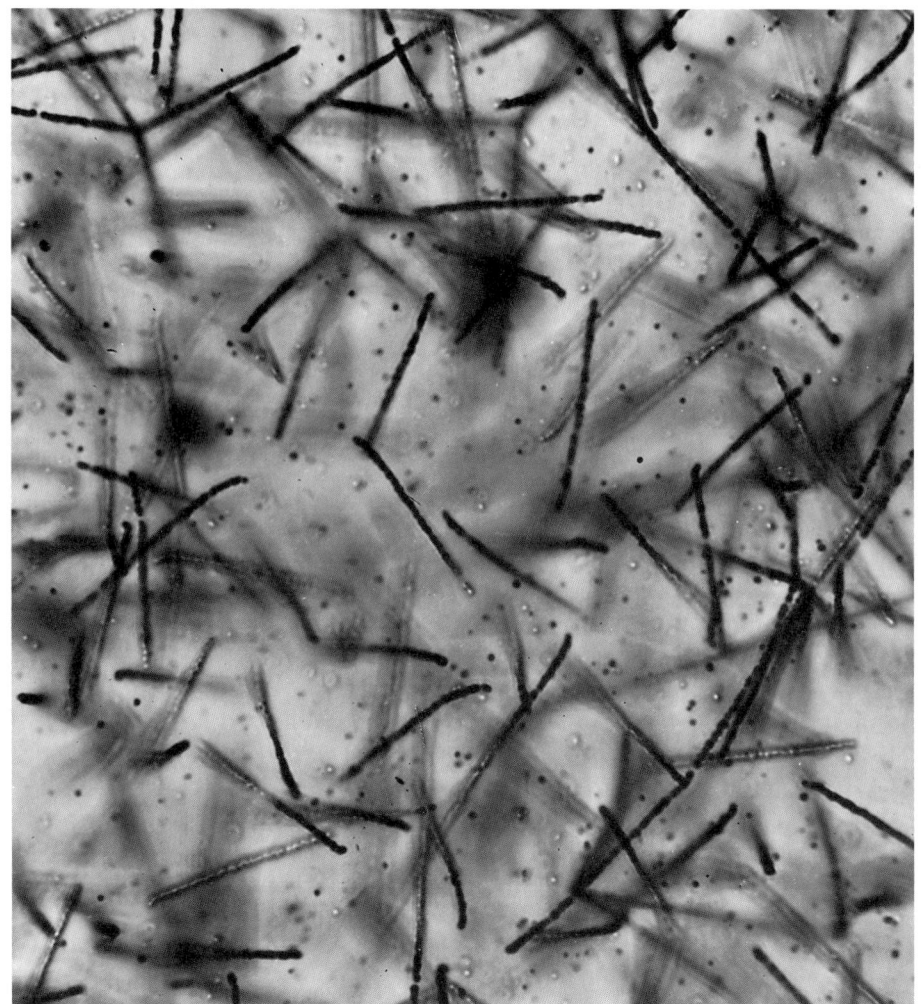

2.21 Dieser Negativ-Abzug zeigt die Spuren von Alphateilchen in einer photographischen Emulsion, die mit einem radioaktiven Thoriumsalz präpariert wurde. Rutherford und Soddy fanden heraus, daß der Zerfall des Thoriums eine ganze Kette weiterer Zerfälle auslöst. Jedes dabei neu entstandene Element zerfällt weiter in ein anderes und so fort. Deshalb gehen mehrere Alphateilchen vom selben Ort aus: Ein einzelner Kern ist dort in mehreren, aufeinanderfolgenden Stufen zerfallen. Die wahre Länge der hier abgebildeten Spuren beträgt etwa 0,03 Millimeter.

menarbeiten wollten; einige der begabtesten Forscher kamen aus dem Norden Englands und aus Übersee. Rutherford war in Neuseeland aufgewachsen und ließ sich bei der Auswahl seiner Mitarbeiter nicht von dem Klassenbewußtsein leiten, das in England zu Beginn des 20. Jahrhunderts vorherrschte. In seinem Team finden wir Ansätze einer ersten internationalen Forschungsgruppe. Im heutigen Forschungsbetrieb ist dies die Regel, im ersten Jahrzehnt dieses Jahrhunderts war es jedoch eine ganz neue Form der Zusammenarbeit.

In Rutherfords Team in Manchester arbeitete auch ein junger Deutscher mit Namen Hans Geiger, der in den zwanziger Jahren den nach ihm benannten Geigerzähler entwickelte. Mit einem Vorläufer dieses Strahlungsmeßgeräts gelang es Geiger und Rutherford, die Beschaffenheit der Alpha-

serstoff. Seine Idee wurde experimentell dadurch gestützt, daß man bei den Untersuchungen der Radiumproben Heliumgas nachweisen konnte. Um diese Frage zu klären, mußte Rutherford Ladung und Masse der Alphateilchen bestimmen. Dafür brauchte er einen Detektor, der einzelne Alphateilchen registrieren konnte: das Zählrohr von Geiger.

Die Versuchsanordnung, mit der Rutherford und Geiger dieses Problem angingen, stand in einem düsteren Keller im Physikalischen Institut der Universität. Ihr Detektor nutzte den Effekt, daß man durch ein starkes elektrisches Feld die Ionenausbeute der Strahlung in einem Gas bei niedrigem Druck enorm vergrößern kann. Sie nahmen dafür ein etwa 60 Zentimeter langes Messingrohr, spannten einen dünnen Draht entlang der Rohrachse und pumpten die Luft bis auf einen niedrigen Restdruck

strahlen weiter aufzuklären. Rutherford vermutete nämlich, daß die positiv geladenen Teilchen, die er beim Thoriumzerfall entdeckt hatte, Heliumionen waren, also elektrisch geladene Atomrümpfe des zweitleichtesten Elements nach Was-

2.22 Rutherford (rechts) und Hans Geiger (1882–1945) beim Zählen von Alphateilchen in ihrem Labor an der Universität von Manchester.

heraus. Rohr und Draht wurden gegeneinander isoliert und eine Spannung von 1000 Volt angelegt; durch die spezielle Geometrie der Anordnung erhält man dann in der Nähe des Drahts ein sehr starkes elektrisches Feld.

Ein Alphateilchen, das das Rohr durchquert, erzeugt im Gas eines solchen Zählrohrs Ionen, die zum Draht hin beschleunigt und damit in die Lage versetzt werden, weitere Gasatome durch Stöße zu ionisieren. Ein einzelnes, primär erzeugtes Ion kann auf diese Weise Tausende weiterer Ionen erzeugen, die alle zum Draht hin abgesaugt werden. Dort angekommen löst die Ionenlawine einen elektrischen Impuls aus, der groß genug ist, um am Drahtende mit einem empfindlichen Elektrometer nachgewiesen zu werden.

Geiger und Rutherford benutzten dieses Gerät, das man heute als *Proportionalzähler* bezeichnen würde (weil die Impulshöhe in etwa der Energie des eingefallenen Teilchens proportional ist), und zählten damit Alphateilchen, die sie von einem genau definierten Teil eines dünnen Radiumblättchens auffingen. Daraus errechneten sie, wie viele Alphateilchen von der ganzen Probe ausgesendet wurden, und verglichen das Ergebnis mit der abgegebenen elektrischen Gesamtladung, die sie mit einem Elektrometer messen konnten. Ihre Berechnungen ergaben, daß die Ladung eines Alphateilchens doppelt so groß war wie die eines Wasserstoffions — damit war ein wichtiges Indiz dafür gefunden, daß Alphateilchen tatsächlich Heliumionen waren.

Rutherford erkannte jedoch, daß er sich bei dieser Meßanordnung nicht sicher sein konnte, daß jeweils nur ein einzelnes Alphateilchen in das Zählrohr eintrat. Deshalb suchte er mit der ihm eigenen Gründlichkeit nach einem alternativen Meßverfahren. Der entscheidende Hinweis kam in einem Brief Otto Hahns aus Berlin, der mit Rutherford in Kanada zusammengearbeitet hatte. Hahn berichtete ihm von Experimenten seines Mitarbeiters Eric Regener, der Alphateilchen mit einem mit Zinksulfid beschichteten Schirm nachweisen konnte. Die Teilchen erzeugten in der Zinksulfidschicht beim Aufprall einen Lichtblitz — das Phänomen war als *Szintillationseffekt* bekannt (von dem englischen Begriff *scintillation* für Funkeln, Funkensprühen). Durch diese Versuchsergebnisse ermutigt, machten sich Rutherford und Geiger an die Entwicklung verbesserter Zinksulfidschirme und waren erstaunt darüber, daß diese zur Messung ebenso taugten wie die elektrischen Meßmethoden, die sie bisher benutzt hatten. Sie kombinierten diese beiden Techniken miteinander und konnten damit zeigen, daß es sich bei ihren Messungen tatsächlich um einzelne Alphateilchen handeln mußte. Jedes Alphateilchen, das den Detektor passierte und einen Ausschlag im Elektrometer bewirkte, wurde nun durch einen Lichtblitz auf dem Szintillationsschirm angekündigt.

Im Laufe desselben Jahres noch (das war 1908) konnte Rutherford seine Vermutung untermauern, daß Alphateilchen Heliumionen sind. Er sammelte einige Alphateilchen in einer Röhre, in der sie Elektronen aus der Umgebung aufnehmen und so ihre positive Ladung neutralisieren konnten. Auf diese Weise fing Rutherford ein Gas auf, das er zur Emission von Licht anregen konnte, ähnlich wie dies in einer Natriumdampflampe geschieht. Das Licht, das von den angeregten Atomen abgestrahlt wird, besitzt für das jeweilige Element charakteristische Wellenlängen, und anhand dieser sogenannten Spektrallinien konte das Gas zweifelsfrei als Helium identifiziert werden. Rutherford gab dieses Ergebnis in seiner Rede anläßlich der Verleihung des Nobelpreises für Chemie im Jahre 1908 bekannt; er erhielt diese höchste wissenschaftliche Auszeichnung für seine Arbeiten über den radioaktiven Zerfall, die er zusammen mit Soddy durchgeführt hatte.

Es ist nur ein kleiner Schritt von den Erkenntnissen Rutherfords hin zu unserer modernen Sichtweise, daß Alphateilchen die *Kerne* von Heliumatomen sind. Dieser letzte Gedankenschritt war Rutherford im Jahre 1908 jedoch noch nicht möglich, weil der Atomkern als physikalische Vorstellung noch gar nicht existierte. Das war sein nächster umwälzender Beitrag: abzuleiten, wie es im Inneren eines Atoms aussieht. Rutherford entwickelte in der Folge ein Atommodell, das den experimentellen Überprüfungen der vergangenen 70 Jahre im wesentlichen standgehalten hat.

Der Szintillationsschirm war zu einem entscheidenden Hilfsmittel für Rutherfords Untersuchungen der Alphateilchen geworden. Rutherford war von dessen Einsatzmöglichkeiten so beeindruckt, daß er seine Versuche fortan fast nur noch damit durchführte, und die elektrischen Meßmethoden, die er seit seinen Studienjahren in Cambridge benutzt hatte, zurückstellte. Bald darauf gelang ihm mit Hilfe dieser Meßtechnik die Lösung eines Problems, das ihn schon eine Zeitlang beschäftigt hatte. Bereits bei seinen Arbeiten an der McGill-Universität hatte er bemerkt, daß ein gebündelter Strahl von Alphateilchen auf einer Photoplatte ein unscharfes Bild erzeugte, wenn man den Strahl zuvor durch ein dünnes Glimmerblättchen schickte. Anscheinend wurden die Alphateilchen an den Atomen der Folie gestreut und von ihrer Flugbahn abgelenkt.

Dieses Ergebnis war eine Überraschung, denn die Alphateilchen bewegten sich mit einer Geschwindigkeit von etwa 15000 Kilometern pro Sekunde, das heißt mit einem Zwanzigstel der Lichtgeschwindigkeit, und besaßen eine für ihre Größe enorme Energie. Starke elektrische oder magnetische Kräfte konnten zwar die Alphateilchen von ihrer Flugbahn ein wenig ablenken, weitaus weniger jedoch, als dies beim Durchgang durch eine Materieschicht von einigen Mikrometern (millionstel Metern) Dicke tatsächlich der Fall war. Diese Beobachtung legte die Vermutung nahe, daß im Inneren der Metallatome unvorstellbar starke Kräfte wirksam sein mußten.

Im Jahre 1909 betraute Rutherford Ernest Marsden, einen von Geigers jungen Studenten, mit der Aufgabe, nach Alphateilchen zu suchen, die extrem stark von ihrer ursprünglichen Einfallsrichtung abgelenkt werden. Marsden benutzte statt des Glimmerblättchens eine Goldfolie und einen Szintillationsschirm, um die gestreuten Teilchen zu registrieren. Der Schirm war nicht nur hinter der Goldfolie frei beweglich, sondern auf einem vollen Kreis um die Streufolie herum drehbar, also über die

Seiten hinweg bis zur radioaktiven Quelle zurück. Auf diese Weise konnte Marsden jeden beliebigen Streuwinkel einstellen und die in die jeweilige Richtung gestreuten Alphateilchen registrieren.

Es war äußerst anstrengend, die Lichtblitze auf dem Szintillationsschirm zu zählen. Der Schirm wurde durch ein kleines Mikroskop beobachtet und jeder kleine Funke einzeln gezählt; deren Summe entsprach dann der Anzahl der Alphateilchen, die unter einem bestimmten Winkel gestreut wurden. Die Lichtblitze waren schwach und kamen spärlich; sie waren mit dem bloßen Auge nur in einem abgedunkelten Raum wahrnehmbar. Diese Arbeit strengte nicht nur die Augenmuskeln an, sondern erforderte auch eine anhaltende Konzentrationsfähigkeit des Beobachters. Marsden konnte daher nur jeweils einige Minuten lang den Schirm beobachten und wurde danach von Rutherford abgelöst, der ihm assistierte. Während einer von beiden den Schirm beobachtete, protokollierte der andere die gezählten Szintillationen.

Rutherford und Geiger waren überrascht, als Marsden schließlich herausfand, daß eines von 20000 Alphateilchen geradewegs wieder dorthin zurückgestreut wurde, wo es hergekommen war: Fuhr er nämlich den Schirm in die unmittelbare Umgebung der Strahlungsquelle, konnte er immer noch vereinzelt Lichtblitze feststellen.

Das war ein fast unglaubliches Ergebnis! Selbst die stärksten elektromagnetischen Kräfte, die damals technisch zur Verfügung standen, konnten Alphateilchen kaum ablenken, und hier konnte eine dünne Goldfolie, nur wenige hundert Atomlagen dick, die Teilchen regelrecht zurückwerfen. Kein Wunder, daß Rutherford ausrief, das sei so unglaublich, als hätte jemand eine 15-Zoll-Granate auf ein Stück Seidenpapier abgefeuert, und diese wäre zurückgeprallt und hätte ihn getroffen.

Zunächst konnten sich Marsden, Geiger und Rutherford dieses Ergebnis überhaupt nicht erklären. Geiger nahm eine früher begonnene Forschungsarbeit wieder auf, und Marsden verließ das Team, um eine Zeitlang in einem meteorologischen

41

Institut über die Physik der Atmosphäre zu arbeiten. Rutherford war der einzige, dem das Problem keine Ruhe ließ; während er in der folgenden Zeit weiter daran herumknobelte, ging die Anzahl seiner wissenschaftlichen Publikationen rapide zurück. Schließlich, gegen Ende des Jahres 1910, öffnete ihm eine ganz einfache Rechnung die Augen. Sein Gedankengang war folgender: Er wußte, daß die Alphateilchen vor der Streuung alle dieselbe Energie hatten und daher mit derselben Geschwindigkeit emittiert wurden; außerdem wußte er, daß jedes Alphateilchen zweifach positiv geladen war und von der positiven Ladung innerhalb des Atoms abgestoßen wurde. Es mußte das elektrische Feld dieser Ladung sein, das die Alphateilchen ablenkte beziehungsweise im Extremfall bis zum Stillstand abbremste und zurückwarf; die auf das Teilchen wirkende

Rutherford konnte auf dieser Grundlage berechnen, wie nahe die Alphateilchen dem Zentrum der positiven Ladung eines Atoms kommen können. Das Ergebnis erstaunte ihn — in seinem Notizbuch sehen wir, wie sich seine Schrift veränderte, als er die Bedeutung seiner Berechnung erfaßte. Die Alphateilchen konnten sich demnach in seltenen Fällen dem Zentrum des Atoms bis auf 10^{-12} Zentimeter nähern, um dann zurückgestreut zu werden. Diese Rechnung setzte allerdings voraus, daß die ganze positive Ladung des Atoms in der Raumkugel um das Zentrum mit eben diesem Radius eingeschlossen war — sonst könnte sie nämlich die enorme Bremskraft auf die Alphateilchen gar nicht ausüben. Das ist aber gerade ein Zehntausendstel des Atomradius und bedeutet, daß die positive Ladung in einem winzigen Kern im Zentrum konzentriert ist und

2.23 Auf diesen Seiten in Rutherfords Notizbuch finden wir seine Rechnung, mit der er überschlagen konnte, wie nahe ein Alphateilchen an die positive Ladung innerhalb eines Atoms herankommen muß, um in dieselbe Richtung zurückgestreut zu werden, aus der es kam. Er erhielt einen Wert von $6,6 \times 10^{-12}$ Zentimeter. Rutherford war über dieses Ergebnis erstaunt (man kann sehen, wie sich anschließend seine Handschrift veränderte); diese kleine Distanz zeigte nämlich, daß die positive Ladung tief im Atominneren in einem winzigen Kern konzentriert sein muß. Dies war der Augenblick, in dem der Atomkern „entdeckt" wurde.

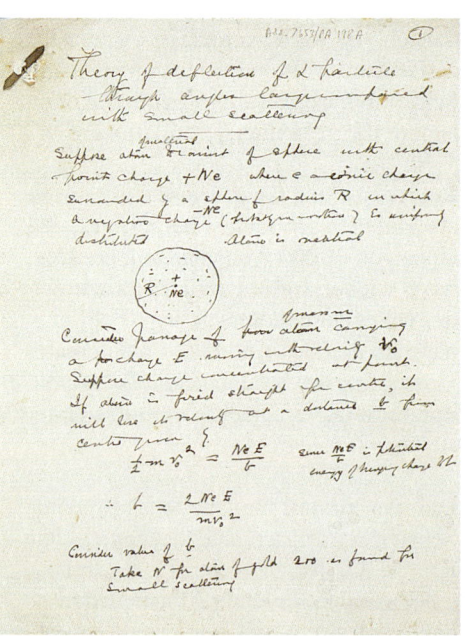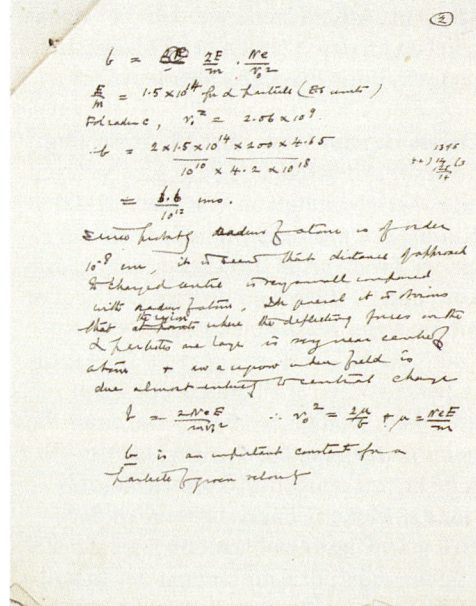

Kraft war dabei um so stärker, je näher sich die abstoßenden Ladungen kamen, genauer: je kleiner der Abstand zwischen den jeweiligen Ladungs*zentren* war.

nicht, wie noch Thomson in seinem Modell angenommen hatte, über das ganze Atom verteilt.

Rutherford hatte damit entdeckt, daß Atome aus einem kompakten, positiv geladenen Kern bestehen, um den die negativen Elektronen in relativ großer Entfernung kreisen. Der Kern nimmt weniger als ein Tausendmillionenmillionstel (10^{-15}) des Atomvolumens in Anspruch, enthält jedoch fast die gesamte Atommasse. Hätte ein Atom die Größe der Erde, dann wäre der Kern etwa so groß wie ein Fußballstadion. Das Atom besteht also zum größten Teil aus leerem Raum.

Rutherford kam durch diese Experimente zu dem Schluß, daß das Atom einem Planetensystem im Kleinen ähnelt. Es war jedoch der dänische Physiker Niels Bohr, der die theoretischen Aspekte des neuen Atommodells in allen Einzelheiten untersuchte. Bohr ging im Jahre 1911 zu J. J. Thomson nach Cambridge, nachdem er seine Doktorarbeit über die Theorie der Elektronen in Metallen fertiggestellt hatte. Bei einem seiner Besuche in Manchester begegnete er Rutherford und war von ihm so beeindruckt, daß er im März 1912 nach Manchester zog. Dort machte er sich mit Rutherfords Auffassung vom Aufbau des Atoms vertraut; insbesondere begann Bohr sich nun mit den Fragen zu beschäftigen, die das Verhalten der Elektronen im Atom betrafen.

Zunächst hatte die Vorstellung von den Elektronen, die um den Kern kreisen, einen entscheidenden Haken: Nach den Gesetzen des Elektromagnetismus müßten die Elektronen nämlich bei ihrer Kreisbewegung ständig elektromagnetische Strahlung abgeben und aufgrund des damit verbundenen Energieverlustes schließlich in den Kern stürzen; angesichts der Stabilität der Materie kann dies ganz offensichtlich nicht stimmen. Bohr versuchte dieses grundlegende Problem zu lösen, indem er auf die damals neuen Vorstellungen der Quantenphysik zurückgriff. Er postulierte, daß Elektronen in Atomen nur bestimmte Energiebeträge besitzen können, die ganz bestimmten Umlaufbahnen entsprechen. Ein solches Elektron kann dann seine Energie nicht kontinuierlich abstrahlen, sondern sie nur in Energiepaketen bestimmter Größe – in Energie*quanten* – emittieren. Mit diesem einfachen Atommodell konnte Bohr die Spektrallinien einiger Elemente wie Wasserstoff und Natrium erklären, das heißt die charakteristischen Wellenlängen des von ihnen ausgestrahlten farbigen Lichts berechnen. Er ebnete damit den Weg zu unserem modernen Verständnis vom Atom.

Rutherfords Entdeckung, daß die positive Ladung des Atoms in einem Kern konzentriert ist, warf die Frage nach dem Träger dieser Ladung auf. Die negative Ladung des Atoms wird von den winzigen Elektronen getragen; sollten etwa ähnliche Teilchen für die positive Kernladung verantwortlich sein?

Die Streuexperimente mit Alphateilchen an Goldfolien hatten gezeigt, daß der Kern ausgesprochen klein ist und die gesamte positive Ladung des Atoms enthält. Bei einem Goldatom muß diese Kernladung beispielsweise so groß sein, daß sie die negative Ladung von 79 Elektronen ausgleicht. Die Kernladung eines Goldatoms ist daher um ein Vielfaches größer als die eines Alphateilchens, das deshalb – lange bevor es den Kern erreichen würde – abgestoßen wird. Mit anderen Worten: Zwar waren die Alphateilchen in den Experimenten von Manchester durch die Atomhülle hindurchgedrungen und hatten zur Entdeckung des Atomkerns geführt, den Kern selbst konnte man mit ihnen aber nicht untersuchen. Rutherford erkannte, daß die Situation bei leichten Atomen anders sein mußte: Die Kernladung ist entsprechend der geringeren Anzahl von Elektronen kleiner und folglich ihre abstoßende Kraft geringer, so daß die Alphateilchen näher an den Kern herankommen können. Wasserstoff ist das leichteste von allen Elementen mit nur einem Elektron in seiner Atomhülle; sein Atomkern sollte also die kleinste positive Ladung enthalten, die die Alphateilchen am schwächsten abstößt.

Rutherford und Marsden begannen nun damit, Alphateilchen in ein Wasserstoffgas zu schießen. Die Alphateilchen wurden alle mit derselben Energie emittiert und

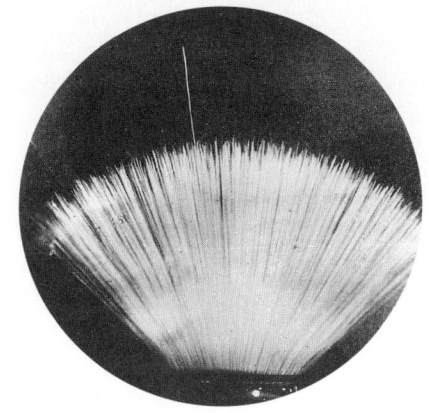

2.24 Niels Bohr (1885–1962).

2.25 Radioaktive (α-aktive) Kerne schleudern Alphateilchen mit genau definierten Energiewerten heraus, die für den jeweiligen Zerfall charakteristisch sind. Teilchen mit demselben Energiebetrag haben dieselbe Reichweite. Hier flogen die meisten Alphateilchen, die von einer Thorium-C′-(Polonium-212-)Quelle ausgesendet wurden, 8,6 Zentimeter weit durch die mit Luft gefüllte Nebelkammer, bevor sie zur Ruhe kamen; ein einzelnes Alphateilchen höherer Energie flog 11,5 Zentimeter weit.

2.26 Rutherford inmitten seiner Forschungsgruppe am Cavendish-Laboratorium im Jahre 1920. Rechts neben Rutherford sitzt sein Vorgänger und Mentor J. J. Thomson. Auf dem Bild sind zu sehen (von links nach rechts):
Hintere Reihe: A. L. McAulay, C. J. Power, G. Shearer, Miss Slater, Miss Craies, P. J. Nolan, F. P. Slater, G. H. Henderson, C. D. Ellis.
Mittlere Reihe: J. Chadwick, G. P. Thomson, G. Stead, J. J. Thomson, E. Rutherford, J. A. Crowther, E. V. Appleton.
Vordere Reihe: A. Muller, Y. Ishida, A. R. McLeod, P. Burbidge, T. Shimizu, B. F. I. Schonland.
Chadwick, Compton, Appleton und G. P. Thomson (der Sohn von J. J. Thomson) erhielten später den Nobelpreis.

kamen daher in ungefähr demselben Abstand von der radioaktiven Quelle zur Ruhe, nachdem sie ihre Energie in aufeinanderfolgenden Kollisionen mit den Wasserstoffmolekülen verloren hatten. Weiter als bis zu diesem Abstand − der *Reichweite* von Alphateilchen in Wasserstoff − konnten die Teilchen in dem Gas nicht vordringen (siehe Abbildung 2.25).

Dennoch beobachteten Marsden und Rutherford einige Szintillationen auf dem Zinksulfidschirm, wenn dieser außerhalb der Reichweite der Alphateilchen plaziert war. Diese Lichtblitze mußten von elektrisch geladenen Teilchen herrühren, die im Wasserstoffgas bis zu viermal weiter fliegen konnten als Alphateilchen; ihre Ablenkungsrichtung im Magnetfeld zeigte außerdem, daß sie positiv geladen waren. Rutherford hatte gute Gründe anzu

nehmen, daß die neuen Teilchen nichts anderes sein konnten als die Atomkerne von Wasserstoff, die durch die energiereichen Alphateilchen aus dem Zentrum der Gasatome herauskatapultiert worden waren. Denn die Wasserstoffkerne mit ihrer im Vergleich zu den zweifach positiv geladenen Alphateilchen (Heliumkernen) einfachen Ladung haben im Gas die vierfache Reichweite der Alphateilchen. Rutherford nannte die Wasserstoffkerne zuerst „H-Teilchen"; heute sind sie unter dem Namen Protonen bekannt − die Teilchen, die die positive Ladung in den Atomkernen tragen. Er benötigte jedoch noch einige Jahre, um herauszufinden, daß der Wasserstoffkern ein Grundbaustein aller Atomkerne ist.

Den ersten Hinweis darauf gab es in einigen Experimenten, in denen Marsden die

Reichweiten von Alphateilchen in Luft bestimmte, indem er jeweils die Entfernung zwischen der Quelle und dem Zinksulfidschirm ausmaß. Er bemerkte dabei einige Teilchen mit besonders langen Reichweiten und fragte sich, ob es sich in diesen Fällen ebenfalls um H-Teilchen handeln könnte. Das war im Jahre 1914; bald darauf begann der Erste Weltkrieg. Geiger war nach Deutschland zurückgekehrt, Marsden folgte einem Ruf als Professor nach Neuseeland, und viele der Studenten mußten in den Krieg ziehen. Rutherford selbst wurde vom Forschungsministerium mit Entwicklungsaufgaben für die Ortung von U-Booten beauftragt und war nun der Admiralität unterstellt. In seiner Freizeit konnte er jedoch weiterhin − mehr oder weniger allein auf sich gestellt − ein wenig Teilchenforschung betreiben.

Erst im Jahre 1917 war sich Rutherford schließlich sicher: Die von Marsden beobachteten langreichweitigen Teilchen mußten tatsächlich H-Teilchen sein, die aus den Stickstoffatomen der Luft im Detektor herausgebrochen wurden. Zu dieser Schlußfolgerung war er nach drei Jahren geduldiger Forschungstätigkeit gekommen, während der er alle anderen Möglichkeiten, die für die durchdringenden Teilchen in Frage kamen, ausschließen konnte. Indem er Alphateilchen als Projektile benutzte, gelang es ihm, H-Teilchen (Wasserstoffkerne) aus den Atomen von sechs Elementen herauszuschießen: Bor, Fluor, Natrium, Aluminium, Phosphor und Stickstoff. Rutherford gab seine Entdeckungen im Jahre 1919 bekannt und nannte die Teilchen *Protonen*, nach dem griechischen Wort für „die Ersten"; denn sie waren die zuerst entdeckten Bausteine der Atomkerne von allen Elementen.

Wilson und die Nebelkammer

1918 verließ Rutherford Manchester und löste seinen alten Lehrer J. J. Thomson als Leiter des Cavendish-Laboratoriums in Cambridge ab. Rutherford näherte sich inzwischen seinem 50. Lebensjahr und begann nun immer mehr, die Forschungsvorhaben der nachfolgenden Generation jüngerer Wissenschaftler in seiner Umgebung zu koordinieren, anstatt selbst Experimente durchzuführen. Ein Aufgabenbereich umfaßte die Erforschung der künstlichen Kernumwandlungen, die er und Marsden in Manchester entdeckt hatten. Mit dieser Aufgabe betraute er den gerade examinierten Physiker Patrick Blackett und schlug ihm vor, dafür ein ungewöhnliches neues Gerät einzusetzen, das am Cavendish-Laboratorium erfunden worden war: die Nebelkammer.

Wir alle kennen die Kondensstreifen im Gefolge eines Düsenjets, die seine Flugroute nachzeichnen und manchmal für einige Minuten am Himmel zu sehen sind. Die Spuren bestehen aus feinen Wassertröpfchen, die an den Verbrennungsgasen des Jets kondensieren und eine lange dünne Wolke bilden. Dasselbe Prinzip liegt auch der Nebelkammer zugrunde, dem ersten Gerät, mit dem man Teilchenspuren sichtbar machen konnte.

2.27 Charles (C. T. R.) Wilson (1869 bis 1959).

Die Entwicklungsgeschichte der Nebelkammer geht auf das Jahr 1894 zurück. Zu der Zeit arbeitete Charles Wilson, ein junger Physiker am Cavendish-Laboratorium, in der Wetterstation auf dem Ben

2.28 Wilsons erste Nebelkammer. Die eigentliche Kammer ist der links oben aufgesetzte flache Glaszylinder. Darunter sieht man einen schwarzen Zylinder, in dem sich der Kolben befindet. Die Glaskugel auf der rechten Seite wird bis auf einen geringen Restdruck ausgepumpt. Öffnet man nun das Ventil zwischen der Glaskugel und dem Gehäuse unterhalb des Kolbens, so strömt Luft in die Glaskugel, zieht den Kolben mit sich und führt damit zu einer schnellen Expansion der mit Wasserdampf gesättigten Luft im Glaszylinder. Diese kühlt sich dabei ab, und der Wasserdampf kondensiert an den in der Kammer vorhandenen Ionen, die sich beispielsweise entlang der Bahn eines Teilchens gebildet haben. Auf diese Weise kann man die Ionisationsspuren geladener Teilchen sichtbar machen. Zwischen den Expansionen wird an die beiden elektrischen Wicklungen des Glaszylinders eine Spannung angelegt, um die verbliebenen, umherstreunenden Ionen abzusaugen.

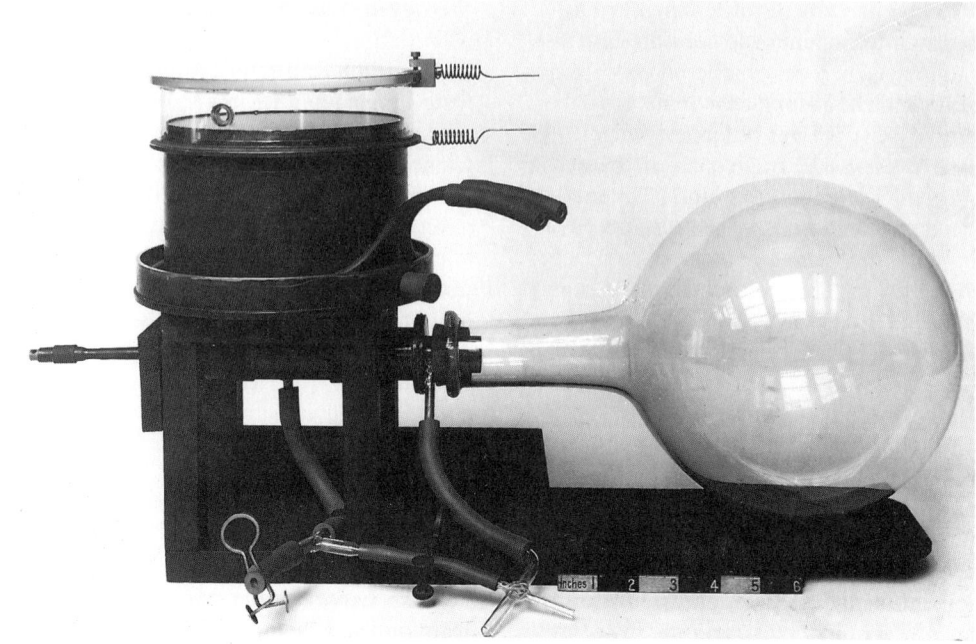

Nevis, dem höchsten Berg Schottlands. Er war beeindruckt von der Schönheit der Naturphänomene — dem farbigen Strahlenkranz um die Sonne (der Korona) und dem leuchtenden Hof, der sich um die Schattenränder legte, wenn die Sonne zwischen Wolken und Nebel hervorkam. Seine Beobachtungen ließen ihm keine Ruhe, und so beschloß er, diese Phänomene nach seiner Rückkehr nach Cambridge im Laboratorium zu untersuchen. Zu diesem Zweck benötigte er eine Vorrichtung, die nach Bedarf Nebel erzeugen konnte. So baute er eine zylinderförmige Glaskammer, in der sich mit Wasserdampf gesättigte Luft befand und die an ihrer Unterseite von einem Kolben begrenzt wurde. Beim raschen Zurückziehen des Kolbens wurde das Gas durch die plötzliche Expansion abgekühlt, so daß sich in der feuchten Atmosphäre Nebel bildete.

Im Verlauf seiner Untersuchungen fand Wilson heraus, daß sich der Nebel bei wiederholten kleineren Expansionen der Kammer zunehmend auflöste, auch wenn keine Frischluft nachströmen konnte. Das konnte er sich erklären, da der Wasserdampf an Staubteilchen auskondensierte, die bei wiederholten Expansionen aufgrund der Schwerkraft langsam auf den Kammerboden sanken; auf diese Weise wurde die Kammer langsam staubfrei, so daß sich keine weiteren Tröpfchen bilden

konnten. Zu seiner Überraschung beobachtete Wilson aber, wie sich immer nach sehr großen Expansionen ein feiner Nebel in der Kammer ausbreitete, auch wenn diese bereits staubfrei war. Dabei spielte es keine Rolle, wie oft er die Kammer expandierte. Doch woran konnten sich diese Tröpfchen bilden? Wilson vermutete völlig richtig, daß die geheimnisvollen Tröpfchen an den elektrisch geladenen Teilchen oder Ionen auskondensierten, die die elektrische Leitfähigkeit der Atmosphäre bewirken.

Die gerade entdeckten Röntgenstrahlen ermöglichten ihm, seine Vermutung zu überprüfen. Wenn seine Hypothese richtig war, dann sollten die ionisierenden Strahlen beim Durchgang durch eine Nebelkammer Wassertröpfchen erzeugen. Zu Beginn des Jahres 1896 setzte Wilson seine primitive Nebelkammer Röntgenstrahlen aus und beobachtete sofort einen wahren Sprühregen kondensierter Tröpfchen in der Kammer. Es stand außer Zweifel, daß er mit seinem Gerät tatsächlich Ionen „sichtbar" machen konnte. An diesem Punkt gab Wilson jedoch seine Experimente mit der Nebelkammer vorläufig auf; ein anderes Naturerlebnis, bei dem ihm während eines Gewitters buchstäblich die Haare zu Berge standen, lenkte seine Interessen in eine ganz andere Richtung. Die folgenden Jahre verbrachte er damit, die

Grundlagen einer Theorie der atmosphärischen Elektrizität zu entwickeln.

Erst im Jahre 1910 kehrte Wilson wieder zu seiner Arbeit mit der Nebelkammer zurück. Nun ließ er Alpha- und Betastrahlen durch das Gerät hindurchgehen und sah zum ersten Mal die Spuren einzelner Teilchen, die er als »kleine Wolkenfetzen oder Wolkenfäden« beschrieb. Die Teilchen erzeugten entlang ihrer Bahn Ionen, um die herum sich im Nu kleine Wassertröpfchen bildeten. Wenn man diese Tröpfchen beleuchtete, sahen die Teilchenspuren aus wie Staubkörnchen in einem Sonnenstrahl.

Wilsons Nebelkammer ermöglichte es erstmals, Spuren von Teilchen aufzunehmen, die kleiner als ein Atom sind; dafür wurde er im Jahre 1927 mit dem Nobelpreis ausgezeichnet. In der Zwischenzeit war Wilsons Aufnahmeverfahren in die Hände eines Forschers am Cavendish-Laboratorium gefallen, der eine Leidenschaft für raffinierte technische Geräte hatte — Patrick Blackett.

Die Szintillationsmethode, mit deren Hilfe Rutherford und Marsden zum ersten Mal Kernzertrümmerungen beobachtet hatten, konnte nur wenige Informationen über das aus dem Kern herausgeschossene Proton liefern; insbesondere konnte sie weder den Rückstoß des Alphateilchens registrieren, noch ließ sich damit etwas über das restliche Kernfragment aussagen. Mit der Nebelkammer hingegen konnten die Spuren aller an dem Stoßereignis beteiligten Teilchen aufgenommen werden. Blackett übernahm Wilsons prinzipiellen Aufbau und entwickelte eine Kammer, die alle zehn bis 15 Sekunden automatisch expandierte und gleichzeitig die Spuren mit einem gewöhnlichen Schmalfim photographierte.

Zwischen 1921 und 1924 erhielt er auf diese Weise mehr als 23 000 Aufnahmen von Alphateilchen, mit denen er die Stickstoffatome in seiner Nebelkammer bombardierte; normalerweise waren etwa 20 Teilchenspuren auf einem Bild zu sehen. In den meisten Fällen schossen die Alphateilchen ungehindert durch das Stickstoffgas; auf einigen Bildern allerdings hatten Stick-

stoffkerne die Alphateilchen aus ihrer ursprünglichen Bewegungsrichtung abgelenkt. Kern und Alphateilchen schienen einander wie aufeinanderprallende Billardkugeln wegzustoßen.

Besonders interessant waren dabei jedoch acht Beispiele, in denen die sich verzweigenden Spuren ganz anders aussahen als bei den üblichen Zusammenstößen nach Art der elastischen Billardkugeln. In jedem dieser seltenen Beispiele war die geradli-

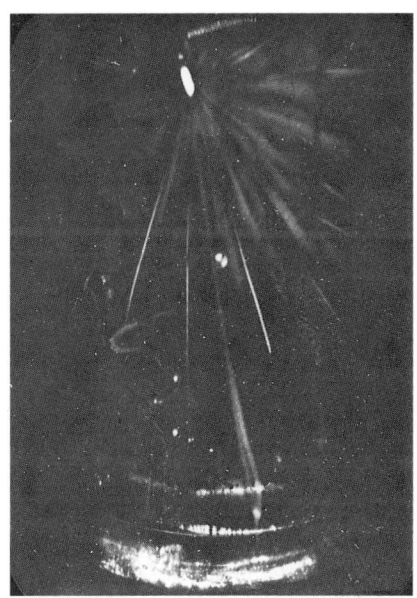

2.29 Eine der ersten Nebelkammeraufnahmen von Spuren ionisierender Teilchen, die Wilson Anfang 1911 machte. Die Spuren stammen von Alphateilchen aus einer kleinen Menge Radium. Die Radiumquelle sitzt auf einer metallenen Lasche im oberen Teil der Kammer.

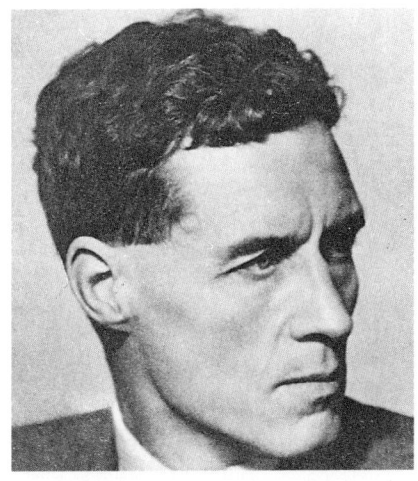

2.30 Patrick Blackett (1897—1974).

nige Spur eines Protons klar erkennbar, die aufgrund der geringeren Ionisationsfähigkeit der Protonen dünner ausfällt als die Spur eines Alphateilchens. Ebenso zweigte eine kurze, stummelartige Spur ähnlich der eines Stickstoffkerns vom selben Kollisionspunkt ab; vom zurückprallenden Alphateilchen fehlte jedoch jede Spur. Das bedeutete, daß das Alphateilchen von dem Kernfragment eingefangen worden war. Der Stickstoffkern war damit durch das Alphateilchen in einen Sauerstoffkern umgewandelt worden — es handelte sich also um die ersten Filmdokumente einer künstlichen Kernumwandlung.

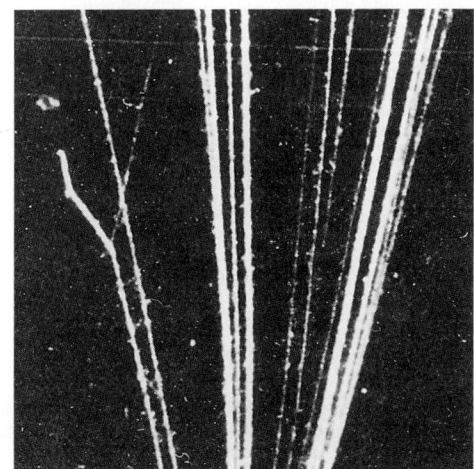

2.31 Dies ist eines der acht Beispiele von Kernumwandlungen durch Alphateilchenbeschuß, die Blackett in den Jahren 1921 bis 1924 unter etwa 23 000 Nebelkammeraufnahmen herausgefunden hat. Das Bild zeigt die Spuren nach oben schießender Alphateilchen einer radioaktiven Quelle. Die meisten durchliefen ungehindert die abgebildete Strecke in der Nebelkammer; das Alphateilchen zu der Spur ganz links im Bild ist jedoch mit einem Stickstoffatom der Luft zusammengestoßen. Bei dieser Wechselwirkung wurde das Alphateilchen tatsächlich von dem Stickstoffkern eingefangen, der sich unter Aussendung eines einzelnen Protons in einen Kern des schweren Sauerstoffisotops ^{17}O verwandelte. Das Proton schoß nach rechts heraus und hinterließ eine schwache Spur; der zurückprallende Sauerstoffkern erzeugte die nach links abknickende, dicke Spur und kollidierte noch einmal, bevor er dann ganz in der Nähe des Ortes seiner Entstehung zur Ruhe kam.

Die Entdeckung des Neutrons

In den zwanziger Jahren war die Rolle der Protonen als Träger der positiven Kernladung allgemein anerkannt. Das Geheimnis des Atomkerns war damit jedoch noch nicht vollständig gelüftet. Der Kern enthält die positive Ladung des Atoms ebenso wie praktisch die gesamte Masse des Atoms; es war daher zu vermuten, daß die Protonen nicht nur für die Kernladung, sondern auch für die Masse des Kerns allein verantwortlich seien. Demnach sollte ein Kern mit der doppelten Anzahl von Ladungen und damit der doppelten Anzahl von Protonen auch die doppelte Masse besitzen, was aber nicht der Fall ist. Atomkerne sind mindestens zweimal so schwer, wie man aufgrund der Anzahl ihrer Protonen erwarten würde, die aus der positiven Gesamtladung folgt.

ker waren damals der Ansicht, daß der Kern Protonen *und* Elektronen enthalte. Nach dieser Theorie sollten im Kern doppelt so viele Protonen vorhanden sein wie Elektronen in der Atomhülle: Die Hälfte dieser Protonen würde durch die umkreisenden Elektronen neutralisiert, während die andere Hälfte durch dieselbe Anzahl von Elektronen *innerhalb* des Kerns neutralisiert würde. Insbesondere das Phänomen des Betazerfalls, bei dem der zerfallende Kern Elektronen emittiert, stützte dieses Modell.

Die ersten Hinweise darauf, daß Rutherford doch recht haben könnte, ergaben sich 1930 aus Experimenten von Walter Bothe und Hans Becker in Deutschland, obwohl beide die Bedeutung ihrer Arbeit nicht erkannten. Sie beschossen Beryllium mit Alphateilchen aus einer Poloniumquelle, die den Vorteil hatte, selbst keine störenden Gammastrahlen auszusenden, und beobachteten dabei die Emission einer außerordentlich durchdringenden neutralen Strahlung, die sie für Gammastrahlung hielten.

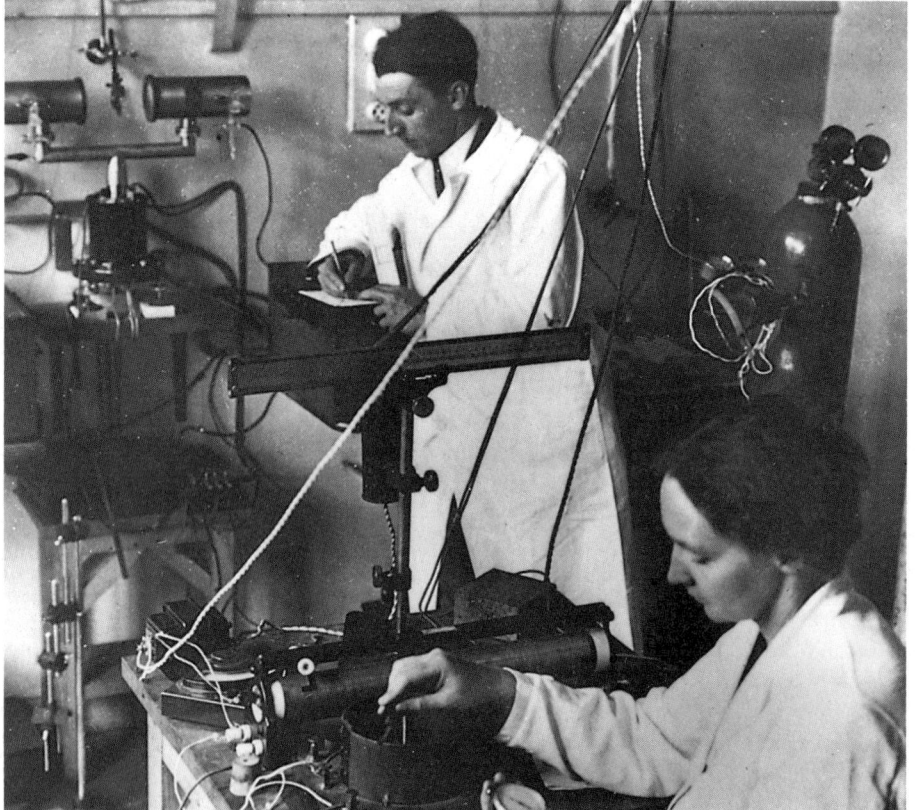

2.32 Irène Curie (1897–1956) und ihr Mann Frédéric Joliot (1900–1958). Die beiden waren nahe daran, das Neutron zu entdecken. 1933 zeigten sie zum ersten Mal, daß es möglich ist, neue radioaktive Elemente zu erzeugen, die auf der Erde natürlicherweise nicht vorkommen. Diese künstlichen Elemente können erzeugt werden, indem man bestimmte Materialien bestrahlt.

Diese Experimente wurden von Irène Curie, der Tochter von Marie und Pierre Curie, und ihrem Ehemann Frédéric Joliot wieder aufgenommen. Auch sie beobachteten die gleiche neutrale Strahlung, die sogar Protonen aus dem wasserstoffreichen Paraffin herauszuschlagen vermochte, mit dem sie die ungewöhnliche Strahlung zu absorbieren versuchten. Das war wiederum ein Hinweis darauf, daß es sich tatsächlich um die von Rutherford vorgeschlagenen Neutronen handeln könnte, aber auch die Joliot-Curies erkannten das nicht. Sie hielten die Strahlung ebenfalls für Gammastrahlung, obwohl beide überrascht waren, wie prompt sie die schweren Protonen aus dem Paraffin herausschlagen konnte. Die Protonen müßten eigentlich viel schwieriger herauszuschießen sein als die vergleichsweise leichten Elektronen; statt dessen schien es genauso leicht zu gehen.

Um diesen Widerspruch aufzuklären, stellte Rutherford im Jahre 1920 die Vermutung an, daß es innerhalb der Atomkerne neben den Protonen auch elektrisch neutrale Teilchen geben müsse, die er Neutronen nannte. Mit dieser Idee stand er aber ganz alleine, denn die meisten Physi-

Als das Ehepaar Joliot-Curie sein Forschungsergebnis im Januar 1932 veröffentlichte, erregte dies sofort Aufsehen im Cavendish-Laboratorium und wurde dort von James Chadwick aufgegriffen. Chadwick hatte mit Rutherford in Manchester zusammengearbeitet und war dann zu Hans Geiger nach Berlin gegangen. Während des Ersten Weltkriegs war er interniert und kehrte erst 1919 nach England zurück, wo er sich wieder Rutherford in Cambridge anschloß; er forschte nun an der Umwandlung von Elementen durch Alphateilchen. Anders als die Joliot-Curies war Chadwick auf das Vorhandensein von Neutronen gedanklich vorbereitet – tatsächlich hatte er bereits in einigen Experimenten vergeblich nach dem Neutron gesucht. Ihm war sofort klar, daß die neutrale Strahlung aus dem Beryllium im Versuch der Joliot-Curies keine Gammastrahlung sein konnte, sondern aus Neutronen bestehen mußte.

Um seine Vermutung zu beweisen, begann Chadwick sofort mit ganz ähnlichen Experimenten, richtete die neutralen Strahlen jedoch auch auf verschiedene Gase wie Wasserstoff, Helium und Stickstoff. Auf diese Weise konnte er den Rückstoß messen, mit dem die verschiedenen Gasatome bei der Kollision fortgeschleudert wurden – er war um so geringer, je schwerer das betreffende Gasatom war. Aus dem Vergleich dieser Daten konnte Chadwick die Masse der Geschosse berechnen; sie entsprach annähernd der Protonenmasse. Im Gegensatz dazu haben Gammaquanten *keine* (Ruhe-)Masse. Damit war der Beweis erbracht, daß Atomkerne nicht nur aus positiv geladenen Protonen bestehen, sondern auch aus elektrisch neutralen Neutronen.

2.33 Rutherford (mit Zigarette) und John Ratcliffe auf einer Aufnahme aus dem Jahre 1932. Das Hinweisschild über ihnen („Bitte leise sprechen") wurde von Vivian Bowden, einer Mitarbeiterin am Cavendish-Laboratorium, angebracht und spielte auf Rutherfords sprichwörtlich laute Stimme an. Eine der Leitungen, die von rechts ins Bild kommen und die Ionisationskammer mit dem Verstärker auf dem Wagen links verbinden, war nämlich geräuschempfindlich ... Die offene Tür links führt zu Chadwicks Labor, in dem er das Neutron entdeckte.

2.34 James Chadwick (1891–1974), der Entdecker des Neutrons, rechts im Bild mit seinem russischen Kollegen Peter Kapitza vom Cavendish-Laboratorium. Kapitza leistete wichtige Beiträge zur Tieftemperaturphysik während seiner Zeit in Cambridge wie auch nach seiner Rückkehr in die Sowjetunion.

2.35 John Cockcroft (1897–1967) und Georg Gamow (1904–1968). Gamow (rechts) konnte theoretisch zeigen, daß es einem Teilchen auch mit verhältnismäßig geringer Energie möglich ist, in einen Atomkern einzudringen. Cockcroft bestätigte diese Überlegungen im Experiment, nachdem er gemeinsam mit Walton die erste Maschine gebaut hatte, um Kernumwandlungen künstlich herbeiführen zu können.

Da sie neutral sind, durchdringen die Neutronen ungestört die elektrischen Felder der Atomhülle und des Kerns — völlig anders als die Protonen, auf die eine mächtige, abstoßende Kraft wirkt, wenn sie sich dem positiv geladenen Kern nähern. Doch im gleichen Jahr, als das Neutron entdeckt wurde, gab es noch ein anderes Ereignis in der Physik, das von umwälzender Bedeutung sein sollte. Zum ersten Mal gelang es Wissenschaftlern, subatomare Teilchen zu beschleunigen und Atomkerne mit diesen schnellen Geschossen künstlich auseinanderzubrechen.

Die Cockcroft-Walton-Maschine

Die energiereichsten Alphateilchen aus radioaktiven Quellen sind gerade schnell genug, um in die Kerne von leichteren Atomen eindringen zu können. Rutherford bemerkte jedoch, daß die schnelleren Alphateilchen ein höheres Durchdringungsvermögen haben als die langsameren und weniger energiereichen. Deshalb interessierte ihn die Möglichkeit, Alphateilchen auf noch höhere Geschwindigkeiten zu beschleunigen und sie damit auf eine höhere Energie zu bringen, als sie von Natur aus haben.

Zunächst schien Rutherfords Ziel noch in weiter Ferne. Zwar kann man geladene Teilchen durch ein elektrisches Feld beschleunigen, wie beispielsweise die Elektronen in der Crookesschen Röhre; doch um ähnlich hohe Energien zu erhalten wie die der radioaktiven Strahlung aus Radium oder Polonium, benötigt man eine Spannung von mehreren Millionen Volt. Je höher nämlich die Spannung zwischen zwei Elektroden ist, desto stärker ist das elektrische Feld zwischen ihnen und damit dessen Kraft auf ein geladenes Teilchen, die beispielsweise ein positiv geladenes Proton auf die negativ geladene Elektrode hin beschleunigt. Derart hohe Spannungen lagen in den zwanziger Jahren noch außerhalb der technischen Möglichkeiten. 1928 jedoch erreichte das Cavendish-Laboratorium eine Veröffentlichung des russischen theoretischen Physikers Georg Gamow, die eine ganze Kette von Entwicklungen auslösen sollte. Gamow zeigte in seiner Arbeit, daß Alphateilchen in seltenen Fällen durch die abstoßende Barriere der positiven Kernladung hindurch „tunneln" können. Also brauchen die Alphateilchen nicht immer den vollen Energiebetrag zu haben, der nötig ist, um diese Barriere zu überwinden; auch mit einer geringeren Energie besitzen sie eine kleine, aber reelle Chance, über diesen *Tunneleffekt* in den Kern eindringen zu können. Die Wahrscheinlichkeit dafür ist um so kleiner, je energieärmer die Alphateilchen sind.

Einer der Mitarbeiter um Rutherford, der sofort die Bedeutung von Gamows Berechnungen sah, war John Cockcroft. Cockcroft hatte in Manchester und Cambridge Elektrotechnik und Mathematik studiert und arbeitete seit 1924 am Cavendish-Laboratorium. Er erkannte, daß Gamows Berechnungen zufolge keine Spannungen von einigen Millionen Volt nötig wären, um Kernumwandlungen künstlich herbeizuführen. Wesentlich geringere Spannungen würden ausreichen, vorausgesetzt der Strahl von Alphateilchen oder anderen geladenen Teilchen wäre intensiv genug. Er rechnete aus, daß ein Proton eine Chance von eins zu tausend besitzt, in den Kern eines Boratoms eindringen zu können, wenn es zuvor eine Beschleunigungsspannung von 300 000 Volt (300 Kilovolt oder 300 kV) durchlaufen hat. Mit Rutherfords

Unterstützung und einem Zuschuß der Universität von 1000 britischen Pfund machte sich Cockcroft an Entwicklung und Bau eines 300-Kilovolt-Protonenbeschleunigers. Dabei schloß sich ihm ein junger Ire aus Dublin namens Ernest Walton an, der erst seit kurzem am Cavendish-Laboratorium tätig war und bereits einige Verfahren ausprobiert hatte, um Teilchen zu beschleunigen.

Cockcroft und Walton erzeugten die freien Protonen über eine elektrische Gasentladung, bei der die Elektronen des Wasserstoffgases in einer Kammer von ihren Kernen (Protonen) getrennt wurden. Die Protonen wurden von einer negativ geladenen Platte angezogen und flogen durch ein kleines Loch durch sie hindurch. Danach wurden sie gegen eine weitere negativ

2.36 Ein Blick auf die Cockcroft-Walton-Maschine gegen Ende des Jahres 1931. Das zweiteilige Beschleunigungsrohr ist die Glassäule in der Mitte; hohe, dunkle Säule am äußersten linken Bildrand enthält die Gleichrichter für die Erzeugung der Hochspannung. In der kleinen Hütte unten sitzt Ernest Walton (geboren 1903) vor einem Mikroskop, das auf einen Szintillationsschirm fokussiert ist. Hier wurden im April 1932 zum ersten Mal künstliche Kernumwandlungen nachgewiesen.

geladene Elektrode beschleunigt, die sich am anderen, entfernten Ende einer evakuierten Glasröhre befand.

Mit ihrer ersten 280-Kilovolt-Anlage fanden Cockcroft und Walton keinerlei Anzeichen von Kernumwandlungen, wenn die beschleunigten Protonen auf die gewählten Ziele trafen. So versuchten sie mit einem Spannungsvervielfacher noch höhere Spannungen zu erreichen. Cockcroft verwandte einen Schaltkreis, der heute unter dem Namen *Cockcroft-Kaskade* (Kaskadenschaltung) bekannt ist und der eine gegebene Wechselspannung in eine Gleichspannung umwandelt und verdoppelt oder sogar vervielfacht. Wechselspannungen aber werden durch das öffentliche Stromnetz, das 50- oder 60mal in der Sekunde zwischen den positiven und negativen Spannungsspitzen hin und her pendelt, bereitgestellt und lassen sich vor allem mit Hilfe von Transformatoren leicht auf einige zig Kilovolt hochtransformieren.

Mit dem neuen Spannungsvervielfacher konnten Cockcroft und Walton die Beschleunigungsspannung bis auf 800 Kilovolt erhöhen. Und im April 1932 hatten sie endlich Glück. Sie richteten ihren hochenergetischen Protonenstrahl auf ein Lithiumtarget und sahen sofort helle Szintillationen auf dem Zinksulfidschirm, der die geladenen Teilchen aus den Kernumwandlungen registrieren sollte. Damit hatten sie die Absorption eines schnellen Protons durch einen Lithiumkern und die darauffolgende Umwandlung des neuen, zusammengesetzten Kerns in zwei Alphateilchen nachgewiesen. Die drei Protonen und vier Neutronen des Lithiumkerns hatten sich zusammen mit dem beschleunigten Proton umgruppiert und dabei zwei Heliumkerne mit je zwei Protonen und zwei Neutronen gebildet. Für Rutherford waren diese Szintillationen »der schönste Anblick der Welt«.

2.37 Diese Nebelkammeraufnahme zeigt die Spur eines Alphateilchenpaares, das nach der Zertrümmerung eines Lithiumkerns durch ein schnelles Proton in entgegengesetzte Richtungen davonschoß (nach rechts oben und links unten). Das Proton wurde in der von Cockcroft und Walton entwickelten Maschine beschleunigt; das untere Ende des Beschleunigungsrohrs, in dem sich das Lithiumtarget befindet und das auf die Nebelkammer gerichtet ist, ist auf dem Bild noch zu erkennen. Die einzelnen Spuren stammen von Teilchen, deren Partner keines der Glimmerfenster in der Rohrwand trafen und deswegen nicht in die Nebelkammer eindringen konnten.

Die Welt der Atomkerne

»Wenn ich, wie ich vermute, den Atomkern künstlich umgewandelt habe, dann ist das noch wichtiger als der Krieg.« — Damit begründete Rutherford, warum er im Jahre 1917/18 eine Sitzung über U-Boot-Abwehr versäumt hatte.

Seit der Entdeckung des Atoms zu Beginn des 20. Jahrhunderts haben sich Wissenschaft und Technik in zwei Richtungen weiterentwickelt, die eng miteinander verbunden sind. Die eine kann als „angewandte Atomtechnik" bezeichnet werden, in der das Wissen um die Elektronen in der Atomhülle zur Anwendung kommt. Auf seiner Grundlage konnten zum Beispiel Fernsehgeräte, Computer und die Mikroelektronik entwickelt werden. Die andere Richtung verfolgte die weitere Erforschung der atomaren Struktur und führte zu der Erkenntnis, daß es eine noch tiefere Schicht physikalischer Wirklichkeit gibt, nämlich die der subatomaren Teilchen. Nachdem man die komplexe Struktur des Kerns aus Protonen und Neutronen aufgedeckt hatte, konnte auch die wissenschaftliche Erforschung und technologische Ausbeutung dieser neuen Schicht der Materie in Angriff genommen werden. Riesige Energievorräte lagen im Inneren des Kerns verborgen, die bei der Freisetzung radioaktiver Strahlung zum Vorschein kamen. Natürliche Radioaktivität ist jedoch ein spontaner Prozeß, und es schien daher anfangs ein hoffnungsloses Unterfangen, diese Energie kontrolliert freisetzen und nutzbar machen zu wollen. Rutherford war sich dessen völlig bewußt; bei einer Rede, die er als Präsident der *British Association* im Jahre 1933 hielt, sagte er: »Wer sich aus der künstlichen Kernumwandlung eine Energiequelle erhofft, redet schlichtweg Unsinn.«

Im selben Jahr stellten jedoch Irène und Frédéric Joliot-Curie fest, daß Radioaktivität nicht ausschließlich spontan auftritt, sondern unter bestimmten Umständen auch

2.38 Frédéric Joliot (rechts) und seine beiden Assistenten Lew Kowarski (links) und Hans von Halban (Mitte) waren die ersten Menschen, die Anfang 1939 die Freisetzung von Neutronen bei der Spaltung von Urankernen beobachten konnten.

ausgelöst werden kann. Sie konnten Radioaktivität künstlich erzeugen, indem sie Alphateilchen auf bestimmte Materialien schossen und dadurch neue, instabile Kernkonfigurationen erhielten. Gegen Ende des Jahres 1938 gab es dann eine weitere Überraschung, als Otto Hahn und Fritz Straßmann in Berlin Uran mit Neutronen beschossen und damit die Urankerne in zwei Teile spalteten. Dieser Prozeß der Kernspaltung setzt ebenfalls Energie frei, gleichzeitig aber auch weitere Neutronen, die wiederum die Spaltung benachbarter Kerne auslösen können und so fort. (Der Begriff Kernspaltung stammt von Lise Meitner, die vor Abschluß der Experimente ins Exil fliehen mußte, aber die Ergebnisse als erste theoretisch interpretiert hat.) Das Ergebnis ist eine Kettenreaktion, die, wenn sie nicht richtig kontrolliert wird, zu einer Explosion führt. Bei einer unkontrollierten Kettenreaktion wächst die Anzahl der Kernspaltungen lawinenartig an und setzt in Sekundenbruchteilen ungeheure Energiemengen frei, deren gewaltige Zerstörungskraft in einer der schrecklichsten Waffen zum Ausdruck kommt, die die Menschheit je ersonnen hat: der Atombombe. Atomkraftwerke hingegen arbeiten auf der Grundlage einer kontrollierten Kettenreaktion.

Die Kerntechnologie, das heißt die technische Anwendung unseres Wissens über den Atomkern, hat uns sowohl die friedliche Nutzung der Atomkraft als auch die Atomwaffen beschert. Sie hat jedoch auch die Krebstherapie mit Hilfe von Neutronenstrahlen möglich gemacht und zur Herstellung künstlicher radioaktiver Isotope geführt, mit denen man in der medizinischen Diagnostik den Weg chemischer Substanzen im menschlichen Körper verfolgen kann. Parallel dazu hat auch die Kernforschung seit der Zeit Rutherfords Fortschritte gemacht und sich in zwei einander ergänzende Forschungsbereiche aufgefächert. Ein Bereich ist die Kernphysik, die die Struktur des Atomkerns und das komplexe Verhalten der Konglomerate aus Protonen und Neutronen, die den Kern bilden, erforscht.

Der andere Forschungszweig, die Elementarteilchenphysik, ist auf der Suche nach einer noch tieferliegenden Struktur.

Erste Hinweise auf eine solche subnukleare Struktur gab es schon bald, nachdem der Atomkern entdeckt worden war und man weitere Teilchen fand, die den Protonen und Neutronen zwar in gewisser Weise ähnlich, aber dennoch deutlich von ihnen zu unterscheiden sind. Diese Teilchen wurden weder in den Kernexperimenten der Joliot-Curies oder von Hahn und Straßmann, noch in Rutherfords Cavendish-Laboratorium entdeckt, sondern bei der Erforschung der kosmischen Strahlung gefunden. Auf die Entdeckungsgeschichte dieser Teilchenströme, die permanent aus dem Weltraum auf die Erde treffen, werden wir im vierten Kapitel noch genauer eingehen.

54

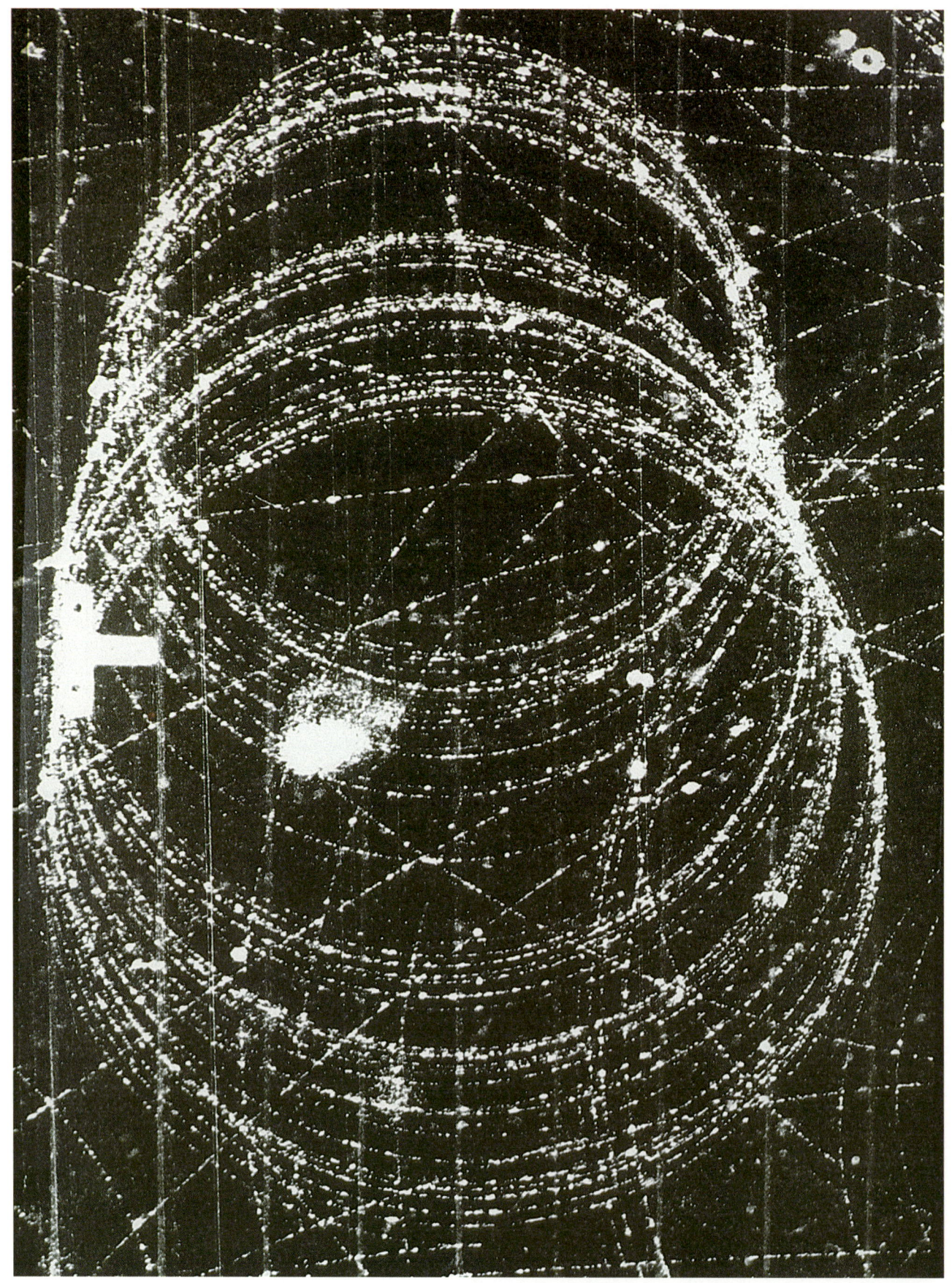

3. Die Struktur des Atoms

Die Vorstellung, daß die Materie aus unsichtbar kleinen Teilchen aufgebaut sei, formulierte bereits im fünften Jahrhundert vor Christus der griechische Philosoph Leukippos. Er nannte diese Teilchen *atomos*, was soviel wie „unteilbar" bedeutet und sie als elementare Bestandteile der Materie auszeichnete. Doch die Vorstellungen Leukippos' und seines Schülers Demokrit wurden von den anderen Philosophen des antiken Griechenland weitgehend abgelehnt. Statt dessen setzte sich eine Auffassung vom Aufbau der Materie durch, die Empedokles um 440 vor Christus vorgeschlagen hatte und die in Europa für beinahe 2000 Jahre Bestand haben sollte. Er dachte sich alles Stoffliche aus vier Substanzen zusammengesetzt, die man später „Elemente" nannte, nämlich Erde, Luft, Feuer und Wasser.

Obwohl die Naturphilosophen der Antike die Vorstellung von Atomen ablehnten, wurde sie durch das berühmte Lehrgedicht *De Rerum Natura* („Über die Natur der Dinge") des römischen Schriftstellers Lukrez aus dem ersten Jahrhundert vor Christus recht populär. Vor allem diesem Werk haben wir es zu verdanken, daß die Atomtheorie zu Beginn der Renaissance wiederentdeckt und im Laufe des 16. Jahrhunderts in Westeuropa weithin bekannt wurde. Physiker wie Robert Boyle, Robert Hooke und Isaac Newton entwickelten daraus schließlich ihre Konzeption der Materie, die deren Eigenschaften auf das Wirken von Kräften zwischen irgendwie gearteten kleinsten Bausteinen zurückführte. Newton schrieb damals in seinen *Opticks*: »... es scheint mir wahrscheinlich, daß Gott die Materie im Anfang als feste, massive, harte, undurchdringbare, bewegliche Teilchen geschaffen hat ...«

Weitere 200 Jahre verstrichen, ehe Newtons Nachfolger nach und nach entdeckten, daß Atome weder fest noch undurchdringbar oder unteilbar sind. Anfang der dreißiger Jahre dieses Jahrhunderts waren den Physikern drei Grundbausteine des Atoms bekannt: das Elektron, das Proton und das Neutron. Außerdem hatten sie herausgefunden, daß die elektromagnetische Kraft, die zwischen den elektrisch geladenen Bausteinen der Materie wirkt und diese aneinander bindet, von einem Trägerteilchen, dem Photon, übertragen wird. Das Photon ist zugleich der Träger des sichtbaren Lichts und spielt in den Atomen eine äußerst wichtige Rolle. Es ist sozusagen der „Mörtel", der die uns umgebende Materie zusammenhält.

Diese Teilchen wurden anfangs oft mit Detektoren entdeckt, die kein sichtbares bleibendes Bild von den Stoßereignissen aufnehmen konnten. Dennoch lieferten diese Nachweisverfahren genaue Informationen, zum Beispiel über Anzahl, Energie und Flugrichtung der unsichtbaren Teilchen, und erlaubten es so den Physikern, eine Vorstellung von dieser bisher verborgenen Welt zu bekommen. Im zweiten Kapitel haben wir gesehen, daß Rutherford zu Beginn seiner Forschungen über Radioaktivität hauptsächlich Elektrometer einsetzte und sich später der Szintillationstechnik zuwandte, mit der er die einzelnen Teilchen beim Aufprall auf einen Zinksulfidschirm als Lichtblitze zählen konnte. Mit Hilfe dieser Geräte entdeckte Rutherford die Zusammensetzung der Alphateilchen und den dichtgepackten Atomkern im Zentrum des Atoms.

3.1 Diese Nebelkammeraufnahme zeigt die unter dem Einfluß eines Magnetfelds spiralförmig gebogene Spur eines Elektrons, die insgesamt eine Länge von etwa zehn Metern hat. Verfolgt man die Spur bis zu ihrem Entstehungspunkt am unteren Bildrand zurück, so erkennt man eine zweite Spur, die vom selben Punkt ausgeht und nach links unten verläuft. Sie gehört zu einem Positron, dem Antiteilchen des Elektrons, das gleichzeitig mit dem Elektron an dieser Stelle aus einem unsichtbaren Gammaquant materialisierte. Das Gammaquant war am rechten unteren Bildrand in die Nebelkammer eingedrungen; die Strahlung stammte aus dem Elektronensynchrotron des Lawrence Berkeley Laboratory. Aufgrund einer leichten räumlichen Abhängigkeit des Magnetfelds schiebt sich die Spirale langsam nach oben. Auffällig ist, daß sie auf halbem Wege plötzlich enger wird; dort hat das Elektron ein Photon abgestrahlt und damit einen Teil seiner Energie verloren. Die unterschiedlichen Abstände zwischen den Spiralwindungen sind auf Stöße mit Gasatomen zurückzuführen, die die Bahn des Elektrons jeweils ein wenig versetzten. Die anderen Spuren auf der Aufnahme stammen ebenfalls von Elektronen und Positronen, die paarweise aus Gammaquanten erzeugt wurden. Das Magnetfeld der Kammer war dabei so gepolt, daß die negativ geladenen Elektronen im Uhrzeigersinn abgelenkt wurden und die positiv geladenen Positronen dementsprechend in die Gegenrichtung.

Dabei brauchte Rutherford die Teilchen, die er erforschen wollte, gewissermaßen gar nicht zu „sehen"; wichtig war nur, daß er die Anzahl der Teilchen bestimmen konnte. In den zwanziger Jahren entwickelte er sich dennoch auch zu einem Meister in der Handhabung der Nebelkammer — des Geräts, mit dem zum ersten Mal die Ionisationsspuren einzelner Teilchen aufgenommen werden konnten. Die Nebelkammeraufnahmen zeigten den Durchgang eines Teilchens nicht nur an einem bestimmten Punkt an, sondern zeichneten eine ganze Reihe von Punkten entlang seiner Flugbahn auf. In einer Art Zeitraffer zeigen sie uns eine ganze Abfolge von Ereignissen in den Spuren eines einzigen Bilds — ähnlich wie Reifenspuren auf einem Sandstrand (Abbildung 3.1).

In den vierziger Jahren hatten die Physiker noch ein weiteres Verfahren für die Aufnahme von Teilchenspuren zur Perfektion gebracht, bei dem der photographische Film selbst der Detektor ist. Elektrisch geladene Teilchen, die durch die hintereinanderliegenden Schichten einer speziellen Photoemulsion (einer sogenannten Kernemulsion) hindurchflogen, schwärzten diese entlang ihrer Flugbahn (siehe Seite 96—98). Die einzelnen entwickelten Schichten des Films ergaben Aufnahmen von aufeinanderfolgenden Abschnitten der Teilchenspur, die zusammengenommen eine vollständige Spur lieferten.

Aufnahmeverfahren wie diese können uns die Teilchen zwar nicht direkt zeigen, aber sie halten deren „Fußabdrücke" fest, aus denen wir auf die verschiedenen Teilchen schließen können. Wie unterschiedlich diese Spuren sind, die die Teilchen hinterlassen, werden wir im Laufe dieses Kapitels sehen, in dem wir die einzelnen Bestandteile des Atoms näher kennenlernen werden.

Daß solche winzigen Materiepakete, die wir Atome nennen, existieren, ist heute unumstritten. Wir sind mit den vielen verschiedenen Arten von Atomen vertraut, die auf der Erde natürlicherweise vorkommen, angefangen beim Wasserstoff bis hin zum Uran, kennen aber auch noch schwerere künstlich erzeugte Transurane.

Das Atom

Gerade weil wir damit heute so vertraut sind, scheint es fast unglaublich, daß die Existenz von Atomen erst seit relativ kurzer Zeit allgemein akzeptiert wird. Noch um das Jahr 1900 — als J. J. Thomson bereits das Elektron entdeckt hatte — lehnten namhafte Physiker und Chemiker die Atomhypothese kategorisch ab, andere betrachteten sie lediglich als eine geeignete Modellvorstellung. Die Mehrzahl der Naturwissenschaftler vertrat wohl die Auffassung, daß es Atome als die letzten, unteilbaren Bestandteile der Materie gebe, doch handelte es sich dabei eigentlich mehr um eine Glaubensfrage als um fundiertes Wissen. Positivisten wie der einflußreiche österreichische Physiker Ernst Mach betonten, daß Atome reine Gedankenkonstruktionen seien — niemand hatte je ein Atom *gesehen*.

In den ersten zehn Jahren des 20. Jahrhunderts setzte sich die Atomhypothese dennoch durch und war bald allgemein anerkannt. Dies geschah ironischerweise nicht etwa deswegen, weil man Atome inzwischen gefunden hätte, sondern weil Thomson, Rutherford und andere durch ihre Forschungen über Kathodenstrahlen und Radioaktivität nachweisen konnten, daß Atome aus noch kleineren Bestandteilen zusammengesetzt sind: den negativen Elektronen und dem positiven Kern. Genaugenommen hat eigentlich niemand das Atom „entdeckt"; die Physiker stießen statt dessen sofort auf dessen Bausteine.

Es dauerte dann noch einmal mehr als ein halbes Jahrhundert, bis spezielle hochauflösende Elektronenmikroskope entwickelt worden waren, durch die man Atome direkt „sehen" konnte. Doch wie die Abbildung 3.3 zeigt, bilden selbst die besten heute zur Verfügung stehenden Geräte ein Atom nur als verschwommenen Fleck ohne irgendwelche charakteristischen Merkmale ab — trotz einer etwa 90millionenfachen Vergrößerung! Im atomaren Bereich stoßen wir an die Grenzen „direkter" Beobachtung. Alle anderen Teilchen, die wir im vorliegenden Buch kennenlernen werden, können nur indirekt durch ihre Wirkungen erschlossen werden — zum Beispiel durch die Spuren, die sie in

Nebel- und Blasenkammern hinterlassen, oder durch elektronische Signale, die sie in Detektoren auslösen.

Der Begriff des Atoms stammt zwar aus dem antiken Griechenland, aber die Geschichte der naturwissenschaftlichen Erforschung des Atoms auf empirischer Grundlage beginnt erst Anfang des 19. Jahrhunderts, insbesondere mit John Dalton, dem Sohn eines Webers aus dem Norden Englands. Dalton gilt allgemein als eher ungeschickter Experimentator, doch seine theoretischen Einsichten markieren einen wichtigen Schritt zu einer quantitativen Chemie der Elemente. Er regte Ideen an, die noch heute ihre Gültigkeit besitzen. Ihm waren die erst kurze Zeit zuvor entdeckten Kombinationsregeln aufgefallen, nach denen sich die Elemente zu chemischen Verbindungen zusammenschließen. Dalton sah, daß er diese Regeln leicht erklären konnte, wenn jedes Element aus einer ihm eigenen Sorte unteilbarer Atome bestünde; Atome eines Elements sollten alle identisch sein, sich aber qualitativ von denen anderer Elemente unterscheiden. Insbesondere ordnete Dalton den Atomen der 20 Elemente, die ihm im Jahre 1808 bekannt waren, entsprechende *Atomgewichte* zu; er stellte sie in einer Tabelle zusammen, die mit Wasserstoff begann — dem leichtesten Element — und mit Quecksilber endete, dem er irrtümlicherweise ein größeres Atomgewicht als Blei zuordnete (Abbildung 3.2).

Mit dem Atomgewicht führte Dalton ein wichtiges Charakteristikum des Atoms ein. Als jedoch noch weitere Elemente entdeckt wurden, stellte sich bald heraus, daß sich Elemente mit ganz verschiedenen Atomgewichten in ihrem chemischen Reaktionsverhalten häufig ähnelten. So ist Kalium zum Beispiel wie Natrium ein reaktives Metall, besitzt aber beinahe das doppelte Atomgewicht. Im Jahre 1869 gelang es Dmitri Mendelejew, Professor für Chemie an der Universität von St. Petersburg (dem heutigen Leningrad), der chemischen und physikalischen Verwandtschaft verschiedener Elemente durch ein Klassifikationsschema Rechnung zu tragen, das wir heute noch verwenden: das Periodensystem der Elemente (Abbildung 3.4). Darin faßte er die ihm damals be-

kannten 62 Elemente in einer Anzahl von „Familien" zusammen; in den Lücken, die sich bei seiner systematischen Anordnung ergaben, vermutete er weitere Elemente, die aber bis dahin noch nicht gefunden worden waren. Die spätere Entdeckung dieser „neuen" Elemente wie Gallium und Germanium war eine glänzende Bestätigung von Mendelejews Einteilung. Obwohl das Periodensystem der Elemente auf der Atomhypothese aufbaute, war damit jedoch in keiner Weise verstanden, was Atome eigentlich sind ▼ ein Umstand, der jenen nicht gefallen konnte, die mit dem Atombegriff eine genauere Vorstellung verbinden wollten.

Sowohl Dalton als auch Mendelejew waren Chemiker; die Physiker der damaligen Zeit rangen mehr um ein Verständnis von Elektrizität und Magnetismus, Wärme und Licht, als daß sie sich mit Atomen be-

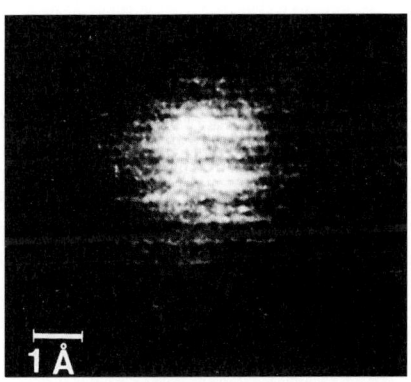

3.3 Eine Aufnahme von einem einzelnen Goldatom, die mit einem hochauflösenden Rasterelektronenmikroskop gemacht wurde. Der Maßstab entspricht der Länge von einem Ångström (das ist ein zehntausendstel Mikrometer beziehungsweise ein zehntel Nanometer). Selbst bei dieser etwa 90millionenfachen Vergrößerung erscheint das Atom lediglich als strukturloser, verschmierter Fleck.

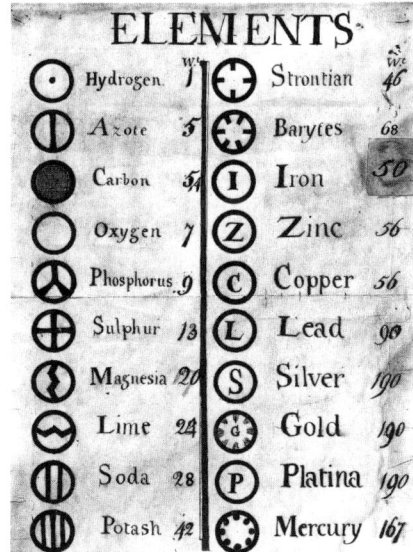

3.2 Daltons Tabelle mit den Atomgewichten und seinen Symbolen für die ihm damals bekannten „Elemente" (wir wissen heute, daß einige der hier aufgelisteten Substanzen keine reinen Elemente sind, sondern chemische Verbindungen). Dalton bestimmte das jeweilige Atomgewicht einer Substanz im Verhältnis zum leichtesten Element Wasserstoff. Seine Werte und damit die Reihenfolge in seiner Tabelle sind nicht korrekt, weil er die genauen Proportionen nicht kannte, in denen sich die Elemente zu Verbindungen zusammenschließen — etwa daß sich zwei Teile Wasserstoff und ein Teil Sauerstoff zu Wasser verbinden. Wie dem auch sei: Wichtig ist, daß Dalton seine Messungen im Rahmen einer *atomaren* Theorie der Materie interpretierte und dabei den verschiedenen Elementen Atome unterschiedlichen Gewichts zuordnete.

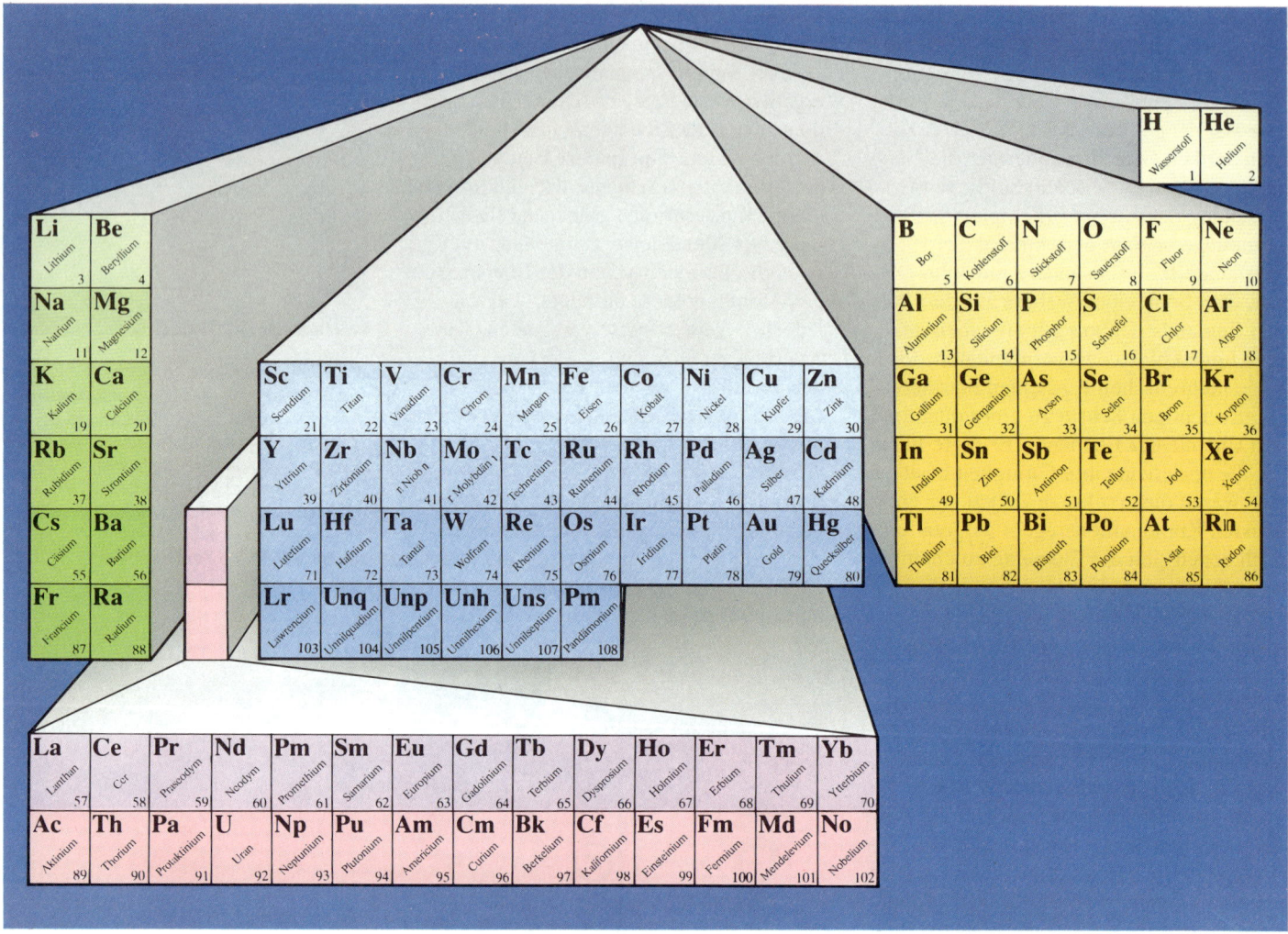

3.4 Im Jahre 1869 schlug Mendelejew vor, die Elemente so in einer Tabelle anzuordnen, daß Elemente mit ähnlichen chemischen und physikalischen Eigenschaften in derselben Spalte zusammengefaßt und die Elemente einer Reihe nach ihrem zunehmenden Atomgewicht geordnet würden. Erst als das Elektron und weitere Einzelheiten der Atomstruktur Anfang dieses Jahrhunderts entdeckt wurden, begann man zu verstehen, was dem systematischen Aufbau des Periodensystems eigentlich zugrunde liegt. Bis auf den heutigen Tag konnte das Periodensystem der Elemente in der von Mendelejew vorgeschlagenen Form im Prinzip beibehalten werden, auch wenn wir mittlerweile viel mehr Elemente kennen, wie diese moderne Darstellung des Periodensystems zeigt.

schäftigten. Dennoch waren es die späteren Entdeckungen der Physiker, durch die wir das Atom besser verstehen lernten und die die Bedeutung des Atomgewichts sowie die Anordnung der Elemente im Periodensystem erklärten. In Kapitel 2 wurde dargestellt, wie die Entdeckung der Röntgenstrahlen und der Radioaktivität zu einer Reihe weiterer Entwicklungen geführt hat, die ihren vorläufigen Höhepunkt 1911 in Rutherfords Atommodell fanden.

Rutherford stellte sich das Atom als ein winziges „Sonnensystem" vor, in dem Elektronen um einen zentralen Atomkern kreisen. Er hatte herausgefunden, daß die Elektronen in einem überwiegend leeren Raum um einen winzigen kompakten Kern verteilt sind, der im Vergleich zum ganzen Atom so klein ist wie ein Loch eines Golfplatzes im Vergleich zum gesamten Platz.

Der dänische theoretische Physiker Niels Bohr knüpfte an Rutherfords Ideen vom Aufbau des Atoms an und entwickelte bis 1913 eine detaillierte Theorie der Elektronen in Atomen. Er konnte damit die Wellenlängen des von bestimmten Atomen emittierten farbigen Lichts erklären (ihr sogenanntes Emissionsspektrum), insbesondere die Spektrallinien des Wasserstoffs. Obwohl die Bohrsche Theorie unvollständig und in mancher Hinsicht falsch war, liegt sie noch heute unserem modernen Verständnis vom Verhalten der Elektronen in Atomen zugrunde.

Elektronen eines Atoms halten sich demnach in verschiedenen „Schalen" auf, die in bestimmten Abständen um den Atomkern herum angeordnet sind und die zu bestimmten, diskreten Energiewerten gehören. Dabei kann ein Elektron von einer Schale in eine andere wechseln: Nimmt das Elektron genügend Energie auf, dann „springt" es in eine vom Kern weiter entfernt liegende Schale; strahlt es hingegen Energie ab, so „fällt" es in eine Schale, die entsprechend näher am Kern liegt. Das wirklich Neue an Bohrs Ideen war sein Postulat, wonach dem Elektron im Atom eines beliebigen Elements nur ganz bestimmte Energieniveaus zur Verfügung stehen; die Energie dieser einzelnen Niveaus wird dabei von der positiven Kernladung bestimmt. Bohrs Theorie stellte somit erstmals eine Beziehung her zwischen der von Atomen absorbierten beziehungsweise emittierten Strahlungsenergie (die in direkter Beziehung zur Wellenlänge der Strahlung steht) und den Eigenschaften des Atomkerns, den Rutherford entdeckt hatte.

In Rutherfords Institut arbeitete zu jener Zeit auch der junge Physiker Henry Moseley, der die von Atomen emittierte Röntgenstrahlung untersuchte. Moseley erkannte, daß — vorausgesetzt das Bohrsche Modell wäre korrekt — die Energie der Röntgenstrahlen ein direktes Maß für die Ladungsmenge im Atomkern sein müsse. Er nahm deshalb die Röntgenspektren verschiedener Elemente sorgfältig auf und entdeckte, daß der Betrag der positiven Kernladung stets ein ganzzahliges Vielfaches der (negativen) Ladung eines Elektrons ist. Außerdem fand er heraus, daß sich die Kernladung um jeweils eine solche Ladungseinheit erhöht, wenn man im Periodensystem von einem Element zum nächsten benachbarten übergeht. Zum Beispiel hat Wasserstoff in seinem Atomkern nur eine positive Ladung, die der negativen Ladung seines Elektrons in der Atomhülle entspricht; der Heliumkern hingegen ist zweifach positiv geladen, der Lithiumkern dreifach positiv und so weiter bis hin zum Uran mit einer Kernladung von insgesamt 92 Einheiten.

Damit hatte Moseley einen wichtigen Parameter zur Beschreibung von Atomen eingeführt, den wir heute die *Kernladungszahl* des Atoms nennen. Dieser Parameter gibt die Anzahl der positiven Ladungseinheiten in einem Atomkern an, die identisch ist mit der Anzahl der Protonen im Kern, wie Rutherford später herausfand. Das Periodensystem ordnet die Elemente nach der steigenden Anzahl ihrer Protonen (und damit auch der Anzahl ihrer Elektronen); deshalb nennt man diese Zahl auch *Ordnungszahl*.

Ein weiterer bedeutender Beitrag zur Atomtheorie kam von dem österreichischen Physiker Wolfgang Pauli: Das von ihm 1921 vorgeschlagene *Ausschließungsprinzip* (meist *Pauli-Prinzip* genannt) begrenzt die Anzahl der Elektronen in einer beliebigen Schale, so daß beispielsweise die innerste Schale nur zwei Elektronen aufnehmen kann, ebenso wie die nächste darüberliegende Schale; die dritte Schale kann sechs Elektronen aufnehmen, die vierte wiederum nur zwei, die fünfte sechs und die sechste zehn Elektronen und so weiter, entsprechend einer etwas komplizierteren, aber üblichen mathematischen Formel.

Die systematische Besetzung dieser Anordnung von Elektronenschalen liegt dem Periodensystem zugrunde: Normalerweise füllen die Elektronen zunächst die Schalen der Atomhülle, die dem Kern am nächsten liegen; in diesem Fall befindet sich das Atom im Grundzustand. Im Unterschied dazu spricht man von angeregten Zuständen, wenn das Atom so viel Energie aufgenommen hat, daß mindestens ein Elektron in eine vom Kern weiter entfernt liegende Schale springen konnte. Befindet sich beispielsweise ein Wasserstoffatom in seinem Grundzustand, so ist seine erste Schale durch sein einzelnes Elektron nur halb besetzt, wohingegen die erste Schale in einem Heliumatom mit zwei Elektronen vollständig gefüllt ist. Die 18 Elektronen eines Argonatoms füllen im Grundzustand fünf Schalen vollständig, während die 92 Elektronen eines Uranatoms 18 Schalen besetzen, nicht alle davon aber vollständig füllen.

Die chemischen und physikalischen Eigenschaften eines Elements werden nun davon bestimmt, inwieweit die Schalen seiner Atome mit Elektronen aufgefüllt sind. Im Periodensystem stehen daher weitgehend diejenigen Elemente beisammen, deren Atome dieselbe Anzahl Elektronen in ihrer *äußeren* Schale haben. Bei den Edelgasen in der rechten Spalte des Periodensystems — Helium, Neon, Argon,

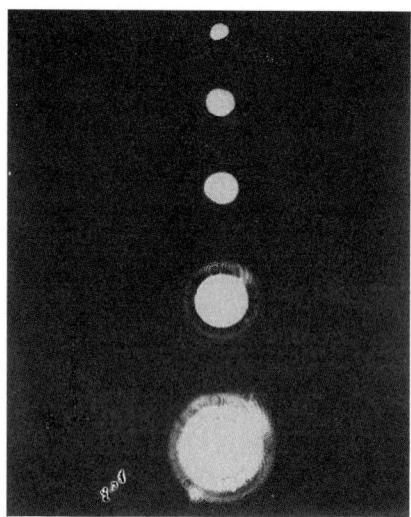

3.5 Elektronenwolken von Argonatomen in 126millionenfacher Vergrößerung, die mit einem holographischen Elektronenmikroskop aufgenommen wurden. Das von L. S. Bartell an der Universität von Michigan entwickelte Aufnahmeverfahren liefert räumliche Bilder (Hologramme), die in einem zweistufigen Prozeß gewonnen werden. Zunächst schießt man Elektronen auf die abzubildenden Atome und nimmt das holographische Verteilungsmuster der gestreuten Elektronen auf. Eine Vielzahl solcher Aufnahmen wird dann zu einem einzigen Hologramm überlagert, aus dem man mit Hilfe eines Laserstrahls ein räumliches Bild rekonstruieren kann. Die verschiedenen Aufnahmen in unserer Abbildung unterscheiden sich durch ihre Belichtungszeit; sie nimmt von oben nach unten zu. Es zeigt sich dabei, daß die Elektronen eher in der Nähe des Atomkerns lokalisiert sind als in der äußeren Atomhülle. Auf dem obersten Bild mit der kürzesten Belichtungszeit ist nur die Elektronenwolke der inneren Schalen des Atoms abgebildet; mit zunehmender Belichtungszeit kommen jedoch auch die äußeren und immer diffuseren Randbereiche der Elektronenwolke zum Vorschein, weil dann auch die Elektronen der äußeren Schalen merklich zum Gesamtbild beitragen, was im Einklang steht mit den Vorhersagen der Quantentheorie.

Krypton, Xenon und Radon — ist nicht nur die jeweils äußere Schale vollständig gefüllt, sondern auch alle anderen besetzten Schalen. Solche vollständig gefüllten Schalen bilden besonders stabile Elektronenkonfigurationen; daher sind Edelgase Elemente, die kaum mit anderen Elementen reagieren. Genauso haben die Alkalimetalle in der ersten Spalte des Periodensystems — Lithium, Natrium, Kalium, Rubidium, Cäsium und Francium — alle ähnliche chemische Eigenschaften, weil ihre äußeren Schalen jeweils ein Elektron enthalten und alle energetisch tieferliegenden besetzten Schalen vollständig aufgefüllt sind.

Heutzutage bemühen die Physiker immer noch das Bild vom atomaren Sonnensystem, um sich in anschaulicher und prägnanter Weise verständlich machen zu können. So sprechen sie von Elektronen, die den Kern „umkreisen" und die von einer „Umlaufbahn" in eine andere springen, wenn sie dazu energetisch angeregt werden — als ob es sich um Planeten wie Jupiter oder Saturn handele. Ein solches Bild hilft zwar, um eine anschauliche Vorstellung von Atomen zu bekommen, doch verfälscht diese Sprechweise das, was wir heute über das Verhalten der Elektronen in Atomen wissen. Zum einen bewegen sich Elektronen um den Atomkern nicht immer auf solch majestätisch anmutenden Ellipsenbahnen, wie dies die Planeten um ihr Zentralgestirn tun. Im Gegenteil: Die Bewegung der Elektronen kann stark fluktuieren und sehr eigenartig sein. Was die Elektronen aber ganz grundlegend von den Planeten unterscheidet, ist, daß wir die Bahn eines beliebigen Elektrons um den Kern grundsätzlich nicht exakt bestimmen können. Je genauer wir die Bahn eines einzelnen Elektrons auszumessen versuchen, desto mehr werfen wir es in unkontrollierter Weise aus seiner Bahn — desto mehr entzieht es sich uns also in einer Art subatomarem Versteckspiel.

Diese prinzipielle Unkenntnis über den Verbleib des Elektrons ist eine Folge der *Unschärferelation*, die Werner Heisenberg im Jahre 1927 aufgestellt hat. Sie ist eine Grundaussage der Quantenmechanik — jener Theorie, die in den zwanziger und dreißiger Jahren dieses Jahrhunderts ent-

wickelt wurde und die sich bei der Beschreibung und Vorausberechnung atomarer wie subatomarer Prozesse als äußerst erfolgreich erwiesen hat. Während in der Klassischen Physik immer sichere und eindeutige Aussagen über die physikalischen Objekte gemacht werden können, müssen wir uns im Bereich der Quantenphänomene allerdings mit Wahrscheinlichkeitsaussagen begnügen. Die Bahn eines einzelnen Elektrons bleibt ungewiß, doch ist der mittlere Bahnverlauf von Millionen Elektronen in Millionen Atomen mit Hilfe der Quantenstatistik sehr präzise berechenbar. Die Elektronen bilden um den Kern herum eine „Wolke", wie die Physiker manchmal sagen (siehe Abbildung 3.5); doch wäre es genauer, statt dessen von einer „Verschmierung" der Elektronen zu sprechen — ähnlich wie die Speichen eines sich schnell drehenden Rads verschmiert erscheinen. Wir sehen dabei nicht mehr die Bewegung einer einzelnen Speiche, sondern die gemittelte Wirkung vieler solcher aufeinanderfolgender Bewegungen (vergleiche Abbildung 3.6).

3.6 In diesen schematisierten Darstellungen einiger Atome sind die Aufenthaltsbereiche der Elektronen eingezeichnet, die um den Kern als Elektronenschalen oder -wolken angeordnet sind. Je mehr Elektronen ein Atom hat, desto mehr Schalen („Orbitale") werden besetzt. Man unterscheidet dabei kugelsymmetrische „s-Orbitale" (weiß beziehungsweise blau gekennzeichnet), hantelförmige „p-Orbitale" (orange), „d-Orbitale" (gelbgrün), die gewöhnlich die Form gekreuzter Hanteln haben, und „f-Orbitale" (rotviolett), die normalerweise aus drei Hantelpaaren gebildet werden. S-Orbitale können bis zu zwei Elektronen aufnehmen, p-Orbitale bis zu sechs, d-Orbitale bis zu zehn und f-Orbitale bis zu 14 Elektronen. Das einzige Elektron des Wasserstoffatoms befindet sich in einem s-Orbital, das damit nur zur Hälfte besetzt ist. Der Kohlenstoff mit seinen sechs Elektronen hat zwei vollständig gefüllte s-Orbitale und ein teilweise besetztes p-Orbital. Silicium besitzt 14 Elektronen, die drei s-Orbitale und ein p-Orbital vollständig füllen sowie ein zweites p-Orbital teilweise besetzen. Die 26 Elektronen des Eisens füllen vier s-Orbitale und zwei p-Orbitale vollständig; die verbleibenden sechs Elektronen befinden sich in einem d-Orbital. Silber mit 47 Elektronen hat vier s-, drei p- und zwei d-Orbitale, die alle vollständig gefüllt sind, sowie ein Elektron im fünften s-Orbital. Schließlich füllen die 63 Elektronen des Europiums sechs s-, vier p- und zwei d-Orbitale vollständig, wobei die verbleibenden sieben Elektronen ein f-Orbital teilweise besetzen.

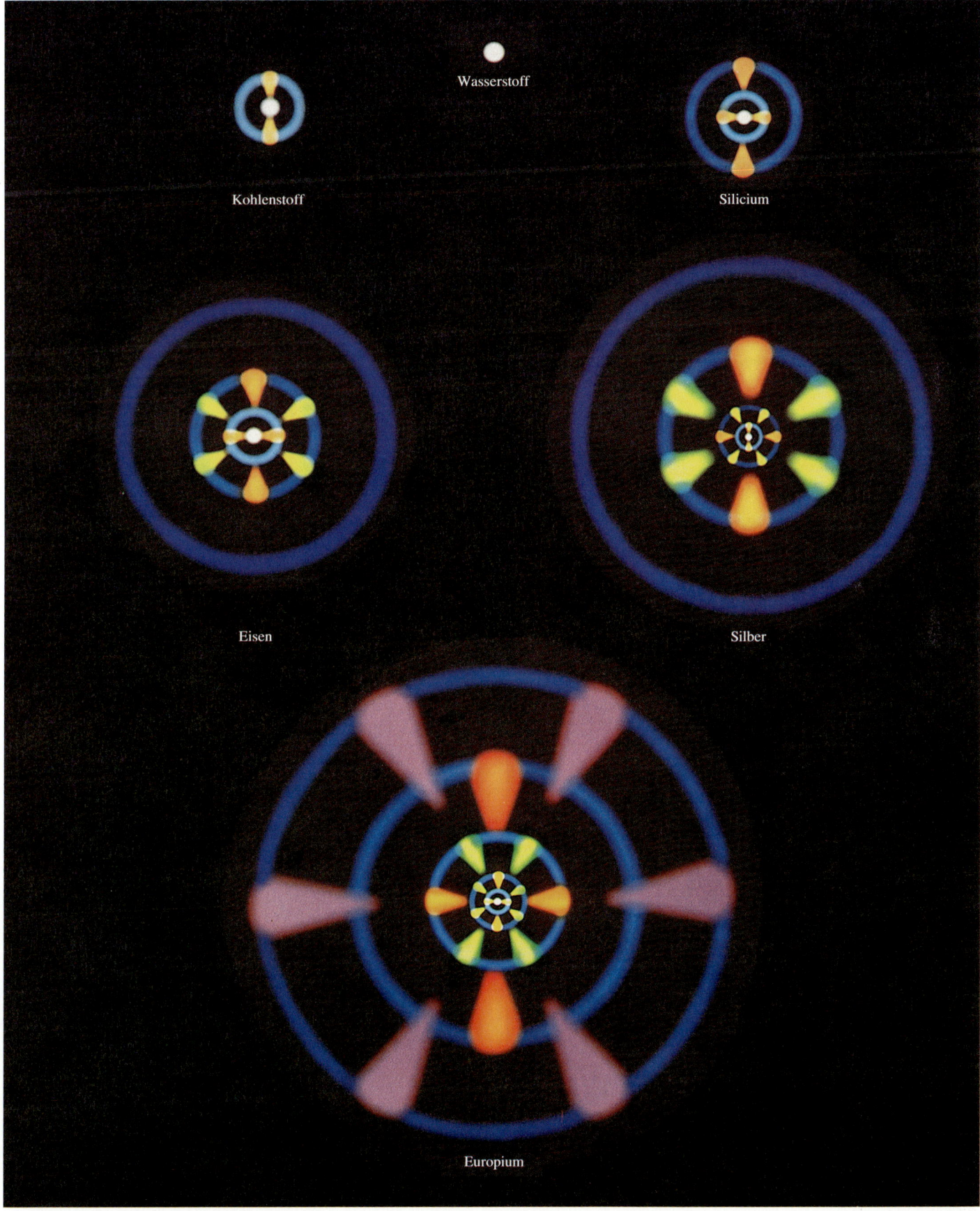

3.7 Die Spur eines Alphateilchens (blau) in einer mit Wasserstoffgas gefüllten Nebelkammer mit ihren unzähligen kleinen (rot gefärbten) „Ablegern", die Spuren von Elektronen sind. (Wie in vielen anderen Abbildungen dieses Buchs sind auch hier die Spuren der am Stoß beteiligten Teilchen nachträglich gefärbt worden, um sie besser voneinander unterscheiden zu können.)
Wenn das Alphateilchen einem atomar gebundenen Elektron sehr nahe kommt, kann es diesem Elektron so viel Bewegungsenergie übertragen, daß es sich aus dem Atom befreien und eine kurze Wegstrecke in der Nebelkammer zurücklegen kann. Solche angeregten Elektronen bezeichnet man auch als „Deltastrahlen"; ihre Spuren sind hier nicht länger als 2,9 Millimeter.

3.8 Auf diesem Bild hat ein sehr energiereiches Teilchen der kosmischen Strahlung (grün im Bild) auf seinem Weg durch die Nebelkammer ein Elektron aus einem Gasatom herausgeschossen. Dabei wurde dem Elektron so viel Energie übertragen, daß es eine relativ lange Spur hinterließ (rot), die zudem im Magnetfeld gekrümmt ist. Die grüne Spur hat eine Länge von etwa zehn Zentimetern.

Das Elektron

Aus der Sicht des Menschen sind die Elektronen die wichtigsten subatomaren Teilchen. Elektronen der äußeren Atomhülle sind es, die entscheidend zum Aufbau des Universums beitragen, insofern sie das chemische Verhalten der Atome bestimmen. Sie sorgen dafür, daß sich die Atome zu Molekülen verbinden können und daß sich schließlich all die vielfältigen Formen der Materie um uns herum wie auch unser Körper bilden. Die Errungenschaften der modernen Chemie und Biochemie reichen von der Erfindung der Kunststoffe und der Synthese neuer Arzneimittel bis zur Technik der Genmanipulation, die letztendlich alle auf unseren heutigen genauen Kenntnissen über das Verhalten von Elektronen in Atomen beruhen.

Wenn wir Elektronen von ihren Atomen abtrennen und in Bewegung setzen, erzeugen wir einen elektrischen Strom; in einem geeigneten, elektrisch leitfähigen Material wie etwa dem Kupfer von elektrischen Leitungen erhalten wir einen kontinuierlichen Elektronenfluß. Elektronen versorgen uns jedoch nicht nur mit Elektrizität, sondern sind ebenso das Funktionselement jeglicher Elektronik, ob in Fernsehgeräten oder Mikrochips. Die Elektronik ist geradezu definiert als angewandte Wissenschaft von der Steuerung von Elektronen.

Das Elektron wurde bereits 1897 von J. J. Thomson bei seinen Experimenten mit Kathodenstrahlen entdeckt, die wir im zweiten Kapitel beschrieben haben. Erst 40 Jahre später jedoch waren die Physiker in der Lage, das Verhalten der Elektronen im einzelnen zu verstehen. Heute wissen wir, daß Elektronen relativ leichte, negativ geladene und stabile Elementarteilchen sind; stabil in dem Sinne, daß sie ohne

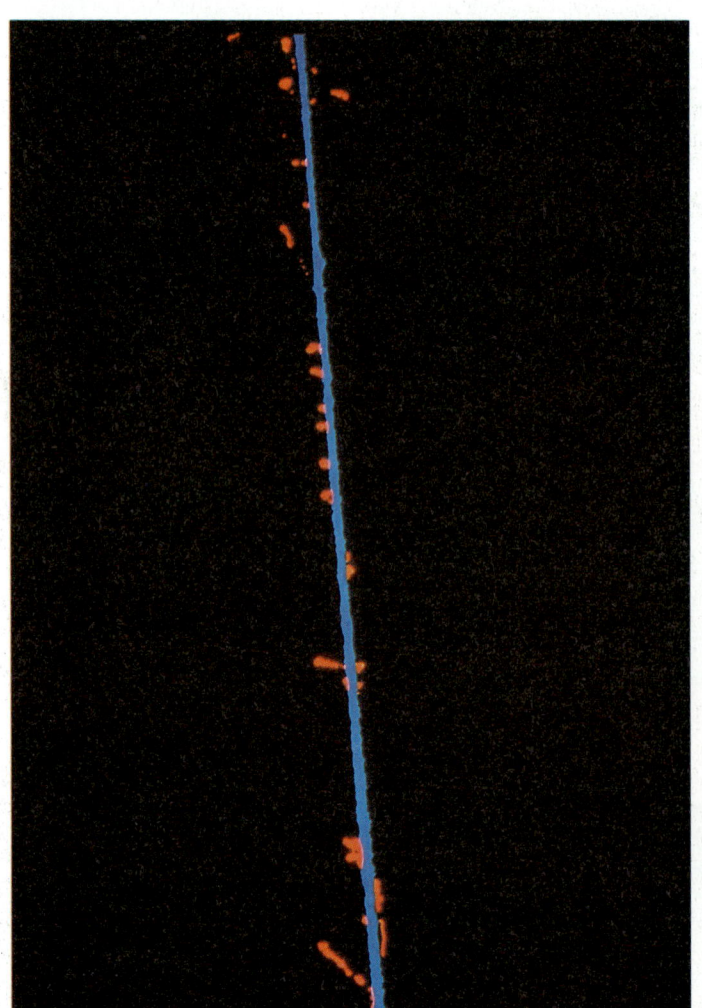

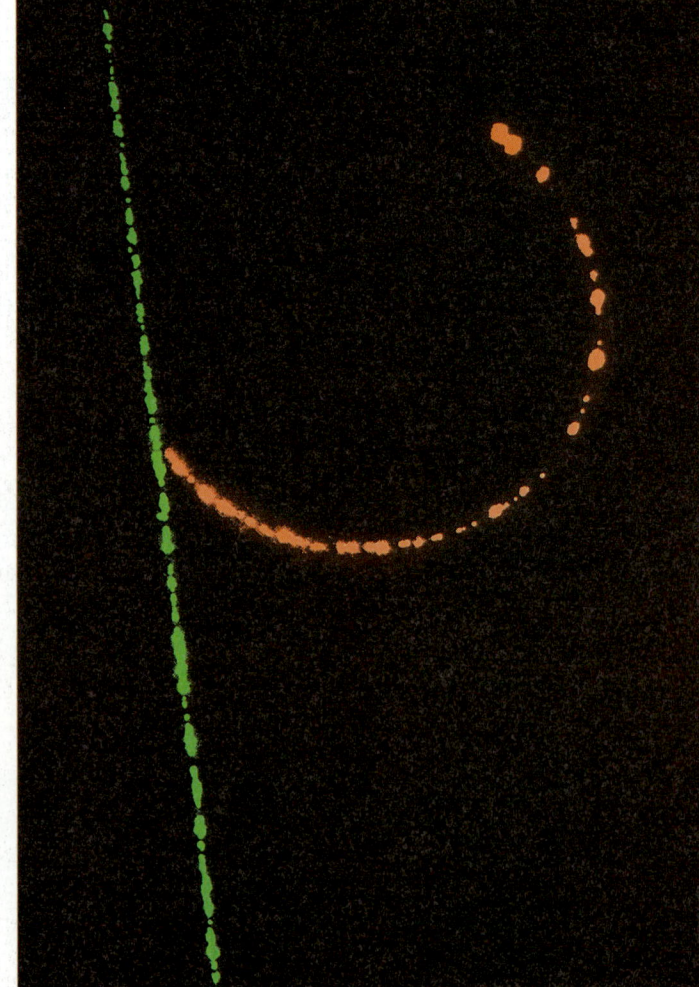

äußere Störung eine unbegrenzte Lebensdauer zu haben scheinen. Im Gegensatz zu den meisten Teilchen, die in diesem Buch beschrieben werden, wandeln sie sich nicht in andere Teilchen um. Elektronen bezeichnet man ferner deswegen als „elementar", weil sie anscheinend nicht aus noch kleineren Einheiten aufgebaut sind. Darin unterscheiden sie sich auch von den anderen Bestandteilen der Atome, den Protonen und Neutronen; von diesen Kernbausteinen nehmen wir heute an, daß sie aus noch kleineren Teilchen, den Quarks, bestehen. Alle bisherigen Experimente deuten darauf hin, daß Elektronen tatsächlich unteilbar sind und einen Durchmesser von weniger als 10^{-18} Metern haben — kleinere Längen kann man heute noch nicht messen.

Ein wichtiges Kennzeichen des Elektrons ist außerdem seine geringe Masse: Sie beträgt nur etwa $9,1 \times 10^{-31}$ Kilogramm. Um sich von dieser Größenordnung ein Bild zu machen, sollten Sie sich einmal den Gewichtsunterschied zwischen einer Kilopackung Zucker und 15 Millionen Planeten von der Größe der Erde vorstellen — ungefähr dasselbe Gewichtsverhältnis besteht nämlich zwischen einem Elektron und der Zuckerpackung. Die Physiker drücken solche Gewichtsverhältnisse üblicherweise in Einheiten der Protonenmasse aus: Für sie ist ein Elektron 1836mal leichter als ein Proton.

Gerade auch wegen ihrer kleinen Masse können Elektronen relativ leicht aus Atomen herausgeschlagen oder von ihrer Bahn abgelenkt werden; so werden Elektronenbahnen in Magnetfeldern entsprechend stark gekrümmt. Die beiden Nebelkammeraufnahmen in den Abbildungen 3.7 und 3.8 und die Blasenkammeraufnahme in Abbildung 3.9 illustrieren dies eindrucksvoll.

In Abbildung 3.7 hat ein Alphateilchen, das bei einem radioaktiven Zerfall emittiert wurde, entlang seiner Bahn Elektronen aus den Gasatomen der Nebelkammer herausgeschlagen. Daneben sehen wir in Abbildung 3.8 die Spur eines einzelnen Elektrons, das beim Durchgang eines schnellen Teilchens aus der kosmischen Strahlung aus einem Atom herausgestoßen

wurde. Die Spur des Elektrons ist hier länger, weil dem Elektron bei der Kollision mehr Energie übertragen wurde, und sie ist außerdem gekrümmt, weil ein Magnetfeld angelegt war. Elektronen können ferner auch durch elektromagnetische Strahlung aus Atomen herausgeschlagen werden, insbesondere durch energiereiche Röntgen- und Gammastrahlen.

Abbildung 3.9 zeigt die spiralförmige Spur eines Elektrons in einer Blasenkammer. Dieser Detektortyp, der genau wie die Nebelkammer auf der ionisierenden Wirkung der Teilchen beruht, enthält eine überhitzte Flüssigkeit — meist flüssigen Wasserstoff —, die an etwa vorhandenen Ionen beispielsweise einer Teilchenspur verdampft und winzige Gasbläschen bildet (siehe auch Seite 140—146). In unserem Bild wurde ein Elektron aus einem Wasserstoffatom der Kammerflüssigkeit herausgeschlagen; seine Bahn wurde

3.9 Diese spiralförmige Spur eines Elektrons in einem Magnetfeld wurde am Lawrence Berkeley Laboratory mit einer Blasenkammer aufgenommen. Die Kammer hatte einen Durchmesser von etwa 25 Zentimetern und war mit flüssigem Wasserstoff gefüllt. Das Elektron ionisierte auf seinem Weg fortlaufend Wasserstoffatome der Kammerflüssigkeit und verlor dabei mehr und mehr Energie, so daß es im magnetischen Feld der Kammer immer leichter abgelenkt werden konnte; seine Spur krümmte sich daher immer stärker und bildete eine Spirale.

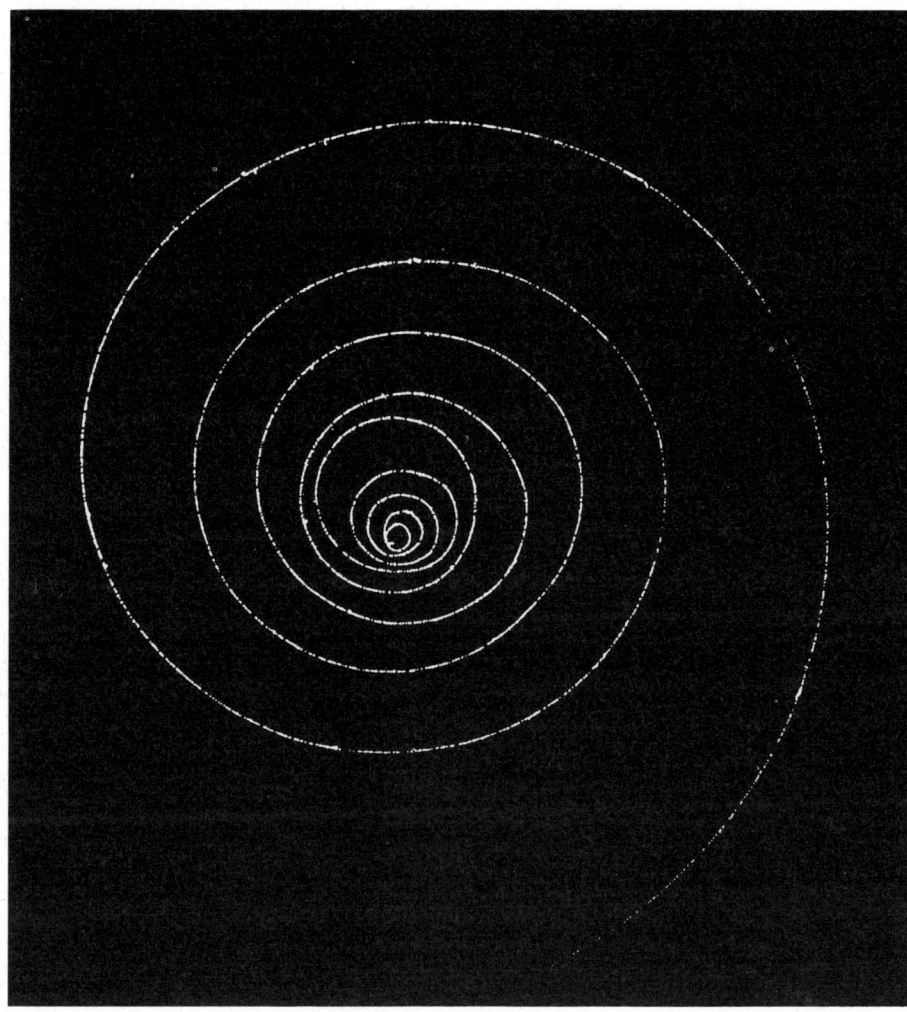

durch ein starkes Magnetfeld gekrümmt.
Da das Elektron auf seinem Flug nach und
nach seine Energie verlor und langsamer
wurde, krümmte sich seine Bahn immer
stärker und bildete die Form einer Spirale.
Solche Spiralformen sind ein typisches
Merkmal von Elektronenspuren, und wir
werden sie in diesem Buch auf vielen Bildern wiedererkennen.

Ein einzelnes Elektron trägt die kleinste
Menge an elektrischer Ladung, die bisher
isoliert nachgewiesen werden konnte; diese Ladungseinheit oder „Elementarla-
dung" hat den Wert $1,6 \times 10^{-19}$ Coulomb.
Das ist zwar ein verschwindend kleiner
Betrag − seine Auswirkungen aber sind
enorm! Ein Vergleich der elektrischen
Kraft zwischen Elektronen und Protonen
mit der Massenanziehungskraft macht
dies deutlich: Die elektrischen Kräfte, die
innerhalb eines Staubkörnchens von einem Mikrogramm Gewicht wirken, sind
nämlich durchaus von der Größenordnung
der Anziehungskraft der Erde auf eine
Masse von mehreren hundert Tonnen. Ein
hinreichender Überschuß an Elektronen
auf Erde und Sonne würde die Erde aus
unserem Sonnensystem herausstoßen.

Elektronen existieren als freie Teilchen
und als gebundene Bestandteile von Atomen; dabei wechseln sie auch zwischen
diesen beiden Daseinsformen hin und her.
So mag etwa ein Elektron eines Kohlen-
stoffatoms in der Haut Ihres Handgelenks
durch ein schnelles Teilchen der kosmischen Strahlung von seinem Platz gestoßen werden und sich schließlich als Teil
der winzigen elektrischen Ströme in Ihrer
Digital-Armbanduhr wiederfinden; wenn
Sie danach Ihren Arm heben und auf die
Uhr schauen, könnte dasselbe Elektron
möglicherweise schon wieder Bestandteil
eines Sauerstoffatoms in Ihrer Atemluft
sein − und so weiter.

In den heißeren und turbulenteren Bereichen des Universums wie etwa im Inneren
der Sterne oder in den glühenden Gaswol-
ken, die nach einer Supernova-Explosion
in das Weltall geschleudert werden, neigen die Materieteilchen dazu, in ihre Bestandteile zu zerfallen. Sie befinden sich
in einem ständigen Bilde- und Auflösungs-
prozeß; stabile Atome können sich unter

diesen Bedingungen nur selten oder gar
nicht formieren. Atomkerne, deren Hül-
len bereits völlig abgetrennt sind, mischen
sich mit Wolken von freien Elektronen
und bilden ein sogenanntes *Plasma*. Im
Vergleich dazu sind die physikalischen
Bedingungen auf der Erde ziemlich „kalt",
und die Elektronen und Kerne sind zu relativ stabilen Atomen „eingefroren".

Wo traten Elektronen nun zum ersten Mal
auf? Die Physiker glauben, daß die
meisten ein Produkt der intensiven Strahlung sind, die sich in den ersten Momen-
ten nach dem Urknall im noch glühend heißen Universum ausbreitete. Diese Strahlung bildete die Elektronen gemeinsam mit
ihren Antiteilchen, den „Positronen" −
Teilchen aus Antimaterie, die den Elektronen entsprechen, aber eine positive Ladung tragen (siehe auch Seite 105−107).
Auch heute noch erzeugen energiereiche
Strahlen ständig solche „Elektron-Positron-Paare", in der Natur genauso wie in
den Laboratorien der Physiker.

Elektronen entstehen ferner im Betazerfall
von Atomkernen; die dabei emittierten
Betastrahlen sind tatsächlich nichts anderes
als Elektronen, die sich von den Elektronen eines elektrischen Stroms oder von denen in den Atomen unseres Körpers in
nichts unterscheiden.

Obwohl ein isoliertes Elektron vermutlich
eine unbegrenzte Lebensdauer hat, sind
die meisten Elektronen doch in ständiger
Wechselwirkung mit anderen Teilchen begriffen und können deshalb auch ganz von
der Bildfläche verschwinden. Das ist entweder dann der Fall, wenn sich ein Elektron und ein Positron in einer Kollision
gegenseitig vernichten und dabei in Energie zurückverwandeln oder wenn ein
Elektron gelegentlich von einem Atomkern
absorbiert wird (wobei sich ein Proton in
ein Neutron umwandelt: ein Vorgang, den
man aus naheliegenden Gründen als
„Elektroneneinfang" bezeichnet).

Seit mehr als einem Jahrhundert haben sich
die Elektronen bei der Erforschung der
Materie als ein äußerst nützliches Werkzeug erwiesen, weil sie elektrisch geladen
und relativ leicht sind, so daß man sie in
elektrischen Feldern einfach beschleuni-

gen kann. Die beschleunigende Kraft, die in einem elektrischen Feld auf die Elektronen wirkt, haben wir bereits bei den Kathodenstrahlen in den Glasröhren kennengelernt, wie sie Crookes, Thomson und andere benutzten. Ein ähnlicher Effekt liegt auch dem Zustandekommen des Fernsehbilds zugrunde: Dabei werden die Elektronen durch elektrische Felder in der Bildröhre auf eine Mattscheibe hin beschleunigt, wo sie die Atome einer speziellen Beschichtung zur Emission von Lichtblitzen anregen. Millionen solcher koordiniert aufprallender Elektronen erzeugen auf diese Weise schließlich ein sichtbares Bild. Eine weitere Anwendung findet dieser

Prozeß im Elektronenmikroskop, das die Muster der energiereichen Elektronen aufzeichnet, die von einem abzubildenden Objekt gestreut wurden.

Mit größeren „Beschleunigungsröhren" und stärkeren elektrischen Feldern können die Physiker Elektronen bis ins Zentrum des Atoms schießen und sie dazu benutzen, den Atomkern und die noch tiefer liegenden Schichten der Materie zu untersuchen. Abbildung 3.10 zeigt einen „Elektronenbaum", der von einem intensiven Elektronenstrahl erzeugt wurde. Als die Elektronen dieses Strahls auf ihr Ziel, einen Block aus Plexiglas, trafen, hatten sie

3.10 Dieser „Elektronenbaum" entstand in einem Kunststoffquader (einem Block von $15 \times 15 \times 2{,}5$ Kubikzentimetern), auf den ein Elektronenstrahl gerichtet wurde. Die Elektronen dringen zunächst nur etwa einen halben Zentimeter tief in das Material ein und kommen dort zum Stillstand. In dem Maße jedoch, wie sich die Elektronen an dieser Stelle mehr und mehr aufhäufen, wächst auch die elektrische Abstoßung zwischen ihnen, und sie beginnen irgendwann, sich gegenseitig wegzustoßen. Schaltet man den Strahl rechtzeitig davor ab, so genügt ein leichter Schlag mit einem Metallhämmerchen, und die Elektronen im Block schießen plötzlich in alle Richtungen davon. Die Elektronen hinterlassen dabei Spuren, deren Gesamtbild an einen Blitz erinnert, der in den Block „eingefroren" scheint. (Die Farbe ist nicht echt.)

eine mehrere hundert Male höhere Energie als die Elektronen in einer Fernsehröhre. Die gegenseitige elektrische Abstoßung der Elektronen führte zu der sich immer weiter auffächernden Verästelung, die an einen Blitz erinnert. Das Bild entstand an einem relativ kleinen Elektronenbeschleuniger am **S**tanford **L**inear **A**ccelerator **C**enter (SLAC) in Kalifornien. Dort steht auch der längste Linearbeschleuniger der Welt, eine „Elektronenröhre" von drei Kilometern Länge. Wenn die beschleunigten Elektronen diese Maschine verlassen, besitzen sie sogar eine einmillionenfach höhere Energie als die Elektronen in einer Fernsehröhre. Solche Elektronen eignen sich als Sonden, mit denen die Physiker nicht nur Einzelheiten innerhalb eines Atomkerns erkennen, sondern sogar die innere Substruktur der Protonen und Neutronen auflösen können. Um das Jahr 1970 herum erhielt man damit die ersten detaillierten Einblicke in die Innenwelt von Proton und Neutron.

Der Atomkern

Entfernt man aus einem Atom die Elektronen, so bleibt sein dichtgepackter Kern übrig, der zwar lediglich ein Tausendmillionenmillionstel des Atomvolumens ausfüllt, andererseits jedoch 99,95 Prozent des gesamten Atomgewichts in sich vereint. Der Kern trägt auch die gesamte positive Ladung, die die negative Ladung der Elektronen in der Hülle ausgleicht und so das Atom nach außen hin elektrisch neutral erscheinen läßt. Während die Elektronen der äußeren Atomhülle für das chemische Bindungsverhalten mit anderen Atomen verantwortlich sind, ist der Kern das, was das Atom letztlich ausmacht.

Der Atomkern ist mehr als nur das Zentrum des Atoms − er ist eine völlig neue Ebene physikalischer Wirklichkeit. In dieser subatomaren Welt spielen die uns vertrauten Kräfte wie Elektromagnetismus und Gravitation, die das Verhalten von Atomen, Molekülen und makroskopischer Materie bestimmen, nur eine untergeordnete Rolle. Im Kern sind hauptsächlich zwei andere Kräfte am Werk, die wir in unserer Alltagswelt nicht wahrnehmen: die *schwache Kraft*, die den Betazerfall ver-

ursacht, und die *starke Kraft*, die die Bestandteile des Atomkerns zusammenhält.

Fast alle Atomkerne sind sowohl aus Protonen als auch aus Neutronen aufgebaut, mit Ausnahme des Wasserstoffkerns, der nur aus einem einzelnen Proton besteht. Abbildung 3.11 gibt uns eine Ahnung von der komplexen inneren Struktur der Kerne; in unserem Bild ist der Kern eines Magnesiumatoms (mit 12 Protonen und 12 Neutronen) mit dem eines Bromatoms (mit 35 Protonen und 44 Neutronen) in einer Kernemulsion zusammengestoßen. Die beiden Kerne wurden bei der Wechselwirkung in viele Bruchstücke zerschmettert, wobei nur die elektrisch geladenen Fragmente bei diesem Nachweisverfahren eine Spur hinterlassen. Protonen und Neutronen tragen beide zur Masse des Atomkerns bei; die positive Kernladung hingegen wird allein von den Protonen getragen, da die Neutronen elektrisch neutral sind. Jedes Proton trägt genau eine (positive) Elementarladung. Deswegen bestimmt die Anzahl der Protonen im Kern direkt die Kern*ladung*, während sich die Kern*masse* aus der Summe von Neutronen und Protonen ergibt. Die Protonenzahl ist entscheidend für die Einordnung eines Elements in das Periodensystem: Wenn wir uns den Aufbau des Periodensystems anschauen, erkennen wir, daß die Elemente nach der steigenden Anzahl ihrer Protonen im Kern angeordnet sind, beginnend bei Wasserstoff und Helium mit einem beziehungsweise zwei Protonen bis hin zu den sogenannten Transuranen mit derzeit bis zu 109 Protonen.

Die Atomkerne von schweren Elementen mit einer relativ hohen Anzahl von Protonen zeigen eine entsprechend stärkere elektrische Wechselwirkung mit Materie als die Kerne leichterer Elemente. Wenn solche Kerne zum Beispiel eine photographische Emulsion durchfliegen, ionisieren sie aufgrund ihrer elektrischen Ladung Moleküle in der Photoschicht und hinterlassen so entlang ihrer Bahn eine Vielzahl chemisch angeregter Atome, die nach der Entwicklung der Emulsion als schwarze Spur erscheinen. Je größer die elektrische Ladung des ionisierenden Kerns war, desto dicker ist auch seine Spur auf dem entwickelten Bild.

Die Reihe von Kernemulsionsaufnahmen in Abbildung 3.12, wo die Ionisationsspuren von 15 verschiedenen Atomkernen zu sehen sind, zeigt diesen Effekt. Die Spur des Wasserstoffkerns ganz links mit seinem einzelnen Proton ist kaum erkennbar; dagegen erzeugten die 26 Protonen des Eisenkerns ganz rechts eine kräftige Spur, die zudem lauter kurze Seitenstränge

3.11 Ein Magnesiumkern der kosmischen Strahlung drang von links oben in die Kernemulsion ein und stieß dort schließlich frontal mit einem Bromkern zusammen; dabei wurden beide Kerne zertrümmert. Die elektrisch geladenen Bruchstücke der Kollision, meistens Protonen, hinterließen in der Emulsion eine Vielzahl von Spuren. (Die Spur des hereinkommenden Magnesiumkerns ist etwa 0,18 Millimeter lang.)

3.12 Diese Reihe von Kernemulsionsaufnahmen mit den Spuren verschiedener Atomkerne der primären kosmischen Strahlung, die in der oberen Erdatmosphäre auftritt (siehe dazu auch Kapitel 4), illustriert die zunehmende ionisierende Wirkung von Kernen mit steigender Protonen- und damit Kernladungszahl. Die Spuren werden von links nach rechts immer dichter, was auf die zunehmende Kernladung zurückzuführen ist. So hinterläßt das einzelne Proton eines Wasserstoffkerns, das nur eine (positive) Elementarladung trägt, eine kaum sichtbare Spur (Bild links außen, H steht für *Hydrogenium*). Weil die ionisierende Wirkung der Kerne mit dem Quadrat ihrer Ladung zunimmt, ist die Spur des Lithiumkerns (Li) mit seinen drei Protonen bereits neunmal so stark wie die des Wasserstoffkerns und damit deutlich sichtbar. Die Spur des Eisenkerns (Fe für *Ferrum*) am rechten Ende dieser Reihe, der 26 Protonen enthält, ist demnach etwa 676mal stärker als die des Wasserstoffkerns. Die vielen dünnen, seitwärts abstehenden Spuren stammen von Deltastrahlen – also Elektronen, die beim Passieren der schnellen Kerne aus den Atomen der Kernemulsion herausgestoßen wurden und dabei genügend Energie mitbekamen, um selbst kleine Spuren zu hinterlassen.

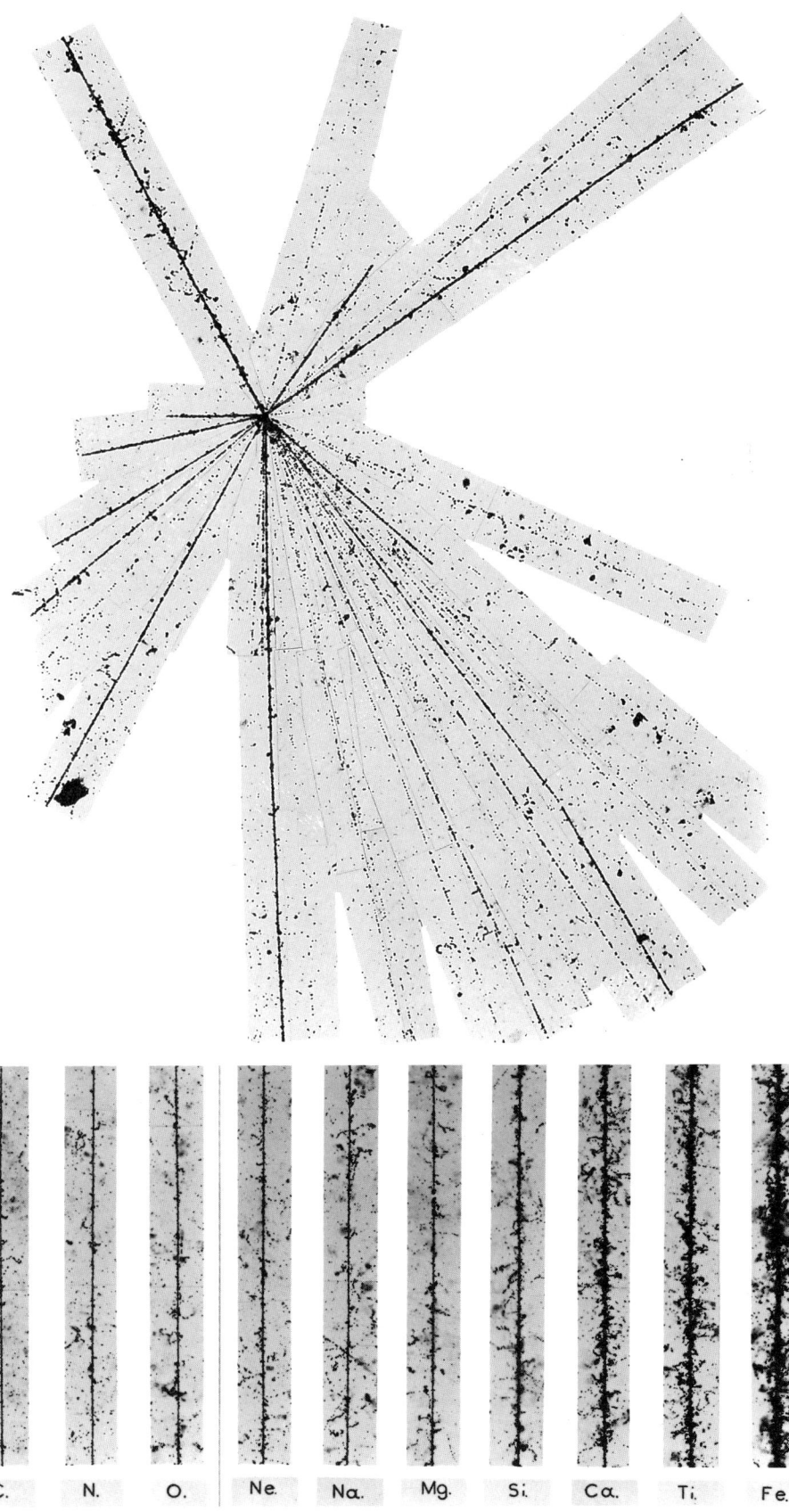

H. He. Li. Be. B. C. N. O. Ne. Na. Mg. Si. Ca. Ti. Fe.

besitzt. Sie stammen von den Elektronen, die der Eisenkern aus den Atomen der Emulsion herausschleuderte, als er sich regelrecht durch sie hindurchpflügte.

Wie wir bereits gesehen haben, wird das Atom durch die elektromagnetische Kraft zusammengehalten, indem der positiv geladene Atomkern die negativ geladenen Elektronen in der Atomhülle anzieht. Je mehr Protonen in einem Kern vorhanden sind, um so größer ist seine positive Ladung und um so mehr Elektronen können daher von ihm angezogen und gebunden werden. Was aber hält den Kern selbst zusammen? Warum bricht der Kern nicht auseinander, wo sich doch die Protonen mit ihren gleichnamigen elektrischen Ladungen gegenseitig abstoßen? Die Antwort auf diese Fragen brachte die Entdeckung der starken Kraft, die den Kern trotz der gegenseitigen elektrischen Abstoßung seiner Protonen zusammenhält. Innerhalb des Kerns ist die Anziehung der starken Kraft um mehr als das Hundertfache stärker als die Abstoßung der elektrischen Kraft.

Die starke Kraft unterscheidet nicht zwischen Protonen und Neutronen; genauer gesagt, sie wirkt zwischen einem Proton und einem Neutron gleichermaßen anziehend wie zwischen zwei Protonen beziehungsweise Neutronen. Neutronen bewirken deshalb eine starke Anziehungskraft auf alle sie umgebenden Kernteilchen, jedoch — da sie keine elektrische Ladung tragen — keine Abstoßungskraft. Zusätzliche Neutronen tragen deshalb im allgemeinen zur Stabilisierung des Atomkerns bei. Dies erklärt, warum Atomkerne in der Regel mehr Neutronen als Protonen enthalten. Ein zu großer Überschuß an Neutronen wirkt jedoch wieder destabilisierend. Ein solcher neutronenreicher Kern, der zum Beispiel in Hochenergiekollisionen erzeugt werden kann, wird über den Betazerfall versuchen, in einen stabileren Zustand zu gelangen. In diesem Zerfallsprozeß wandelt sich im Kern ein Neutron in ein Proton um, wobei gleichzeitig ein Elektron und ein Neutrino emittiert werden.

Zu einem bestimmten Element, das durch seine Protonenzahl charakterisiert ist, kann es mehrere relativ stabile Atomkerne geben, die eine unterschiedliche Anzahl von Neutronen enthalten; solche Kerne nennt man *Isotope*. Ein Beispiel dafür ist Uran, das in der Natur hauptsächlich als „Uran-238" (^{238}U) vorkommt: Sein Kern enthält neben den 92 Protonen zusätzlich 146 Neutronen, insgesamt also 238 Kernteilchen. Knapp ein Prozent des natürlich vorkommenden Urans ist Uran-235 mit nur 143 Neutronen — das Isotop, das für die Kettenreaktionen in Atombomben und Kernkraftwerken verantwortlich ist.

In ähnlicher Weise wie sich die Elektronen nach dem Schalenmodell in der Atomhülle anordnen, besetzen auch Protonen und Neutronen diskrete Energiezustände oder -schalen des Kerns. In der Atomhülle ist die Schale mit der niedrigsten Energie vollständig gefüllt, wenn sie zwei Elektronen enthält. Die entsprechende Energieschale eines Atomkerns ist vollständig besetzt, wenn sich darin zwei Protonen und zwei Neutronen befinden. Eine solche Anordnung ist außerordentlich stabil — sie ist nichts anderes als ein Alphateilchen (ein Heliumkern)! Diese Stabilität der Alphateilchen erklärt, weshalb sie bei radioaktiven Zerfällen, insbesondere von schweren Elementen wie Uran und Thorium, auftreten. Diese Elemente werden leichter und vor allem stabiler, wenn sie Protonen und Neutronen bündelweise in Form von Alphateilchen abgeben.

Alphateilchen sind auch häufig unter den Bruchstücken zu finden, die bei Hochenergiekollisionen zwischen Atomkernen übrigbleiben. Die Abbildung 3.13 zeigt die Spur eines Kohlenstoffkerns der kosmischen Strahlung, der (vom oberen Bildrand kommend) mit nahezu Lichtgeschwindigkeit eine Kernemulsion durchquert hat. Auf seinem Weg stieß er einen Atomkern der Emulsion zur Seite, wurde dadurch jedoch nur geringfügig abgelenkt (man erkennt den leichten Knick in der Spur besser, wenn man das Bild unter einem ganz spitzen Winkel zur Bildfläche aus der Richtung der Spur betrachtet). Obwohl es sich hierbei um eine kaum merkliche Wechselwirkung handelte, reichte diese dennoch aus, den Kohlenstoffkern in mehrere Teile zu zerbrechen. Nach der Kollision sehen wir nicht mehr die einzelne Spur eines Kohlenstoffkerns, sondern drei Spuren von Alphateilchen, die sich zum unteren Bildrand hin leicht auffächern. Die sechs Protonen und sechs Neutronen des Kohlenstoffkerns verhalten sich also wie drei lose aneinandergebundene Alphateilchen.

Abbildung 3.14 zeigt einen Kohlenstoffkern, der diesmal in ein Alphateilchen, ein Proton und einen Lithiumkern (mit drei Protonen und vier Neutronen) aufgespalten wurde. Die Anzahl der Protonen und Neutronen vor und nach der Kollision ist dieselbe, lediglich deren Anordnung und Aufteilung hat sich geändert. Beachten Sie auch, wie unterschiedlich ausgeprägt die Spuren der verschiedenen Atomkerne sind; die Spur des Protons etwa ist kaum zu erkennen, doch hilft auch hier der Trick mit dem spitzen Blickwinkel zum Bild.

Neben der kosmischen Strahlung steht uns mit der radioaktiven Strahlung eine zweite natürliche Quelle von Atomkernen mit hoher Geschwindigkeit zur Verfügung.

3.13 Die Spur eines Kohlenstoffkerns der kosmischen Strahlung, der am oberen Bildrand der Aufnahme links unten in die Kernemulsion eindrang und darin mit einem Proton kollidierte; der Kern zerbrach dabei in drei Alphateilchen, während das Proton nach links weggestoßen wurde und eine dünne Spur zurückließ. Alphateilchen (Heliumkerne) sind eine besonders stabile Teilchenkonfiguration aus zwei Protonen und zwei Neutronen und deshalb häufig unter den Bruchstücken von Kernkollisionen zu finden. Der Maßstab entspricht einer Länge von 50 millionstel Metern (50 Mikrometern).

3.14 Aus dieser Kernemulsionsaufnahme können wir ersehen, daß ein Kohlenstoffkern bei einer solchen Kollision auch in drei unterschiedliche Bruchstücke zerbrechen kann: in ein Proton, ein Alphateilchen und einen Lithiumkern. (Um die Spuren der einzelnen Bruchstücke besser erkennen zu können, halten Sie das Buch auf Augenhöhe und betrachten Sie die Aufnahme unter einem spitzen Blickwinkel zur Bildfläche.) Die anderen dünnen Spuren stammen wahrscheinlich von Pionen, die beim Zusammenstoß erzeugt wurden; die nach rechts weisende dicke Spur dürfte der getroffene Kern hinterlassen haben.

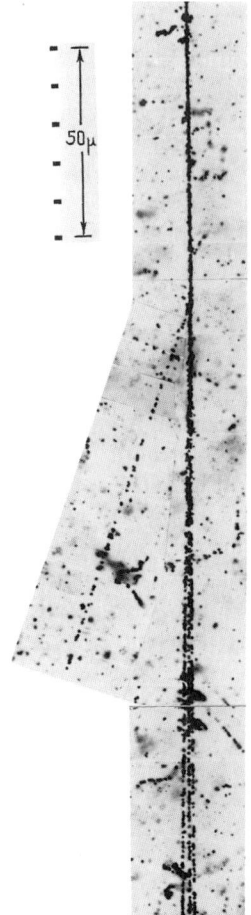

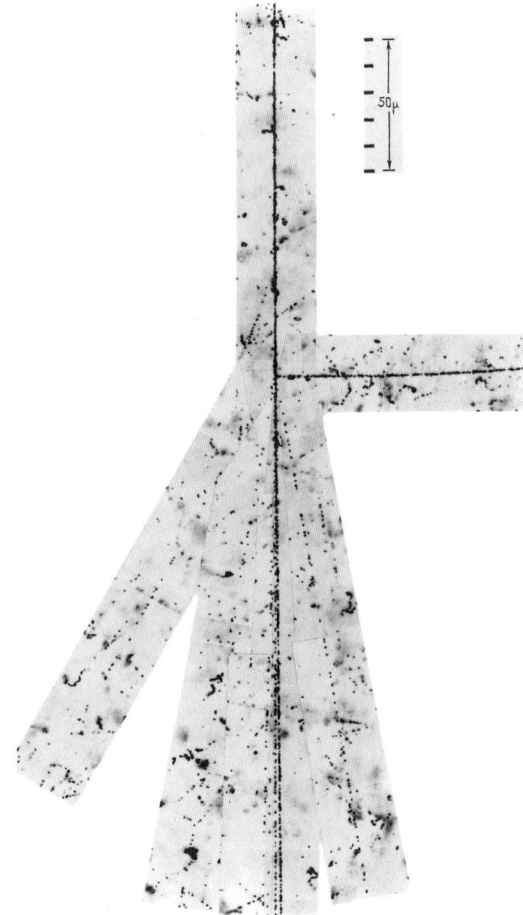

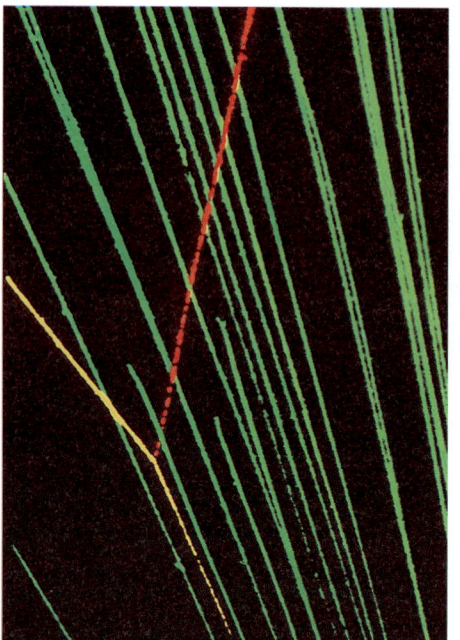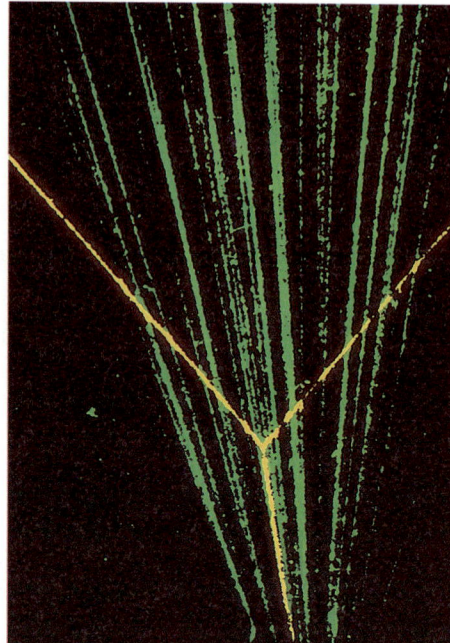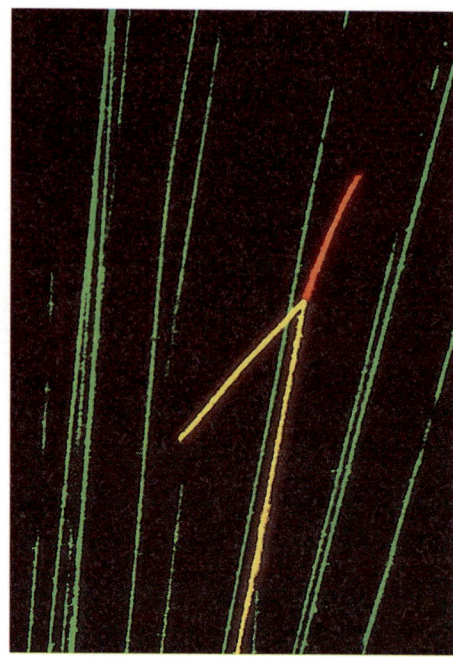

3.15 Die Kollision eines Alphateilchens (vom unteren Bildrand kommend) mit einem Proton des Wasserstoffgases in einer Nebelkammer gehört zu den Stoßprozessen, die Patrick Blackett in den späten zwanziger Jahren in einer Reihe klassischer Nebelkammerexperimente untersuchte. In der Physik bezeichnet man solche Prozesse als Streuung. Nach der Kollision schoß das Proton über den oberen Bildrand hinaus (rote Spur), während das schwerere Alphateilchen von seiner ursprünglichen Richtung nur leicht abgelenkt wurde. Der Winkel zwischen den beiden Spuren ist deswegen deutlich kleiner als 90 Grad. Die Spuren der an diesem Streuprozeß beteiligten Teilchen wurden hier gelb und rot hervorgehoben, alle anderen grün gekennzeichnet.

3.16 Der Zusammenstoß eines Alphateilchens mit einem Heliumkern in einer mit Heliumgas gefüllten Nebelkammer. Beide Teilchen flogen unter einem Winkel von 90 Grad davon, ein Indiz dafür, daß Alphateilchen und Heliumkerne dieselbe Masse haben; tatsächlich sind Alphateilchen nichts anderes als Heliumkerne. (Der Winkel zwischen den Spuren der beiden gestreuten Teilchen scheint ein wenig kleiner als 90 Grad zu sein, weil diese Aufnahme aus einer schiefen Perspektive gemacht wurde.)

3.17 Bei diesem Zusammenstoß mit einem Stickstoffkern wurde das Alphateilchen durch den viel schwereren Kern zurückgeworfen; die Nebelkammer war bei diesem Experiment mit Stickstoffgas gefüllt. Das Alphateilchen gab den größten Teil seiner Energie an den Stickstoffkern ab, der dadurch ein Stück vorwärts gestoßen wurde. Aufgrund seiner relativ hohen Kernladung von sieben Protonen hinterließ er eine dicke Spur (rot); die Spur des Alphateilchens nach der Streuung ist dicker als vor der Streuung, weil das gestreute Alphateilchen danach viel langsamer war und daher stärker ionisieren konnte. Der Streuwinkel bei diesem Prozeß ist wesentlich größer als 90 Grad.

Doch während in den kosmischen Strahlen die Kerne einer ganzen Reihe von Elementen zu finden sind, treten bei der natürlichen Radioaktivität lediglich Heliumkerne (Alphateilchen) in großer Zahl auf. Zu Beginn dieses Jahrhunderts wurden Alphateilchen als Sonden benutzt, um die Struktur des Atoms zu erforschen, wie wir im zweiten Kapitel gesehen haben. Die Abbildungen 3.15 bis 3.17, heute klassische Aufnahmen aus den zwanziger Jahren, zeigen einige solcher sogenannten Streuexperimente mit Alphateilchen in einer Nebelkammer.

In Abbildung 3.15 sehen wir, was in einer mit Wasserstoffgas gefüllten Nebelkammer passiert, wenn ein Alphateilchen (das am unteren Bildrand eintritt) mit einem der Wasserstoffkerne (Protonen) kollidiert: Das Proton wird nach vorne weggestoßen, während das viermal schwerere Alphateilchen dabei nur eine geringfügige Ablenkung erfährt; der Winkel zwischen den Spuren der beiden gestreuten Teilchen ist kleiner als 90 Grad. Wenn Sie jemals mit Münzen gespielt haben, kennen Sie diesen Effekt: Eine schwere Münze stößt eine leichtere nach vorne weg. Außerdem sehen wir, daß das Proton mit seiner einzelnen (positiven) Elementarladung weniger Wasserstoffatome ionisiert hat als das zweifach positiv geladene Alphateilchen und deswegen eine dünnere Spur hinterließ.

Was passiert nun, wenn gleich schwere Münzen zusammenstoßen oder zwei Billardkugeln aufeinanderprallen (vorausgesetzt, daß bei dem Stoß kein Drall oder Drehimpuls übertragen wird)? Sie streben in einem Winkel von 90 Grad auseinander. Genau diesen Fall zeigt die Abbildung 3.16: Die Nebelkammer war hier mit Heliumgas statt mit Wasserstoffgas gefüllt. Ein Alphateilchen kollidierte dort mit einem Heliumkern und stieß ihn nach vorne weg. Die Spuren der gestreuten Teilchen gabeln sich aufgrund ihrer identischen Masse unter einem rechten Winkel. (Tatsächlich scheinen die Spuren einen etwas kleineren Winkel als 90 Grad einzuschließen, weil die Aufnahme aus einer schiefen Perspektive gemacht wurde.)

Bei der Aufnahme in Abbildung 3.17 schließlich befand sich Stickstoffgas in der Nebelkammer. Ein Stickstoffkern besteht aus sieben Protonen und sieben Neutronen; wenn ein Alphateilchen wie in diesem Bild frontal auf einen solchen Stickstoffkern prallt, wird es rückwärts gestreut. Gleichzeitig überträgt es den größten Teil seiner Energie auf den Stickstoffkern, der dadurch ein kurzes Stück vorwärts gestoßen wird. Die Spuren der beiden gestreuten Teilchen bilden in dieser Aufnahme einen Winkel von 142 Grad.

Das Proton und das Neutron

Bis Anfang der dreißiger Jahre dieses Jahrhunderts hatten Rutherford und sein Team am Cavendish-Laboratorium nachgewiesen, daß es zwei Arten von Teilchen gibt, aus denen die Atomkerne aufgebaut sind — Protonen und Neutronen. Sie unterscheiden sich in erster Linie in ihrer elektrischen Ladung: Das Proton ist positiv geladen, während das Neutron elektrisch neutral ist. In anderer Hinsicht dagegen sind die beiden Kernbestandteile oft praktisch ununterscheidbar, wie etwa in Prozessen, die von der starken Kraft gesteuert werden. Deshalb betrachtet man sie oftmals auch als geladene beziehungsweise neutrale Versionen ein und desselben Kernteilchens, das man *Nukleon* nennt. Wir wissen heute, daß die Nukleonen nicht in demselben Sinne elementar sind wie die Elektronen, und nehmen an, daß sie

selbst aus noch fundamentaleren Teilchen — den Quarks — bestehen. Ein Blick auf die Größenverhältnisse läßt bereits eine solche innere Struktur vermuten: Die Nukleonen haben nämlich einen Durchmesser von etwa 10^{-15} Metern und sind damit mindestens 1000mal größer als Elektronen. Doch für viele Zwecke ist es ausreichend, Protonen und Neutronen als die Grundbausteine des Atomkerns zu betrachten, insbesondere bei der Erforschung des Verhaltens komplexer Kerne — genauso wie es nützlich sein kann, das Atom als elementare Einheit anzusehen, wenn man das globale Verhalten molekularer Systeme untersucht.

In gewisser Hinsicht ist das Proton fundamentaler als das Neutron, denn freie Neutronen zerfallen letzten Endes in Protonen — wie viele der Teilchen, die wir in diesem Buch später noch kennenlernen werden. Mit seiner Masse von $1,6726 \times 10^{-27}$ Kilogramm ist das Proton das leichteste Mitglied der Teilchenfamilie der sogenannten Hadronen, die alle aus jeweils drei Quarks aufgebaut sind. Seine positive Ladung gleicht die negative Ladung eines Elektrons so genau aus, daß Atome und die Materie insgesamt in der Regel elektrisch völlig neutral sind. Dieses exakte Ladungsgleichgewicht, das für die Stabilität der Materie wesentlich ist, ist insofern bedeutsam, als das Elektron und das Proton ganz verschiedene Erscheinungsformen der Materie zu sein scheinen und in ihrem Zusammenspiel dennoch derart präzise aufeinander abgestimmt sind.

Protonen sind die Atomkerne des einfachsten chemischen Elements, des Wasserstoffs. Abbildung 3.18 macht dies nochmals deutlich: Dort sehen wir die Spur eines schnellen Protons (von rechts unten ins Bild kommend) in einer mit flüssigem Wasserstoff gefüllten Blasenkammer. Das Proton stieß mit einem Wasserstoffkern zusammen, worauf beide Teilchen wie Billardkugeln auseinanderstrebten: Der 90-Grad-Winkel zwischen den Spuren zeigt, daß es sich um gleichschwere Teilchen gehandelt haben muß (auch auf diesem Bild verkleinert die schiefe Aufnahmeperspektive den scheinbaren Streuwinkel). Im weiteren Verlauf treten mehr und mehr Streuungen mit rechten Winkeln auf, da

73

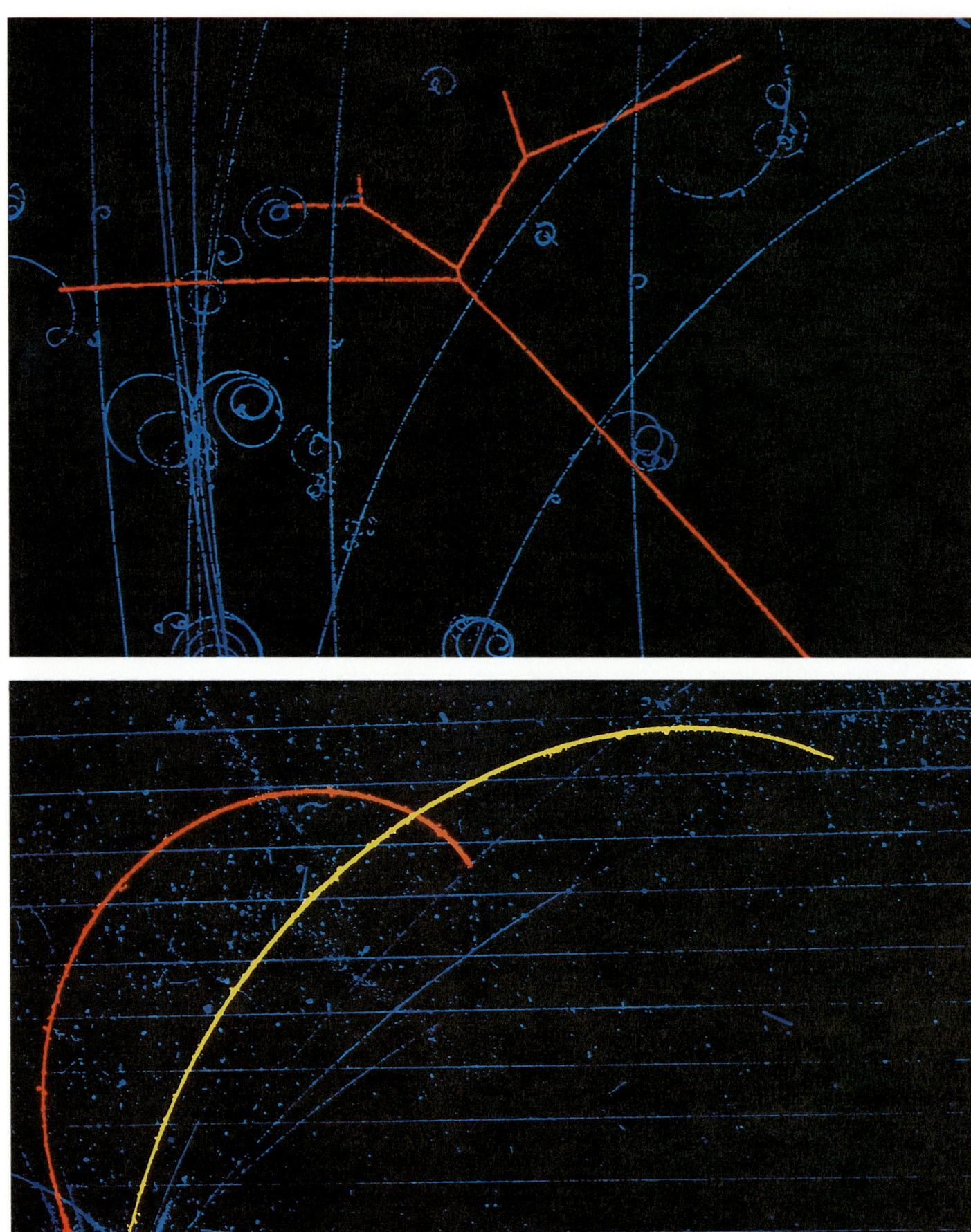

immer mehr Wasserstoffkerne (Protonen) in der Kammer angestoßen wurden.

Ebenso leicht können wir Protonen und Alphateilchen (Heliumkerne) anhand ihrer verschiedenen Spurformen in Magnetfeldern unterscheiden. Beide Teilchen sind positiv geladen und werden daher in einem magnetischen Feld in die gleiche Richtung abgelenkt (siehe Abbildung 3.19); obwohl nun aber das Alphateilchen im Vergleich zum Proton die doppelte Ladungsmenge trägt, ist es etwa viermal schwerer als ein Proton und damit durch das Magnetfeld in der Kammer deutlich schwächer ablenkbar.

Bis vor kurzem waren die Physiker fest davon überzeugt, daß das Proton völlig stabil sei und eine unbegrenzte Lebensdauer habe. Einige der neuesten Theorien sagen jedoch den Zerfall des Protons voraus, wenn auch nach einer unvorstellbar langen Zeit. Die Frage ist dann, wie lange es wohl dauert, bis ein Proton zerfällt. Wir wissen, daß die durchschnittliche Lebensdauer der Protonen mindestens 10^{17} Jahre betragen muß — sonst wäre beispielswei-

se der menschliche Körper höchst radioaktiv. Angaben der Lebensdauer von Elementarteilchen sind nämlich nur statistische Durchschnittswerte, und so würden in einem menschlichen Körper mit seinen grob geschätzt etwa 10^{27} Protonen selbst während eines 70 Jahre dauernden Menschenlebens bereits sehr viele Protonen zerfallen. Die raffinierten Experimente zum Protonzerfall, die wir in Kapitel 10 vorstellen werden, haben ergeben, daß Protonen durchschnittlich mindestens 10^{32} Jahre stabil bleiben; das ist 10^{22} mal länger als das geschätzte Alter des Universums!

Die leichte Verfügbarkeit, ihre Stabilität und elektrische Ladung machen die Protonen für Teilchenphysiker zu einem bevorzugten Forschungsinstrument. Sie können in gebündelten Strahlen hoher Intensität beschleunigt und auf materielle Ziele geschossen werden; die Physiker können mit diesen Sonden das Verhalten von Atomkernen unter extremen Bedingungen erforschen. Da Protonen nicht nur wie Elektronen der elektromagnetischen, sondern auch der starken Kraft unterliegen, ergänzen sich die Experimente mit Protonen und Elektronen.

Das Neutron wiegt $1,675 \times 10^{-27}$ Kilogramm und ist damit um etwa 0,1 Prozent schwerer als das Proton. Die Masse eines Neutrons ist tatsächlich noch etwas größer als die Massen eines Protons und eines Elektrons zusammengenommen; diese Tatsache ist es, die Neutronen unter bestimmten Umständen instabil werden läßt. So zerfällt ein freies Neutron nach durchschnittlich 15 Minuten in ein Proton und ein Elektron (wobei zusätzlich ein Neutrino entsteht). Dieser Zerfallsprozeß liegt auch der Beta-Radioaktivität zugrunde, bei der Neutronen in einigen Kernen in ähnlicher Weise zerfallen. In anderen, stabilen Kernen dagegen sind die Bindungsverhältnisse zwischen den Nukleonen ausschlaggebend dafür, daß die gebundenen Neutronen nicht zerfallen, sondern im Gegenteil dazu beitragen, den Kern zu stabilisieren.

Während Protonen Ionisationsspuren hinterlassen, geben sich Neutronen eher wie der unsichtbare Mann in der gleichnami-

3.18 Spuren von Protonen (rot hervorgehoben) in einer mit flüssigem Wasserstoff gefüllten Blasenkammer. Ein Proton war rechts unten in die Kammer eingedrungen und mehrfach mit Protonen der Kammerflüssigkeit kollidiert, die dadurch fortgestoßen wurden und ebenfalls Spuren erzeugten. Der Winkel zwischen den gestreuten Teilchen beträgt jedesmal nahezu 90 Grad, weswegen sie gleiche Masse haben müssen. Die Spuren der an diesem „subatomaren Billardspiel" nicht beteiligten Teilchen wurden blau eingefärbt; die Spiralen stammen von Elektronen, die aus den Wasserstoffatomen herausgestoßen wurden.

3.19 Die Spuren eines Protons mit 1,6 MeV Energie (rot) und eines Alphateilchens mit 7 MeV Energie (gelb) unter dem Einfluß eines Magnetfelds in einer Nebelkammer. Die Krümmung der Teilchenspuren ist proportional zur Ladung der Teilchen, aber umgekehrt proportional zu deren Impuls (dem Produkt aus Masse und Geschwindigkeit). Da das Alphateilchen etwa viermal so schwer ist wie das Proton, aber nur doppelt so viele Ladungen wie dieses trägt, wird seine Bahn durch das Magnetfeld weniger stark gekrümmt. Die beiden Teilchen wurden mit einem 90-MeV-Neutronenstrahl bei Kollisionen mit Atomkernen erzeugt; der Strahl selbst stammte aus dem Zyklotron in Berkeley, das einen Durchmesser von 4,6 Metern besitzt. Die dünnen horizontalen Linien (blau) sind unter Spannung stehende Drähte, deren elektrisches Feld störende Ionen absaugen soll; hingegen ist das schwarze Rechteck links unten im Bild ein Teil des Geräteaufbaus.

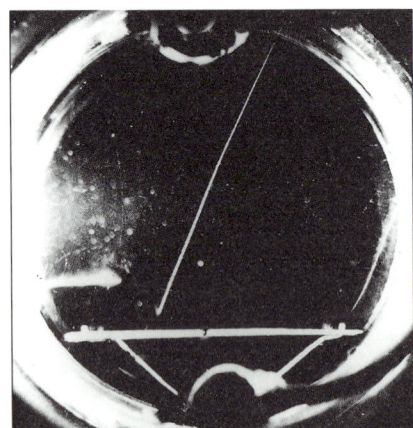

3.20 Dies ist eine der ersten Nebelkammeraufnahmen eines Protons, das von einem Neutron getroffen und fortgestoßen wurde; sie wurde von dem Ehepaar Joliot-Curie im Jahre 1932 aufgenommen. Das unsichtbare Neutron, das zuvor von einem Alphateilchen aus einem Berylliumkern herausgeschlagen worden war, muß am unteren Bildrand in die Nebelkammer eingedrungen sein. Dort stieß es auf eine Schicht Paraffinwachs (im Bild die weiße horizontale Linie), aus der es das Proton herauskatapultierte und nach rechts oben wegschleuderte. Die Spur des Protons beginnt erst ein wenig oberhalb der Paraffinschicht, weil sich in der Nähe des Paraffins an den Ionen keine Tröpfchen bilden konnten.

gen Erzählung von H. G. Wells, der sich nur indirekt dadurch bemerkbar machte, daß er die Menschen seiner Umgebung anrempelte. Genauso hinterlassen Neutronen zwar keine eigene Ionisationsspur, wenn sie aber auf ein ruhendes Proton prallen und dieses in Bewegung setzen, sehen wir die plötzlich einsetzende Spur dieses Protons. Abbildung 3.20 zeigt ein Beispiel für ein solches Proton, das aus einer Paraffinschicht herauskatapultiert wurde und daraufhin durch die Nebelkammer davonschoß. Da sich ein Proton nicht einfach grundlos davonmacht, muß ein massives Teilchen (ein einzelnes Neutron) in die Nebelkammer eingedrungen sein und das Proton getroffen haben.

Abbildung 3.21 zeigt einen anderen Wechselwirkungsprozeß von Neutronen mit Materie. In diesem Fall hatte man dem Wasserstoff der Nebelkammer ein wenig Alkohol zugesetzt, um Kohlenstoffatome (mit je sechs Protonen und Neutronen) und Sauerstoffatome (mit je acht Protonen und Neutronen) daruntermischen, und einen gebündelten Strahl künstlich beschleunigter Neutronen auf die Kammer gerichtet (im Bild von unten hereinkommend). Nun neigen die jeweils zwölf beziehungsweise 16 Nukleonen der beiden Elemente dazu, sich in Gruppen von Alphateilchen zu formieren, wobei sich beim Kohlenstoff drei und beim Sauerstoff vier Alphateilchen bilden. Derartige Klumpen von Alphateilchen können von den eintretenden energiereichen Neutronen leicht auseinandergebrochen werden. Der vierzackige Stern in der Mitte des Bilds ist ein Beispiel dafür; wahrscheinlich wurde er von vier Alphateilchen erzeugt, die nach

3.21 Hier wurde der 90-MeV-Neutronenstrahl des 4,6-Meter-Zyklotrons am Lawrence Berkeley Laboratory auf eine Nebelkammer gerichtet, deren Wasserstofffüllung mit einem Gemisch aus Alkohol und Wasser gesättigt war. Der scharf gebündelte Strahl drang von unten in die Nebelkammer ein; von den Neutronen selbst fehlt zwar jede Spur, doch machten sie sich dadurch bemerkbar, daß sie in einigen der Sauerstoff- und Kohlenstoffatome des Alkoholgemisches Kernumwandlungen auslösten. Die Bruchstücke der getroffenen Kerne hinterließen drei übereinanderliegende, sternförmige Spurmuster, die zur besseren Identifizierung verschieden gefärbt wurden. Dabei stammen die Spuren gleicher Farbe von den Fragmenten desselben Kerns. Alle anderen Spuren sind vorher gelöscht worden.

dem Aufbrechen eines Sauerstoffkerns auseinanderstrebten.

Neutronen können sich auch noch auf andere Weise bemerkbar machen, zum Beispiel, indem sie zusammen mit einem Proton (Wasserstoffkern) ein Wasserstoffisotop bilden; dann entsteht entweder Deuterium (aus einem Proton und einem Neutron) oder Tritium (aus einem Proton und zwei Neutronen). Die elektrisch neutralen Neutronen ändern zwar nichts an der Ladung, die zusätzlichen Neutronenmassen machen aber die Wasserstoffisotope schwerer und daher langsamer als ein einzelnes Proton. Als Beispiel sehen wir uns dazu die Aufnahme in Abbildung 3.22 an, wo ein Gammaquant in einer mit Helium gefüllten Nebelkammer einen Heliumkern (bestehend aus zwei Neutronen und zwei Protonen) zertrümmerte. Das eine Bruchstück, ein schnelles Proton, hinterließ die nach rechts unten weisende dünnere Spur; das zweite Proton des ursprünglichen Heliumkerns bildete mit den beiden noch verbleibenden Neutronen einen Tritiumkern und flog in fast entgegengesetzter Richtung davon. Die zum oberen Bildrand führende Spur des Tritiumkerns ist deutlich dicker als die Spur des Protons; denn obwohl auch der Tritiumkern nur ein Proton enthält, ist er aufgrund seiner beiden zusätzlichen Neutronen langsamer als das einzelne Proton und kann deshalb entsprechend mehr Heliumatome ionisieren.

Die Tatsache, daß Neutronen elektrisch neutral sind, kann auch von Vorteil sein. Während nämlich Protonen im elektrischen Feld der Kernladungen zunächst abgebremst werden, spüren Neutronen keine solche abstoßende Kraft. Langsame Neutronen können sich daher den Atomkernen ungehindert nähern, in sie eindringen und deren innere Struktur verändern. Auf diese Weise kann man beispielsweise neue Isotope erzeugen. Die gezielte Herstellung spezieller radioaktiver Isotope, etwa für medizinische Zwecke, ist nur ein Beispiel für eine interessante technologische Anwendung dieser Eigenschaft der Neutronen.

Eine andere Konsequenz des außerordentlichen Durchdringungsvermögens von Neutronen ist ihre Fähigkeit, den Kern

des Uranisotops ^{235}U in zwei Teile spalten zu können. Dabei wird eine ungeheure Menge an Bindungsenergie frei, und es entstehen zwei oder drei weitere Neutronen. Diese können dann ihrerseits andere

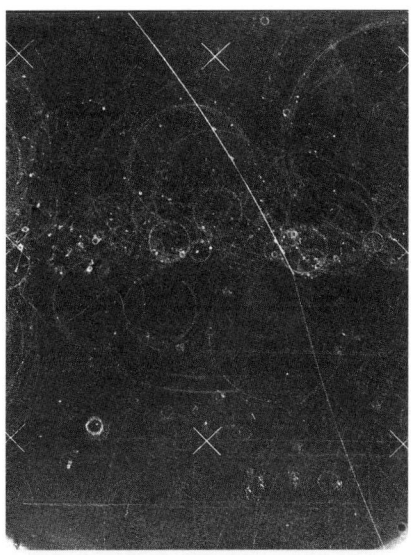

3.22 Für diese Aufnahme wurde eine heliumgefüllte Nebelkammer einer Gammastrahlung ausgesetzt, die mit dem 100-MeV-Elektronensynchrotron der Universität von Turin erzeugt worden war. Eines der von rechts eindringenden Gammaquanten hat bei einer Wechselwirkung einen Heliumkern zertrümmert und dabei ein Proton und einen Tritiumkern, ein schweres Wasserstoffisotop, erzeugt. Das Proton und der Tritiumkern tragen zwar gleiche Ladungen, haben aber verschiedene Massen: Der Tritiumkern enthält nämlich außer seinem Proton noch zwei zusätzliche Neutronen und wiegt damit etwa dreimal soviel wie ein einzelnes Proton. Er flog deshalb langsamer als das Proton und hinterließ eine dickere, im Bild nach oben weisende Ionisationsspur; das Proton flog nach rechts unten davon. Der Abstand zwischen den beiden Kreuzen im Zentrum der Aufnahme beträgt 16 Zentimeter.

3.23 Die vielen kurzen Spuren in dieser Nebelkammeraufnahme stammen von Protonen und anderen Atomkernen, die von Neutronen weggestoßen wurden. Die beiden langen, dickeren Spuren jedoch wurden von den Fragmenten einer Kernspaltung erzeugt: Ein Neutron hatte einen Urankern getroffen und ihn in zwei schwere Fragmente aufgebrochen. Zu diesem Zweck hatte man im Zentrum der Kammer eine Goldfolie angebracht, die mit einer dünnen Schicht Uran bestrichen worden war. Die Spuren der Spaltprodukte haben zum Ende hin kleine Verästelungen; sie gehören zu Kernen der Gasfüllung, die von den Spaltprodukten fortgestoßen wurden. (Die Nebelkammer hat einen Durchmesser von 25 Zentimetern.)

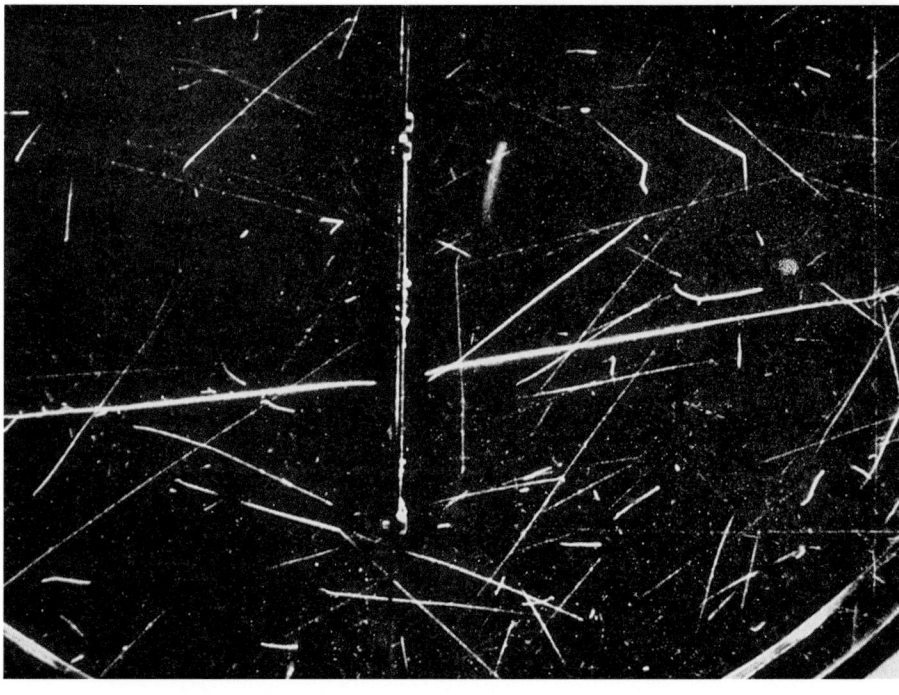

^{235}U-Kerne spalten und noch mehr Strahlungsenergie sowie weitere Neutronen freisetzen. Ist der Uranklumpen groß genug, kommt eine Kettenreaktion in Gang, bei der die anwachsende Neutronenlawine immer mehr Kernspaltungen auslöst und dabei explosionsartig Energie freisetzt; auf diese Weise funktioniert die Atombombe.

In Abbildung 3.23 konnte eine einzelne Uranspaltung (ohne Kettenreaktion!) in einer Nebelkammer photographiert werden. Als die Kammer unter Neutronenbeschuß stand, befand sich in ihrem Zentrum eine dünne, mit Uran beschichtete Goldfolie. Die vielen kurzen Spuren zeigen, daß die eindringenden Neutronen viele Protonen und Atomkerne in der Kammer zur Seite stießen. Doch sind auf dem Bild auch zwei dickere Spuren zu sehen, die von den beiden Fragmenten einer Kernspaltung, den „Spaltprodukten", stammen und von der senkrecht hängenden Folie in entgegengesetzte Richtungen weisen. Die hohe elektrische Ladung der beiden Kernfragmente erzeugte kräftige Ionisationsspuren, die in typischer Weise in verschiedenen Zweigen auslaufen, welche bei Kollisionen mit anderen Kernen entstanden sind.

Das Photon

Mit unseren Sinnen nehmen wir das sichtbare Licht der Sonne oder auch deren Wärmestrahlung (das Infrarotlicht) als kontinuierlichen Strom wahr; es ist daher nicht überraschend, daß wir diese wie auch alle anderen Erscheinungsformen elektromagnetischer Strahlung zunächst als Wellenvorgänge zu beschreiben suchen, das heißt als im Raum kontinuierlich sich ausbreitende, fortschreitende Schwingungen gekoppelter elektrischer und magnetischer Felder. Die in diesem Jahrhundert entwickelten Quantentheorien haben uns jedoch zu einer differenzierteren Auffassung geführt: Sie beschreiben das Licht eher als ein Trommelfeuer diskreter Lichtteilchen ohne (Ruhe-)Masse, die *Photonen* genannt werden. Dies gilt für das gesamte Spektrum elektromagnetischer Strahlungen, also für hochfrequente Gammastrahlen (mit kleiner Wellenlänge) genauso wie für niederfrequente Radiowellen (mit großer Wellenlänge). Während *Frequenz* und *Wellenlänge* die Grundparameter der Beschreibung im Wellenmodell sind, werden im Teilchenmodell die Photonen durch ihre *Energie* und ihren *Impuls* charakterisiert. In die Sprache des Teilchenbilds übersetzt sind Gammastrahlen dann Photonen hoher Energie (und mit großem Impuls) und Radiowellen Photonen niedriger Energie (mit kleinem Impuls).

Vielleicht mag es Sie noch mehr überraschen, daß man die Photonen auch für die Vermittlung der elektromagnetischen Wechselwirkungen verantwortlich macht. Die elektrischen Kräfte zum Beispiel, die das Atom als Ganzes zusammenhalten, werden demnach von Photonen übertragen, die zwischen den elektrischen Ladungen im Atom hin- und herspringen. Diese Photonen sind äußerst flüchtige Teilchen, die nur zur Aufrechterhaltung der Wechselwirkung dienen und mit unseren makroskopischen Sinnen schon gar nicht wahrgenommen werden können; Physiker nennen sie daher auch „virtuelle" Photonen.

Die Beschreibung elektromagnetischer Wechselwirkungen mit Hilfe von Photonen ist eine Konsequenz der Quantentheorie, die erstmals 1928 von dem britischen Physiker Paul A. M. Dirac für diese Prozesse

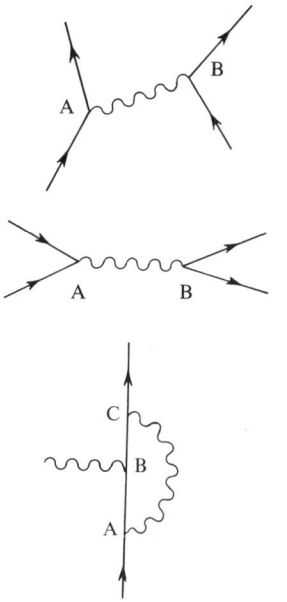

3.24 Um die komplizierten Berechnungen bei der Beschreibung elektromagnetischer Wechselwirkungen zwischen geladenen Teilchen zu erleichtern, ersann Richard Feynman eine Diagrammdarstellung für die verschiedenen Prozesse durch graphische Symbole; einige solcher Diagramme sind hier abgebildet. Die Linien und Schnittpunkte in solchen „Feynman-Diagrammen" sind stilisierte Kürzel für bestimmte mathematische Ausdrücke, die das Verhalten der Teilchen beschreiben. Grundsätzlich werden elektrisch geladene Teilchen dabei durch gerade Linien symbolisiert und Photonen durch Wellenlinien. Das obere Feynman-Diagramm könnte beispielsweise die Wechselwirkung eines Müons (linke Linie) mit einem Elektron (rechte Linie) unter Austausch eines Photons (Wellenlinie) darstellen, wobei das Elektron aus einem Atom herausgeschlagen würde. Dies entspricht dem Wechselwirkungsprozeß in der Abbildung 3.8. Das mittlere Diagramm symbolisiert einen Prozeß, bei dem sich ein Elektron und ein Positron (die beiden geraden Linien in der linken Diagrammhälfte) im Wechselwirkungspunkt A gegenseitig vernichten. Dabei entsteht ein Photon (Wellenlinie), das am Ort B wiederum in ein Teilchen-Antiteilchen-Paar materialisiert, etwa ein Elektron und ein Positron oder ein Müon und ein Antimüon (vergleiche dazu Abbildung 5.7). Im unteren Diagramm emittiert ein Elektron ein Photon bei A, nimmt ein zweites Photon am Ort B auf und absorbiert dann wieder das erste Photon bei C. Solche Prozesse mit sogenannten „Selbstwechselwirkungen" haben tatsächlich einen meßbaren Einfluß auf das Verhalten eines Elektrons in einem Magnetfeld.

formuliert wurde. Ihre Weiterentwicklung führte gegen Ende der vierziger Jahre zur modernen Quantenelektrodynamik (kurz QED), die insbesondere von den beiden Amerikanern Richard Feynman und Julian Schwinger sowie von Sin-itiro Tomonaga

in Japan ausgearbeitet wurde. Für ihre Arbeiten erhielten die drei theoretischen Physiker 1965 gemeinsam den Nobelpreis. Feynman entwickelte ein System, mit dem er die verschiedenen Wechselwirkungsprozesse graphisch in Diagrammen darstellen konnte. Abbildung 3.24 zeigt einige solcher Diagramme, die Austauschprozesse von Photonen zwischen geladenen Teilchen symbolisieren und aus denen der Theoretiker mit Hilfe einiger einfacher Zuordnungsregeln seine mathematischen Formeln für die quantitative Beschreibung des Prozesses gewinnen kann.

Die Vorhersagen der QED konnten in vielen Experimenten bestätigt werden, und zwar mit einer Genauigkeit von mehr als eins zu einer Milliarde. Die QED hat sich als so präzise und aussagekräftig erwiesen, daß sie nachfolgenden Quantentheorien als Muster diente, die andere Arten fundamentaler Wechselwirkungen beschreiben, wie zum Beispiel die schwache und die starke Kraft.

Das Photon gehört zu einer Klasse von Elementarteilchen, die sich sowohl vom Elektron und den ihm verwandten Teilchen, den *Leptonen*, unterscheiden als auch von den *Quarks*, aus denen die Nukleonen und andere subatomare Teilchen aufgebaut sind. Das Photon ist ein Beispiel dafür, was wir heute ein *Eichboson* nennen, das bei der Übertragung von Kräften wie ein Vermittler zwischen den Teilchen wirkt. Ebenso wie das Photon die elektromagnetische Kraft „überträgt", macht man für die Übertragung der anderen Grundkräfte jeweils andere Eichbosonen verantwortlich: Im Falle der schwachen Kraft heißen sie W- und Z-Teilchen, während die starke Kraft zwischen den Quarks von den Gluonen vermittelt wird; das bisher hypothetische Eichboson der Gravitationskraft nennt man Graviton.

Wenn wir kräftig genug an einem Atom „rütteln" — beispielsweise indem wir es erhitzen oder mit Elektronen oder anderen geladenen Teilchen beschießen —, können wir den elektrischen Feldern im Inneren des Atoms Photonen entreißen. Die so zum Vorschein kommenden Photonen besitzen dann Energiewerte, die für ihr Ursprungsatom charakteristisch sind; sie

3.25 Das farbige Spektrum des Sonnenlichts, das hier abgebildet ist, weist eine ganze Reihe von schwarzen Linien auf; die Photonen, die zu diesen Energien beziehungsweise Wellenlängen gehören, wurden von Elementen der Sonnenatmosphäre absorbiert. Sie erreichen daher nicht die Erde, und an ihrer Stelle sehen wir im Farbspektrum schwarze „Absorptionslinien". Insgesamt gibt es ungefähr 20000 solcher Absorptionslinien im Spektrum der Sonne; in dieser Aufnahme sind allerdings nur die markantesten unter ihnen zu erkennen. Die „Natrium-Linie" im gelben Bereich des Spektrums besteht eigentlich aus zwei eng benachbarten Linien, die hier nicht mehr einzeln zu erkennen sind.

spiegeln nämlich die spezifische Anordnung der verschiedenen Energiezustände der Elektronen in der Atomhülle wider, die jedes Element besonders auszeichnet.

Eine bestimmte Photonenenergie ist nun aber nichts anderes als eine bestimmte Lichtwellenlänge und damit Farbe. Das Farbspektrum des von den verschiedenen Elementen emittierten Lichts trägt somit deren unverwechselbare Handschrift. So kommt es, daß Natriumdampf gelbes Licht emittiert, während Neongas rot leuchtet und Kupfer eine Flamme grün färbt. Tatsächlich ist die Quantenhypothese von Max Planck im Jahre 1900 gerade im Zusammenhang mit diesen Wechselwirkungsprozessen von Licht und Materie aufgestellt worden. Planck konnte das Strahlungsspektrum bestimmter Körper erklären, wenn er annahm, daß die Strahlungsenergie nur in einzelnen Paketen mit bestimmter Energie abgegeben werden durfte. Die heute naheliegende, damals aber revolutionäre Folgerung, daß das Licht selbst aus diskreten Energiepaketen bestehe, vollzog erst Einstein im Jahre 1905 in seiner Arbeit über den (weiter unten erklärten) Photoeffekt.

Atome können Photonen nicht nur emittieren, sondern auch absorbieren. Trifft ein Photon auf ein Atom, so kann das Photon seine Energie an ein Elektron der Atomhülle abgeben und es dadurch in einen höheren Energiezustand anregen. Diese Absorption kann aber nur dann stattfinden, wenn die Photonenenergie exakt der Energiedifferenz zwischen zwei Elektronenschalen der Atomhülle entspricht. Dies macht die Aufnahme des Absorptionsspektrums zu einem wichtigen Hilfsmittel bei der Analyse der Elemente in Materialien. Auf diese Weise wurden auch verschiedene Elemente in der äußeren Hülle der Sonne entdeckt. Die von der Sonne ausströmenden Photonen decken einen weiten Energiebereich ab, so daß die Energien einiger Photonen gerade den Energiestufen bestimmter Elemente entsprechen, die die Sonne umgeben. Diese Elemente absorbieren dann die Photonen, wodurch bei den entsprechenden Wellenlängen im Spektrum der Sonne dunkle Linien auftreten. In Abbildung 3.25 sind einige dieser schwarzen Absorptionslinien zu sehen.

Normalerweise heben die Photonen des sichtbaren Lichts Elektronen von einer Schale in eine andere. Die Elektronen können von ihnen aber auch ganz aus ihrem Atomverband herausgestoßen werden, insbesondere von höherenergetischen Photonen der Röntgen- oder Gammastrahlung, die sogar Atomkerne zertrümmern können. Diese Freisetzung von Elektronen aus Atomen durch Photonenbeschuß ist als *lichtelektrischer Effekt* oder *Photoeffekt* bekannt. Albert Einstein gelang die theoretische Deutung dieses Effekts, indem er die Quantennatur des Lichts postulierte; er erhielt im Jahre 1921 dafür den Nobelpreis. Heutzutage wird der Photoeffekt in vielen technischen Geräten und modernen Meßverfahren ausgenutzt, wie zum Beispiel in Solarzellen (zur Stromerzeugung aus Sonnenlicht) und in Photozellen (als elektronisches Auge). Alle diese Anwendungen beruhen auf der Fähigkeit der Photonen, atomar gebundene Elektronen herausschlagen zu können, die dann abgeleitet werden und einen elektrischen Strom ergeben.

Diese Geräte arbeiten mit den relativ niedrigen Photonenenergien des sichtbaren Lichts. In Abbildung 3.26 sehen wir dagegen die Wirkung eines hochenergetischen Photons der Gammastrahlung, das seine Energie bei einem Zusammenstoß an ein Proton abgab. Das angeregte Proton ist seine überschüssige Energie sofort wieder losgeworden, indem es eine ganze Reihe von Teilchen hervorbrachte und damit in seinen Grundzustand zurückkehrte. Hochenergiekollisionen wie diese trugen in den späten sechziger und frühen siebziger Jahren mit dazu bei, die Struktur des Protons zu erforschen, wie wir in einem der späteren Kapitel des vorliegenden Buchs noch sehen werden.

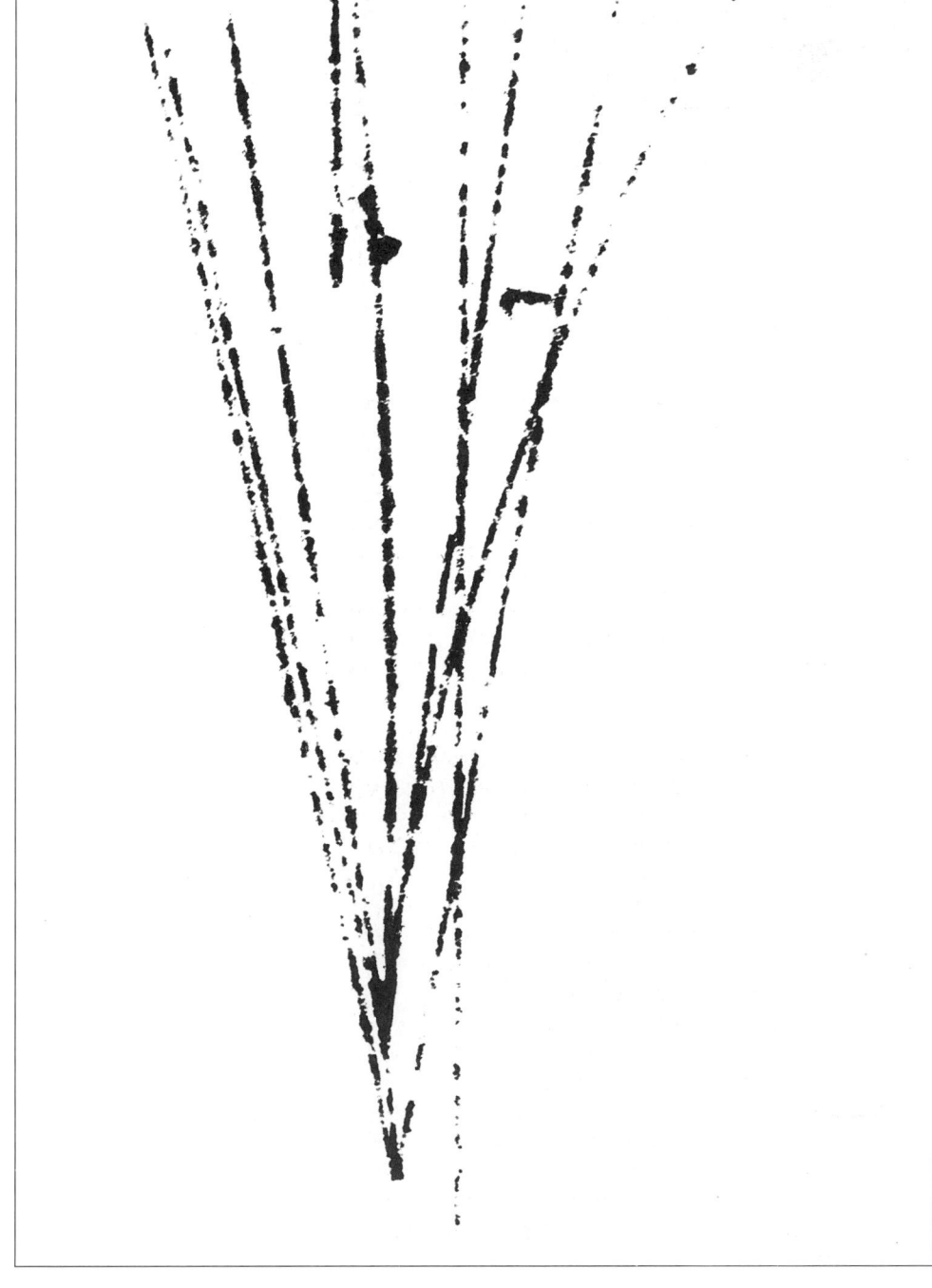

3.26 Solche Spuren wie in dieser Blasenkammeraufnahme, die scheinbar aus dem Nichts entstehen, lassen auf den Durchgang eines hochenergetischen Photons schließen, das mit einem Wasserstoffkern (Proton) der Kammerflüssigkeit in Wechselwirkung getreten war. Die Aufnahme wurde mit der Blasenkammer am Stanford Linear Accelerator Center (SLAC) gemacht, die einen Durchmesser von einem Meter hat; die Originalaufnahme ist hier in etwa zehnfacher Vergrößerung wiedergegeben.

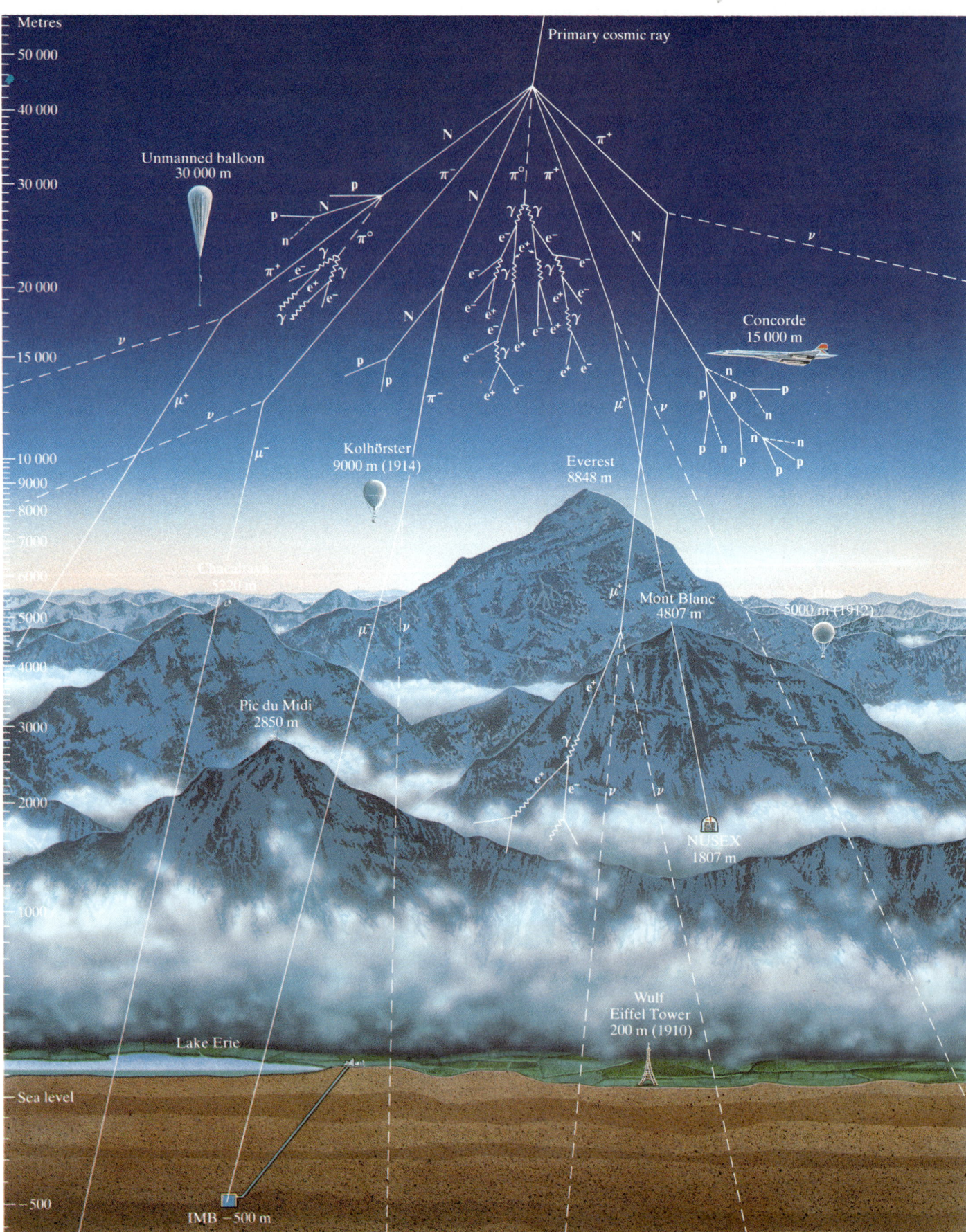

4. Außerirdische Teilchen

Tausende von Metern über dem Erdboden ist die äußere Atmosphäre der Erde einem ständigen Teilchenbeschuß aus dem Weltall ausgesetzt. Dabei handelt es sich um zwei Arten von „Geschossen", nämlich um Photonen und um subatomare Teilchen. Die Photonen decken das ganze Spektrum der elektromagnetischen Strahlung ab — von Radiowellen über sichtbares Licht bis hin zu Gammastrahlen. Die meisten anderen Teilchen aus dem Weltraum sind energiereiche Atomkerne, also Atome, die ihre Elektronenhülle verloren haben. Die Astronauten an Bord der Apollo-Missionen konnten diese energiereichen Atomkerne auf ihrem Weg zum Mond buchstäblich „sehen": Wenn sie ihre Augen geschlossen hatten, nahmen sie gelegentlich schwache Lichtblitze wahr, die von schweren Kernen beim Auftreffen auf die Retina, die Netzhaut des Auges, ausgelöst wurden.

Diesen energiereichen Teilchenregen bezeichnet man als *kosmische Strahlung* (oder *Höhenstrahlung*), sie ist in vielerlei Hinsicht aber völlig verschieden von der Alpha- und Betastrahlung, die aus radioaktiven Atomkernen emittiert wird (siehe dazu Kapitel 2). Die Teilchen der kosmischen Strahlung haben viel höhere Energien als Alpha- beziehungsweise Betateilchen und treten im Vergleich dazu nur vereinzelt auf; insbesondere diese beiden Umstände haben die Erforschung der kosmischen Strahlung erheblich erschwert.

Die Apollo-Astronauten waren im Weltall den kosmischen Strahlen direkt ausgesetzt; auf der Erde sind wir glücklicherweise durch die Atmosphäre vor ihnen geschützt. Wenn die hochenergetische *primäre* Strahlung aus dem Weltraum in den oberen Schichten der Atmosphäre auf Atome und Moleküle trifft, erzeugt sie ganze Schauer weiterer Teilchen: Ein Regen subatomarer Teilchen, die *sekundäre* Strahlung, ergießt sich in die obere Atmosphäre. Der größte Teil dieser Strahlung wird in der Atmosphäre absorbiert, und so erreicht uns auf der Erde nur mehr ein feiner „Nieselregen" von Teilchen, der ununterbrochen unsere Körper durchdringt, für uns jedoch wegen seiner geringen Intensität relativ ungefährlich ist. Heute wissen wir, daß diese Sekundärstrahlung, die erst in der Erdatmosphäre entsteht, trotzdem aber auch als „kosmische" Strahlung bezeichnet wird, vor allem aus *Elektronen*, *Müonen* (das sind den Elektronen ähnliche, aber schwerere Teilchen, die in der kosmischen Strahlung entdeckt wurden) sowie aus elektrisch neutralen *Neutrinos* besteht. In der obersten Schicht der Atmosphäre treffen in jeder Sekunde etwa 20 Teilchen auf eine Fläche von einem Quadratzentimeter; auf Meereshöhe ist es hingegen nur noch ein Teilchen pro Minute und Quadratzentimeter. Im Vergleich dazu emittiert ein Gramm einer radioaktiven Substanz wie etwa Radium Tausende von Millionen Teilchen pro Sekunde.

4.1 Die Erde ist ständig einem Teilchenregen aus energiereichen Photonen, Protonen und anderen Atomkernen ausgesetzt, der aus dem Weltraum stammt und als kosmische Strahlung bezeichnet wird. Diese primäre kosmische Strahlung stößt in der oberen Erdatmosphäre mit Atomkernen zusammen und erzeugt Schauer sekundärer Teilchen, darunter Protonen (p), Neutronen (n), leichte Kerne (N) sowie viele elektrisch geladene und neutrale Pionen (π). Pionen besitzen eine relativ kurze Lebensdauer und zerfallen im Flug. Die neutralen Pionen zerfallen dabei in zwei Gammaphotonen (geschlängelte Linien), die wiederum in Elektron-Positron-Paare (e^-, e^+) materialisieren. Wenn diese Elektronen und Positronen genügend Energie besitzen, können sie weitere Photonen abstrahlen, die noch mehr Elektron-Positron-Paare erzeugen — und so fort: Es entsteht eine Teilchenlawine, die sich bis auf Meereshöhe erstrecken kann. Die elektrisch geladenen Pionen, die nicht von Atomkernen der Atmosphäre absorbiert werden, zerfallen ebenfalls, und zwar in Müonen (μ) und Neutrinos (ν), Teilchen mit sehr hohem Durchdringungsvermögen, die tief in die Erde eindringen können.
Zunächst begann man die kosmische Strahlung in Bodennähe zu erforschen und stieg im Laufe der Zeit in immer größere Höhen hinauf: Theodor Wulf schaffte es gerade auf den Eiffelturm; Viktor Hess kam in seinen Heißluftballonen schon auf eine Höhe von 5000 Metern, Werner Kolhörster auf 9000 Meter, und moderne unbemannte Ballone erreichen sogar den äußeren Rand der Erdatmosphäre in etwa 30000 Metern Höhe oder mehr. In den dreißiger Jahren verlegten die Physiker ihre Experimente mit kosmischen Strahlen auf hohe Berge und richteten sich dort Observatorien ein — zum Beispiel auf dem Pic du Midi in den französischen Pyrenäen oder in der jüngeren Vergangenheit auf dem Chacaltaya in Bolivien. Heute registriert man die durchdringenden Müonen und Neutrinos noch tief unter dem Erdboden als Hintergrundstrahlung in den Experimenten zum Protonzerfall, etwa dem NUSEX-Experiment im Mont-Blanc-Straßentunnel oder dem IMB-Detektor unter dem Eriesee (siehe dazu Kapitel 10).

Die Teilchen der kosmischen Strahlung verfügen über sehr hohe Energien, die bis zu zehn Millionen Millionen Male (10^{13}mal) höher sein können als die höchsten Strahlungsenergien radioaktiver Quellen. Derart hochenergetische Teilchen sind jedoch extrem selten: Über eine Zeitspanne von zehn Jahren hinweg sind es nur einige wenige, die auf einer Fläche von einem Quadratkilometer auftreffen! Die meisten Teilchen der kosmischen Strahlung besitzen Energien, die bis zu 1000mal höher sind als die Energien radioaktiver Strahlung; sie stammen aus unserem eigenen Sternsystem − der Milchstraße − und werden im Weltraum durch viele verschiedene Prozesse beschleunigt.

Die extrem energiereichen Strahlungspartikel sind vermutlich außerhalb unseres Sternsystems entstanden. Zwar treten sie nur vereinzelt und selten auf, doch können sie charakteristische Schauer aus Millionen von Teilchen erzeugen, die über ein Gebiet von mehreren Quadratkilometern verstreut auf der Erdoberfläche ankommen. Genauere Untersuchungen dieser ausgedehnten Teilchenschauer haben ergeben, daß sie von Partikeln der Primärstrahlung ausgelöst werden, die aus der Richtung eines Galaxienhaufens im Sternbild Jungfrau kommen. Dort befindet sich eine gigantische Galaxie, die als M 87 bezeichnet wird und von der die Astronomen annehmen, sie habe in ihrem Zentrum ein riesiges schwarzes Loch.

Obwohl wir noch recht wenig darüber wissen, woher die kosmische Strahlung kommt und wie sie die Erde erreicht, ist uns doch sehr genau bekannt, woraus diese Strahlung besteht und welche Prozesse sie in der Atmosphäre auslöst. In Abbildung 3.12 (siehe Seite 69) haben wir bereits Spuren verschiedener Atomkerne der kosmischen Strahlung in Kernemulsionen kennengelernt, die man mit Hilfe von Ballonen in die oberen Schichten der Erdatmosphäre befördert hatte. Die Wechselwirkungen dieser primären Strahlungspartikel mit Molekülen der Atmosphäre erzeugen die Schauer sekundärer Teilchen, die sich in der Atmosphäre ausbreiten und teilweise sogar bis in den Erdboden eindringen können (vergleiche die Illustration in Abbildung 4.1).

Die kosmische Strahlung wurde nach ihrer Entdeckung im Jahre 1912 von vielen Wissenschaftlern eingehend untersucht. Es war etwa die Zeit, in der man − wie wir im zweiten Kapitel gesehen haben − auch die Struktur des Atoms aufdeckte und den Atomkern fand. Beide Forschungsvorhaben erforderten ganz ähnliche experimentelle Methoden, und manchmal waren tatsächlich auch dieselben Forscher daran beteiligt. Die kosmische Strahlung barg noch einige Überraschungen in sich; so hatte man Ende der vierziger Jahre in ihr unerwartet Materieteilchen gefunden, die sich von den Elektronen, Protonen und Neutronen der Atome und ihrer Kerne unterschieden. Diese Entdeckungen gaben den Anstoß für den Bau der modernen Beschleunigeranlagen, in denen hochenergetische Teilchen nach Bedarf erzeugt werden können; bis heute sind die Energien dieser künstlich erzeugten Teilchen jedoch noch immer kleiner als die der energiereichsten Teilchen der kosmischen Strahlung.

Auf diese Weise ist die moderne Teilchenphysik aus den frühen Forschungen über Radioaktivität und kosmische Strahlung hervorgegangen. Viele der Physiker, die in den dreißiger und vierziger Jahren mithalfen, die kosmische Strahlung zu erforschen, arbeiteten später an den Teilchenbeschleunigern. Sie brachten ein Rüstzeug an experimentellen Methoden ein, das noch heute die Grundlage für die technisch sehr komplexen Experimente der modernen Teilchenphysik bildet. Die Entdeckung der kosmischen Strahlen geht indes auf die waghalsigen Unternehmungen einiger unerschrockener Wissenschaftler zurück, die um die Jahrhundertwende mit ihren Ballonen in schwindelerregende Höhen aufstiegen, um einige Fragen zu klären, die eigentlich im Zusammenhang mit der Radioaktivität aufgetaucht waren.

Die Entdeckungsgeschichte der kosmischen Strahlen

Die Radioaktivität stand schon bald nach ihrer Entdeckung im Mittelpunkt des wissenschaftlichen Interesses. Die Strahlung von radioaktiven Körpern konnte mit Elektrometern (siehe Abbildung 2.15) leicht nachgewiesen werden, weil sie die Luftmoleküle in positive und negative Ionen spaltete und die Luft auf diese Weise elektrisch leitfähig machte. Bald wurde man jedoch auf ein rätselhaftes Phänomen aufmerksam: Die Elektrometer zeigten nämlich immer eine Strahlung an — selbst wenn keine radioaktive Quelle in der Nähe war!

Die Forscher begannen nun, ausgerüstet mit ihren Elektrometern, überall nach den deutlichen Anzeichen für diese geheimnisvolle Strahlung Ausschau zu halten. Sie fanden sie sogar mitten auf dem Meer, weit entfernt von radioaktivem Felsgestein oder anderen Strahlungsquellen. Viel erstaunlicher war aber, daß sie auch noch bei bester Abschirmung ihrer Detektoren eine Strahlung registrierten. Strahlen von radioaktivem Material konnten die Abschirmung nicht durchdringen; es mußte also eine andere Quelle extrem durchdringender, unbekannter Strahlen geben. Wo aber war diese Quelle zu finden?

4.2 Viktor Hess (1883—1964) im Jahre 1936; er erhielt im selben Jahr den Physik-Nobelpreis für seine Entdeckung der kosmischen Strahlen.

Die ersten Hinweise darauf fand im Jahre 1910 der Jesuitenpater Theodor Wulf, der bei Strahlungsmessungen auf dem Eiffelturm höhere Werte erhielt, als er erwartete. Er vermutete, daß die Strahlung aus dem Weltraum kommen könnte, und schlug vor, mit Heißluftballonen in große Höhen aufzusteigen, um seine Vermutung nachzuprüfen. Sein Unternehmungsgeist muß ihn allerdings bald verlassen haben, denn er selbst schien abgeneigt, seine Idee in die Tat umzusetzen. Das riskante Vorhaben wurde statt dessen von anderen in Angriff genommen: So unternahm insbesondere der Österreicher Viktor Hess in den Jahren 1911 und 1912 zehn Aufstiege in Heißluftballonen, die mit Detektoren ausgerüstet waren. Er erreichte mit seinen Nachweisgeräten Höhen von über 5000 Metern; seine Experimente ergaben, daß die Intensität der Strahlung oberhalb von 1000 Metern rasch zunimmt, wobei sie in einer Höhe von 5000 Metern etwa drei- bis fünfmal größer ist als auf Meereshöhe. Hess folgerte, daß eine starke Strahlung in die Erdatmosphäre eindringt, die ihren Ursprung im Weltall haben müsse, und die beim Durchqueren der Luft abgeschwächt wird, bevor sie den Erdboden erreicht.

Hess entdeckte die kosmische Strahlung mit Geräten, bei denen der Experimentator persönlich die Messungen überwachen und die Meßergebnisse notieren mußte. Mitte der zwanziger Jahre entwickelte die Forschergruppe um Robert Millikan am **Cal**ifornia Institute of **Tech**nology (Caltech) ein Elektrometer, dessen Anzeigen fortlaufend auf einem Film aufgenommen wurden, ohne daß jemand dabei sein mußte. Dies erweiterte die Beobachtungsmöglichkeiten ganz erheblich: Man konnte die Aufnahmegeräte nun mit unbemannten Ballonen in sehr große Höhen befördern und ebenso die Strahlungsverhältnisse in großen Wassertiefen ausloten.

Millikan hatte Hess anfangs keinen Glauben geschenkt, der behauptete, daß die Strahlen aus dem Weltraum kämen. Dennoch unternahm er eigene umfangreiche Untersuchungen in dieser Richtung und änderte 1926 schließlich seine Meinung, wobei er sogar so weit ging, die Entdeckung der kosmischen Strahlung für sich zu

beanspruchen! Da die kosmischen Strahlen Materie mit Leichtigkeit durchdringen können und Gammastrahlen im Vergleich zu anderen radioaktiven Strahlen über das größte Durchdringungsvermögen verfügen, war Millikan mit vielen anderen Physikern der Auffassung, daß die kosmische Strahlung überaus energiereiche Gammastrahlung sei. Er vermutete, die „primäre Gammastrahlung" stamme aus Kernreaktionen im Weltall, in denen schwere Elemente aus leichteren und damit letzten Endes schrittweise aus Wasserstoff, dem leichtesten Element, aufgebaut würden. Daher bezeichnete er die kosmischen Strahlen als „Geburtsschreie" neuentstehender Materie.

4.3 Robert Millikan (1868–1953) kurz vor einem Ballonstart im Jahre 1938 in Bismarck, North Dakota, bei der Justierung von Instrumenten, die die kosmische Strahlung messen sollten.

Hess wurde 1936 der Nobelpreis verliehen; ihm wird im allgemeinen die Entdeckung der kosmischen Strahlung zugeschrieben. Millikans Beiträge in diesem Zusammenhang werden durch die Bezeichnung „kosmische Strahlen" gewürdigt, die von ihm geprägt wurde und heute allgemein üblich ist. Wulf schließlich, dessen Unternehmungsgeist gerade bis auf den Eiffelturm reichte, ist heute fast vergessen.

Nachdem die Existenz einer kosmischen Strahlung einmal allgemein anerkannt war, blieb immer noch das Problem, herauszufinden, mit welcher Art Strahlung man es genau zu tun hatte. Hess hatte ganz richtig festgestellt, daß der Weltraum die Quelle dieser Strahlung sein müsse. Die Intensität der kosmischen Strahlung ist jedoch selbst in großen Höhen so gering, daß er mit seinen relativ einfachen Geräten die Strahlung zwar aufspüren, nicht aber herausfinden konnte, woraus sie besteht. Gerade weil diese Teilchen so hohe Energien und folglich hohe Geschwindigkeiten haben, ist ihre ionisierende Wirkung viel kleiner als die der niederenergetischen Strahlen radioaktiver Quellen: Die energiereichen Teilchen sind einfach zu schnell, als daß sie große Auswirkungen auf die Atome an ihrer Flugbahn haben könnten, und schlagen deshalb wesentlich weniger Elektronen aus ihnen heraus. Die Teilchen der kosmischen Strahlung treten also nicht nur sehr vereinzelt auf — sie sind auch äußerst schwer nachzuweisen. Zudem weiß man nie genau, aus welcher Richtung das nächste Teilchen kommen wird — ganz im Gegensatz zu den Teilchen radioaktiver Strahlung. Während man mit einem Kollimationsrohr die Strahlung einer radioaktiven Quelle zu einem schmalen, parallelen Strahl bündeln kann, kommen die Teilchen der kosmischen Strahlung aus allen möglichen Richtungen zur Erde.

Die Teilchenforschung kam 1928 einen großen Schritt voran, als Hans Geiger und Walther Müller am Physikalischen Institut in Kiel einen Detektor entwickelten, der heute als *Geigerzähler* bekannt ist. Es handelte sich um eine verbesserte Version des zylinderförmigen Zählrohrs mit einem Draht entlang der Rohrachse, das Geiger und Rutherford 1908 benutzt hatten, um Alphateilchen zu zählen (siehe Seite 39). Im Geiger-Müller-Zählrohr ist die elektrische Feldstärke in der Nähe des Drahts so hoch, daß ein irgendwo in den Zähler eingedrungenes einzelnes Elektron eine regelrechte Lawine aufeinanderfolgender Ionisationen auslösen kann. Entlang der gesamten Länge des Drahts wer-

4.4 Hans Geiger (1882 — 1945) im Jahre 1930.

den dann letztendlich etwa zehntausend Millionen (10^{10}) Sekundärelektronen freigesetzt. Auf diese Weise können schon einige wenige primär erzeugte Ionen ein meßbares Signal in dem neuen Geiger-Müller-Zählrohr liefern (siehe hierzu auch Abbildung 4.5).

Da der Geigerzähler bereits äußerst kleine Ionisationseffekte nachweisen kann, ist er

4.5 Ein Geiger-Müller-Zählrohr, kurz Geigerzähler genannt, besteht im Prinzip aus einem an beiden Enden verschlossenen Metallzylinder mit einem Draht entlang der Zylinderachse. Der Metalldraht liegt an einer positiven Hochspannung von etwa 1000 Volt gegenüber dem Metallgehäuse; die Röhre ist mit einem Gas bei niedrigem Druck gefüllt. Wenn ein geladenes Teilchen das Gas durchquert, ionisiert es dessen Atome und setzt Elektronen frei, die durch das elektrische Feld auf den Draht hin beschleunigt werden. Die Elektronen erlangen dabei genügend Energie, um weitere Atome zu ionisieren, so daß sehr rasch eine ganze Lawine von Elektronen entsteht. Die elektrische Feldstärke ist in der Umgebung des Drahts derart hoch, daß die Lawine sich entlang der gesamten Drahtlänge ausbreitet und ein entsprechend großer Ladungsimpuls auf den Draht übertragen wird. Dieser Impuls kann beispielsweise einen kleinen Lautsprecher treiben, der dann das wohlbekannte Klicken abgibt, das viele heutzutage mit Geigerzählern verbinden.

Im Jahre 1929 ordneten Bothe und Kolhörster zwei dieser gerade entwickelten Geiger-Müller-Zählrohre senkrecht übereinander an, schoben einen vier Zentimeter dicken Goldblock dazwischen und zeigten, daß einzelne Teilchen der kosmischen Strahlung diesen

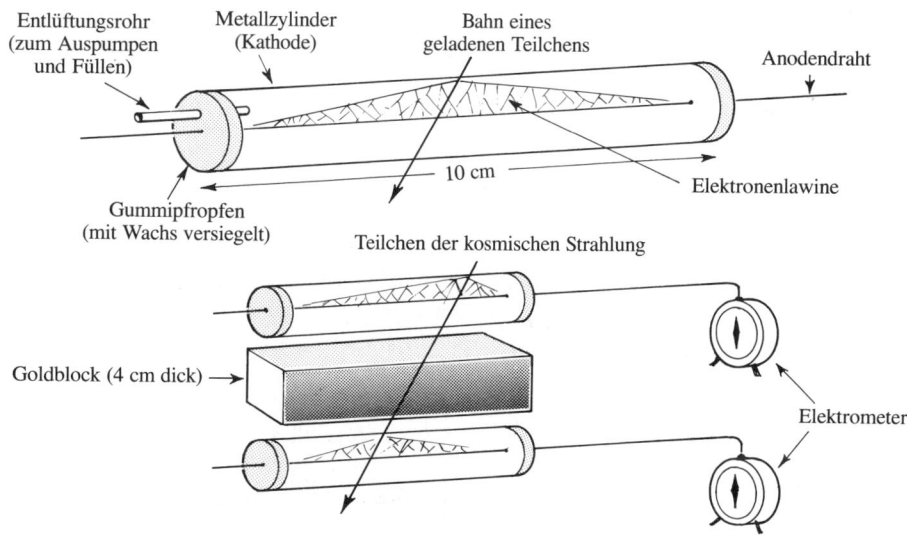

Goldblock durchdringen konnten. Jedesmal, wenn die beiden mit den Zählrohren verbundenen Elektrometer gleichzeitig ausschlugen, war ein kosmisches Strahlungspartikel hindurchgegangen.

das ideale Hilfsmittel, um hochenergetische kosmische Strahlen zu untersuchen. Geigerzähler können jedoch noch wirkungsvoller eingesetzt werden, wenn man zwei oder mehr miteinander kombiniert. Schon bald nachdem Geiger und Müller ihren neuen Detektor vorgestellt hatten, benutzten Walter Bothe und Werner Kolhörster, beide Mitarbeiter in Geigers ehemaligem Laboratorium in Berlin, eine Anordnung aus zwei übereinanderliegenden Zählrohren, die wie eine Art Teleskop wirkte: Mit diesem Gerät konnten sie die Flugrichtung der Teilchen bestimmen und fanden schließlich die ersten überzeugenden Hinweise auf die Beschaffenheit der Teilchen, um die es sich bei der kosmischen Strahlung handelt.

Damals war man immer noch allgemein der Überzeugung, daß kosmische Strahlen hochenergetische Gammastrahlen seien. Demnach mußten als Begleiterscheinung der kosmischen Strahlung auch geladene Teilchen — insbesondere Elektronen — nachzuweisen sein, die von ihr aus den Atomen der Erdatmosphäre herausgestoßen würden. Das „Zählerteleskop" war geradezu dafür geschaffen, um diese Vorstellungen zu überprüfen.

Bothe und Kolhörster schlossen die beiden Geigerzähler jeweils an ein Elektrometer an und beobachteten sogleich simultane Ausschläge der Quarzfäden in den beiden Meßinstrumenten (Abbildung 4.5). Das Erstaunliche dabei war, daß es derart viele solcher gleichzeitiger Ausschläge — sogenannter „Koinzidenzen" — gab, die jedesmal den Durchgang eines Teilchens der kosmischen Strahlung durch *beide* Zählrohre signalisierten. Nun erzeugt ein Gammaquant in einem Geigerzähler nur dann ein Signal, wenn es ein Elektron aus einem Atom herausgeschlagen hat; tatsächlich ist es das elektrisch geladene *Elektron*, das das Zählrohr letztlich auslöst. Die beobachteten Koinzidenzen legten also nahe, daß entweder ein Gammaquant der kosmischen Strahlung zufällig je ein Elektron in beiden Zählrohren freigesetzt hatte — was sehr unwahrscheinlich war —, oder aber ein einzelnes Elektron hatte beide Zähler ausgelöst.

Um die letztere Möglichkeit zu überprüfen, schoben Bothe und Kolhörster einen massiven Abschirmblock zwischen die Zähler, der die aus den Atomen herausgestoßenen Elektronen absorbieren sollte. Sie fanden jedoch, daß 75 Prozent der Teilchen, die durch das Zählerteleskop hindurchgingen, nicht einmal durch vier Zentimeter dicke Goldblöcke geschluckt wurden! Die Teilchen, die die Signale in den Geigerzählern auslösten, besaßen also dasselbe Durchdringungsvermögen wie die kosmische Strahlung — es konnten also nur die kosmischen Strahlungspartikel selbst gewesen sein, die beide Zähler direkt auslösten und somit elektrisch geladen waren. So sahen sich die beiden Forscher zu der Schlußfolgerung gezwungen, daß die kosmische Strahlung ein Strom elektrisch geladener Teilchen mit hohem Durchdringungsvermögen sein müsse, und keine Gammastrahlung war, wie man ursprünglich vermutet hatte.

Diese Ergebnisse spornten andere Physiker an, unter ihnen Bruno Rossi an der Universität von Florenz. Rossi erkannte, daß man die koinzidenten Impulse elegant mit Elektronenröhren — den Vorläufern der modernen Transistoren — registrieren konnte. Damit ließ sich die schwerfällige Anordnung von Bothe und Kolhörster, die die Elektrometer mit Hilfe einer automatischen Kamera abgelesen hatten, ersetzen. Mit seiner neuen Aufnahmetechnik konnte Rossi Koinzidenzexperimente mit drei Zählern durchführen, die nicht auf einer Geraden, sondern in einem Dreieck angeordnet waren; ein einzelnes Teilchen konnte somit nicht durch alle drei Detektoren hindurchgehen. Rossi erhielt besonders viele Koinzidenzsignale von allen Zählern, wenn diese sich unter einer Bleiabschirmung befanden. Auf diese Weise wies er zum ersten Mal die Bildung von Schauern sekundärer Teilchen nach. Rossi unternahm darüber hinaus eine ganze Reihe von Schlüsselexperimenten, mit denen er die kosmischen Strahlen weiter analysierte. Bedeutsam sind seine Arbeiten aber vor allem deshalb, weil Rossis Koinzidenzschaltkreise das Grundelement aller Experimente mit elektronischen Zählern darstellen, mit denen heutzutage viele der in künstlichen Hochenergiekollisionen erzeugten Teilchen registriert werden.

Die Koinzidenzexperimente mit Geigerzählern — insbesondere von Rossi — zeigten das große Durchdringungsvermögen
der kosmischen Strahlung, die meterdicke
Bleiplatten passiert und sogar Tausende
von Metern unter der Erdoberfläche nachgewiesen werden kann. Aber aufgrund ihrer hohen Energie und ihrer daraus resultierenden niedrigen Ionisationswirkung
war es sehr schwierig und zunächst unmöglich, die kosmischen Strahlungspartikel eindeutig zu identifizieren — solange
jedenfalls, bis man Wilsons Nebelkammer einsetzte, um die Strahlen zu erforschen. Mit diesem Aufnahmeverfahren
konnten die Physiker zum ersten Mal die
Spuren der kosmischen Strahlen photographieren und daraus Rückschlüsse auf
ihre Beschaffenheit ziehen; es sollte sie in
eine faszinierende Welt neuer Teilchen
führen.

4.6 Bruno Rossi (geboren 1905) in seinem Labor im
Physikalischen Institut der Universität von Florenz,
etwa um 1930. Die in der Bildmitte erkennbaren liegenden Röhren sind Geiger-Müller-Zählrohre; Batte-
rie-Aggregate lieferten die Hochspannung, die für
den Betrieb der Zähler nötig war.

Die ersten neuen Teilchen

Im Jahre 1923 begann der junge Physiker Dmitri Skobelzyn im Laboratorium seines Vaters in Leningrad, Gammastrahlung aus einer radioaktiven Quelle zu untersuchen. Skobelzyn hoffte, die Spuren der Elektronen photographieren zu können, die von den Gammastrahlen aus den Gasatomen in einer Nebelkammer herausgeschlagen wurden. Dabei stand er jedoch vor dem Problem, daß die Gammaquanten auch aus der Wand der Nebelkammer Elektronen herausschlugen, die seine Messungen störten. So stellte Skobelzyn die Kammer zwischen die Pole eines großen Magneten, mit dem er die störenden Elektronen weglenken wollte.

Ein Magnetfeld übt auf ein elektrisch geladenes Teilchen eine Kraft aus, die seine

(Abbildung 4.8). Das deutete auf Impuls- und Energiewerte, die viel größer waren als die von Elektronen aus irgendeiner damals bekannten Quelle. Skobelzyn vermutete, daß diese Spuren von schnellen Elektronen stammten, die durch kosmische Gammastrahlen aus den Gasatomen herausgestoßen worden waren. (Dies war noch ein Jahr, bevor Bothe und Kolhörster ihr „Zählerteleskop" aufbauten und entdeckten, daß die kosmische Strahlung nicht aus Gammaquanten, sondern aus geladenen Teilchen besteht.) Tatsächlich hatte Skobelzyn als erster die Spuren der kosmischen Strahlen selbst gesehen — ohne sich dessen allerdings bewußt zu sein.

Skobelzyn verfolgte seine Entdeckung nicht weiter; doch zwei Jahre später, im Jahre 1930, beauftragte Robert Millikan

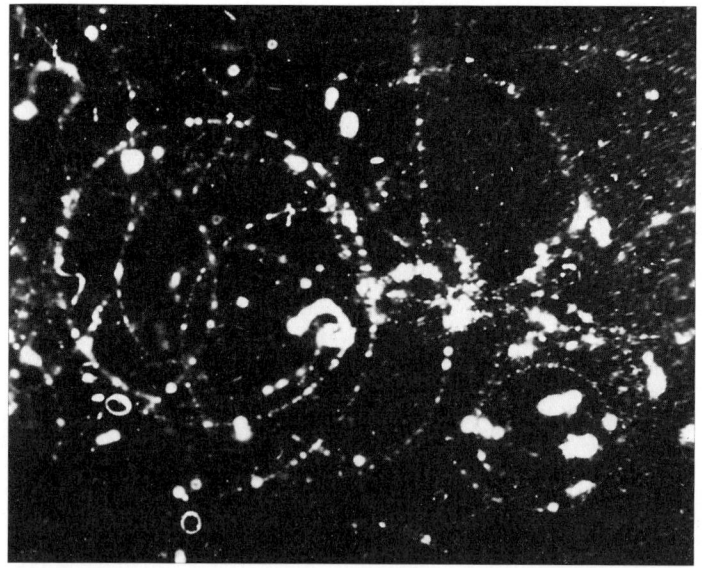

4.7 Dmitri Skobelzyn (geboren 1892) im Jahre 1924 in seinem Labor in Leningrad; vor ihm die Nebelkammer, mit der er erstmals Spuren kosmischer Strahlungspartikel photographieren konnte.

Bahn krümmt; die Krümmung ist dabei sowohl von der Stärke des Magnetfelds abhängig wie auch vom Impuls des Teilchens, dem Produkt aus seiner Masse und seiner Geschwindigkeit. Bei langsamen oder leichten Teilchen (niedrigem Impuls) ist die Bahnkrümmung größer als bei schnellen oder schweren Teilchen (hohem Impuls). Auf diese Weise kann man verschiedene Teilchen in einem Magnetfeld voneinander unterscheiden.

Skobelzyn bemerkte auf einigen seiner Aufnahmen aus den Jahren 1927/28, daß manche Spuren fast schnurgerade verliefen

4.8 Dies ist eine der ersten Aufnahmen, auf der die Spur eines Teilchens der kosmischen Strahlung in Skobelzyns Nebelkammer zu sehen ist. Skobelzyn untersuchte Elektronen, die unter dem Einfluß energiereicher Gammastrahlen aus Gasatomen herausgestoßen wurden; um die störenden Spuren der aus der Kammerwand herausgeschlagenen Elektronen wegzulenken, beschloß er, die Kammer in ein Magnetfeld zu setzen. In den Jahren 1927/28 bemerkte er zwischen den üblichen spiralförmigen Spuren, die durch die zurückgestoßenen Elektronen verursacht wurden, auch einige schnurgerade Spuren wie die vertikal verlaufende Spur in der Mitte unseres Bilds. Diese auffallend geraden Spuren mußten von sehr energiereichen Teilchen stammen, denn anderenfalls wären ihre Bahnen im Magnetfeld stärker gekrümmt; es mußte sich hierbei also um Teilchen der kosmischen Strahlung gehandelt haben.

seinen Studenten Carl Anderson am Caltech mit dem Bau einer Nebelkammer, mit der er die Energieverteilung der kosmischen Strahlung untersuchen sollte. Zu diesem Zweck baute Anderson in Zusammenarbeit mit Ingenieuren des nahen Forschungslabors für Luftfahrt einen leistungsstarken wassergekühlten Elektromagneten, mit dem er zehnmal stärkere Magnetfelder erzeugen konnte, als sie Skobelzyn zur Verfügung standen. Bereits seine ersten aufsehenerregenden Resultate zeigten, daß negativ wie positiv geladene Teilchen in etwa derselben Anzahl in der kosmischen Strahlung vorhanden sein mußten.

Millikan vertrat damals noch immer die Auffassung, daß die kosmische Strahlung aus Elektronen bestehe, die durch primäre Gammastrahlen aus Atomen herausgeschlagen würden. Andersons Beobachtung von Spuren positiv geladener Teilchen in der kosmischen Strahlung überraschte ihn daher etwas; er hielt hartnäckig daran fest, daß die positiv geladenen Teilchen Protonen sein müßten, die ebenfalls durch die hochenergetische Gammastrahlung aus den Atomen herausgestoßen würden. Da die Bahnen dieser „Protonen" ähnlich stark wie die der Elektronen gekrümmt waren, müßten diese erheblich langsamer gewesen sein als die Elektronen. Nur wenige der Spuren wiesen jedoch eine entsprechend hohe Ionisationsdichte auf, die man von derart langsamen Teilchen erwartet hätte. Anderson vermutete, daß die Spuren eher auf Elektronen zurückzuführen seien, die sich aufwärts durch die Kammer bewegten, als auf abwärts fliegende positiv geladene Teilchen. Mit dieser Interpretation konnte sich jedoch Millikan ganz und gar nicht anfreunden — er glaubte weiterhin an Protonen.

Um diese Streitfrage zu klären, unterteilte Anderson die Nebelkammer mit einer Bleiplatte. Beim Durchgang durch die Platte verloren die Teilchen Energie, so daß ihre Bahnkrümmung anschließend — wenn sie wieder in der Kammer zum Vorschein kamen — stärker war (siehe Abbildung 4.9). Auf diese Weise konnte Anderson die Flugrichtung der Teilchen erschließen und eindeutig bestimmen, ob sie positiv oder negativ geladen waren. Das so

4.10 Carl Anderson (geboren 1905) bei der Arbeit am Elektromagneten seiner Nebelkammer im Forschungslabor für Luftfahrt am Caltech. Für die Stromversorgung des Magneten stand ein 600-Kilowatt-Generator zur Verfügung. Die beiden Magnetspulen sind mit Kupferrohr umwickelt und wurden mit Leitungswasser gekühlt.

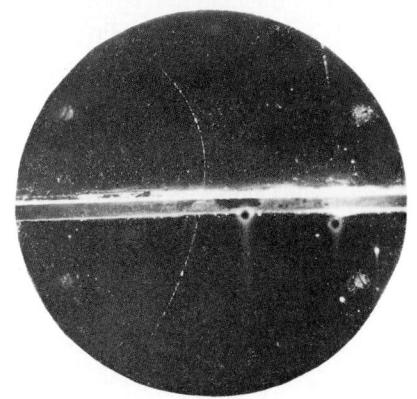

4.9 Der erste Nachweis des Positrons wurde 1932 mit dieser Nebelkammeraufnahme von Anderson erbracht. Das Teilchen muß im Bild aufwärts geflogen sein, da seine Bahn — nachdem es beim Durchgang durch die sechs Millimeter dicke Bleiplatte in der Bildmitte Energie verloren hatte — in der oberen Kammerhälfte stärker gekrümmt war. Aus der Richtung der Krümmung konnte man dann schließen, daß das Teilchen positiv geladen war; für ein Proton oder ein Alphateilchen war die Spur jedoch zu schwach ausgeprägt. Anderson hatte schon früher Teilchen mit anscheinend positiver Ladung entdeckt, die sich genau andersherum als Elektronen ablenken ließen, aber für Protonen zu leicht waren. Heute können wir sagen, daß es sich um Positronen handelte; Anderson vermutete damals jedoch, daß es Elektronen seien, die aufwärts durch die Kammer flögen und deshalb im Magnetfeld andersherum abgelenkt würden als abwärts fliegende Elektronen. Andersons Professor Millikan war der Meinung, daß es sich um Protonen handeln müsse. Anderson erinnerte sich später: »Trotz der starken Bedenken von Dr. Millikan, daß aufwärts fliegende Teilchen der kosmischen Strahlung äußerst selten seien, war ausgerechnet dies ein Beispiel für solch ein äußerst seltenes, aufwärts fliegendes Teilchen der kosmischen Strahlung.«

abgeänderte Experiment zeigte bald, daß sich sowohl Millikan als auch Anderson geirrt hatten. Anderson fand in seinen Aufnahmen ein besonders schönes Beispiel für die Spur eines positiv geladenen Teilchens, das deutlich leichter sein mußte als ein Proton; Ionisationsdichte und Spurkrümmung wiesen auf eine Teilchenmasse, die der des Elektrons entsprach. Er hatte damit das *Positron* entdeckt – jenes „Antiteilchen", das der Theoretiker Paul A. M. Dirac wenige Jahre zuvor postuliert hatte (siehe Seite 105–107). Erstmals hatte man ein Teilchen beobachtet, das nicht im Atominneren vorkam.

Wenn Positronen aber keine Bestandteile von Atomen sind, woher stammen dann die Positronen der kosmischen Strahlung? Anderson konnte darauf keine Antwort geben, und erst ein Experiment, das noch im selben Jahr in England durchgeführt wurde, brachte Klarheit in dieser Frage. Patrick Blackett und Giuseppe Occhialini hatten am Cavendish-Laboratorium an der Universität von Cambridge eine verbesserte Version der Nebelkammer entwickelt, die aufregendes neues Bildmaterial liefern sollte. Mit ihr gelang ihnen der Nachweis, daß die kosmischen Strahlen selbst die Positronen erzeugen.

Bis zum damaligen Zeitpunkt war die Erforschung der kosmischen Strahlung mit Nebelkammern mehr oder minder eine Frage von Zufallstreffern gewesen. Die Nebelkammer wurde aufs Geratewohl und damit meist vergeblich expandiert, da nur sehr selten ein kosmisches Strahlungspartikel zum richtigen Zeitpunkt hindurchging. Die Aufgabe war also, die niedrige Trefferquote – nur bei einer von etwa zwanzig Aufnahmen hatte man Glück – zu verbessern. Blackett arbeitete bereits seit einiger Zeit an der Verbesserung der Nebelkammern, um Kernumwandlungen photographieren zu können; ihm schloß sich der junge italienische Physiker Occhialini an, und gemeinsam machten sie sich daran, ein Verfahren auszutüfteln, bei dem die Teilchen der kosmischen Strahlung ihr Kommen ankündigen sollten. Occhialini war einer von Rossis Studenten in Florenz gewesen; er konnte nun seine Erfahrungen mit Koinzidenzexperimenten und Geigerzählern einbringen,

während Blackett sein Talent für raffinierte technische Lösungen und seine Erfahrung im Umgang mit Nebelkammern beisteuerte.

Ihre Idee war verblüffend einfach: Sie plazierten einen Geigerzähler oberhalb und einen weiteren unterhalb der Nebelkammer. Wurden beide Geigerzähler gleichzeitig ausgelöst, so war mit größter Wahrscheinlichkeit ein Teilchen der kosmischen Strahlung durch beide Zähler und damit auch durch die Kammer hindurchgegangen. Über eine Relaisschaltung steuerten Blackett und Occhialini mit den Geigerzählern eine mechanische Vorrichtung an, die bei einem simultanen elektrischen Impuls der beiden Zähler eine Expansion der Nebelkammer bewirkte und einen Lichtblitz auslöste, um die Ionisationsspuren photographieren zu können. Entscheidend war, daß man nun genau wußte, wann ein Teilchen der kosmischen Strahlung durch die Kammer hindurchflog. Wenn das Koinzidenzsignal aus den Geigerzählern die Expansion der Nebelkammer bewirkte, war das Teilchen zwar längst durch die Kammer hindurchgeschossen, doch bleiben die zurückgelassenen Ionen, an denen die Wassertröpfchen kondensieren, noch eine Weile bestehen – ähnlich wie die Kondensstreifen der Düsenjets auch eine Zeitlang am Himmel sichtbar bleiben – und verraten die Bahn des Teilchens.

Anstatt nur eine interessante Spur auf vielleicht zwanzig oder mehr Bildern zu bekommen, waren nun auf vier von fünf Bildern Spuren der kosmischen Strahlung zu sehen. Im Juni 1932 machten sie mit diesem Verfahren ihre ersten Aufnahmen und hatten bis zum Spätherbst desselben Jahres nahezu tausend Bilder mit Spuren von Teilchen der kosmischen Strahlung aufgenommen.

Anderson hatte auf seinen Aufnahmen zwar als erster das Positron identifiziert; eine endgültige Bestätigung seiner Beobachtung lieferten aber erst die Experimente von Blackett und Occhialini. Auf vielen ihrer Nebelkammeraufnahmen waren nicht weniger als zwanzig Teilchenspuren zu sehen, die fächerartig von einem Punkt in einer Kupferplatte knapp oberhalb der Kammer ausgingen. Wegen des starken

Magnetfelds in der Kammer waren die Spuren gekrümmt, und es zeigte sich, daß etwa die Hälfte der Teilchen positiv und die andere Hälfte negativ geladen war. Die Aufnahmen ließen keinen Zweifel daran, daß die Positronen bei Wechselwirkungen der kosmischen Strahlung mit Materie erzeugt wurden. Andersons Teilchen war also kein exotisches außerirdisches Objekt, das mit der kosmischen Primärstrahlung zur Erde kam, sondern Bestandteil der sekundären Teilchenschauer.

Um die Entstehung eines solchen Teilchenschauers zu verstehen, verfolgen wir den Weg eines einzelnen energiereichen Elektrons der kosmischen Strahlung, das in die Kupferplatte eindringt. Dort veranlassen die elektrischen Felder der positiv geladenen Atomkerne des Kupfers das eingedrungene Elektron dazu, Photonen (Gammaquanten) abzustrahlen. Ist die Energie der Photonen groß genug, so können diese — ebenfalls unter dem Einfluß der elektrischen Kernfelder — wiederum Elektron-Positron-Paare erzeugen. Solche Paare von Elektronen und Positronen waren es, die Blackett und Occhialini photographierten; sie waren aus der Gammastrahlung hervorgegangen, die von einem kosmischen Strahlungspartikel in der Kupferplatte oberhalb der Kammer erzeugt worden war. Nach Albert Einsteins Gleichung $E = mc^2$ kann Energie (E) in Masse (m) und damit Strahlung in Materie umgewandelt werden; Blackett und Occhialini hatten diesen Prozeß zum ersten Mal auf einen Film gebannt.

So war zu Beginn der dreißiger Jahre klar, daß in der kosmischen Strahlung, zumindest in der Nähe des Erdbodens, Elektronen und Positronen enthalten sind. Das schien aber noch nicht alles zu sein. Die Nebelkammeraufnahmen zeigten nämlich auch viele Spuren positiv oder negativ geladener Teilchen, die ein erheblich höheres Durchdringungsvermögen hatten als Elektronen und Positronen und keine Teilchenschauer erzeugten. Anderson und sein Kollege Seth Neddermeyer, die damals beide am Caltech arbeiteten, vermuteten zunächst, daß es zwei Arten von Elektronen geben könnte; sie bezeichneten die mit hohem Durchdringungsvermögen als „grüne" Elektronen und jene, die

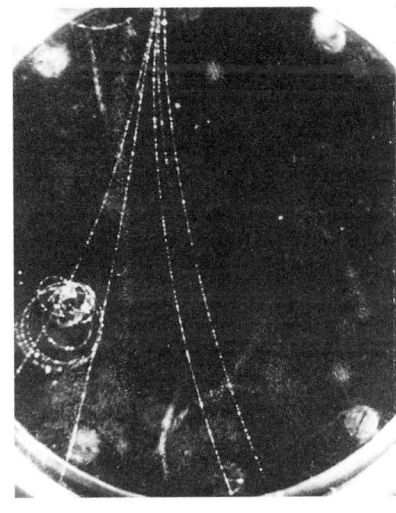

4.11 Dieses Bild, das Anderson auf dem Pike's Peak in Colorado aufnahm, zeigt einen Teilchenschauer aus drei Elektronen und drei Positronen, den ein kosmisches Strahlungspartikel bei einer Wechselwirkung mit einem Kern in der Wand der Nebelkammer erzeugt hatte. Im Magnetfeld der Kammer wurden die Elektronen nach links und die Positronen nach rechts abgelenkt.

4.12 Giuseppe Occhialini (geboren 1907, ganz links) und Patrick Blackett (dritter von rechts) während eines Aufenthaltes am Observatorium auf dem Pic du Midi in den französischen Pyrenäen im Jahre 1949.

4.13 Carl Anderson (links) und Seth Neddermeyer (geboren 1907).

Schauer erzeugten, als „rote" Elektronen. 1936 waren sie jedoch zu der Überzeugung gelangt, daß die durchdringenden Teilchen etwas Neues sein mußten. Im November desselben Jahres veröffentlichten sie schließlich die Ergebnisse ihrer Experimente. Die Masse des unbekannten Teilchens mußte demnach zwischen der des Elektrons und der des Protons liegen.

Dieses neue Teilchen wurde ursprünglich „Mesotron" genannt, nach dem griechischen Wort für „Mitte"; später wurde die Bezeichnung zu *Meson* abgekürzt. Wie für das Positron, so schien es auch für das Mesotron bereits eine theoretische Deutung zu geben. 1935 hatte nämlich Hideki Yukawa, ein japanischer Theoretiker aus Kyoto, eine Theorie der starken Kraft, die den Atomkern zusammenhält, aufgestellt. Eine der Implikationen dieser Theorie war die Existenz eines neuen Teilchens, das ungefähr 250mal so schwer wie ein Elektron sein sollte, was etwa einem Siebtel der Masse eines Protons entspricht. Yukawas Theorie war außerhalb Japans kaum bekannt; doch als Anderson und andere ihr neues Teilchen ankündigten, dessen Masse sich nur um etwa 20 Prozent von der des vorhergesagten Yukawa-Teilchens unterschied, machte Yukawa sofort geltend, daß es sich um sein Teilchen handele. Außerdem hatten Robert Oppenheimer und Robert Serber an der Universität von Berkeley in Kalifornien auf denselben Zusammenhang hingewiesen und machten Yukawas Theorie nun auch im Westen bekannt.

Sie waren jedoch auf der falschen Fährte: Yukawas Vorhersage ging erst zehn Jahre später mit der Entdeckung eines Teilchens in Erfüllung, das heute unter dem Namen *Pi-Meson* oder *Pion* (siehe dazu Seite 111–114) bekannt ist. Das eigentliche „Mesotron", das Anderson und Neddermeyer entdeckt hatten, ist physikalisch ein ganz anderes Teilchen, das von niemandem erwartet wurde. Heute bezeichnen wir es als *Müon*, doch gibt es den Physikern auch ein halbes Jahrhundert nach seiner Entdeckung noch immer Rätsel auf (siehe Seite 107–111).

4.14 Ein japanisches Gastmahl in einem Restaurant in Kyoto im Jahre 1956. Von links: Hideki Yukawa (1907–1981), Cecil Powell, Frau Powell und Frau Yukawa.

4.15 George Rochester (geboren 1908) im Jahre 1958.

Seltsame Teilchen

Die Entdeckungen des Positrons und des Müons waren nur der Anfang einer Reihe weiterer Überraschungen, die zeigten, daß die Wissenschaftler in der Physik der irdischen Phänomene erst einen kleinen Ausschnitt aus der Vielfalt der Natur erfaßt hatten. Bis etwa 1950 wurden auf den Nebelkammeraufnahmen in der kosmischen Strahlung noch mehr unbekannte Teilchen entdeckt, für die die damals gängigen physikalischen Theorien jedoch keine Erklärung bieten konnten. Ihre Entdeckung war vor allem durch verbesserte experimentelle Methoden möglich geworden, die bald nach Ende des Zweiten Weltkriegs entwickelt wurden.

Patrick Blackett, der 1933 Cambridge verlassen hatte und danach eine Zeitlang Professor am Birkbeck College in London gewesen war, ging 1937 an die Universität von Manchester. Sofort begann er, eine hervorragende Arbeitsgruppe von Physikern aufzubauen, die sich ganz den kosmischen Strahlen widmete. Durch den Zweiten Weltkrieg kam ihre Zusammenarbeit jedoch schon bald darauf praktisch zum Erliegen. Blackett wurde wissenschaftlicher Berater der britischen Luftwaffe und später Leiter der Forschungsabteilung der britischen Marine. Viele seiner Mitarbeiter, die er gerade erst gewonnen hatte, mußten andere Aufgaben übernehmen; einige wenige blieben jedoch, um den Unterricht für Physikstudenten aufrechtzuerhalten. So konnten in Manchester — mit Blacketts Einverständnis — die Nebelkammerexperimente mit kosmischen Strahlen wenigstens in geringem Umfang weitergeführt werden; allerdings unter der Voraussetzung, daß es nichts kosten durfte! So verbrachten George Rochester und der Ungar Lajos Janossy ihre Freizeit damit, die sogenannten „durchdringenden Schauer" zu untersuchen, für die sich besonders Janossy interessierte. Hierbei handelte es sich um Kaskaden aus sehr vielen Teilchenspuren, die extrem energiereiche Teilchen beim Eintritt in eine Nebelkammer erzeugten.

Nach dem Krieg ging Janossy nach Dublin. Blackett zeigte sich von den während des Kriegs durchgeführten Arbeiten recht beeindruckt; er ermutigte Rochester, diese Arbeit zusammen mit Clifford Butler fortzusetzen. Dieses Mal sollte die Nebelkammer zusätzlich in einem Magnetfeld betrieben werden − da Elektromagneten viel Strom verbrauchen, hatte man während des Kriegs nicht daran denken können, starke magnetische Felder für Forschungszwecke einzusetzen. Blackett hatte 1937 einen großen Elektromagneten nach Manchester mitgebracht, den er zwei Jahre zuvor für seine Experimente mit zählergesteuerten Nebelkammern gebaut hatte. Rochester und Butler machten sich nun daran, eine ganz neue Nebelkammer zu bauen, die sie in Blacketts Magneten einsetzten. Zwischen den dünnen Bleiplatten ober- und unterhalb der Kammer plazierten sie Geigerzähler, so daß die Kammer nur dann expandierte, wenn ein durchdringender Teilchenschauer erzeugt worden war.

Die Aufnahmen, die sie mit dieser Anordnung zwischen 1946 und 1947 machten, brachten eine große Überraschung: die ersten Beispiele von sogenannten „seltsamen Teilchen". Unter den vielen Spuren der durchdringenden Teilchenschauer, die die kosmische Strahlung in der Bleiplatte über der Nebelkammer erzeugte, fanden sie auch zwei merkwürdige, V-förmige Spurmuster (wie in Abbildung 4.17 zu sehen). Rochester und Butler wiesen darauf hin, daß diese beiden V-Spuren durch den spontanen Zerfall eines neuen instabilen Teilchens erklärt werden könnten. Im einen Fall mußte das neue Teilchen elektrisch neutral, im anderen geladen sein; beide Teilchen mußten außerdem jeweils etwa halb soviel wiegen wie ein Proton.

Diese Entdeckung kam völlig unerwartet, und da sie sich auf sehr geringes experimentelles Beweismaterial stützte, wurde sie auch angezweifelt. Es wurde zunehmend spannender für Rochester und Butler; zwei Jahre lang suchten sie vergeblich nach weiteren Anzeichen für solche Teilchen. Um die Chancen für die Beobachtung der durchdringenden Schauer zu verbessern, beauftragte Blackett schließlich Butler mit der Aufgabe, einen Magneten samt Nebelkammer auf einem hohen Berg aufzustellen.

4.16 Clifford Butler (geboren 1922) beim Justieren einer Versuchsanordnung, mit der die zu untersuchende Teilchenspur einer Nebelkammeraufnahme über ein Prisma auf einen weißen Schirm projiziert wird; man dreht nun das Prisma so lange, bis die gekrümmte Spur in der Projektion geradlinig erscheint. Die tatsächliche Krümmung der Spur kann dann aus der Position des Prismas abgelesen werden, die zuvor in Einheiten des Krümmungsradius geeicht wurde. Die Aufnahme entstand um das Jahr 1947.

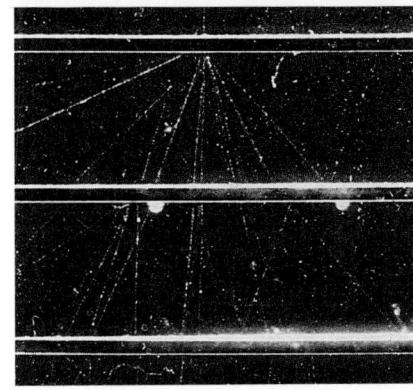

4.17 Auf diesem Bild drang ein Teilchen der kosmischen Strahlung in die obere der beiden quer in der Nebelkammer liegenden, sechs Millimeter dicken Bleiplatten ein und erzeugte dort bei einem Zusammenstoß mit einem Bleikern verschiedene Teilchen, darunter auch ein neutrales Teilchen, das sich durch das links oben im Bild sichtbare „V" verrät. Dort ist es in zwei geladene Teilchen zerfallen. Aufnahmen wie diese von W. B. Fretter an der Universität von Berkeley zeigten, daß die „V-Teilchen" in Hochenergiekollisionen mit Atomkernen erzeugt wurden.

Nach einigen Überlegungen fiel die Wahl auf den 2850 Meter hohen Pic du Midi de Bigorre in den französischen Pyrenäen. Auf dessen Gipfel befand sich bereits ein astronomisches Observatorium, und bis November 1949 hatte ein Team aus Manchester Blacketts elf Tonnen schweren Magneten betriebsfertig dort aufgestellt. Aus Übersee kam inzwischen von Carl Anderson die Nachricht, daß er und Eugene Cowan auf dem White Mountain in Kalifornien durchschnittlich eine V-Spur pro Tag registrierten − insgesamt hatten sie schon 28 solcher Spuren aufgenommen. Er fügte noch hinzu: »Bei der Interpretation unserer Aufnahmen kommen wir unweigerlich zu derselben bemerkenswerten Schlußfolgerung wie Rochester und Butler: ein spontaner Zerfall neuartiger, neutraler wie geladener instabiler Teilchen.«

4.18 Das Observatorium auf dem Pic du Midi in den französischen Pyrenäen. Hierher brachte man 1949 die Nebelkammer der Universität von Manchester, in der Hoffnung, dort oben bessere Chancen für die Beobachtung von „V-Teilchen" zu haben.

Zwischen Juli 1950 und März 1951 wurden mit der Nebelkammer auf dem Pic du Midi etwa 10 000 Bilder von hochenergetischen Teilchenschauern aufgenommen. Darauf fand man 67 V-förmige Spuren, von denen 51 auf solche neutralen Zerfälle und zwölf auf geladene Zerfälle zurückgeführt werden konnten; das war der endgültige Beweis, daß es die „V-Teilchen" tatsächlich gab. Die restlichen vier V-Spuren deuteten jedoch darauf hin, daß es noch ein anderes neutrales Teilchen geben mußte, das *schwerer* als das Proton war. Die zuerst entdeckten „V-Teilchen" mit ungefähr der halben Protonenmasse sind seither als geladene und neutrale *Kaonen* bekannt (siehe Seite 114–116); das mehr als doppelt so schwere andere neutrale Teilchen wurde *Lambda* genannt (siehe Seite 116–120). Kaonen und Lambdas bezeichnete man zusammen als *seltsame Teilchen*, weil man sich ihr Verhalten nicht erklären konnte.

Heute wissen wir, daß diesen Teilchen eine charakteristische physikalische Eigenschaft gemein ist, die man *Seltsamkeit* nennt. Sie kommt in der gewöhnlichen Materie nicht vor, wir können sie uns aber als etwas der elektrischen Ladung Entsprechendes vorstellen. Keines der seltsamen Teilchen war vorhergesagt worden, und so versetzte ihre Entdeckung die Physiker in große Aufregung. Eine ganz neue Familie von Teilchen war aufgetaucht, die vielleicht sogar unsere Vorstellungen über die Grundgesetze der Natur umstoßen konnte. Es dauerte Jahre, bis man die Kaonen, das Lambda und die ihnen verwandten, später entdeckten und schwereren Teilchen verstand (siehe Kapitel 5). Die Entwicklung neuer, leistungsstarker Teilchenbeschleuniger in den fünfziger Jahren, mit denen man die Wechselwirkungsprozesse der kosmischen Strahlung mit Materie unter kontrollierten Bedingungen simulieren konnte, brachte die Forscher hierbei einen großen Schritt voran. Unterdessen kam ein anderes Aufnahmeverfahren zum Einsatz, um die Teilchen aufzuspüren, und das versprach weitere spannende Entdeckungen.

Powell, Photoemulsionen und Pionen

Die Nebelkammer hatte während der dreißiger und vierziger Jahre erheblich zur Beantwortung der Frage beigetragen, woraus die kosmische Strahlung in der Nähe des Erdbodens besteht. Gleichzeitig war jedoch klargeworden, daß ihre Bestandteile – Elektronen, Positronen und Müonen – sekundärer Natur sind, also Nachfolgeprodukte einer sehr energiereichen primären Strahlung, die bei deren Eintritt in die oberen Schichten der Erdatmosphäre entstehen. Einige Experimente hatten gezeigt, daß die Intensität der kosmischen Strahlung vom Breitengrad der Erde abhängt. Dies war nur durch einen Einfluß des Erdmagnetfelds auf die Primärstrahlung zu erklären, das ebenfalls mit dem Breitengrad variiert, und implizierte außerdem, daß die kosmische Primärstrahlung aus positiv geladenen Teilchen bestehen mußte. Aber um welche Art von Teilchen handelte es sich nun?

Aufgrund der extrem hohen Energien der kosmischen Primärstrahlung war es anfangs schwierig festzustellen, woraus sie im einzelnen besteht. In den späten vierziger Jahren wurden jedoch spezielle photographische Emulsionen entwickelt, die man mit Ballonen problemlos in große Höhen befördern konnte. So erhielten die Physiker die ersten Bilder von den Wechselwirkungen der kosmischen Primärstrahlen. Diese Photoemulsionen reagierten besonders empfindlich auf sehr energiereiche elektrisch geladene Teilchen. Ein einzelnes Teilchen, das eine solche Photoemulsion durchquert, schwärzt die Emulsion entlang seiner Bahn, ähnlich wie intensives Licht Photoplatten schwärzt, und hinterläßt so eine Spur aus dunklen Punkten: Das Teilchen photographiert sich buchstäblich selbst.

Photoplatten hatten bei den ersten Experimenten mit Radioaktivität eine wichtige Rolle gespielt; sowohl die Röntgenstrahlen als auch die Radioaktivität waren durch die Schwärzung von Photoplatten entdeckt worden. Das Grundprinzip der Photographie ist einfach: Eine dünne Silberbromidschicht, die auf einfallendes Licht chemisch reagiert, wird auf ein Papier oder eine Glasplatte aufgetragen. Das Bromid liegt dabei in der Form kleiner Kristalle vor, die in eine Gelatinesubstanz emulgiert wurden. Einfallendes Licht regt die Silberbromidkristalle in der Emulsion derart an, daß sie bei einer anschließenden chemischen Behandlung — dem Entwicklungsvorgang — reines Silber abgeben. Je mehr Licht auf einen Punkt fällt, um so mehr Silber wird dort freigesetzt und um so dunkler ist das Bild auf dem entwickelten Film oder der Photoplatte. So entsteht ein Negativ-Bild, auf dem die dunklen Bereiche den Stellen entsprechen, die das meiste Licht empfangen hatten und die also damit die hellsten Bereiche des photographierten Motivs abbilden.

Röntgenstrahlung ist letztlich nichts anderes als eine sehr energiereiche Form von Licht, so daß es nicht überraschend ist, daß sie Photoplatten schwärzt. Erstaunlicher ist schon, daß ein Radiumkörnchen, das auf einer Photoplatte liegt, ein Bild erzeugt, wie Abbildung 2.12 zeigt. Die aus dem Radium emittierten Alphateilchen können nämlich die Atome in der Emulsion ionisieren und lösen damit — genau wie einfallendes Licht — den Prozeß aus, der nach der Entwicklung zur Schwärzung der Photoplatte führt. Becquerel hatte auf diese Weise die Radioaktivität entdeckt, als er die verschwommenen Bilder der Uransalze auf seinen Photoplatten bemerkte. Im Jahre 1911 konnte M. Reinganum als erster die Spuren einzelner Alphateilchen in einer Photoemulsion aufnehmen. Dies gelang ihm, weil er erreichen konnte, daß sich die Alphateilchen über eine gewisse Strecke innerhalb der dünnen Emulsionsschicht parallel zur Plattenoberfläche vorwärtsbewegten.

Trotz dieser frühen Erfolge stieß man beim photographischen Nachweis von Strahlung bald auf zwei ernsthafte Schwierigkeiten. Zum einen durften die Emulsionen nur Bruchteile von Millimetern dick sein, um noch richtig entwickelt werden zu können. Folglich hinterließen überhaupt nur die Teilchen, die sich innerhalb der hauchdünnen Emulsionsschicht bewegten, eine erkennbare Spur; durch die Emulsion hindurchschießende Teilchen erzeugten lediglich einen kaum sichtbaren Punkt. Zum anderen reagierten die Emulsionen, die um die Jahrhundertwende zur

Verfügung standen, nur auf langsame Teilchen; schnellere Teilchen konnten nicht genügend Moleküle anregen, um eine sichtbare Spur zu hinterlassen. Um dichtere Spuren zu bekommen, müßten mehr aktive Bestandteile — also Silberbromid — in die Emulsion eingebracht werden, was technisch allerdings schwierig zu bewerkstelligen war.

Einer der Forscher, der weiterhin Photoemulsionen benutzte, um die Spuren energiearmer Teilchen aufzunehmen, war Cecil Powell. Powell hatte bei Charles Wilson, dem Erfinder der Nebelkammer, am Cavendish-Laboratorium studiert. 1928 ging er an die Universität von Bristol und begann dort 1935 mit seinem Team, einen Cockcroft-Walton-Beschleuniger zu bauen (siehe Seite 50 — 52). Anfänglich benutzten sie eine Nebelkammer, um die Wechselwirkungen der erzeugten Teilchen zu untersuchen; Walter Heitler, damals theoretischer Physiker in Bristol, machte Powell jedoch auf eine Arbeit der beiden Wiener Physiker M. Blau und H. Wambacher aufmerksam. Diese hatten photographische Emulsionen zum Nachweis der kosmischen Strahlungspartikel benutzt und dabei insbesondere gezeigt, daß Photoemulsionen nicht nur auf die schwereren, zweifach geladenen Alphateilchen, sondern auch auf Protonen empfindlich genug reagieren konnten.

Powell sah die Vorteile dieses photographischen Verfahrens, das einfacher zu handhaben war als die Nebelkammer und mit dem man die Eindringtiefen der Teilchen wesentlich genauer bestimmen konnte. Für die Aufnahme der Teilchenspuren genügte bereits eine Anzahl Platten, die mit einer Photoemulsion beschichtet waren. Eine Nebelkammer ist im Vergleich dazu eine komplexe technische Vorrichtung mit einem beweglichen mechanischen System, das die Kammer kontinuierlich expandiert und wieder komprimiert. Powell und seine Mitarbeiter testeten die Einsatzfähigkeit der Photoemulsionen, indem sie die kosmische Strahlung auf Berggipfeln photographierten; dann wandten sie sich den Teilchenkollisionen am Beschleuniger in Bristol zu.

4.19 Cecil Powell (1903 — 1969).

4.20 Ein Beispiel aus Powells Arbeit mit Photoemulsionen an Teilchenbeschleunigern. Es zeigt insbesondere die Spur eines Protons aus dem Beschleunigerstrahl, das vom unteren Bildrand kommend mit einem Proton der Photoemulsion kollidierte. Achten Sie auf den 90-Grad-Winkel zwischen den Spuren der beiden gestreuten Teilchen und vergleichen Sie dazu auch Abbildung 3.16. Die kürzere Protonspur ist ungefähr 0,04 Millimeter lang.

4.21 Ein Paketaufkleber für die neu entwikkelten Emulsionen der Firma Ilford Ltd.

Die Photoemulsionen bewährten sich. Gegen Ende der dreißiger Jahre und in geringerem Maße auch während des Zweiten Weltkriegs untersuchte Powells Forschungsteam damit Kernwechselwirkungen nicht nur in Bristol, sondern auch an einem leistungsstärkeren Beschleuniger an der Universität von Liverpool. In mancher Hinsicht hatten sie Glück, denn ihre Emulsionen waren von außergewöhnlich hoher Qualität; darüber hinaus lieferte der Beschleuniger einen sehr ergiebigen Strom von Teilchen, die alle in dieselbe, wohldefinierte Richtung flogen. Es war also nicht allzu schwierig, die Photoplatten in geeignete Positionen zu bringen, um die Teilchenspuren aufzunehmen. Nach Kriegsende konnte Powell dann das Aufnahmeverfahren so weiterentwickeln, daß er detaillierte Untersuchungen der kosmischen Strahlung in großen Höhen anstellen konnte.

Im Jahre 1945 richtete die damals neu gewählte Labour-Regierung einen einflußreichen Wissenschaftsausschuß am Londoner Ministerium für Energieversorgung ein, der von Patrick Blackett geleitet wurde. Eine der Entscheidungen dieses Ausschusses bestand darin, Kernforschung auch außerhalb der unmittelbaren Belange der nationalen Verteidigung zu fördern. Zu diesem Zweck wurden zwei Expertengruppen gebildet: Die eine sollte die Entwicklung von Teilchenbeschleunigern vorantreiben, während die andere − in der auch Powell selbst mitarbeitete − spezielle Kernemulsionen testen sollte, die besonders empfindlich auf energiereiche subatomare Teilchen reagierten. Mit der Unterstützung des Ministeriums hatte ein Forscherteam der Firma Ilford Ltd. im Mai 1946 eine Emulsion entwickelt, die etwa achtmal soviel Silberbromid enthielt wie üblich. Die damit erreichte Empfindlichkeit der Photoemulsionen ermöglichte nun Bilder von einer Qualität, die der Qualität von Nebelkammeraufnahmen in nichts nachstand.

Die beiden erfahrenen Forscher Powell und Occhialini setzten diese verbesserten Emulsionen sofort bei ihren Forschungen über die kosmische Strahlung ein. Occhialini, der 1945 auf Blacketts Empfehlung nach Bristol gekommen war, brachte eini-

ge Photoplatten in das französische Observatorium auf dem Pic du Midi. Die Ergebnisse waren überwältigend. Den Physikern offenbarte sich eine ganz neue Welt nuklearer Wechselwirkungen, die von der kosmischen Primärstrahlung beim Eintritt in die Erdatmosphäre ausgelöst wurden. »Es schien, als wären wir plötzlich durch eine Mauer in einen Obstgarten geraten, wo geschützte Bäume gediehen und alle Arten exotischer Früchte im Überfluß heranreiften«, so erinnerte sich Powell in späteren Jahren.

Die Früchte waren noch exotischer, als die Physiker zunächst geahnt hatten; denn in den Photoemulsionen, die sie 1947 auswerteten, fanden sie Spuren eines neuen Teilchens. Dieses neue Teilchen hatte, ähnlich wie das zehn Jahre zuvor von Anderson entdeckte „Mesotron", eine Masse, die zwischen der des Elektrons und der des Protons lag. Es war jedoch etwas schwerer als Andersons Teilchen, und aus den Spuren in den hochempfindlichen Emulsionen konnte man ablesen, daß das neue Teilchen nach einigen zehntel Millimetern in ein Teilchen zerfiel, das ein „Mesotron" zu sein schien.

Tatsächlich hatten Powell und sein Team das Teilchen entdeckt, das Yukawa 1935 als Trägerteilchen der starken Kraft postuliert hatte und das wir heute *Pion* nennen. Andersons Teilchen, das heute unter der Bezeichnung *Müon* bekannt ist, entsteht beim Zerfall des Pions. Zehn Jahre lang war das Pion unentdeckt geblieben, und man hatte fälschlicherweise das Müon für Yukawas Teilchen gehalten. Erst der Einsatz empfindlicher Emulsionen in großen Höhen hatte es möglich gemacht, die Spur eines so kurzlebigen und kurzreichweitigen Teilchens wie des Pions sichtbar zu machen. 1949, kurze Zeit nach der Entdeckung des Pions, wurde Yukawa mit dem Nobelpreis geehrt; Powell erhielt die gleiche Auszeichnung im Jahr darauf.

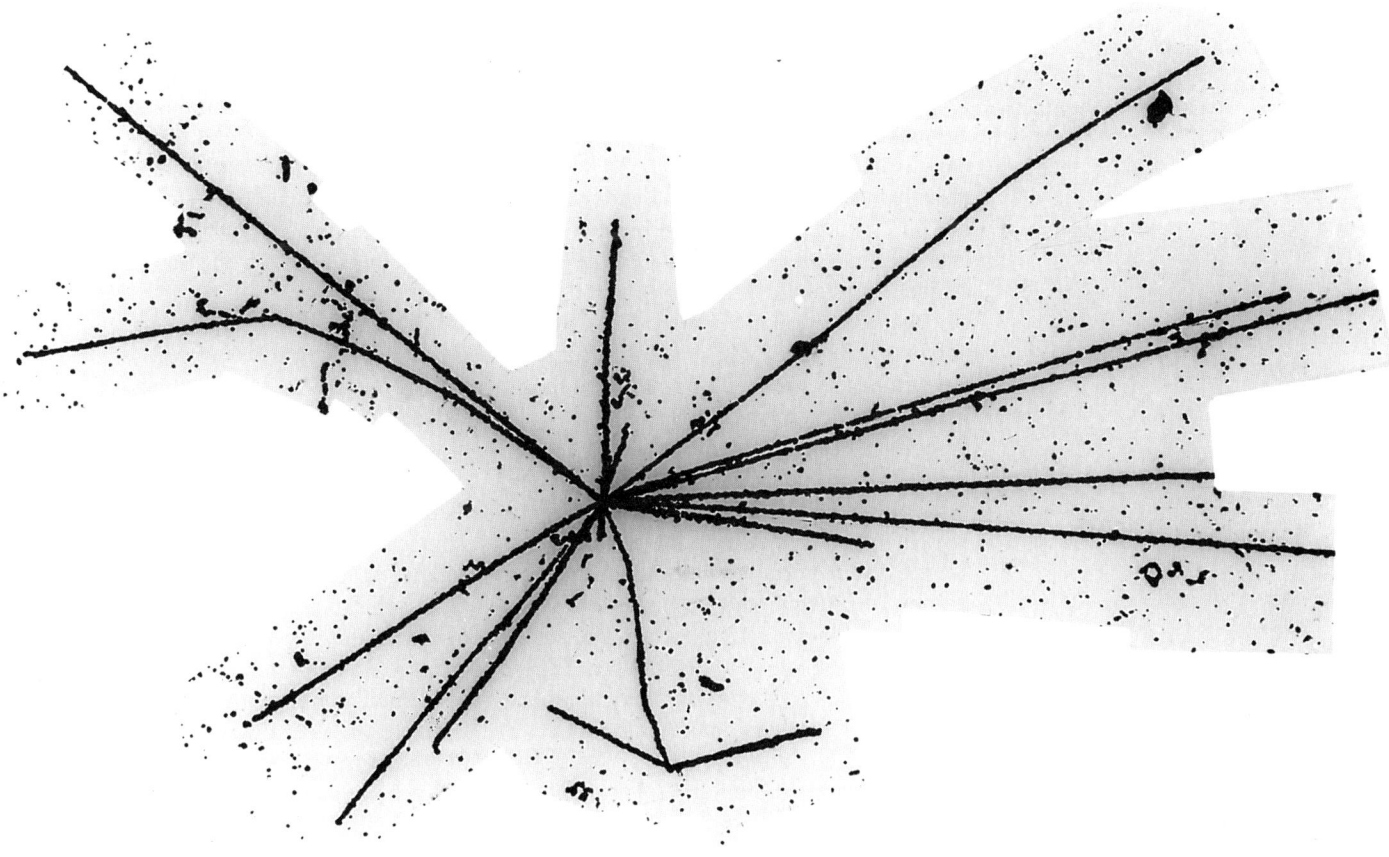

Teilchen aus dem Weltraum

Mit Hilfe der neuen Photo- oder *Kernemulsionen* gelang es den Physikern schließlich, die Bestandteile der kosmischen Primärstrahlung zu identifizieren. Ballone aus Polyethylen, deren Haut nur Bruchteile eines Millimeters (etwa ein vierzigstel Millimeter) dick waren, beförderten die Kernemulsionen in große Höhen; nach ihrer Rückkehr zur Erde wurden sie entwickelt und ausgewertet. Es zeigte sich, daß die Primärstrahlung aus Atomkernen bestand, die sich nahezu mit Lichtgeschwindigkeit fortbewegten. Schwere Kerne mit hoher positiver Ladung erzeugten dicke Spuren, während leichtere Kerne mit kleinerer Kernladung feinere Spuren hinterließen; so konnten die Kerne verschiedener Elemente leicht identifiziert werden (siehe dazu Abbildung 3.12). Um das Jahr 1950 stand fest, daß die kosmische Primärstrahlung vor allem aus Protonen besteht (86 Prozent) sowie zu kleineren Teilen aus Heliumkernen (12 Prozent), Kohlenstoffkernen und Sauerstoffkernen (je etwa ein halbes Prozent).

4.22 Die Spuren eines Wechselwirkungsprozesses, den ein Teilchen der kosmischen Strahlung in einer Photoemulsion mit der Bezeichnung „Kodak NT4" ausgelöst hatte, die erstmals 1948 hergestellt wurde, um dem wachsenden Bedarf an empfindlicheren Emulsionen Rechnung zu tragen. Sie war die erste Photoemulsion überhaupt, die sehr deutlich auf Elektronen reagierte und mit deren Hilfe man Spuren von Teilchen beliebiger Geschwindigkeit abbilden konnte. Alle der hier abgebildeten Spuren sind durchgezogene Linien!

4.23 Ein Ballon kurz vor dem Start in Cardington, Belfordshire; solche Ballone beförderten in den fünfziger Jahren die Kernemulsionen in die obere Erdatmosphäre, um Teilchen aufzuspüren.

Mit der Auswertung von immer mehr Kernemulsionsaufnahmen fand man in der kosmischen Strahlung auch andere, schwerere Kerne, mittlerweile bis hin zum Uran.

Ein entscheidender Durchbruch war die Entwicklung eines neuen Verfahrens, das den Einsatz wesentlich dickerer Emulsionen ermöglichte. Während seiner Tätigkeit in Bristol fand Occhialini eine Methode, mit der er bis zu einem Millimeter dicke Emulsionen sozusagen Schritt für Schritt entwickeln konnte. Im Prinzip stapelte er dazu einfach mehrere Emulsionsschichten übereinander, setzte sie dann der Strahlung aus und trennte die einzelnen Schichten anschließend wieder. Das mag einfach klingen, doch sollte man bedenken, daß die Photoemulsionen bei ihrer Herstellung auf eine Unterlage – in der Regel Glas – aufgetragen werden müssen, um eine möglichst ebene, gleichmäßig verteilte Schicht zu bekommen. In den frühen fünfziger Jahren entdeckten Powell und andere Forscher, wie man diese Emulsionsschichten von ihrer Unterlage „abhäuten" konnte – ein Verfahren, das man im Englischen *stripping* nennt. Mehr als 100 Emulsionsschichten konnten nun übereinander gestapelt werden. Nach ihrem Einsatz im Experiment wurden die Schichten sorgfältig wieder voneinander getrennt und eine nach der anderen auf Glasplatten gelegt, um in der üblichen Weise entwickelt und ausgewertet zu werden.

Die Spuren in den Kernemulsionen liefern – ähnlich wie die der Nebelkammeraufnahmen – genügend Hinweise, um die zugehörigen Teilchen zu identifizieren. Allerdings müssen Kernemulsionsaufnahmen durch ein Mikroskop betrachtet werden, da deren einzelne Spuren für das bloße Auge nicht sichtbar sind. Weil eine Emulsion außerdem ein viel dichteres Medium ist als das Gas in einer Nebelkammer, können selbst hochenergetische Teilchen darin nicht so weit fliegen.

Einen Hinweis auf die Identität des Teilchens gibt seine *Reichweite*: Das ist die Strecke, die ein Teilchen in der Emulsion zurücklegt, bevor es zur Ruhe kommt; je energiereicher das Teilchen, desto größer ist auch seine Reichweite. Außerdem kann man unter dem Mikroskop die geschwärzten Körnchen zählen, aus denen eine Teilchenspur besteht: Je mehr dunkle Punkte in einer vorgegebenen Spurlänge – in der Regel 100 Mikrometer – erzeugt wurden, um so größer ist die sogenannte Ionisationsrate. Eine hohe Ionisationsrate kann bedeuten, daß das Teilchen eine hohe elektrische Ladung besaß, es kann aber

auch heißen, daß es sich – etwa am Ende seiner Flugbahn – langsamer bewegte. Einen dritten Hinweis liefern die Streuprozesse, die das Teilchen im dichten Emulsionsmaterial erfährt und die es von seiner ansonsten geradlinigen Bahn ablenken. Genaue Messungen der Winkeländerungen von einem Spurabschnitt zum nächsten sagen etwas über die Masse des gestreuten Teilchens aus.

Bei der Auswertung von Kernemulsionen mit Hilfe eines Mikroskops erweist es sich als problematisch, daß dessen Tiefenschärfe in der Regel nur 0,5 Mikrometer beträgt. Das entspricht ungefähr einem Tausendstel der Materialdicke; die geschwärzten Körnchen selbst sind wenige zehntel Mikrometer dick. Der *Scanner* (englisch für „Abtaster", das heißt derjenige, der die Spuren auswertet) kann daher nur einen kurzen Abschnitt einer Spur auf einmal scharf abbilden und muß die Emulsion mit dem Mikroskop schrittweise durchdringen. Bilder von Teilchenspuren in Kernemulsionen entsprechen also nicht genau dem, was man durch ein Mikroskop sieht; eigentlich sind sie Collagen aus den einzelnen Bildern der verschiedenen Schichten der Emulsion, die entstehen, wenn der Brennpunkt langsam durch sie hindurchgeführt wird.

Die Auswertung von Kernemulsionen kann sehr zeitaufwendig sein, vor allem wenn sie in vielen Schichten übereinander gestapelt sind. In den späten vierziger Jahren stellte Powell ein Team von Frauen zusammen, das die Physiker bei der Auswertung der Emulsionen unterstützte. In ihren Veröffentlichungen achteten er und seine Kollegen darauf, die Mitarbeiterin auch namentlich zu erwähnen, die ein interessantes Ereignis entdeckt hatte. Powells Mitarbeiterinnen – damals als „Cecil's beauty chorus" bekannt – waren die Vorläuferinnen der Scanner, die später das Bildmaterial modernerer Detektoren auswerteten. Powell arbeitete auch als einer der ersten in einem internationalen Team von Forschern aus einer ganzen Reihe von Instituten, die wichtige Experimente gemeinsam planten und ausführten und anschließend die Auswertung der insgesamt gesammelten Meßdaten untereinander aufteilten.

Die mit Ballonen in große Höhen beförderten Stapel von Kernemulsionen lieferten die noch fehlenden Mosaiksteinchen zu einem Bild der kosmischen Strahlung, das Hess einst auf seinen Flügen in Heißluftballonen begonnen hatte. Wir wissen heute, daß aus dem Weltraum kommende Atomkerne bei Kollisionen mit Atomen in der oberen Erdatmosphäre zertrümmert werden. Die Fragmente sind zum größten Teil Protonen, Neutronen und leichte Kerne. Der nukleare Teilchenstrom enthält aber auch Pionen, die elektrisch positiv, negativ oder auch ungeladen sein können.

Die ungeladenen Pionen zerfallen rasch in Gammaquanten, die auf ihrem Weg durch die Atmosphäre Schauer von Elektronen und Positronen erzeugen. Die geladenen Pionen, die nicht sofort von Atomkernen in der Atmosphäre absorbiert werden, zerfallen während ihres Flugs in Müonen. Diese Müonen durchqueren die Atmosphäre mit Leichtigkeit und können sogar tief in den Erdboden eindringen; obwohl sie viel langlebiger sind als Pionen, zerfallen sie aber auch oft schon im Flug. Powell konnte Beispiele für den Zerfall eines Pions in ein Müon photographieren, das selbst wiederum in ein Elektron zerfällt (Abbildung 4.25). Der bei jedem Zerfallsprozeß erkennbare abrupte Richtungswechsel des Teilchens resultiert aus der gleichzeitigen Emission mindestens eines weiteren, leichten Teilchens, eines Neutrinos, das selbst keine Spur hinterläßt, aber ebenfalls ein sehr hohes Durchdringungsvermögen besitzt und sogar geradewegs durch die Erde hindurchgehen kann.

So konnte man sich zu Beginn der fünfziger Jahre ein recht gutes Bild von der ganzen Kette von Zerfallsprozessen in der kosmischen Strahlung machen, die sich von der äußeren Erdatmosphäre bis ins Erdinnere erstreckt. Dabei waren jedoch auch noch andere, völlig unerwartete Dinge zum Vorschein gekommen, wie zum Beispiel das Müon (durch Anderson und Neddermeyer), die seltsamen „V-Teilchen" (durch Rochester und Butler) und das Pion (durch Powell, Occhialini und andere). Eine sonderbare Welt exotischer Teilchen schien noch immer im Verborgenen zu liegen. Dies spornte die Wissenschaftler

4.24 Cecil Powell (ganz rechts stehend) mit seiner Arbeitsgruppe vor dem Haupteingang des Physikalischen Instituts der Universität von Bristol im Jahre 1949.
Hintere Reihe von links nach rechts: A. R. Gattiker, Frau M. Cole, Frau M. L. Andrews, Frau M. Merritt, Frau A. Cole, Frau P. Ford, Frau P. Dyer, Frau J. Cowie, Frau G. Hussey, Frau M. Stott, Frau W. Van der Meere, Frau M. Jones, Frau B. Moore.
Mittlere Reihe: O. Lock, J. H. Davies, D. King, H. Heitler, S. Sorensen, Frau I. Powell, C. F. Powell.
Vordere Reihe: T. Coor, W. R. H. F. Muirhead, U. Camerini, C. Franzinetti, N. Tobin, P. H. Fowler.

4.25 Nachdem hochempfindliche Emulsionen entwickelt worden waren, die sogar auf Elektronen ansprachen, konnte Powell schließlich die vollständige Zerfallskette eines geladenen Pions photographieren. In dieser Aufnahme vom Oktober 1948 kam das Pion links oben ins Bild und hinterließ eine relativ kräftige Spur. Es zerfiel in ein Müon und in ein Neutrino, das selbst keine Spur erzeugte, aber für die abrupte Richtungsänderung der Spur verantwortlich war. Das Müon flog zum unteren Bildrand und zerfiel dort in ein Elektron und zwei wiederum unsichtbare Neutrinos; das Elektron erzeugte eine zwar schwache, aber dennoch erkennbare Spur. Man beachte, wie sich die etwa 0,6 Millimeter lange Spur des immer langsamer werdenden Müons verdichtet, bevor sie am Zerfallsort des Müons abrupt endet.

an, Teilchenbeschleuniger zu bauen, mit denen sie ihre eigenen, künstlichen „kosmischen Strahlen" nach Belieben erzeugen konnten und die hohe Teilchenzahlen unter kontrollierten Laborbedingungen lieferten. Der Höhepunkt der Forschung mit kosmischen Strahlen war damit überschritten; nun brach die große Zeit der Teilchenbeschleuniger an, die in Kapitel 6 beschrieben werden.

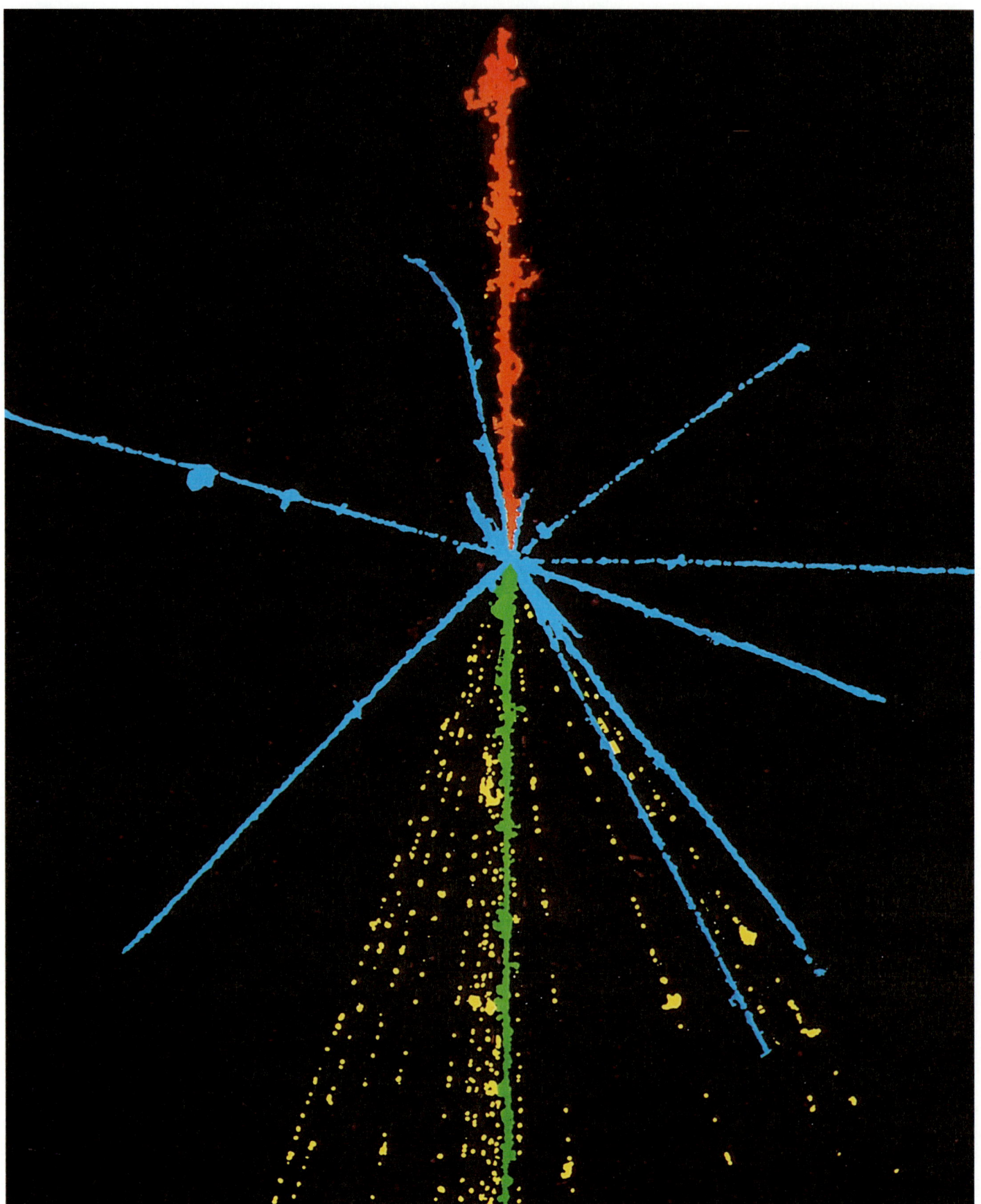

5. Der kosmische Teilchenregen

Als die Physiker in den späten zwanziger Jahren endgültig geklärt hatten, daß die kosmische Strahlung aus durchdringenden, hochenergetischen Teilchen besteht, eröffneten sich ihnen damit neue Möglichkeiten, die Materie zu erforschen. Das Phänomen der Radioaktivität, das Rutherford und seine Zeitgenosssen auf die innere Struktur des einst „unteilbar" gedachten Atoms gestoßen hatte, war bald zu einem Werkzeug in den Händen vieler anderer Wissenschaftler wie Chemiker und Biologen geworden. Die kosmische Strahlung war eine neue Herausforderung für die Physiker.

Anfang der dreißiger Jahre wurde die Nebelkammer automatisiert; Geigerzähler lösten die Expansion der Kammer genau dann aus, wenn ein interessantes Ereignis zu erwarten war. Sie war zu einem wertvollen Hilfsmittel bei den Forschungen mit kosmischen Strahlen geworden. In den späten vierziger Jahren brachten dann die verbesserten Photoemulsionen, die auf hohen Bergen oder in Ballonexperimenten in noch größeren Höhen eingesetzt wurden, eine erstaunliche Fülle an detaillierten Informationen in den Teilchenspuren zum Vorschein. Mit diesen neuen Verfahren stieß man zum ersten Mal auf Teilchen, die bei den Experimenten an Atomen und deren Kernen mit den verhältnismäßig niederenergetischen radioaktiven Strahlen verborgen geblieben waren. Die neuen Teilchen gehörten nicht zu der stabilen und vertrauten materiellen Welt um uns herum; sie erwiesen sich als flüchtige Objekte, die den hochenergetischen kosmischen Teilchenkollisionen in der oberen Erdatmosphäre entsprangen. Ihre Entdeckung war überhaupt nur möglich geworden, weil Nebelkammern und Emulsionen − ähnlich wie ein dauerbelichteter Film − die Bahn der Teilchen nachzeichnen konnten; manchmal war auf demselben Bild sowohl die Erzeugung eines Teilchens als auch dessen Zerfall zu sehen.

Die Erforschung der kosmischen Strahlung führte in den dreißiger und vierziger Jahren zu der Entdeckung verschiedener neuer Teilchen und gab einen Vorgeschmack darauf, was später in den Experimenten an Teilchenbeschleunigern zum Vorschein kommen sollte. Einige der neuen Teilchen waren aufgrund theoretischer Überlegungen vorhergesagt worden; so fand man beispielsweise das positiv geladene Elektron oder Positron, das erste Antiteilchen, in Übereinstimmung mit der von Dirac 1928 aufgestellten Theorie des Elektrons. Yukawa hatte das Pion als Trägerteilchen der starken Kraft vorhergesagt. Wir wissen heute, daß es das erste Beispiel einer Gruppe von Teilchen war, die man *Mesonen* nennt. Andere neue Teilchen kamen völlig unerwartet, wie das Müon, das man zuerst mit dem Pion verwechselte. Erst in den fünfziger Jahren erkannten Physiker, daß es ein schwererer Verwandter des Elektrons sein mußte. Am rätselhaftesten von allen waren die sogenannten „seltsamen Teilchen", zu denen man das Kaon, das Lambda, das Sigma und das Omega zählte.

Die Rolle des Müons und der seltsamen Teilchen wurde erst klarer, als man die in der kosmischen Strahlung ablaufenden Prozesse mit Hilfe von Teilchenbeschleunigern künstlich herbeiführen konnte und damit über eine ergiebige Quelle an „außerirdischen" Teilchen verfügte. Im nachhinein können wir feststellen, daß die neuen Teilchen die ersten Hinweise auf eine komplexere Substruktur der Natur waren, die bis heute noch nicht vollständig verstanden ist.

Zu den folgenden Portraits einiger Teilchen, die in der kosmischen Strahlung entdeckt wurden, zeigen wir Aufnahmen sowohl aus diesen frühen Experimenten als auch aus moderneren Beschleunigerexperimenten. Eine ganze Reihe dieser Aufnahmen entstanden an Blasenkammern, die Mitte der fünfziger Jahre die Nebelkammer ablösten. Die Ionisationsspuren zeigen sich in diesen Blasenkammern nicht als Ketten kondensierter Wassertröpfchen, sondern als aneinandergereihte Gasbläschen in einer überhitzten Flüssigkeit (siehe hierzu Seite 140−146).

Die Aufnahmen machen deutlich, daß unser Wissen über die Teilchen im Laufe der Jahre in dem Maße zugenommen hat, wie die Detektoren technisch immer ausgereifter wurden. Obwohl wir die im folgenden portraitierten Teilchen immer noch nicht bis in alle Einzelheiten verstehen, erschei-

5.1 In den Kollisionen der kosmischen Strahlen fanden Physiker die ersten Hinweise auf neue subatomare Teilchen wie Pionen und Kaonen. Dieses Positiv-Bild, eine Aufnahme von Powell aus dem Jahre 1950, wurde nachträglich eingefärbt; ein Schwefelkern der kosmischen Strahlung (rote Spur) kollidierte hier mit einem Kern der Photoemulsion und erzeugte einen Schwarm von Teilchen, darunter einen Fluorkern (grün) und andere Kernfragmente (blau) sowie ungefähr 16 Pionen (gelb). Die wahre Länge der Spur des Schwefelkerns beträgt etwa 0,11 Millimeter.

nen sie uns nicht mehr exotisch; allesamt können sie heutzutage an modernen Teilchenbeschleunigern nach Belieben erzeugt und für experimentelle Zwecke genutzt werden. In diesen Experimenten dienen die ursprünglich in der kosmischen Strahlung gefundenen Teilchen als Sonden, die uns helfen, Fragen zu beantworten, die durch ihre bloße Existenz aufgeworfen wurden.

Das Positron

Alle Atome der Materie enthalten negativ geladene Elektronen und positiv geladene Protonen. Die Summen der negativen und positiven Ladungen sind gleich, so daß die Materie nach außen hin elektrisch neutral erscheint. Wir könnten uns aber auch eine Welt vorstellen, in der Elektronen positiv und Protonen negativ geladen sind; letztendlich sind die Definitionen von „positiv" und „negativ" rein willkürlich. Wesentlich dabei ist nur, daß Elektronen und Protonen entgegengesetzte Ladungen tragen und durch die elektrische Kraft zusammengebunden werden. Die Natur scheint jedoch eine Wahl getroffen zu haben, da alle Elektronen ebenso wie alle Protonen dieselbe Ladung tragen. Aber ist das wirklich so?

Im Jahre 1928 versuchte Paul A. M. Dirac, ein theoretischer Physiker an der Universität von Cambridge, Einsteins Spezielle Relativitätstheorie mit den quantentheoretischen Gleichungen zu verknüpfen, die das Verhalten von Elektronen in elektromagnetischen Feldern beschreiben. Die Gleichungen, die er schließlich erhielt, führten ihn zu der bemerkenswerten Schlußfolgerung, daß es Teilchen mit derselben Masse wie der des Elektrons, aber mit entgegengesetzter Ladung geben müsse. Damals war noch kein einziges solches Teilchen gesichtet worden; so äußerte Dirac die Vermutung, daß es irgendwo im Universum Bereiche geben könnte, in denen positive und negative Ladungen vertauscht seien. 1932 beobachtete dann Carl Anderson am Caltech eine neue Art von Teilchen in der kosmischen Strahlung, die seine Nebelkammer passierte. Das neue Teilchen besaß dieselbe Masse wie das Elektron, war aber positiv geladen! Anderson hatte das *Positron* entdeckt, das erste Beispiel für ein Teilchen aus „Antimaterie", deren Eigenschaften teilweise genau entgegengesetzt zu denen der üblichen Materie sind.

Kurze Zeit später, im Jahre 1934, entdeckte das französische Physiker-Ehepaar Irène und Frédéric Joliot-Curie, daß Positronen beim radioaktiven Zerfall bestimmter Atomkerne spontan emittiert werden, ähnlich wie die Elektronen der Betastrahlung. Bei der gewohnten Form des Betazerfalls wandelt sich ein Neutron in ein Proton um, unter Aussendung eines Elektrons (und eines Antineutrinos). Einige Kerne können jedoch einen stabileren Gleichgewichtszustand erreichen, indem sich ein Proton in ein Neutron umwandelt, wobei gleichzeitig ein Positron (und ein Neutrino) emittiert wird.

Positronen werden andererseits auch zusammen mit Elektronen erzeugt, wenn reine Energie in Materie umgewandelt und sozusagen als Masseteilchen „eingefroren" wird. Einer der häufigsten Umwandlungsprozesse dieser Art ist die Erzeugung eines Elektron-Positron-Paares aus einem energiereichen Photon der Gammastrahlung, die in Abbildung 5.2 festgehalten ist. Auf der Blasenkammeraufnahme wurden nur die relevanten Spuren belassen und nachträglich eingefärbt. Sie gehören zu zwei Elektron-Positron-Paaren, die gleichzeitig von verschiedenen Gammaquanten erzeugt wurden. Das untere Paar war verhältnismäßig energiereich, denn die beiden Spuren krümmen sich im Ma-

5.2 Photonen einer Gammastrahlung erzeugen Paare von Elektronen (grün) und Positronen (rot) in der Blasenkammer am Lawrence Berkeley Laboratory. Die Photonen, die selbst keine Spuren hinterlassen, kommen vom oberen Rand ins Bild. Bei der Erzeugung des oberen Teilchenpaares übertrug ein Gammaquant einen Teil seiner Energie auf ein Elektron, das dadurch aus seinem Atom herausgerissen wurde und in die linke untere Bildecke davonschoß. Im unteren Beispiel ging die gesamte Energie eines anderen Gammaquants in die Paarerzeugung ein. Diese Teilchen besaßen deswegen mehr Energie als die im oberen Beispiel, und ihre Spuren sind im Magnetfeld der Kammer dementsprechend weniger stark gekrümmt. (Wie in vielen der folgenden Blasenkammeraufnahmen wurden auch in dieser alle uninteressanten Spuren gelöscht und die relevanten Spuren zur besseren Identifizierung der zugehörigen Teilchen nachträglich eingefärbt.)

105

gnetfeld der Kammer nur wenig. Das obere Paar besaß demgegenüber eine wesentlich geringere Energie: Seine Spuren rollten sich zu Spiralen ein. Dies ist darauf zurückzuführen, daß das Gammaquant bei der Paarerzeugung einen Teil seiner Energie an ein Elektron abgab, das dadurch aus seinem Atom in der Kammerflüssigkeit herausgeschlagen wurde (die lange grüne Spur). Die Aufnahme illustriert eindrucksvoll die Umwandlung von Energie in Materie — gemäß Einsteins Gleichung $E = mc^2$. Auch die Positronen der kosmischen Strahlung materialisieren auf diese Weise aus Gammaquanten, die genügend Energie für die Erzeugung der gesamten (Ruhe-)Masse eines Elektron-Positron-Paares besitzen.

Abbildung 5.3 zeigt Spuren von Positronen, die im Magnetfeld einer Nebelkammer im Uhrzeigersinn gekrümmt wurden. Eines der Positronen (rot) kam dabei in die Nähe eines Elektrons des Kammergases und stieß es aus seinem Atom heraus (grün). Das nach links wegfliegende Elektron drehte sich in die andere Richtung ein, wie es von einem negativ geladenen Teilchen zu erwarten war. Der 90-Grad-Winkel zwischen den Spuren des Elektrons und des Positrons nach dem Stoß verrät die Gleichheit ihrer Massen. (Beachten Sie, daß sich das Elektron und das Positron bei dieser Wechselwirkung nicht „vernichten" — ein Prozeß, der im folgenden beschrieben wird —, da sie einander nicht nahe genug kommen.)

Im Universum wird ständig Energie von einer Form in eine andere umgewandelt, wobei der Gesamtbetrag an Energie allerdings immer konstant bleibt. Die Umwandlung von elektrischer Energie in Licht (etwa in Glühbirnen) und von chemischer Energie in Wärme (wie beim Feuer) ist uns vertraut; weniger bekannt ist schon, aus welchem Umwandlungsprozeß die Sonne ihre Energie bezieht, die ihrerseits die Energie für die Aufrechterhaltung des irdischen Lebens in Form von Strahlung bereitstellt. Die Entdeckung des Positrons brachte eine neue Art der Energieumwandlung zum Vorschein: die direkte Umwandlung von *Strahlungs*energie in Materie (Elektronen) und Antimaterie (Positronen). In diesem Sinne können wir also

Materie als „eingefrorene Energie" auffassen. Auf diese Weise könnte ein Großteil der Materie im Universum aus der Strahlung entstanden sein, die sich nach dem Urknall — dem Beginn von Raum und Zeit — im noch heißen Universum ausbreitete.

Die Diracsche Theorie bezog sich ursprünglich nur auf Elektronen und sagte das Positron voraus. Heute wissen wir, daß sie ebenso erfolgreich auf das Proton, das Neutron und viele andere Materieteilchen angewandt werden kann, zu denen es jeweils ein entsprechendes Gegenstück aus Antimaterie gibt (siehe dazu Seite 165—169). Auf dieser allgemeinen Tatsache beruht die Möglichkeit, neue Formen von Materie und Antimaterie zu erzeugen, indem man Elektronen und Positronen aufeinanderschießt. Bringt man ein Positron und ein Elektron nahe genug zusammen, dann läuft der in Abbildung 5.2 festgehaltene Prozeß in umgekehrter Richtung ab: Die beiden Teilchen „vernichten" sich gegenseitig und zerstrahlen in Energie; dieser Prozeß heißt daher auch *Paarvernichtung* (im Gegensatz zur *Paarerzeugung* in Abbildung 5.1). Die Strahlungsenergie kann sich daraufhin wieder in Materie zurückverwandeln, wobei aber nicht unbedingt ein Elektron-Positron-Paar entstehen muß. Abgesehen davon, daß immer gleich viele Teilchen wie Antiteilchen entstehen und die Gleichung für die Energiebilanz $E = mc^2$ erfüllt sein muß, kann dabei eine beliebige Vielfalt anderer Teilchen materialisieren, die auf der Erde natürlicherweise nicht vorkommen müssen. Abbildung 5.4 zeigt das Nachspiel einer solchen Elektron-Positron-Vernichtung bei sehr hoher Energie. Die Gesamtenergie des frontal aufeinandergeprallten und zerstrahlten Teilchenpaares rematerialisierte sofort in die davonfliegenden Teilchenschwärme — ein Widerhall der Materiebildung aus hochenergetischer Strahlung in den Anfängen des Universums.

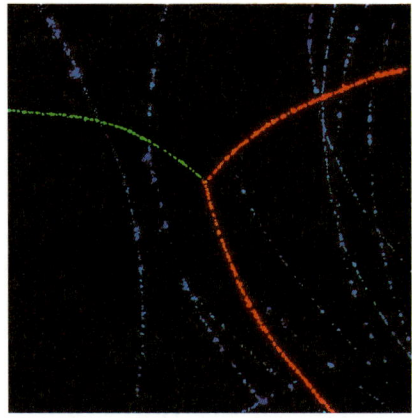

5.3 Hier dringen Positronen vom unteren Bildrand in eine Nebelkammer ein und werden im Magnetfeld dieser Kammer im Uhrzeigersinn abgelenkt. Eines der Positronen (rot) kam dabei nahe genug an ein Elektron heran, um es aus seinem Atom herausstoßen zu können; es hinterließ seine eigene (grün gefärbte) Spur, die gegen den Uhrzeigersinn gekrümmt ist. In diesem Fall kamen das Positron und das Elektron einander nicht so nahe, daß sie sich gegenseitig hätten vernichten können. Der 90-Grad-Winkel zwischen den beiden Spuren nach der Wechselwirkung zeigt, daß die Teilchen gleiche Masse haben. Die blau gefärbten Spuren im Hintergrund gehören zu anderen Positronen und einem weiteren Elektron, die nicht an der Wechselwirkung beteiligt waren.

Das Müon

»Wer hat das bestellt?«, wunderte sich seinerzeit der Physiker Isidore Rabi und meinte das *Müon*, das wir heute als eine schwere Version des Elektrons betrachten. Es scheint ganz unnötig, daß die Natur mehr als eine Spielart desselben Teilchentyps hervorgebracht hat. Zudem war man sich lange Zeit über die Identität des Müons im unklaren; man verwechselte es zuerst mit einem ganz anderen Teilchen, dem Pion — wie sich ironischerweise herausstellte genau jenem Teilchen, aus dem das Müon normalerweise erst als Zerfallsprodukt entsteht.

5.4 Eine Computergraphik mit Spuren geladener Teilchen, die nach einer Elektron-Positron-Vernichtung im Zentrum des JADE-Detektors am PETRA-Collider in Hamburg davonschossen. Das Bild stellt einen Querschnitt durch den Detektor dar, dessen zahlreiche Nachweisgeräte durch verschiedenfarbige Umrisse angedeutet werden. Das Elektron und das Positron waren im jeweils rechten Winkel zur Bildebene — von vorne und aus dem Bildhintergrund kommend — in den Detektor eingedrungen und frontal aufeinandergeprallt. Die äußeren pinkfarbenen Kreisbögen repräsentieren Szintillationszähler, die im Radius von 95 Zentimetern um das Zentrum des Detektors angeordnet sind.

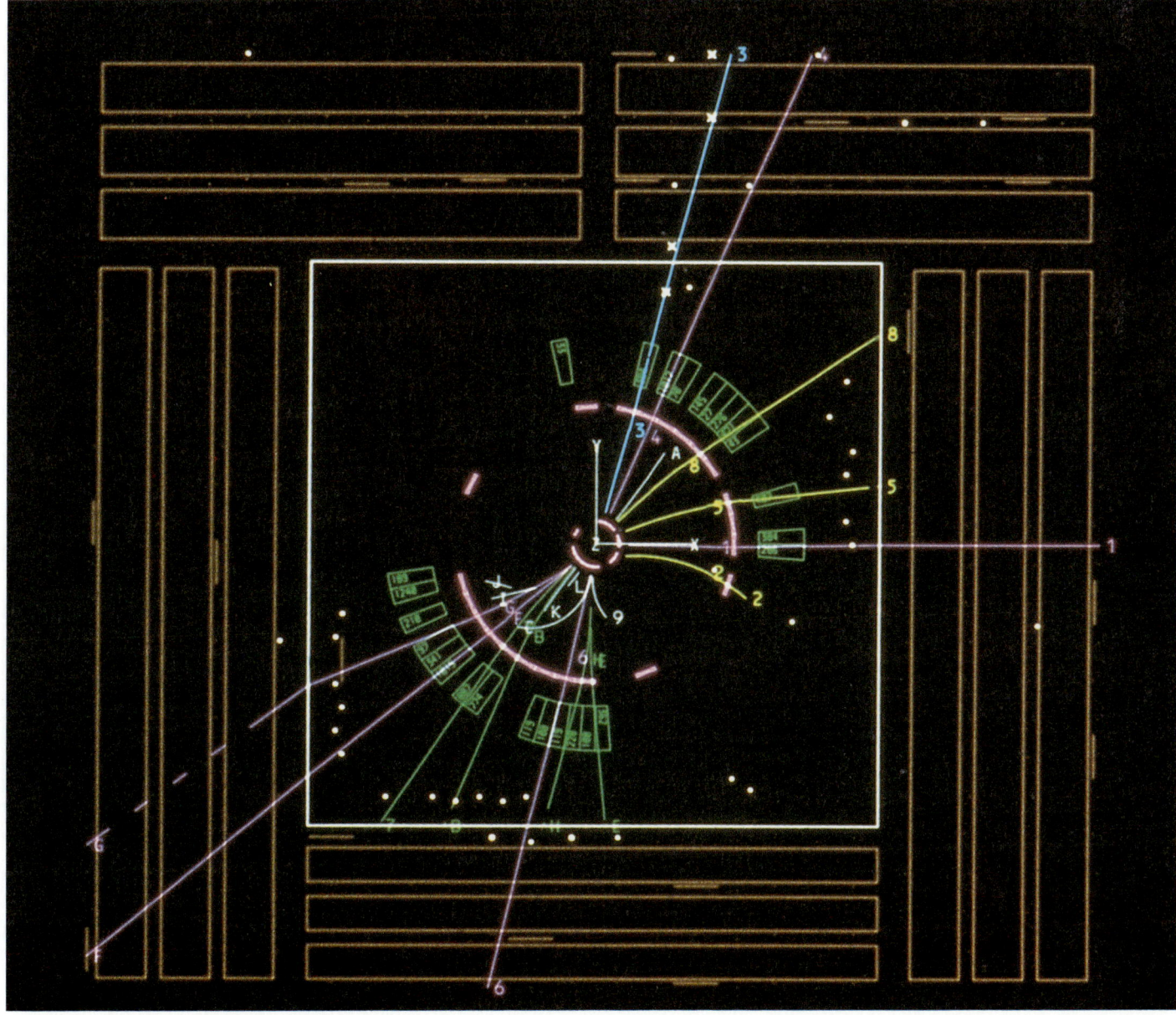

5.5 Diese Computergraphik demonstriert das hohe Durchdringungsvermögen der Müonen. Zwei hochenergetische Müonen der kosmischen Strahlung (die blauen diagonalen Linien) waren hier 600 Meter unter der Erdoberfläche durch den IMB-Detektor geschossen, einen mit sehr reinem Wasser gefüllten riesigen Quader mit über 20 Metern Kantenlänge, der sich in einer Salzmine nahe Cleveland im US-Bundesstaat Ohio befindet (siehe auch Seite 251). Die an den Quaderseiten angebrachten Photomultiplier registrieren die Tscherenkow-Strahlung, eine Art Druckwelle aus Licht, die von den Müonen ausgesendet wird, wenn sie das Wasser schneller als Licht durchqueren. Die Farben zeigen an, wann die Lichtblitze die Photomultiplier erreichen, wobei das rote Ende des Farbspektrums die zuerst ausgelösten Photozellen kennzeichnet. Aus der Verteilung des

Während Elektronen, Protonen und Neutronen der Baustoff für die gewöhnliche Materie sind, bilden die Müonen den Hauptbestandteil der kosmischen Strahlung. Atomkerne der kosmischen Primärstrahlung erzeugen in Kollisionen mit Atomen der oberen Erdatmosphäre Schauer von Pionen, die schnell in die negativ und positiv geladenen Müonen zerfallen. Diese Müonen, die kontinuierlich auf die Erde herabregnen, sind jedoch nicht stabil: Die negativ geladenen Müonen zerfallen in ein Elektron, ein Neutrino und ein Antineutrino, die positiv geladenen in ein Positron, ein Neutrino und ein Antineutrino. Im statistischen Mittel dauert dies 2,2 Mikro-

fliegendes, energiereiches Müon hat demnach — wie andere bewegte Teilchen auch — eine längere Lebensdauer als ein ruhendes, wenn man die Zeit mit auf der Erde ruhenden Uhren mißt. Der Großteil der Müonen in der kosmischen Strahlung zerfällt während ihres Flugs durch die Atmosphäre, aber die energiereichsten unter ihnen können lange genug überleben, um Hunderte von Metern tief in den Erdboden einzudringen.

In Abbildung 5.5 sind die vom Computer rekonstruierten Flugbahnen zweier Müonen aus der kosmischen Strahlung zu sehen, die einen riesigen, mit extrem reinem

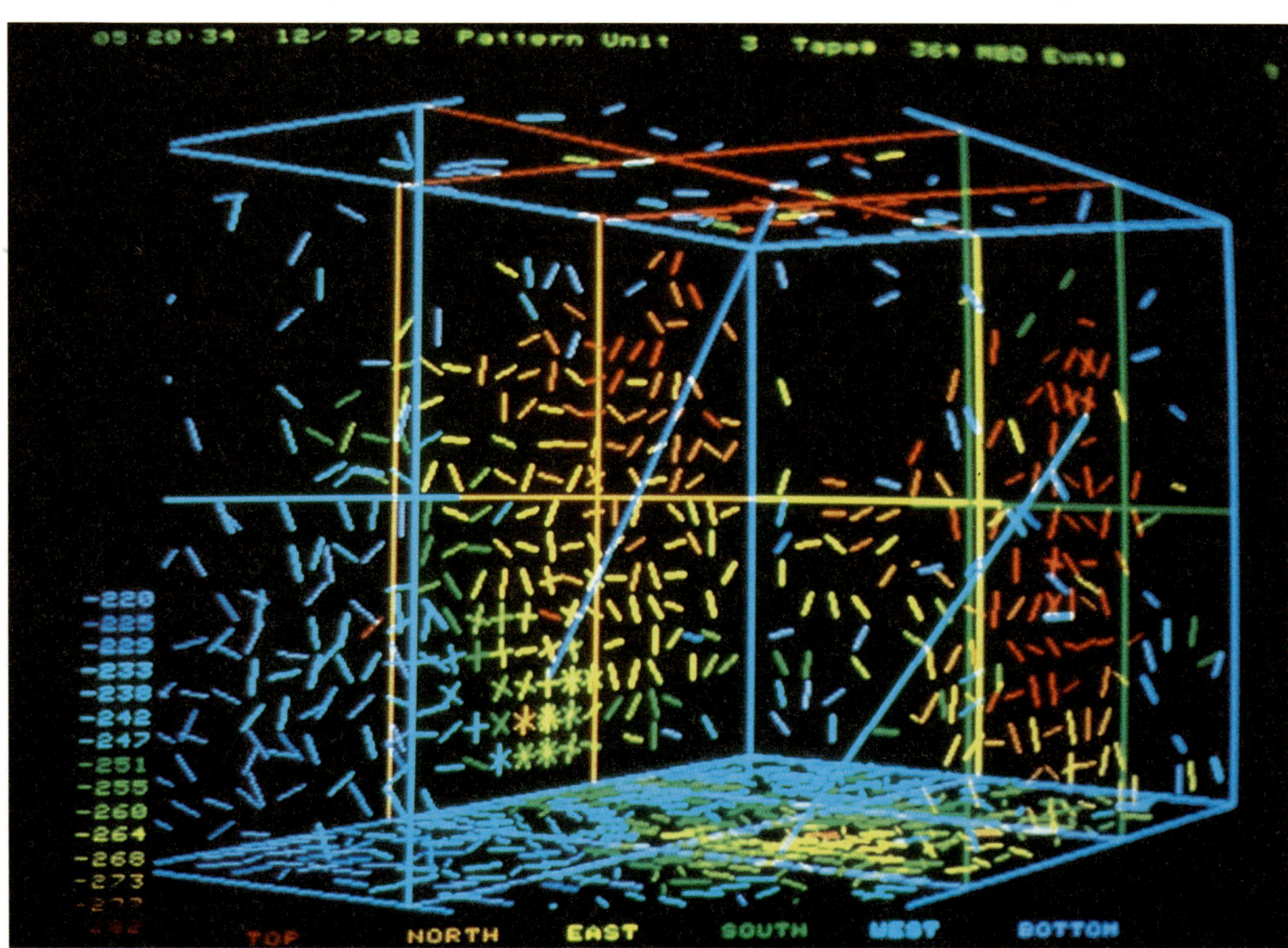

Tscherenkow-Lichts wurden dann die Flugbahnen der Müonen mit dem Computer berechnet und graphisch dargestellt.

sekunden, vorausgesetzt das Müon ist in Ruhe. Sind die Müonen jedoch in Bewegung, macht sich der Zeitdehnungseffekt der Speziellen Relativitätstheorie bemerkbar, und zwar um so stärker, je schneller das Müon ist (siehe Seite 22). Ein schnell-

Wasser gefüllten Behälter durchquert haben, der sich 600 Meter unter der Erdoberfläche in einem Salzbergwerk in Ohio befindet. Dieser Wassertank wurde aufgebaut, um Protonzerfälle in einem Experiment nachzuweisen, das in Kapitel 10 noch beschrieben wird. Da die Müonen sich auch durch eine 600 Meter dicke Erdschicht nicht vollständig abschirmen lassen, müssen die Physiker bei der Vorbereitung ihres Experiments Signale aus möglichen Protonzerfällen von denen unterscheiden lernen, die auf die Wirkungen solcher kosmischen Strahlen zurückzuführen sind. Drei Müonen passieren im Durchschnitt in jeder Sekunde den Behälter.

Die Müonen besitzen nicht nur wegen ihrer relativ langen Lebensdauer ein derart hohes Durchdringungsvermögen, sondern auch, weil sie verhältnismäßig schwer sind, etwa 200mal schwerer als ein Elektron. Wenn Elektronen durch Materie hindurchschießen, strahlen sie unter dem Einfluß der elektrischen Kernfelder Energie in Form von Photonen ab und werden so recht schnell gestoppt. Die schwereren Müonen dagegen werden davon wesentlich weniger beeinflußt und zeigen eine viel geringere Neigung, Energie abzustrahlen.

Trotz dieser Unterschiede sind sich Müonen und Elektronen ansonsten ausgesprochen ähnlich. Als Carl Anderson und sein Mitarbeiter Seth Neddermeyer in den frühen dreißiger Jahren erstmals Spuren von Müonen der kosmischen Strahlung in ihrer Nebelkammer beobachteten, glaubten sie zunächst, diese stammten von überaus energiereichen Elektronen, die bisher unbekannten physikalischen Gesetzen gehorchten. Durch eine sorgfältige Auswertung der Nebelkammeraufnahmen konnten Anderson, Neddermeyer und andere im Jahre 1936 jedoch zeigen, daß es sich um die Spuren eines neuen Teilchens handeln mußte, dessen Masse irgendwo zwischen der des Elektrons und der des Protons lag, und nannten es „Mesotron" („mittelschweres Teilchen"). In Abbildung 5.6 sehen wir die Spur eines Müons, das in Andersons Nebelkammer zur Ruhe kam, nachdem es einen Geigerzähler (den horizontalen Balken in der Bildmitte) durchquert hatte. Das positiv geladene Müon zerfiel in ein Positron, das selbst keine Spur hinterließ, weil die Kammer nicht empfindlich genug war. Die Auswertung dieser Aufnahme ermöglichte eine der ersten Bestimmungen der Masse des Müons, die, wie man heute weiß, das 210fache der Elektronenmasse beträgt.

Aufgrund dieses Werts für seine Masse wurde das Müon zunächst mit dem Pion verwechselt. Im Jahr vor der Entdeckung des Mesotrons hatte nämlich Yukawa seine Theorie der Kernkraft aufgestellt, die die Existenz eines Teilchens postulierte, das etwa 250mal schwerer als das Elektron sein sollte. Als man dann das Mesotron mit seiner so dicht bei diesem Wert liegenden Masse fand, drängte sich die Schlußfolgerung auf, daß es sich um das vorhergesagte Yukawa-Teilchen handeln müsse. Allerdings gab es dagegen von Anfang an gewichtige Einwände. Das von Yukawa eingeführte Teilchen sollte die starke Anziehungskraft zwischen den Nukleonen vermitteln; es müßte deshalb von Atomkernen besonders leicht eingefangen und absorbiert werden können. Das Müon zeigte jedoch genau das gegenteilige Verhalten: Charakteristisch für das Müon war ja gerade sein fast ungehinderter Durchgang durch Materie.

Das Rätsel wurde schließlich durch ein bemerkenswertes Experiment gelöst, das die drei jungen italienischen Physiker Marcello Conversi, Ettore Pancini und Oreste Piccioni in Rom während des Zweiten Weltkriegs heimlich begannen. Ihr notdürftig eingerichtetes Laboratorium befand sich in einem Keller in der Nähe des Vatikans, wo sie sich vor der deutschen Besatzungsmacht versteckten. Dort bauten sie ihre Versuchsapparatur auf; sie bestand aus Geigerzählern, Material zum Abbremsen der kosmischen Teilchenstrahlen und aus einigen magnetisierten Eisenstäben, die — ähnlich wie Sammellinsen Licht auf einen Punkt fokussieren — Teilchen derselben elektrischen Ladung auf einen bestimmten Punkt konzentrieren sollten. Mit dieser Anordnung sollte der Zerfall der Müonen genauer untersucht werden.

5.6 In dieser Nebelkammeraufnahme von Anderson und Neddermeyer kam ein positiv geladenes Müon zur Ruhe, bevor es zerfiel. Die Nebelkammer wurde von einem Geigerzähler aktiviert, der sich innerhalb der Kammer befand (im Bild der horizontale Querbalken; die kreisförmige Struktur im Zentrum des Bilds gehört zum Zähler). Das eindringende Müon hinterließ eine dünne Spur (in der linken oberen Bildhälfte), die sich stärker krümmte und dicker wurde, nachdem es die Glaswände und den Kupfermantel des zylinderförmigen Geigerzählers passiert und dabei Energie verloren hatte. Die Kammer war nicht empfindlich genug, um die Spur des Positrons aufzunehmen, das beim anschließenden Zerfall des Müons entstanden ist. Die Spur des Müons nach seinem Austritt aus dem Geigerzähler ist 2,9 Zentimeter lang.

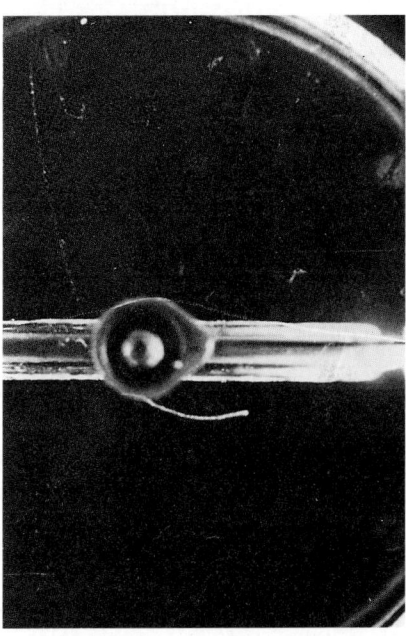

109

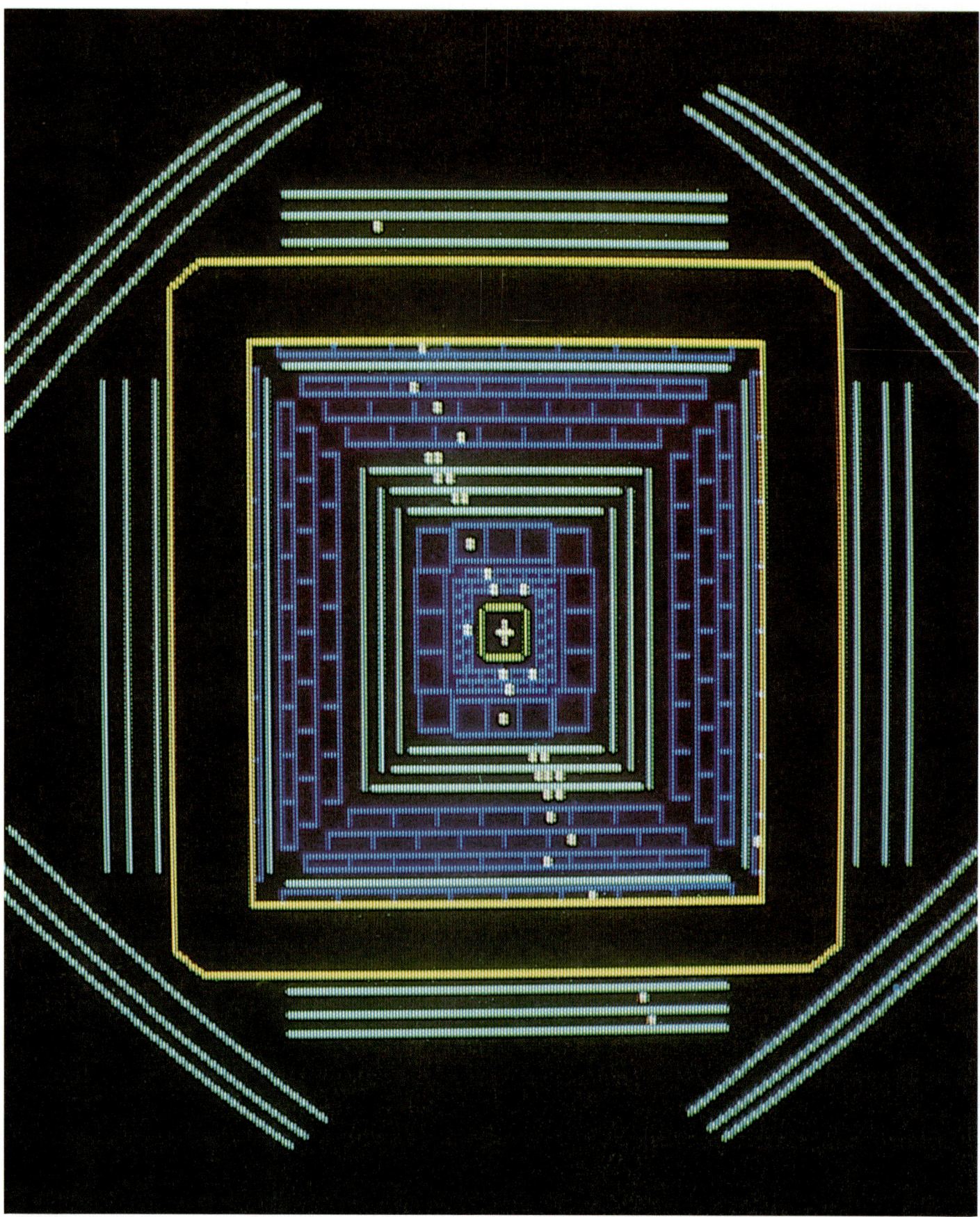

Als erstes benutzten die Forscher Eisen als Abbremsmaterial und fanden, daß sich die Mesotronen wie erwartet verhielten: Die positiv geladenen Teilchen zerfielen, die negativ geladenen nicht — vermutlich weil sie im elektrischen Feld der positiv geladenen Eisenkerne eingefangen und über die starke Kraft von ihnen absorbiert wurden, bevor sie zerfallen konnten. Die Überraschung kam erst, als die drei Physiker ein leichteres Absorptionsmaterial, nämlich Kohlenstoff, wählten: Die negativ geladenen Mesotronen wurden jetzt nicht mehr absorbiert, sondern zerfielen ebenfalls! Dieses Verhalten schloß eindeutig die Identifikation mit dem Yukawa-Teilchen aus, da dieses vom Kohlenstoff noch während seiner Lebensdauer hätte absorbiert werden müssen. Das Ergebnis der drei Italiener wurde 1947 bestätigt, als man schließlich ein neues Teilchen entdeckte, das mit der Theorie von Yukawa tatsächlich völlig im Einklang war: das Pion. Bald darauf wurde das Mesotron in Müon umbenannt.

Untersuchungen des Müons haben in der Folgezeit wiederholt gezeigt, daß es sich wie ein schweres Elektron verhält und nicht von der starken Kraft beeinflußt wird. In Abbildung 5.7 sehen wir ein symmetrisches Ereignis, in dem ein Elektron und ein Positron frontal aufeinanderprallten und sich gegenseitig vernichteten; ihre Strahlungsenergie rematerialisierte in ein positiv und ein negativ geladenes Müon, deren Flugbahnen vom Computer rekonstruiert wurden. Durch das Studium solcher Wechselwirkungen hoffen die Physiker, das Geheimnis der Existenz des Müons lüften zu können. Mitte der siebzi-

ger Jahre gab es neue Anhaltspunkte, als ein weiteres Teilchen entdeckt wurde, das Tau (siehe Seite 226—228), das dem Elektron und dem Müon ähnlich ist und etwa die zwanzigfache Masse des Müons besitzt. Warum aber sollte es gerade *drei* Arten von „Elektronen" geben? Gibt es vielleicht noch schwerere „Elektronen", die bisher nur nicht entdeckt worden sind? Das sind nur zwei der noch unbeantworteten aktuellen Fragen, die die Teilchenphysiker gegenwärtig herausfordern.

Das Pion

Eine Möglichkeit, mehr über ein physikalisches Objekt herauszubekommen, ist, es aus seinem Gleichgewicht zu bringen und ordentlich an ihm zu „rütteln". Wenn man etwa ein Elektron in heftige Schwingungen versetzt, gibt es eine elektromagnetische Strahlung entsprechender Frequenz ab, zum Beispiel Radiowellen. Die durch die Störung verursachte plötzliche Veränderung des elektrischen Felds, das das Elektron umgibt, bewirkt diese Abstrahlung. Was aber geschieht, wenn wir dasselbe mit Protonen versuchen? Auch das aus seiner Ruhe gebrachte Proton setzt augenblicklich Strahlung frei, allerdings weniger Photonen der *elektromagnetischen* Kraft, sondern im wesentlichen Pionen, die aus der Störung des Felds der *starken* Kraft resultieren, das das Proton um sich herum aufbaut. Die Pionen entstehen um so zahlreicher, je stärker diese Störung ist; in Abbildung 7.24 beispielsweise sind bei dem heftigen Zusammenstoß eines energiereichen Protons mit einem ruhenden Proton Pionen in großer Menge freigesetzt worden.

5.7 Dieses Computerbild zeigt ein Ereignis im Mark-J-Detektor am PETRA-Collider in Hamburg; die beiden gegenläufigen Elektronen- und Positronenstrahlen der Maschine treffen im Zentrum des Detektors aufeinander. Bei diesem Ereignis vernichteten sich ein Elektron und ein Positron gegenseitig und erzeugten ein positiv und ein negativ geladenes Müon, die radial zum Strahlverlauf davonschossen. Die gelben Quadrate kennzeichnen die Umrisse des Eisenkerns eines Magneten. Die Spuren müssen von Müonen stammen, weil sie durch das Eisen hindurchdrangen, wie die weißen Punkte außerhalb des großen Quadrats signalisieren; andere geladene Teilchen würden darin absorbiert werden. Die Müonzähler (grün) sind etwa zwei Meter vom Zentrum des Detektors entfernt.

In den Kollisionen zwischen Teilchen der kosmischen Primärstrahlung und Atomen der oberen Erdatmosphäre werden elektrisch positive, negative und neutrale Pionen in großer Zahl erzeugt. Diese sind jedoch instabil und zerfallen rasch; erst deren „Nachkommen" der nächsten oder übernächsten Generation machen den Löwenanteil der kosmischen Strahlung auf Meereshöhe aus. Teilchen zerfallen durch die Einwirkung einer oder mehrerer der vier Grundkräfte, und zwar immer in Teilchen, die leichter sind als sie selbst. Da

Pionen die leichtesten Teilchen sind, die der starken Kraft unterliegen, können sie unter dem Einfluß dieser Kraft nicht in leichtere Teilchen zerfallen. Die Pionen wären daher stabil, wenn sie nicht auch der elektromagnetischen und der schwachen Kraft unterlägen, die dafür sorgen, daß sie nach folgendem Schema zerfallen.

Positiv und negativ geladene Pionen zerfallen innerhalb von 10^{-8} Sekunden in positiv beziehungsweise negativ geladene Müonen, die ihrerseits in Positronen oder Elektronen zerfallen. Das neutrale Pion zerfällt sehr viel rascher — innerhalb von 10^{-16} Sekunden — in Gammaquanten, also

Photonen, aus denen schließlich die kosmischen Schauer aus Elektron-Positron-Paaren hervorgehen. Das neutrale Pion wurde — gerade auch wegen seiner extrem kurzen Lebensdauer — erst zwei Jahre nach seinen geladenen Schwesterteilchen in anderem Zusammenhang entdeckt und wird daher gesondert beschrieben (auf den Seiten 160–162).

Abbildung 5.8 zeigt den Zerfall eines positiv geladenen Pions in einer sogenannten *Streamerkammer*, in der sich entlang der zurückgelassenen Ionisationsspur winzige Leuchtfäden ausbilden, die durch ein starkes elektrisches Feld extrem kurzer Hoch-

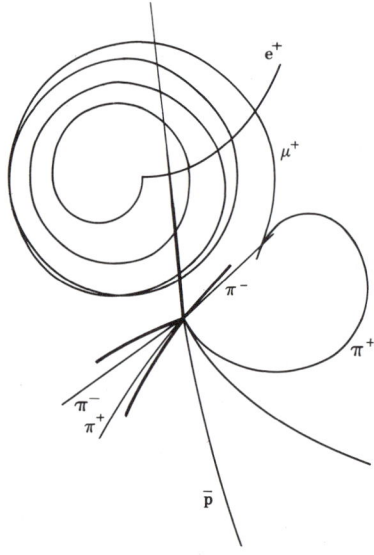

5.8 Auf diesem Falschfarbenbild kann man den Zerfall eines positiv geladenen Pions verfolgen, das bei der Vernichtung eines Antiprotons in einer mit Neongas gefüllten Streamerkammer entstand. Das Antiproton ($\bar{p}$) kam von unten ins Bild und stieß mit einem Neonkern zusammen, der dabei in viele Teile zerplatzte und einen typischen Spurstern hinterließ. In der rechten Bildmitte krümmt sich die Spur eines der erzeugten positiv geladenen Pionen (π^+) im Magnetfeld der Kammer, bevor es in ein Müon (μ^+) zerfiel, dessen Spur eine wunderschöne Spirale bildet; das Müon zerfiel schließlich in ein Positron (e^+). Bei jedem dieser Zerfälle knicken die Spuren abrupt ab und zeigen dadurch an, daß gleichzeitig Neutrinos emittiert wurden, die selbst keine Spuren hinterlassen haben. Die dicken, im Diagramm nicht identifizierten Spuren stammen von Kernfragmenten. Der Abstand zwischen den beiden Kreuzen in der Bildmitte beträgt 28 Zentimeter.

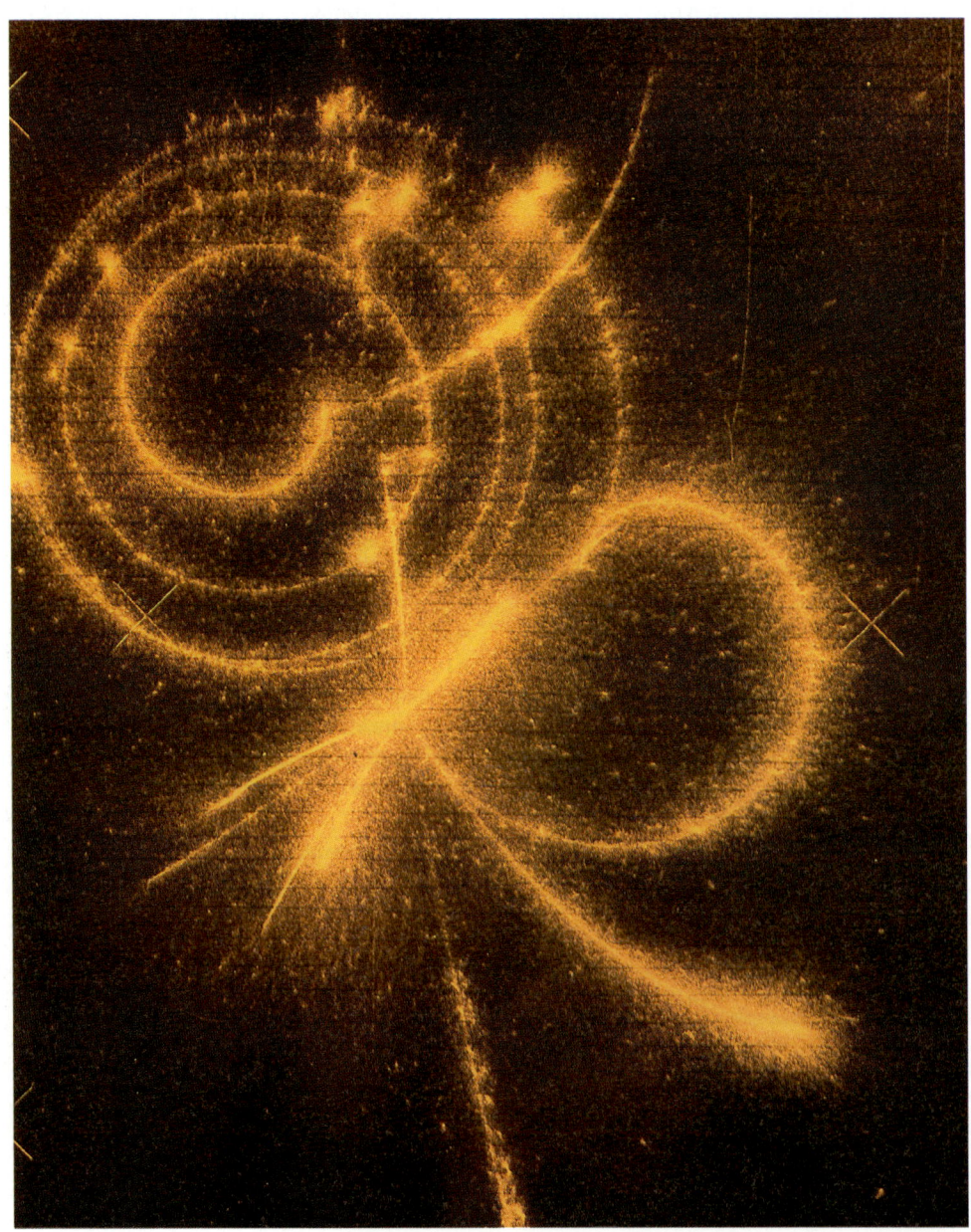

spannungsimpulse ausgelöst werden (die im Feld beschleunigten Ionen regen dabei die Atome des Gases zum Leuchten an). Die aufeinanderfolgenden Zerfallsstufen vom Pion über das Müon zum Positron sind gut erkennbar. Bei jedem Zerfall knickt die Spur deutlich ab, und die Spur des neuentstandenen Teilchens zeigt in eine andere Richtung; der Knick deutet darauf hin, daß zusätzlich unsichtbare Neutrinos emittiert wurden.

Das Pion war bereits — im Gegensatz zum Müon — lange vorher „bestellt", als Powell und seine Mitarbeiter aus Bristol es schließlich im Jahre 1947 in ihren Kernemulsionen auf dem Pic du Midi entdeckten. 1935 hatte Hideki Yukawa sein neues Teilchen gefordert, das zwischen den Protonen und Neutronen im Kern ausgetauscht würde und so die starke Anziehungskraft übertragen sollte. Die Idee eines solchen „Austauschteilchens" war nicht völlig neu, denn Yukawas Konzept baute auf der frühen Quantentheorie der elektromagnetischen Kraft auf, die Dirac 1928 entwickelt hatte. In dieser Theorie wurden die elektromagnetischen Wechselwirkungen geladener Teilchen durch den Austausch von Lichtquanten oder Photonen beschrieben.

Ganz analog dazu entwickelte Yukawa seine Auffassung, daß auch die Protonen und Neutronen eines Atomkerns irgendein Teilchen austauschen müßten. Er argumentierte, daß dieses Trägerteilchen eine endliche Masse haben müsse, da die Reichweite der starken Kraft auf den winzigen Kern beschränkt ist; das masselose Photon dagegen verleiht der elektromagnetischen Kraft eine unendliche Reichweite. Die Masse des Austauschteilchens läge nach seinen Berechnungen zwischen der des Protons und der des Elektrons bei rund 15 Prozent der Protonenmasse. Viele Physiker, einschließlich Yukawa, ließen sich zunächst an der Nase herumführen, als 1937 das Müon entdeckt wurde, das beinahe die für das Pion vorhergesagte Masse aufwies. Erst die Entdeckung Powells im Jahre 1947 sorgte für klare Verhältnisse.

Die im Kern umherschwirrenden Pionen bilden ein unsichtbares, dynamisches

Netz, das die Protonen und Neutronen aneinander bindet. Nur in hochenergetischen Stößen von Kernen oder Nukleonen werden sie aus diesem Verbund herausgeschlagen und erscheinen als freie Pionen. Auf diese Weise entstehen zum Beispiel auch die Pionen der kosmischen Strahlung. In Abbildung 5.9 können wir die Erzeugung und Vernichtung eines Pions der kosmischen Strahlung verfolgen, die in einer Kernemulsion eingefangen wurden. Die Aufnahme aus dem Jahre 1947, eine der ersten, die die Spur eines Pions festhielt, zeigt dessen starke Affinität zu Atomkernen: Das Pion war kaum im Wechselwirkungspunkt A erzeugt worden, als es auch schon im Punkt B von einem Kern eingefangen wurde, der daraufhin auseinanderbrach.

Heute kann man „maßgeschneiderte" Pionenstrahlen gewünschter Energie und Ladung in Teilchenbeschleunigern auf der ganzen Welt erzeugen. Sie können beispielsweise auf Atomkerne geschossen werden und dabei das Verhalten der Kerne im Detail aufklären helfen. Die ersten Spuren von künstlich erzeugten Pionen fand man 1948 am 4,6-Meter-Zyklotron des Lawrence Berkeley Laboratory in Kalifornien, ein Jahr, nachdem Powell sie in der kosmischen Strahlung entdeckt hatte. Dieser Ringbeschleuniger war bereits seit Ende 1946 in Betrieb, doch erst im Herbst 1947 machte sich eine Forschergruppe in Berkeley mit Kernemulsionen auf die Suche nach Pionen. Zunächst hatten sie kein Glück — dann aber half ihnen der brasilianische Physiker Cesare Lattes auf die Sprünge, der im Februar 1948 zu der Gruppe in Berkeley stieß. Lattes brachte außer einigen neuen hochempfindlichen Photoplatten der Firma Ilford vor allem seine Erfahrungen aus der Arbeit in Powells Team ein. Die Photoplatten wurden den Stoßtrümmern ausgesetzt, die aus Kollisionen hochenergetischer Alphateilchen aus dem Beschleuniger mit Kernen eines ruhenden Kohlenstofftargets resultierten, und nach Lattes' Anweisungen entwickelt; sie enthüllten die ersten Beispiele für Zerfälle künstlich erzeugter Pionen.

Obwohl die Pionen hier als Trägerteilchen der starken Kraft charakterisiert wurden, ordnet man sie nicht wie das Photon oder

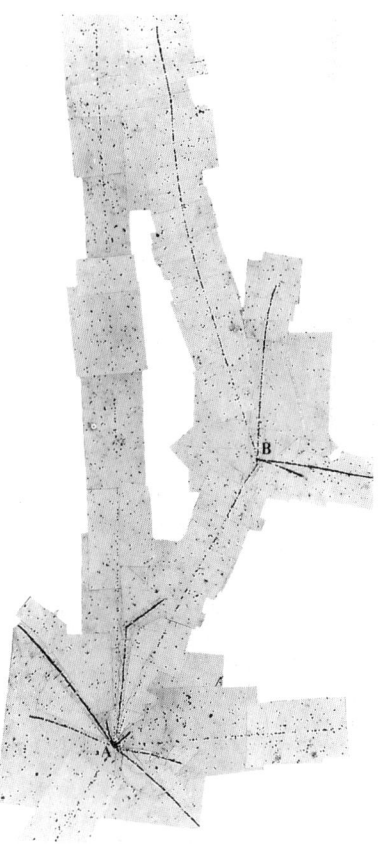

5.9 Erzeugung (A) und Vernichtung (B) eines Pions. Die Aufnahme aus dem Jahr 1947 stammt von Lattes, Occhialini und Powell und war eine der ersten Beobachtungen der Erzeugung eines Pions. Die Entfernung zwischen den beiden Wechselwirkungspunkten A und B beträgt etwa 0,11 Millimeter.

die W- und Z-Teilchen in die Gruppe der Eichbosonen ein — also der Teilchen, die die vier Grundkräfte übertragen. Inzwischen weiß man nämlich, daß die Pionen aus noch fundamentaleren Teilchen, den Quarks, zusammengesetzt sind. Nur wenn wir die Vorgänge auf der groben Ebene der Kerne und Nukleonen betrachten, ist die Vorstellung von den Pionen als Mittlerteilchen der starken Kraft eine geeignete Beschreibung; auf der fundamentaleren, subnuklearen Ebene der Quarks müssen wir die starke Kraft durch den Austausch von Teilchen beschreiben, die man als Gluonen bezeichnet (siehe hierzu Seite 232—236).

Das Kaon

Am 15. Oktober 1946 machten George Rochester und Clifford Butler an der Universität von Manchester in einer Nebelkammer eine ungewöhnliche Beobachtung: Auf einer ihrer Aufnahmen entdeckten sie zwei Spuren, die von ein und demselben Punkt unterhalb einer Bleiplatte ausgingen — als ob sie aus dem Nichts entstünden (Abbildung 5.10). Da sie die Nebelkammer von verschiedenen Seiten aus photographiert hatten, waren sie sich sicher, daß die beiden Spuren tatsächlich im selben Punkt begannen und nicht bloß aus einer bestimmten Perspektive scheinbar

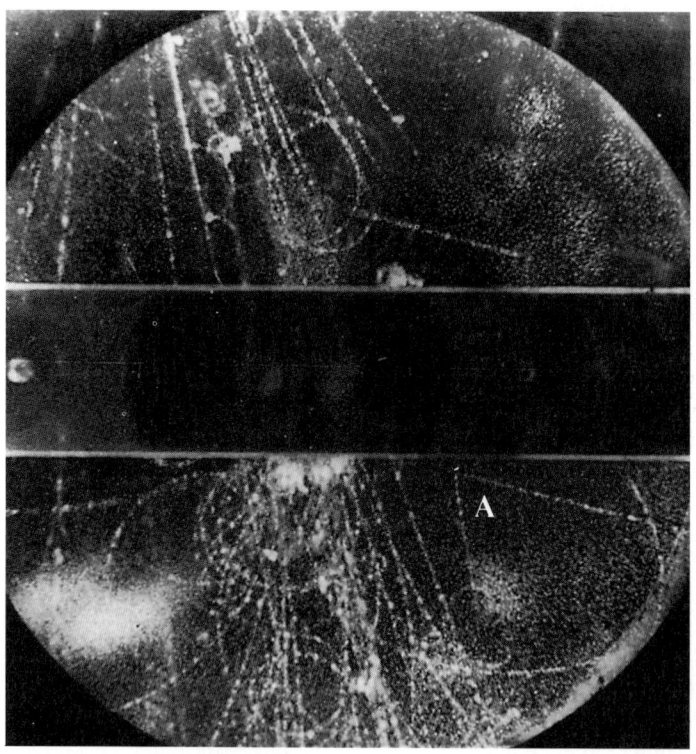

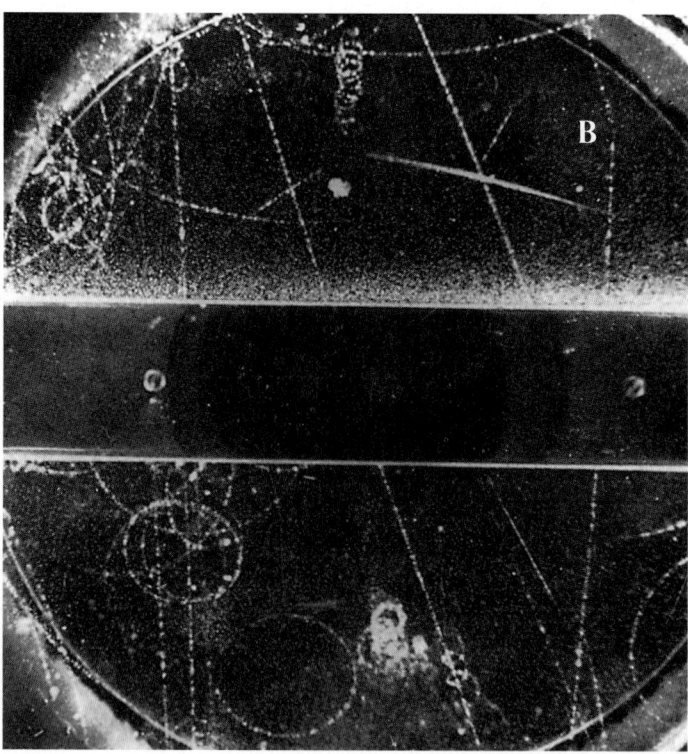

5.10 Diese Nebelkammeraufnahme von Rochester und Butler aus dem Jahr 1946 zeigte erstmals den Zerfall eines „V-Teilchens". Knapp unterhalb der Bleiplatte (des Balkens in der Bildmitte) sind deutlich zwei Spuren zu erkennen, die vom Zerfallsort A V-förmig auseinanderstreben. Wahrscheinlich handelte es sich um ein neutrales Kaon, das bei einer Wechselwirkung mit einem Bleikern entstanden war und anschließend in ein negativ und ein positiv geladenes Pion zerfiel.

5.11 Die stumpfwinklige Spurgabelung in der rechten oberen Ecke dieser Aufnahme (B), eigentlich mehr ein Spurknick, war das zweite Beispiel eines „V-Teilchens". In diesem Fall kam vermutlich ein positiv geladenes Kaon vom oberen Rand ins Bild und zerfiel in ein Müon und ein Neutrino. Während das Neutrino keine Spur hinterließ, setzte sich die abgeknickte Spur des anderen Zerfallsteilchens unbeeindruckt von der drei Zentimeter dicken Bleiplatte bis zum unteren Bildrand fort — ein charakteristischer Hinweis darauf, daß sie von einem Müon stammt. Diese Originalaufnahme von Rochester und Butler wurde 1947 in Manchester gemacht.

zusammenfielen. Auch konnten die Spuren nicht von Protonen stammen, wie sie aus Gasatomen herausgestoßen werden können; ihre Ionisationsdichte und ihre Krümmung wiesen deutlich auf viel leichtere Teilchen hin. In den folgenden Monaten errechneten Rochester und Butler, daß die beiden Teilchen aus dem Zerfall eines neutralen Teilchens entstanden sein könnten, dessen Masse etwa das 800fache der Masse eines Elektrons betragen müßte — ein solches Teilchen hatte man noch nie beobachtet! Sieben Monate später, am 23. Mai 1947, registrierten sie ein ähnliches Ereignis. Diesmal fanden sie eine Spur mit einem ungewöhnlichen Knick, der, wie die Auswertung der Winkel- und Energieverhältnisse zeigte, nicht auf einen etwa möglichen Streuprozeß zurückgeführt werden konnte (Abbildung 5.11). Mit diesen Ereignissen hatten Rochester und Butler die ersten Zerfälle von Teilchen aufgenommen, die wir heute *Kaonen* nennen.

Im nachhinein können wir sagen, daß Abbildung 5.10 den Zerfall eines neutralen Kaons in ein positiv und ein negativ geladenes Pion wiedergibt, während Abbildung 5.11 den Zerfall eines positiv geladenen Kaons in ein Müon zeigt, wobei gleichzeitig ein unsichtbares Neutrino emittiert wird. Ein deutlicheres Beispiel für ein geladenes Kaon fand Powells Gruppe in Bristol 1948 in einer besonders empfindlichen Kernemulsion, die sie in einem hochgelegenen Laboratorium auf dem Jungfraujoch der kosmischen Strahlung ausgesetzt hatte (Abbildung 5.12). Die Emulsion enthielt die Spur eines Teilchens, das in drei Pionen zerfiel. Aus der Art des Streuprozesses und der Korndichte der Spur ergab sich, daß das Teilchen ungefähr tausendmal schwerer war als ein Elektron — also etwa halb so schwer wie ein Proton.

Ein geladenes Kaon zerfällt in 63 Prozent aller Fälle in ein Müon und ein Neutrino. Seltener — etwa in 21 Prozent aller Fälle — wandelt es sich in ein geladenes und ein neutrales Pion um; ein typisches Beispiel dafür sehen wir in Abbildung 7.2 (Seite 161). Besonders auffällig ist jedoch der Zerfall eines geladenen Kaons in drei Pionen, weswegen diese Zerfallsart auch verhältnismäßig einfach auszumachen ist und schon frühzeitig entdeckt wurde (Abbildung 5.12) — obwohl nur rund fünf Prozent der geladenen Kaonen auf diese Weise zerfallen. Das neutrale Kaon zerfällt meistens in zwei geladene Pionen — ein positives und ein negatives; es kann aber auch in neutrale Pionen oder in Kombinationen aus geladenen Pionen mit Müonen oder Elektronen und Neutrinos zerfallen.

Diese vielen verschiedenen Zerfallswege des Kaons erschwerten den Physikern die Analyse ihrer Aufnahmen. Aus den wenigen Ereignissen, die sie in Kernemulsionen und Nebelkammern an kosmischen Strahlen beobachtet hatten, war nicht ganz klar zu ersehen, ob es sich um verschiedene Teilchen ähnlicher Masse handelte oder um einen einzigen Teilchentyp, der auf verschiedene Weisen zerfallen konnte. Erst als man mit den neuentwickelten Teilchenbeschleunigern Kaonen in großer Zahl unter kontrollierten Bedingungen erzeugen konnte, stellte sich schließlich heraus, daß man es mit einem Teilchentyp zu tun hatte, der elektrisch positiv, negativ oder neutral sein kann.

Das Kaon war das erste einer Reihe von Teilchen der kosmischen Strahlung, denen

man das Etikett *seltsam* gab. „Seltsam" waren sie in den Augen der Physiker deshalb, weil ihre Lebensdauer so überraschend groß war; im Falle des Kaons sind es 10^{-8} Sekunden — das ist Millionen

5.12 Das erste Beispiel für den Zerfall eines Kaons in drei Pionen beobachtete Powells Gruppe 1948 in einer der neuen hochempfindlichen Photoemulsionen, mit denen man sogar Elektronen nachweisen konnte. Das Kaon erzeugte die dicke Spur, die vom oberen Rand ins Bild kommt, bevor es am Ort A in drei Pionen zerfiel. Eines davon bewegte sich relativ langsam, wie seine dickere Spur zeigt, und stieß am Ort B mit einem Atom der Emulsion zusammen. Die anderen beiden Pionen waren schneller und hinterließen auf ihrem Flug nach rechts oben beziehungsweise links unten nur sehr schwache Spuren. Die Entfernung von A nach B beträgt 25 Mikrometer.

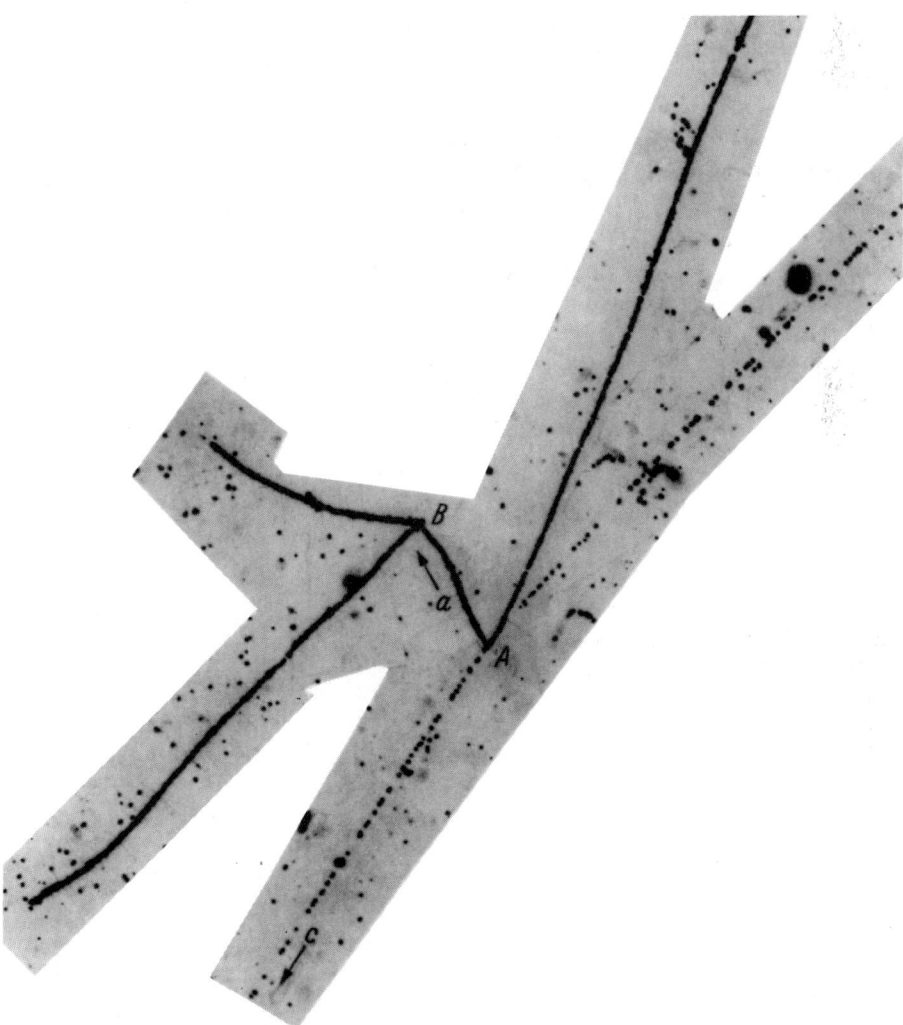

5.13 Ein hochenergetisches Proton (gelb), das von unten ins Bild kommt, kollidierte mit einem ruhenden Proton im flüssigen Wasserstoff der 200-Zentimeter-Blasenkammer am Brookhaven National Laboratory. Die kleine (grüne) Spirale stammt von einem Elektron; sie zeigt, daß negativ geladene Teilchen gegen den Uhrzeigersinn, also zum linken Bildrand, abgelenkt werden, positiv geladene Teilchen folglich nach rechts. Bei der Wechselwirkung entstanden sieben negativ geladene Pionen (blau), neun positiv geladene Teilchen (rot) – ein Proton, ein positives Kaon und sieben positive Pionen – sowie ein neutrales Lambda. Das Lambda flog zwischen dem blauen und dem roten Spurfächer zur Bildmitte und hinterließ selbst keine Spur; es verriet seine Anwesenheit erst, als es in ein Proton (gelb) und ein negativ geladenes Pion (lila) zerfiel. (Die Aufnahme zeigt nur die Spuren, auf die es hier ankommt; alle anderen wurden gelöscht.)

Milliarden Male länger als erwartet. Das Kaon verdankt seine Existenz der starken Kraft; aber anders als das Pion, das – wie wir gesehen haben – als das leichteste Teilchen dieser Art nicht weiter durch die starke Kraft zerfallen kann, sollte das schwerere Kaon innerhalb von bloß 10^{-23} Sekunden über die starke Kraft in Pionen zerfallen. Statt dessen schien die starke Kraft beim Zerfall des Kaons und bestimmter anderer Teilchen durch irgend etwas „ausgeschaltet" zu werden – und das kam den Physikern zuerst ausgesprochen seltsam vor. Um diese rätselhafte Verzögerung zu veranschaulichen, drückte sich einer der Wissenschaftler so aus: »Es ist, als wäre Kleopatra im Jahre 40 vor Christus aus ihrer Barke gefallen und bis heute nicht aufs Wasser aufgeschlagen.«

Das Geheimnis dieses verspäteten Zerfalls begann man in den frühen fünfziger Jahren zu lüften, als eine ganze „Familie" seltsamer Teilchen zunächst in der kosmischen Strahlung zum Vorschein kam. Der Entdeckung des Kaons folgte bald die des Lambdateilchens, das die ersten Hinweise darauf lieferte, was diese „Seltsamkeit" eigentlich bedeutete.

Das Lambda

Das Lambdateilchen hinterläßt einen der signifikantesten „Schriftzüge" in den Teilchenspurdetektoren: Es schreibt seinen eigenen griechischen Namen – das Λ! In Abbildung 5.13 sehen wir ein solches, auf der Spitze stehendes „Lambda", das von den Spuren zweier Teilchen gebildet wird, die beim Zerfall eines unsichtbaren neutralen Teilchens entstanden; das neutrale Teilchen war zuvor in einer Hochenergiekollision zusammen mit 16 anderen geladenen Teilchen erzeugt worden. Dieser Zerfall in ein Proton und ein negativ geladenes Pion ist der häufigste Zerfall des Lambda, der in rund 64 Prozent aller Fälle beobachtet wird. Oftmals verwirrt das Lambda die Physiker aber auch dadurch, daß es in zwei neutrale Teilchen – ein Neutron und ein neutrales Pion – zerfällt. Das Lambda ist wie das Kaon ein „seltsames" Teilchen: Es hat eine Lebensdauer von ungefähr 10^{-10} Sekunden. Im Unterschied zum Kaon ist das Lambda

jedoch *schwerer* als das Proton und das Neutron; tatsächlich war es das zuerst entdeckte derartige *Hyperon* oder „schwere Teilchen".

Die ersten Spuren von Lambdazerfällen wurden 1951 fast gleichzeitig in mehreren Nebelkammern gefunden, und zwar in der Nebelkammer der Universität von Manchester – hoch oben auf dem Pic du Midi –, in Andersons Nebelkammer auf dem White Mountain in Kalifornien und in Thompsons Nebelkammer im US-Bundesstaat Indiana. Auf den Aufnahmen war unverkennbar, daß sich die Spuren der V-förmigen Zerfälle der neutralen Teilchen voneinander unterschieden, doch war die eindeutige Identifizierung der Teilchen oft schwierig. Das Team aus Manchester entwickelte eine elegante Methode zur Analyse der Teilchenspuren und konnte damit zeigen, daß sie von zwei Arten neutraler „V-Teilchen" stammten: Eines war etwa 950mal schwerer als das Elektron, das andere besaß die 2250fache Elektronenmasse und war somit um rund 20 Prozent schwerer als das Proton. Das leichtere von beiden war das neutrale Kaon, das schwerere das Lambdateilchen.

Zu Beginn der fünfziger Jahre waren die Physiker also mit zwei Spielarten seltsamer Teilchen konfrontiert, die eine weitaus längere Lebensdauer hatten als erwartet. Bald nach diesen Entdeckungen begannen Kazuhito Nishijima und andere Theoretiker in Japan sowie Abraham Pais in den Vereinigten Staaten, das Rätsel der seltsamen Teilchen zu lösen. Sie vermuteten, daß die Teilchen durch die starke Kraft nur *paarweise* erzeugt und vernichtet werden könnten. Ein *einzelnes* seltsames Teilchen würde dann nicht unter dem Einfluß der starken Kraft zerfallen können und deshalb vorerst überleben; es sollte erst später über die viel schwächere elektromagnetische Kraft oder die schwache Kraft zerfallen, die beispielsweise auch für den Zerfall des Pions und des Neutrons verantwortlich sind.

Nach der Theorie der paarweisen Erzeugung oder „assoziierten Produktion" entsteht das Lambda also stets zusammen mit einem anderen seltsamen Teilchen. Diese Regel wurde 1954 bestätigt, als man mit

5.14 Eine frühe Aufnahme einer paarweisen Erzeugung („assoziierten Produktion") zweier seltsamer Teilchen in einer Blasenkammer am Lawrence Berkeley Laboratory. Ein Pi-minus mit Seltsamkeit null (S = 0, die untere grüne Spur) stieß auf ein Proton (S = 0) der Kammerflüssigkeit; dabei entstanden ein Lambda (S = −1) und ein neutrales Kaon (S = +1), die beide keine Spur hinterließen, sich aber durch ihre Zerfälle bemerkbar machten. Das Lambda zerfiel in ein Proton (rot) und ein Pi-minus (grün), das neutrale Kaon in ein Pi-plus (gelb) und ein Pi-minus (grün). Man beachte, daß die Seltsamkeit bei der Erzeugung der beiden seltsamen Teilchen erhalten blieb — sie hatte vor wie nach der Kollision insgesamt den Wert null —, weil die starke Kraft im Spiel war. Sie änderte sich jedoch, als die beiden seltsamen Teilchen nacheinander in Teilchen mit Seltsamkeit null zerfielen. Diese Zerfälle werden von der schwachen Kraft bestimmt, bei der sich die Seltsamkeit um jeweils eine Einheit verringert. (Teilchen mit blauen Spuren waren nicht an der Wechselwirkung beteiligt.)

Beschleunigern Teilchenstrahlenergien erreichte, die groß genug waren, um seltsame Teilchen künstlich zu erzeugen. Experimentalphysiker am Brookhaven National Laboratory fanden insbesondere heraus, daß ein Lambda häufig zusammen mit einem Kaon entsteht. In Abbildung 5.14, einer Blasenkammeraufnahme vom Lawrence Berkeley Laboratory, ist dieser Prozeß, die assoziierte Produktion eines Lambda mit einem Kaon samt deren nachfolgenden Zerfällen, festgehalten.

Die Theorie der assoziierten Produktion war der erste Schritt, um das Rätsel der seltsamen Teilchen zu lösen. Der nächste Schritt war 1954 der Vorschlag des amerikanischen Theoretikers Murray Gell-Mann und, davon unabhängig, von Nishijima und T. Nakone in Japan, die „Seltsamkeit" als eine neue Eigenschaft der Materie zu betrachten, ähnlich der elektrischen Ladung. Genau wie für sie sollte auch für die Seltsamkeit ein Erhaltungssatz gelten, der deren Erhaltung in Prozessen der starken Kraft vorschreibt.

Pion und Proton haben die Seltsamkeit null: Sie gehören nicht zu den seltsamen Teilchen. Wenn sie wie in Abbildung 5.14 zusammenstoßen und ein neutrales Kaon mit Seltsamkeit +1 erzeugen, muß zum Ausgleich auch ein Teilchen mit Seltsamkeit −1 entstehen — in diesem Fall ein Lambda. Dieser Erhaltungssatz für die Seltsamkeit liegt also der Regel von der paarweisen Erzeugung zugrunde. (Die Zuordnung „positiver" und „negativer" Seltsamkeitswerte zu bestimmten Teilchen ist natürlich willkürlich, ebenso wie man willkürlich den Elektronen eine negative und den Protonen eine positive elektrische Ladung zuordnet. Es kommt nur darauf an, daß Protonen und Elektronen entgegengesetzte elektrische Ladungen tragen beziehungsweise daß das positive und das neutrale Kaon einerseits sowie das negative Kaon und das Lambda andererseits entgegengesetzt seltsam sind.)

Zwischen Seltsamkeit und elektrischer Ladung besteht jedoch ein grundlegender Unterschied: Soweit wir wissen, bleibt die elektrische Ladung unter allen Umständen erhalten — ein Elektron kann aus dem Universum nur verschwinden, indem es

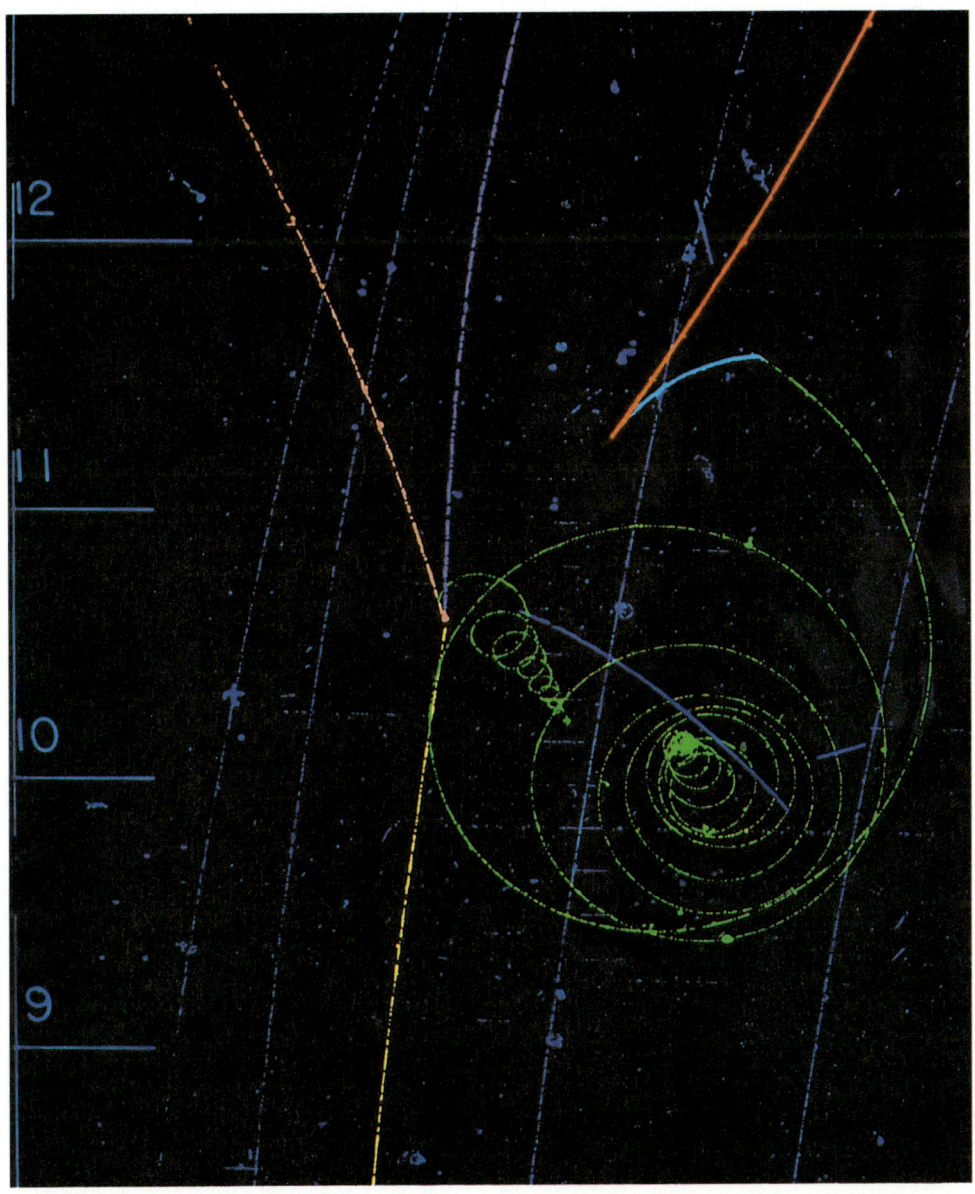

5.15 Der seltene Zerfall eines Lambda in ein negatives Müon, ein Proton und ein Neutrino, aufgenommen an der mit Wasserstoff gefüllten 180-Zentimeter-Blasenkammer am Lawrence Berkeley Laboratory. Das Lambda wurde zusammen mit einem positiven und einem negativen Pion erzeugt (die rosa und die lila gefärbte Spur), als ein negativ geladenes Kaon (gelb, vom unteren Bildrand kommend) mit einem Proton zusammenstieß. Das neutrale Lambda hinterließ selbst keine Spur, verriet sich aber durch das „V" seiner Zerfallsprodukte. Das Proton (rot) schoß zum oberen Bildrand, während das Müon (hellblau) in ein Elektron zerfiel, das die größere der beiden (grünen) Spiralen erzeugte. Bei dem Müonzerfall entstanden außerdem zwei im Bild unsichtbare Neutrinos, die sich nur durch den Knick am Anfang der Elektronenspirale bemerkbar machten. Beachten Sie, wie das zusammen mit dem Lambda erzeugte positive Pion ein Elektron aus einem Atom der Kammerflüssigkeit herausschlug, das die engere der beiden Spiralen bildete. Die an diesem Ereignis nicht beteiligten Spuren wurden dunkelblau eingefärbt. Eine Einheit der Skala entspricht etwa neun Zentimetern.

zusammen mit einem Positron vernichtet wird. Im Gegensatz dazu bleibt die Seltsamkeit lediglich in Prozessen der starken und der elektromagnetischen Kraft erhalten. Nach der Erzeugung zweier seltsamer Teilchen trennen sich ihre Wege, und jedes zerfällt in der Regel über die schwache Kraft. Die schwereren seltsamen Teilchen wie das Xi und das Sigma (siehe den nächsten Abschnitt in diesem Kapitel) können in leichtere seltsame Teilchen zerfallen — unter Umständen sogar unter Beibehaltung der Seltsamkeit. Die beiden leichtesten seltsamen Teilchen aber — das Kaon und das Lambda — können nicht mehr in leichtere seltsame Teilchen zerfallen; ihre Zerfallsprodukte besitzen keine Seltsam-

keit. Da das Kaon im Durchschnitt innerhalb von 10^{-8} Sekunden und das Lambda innerhalb von 10^{-10} Sekunden zerfällt, gibt es eine, wenn auch kurze, Zeitspanne, während der die Gesamtbilanz an Seltsamkeit unausgeglichen ist. Unter dem Einfluß der schwachen Kraft wird Seltsamkeit von den zerfallenden Teilchen *nacheinander* abgegeben und verschwindet. Die Physiker haben bis heute nicht völlig verstanden, warum die Seltsamkeit nur bedingt erhalten bleibt.

Das Lambda verhält sich in vielerlei Hinsicht wie ein schweres Neutron — ein Neutron allerdings, das mit Seltsamkeit ausgestattet ist. Abbildung 5.15 zeigt zum

Beispiel, wie sehr sich die Zerfälle des Lambda und des Neutrons ähneln können. In Analogie zum Neutron, das in ein Proton, ein Elektron und ein Neutrino zerfällt, kann das Lambda in ein Proton, ein Müon − die schwere Version des Elektrons − und ein Neutrino zerfallen.

Schließlich kann das Lambda ebenso wie das Neutron in Atomkerne eingebunden werden − nur sind solche „seltsamen Kerne" wegen der kurzen Lebensdauer des Lambda in der gewöhnlichen Materie nicht anzutreffen. In Abbildung 5.16 zertrümmerte ein Teilchen der kosmischen Strahlung einen Kern in einer Emulsion (A). Bei der Wechselwirkung entstand ein Lambda, das sich mit Protonen und Neutronen zu einem „Lambdakern" verband. Von ihm stammt die kräftige, nach rechts unten weisende (und mit einem kleinen Pfeil versehene) Ionisationsspur, die in einem Stern an der Stelle endet, wo das Lambda zerfiel.

Das Lambda ist elektrisch neutral und hinterläßt somit keine Ionisationsspur; der Lambdakern in Abbildung 5.16 konnte nur deswegen eine Spur erzeugen, weil er auch geladene Protonen enthielt. Interessanterweise nimmt die Dichte der Spur ab, je weiter sie dem unteren Bildrand zustrebt. Die positiven Ladungen der Protonen zogen Elektronen aus der Umgebung an, so daß sich schließlich ein „seltsames Atom" (genauer Ion) mit mehreren Elektronen und dementsprechend kleinerer Nettoladung bildete, das eine deutlich geringere Schwärzung hinterließ. Seine Energie reichte nicht mehr aus, einen anderen Kern zu zertrümmern; der Stern (B) ist auf eine interne Explosion beim Zerfall des Lambda zurückzuführen.

Die Entdeckung von „Lambdakernen" war insofern wichtig, als sie bewies, daß das Lambda ein weiteres − unerwartetes − Mitglied der Teilchenfamilie ist, zu der das Proton und das Neutron gehören. Darüber hinaus zeigte sie die Möglichkeit eines Universums auf, in dem nicht nur seltsame Teilchen vorkommen, sondern auch seltsame Kerne (*Hyperkerne*) und seltsame Atome − im Prinzip könnte es ein ganzes „seltsames Universum" geben! Normalerweise bleibt uns diese Welt verborgen,

weil seltsame Teilchen − und damit seltsame Materie − instabil sind. Wir werden ihrer nur dann gewahr, wenn wir die Vorgänge in der Materie in Millionstelsekunden vermessen. In diesen flüchtigen Augenblicken zeigt das Universum eine viel reichhaltigere, komplexere Struktur.

Das Xi und das Sigma

Kurz nach der Entdeckung des Lambda fand man zwei weitere seltsame Teilchen, das negativ geladene Xi und das Sigma, was dazu beitrug, die gerade gewonnenen Vorstellungen der Theoretiker über die Seltsamkeit weiter zu erhärten. Im Jahre 1952 stieß die Gruppe aus Manchester in ihren Aufnahmen der kosmischen Strahlung, die sie mit ihrer Nebelkammer auf dem Pic du Midi machten, auf ein verblüffendes Ereignis. Ein Teilchen, das man nie zuvor beobachtet hatte, war zufällig in die Kammer eingedrungen und darin zerfallen. Da die Qualität der stereoskopischen Originalaufnahmen für eine Reproduktion zu schlecht ist, haben wir das Ereignis in Abbildung 5.17 dreidimensional rekonstruiert. Der scharfe Knick mit dem „V", das genau auf diesen Punkt zurückweist, ließen keinen Zweifel an der Entdeckung. Wir wissen heute, daß der Knick den Ort markiert, an dem das neue Teilchen − ein negativ geladenes *Xi* − in ein negatives Pion und ein im Bild unsichtbares Lambda zerfiel. Das „V" rührt aus dem nachfolgenden Zerfall des Lambda in ein Proton und ein negatives Pion.

Es war das erste Mal, daß man ein Teilchen beobachtete, das in mehreren Stufen in ein Proton zerfiel. Aufgrund dieser Zerfallsfolge oder -kaskade nannten es die Physiker damals „Kaskadenteilchen"; heute wird es durch den griechischen Buchstaben Ξ (sprich: Xi) abgekürzt. An dem stufenweisen Zerfall des Xi über ein Lambda in ein Proton erkennen wir jetzt auch, daß die Teilchen die Seltsamkeit wie die elektrische Ladung in elementaren Grundportionen mit sich führen. Die zwei Einheiten negativer Seltsamkeit ($S = -2$), die das Xi trägt, gibt es portionsweise nacheinander ab: Zunächst verliert es eine Einheit, indem es in ein Lambda zerfällt, das die Seltsamkeit -1 trägt; dann gibt das

5.16 Die erste Aufnahme von der Entstehung und dem Zerfall eines Hyperkerns in einer Kernemulsion gelang 1953 den beiden polnischen Physikern Marian Danysz und Jerzy Pniewski. Ein Hyperkern ist ein Kern, in dem ein Lambda − ein Hyperon − eines der Neutronen ersetzt. In diesem Beispiel wurde der Lambdakern bei einer Kollision am Ort A erzeugt und zerfiel am Ort B; er hatte etwa dieselbe Ladung wie ein Borkern.

Lambda seine Einheit ab, wenn es in ein Proton (S = 0) und ein negatives Pion (S = 0) zerfällt.

Wie bei allen Zerfällen seltsamer Teilchen, die der schwachen Kraft unterliegen, bleibt die Seltsamkeit beim Zerfall des Xi nicht erhalten. Bei seiner Erzeugung durch die starke Kraft hingegen gilt der Erhaltungssatz für die Seltsamkeit. In Abbildung 5.18 beispielsweise, einer Streamerkammeraufnahme, ist ein negativ geladenes Kaon, das die Seltsamkeit −1 trägt, am unteren Bildrand mit einem Proton des Kammergases zusammengestoßen; dabei entstanden unter anderem zwei neue seltsame Teilchen: ein Xi (S = −2) und ein positiv geladenes Kaon (S = +1). Die Summe der Seltsamkeiten nach der Kollision beträgt also −1 und entspricht der, die durch das negativ geladene Kaon in die Wechselwirkung eingebracht wurde. Das Xi verlor im nächsten Schritt eine seiner beiden Einheiten an negativer Seltsamkeit, als es in ein Lambda (S = −1) und ein Pion zerfiel. Das Lambda zerfiel seinerseits in ein Proton und ein Pion und gab dabei seine Einheit negativer Seltsamkeit ab. Das positiv geladene Kaon schoß über den oberen Bildrand hinaus, bevor es ebenfalls in nichtseltsame Teilchen zerfiel − die Seltsamkeit war am Ende restlos „abgeflossen".

1953, ein Jahr nach der Entdeckung des Xi, identifizierte eine Gruppe italienischer Physiker ein neues seltsames Teilchen in einer Kernemulsion, die sie der kosmischen Strahlung ausgesetzt hatten; ein ähnliches Objekt wurde auch in einer Nebelkammer von einem Team am Caltech entdeckt. Das Teilchen war positiv geladen und zerfiel in ein Proton. Die Auswertung der Spuren zeigte, daß es 30 Prozent schwerer als das Proton war, weswegen man es zuerst „Superproton" nannte. Noch im selben Jahr fand man in Beschleunigerexperimenten eine negativ geladene Version dieses Teilchens, und 1956 wurde in einem Blasenkammerexperiment am Cosmotron, einem Beschleuniger am Brookhaven National Laboratory, ein elektrisch neutrales Teilchen desselben Typs identifiziert. Diese drei Teilchen kennt man heute als positives, negatives und neutrales Sigmateilchen − benannt

nach dem „S" des „Superprotons" und mit dem griechischen Buchstaben Σ abgekürzt. Alle drei tragen jeweils eine Einheit negativer Seltsamkeit.

Abbildung 5.19 zeigt die Erzeugung und den Zerfall sowohl eines positiv als auch eines negativ geladenen Sigma. Die beiden Ereignisse wurden in einer Blasenkammer aufgenommen, die man einem Strahl negativer Kaonen aussetzte. In der unteren Hälfte der Aufnahme kollidierte eines der Kaonen mit einem Proton der Kammerflüssigkeit und erzeugte ein positives Sigma (die kurze Spur) und ein negatives

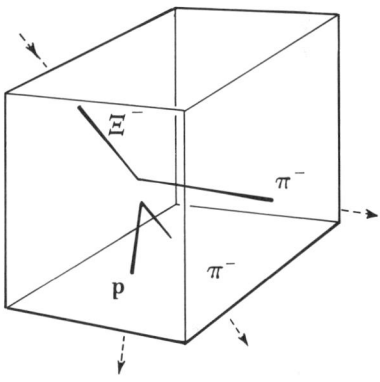

5.17 In dieser dreidimensionalen Rekonstruktion der Entdeckung des Xi-minus ist die Nebelkammer der Forschergruppe aus Manchester vereinfacht als rechtwinkliger Körper skizziert. Das Xi-minus (Ξ^-) dringt von links oben in die Kammer ein und zerfällt in deren Mitte in ein Pi-minus (π^-) und ein neutrales Lambda, das keine Spur hinterläßt. Das Lambda verrät seine Anwesenheit, indem es in ein Proton (p) und ein weiteres Pi-minus zerfällt, deren Spuren ein „V" bilden; die Spitze des „V" weist dabei auf den Zerfallsort des Xi zurück.

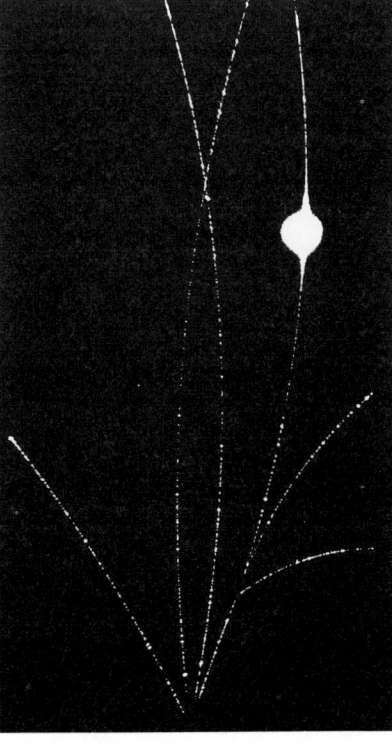

5.18 Am unteren Rand dieses Bilds kollidierte ein negativ geladenes Kaon mit einem Proton im Gas einer Streamerkammer am Lawrence Berkeley Laboratory. Dabei entstanden (von links nach rechts) ein Piplus, ein Pi-minus, ein positives Kaon und ein negatives Xi. Das Xi zerfiel in ein Lambda (ohne Spur) und ein Pi-minus, das nach rechts abgelenkt wurde. Das Lambda zerfiel nach einer sehr kurzen Strecke in ein Proton und ein Pi-minus, deren Spuren das typische „V" bilden. Die an der Wechselwirkung nicht beteiligten Spuren wurden gelöscht.

121

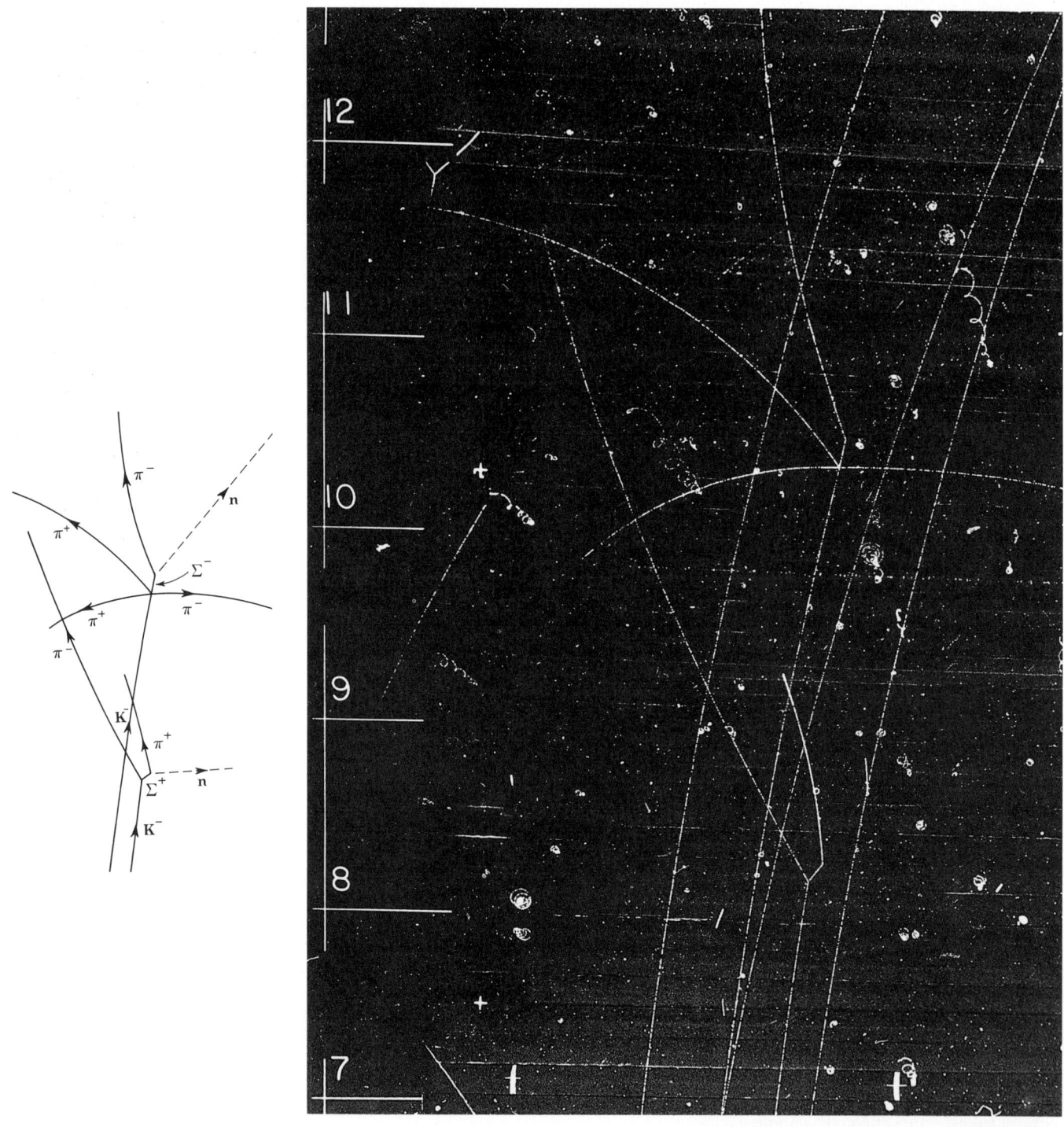

5.19 Diese Aufnahme von der 180-Zentimeter-Blasenkammer am Lawrence Berkeley Laboratory zeigt die Erzeugung und den Zerfall eines positiv und eines negativ geladenen Sigma. Die Sigmateilchen wurden in Wechselwirkungen von negativen Kaonen (K^-) mit Protonen in der Kammerflüssigkeit erzeugt und hinterließen charakteristisch geknickte Spuren. Das Sigma-plus (Σ^+) zerfiel in ein Pi-plus (π^+) und ein Neutron (n), das Sigma-minus (Σ^-) dagegen in ein Pi-minus (π^-) und ein Neutron. Die Skala am linken Bildrand ist in Einheiten von etwa neun Zentimetern eingeteilt.

Pion. Dieses positive Sigma zerfiel — anders als das zuerst 1953 von den Italienern beobachtete — in ein positives Pion und ein im Bild unsichtbares Neutron.

In der oberen Bildhälfte kollidierte ein anderes Kaon mit einem Proton und erzeugte ein negatives Sigma, zusammen mit einem negativen und zwei positiven Pionen. Dieses Sigma zerfiel in ein negatives Pion und ein weiteres Neutron (ohne Spur). Die kleinen weißen Spiralen auf der Aufnahme stammen von niederenergetischen Elektronen, die aus Atomen in der Kammerflüssigkeit herausgestoßen wurden.

Die Theorie der assoziierten Produktion und das Konzept der Seltsamkeit, das Gell-Mann, Nishijima und Nakone entwickelt hatten, war geeignet, das beobachtete Verhalten der seltsamen Teilchen zu erklären, die zwischen 1947 und dem Ende der fünfziger Jahre entdeckt wurden. Es führte zur Vorhersage des neutralen Sigma und des neutralen Xi, deren Entdeckung in einem gesonderten Portrait beschrieben wird (siehe Seite 162—164). Aber wie die Seltsamkeit in Erscheinung tritt und warum es sie überhaupt gibt, blieb den Physikern zunächst ein Rätsel.

Die ersten Schritte zu seiner Lösung brachte das folgende Jahrzehnt, als Gell-Mann und der israelische Physiker Yuval Ne'eman ein Klassifikationsschema für die Teilchen entwickelten, das unter dem Namen „Der Achtfache Weg" berühmt wurde. Sie konnten damit ein Teilchen erfolgreich vorhersagen, das die Seltsamkeit —3 trägt: das Omega-minus (siehe Seite 173 bis 175). Bald darauf ging Gell-Mann noch einen Schritt weiter und äußerte die Vermutung, daß eine neue Ebene von Elementarteilchen existiere, die Quarks, zu denen insbesondere ein „seltsames Quark" gehöre. Diese theoretischen Fortschritte waren nur durch die parallel verlaufende Entwicklung immer leistungsstärkerer Teilchenbeschleuniger und neuer ausgefeilter Experimentiertechniken möglich geworden, mit denen man die vielfältigen Stoßtrümmer der Hochenergiekollisionen aufspüren konnte.

Spurenlesen

Manche der Aufnahmen von subatomaren Teilchen sind schwer zu lesen. Man muß den Teilchenimpuls aus dem Krümmungsgrad der Spur im Magnetfeld berechnen, die Streuwinkel messen und dann aus diesen Daten eine konsistente Interpretation herauslesen; nur hin und wieder kann man daraus eindeutig erschließen, welche Spur zu welchem Teilchen gehört. Wie dem auch sei — in manchen Fällen ist es viel einfacher, ein solches Bild zu interpretieren. Dann hinterlassen die Teilchen ihre Handschrift so deutlich, daß sich genügend Anhaltspunkte ergeben, die sich zu einem kompletten Bild zusammenfügen.

Die Aufnahmen, die wir in diesem Kapitel gezeigt haben, wurden ausgewählt, um jeweils ein bestimmtes Teilchen vorzuführen. In Abbildung 5.20 sehen wir nun viele dieser Spuren auf einem einzigen Bild, das ein ständiges Kommen und Gehen verschiedener Teilchen wiedergibt. Darüber hinaus sind die Spuren der Teilchen in dieser bemerkenswerten Aufnahme so charakteristisch, daß es leicht ist, sie zu identifizieren, ohne auf detaillierte Messungen zurückgreifen zu müssen.

Die Aufnahme entstand an einer Blasenkammer, die flüssigen Wasserstoff — also Elektronen und Protonen — enthielt, und die einem Strahl aus negativen Kaonen ausgesetzt wurde. Am unteren Rand kommen zwei Kaonen ins Bild. Das linke von beiden stieß mit einem Proton zusammen und erzeugte neue Teilchen, während das andere Kaon die Kammer ohne Wechselwirkung durchquerte. Die leicht gekrümmte Spur des rechten Kaons zeigt, daß negativ geladene Teilchen auf dieser Aufnahme im Uhrzeigersinn abgelenkt werden (positiv geladene Teilchen bewirken eine Krümmung in die entgegengesetzte Richtung). Mit diesem Wissen können wir nun die Ereigniskette rekonstruieren, die das andere Kaon auslöste.

Das negative Kaon, das mit einem Proton kollidierte, erzeugte zwei geladene Teilchen, deren Spuren nahe dem unteren Bildrand ein „Y" bilden. Das bei dieser Wechselwirkung nach rechts herausgeschleuderte Teilchen ist offensichtlich ein

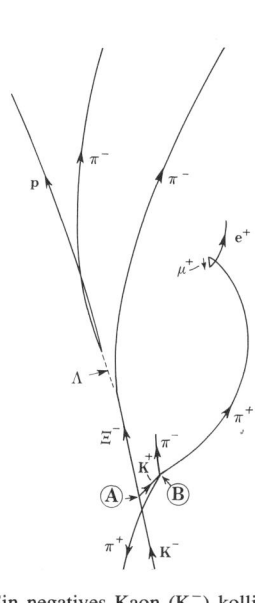

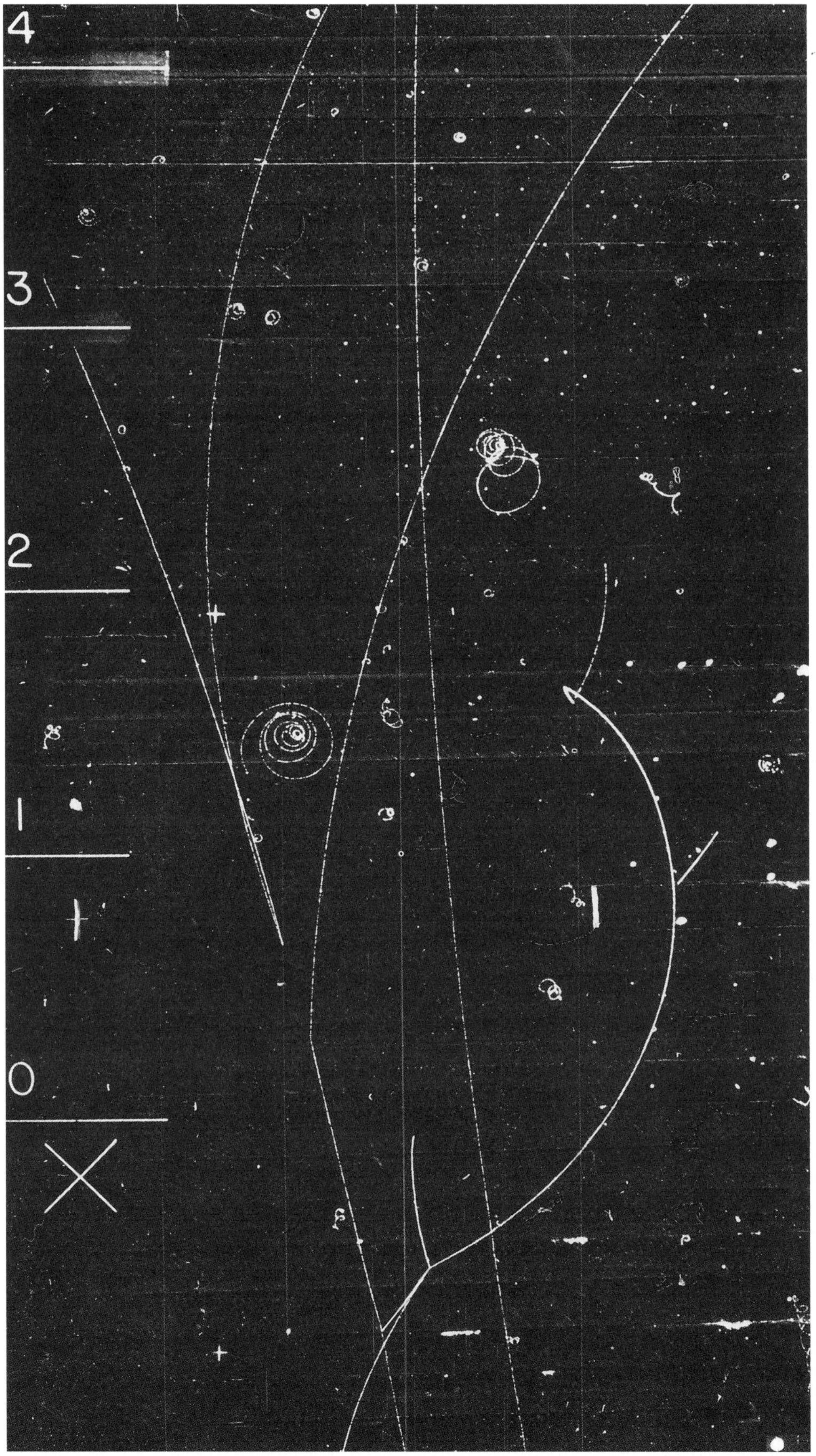

5.20 Ein negatives Kaon (K⁻) kollidierte in einer mit Wasserstoff gefüllten Blasenkammer am Ort A mit einem Proton und erzeugte dabei ein Xi-minus (Ξ⁻) und ein positives Kaon (K⁺). Dieses Kaon legte nur eine kurze Strecke zurück, bevor es am Ort B in ein negatives Pion (π⁻) und zwei positive Pionen (π⁺) zerfiel. Eines der positiven Pionen zeigt die charakteristische Zerfallsfolge über ein positives Müon (μ⁺) in ein Positron (e⁺). Das Xi-minus flog etwas weiter bildaufwärts, bevor es in ein negatives Pion und ein Lambda (Λ) zerfiel, das − weil es elektrisch neutral ist − keine Spur hinterließ. Das Lambda gab sich jedoch wieder zu erkennen, als es in ein Proton (p) und ein negatives Pion zerfiel.

Kaon, denn es zerfiel charakteristischerweise in drei Pionen (vergleiche Abbildung 5.12). Es muß sich dabei um Pionen handeln, weil eines davon den bekannten „Pion-Müon-Elektron"-Zerfall zeigt (in diesem Fall eigentlich einen Pion-Müon-Positron-Zerfall). Die beiden abrupten Knicke am Ende der Spur (in der Bildmitte) entstanden beim Zerfall des Pions in ein Müon und dessen anschließendem Zerfall in ein Positron, wobei zusätzlich (im Bild unsichtbare) Neutrinos emittiert wurden (vergleiche Abbildung 5.8). Da die anderen beiden Spuren dieselbe Ionisationsdichte aufweisen wie die des identifizierten Pions, handelt es sich mit größter Wahrscheinlichkeit um drei Pionen, die beim Zerfall eines positiv geladenen Kaons entstanden sind; positiv deswegen, weil zwei der Pionen gegen den Uhrzeigersinn abgelenkt wurden — sie tragen also eine positive Ladung — und eines in die andere Richtung (negative Ladung).

Die aufwärtsweisende Spur des negativen Pions endete, als es von einem Proton des Wasserstoffs eingefangen und absorbiert wurde, wobei sich die beiden entgegengesetzten Ladungen neutralisierten. Eines der positiven Pionen schoß über den unteren Bildrand hinaus, das andere zeigt die oben beschriebene charakteristische Zerfallskette, an deren Ende ein Positron entstand. Das Teilchen aus Antimaterie kann — umgeben von lauter „normaler" Materie — nicht lange überleben: Es wurde kurz darauf zusammen mit einem Elektron der Kammerflüssigkeit vernichtet, wobei zwei Photonen entstanden. Die beiden Photonen hinterlassen zwar keine Ionisationsspuren, doch machen sie sich bemerkbar, indem sie entlang ihrer Flugbahn Elektronen aus Atomen herausstießen. Die charakteristischen Spiralen, die ungefähr symmetrisch zur (verlängerten) Spur des Positrons in der oberen Bildhälfte zu sehen sind, stammen von solchen freigewordenen Elektronen.

Soviel zur rechten Seite der Aufnahme. Nun schauen wir uns an, was mit dem anderen Teilchen geschieht, das zusammen mit dem positiven Kaon am unteren Bildrand erzeugt wurde und nach links oben davonschoß — nennen wir es „X". Wegen der Ladungserhaltung muß X negativ ge-

laden sein: Ein negatives Kaon kollidierte mit einem Proton und erzeugte neben dem X ein positives Kaon. Aus der Bilanz der Seltsamkeit können wir nun weitere Anhaltspunkte über das X gewinnen, da auch dieses bei dem Prozeß erhalten blieb.

Das negative Kaon bringt eine Einheit *negativer* Seltsamkeit in die Kollision mit, während das Proton keine Seltsamkeit besitzt. Das dabei erzeugte positive Kaon nimmt eine Einheit *positiver* Seltsamkeit mit, so daß das X zwei negative Einheiten tragen muß, um die Bilanz auszugleichen. Ein negativ geladenes Teilchen mit Seltsamkeit -2 ist aber nichts anderes als ein Xi-minus, und tatsächlich sehen wir die bekannte Zerfallskaskade des Xi-minus: den „Knick mit dem V-förmigen Pfeil" (vergleiche Abbildung 5.17).

Die nach rechts abgeknickte Spur stammt dabei von einem schnellen negativen Pion, das neutrale Lambda hinterließ keine Spur; es zerfiel bald in ein Proton und ein negatives Pion, deren Spuren das charakteristische „V" bilden. Auch dieses negative Pion wurde nach rechts abgelenkt und schoß über den oberen Bildrand hinaus, während das schwerfälligere Proton eine dickere Spur hinterließ, die schwach linksgekrümmt ist.

6.1 Der Ring des Tevatrons, des großen Beschleunigers am Fermi National Accelerator Laboratory (Fermilab), mit einem Durchmesser von zwei Kilometern. Die Scheinwerfer eines Fahrzeugs zeichnen den Verlauf des unterirdischen Rings auf der Versorgungsstraße nach. Innerhalb des Rings wurde die ursprüngliche Prärielandschaft von Mitarbeitern des Fermilab wieder hergerichtet. Am Horizont sind die Lichter von Chicago zu sehen.

6. Die großen Teilchenbeschleuniger

Etwa 50 Kilometer westlich von Chicago zeichnet sich inmitten der Prärie von Illinois ein riesiger Ring ab, so groß, daß er selbst noch von Raumstationen aus zu erkennen ist. Dort befindet sich das Fermi National Accelerator Laboratory, ein moderner „Tempel" der Wissenschaft, in dem die energiereichsten Teilchenstrahlen der Welt erzeugt werden. Über 2000 Menschen sind auf dem mehr als 27 Quadratkilometer großen Gelände des Laboratoriums beschäftigt; außerdem beherbergt es ständig etwa 1000 Gastwissenschaftler, die von mehr als 200 Institutionen aus dem In- und Ausland angereist kommen. Bei Vollast nehmen die Beschleunigungs-

ein Dorf im Stil des amerikanischen Mittelwestens, in dem die Gastwissenschaftler mit ihren Familien untergebracht sind, eine eigene Büffelherde und einige interessante Beispiele moderner Architektur. Das Fermilab ist ein Paradebeispiel für ein modernes Forschungszentrum für Teilchenphysik — mit Rutherfords kleinem Reich, das er am Cavendish-Laboratorium unter sich hatte, läßt es sich kaum noch vergleichen.

Kernstück des Fermilab ist das Tevatron, der Beschleunigerring mit einem Durchmesser von zwei Kilometern. Die Maschine selbst wurde in einen unterirdischen

maschinen des Fermilab eine elektrische Leistung von fast 60 Megawatt auf — das entspricht ungefähr dem Verbrauch der nahegelegenen Stadt St. Charles mit 175000 Einwohnern. Zu der Anlage gehören auch

Tunnel eingebaut, ihr Verlauf ist aber durch eine darüberliegende Versorgungsstraße erkennbar. Der Ringtunnel enthält etwa 2000 Elektromagneten, die die Protonen so lange auf einem Rundkurs halten, bis sie ihre Maximalenergie von etwa 1000 GeV oder einem Teraelektronenvolt (1 TeV) erreicht haben. Die Protonen fliegen durch ein enges Stahlrohr mit einem Durchmesser von etwa zehn Zentimetern. Ein Hochvakuum im Inneren des Rohrs sorgt dafür, daß die Teilchen nicht durch Kollisionen mit Fremdmolekülen von ihrer Bahn abgebracht werden. Das Tevatron kann alle 60 Sekunden ein „Paket" aus 20 Millionen Millionen (2×10^{13}) Protonen abgeben, das dann den Experimenten zugeführt wird. Oft werden die Protonen dazu benutzt, Strahlen sekundärer Teilchen zu erzeugen, zum Beispiel aus Pionen, Kaonen oder Neutrinos.

letzten Teil ihrer Reise führt. Die Magnete halten die elektrisch geladenen Protonen über viele tausend Umläufe hinweg auf ihrem Rundkurs; bei jedem Umlauf erhalten die Protonen in elektrischen Feldern einen kleinen Beschleunigungsimpuls, so daß sie schließlich beinahe mit Lichtgeschwindigkeit (300 000 Kilometer pro Sekunde) fliegen.

Die elektrischen Beschleunigungsfelder werden heute in den meisten Teilchenbeschleunigern — so auch im Tevatron — in großen Hohlraumkesseln aus Kupfer, sogenannten *Hohlraumresonatoren*, erzeugt (Abbildung 6.4). Radiowellen sind wie alle

6.2 Der Cockcroft-Walton-Generator des Fermilab, die erste Beschleunigungsstufe für die Protonen. In dem würfelförmigen Behälter am oberen Bildrand werden Elektronen an Wasserstoffatome angelagert; die so gebildeten negativen Ionen bestehen aus jeweils einem Proton und zwei Elektronen. Aus dieser Ionenquelle werden die Ionen in dem nach links abgehenden Rohr auf 750 keV beschleunigt, bevor sie in die zweite Beschleunigungsstufe, den Linearbeschleuniger, übergeführt werden. Aus technischen Gründen beschleunigt man zunächst negative Ionen anstatt Protonen: Sie lassen sich leichter in den Booster — die dritte Beschleunigungsstufe — einspeisen. Außerdem können die Maschinenphysiker mit dieser Methode mehr Protonen in den Booster pumpen. Der kuppelförmige Aufsatz im Bildhintergrund enthält Schaltelemente der „Cockcroft-Kaskade", die aus der Wechselspannung des Versorgungsnetzes eine gleichgerichtete Hochspannung aufbaut (750 Kilovolt). Die dunklen Stützsäulen sind von abgerundeten und glattpolierten „Koronaringen" unterbrochen, um ungewollten Entladungen vorzubeugen.

Das Tevatron besteht eigentlich aus zwei Teilchenbeschleunigern, die übereinander liegen und sich in demselben, drei Meter hohen Tunnel befinden. Überraschenderweise ist es der untere Ring mit den kleineren Magneten, der die Protonen auf dem

Erscheinungsformen elektromagnetischer Strahlung Schwingungen gekoppelter elektrischer und magnetischer Felder. In einem solchen Hohlraum passender Größe und Form bilden diese Felder eine sogenannte stehende Welle — ähnlich wie bei Schallwellenresonanzen in einer Orgelpfeife —, wobei sich hier jedoch Bereiche mit positiver und negativer elektrischer Feldstärke periodisch ablösen. Ist das elektrische Feld richtig gepolt, spüren die Protonen, die in den Hohlraumresonator eindringen, eine beschleunigende Kraft und nehmen dabei Energie aus den Radiowellen auf.

Ein Teilchenbeschleuniger wie das Tevatron beschleunigt ruhende Protonen auf nahezu Lichtgeschwindigkeit. In einem einzigen Beschleunigungsschritt ist das nicht möglich; vielmehr geschieht dies in mehreren Schritten, wobei sozusagen in verschiedene Gänge heraufgeschaltet werden muß.

Der „erste Gang" des Tevatrons ist ein Cockcroft-Walton-Generator, eine Maschine, die aus einem Science-fiction-Film stammen könnte. Hier werden die Protonen auf eine Energie von 750 keV (oder 0,00075 GeV) beziehungsweise vier Prozent der Lichtgeschwindigkeit beschleunigt. Anschließend kommen sie in den 150 Meter langen Linearbeschleuniger, den „zweiten Gang" des Tevatrons. Dieser

Endspurt von 400 000 weiteren Umläufen ihre Endenergie von 1000 GeV; sie fliegen dann sogar mit 99,99995 Prozent der Lichtgeschwindigkeit — also unglaublich nahe an der absoluten Grenze des Möglichen. Vom Startpunkt im Cockcroft-Walton-Generator bis zum Ziel haben die Protonen dann eine Strecke von drei Millionen Kilometern in weniger als 20 Sekunden zurückgelegt!

In Abbildung 6.3 sind Ausschnitte der beiden großen Beschleunigerringe des Tevatrons zu sehen. Der obere Ring mit den größeren Magneten wurde als erstes fertiggestellt (1972); seine Magnete bestehen

besteht aus einer Reihe von Kupferzylindern, in denen elektrische Felder die Protonen auf 200 MeV (0,2 GeV) beziehungsweise 55 Prozent der Lichtgeschwindigkeit beschleunigen.

Wenn die Protonen den Linearbeschleuniger hinter sich gelassen haben, werden sie in einen kleinen Beschleunigerring eingespeist, den sogenannten „Booster", der einen Durchmesser von „nur" 150 Metern hat. In diesem dritten Beschleunigungsgang erreichen die Protonen 8 GeV beziehungsweise 99 Prozent der Lichtgeschwindigkeit. Von hier aus treten sie in den oberen Ring des Hauptbeschleunigers ein — den „vierten Gang" des Tevatrons — und werden in rund 70 000 Umläufen auf 150 GeV beziehungsweise 99,998 Prozent der Lichtgeschwindigkeit beschleunigt. Im unteren Ring des Hauptbeschleunigers erreichen die Protonen schließlich in einem

6.3 Der große Ring des Fermilab besteht aus zwei Beschleunigern, die in denselben, drei Meter hohen Tunnel übereinander eingebaut wurden. Die sechs Meter langen Elektromagnete des oberen Rings (rot und blau) führen die Protonen auf ihrem Rundkurs, während sie auf 150 GeV beschleunigt werden. Die gelben supraleitenden Magnete des unteren Rings übernehmen dann den Strahl auf dem letzten Teil der Beschleunigungsstrecke, auf dem die Protonen ihre Endenergie von 1000 GeV (1 TeV) erreichen.

6.4 Die Protonen erhalten jedesmal einen Beschleunigungsimpuls, wenn sie die elektrischen Felder der Radiowellen in den kupfernen Hohlraumresonatoren passieren. Die Resonatoren auf diesem Bild, das vor dem Einbau des supraleitenden Rings aufgenommen wurde, werden heute dazu benutzt, um die Protonen von 8 auf 150 GeV zu beschleunigen.

aus Kupferdrahtwicklungen, die ein magnetisches Feld erzeugen, wenn ein elektrischer Strom durch sie hindurchfließt. Je höher die elektrische Stromstärke, desto stärker ist das erzeugte Magnetfeld. Allerdings tritt ab einer bestimmten Stromstärke ein Effekt auf, den man „Sättigung" nennt. Bei einer Feldstärke von etwa zwei Tesla, was dem rund Hunderttausendfachen der Stärke des Erdmagnetfelds entspricht, führt eine weitere Zunahme des Stroms nurmehr zu einer stärkeren Aufheizung des Magneten, während sich das Magnetfeld praktisch nicht mehr steigern läßt. Hier war man an der Grenze konventioneller Technologie angelangt.

6.5 Der Hauptkontrollraum des Fermilab ist vollgestopft mit Monitoren, die den aktuellen Zustand von vielen tausend Einzelkomponenten des komplexen Beschleunigernetzwerks anzeigen.

Mit diesem Ring aus Kupferdrahtmagneten konnte man Protonen bis auf 500 GeV beschleunigen (1976). Um diesen Energiebetrag auf den gegenwärtigen Wert zu verdoppeln, benötigte man jedoch völlig neuartige Magnete mit Wicklungen aus supraleitenden Drähten, die aus einer Niob-Titan-Legierung bestehen. Diese neue Technologie der Supraleitung wurde im unteren Ring eingesetzt.

Ein Supraleiter ist ein Material, das einem elektrischen Strom praktisch keinen Widerstand mehr entgegensetzt, wenn es extrem stark abgekühlt wird – typischerweise tritt der Effekt in Metallen bei einer Temperatur auf, die nur wenige Grad über dem absoluten Nullpunkt der Temperatur von etwa −273 Grad Celsius liegt. Supraleitende Magnete haben gegenüber konventionellen Elektromagneten zwei große Vorteile: Erstens erzeugen sie stärkere Magnetfelder; im Tevatron ist die Feldstärke im unteren supraleitenden Magnetring doppelt so hoch wie die im oberen, herkömmlichen Ring erreichbare. Zweitens kann man die stärkeren Magnetfelder auf diese Weise schon mit einer geringeren elektrischen Leistung erzeugen, weil der Wärmeverlust des elektrischen Stroms in den fast widerstandslosen Supraleitern wegfällt – ein nicht unwichtiger Gesichtspunkt, wenn sich die jährliche Elektrizitätsrechnung auf etwa 16 Millionen Dollar beläuft ...

Sobald die Protonen auf maximale Energie beschleunigt sind, werden sie durch elektrostatische Felder von ihrem Rundkurs zu einer Art Verteilerweiche gelenkt. Hier wird der Protonenstrahl in mehrere Teilstrahlen aufgespalten, die in verschiedene Richtungen davonschießen und Detektoren in drei Experimentierbereichen versorgen. Einer davon ist der „Mesonenbereich", in dem die hereinkommenden Protonen auf ein Metalltarget gerichtet werden und dort sekundäre Teilchenschauer aus Mesonen, meist Pionen und Kaonen, erzeugen. Kombinierte elektrische und magnetische Felder sondern Teilchen einer bestimmten Art und Energie aus und formen daraus gebündelte Sekundärstrahlen; 13 verschiedene Experimente können so gleichzeitig mit den Sekundärstrahlen des Tevatrons beschickt werden.

Das Tevatron ist ein Wunderwerk moderner Technik. Sein Betrieb hängt vom exakten zeitlichen Zusammenspiel und der Zuverlässigkeit tausender Komponenten ab, und wenn nur eine davon ausfällt, kann das einen Zusammenbruch des Gesamtsystems verursachen. Jeder Bereich des Systems wird von einer Reihe von Computern überwacht. Im Hauptkontrollraum können die Physiker auf Computermonitoren Farbgraphiken abrufen, die ihnen den Zustand des Vakuums im Strahlrohr, die Lage des Strahls und Dutzende anderer Systemparameter anzeigen.

In ähnlicher Weise überwachen Mikroprozessoren die einfacheren Funktionen in den einzelnen Experimenten und übernehmen größere Computer die Koordination für die Durchführung eines ganzen Experiments. Dennoch sind die Forscher dabei nicht ganz überflüssig! Solange das Experiment läuft, müssen sie Tag und Nacht bereit sein, um bei einer Störung notfalls eingreifen zu können. Wie ein Produktionsprozeß in der Industrie, so verlangt auch ein typisches Experiment an einem modernen Teilchenbeschleuniger ein Team aus Experten und Technikern, die in mehreren Schichten rund um die Uhr den Ablauf überwachen.

Ein solch komplexes Unternehmen hat nur noch wenig mit den Experimenten zu tun, die Rutherford 70 Jahre zuvor durchführte, und erinnert nur noch entfernt an die Nebelkammerexperimente, mit denen man die ersten neuen Teilchen in der kosmischen Strahlung nachwies. Die Vorläufer des Tevatrons und der anderen modernen Teilchenbeschleuniger wurden jedoch bereits in den frühen dreißiger Jahren entwickelt, zu einem Zeitpunkt, als die Erforschung der kosmischen Strahlung gerade ihren Höhepunkt erreichte.

Die Teilchenschleuder

In einer Rede vor der Royal Society, die Rutherford in seiner Eigenschaft als Präsident dieser Gesellschaft im November 1927 hielt, wünschte er sich »eine ergiebige Quelle an Atomen und Elektronen mit einer Energie, die diejenige von Alpha- und Betateilchen aus radioaktiven Körpern weit übersteigen sollte«. Seine Worte spornten Ingenieure und Physiker in den Vereinigten Staaten und in Großbritannien an; in Rutherfords eigenem Cavendish-Laboratorium bauten Cockcroft und Walton eine Maschine, mit der sie 1932 die ersten künstlichen Kernumwandlungen durch beschleunigte Teilchen erzeugen konnten (siehe Seite 50−52). Die Erfindung allerdings, die direkt zu den heutigen gigantischen Beschleunigern führen sollte, war ein anderer Maschinentyp: das *Zyklotron*. Die Idee dazu hatte Ernest Orlando Lawrence, der 1928 als außerordentlicher Professor für Physik nach Berkeley kam.

Der 27jährige Lawrence hatte ursprünglich vorgehabt, seine Forschungen über Photoelektrizität fortzusetzen; aber im Jahre 1929 stieß er auf die Doktorarbeit des norwegischen Ingenieurs Rolf Wideröe, der in Deutschland arbeitete. Wideröe hatte eine Idee in die Praxis umgesetzt, die fünf Jahre zuvor von dem schwedischen Physiker Gustav Ising zur Beschleunigung von Teilchen vorgeschlagen worden war. Lawrence sah, wie man Wideröes Gerät weiter verbessern könnte, und änderte nicht nur seine eigenen Zukunftspläne, sondern gab damit auch der Teilchenphysik eine neue Richtung.

Ising und Wideröe verfolgten die Idee, Teilchen durch eine Anzahl kleiner Impulse mittels relativ niedriger Spannungen auf hohe Energien zu beschleunigen. In Wideröes Konstruktion flogen die Teilchen in einer evakuierten Röhre durch eine Reihe voneinander getrennter Metallzylinder. Das Innere der Zylinder war frei von elektrischen Feldern − die Teilchen passierten sie einfach im Leerlauf. In den Lücken zwischen den Zylindern aber erzeugte Wideröe mit Hilfe von Wechselspannungen elektrische Felder, deren Feldstärke zwischen positiven und negativen Werten hin- und herpendelte. Die Frequenz der Wechselspannung paßte er so an die Länge der Zylinder an, daß die Teilchen stets beschleunigt und nicht abgebremst wurden, wenn sie eine Lücke passierten. Auf diese Weise erhielten die Teilchen jedesmal einen Beschleunigungsimpuls, wenn sie von einem Zylinder in den nächsten flogen. Dieses Beschleunigungsprinzip liegt den modernen Linearbeschleunigern zugrunde, in denen die Teilchen vorbeschleunigt werden, bevor man sie in die großen Beschleunigerringe einspeist.

Lawrences Trick war nun, die Teilchen durch ein Magnetfeld auf eine spiralförmige Bahn zu zwingen. Dann konnten sie dieselbe Beschleunigungsstrecke viele Male durchlaufen, anstatt wie in Wideröes Anordnung mehrere solcher Streckenabschnitte hintereinander zu passieren. (Wideröe hatte bereits einige Jahre zuvor auch einen Ringbeschleuniger für Elektronen entwickelt, der allerdings auf ringförmigen, durch elektromagnetische

131

Induktion erzeugten elektrischen Feldern beruhte.) Lawrence überlegte sich, daß die bei jedem Umlauf schneller werdenden Teilchen durch das Magnetfeld immer schwächer abgelenkt werden und damit eine Spiralbahn durchlaufen müßten; da aber der Bahnradius der Teilchen im selben Maße zunehmen sollte wie ihre Bahngeschwindigkeit, bliebe letztendlich die Zeit für einen Umlauf immer konstant. Trotz − oder gerade wegen − ihres spiralförmigen Bahnverlaufs können die Teilchen also die Beschleunigungsstrecke in immer gleichen Zeitabständen passieren und somit der sie beschleunigenden Wechselspannung im Gleichtakt bleiben.

sich die Richtung des elektrischen Felds zwischenzeitlich geändert haben, nach einem weiteren halben Umlauf wiederum und so weiter − das elektrische Feld im Zwischenraum mußte hin- und herschwingen, damit die Teilchen kontinuierlich beschleunigt werden konnten. Lawrence hatte nur die Schwingungsfrequenz des elektrischen Felds (und damit die Frequenz seiner Wechselspannung) auf die Umlaufzeit der Teilchen abzustimmen; dann würden die Teilchen, die eine radioaktive Quelle im Zentrum des Beschleunigers emittierte, auf einer Spiralbahn an dessen Rand gewirbelt und mit einer sehr viel höheren Energie austreten.

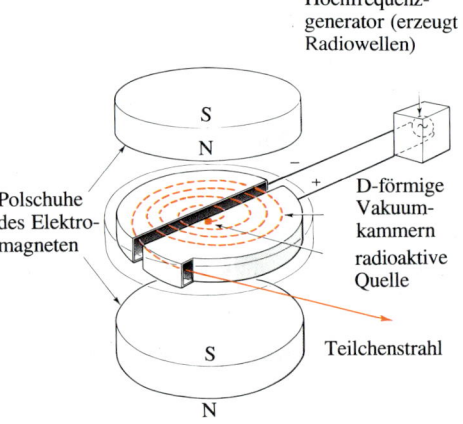

6.6 Lawrences erstes funktionierendes Zyklotron aus dem Jahre 1930 hatte einen Durchmesser von nur 13 Zentimetern und brachte Protonen auf 80 keV.

Im Prinzip bestand Lawrences „Teilchenschleuder" aus den beiden kreisscheibenförmigen Nord- und Südpolen eines Elektromagneten, zwischen die zwei halbmond- oder D-förmige metallene Hohlraumresonatoren eingebracht wurden (siehe Abbildung 6.7). Die beiden „Dees" waren durch einen Zwischenraum voneinander getrennt, an den eine elektrische Spannung angelegt wurde. Das elektrische Feld im Spalt beschleunigte die Teilchen, wenn sie es bei der ersten Hälfte ihres Umlaufs passierten. Während der anderen Hälfte ihres Umlaufs durchliefen die Teilchen den Spalt erneut, diesmal jedoch in entgegengesetzter Richtung. Wenn sie wieder beschleunigt werden sollten, mußte

6.7 Die Grundelemente eines Zyklotrons sind ein elektrisches Feld, in dem die Teilchen beschleunigt werden, und ein magnetisches Feld, das sie auf eine Spiralbahn zwingt. In der Praxis wird das Magnetfeld von zwei übereinanderliegenden scheibenförmigen Polschuhen eines Elektromagneten erzeugt. Die magnetische Feldrichtung steht senkrecht zu der horizontalen Ebene, in der sich die Teilchen in zwei metallenen Hohlräumen bewegen. Diese D-förmigen Vakuumkammern sind durch einen Spalt voneinander getrennt, an den eine elektrische Spannung angelegt wird, und in dem sich das elektrische Feld aufbaut. Die Teilchen, die aus einer radioaktiven Quelle im Zentrum des Beschleunigers stammen, werden beim Passieren des elektrischen Felds zwischen den „Dees" beschleunigt. Erzeugt man die elektrische Spannung mit Hilfe einer oszillierenden Radiowelle, dann wechselt das Feld periodisch seine Richtung und kann in seiner Frequenz so abgestimmt werden, daß das Feld immer beschleunigend wirkt, wenn die Teilchen den Spalt passieren. Die Teilchen fliegen im Magnetfeld des Zyklotrons auf einer spiralförmigen Bahn, da sie mit steigender Energie immer schwerer abzulenken sind; so erreichen sie schließlich den Rand der Vakuumkammer, wo sie aus der Maschine herausgeführt werden.

Im Januar 1931 gab Lawrence den erfolgreichen Betrieb seines ersten „Zyklotrons", wie diese Art Beschleuniger im Fachjargon genannt wird, der American Physical Society bekannt. Zusammen mit seinem Studenten Stanley Livingston hatte er eine Maschine gebaut, die Protonen auf eine Energie von 80 keV beschleunigen konnte. Daraufhin bewilligte der National Research Council Lawrence einen Zuschuß in Höhe von 500 Dollar für die Entwicklung eines größeren einsatzfähigen Beschleunigers.

Ein Jahr später hatten Lawrence und Livingston zusammen mit David Sloan,

6.8 Lawrences Zyklotrone wurden rasch größer. Im Januar 1932 konnte mit dem 28-Zentimeter-Beschleuniger (obere Bildreihe links) erstmals die 1-MeV-Marke überschritten werden.

6.9 Im Dezember 1932 war das nächste Zyklotron, mit 69 Zentimetern Durchmesser, fertig (obere Reihe rechts), mit dem man auf 4,8 MeV kam. Sein Herzstück war ein Magnet, den Lawrence von der Federal Telegraph Company in Palo Alto (Kalifornien) geschenkt bekommen hatte. Auf der Aufnahme versuchen Lawrence (kniend im weißem Hemd) und sein Team gerade, die Maschine zum Laufen zu bringen; in der stehenden Gruppe ist rechts Edwin McMillan zu erkennen.

6.10 Das 1,5-Meter-Zyklotron ähnelt bereits den modernen Zyklotronen, wie sie heute zum Beispiel in Krankenhäusern stehen. Im Oktober 1939 — zwei

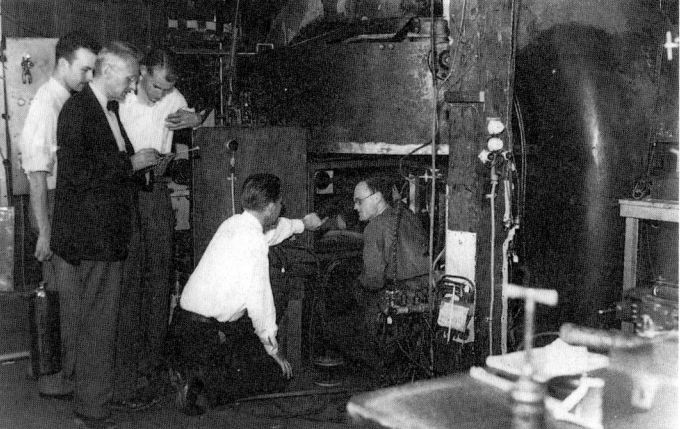

einem anderen Studenten, ein Gerät mit einem Durchmesser von 28 Zentimetern fertiggestellt, den 11-Zoll-Ring, mit dem sie die magische Zahl von 1 MeV erreichten (ein Zoll — „inch" im Englischen — entspricht 2,54 Zentimetern). Doch das Team in Berkeley hatte über seinem Eifer,

Monate, nachdem die Aufnahme (links unten) gemacht worden war — lieferte es seinen ersten Strahl von 19-MeV-Deuteronen (Kernen des „schweren Wasserstoffs" mit je einem Proton und Neutron).

6.11 Lawrences abschließendes Meisterstück, das 4,6-Meter-Zyklotron aus dem Jahre 1957, ist heute noch in Betrieb (Photo rechts unten).

den Beschleuniger immer weiter zu verbessern, seine praktischen Anwendungsmöglichkeiten vernachlässigt, so daß Cockcroft und Walton schließlich die ersten waren, die künstlich induzierte Kernumwandlungen beobachten konnten.

Berkeley entwickelte sich dennoch zum Mekka der Beschleunigerkonstrukteure; von hier aus wurden Zyklotrone in andere Forschungseinrichtungen, nicht nur in den Vereinigten Staaten, sondern in der ganzen Welt, geliefert. Bald hatten Laboratorien in Cornell, Princeton, Chicago und Michigan, Liverpool und Birmingham, Paris, Stockholm und Kopenhagen ihre eigenen Zyklotrone. Diese Maschinen wurden nicht nur für physikalische Zwecke eingesetzt; die Arbeiten in Berkeley hatten gezeigt, wie wichtig es war, radioaktive Isotope für Anwendungen in Medizin, Biologie und Chemie herstellen zu können. Das Zyklotron war nach und nach zu einem Hilfsmittel der neuen „nuklearen Wissenschaften" geworden.

Im Jahre 1939 hatte der damals größte Beschleuniger am Strahlungslabor in Berkeley bereits einen Durchmesser von anderthalb Metern. Ausgerechnet in der großen Wirtschaftsdepression der frühen dreißiger Jahre hatte Lawrence das begründet, was wir heute Großforschung nennen, eine Wissenschaft, die die Zusammenarbeit von Wissenschaftlern und Ingenieuren, zahlreichen Technikern und Hilfspersonal erforderlich machte und riesige Geldsummen verschlang. Lawrences Talente lagen nicht nur darin, sich immer neuen wissenschaftlichen Herausforderungen zu stellen; er besaß auch die bemerkenswerte Fähigkeit, die finanzielle Unterstützung für seine immer kostspieligeren Unternehmungen aufzutreiben.

Im November 1939 erhielt Lawrence für die Erfindung und Entwicklung des Zyklotrons den Nobelpreis für Physik. Fünf Monate später hatte er eine Zusage der Rockefeller-Stiftung über 1,4 Millionen Dollar in der Tasche, die er für den Bau eines gigantischen 100-MeV-Zyklotrons benötigte, dessen riesiger Magnet einen Poldurchmesser von 4,6 Metern (184 Zoll) haben sollte. Lawrence wollte damit das vermutete Trägerteilchen der starken

Kraft — das später Pion genannt wurde — erzeugen. Er glaubte, daß dies gehen müsse, wenn man Atomkerne mit Alphateilchen beschösse, die in der von ihm vorgeschlagenen Maschine beschleunigt würden. Alphateilchen tragen die doppelte elektrische Ladung der Protonen und erreichen deshalb die doppelte Energie — etwa 200 MeV. Lawrence rechnete sich aus, daß eine Alphateilchenenergie von 150 MeV ausreichen würde, um die Pionen dem Feld der starken Kraft zu entreißen. Der Zweite Weltkrieg durchkreuzte seine Pläne; Lawrence erhielt zwar noch seinen rund viereinhalb Meter großen Magneten, allerdings für militärische Zwecke. Er kam beim Atombombenprojekt in Los Alamos zum Einsatz, wo der Magnet für ein von Lawrence entwickeltes Verfahren gebraucht wurde, mit dem man das seltene spaltbare Uranisotop Uran-235 von dem viel häufigeren Uran-238 trennen konnte.

Die durch den Krieg bedingte Zwangspause für die Forscher kam zum rechten Zeitpunkt, denn das 4,6-Meter-Zyklotron hätte in seiner ursprünglichen Konzeption wahrscheinlich niemals den gewünschten Strahl von Alphateilchen mit 150 MeV erzeugen können. Einem Effekt der Einsteinschen Speziellen Relativitätstheorie zufolge nehmen Objekte an Masse zu, wenn sie auf annähernd Lichtgeschwindigkeit beschleunigt werden. Die Funktionsweise des Zyklotrons beruht nun auf dem Prinzip, daß die Teilchen stets dasselbe Zeitintervall für einen Umlauf benötigen; dies trifft aber nicht mehr zu, wenn sich die relativistische Massenzunahme bemerkbar macht. Je schwerer das Teilchen wird, desto länger braucht es für einen Umlauf; schließlich wird es den Spalt zwischen den beiden D-förmigen Hälften des Zyklotrons so spät erreichen, daß es den richtigen Augenblick verfehlt, in dem die periodisch sich ändernde Wechselspannung beschleunigend wirkt.

In den kleineren Zyklotronen, die vor dem Krieg gebaut wurden, blieb dieser Effekt ohne Bedeutung. Oberhalb einer Energie von ungefähr 25 MeV jedoch, bei der die Protonen mit etwa einem Fünftel der Lichtgeschwindigkeit fliegen, ist die Massenzunahme von rund zwei Prozent nicht mehr vernachlässigbar; hier stößt man an die praktische Grenze eines Protonenzyklotrons. Bei 100 MeV nähern sich Protonen der halben Lichtgeschwindigkeit und sind über zehn Prozent schwerer als in Ruhe. Lawrence ließ sich jedoch durch diese Einwände von seinem Vorhaben wie immer nicht abbringen. Im Jahre 1939 hatte er gehofft, die relativistische Massenzunahme durch den Einsatz einer überaus hohen Wechselspannung übergehen zu können, die die Protonen in wenigen Umläufen auf 100 MeV beschleunigen sollte. Bis Kriegsende war jedoch ein raffinierteres, neues Verfahren aufgetaucht, das es erlaubte, die Grenze von 25 MeV weit hinter sich zu lassen.

Ed McMillan, der während des Kriegs von Berkeley nach Los Alamos „eingezogen" worden war, um dort an der Entwicklung der Atombombe mitzuarbeiten, und Wladimir Wexler in der Sowjetunion verfolgten unabhängig voneinander dieselbe Idee, wie man die relativistischen Effekte in einem zyklischen Beschleuniger technisch beherrschen könnte. Sie schlugen vor, die angelegte Wechselspannung in ihrer Frequenz so anzupassen, daß sie mit den anwachsenden Umlaufzeiten der Teilchen im Gleichtakt bliebe.

Eine Maschine, die mit einer variablen Frequenz arbeitet, kann nicht mehr einen kontinuierlichen Teilchenstrom beschleunigen, wie dies beim Zyklotron der Fall war. Verändert man die Frequenz, um im Gleichtakt mit den hochenergetischen Teilchen zu bleiben, dann geraten die Teilchen mit geringerer Energie außer Takt. Statt dessen nahm ein „synchronisiertes" Zyklotron — ein sogenanntes *Synchrozyklotron* — die Teilchen aus einer Quelle bündelweise auf und beschleunigte diese einzelnen Pakete jeweils so lange, bis sie an die Peripherie des Magneten gelangten. Parallel dazu reduzierte man die Frequenz der Beschleunigungsspannung, um den Anstieg der Teilchenmasse zu kompen-

sieren. Die Endenergie der Teilchen wird dann nur durch die Stärke und Größe des Magneten begrenzt.

Als McMillan nach dem Krieg wieder nach Berkeley zurückkehrte, wurde sein Einfall, die Zyklotronfrequenz zu verändern, im Entwurf für das 4,6-Meter-Zyklotron berücksichtigt. Der große Magnet hatte seine Dienste bei der Urananreicherung getan und konnte nun in einen Teilchenbeschleuniger eingebaut werden. Anfang November 1946 erzeugte das neue Synchrozyklotron seinen ersten Teilchenstrahl, Deuteronen mit einer Energie von 195 MeV. Aber noch bevor die Physiker in

6.12 Mitarbeiter von Lawrences Strahlungslabor bei einer Feier im Jahre 1939. Lawrence sitzt am Ende des linken Tischs (mit einer Gabel in der Hand), McMillan am selben Tisch zwischen den beiden Frauen in den getupften Kleidern.

Berkeley mit der Suche nach den Pionen beginnen konnten, waren ihnen Powell und seine Mitarbeiter bereits zuvorgekommen, die das geladene Pion 1947 in der kosmischen Strahlung entdeckten; Berkeley wurde immerhin mit dem „Trostpreis" bedacht, als man dort zwei Jahre später das neutrale Pion entdeckte.

Künstliche kosmische Strahlen

Lawrences 4,6-Meter-Synchrozyklotron ergänzte die Experimente mit kosmischen Strahlen, da es Pionen in großer Menge nach Bedarf lieferte. Trotzdem fanden die Physiker das erste seltsame Teilchen in der kosmischen Strahlung — das Kaon und andere seltsame Teilchen sind wesentlich schwerer als das Pion; einige dieser Teilchen sind sogar schwerer als das Proton!

Lawrences Beschleuniger war nicht leistungsstark genug, um diese schweren Teilchen zu erzeugen. Die Grenzen seiner Maschine waren durch die Stärke des Magnetfelds und den Durchmesser der Magnetpole gegeben: Hatten die beschleunigten Teilchen einmal eine bestimmte Energie erreicht, so konnte ihre Umlaufbahn nicht länger zwischen den Polschuhen gehalten werden. Wie so oft in der Geschichte der Teilchenbeschleuniger wurde der Ruf nach „mehr Energie" laut. Lawrences Magnet mit seinem Durchmesser von 4,6 Metern erreichte mit seinen Abmessungen aber bereits die Grenze des technisch Machbaren. Wie sonst also konnte man noch höhere Energien erreichen?

Die Lösung war, nicht nur die Frequenz der Wechselspannung an die steigende Teilchenenergie anzupassen, sondern auch ein mit der Teilchenenergie kontinuierlich ansteigendes Magnetfeld zu benutzen, das die Teilchen auf einer mehr oder weniger konstanten kreisförmigen Umlaufbahn halten würde anstatt auf einer immer größer werdenden Spirale. Dann kann nämlich der riesige Magnet des Zyklotrons durch einen Ring aus lauter kleineren Magneten ersetzt werden, die im Profil jeweils wie ein „C" aussehen, und die Teilchen können in einem Vakuumrohr umlaufen, das von den Ringmagneten umschlossen wird. Bei jedem Umlauf werden sie durch eine Wechselspannung passender Frequenz beschleunigt, die an einer oder mehreren Stellen des Rings angelegt wird; dabei hält sie das stetig stärker werdende Magnetfeld auf ihrer Kreisbahn. Eine solche Maschine nennt man ein *Synchrotron*; die modernen Beschleuniger wie beispielsweise das Tevatron am Fermilab beruhen noch heute auf demselben Prinzip.

Nach Kriegsende machte sich McMillan in Berkeley daran, den Prototyp eines Elektronensynchrotrons zu bauen. Aus technischen Gründen war es einfacher, erst einmal Elektronen anstatt Protonen zu beschleunigen. Obwohl Elektronensynchrotrone in den folgenden dreißig Jahren eine wichtige Rolle spielen sollten, war man damals in Berkeley wie auch anderswo in erster Linie an Protonensynchrotronen interessiert.

Im Jahre 1947 bewilligte die US Atomic Energy Commission, die Atomenergiekommission der US-amerikanischen Regierung, den Bau von Protonensynchrotronen in zwei miteinander konkurrierenden Forschungseinrichtungen, in Berkeley an der Westküste und im Brookhaven National Laboratory auf Long Island, New York. Der Beschleuniger in Brookhaven war für 3 GeV ausgelegt, so daß sein Protonenstrahl nach der Kollision mit einem geeigneten Target reichlich Pionen erzeugen konnte. Das vorrangige Ziel in Berkeley bestand darin, das negativ geladene Antiproton zu finden, das Gegenstück des Protons aus Antimaterie. 1932 hatte Carl Anderson bereits das Antielektron oder Positron in der kosmischen Strahlung entdeckt; mit dem Nachweis des Antiprotons erhoffte man sich ein weiteres wichtiges Indiz dafür, daß die Gesetze der Physik tatsächlich in bezug auf Materie und Antimaterie symmetrisch sind. Die Theorie sagte voraus, daß eine Energie von etwas mehr als 6 GeV nötig wäre, um in Kollisionen von Protonen mit einem ruhenden Target Antiprotonen zu erzeugen; diesen Energiebetrag peilte man in Berkeley an.

Die 3-GeV-Maschine in Brookhaven – das „Cosmotron" – ging 1952 als erstes Protonensynchrotron in Betrieb und lag damit zwei Jahre lang an der Spitze. Die Experimente, die dort zu Beginn durchgeführt wurden, waren eine gute Ergänzung zu den Arbeiten über seltsame Teilchen in der kosmischen Strahlung. So fand man mit dem Cosmotron den negativ geladenen Partner des positiven Sigmateilchens, das in der kosmischen Strahlung entdeckt worden war. Von größerer Bedeutung waren die ersten konkreten Hinweise darauf, daß die V-förmigen Zerfälle der zwei Arten seltsamer Teilchen immer zusammen auftraten, was der Theorie der *assoziierten*

Berkeley, Kalifornien – seiner Vollendung. Im November 1954 lieferte es die ersten Teilchenbündel von jeweils 10^{10} Protonen mit einer Energie von 6,2 GeV; im Jahr darauf begannen mehrere Arbeitsgruppen mit der Jagd nach dem Antiproton. Es gab bereits Anzeichen dafür, daß ein solches Teilchen möglicherweise von europäischen Physikern bei Experimenten mit kosmischen Strahlen gefunden worden war, und die Forscher in Berkeley wollten sich nicht ein weiteres Mal in den Schatten stellen lassen.

Bei der Suche nach dem Antiproton wurden in Berkeley zunächst die Hilfsmittel

6.13 Das Cosmotron am Brookhaven National Laboratory ging 1952 als erstes Protonensynchrotron in Betrieb. Die Protonen wurden zunächst in einem Van-de-Graaff-Generator (dem zylindrischen Behälter im Vordergrund) auf 3 MeV vorbeschleunigt. Dann traten sie durch das dünne Rohr in den Ring des Hauptbeschleunigers ein, wo ihre Energie auf 3 GeV gesteigert wurde. Jeder der vier Sektoren des Magnetrings (drei davon sind auf der links gezeigten Aufnahme zu erkennen) bestand aus 72 Stahlblöcken mit einem Querschnitt von jeweils etwa $2,5 \times 2,5$ Quadratmetern, durch die der Teilchenstrahl in einem 15×35 Quadratzentimeter großen Tunnel hindurchging. Die Maschine stellte 14 Jahre später, 1966, ihren Betrieb ein.

6.14 Im Jahre 1954 begann das Bevatron am Lawrence Berkeley Laboratory, Protonen auf eine Energie von 6 GeV zu beschleunigen. Rechts im Bild ist der Cockcroft-Walton-Generator zu sehen, von dem aus die Protonen in den Linearbeschleuniger eintraten (den Zylinder in der Bildmitte). Mit einer Energie von 10 MeV wurden sie dann in den Beschleunigerring eingespeist, dessen Magnete insgesamt 10000 Tonnen wiegen – fünfmal mehr als die des Cosmotrons. Das Bevatron ist noch in Betrieb und beschleunigt schwere Ionen bis hin zu Uranionen. Die Ionen werden dabei in einer speziellen Maschine vorbeschleunigt, dem sogenannten Super-Hilac (**H**eavy **i**on **l**inear **ac**celerator). Das Bevatron und der Super-Hilac werden zusammen als „Bevalac" bezeichnet.

Produktion enormen Auftrieb gab, die vorhergesagt hatte, daß seltsame Teilchen immer paarweise erzeugt werden (siehe Seite 116–120).

Mittlerweile näherte sich das andere Protonensynchrotron – das „Bevatron" in

eingesetzt, die die Physiker auch bei der Erforschung der kosmischen Strahlung benutzten, nämlich Kernemulsionen und Nebelkammern. Da Antiprotonen aber sehr selten auftreten, war auf den Aufnahmen nichts von den erhofften explosionsartigen Sternen zu sehen, die auf Proton-

6.15 Hier wird eine große rechteckige Platte eines Plastikszintillators für ein Experiment am CERN vorbereitet. Die geschwungenen Streifen sind Lichtleiter aus Acrylglas, die das im Szintillator emittierte Licht sammeln und es in das Rohrstück unten im Bild leiten. Das Rohrende wird direkt auf einen Photomultiplier aufgesetzt. Die ganze Anordnung wird sorgfältig in eine reflektierende Folie eingepackt und anschließend mit schwarzem Papier umwickelt, um sie vollständig gegen Licht abzuschirmen. Beachten Sie, daß alle Lichtleiter gleich lang sind, so daß gleichzeitig emittiertes Licht auch zur selben Zeit im Photomultiplier eintrifft, egal aus welchen Teilen des Szintillators es jeweils stammt.

Antiproton-Vernichtungen hätten schließen lassen. Auf 50 000 Pionen, die in den Kollisionen der beschleunigten Protonen mit den ruhenden Protonen im Target erzeugt wurden, war lediglich ein einziges Antiproton zu erwarten. Die Physiker brauchten daher Verfahren, mit denen sich die seltenen Antiprotonen aus der Flut von Pionen automatisch herausfischen ließen, *bevor* die Information über die Teilchen aufgenommen wurde.

Die beiden Arbeitsgruppen von Edward Lofgren und Emilio Segrè schlugen diesen Weg ein, um die Antiprotonen nachzuweisen. Sie entwarfen eine Reihe von Detektoren, um den Impuls und die Geschwindigkeit der in den Kollisionen erzeugten Teilchen zu messen; aus diesen beiden Werten läßt sich die Masse der Teilchen berechnen. Wenn man dann ein Teilchen mit der Masse des Protons, aber mit negativer anstatt positiver elektrischer Ladung findet, kann man ziemlich sicher davon ausgehen, daß es sich um ein Antiproton handelt.

Die Jagd begann mit der Aussonderung der negativ geladenen Teilchen aus den Stoßtrümmern, die bei den Kollisionen der Protonen mit einem Target im Inneren des Magnetrings erzeugt werden — bis dahin eine recht einfache Angelegenheit. Das Magnetfeld des Bevatrons lenkte die positiv und negativ geladenen Teilchen in entgegengesetzte Richtungen ab, so daß man einen Strahl negativ geladener Teilchen durch eine geeignet hinter dem Target angebrachte Öffnung in der Abschirmung des Beschleunigers aussondern konnte. Schwieriger war es dagegen, aus diesem Strahl negativ geladener Teilchen

6.16 Mitarbeiter des Teams von Emilio Segrè (links), das das Antiproton entdeckte. In der Bildmitte steht Edward Lofgren, Teamchef der anderen Antiproton-Gruppe in Berkeley. Von links nach rechts: Emilio Segrè, Clyde Wiegand, Edward Lofgren, Owen Chamberlain und Thomas Ypsilantis.

diejenigen mit der Masse des Protons herauszupicken, während die leichteren Pionen und die etwas schwereren Kaonen übergangen werden sollten.

In einem ersten Schritt zur Lösung dieses Problems bediente man sich eines Magnetfelds, um den Strahl nach den verschiedenen Teilchenimpulsen aufzufächern, ähnlich wie ein Prisma einen Lichtstrahl nach seinen Wellenlängen beziehungsweise Farben auffächert. Teilchen mit hohem Impuls werden durch den Magneten weniger stark abgelenkt als Teilchen mit geringerem Impuls, so daß ein an geeigneter Stelle angebrachter Schlitz einen schmalen Strahl von Teilchen aussondert, die alle mehr oder weniger denselben Impuls haben. Jetzt brauchte man „nur" noch die Geschwindigkeiten der Teilchen zu messen, um damit ihre Massen berechnen zu können.

Segrè und seine Mitarbeiter Owen Chamberlain, Clyde Wiegand und Tom Ypsilantis entschieden sich dafür, die Teilchengeschwindigkeit gleichzeitig auf zwei Arten zu bestimmen, um doppelt sicher sein zu können, tatsächlich ein Antiproton herausgefischt zu haben. Bei der einen Nachweismethode arbeitete man mit zwei Szintillationszählern, die einen Lichtblitz abgaben, wenn ein geladenes Teilchen durch sie hindurchging. Moderne Plastikszintillatoren sind Weiterentwicklungen der Szintillationsstoffe, die Rutherford in seinen Streuexperimenten benutzt hatte. Doch während Rutherford und seine Mitarbeiter die Lichtblitze noch mit ihren eigenen Augen zählten, stand dafür in den fünfziger Jahren eine automatische Zählelektronik zur Verfügung. Jeder kleine Lichtblitz wird dabei in einen elektrischen Impuls umgewandelt und so verstärkt, daß das Signal einem Koinzidenzzähler zugeführt werden kann, der nach dem Prinzip der in den dreißiger Jahren von Bruno Rossi erfundenen Koinzidenzschaltkreise arbeitet. Auf diese Weise kann man mit zwei oder mehr Szintillationszählern die Flugbahn eines Teilchens bestimmen, das beim Passieren der Zähler jeweils einen Lichtblitz ausgelöst hat.

Segrè und seine Mitarbeiter stellten zwei Szintillationszähler im Abstand von zwölf Metern auf. Bei dem Impulswert, den sie durch den davorliegenden Magnetfilter ausgewählt hatten, mußten die Antiprotonen den zweiten Zähler elf Tausendstelmikrosekunden (11×10^{-9} Sekunden) später erreichen als die leichteren und deswegen schnelleren Pionen. Das Signal aus dem ersten Szintillator wurde durch lange Kabel übertragen und dadurch zeitlich so verzögert, daß es genau gleichzeitig mit dem Signal des zweiten Zählers an der Elektronik ankommen mußte, wenn beide Signale von einem Antiproton ausgelöst worden waren. Ein Pion dagegen legte den Weg zwischen den beiden Zählern so schnell zurück, daß die Signale nicht mehr koinzident waren. Ein koinzidentes Signal aus dieser Anordnung zeigte also immer den Durchgang eines Antiprotons an.

Die zweite Methode, mit der das Team um Segrè die Geschwindigkeit der Teilchen messen wollte, beruhte auf dem Tscherenkow-Effekt − einem Phänomen, für das 1934 der russische Physiker Pawel Tscherenkow als erster eine theoretische Erklärung fand. Wenn ein geladenes Teilchen extrem schnell durch ein Material hindurchfliegt, kann es eine Art Druckwelle aus sichtbarem Licht erzeugen, die als Tscherenkow-Strahlung bezeichnet wird (siehe Abbildung 6.17). Wie bei der Druckwelle eines Überschallflugzeugs kommt es entscheidend darauf an, daß die Geschwindigkeit des Teilchens im Material größer ist als die des gewöhnlichen Lichts im selben Material. Die Tscherenkow-Strahlung tritt dabei in einem charakteristischen Winkel zur Flugbahn des Teilchens auf: Je größer die Teilchengeschwindigkeit ist, desto größer ist auch dieser Tscherenkow-Winkel. Ein derartiger Zähler registriert nur Teilchen oberhalb einer bestimmten Geschwindigkeit, der Lichtgeschwindigkeit im Szintillator, die vom verwandten Material abhängt.

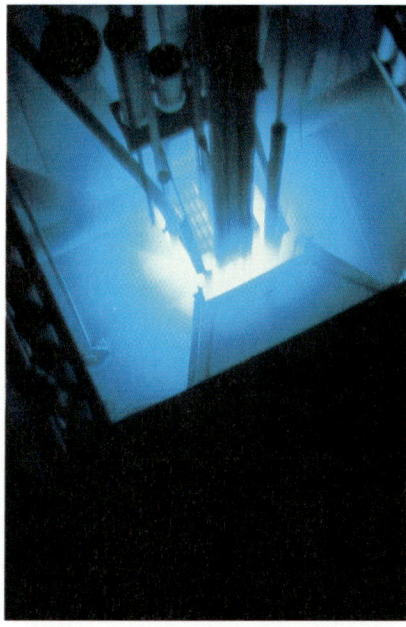

6.17 Tscherenkow-Strahlung ist die Ursache für das blaue Leuchten in dem Wasser, das den Kern des Versuchsreaktors der staatlichen Universität von North Carolina in Raleigh umgibt. Sie wird von energiereichen Teilchen erzeugt, die sich im Wasser schneller als Licht fortbewegen.

Tatsächlich benutzte Segrès Team zwei Tscherenkow-Zähler, wobei einer eine organische Flüssigkeit ($C_8F_{16}O$) enthielt und der andere aus geschmolzenem Quarz bestand. Der Flüssigkeitszähler lieferte ein Signal beim Durchgang eines jeden Teilchens, das schneller war als ein Antiproton; auf diese Weise sollten die Pionen identifiziert werden. Der Quarzzähler, der von Wiegand und Chamberlain speziell für dieses Experiment gebaut wurde, sprach nur auf Teilchen an, die annähernd die Geschwindigkeit besaßen, die die Antiprotonen haben sollten.

Anfang August 1955 hatten Segrè und seine Mitarbeiter ihr Experiment am Bevatron aufgebaut, und am 21. September erhielten sie die ersten Anzeichen für Antiprotonen. Kaum einen Monat später war sich das Team seiner Sache sicher genug, um die Entdeckung in der Zeitschrift *Physical Review* bekanntzugeben. Sie hatten inzwischen 100 Antiprotonen aus einer Flut von fünf Millionen Pionen herausgefischt. Das Bevatron hatte seine Aufgabe erfüllt, und Segrè und Chamberlain teilten sich im Jahre 1959 den Nobelpreis. (Das Antiproton wird im nächsten Kapitel noch genauer beschrieben.)

Glaser und die Blasenkammer

Die Entdeckung des Antiprotons erfüllte die Hoffnungen, die mit dem Bevatron verbunden waren. Berkeleys neuer Beschleuniger stellte den Physikern im Vergleich zum Cosmotron doppelt so hohe Energien zur Verfügung, mit denen sie sowohl neue schwere Teilchen entdecken als auch das Hochenergieverhalten bereits bekannter leichterer Teilchen untersuchen konnten. Doch war der Nachweis der Teilchen bei den hohen Energien schwieriger; derart energiereiche Teilchen können mit Leichtigkeit durch eine Nebelkammer hindurchschießen, ohne darin zu zerfallen oder mit den Atomen des verdünnten Kammergases in Wechselwirkung zu treten. Um zum Beispiel die Spur eines seltsamen Teilchens von seiner Erzeugung bis zu seinem Zerfall aufzunehmen, hätte die Nebelkammer bei den hohen Energien am Bevatron 100 Meter lang sein müssen! Außerdem arbeiten Nebelkammern recht langsam; es kann unter Umständen eine Minute dauern, bis die Kammer nach einer Expansion wieder einsatzbereit ist. Andererseits lieferte das Bevatron alle zwei Sekunden ein Bündel von Protonen.

Man brauchte also einen Detektor, der die langen Spuren hochenergetischer Teilchen registrieren konnte und schnell wieder einsatzbereit war. Gase waren dafür ein viel zu dünnes Medium. Flüssigkeiten hingegen schienen da schon aussichtsreicher, denn aufgrund ihrer größeren Dichte enthalten sie viel mehr Atomkerne, mit denen die hochenergetischen Teilchen wechselwirken können. Aber wie kann man Teilchenspuren in einer Flüssigkeit sichtbar machen? Die Nebelkammer beruhte auf der Kondensation von Flüssigkeitströpfchen in einem Gas; solche Tröpfchen in einer Flüssigkeit gleichen allerdings den sprichwörtlichen schwarzen Katzen im Kohlenhaufen. Man mußte also aus den schwarzen Katzen weiße machen.

Die Lösung wurde nicht in Berkeley gefunden, sondern von dem jungen Physiker Donald Glaser an der Universität von Michigan entwickelt. Glaser hatte am Caltech promoviert, wo dann in den späten vierziger Jahren Carl Anderson sein Lehrer wurde — zu einer Zeit, als die seltsamen Teilchen für Verwirrung unter den Physikern sorgten. 1949 ging Glaser nach Michigan, um dort eine Lehr- und Forschungstätigkeit aufzunehmen. Drei Jahre später hatte er den großartigen Einfall, wie man die Spuren von Teilchen in einer Flüssigkeit sichtbar machen konnte.

Glaser machte sich im Prinzip denselben Effekt zunutze, den wir beim Öffnen einer Flasche Bier beobachten können: Durch den Druckabfall beim Abnehmen des Flaschendeckels bilden sich Gasbläschen, die in der Flüssigkeit aufsteigen. Glaser arbeitete mit einer Flüssigkeit, die er knapp unterhalb ihres Siedepunkts unter Druck hielt. Wenn man unter diesen Ausgangsbedingungen den Druck senkt, beginnt die Flüssigkeit zu sieden, da die Siedepunkttemperatur bei geringerem Druck niedriger ist. Dieser Effekt ist Bergsteigern wohl vertraut, die auf dem Gipfel eines Berges eine Tasse Tee bei geringeren Temperaturen kochen können als auf Meereshöhe. Senkt man den Druck jedoch ganz plötzlich, bleibt die Flüssigkeit im flüssigen Zustand, auch wenn ihre Temperatur nun über dem Siedepunkt liegt. In diesem Zustand bezeichnet man sie als „überhitzte Flüssigkeit" − ein instabiler Zustand, der nur so lange aufrechterhalten werden kann, wie keine äußere Störung in der Flüssigkeit auftritt.

Glaser erkannte, daß geladene Teilchen, die durch eine überhitzte Flüssigkeit hindurchschießen, durch ihre ionisierende Wirkung auf die Atome der Flüssigkeit eine solche Störung erzeugen und dadurch den Siedeprozeß in Gang setzen können. Für den Bruchteil einer Sekunde bildet sich dann hinter dem Teilchen eine Spur aus kleinen Gasbläschen, die photographiert werden kann. Das Ganze muß sehr rasch vor sich gehen, denn gleich darauf beginnt die ganze Flüssigkeit heftig zu sieden. Glaser beabsichtigte deshalb, den Druck nur kurzfristig abzusenken und ihn sofort wieder aufzubauen. Die Teilchen, die während der kritischen Augenblicke reduzierten Drucks in die Flüssigkeit eindringen, hinterlassen photographierbare Spuren. Nach der Wiederherstellung des Drucks liegt die Flüssigkeit wieder ein wenig unter ihrem Siedepunkt, und der gesamte Prozeß kann nun erneut ablaufen.

Im Herbst 1952 begann Glaser mit Experimenten, um herauszufinden, ob seine „Blasenkammer" funktionieren würde. Nach eingehender Untersuchung möglicher Flüssigkeiten entschied er sich für Diethylether. Mit einem kleinen Glasgefäß, das gerade 30 Milliliter faßte, gelang es ihm schließlich, Spuren von Teilchen der kosmischen Strahlung zu photographieren (siehe Abbildung 6.18). Er hatte aber noch einen mühsamen Weg vor sich, bis er seine Erfindung weiterentwickeln konnte. Die US-amerikanische Atomenergiekommission und die National Science Foundation, eine nationale Forschungsstiftung, versagten Glaser ihre Unterstützung mit der Begründung, daß sein Verfahren zu wenig erfolgversprechend sei. Und sein erster Bericht über dieses Thema wurde zurückgewiesen, weil er das Wort „bubblet" (für „Bläschen") verwendet hatte, das nicht im Wörterbuch stand. Ein glücklicher Umstand änderte im Jahre 1953 die Lage und verhalf der Blasenkammer schließlich zum erhofften Durchbruch.

Im April 1953 sollte Glaser seine Erfindung zum ersten Mal auf einer Tagung der American Physical Society in Washington vorstellen. Zu den Tagungsteilnehmern gehörte auch Luis Alvarez, ein berühmter Physiker, auf den viele bedeutende Entdeckungen zurückgehen. Er arbeitete am Bevatron-Projekt, an dem damals noch gebaut wurde, und befaßte sich insbesondere mit dem Problem, wie man die hochenergetischen Teilchen nachweisen könnte, die die Maschine erzeugen würde.

Zu Beginn der Tagung saß Alvarez bei einigen Kollegen am Mittagstisch, mit denen er in Los Alamos während des Kriegs zusammengearbeitet hatte. Links von ihm saß ein junger Mann, der jene Zeit nicht miterlebt hatte und daher vom Austausch der Erinnerungen ausgeschlossen war. Alvarez begann, sich mit ihm über die aktuellen Entwicklungen in der Physik zu unterhalten; der junge Mann war Glaser. Er beklagte sich bei Alvarez darüber, daß ihm für seinen zehnminütigen Vortrag der letzte Termin am letzten Konferenztag zugewiesen worden war, wenn sich die meisten Teilnehmer bereits auf ihrem

6.18 Die Spur eines Teilchens der kosmischen Strahlung, das durch Donald Glasers erste Blasenkammer flog: ein kleines Glasfläschchen, in dem sich gerade 30 Milliliter Diethylether befanden.

141

Heimweg befinden würden. Alvarez gestand, daß er aus demselben Grund dem Vortrag nicht beiwohnen könne. Er fragte Glaser, worüber er denn referieren wolle, und Glaser erläuterte ihm daraufhin, wie er die Blasenkammer entwickelt und einen kleinen Prototyp mit einem Durchmesser von zwei Zentimetern gebaut hatte. Alvarez war beeindruckt – er erkannte sofort, daß dies die Lösung seines Problems bedeuten konnte.

Am gleichen Abend noch berichtete Alvarez seinen Mitarbeitern aus Berkeley und schlug ihnen vor, es mit dem Bau einer großen, mit flüssigem Wasserstoff gefüll-

ten Kammer zu versuchen. Da Wasserstoff aus der einfachsten Art von Atomen besteht, stellt er ein ideales Target für Kernkollisionen dar. Alvarez' Mitarbeiter waren von dieser Idee ebenso schnell eingenommen wie er selbst; sie waren sich alle einig, daß dies der richtige Weg sei. Nach ihrer Rückkehr nach Kalifornien begannen sie damit, eine große, wasserstoffgefüllte Blasenkammer zu konstruieren.

Die Absicht, Wasserstoff statt Ether zu verwenden, machte die Sache technisch erheblich schwieriger. Wasserstoff wird normalerweise erst bei etwa −253 Grad Celsius flüssig – ganzen 20 Grad über

6.19 Auf dieser Aufnahme aus den frühen sechziger Jahren inspiziert Donald Glaser (geboren 1926) eine Xenon-Blasenkammer am Lawrence Berkeley Laboratory. Die Xenon-Füllung ist zweckmäßig, weil sie eine dichte Flüssigkeit bildet, in der sich Gammaquanten prompt bemerkbar machen, wenn sie in Elektron-Positron-Paare materialisieren.

6.20 Luis Alvarez (geboren 1911) im Jahre 1954.

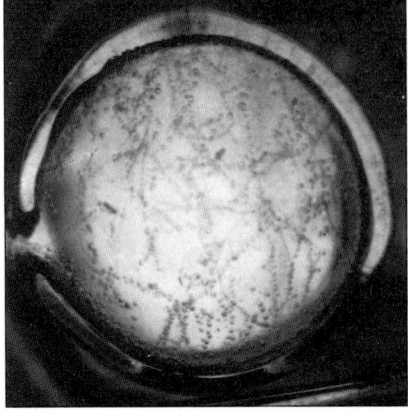

6.21 Die ersten in flüssigem Wasserstoff beobachteten Teilchenspuren, die 1954 in der 3,5 Zentimeter kleinen Blasenkammer von John Wood entstanden.

dem absoluten Temperatur-Nullpunkt also. Aber noch am Ende desselben Jahres – nur acht Monate, nachdem Alvarez mit Glaser gesprochen hatte – konnte John Wood, einer der Mitarbeiter der Gruppe in Berkeley, Spuren in einer Wasserstoff-Blasenkammer beobachten. Die Kammer hatte zwar nur einen Durchmesser von 3,5 Zentimetern, aber sie zeigte, daß die Idee praktikabel war. Darüber hinaus machte Wood die wichtige Entdeckung, daß er deutliche Aufnahmen der Spuren erhielt, auch wenn kleine Unebenheiten in der Kammerwand den Wasserstoff unbeabsichtigt zum Sieden brachten.

Glaser hatte wie die anderen Physiker zunächst angenommen, daß die Wände der Blasenkammer besonders glatt sein müßten, und sein Augenmerk deswegen auf Kammern aus Glas gerichtet. Als nun klar wurde, daß dieser Faktor nicht so entscheidend war, wandte sich Alvarez' Team einer Konstruktion aus Metallwänden mit Glasfenstern zu. Sie begannen mit einer Kammer von sechs Zentimetern Durchmesser, dann bauten sie eine mit zehn Zentimetern, die ab November 1954 am Bevatron getestet werden konnte. Daraufhin konstruierte das Team eine „große" Kammer mit einem Durchmesser von 25 Zentimetern, die von 1955 an regelmäßig in Experimenten am Bevatron eingesetzt wurde. Alvarez hatte aber bereits viel Größeres im Sinn.

Zu Beginn des Jahres 1955, noch bevor die 25-Zentimeter-Kammer überhaupt fertiggestellt war, schlug er den Bau einer 75-Zentimeter-Kammer vor. In seiner Vorstellung entwarf Alvarez immer größere Blasenkammern — schließlich entschied er sich für ein Monstrum, das 180 Zentimeter lang, 50 Zentimeter breit und fast 40 Zentimeter tief sein sollte. 17 Liter flüssigen Wasserstoffs sollte diese Kammer fassen, deren Glasfenster 800 Quadratzentimeter groß sein würde und das natürlich dick genug sein mußte, um dem Druck im Inneren der Kammer widerstehen zu können. Selbst Lawrence, der damalige Leiter des Forschungslaboratoriums in Berkeley und wagemutige Pionier des Zyklotrons, war über Alvarez' verwegenen Vorschlag verblüfft. »Ich halte nichts von Ihrer Maschine«, sagte er zu Alvarez, »aber ich habe Vertrauen zu Ihnen und werde Ihnen helfen, das Geld dafür zu bekommen.«

Das „Monstrum" war nicht billig. Als die 180-Zentimeter-Blasenkammer 1959 vollendet war, hatte sie über zwei Millionen Dollar verschlungen — kein Vergleich mit Glasers erster winziger Kammer. Nun benötigte man für die Kammer ein eigenes Gebäude samt Hebekran, Kompressoren und einem Magnet, der eine elektrische Anschlußleistung von drei Megawatt hatte. Das Aufspüren der kleinsten Bausteine der Materie war zum Großprojekt, zum „big business", geworden.

Wie schon beim Zyklotron folgten andere Laboratorien dem Beispiel Berkeleys und bauten Blasenkammern verschiedener Größe, die mit unterschiedlichen Flüssigkeiten gefüllt waren. Eine davon war die wasserstoffgefüllte 200-Zentimeter-Blasenkammer des Brookhaven National Laboratory, die in den sechziger Jahren berühmt werden sollte. Sie wurde mit Teilchen aus dem Alternating Gradient Synchrotron (AGS), dem Nachfolger des Cosmotrons, beschossen.

Der Betrieb einer Blasenkammer ist stets eng an den Arbeitszyklus des Beschleunigers gekoppelt, der sie mit Teilchen versorgt. Im Fall der 200-Zentimeter-Blasenkammer begann die Expansion der Kammer ungefähr fünfzehn Millisekunden, bevor das Teilchenbündel aus dem AGS eintraf. Die Expansion wurde durch das Zurückziehen eines großen Kolbens bewerkstelligt, der einen Durchmesser von 90 Zentimetern hatte und 80 Zentimeter hoch war; er befand sich in dem Zylinder, der in Abbildung 6.24 über dem breiten, rechtwinkligen „Hals" der Kammer zu sehen ist. Wenn man den Kolben um nur einen Zentimeter zurückzog, reduzierte sich der Druck in der Kammer von über fünf auf zwei Atmosphären.

Die Teilchen drangen in die Blasenkammer ein, wenn der Kolben ganz zurückgezogen, der Druck also minimal und die Flüssigkeit im überhitzten Zustand war. Etwa eine Millisekunde später blitzte für den Bruchteil einer Millisekunde ein Lichtbogen auf, der die Bläschenspuren der Teilchen aufleuchten ließ und die Filme der drei oder vier Kameras belichtete, die das Geschehen aufnehmen sollten. In der kurzen Zeitspanne zwischen dem Erreichen des Minimaldrucks und dem Auslösen des Blitzes wuchsen die Bläschen auf einen Durchmesser von einigen hundert Mikrometern — genug, um auf den Aufnahmen erkennbar zu sein. Unterdessen bewegte sich der Kolben zurück in Richtung Kammer — wodurch der Druck wieder anstieg —, und die Filme in den Kameras wurden automatisch zum nächsten Bild weitergedreht. Es dauerte dann noch etwa eine Sekunde, bis die Kammer wieder einsatzbereit war und die nächste Expansion beginnen konnte.

Eine der berühmtesten Entdeckungen mit der 200-Zentimeter-Blasenkammer gelang den Forschern 1964, als sie unter rund 80 000 Aufnahmen eine mit einem Spurmuster fanden, das auf die Erzeugung und den Zerfall des Omega-minus-Teilchens hindeutete (siehe Abbildung 7.15 und Seite 173–175). In einem typischen Blasenkammerexperiment werden unter Umständen über eine Million Aufnahmen gemacht und Hunderte von Filmstreifen belichtet. Wie bewältigen die Forscher diese Flut an Informationen, und wie finden sie darin so seltene Ereignisse wie die Erzeugung eines Omega-minus?

Als erstes müssen bei der Auswertung einer Blasenkammeraufnahme die interessanten Ereignisse ausfindig gemacht und, wenn möglich, die Teilchen identifiziert werden, die die Spuren hinterlassen haben. Manchmal sind bestimmte Spuren sofort erkennbar, wie beispielsweise die engen Spiralen von niederenergetischen Elektronen. Im allgemeinen jedoch können die Teilchen nur durch sorgfältiges Ausmessen der Spuren eindeutig identifiziert werden, wobei man im wesentlichen dieselben Verfahren anwendet wie bei der Auswertung von Nebelkammer- oder Kernemulsionsaufnahmen.

6.22 Die 200-Zentimeter-Blasenkammer am Brookhaven National Laboratory, die mit flüssigem Wasserstoff gefüllt war, in einer Aufnahme aus dem Jahre 1965. Die Kammer aus rostfreiem Stahl wird fast völlig verdeckt von der sie umgebenden Magnetspule, dem riesigen Stahljoch des Magneten und den technischen Apparaturen für die Expansion der Kammer und die Kühlung des flüssigen Wasserstoffs. Die gesamte Montage wog ungefähr 450 Tonnen und war etwa 7,2 Meter hoch; sie konnte jedoch auf und ab sowie seitwärts bewegt und sogar auf einer Drehscheibe gedreht werden, ganz wie es die Experimentatoren haben wollten. In der linken unteren Ecke des Bilds ist der hydraulische Kolben erkennbar, mit dem die Apparatur seitwärts verschoben werden konnte. Der Mann auf der Plattform darüber wechselt gerade eine der drei automatischen Kameras aus, mit denen die Spuren in der Kammer photographiert wurden. Der Teilchenstrahl drang durch das hochkant stehende, rechteckige „Fenster" in die Blasenkammer ein, das rechts von der Bildmitte zu sehen ist. Die Abbildungen 6.22 bis 6.24 auf der gegenüberliegenden Seite zeigen verschiedene Aufbauphasen der 200-Zentimeter-Kammer, die in den Jahren zwischen 1959 und 1963 entworfen und gebaut wurde. Entwicklung und Bau nahmen 250 Mannjahre in Anspruch und kosteten rund sechs Millionen Dollar.

Zum Beispiel kann man aus der Krümmung einer Spur in einem Magnetfeld die elektrische Ladung und den Impuls des Teilchens bestimmen. Diese beiden Parameter reichen aber gewöhnlich nicht aus, um eine Spur eindeutig zu kennzeichnen, da zwei Teilchen mit unterschiedlicher Masse und Energie den gleichen Impuls haben können. Oft ist es der einzige Weg, den verschiedenen Spuren versuchsweise Teilchen zuzuordnen und dann die Energien und Impulse aller Teilchen aufzuaddieren, die in der Wechselwirkung erzeugt wurden. Stimmen die Summen der Energien und Impulse dann nicht mit den bekannten Werten vor der Wechselwirkung überein, war der Ansatz falsch, und es muß ein neuer Versuch gestartet werden, bis man schließlich ein konsistentes Bild von dem Ereignis gewonnen hat.

Dieses wiederholte Probieren nach dem Prinzip von Versuch und Irrtum ist aber genau die Art von Arbeit, die ein Computer ausgezeichnet bewältigen kann. Das erste Gerät, das Blasenkammeraufnahmen maschinell auswerten konnte, wurde in den späten fünfziger Jahren in Berkeley konstruiert und erhielt den Spitznamen „Franckenstein", nach seinem Erbauer Jack Franck. Das Gerät projizierte verschiedene Ansichten eines Ereignisses auf einen Tisch, die es aus einem Paar stereoskopischer Aufnahmen gewann. Dann setzte man einen lichtempfindlichen Abtaster nacheinander an den Anfang der einzelnen Spuren, die sich hell vor dem

6.23 Das dicke Glasfenster, durch das die Spuren in der 200-Zentimeter-Blasenkammer in Brookhaven photographiert wurden; es bestand aus Borsilikat-Kronglas und wurde in Deutschland hergestellt. Die Kammer selbst ist auf den nächsten Aufnahmen abgebildet. Das Fenster mußte stabil genug sein, um einem Druck von über fünf Atmosphären standzuhalten. Es war 200 Zentimeter breit, 75 Zentimeter hoch und 16,5 Zentimeter dick und wog fast 700 Kilogramm. Acht Stunden dauerte es, das Fenster glattzuschleifen und zu polieren, um unbeabsichtigtes Sieden der Flüssigkeit durch Unebenheiten in der Glasoberfläche zu verhindern.

6.24 Die eigentliche Blasenkammer ähnelt in der Form einem Öltank; auf diesem Bild wird sie zwischen die beiden Hälften des Magneten manövriert. Über der Kammer erstreckt sich ein quaderförmiger „Hals", durch den sie expandiert wurde; der zwölf Kilogramm schwere Kolben sitzt in dem darüberliegenden Zylinder. Links von der Blasenkammer ist die Vakuumkammer mit dem senkrecht stehenden rechteckigen Strahl-„Fenster" zu sehen, die die Funktion einer riesigen Thermoskanne hatte, um den flüssigen Wasserstoff kühl zu halten.

6.25 Hier wird die sogenannte „Sicherheitskammer" (in der Bildmitte) in Position gebracht und unmittelbar an das Glasfenster der Blasenkammer angekoppelt. Der Zweck der Sicherheitskammer ist, Glasbruchstücke und Wasserstoff aufzufangen, falls das Fenster bersten sollte; außerdem schirmt sie die Blasenkammer vor Wärmestrahlung ab. In der rechten Seitenfläche der Sicherheitskammer befinden sich Öffnungen für die vier Kameras, die das Geschehen im Inneren der Blasenkammer aufnehmen sollten, sowie eine fünfte größere Öffnung zum Beleuchten der Teilchenspuren. Die Drehscheibe, auf der der ganze Aufbau steht, ist am unteren Bildrand erkennbar.

dunklen Hintergrund abzeichneten (für diese Arbeit wurden meist Frauen eingestellt). Die Maschine folgte den Spuren und stanzte die Informationen über den Spurverlauf auf Lochkarten, die der Computer lesen konnte. Mit Hilfe dieser Daten rekonstruierte der Computer die Spuren und verglich sie mit vorprogrammierten Spurmustern, von denen die Physiker vermuteten, daß sie unter den Aufnahmen zu finden sein könnten. Die Programmierung des Computers nahm zwei Jahre in Anspruch; dennoch konnte „Franckenstein" nur etwa hundert Wechselwirkungen pro Tag analysieren, während die 180-Zentimeter-Blasenkammer in Berkeley in der

Starke Fokussierung

Die Blasenkammer wurde nach ihrer Erfindung im Jahre 1952 für beinahe 30 Jahre zum „Arbeitspferd" der Teilchenphysiker, die damit die Spuren der Teilchen aufnahmen, deren Energien immer weiter gesteigert wurden. Die frühen Synchrotrone waren schon bald überholt, und als das Bevatron und das Cosmotron ihre ersten Protonen lieferten, standen die Ideen für eine neue Generation von Synchrotronen bereits auf dem Papier.

Mit der Einführung des Synchrotronprinzips konnte der riesige Magnet des Syn-

6.26 „Scanner" beim Auswerten von Filmmaterial aus Blasenkammern in Brookhaven (1964). Der Film wurde auf einen Tisch projiziert, um die so vergrößerten Teilchenspuren auszumessen.

gleichen Zeit Tausende von interessanten Ereignissen photographierte. Ende der sechziger Jahre hatte man diese Geräte so verbessert, daß sie über 100 Wechselwirkungen pro Stunde analysieren konnten.

chrozyklotrons mit seinen scheibenförmigen Polschuhen durch einen Magnetring ersetzt werden, der sich aus lauter kleinen Sektoren zusammensetzte. Doch selbst bei den besten Teilchenstrahlen, die man in Synchrotronen erzeugen konnte, war es unmöglich, alle Teilchen auf genau derselben kreisförmigen Umlaufbahn zu halten. Schon ganz zu Anfang, wenn der Strahl in die Beschleunigermaschine eingespeist wird, beginnt er sich aufzufächern und wird bei seinem Flug durch die Vakuumröhre durch Kollisionen mit den dort verbliebenen Restmolekülen von seiner Bahn abgebracht; zudem haben die Teilchen nicht alle genau dieselbe Energie und werden deshalb durch die Magnetfelder verschieden stark abgelenkt. In den ersten Synchrotronen versuchte man, die C-förmigen Polschuhe der einzelnen Magnetsektoren vorsichtig umzuformen, so daß die dadurch erreichte spezielle Form des Magnetfelds die umherstreunenden Teilchen wieder auf die vorgesehene Umlaufbahn zurücklenkte, um damit möglichst viele Teilchen des Strahls zusammenzu-

Synchrozyklotron – aber 10 000 Tonnen Eisen sind dennoch ein stattliches Gewicht. Ein Beschleuniger, der noch schwerer ist, nahm seinen Betrieb 1957 in Dubna in der Sowjetunion auf. Mit dieser Maschine können Protonen auf 10 GeV beschleunigt werden; ihre Rennstrecke hat einen Querschnitt von sogar 40 mal 150 Quadratzentimetern und ihr Magnetring das kolossale Gewicht von 36 000 Tonnen. Bei diesen Energien begann das Synchrotron mit schwacher Fokussierung so langsam die Ausmaße eines Dinosauriers anzunehmen. Neue technische Lösungen mußten gefunden werden, um diesem Dilemma zu entgehen.

halten. Sobald die Teilchen von der idealen Bahn abkamen, erfuhren sie eine rückwirkende magnetische Kraft, die sie zu einer Pendelbewegung um den Orbit zwang. Um den Verlust an Teilchen möglichst gering zu halten, mußte die „Rennstrecke" allerdings recht breit sein; man sprach bei diesem Beschleunigertyp von einer „schwachen Fokussierung".

Im Bevatron beispielsweise ist die Vakuumkammer 30 Zentimeter hoch und 120 Zentimeter breit; zusammen mit den C-förmigen Magnetsektoren, die die Kammer umfassen, wiegt der Ring 10 000 Tonnen. Zwar liefert das Bevatron fast zehnmal so hohe Teilchenenergien wie das zweieinhalbmal leichtere 4,6-Meter-

Die rettende Idee hatten bereits im Jahre 1952 Stanley Livingston und seine Mitarbeiter Ernest Courant und Hartland Snyder in Brookhaven. Sie schlugen eine Methode vor, mit der sich der Teilchenstrahl stärker bündeln und die Pendelbewegung verringern ließ: Ein von der Bahn abgekommenes Teilchen, das zur Sollbahn zurückgezogen wurde, schoß dann nicht mehr so weit über das Ziel hinaus und blieb enger an seiner idealen Umlaufbahn. Für eine solche „starke" Fokussierung mußte das Magnetfeld entsprechend stärker deformiert werden, was allerdings ein besonderes Problem mit sich brachte: Ein derart geformter Magnet fokussiert zwar den Strahl in einer Ebene, *defokussiert* den Strahl aber in der dazu senkrechten

6.27 Das 10-GeV-Protonensynchrotron des Dubna-Laboratoriums bei Moskau ist das größte seiner Art; es beruht auf dem Prinzip der „schwachen Fokussierung". Der insgesamt 36 000 Tonnen schwere Magnet muß einen Teilchenstrahl umfassen, der bis zu anderthalb Meter breit sein kann.

147

6.28 Im Jahre 1959 wurden mit dem Protonensynchrotron am CERN – kurz „PS" genannt – die ersten Protonen auf 24 GeV beschleunigt. Heute kann man mit dieser Maschine bis zu 28 GeV erreichen. Sie ist jetzt Bestandteil eines ganzen Beschleunigerkomplexes am CERN, der letztlich Protonen und Antiprotonen bei sehr hohen Energien aufeinander schießt.

Ebene. Livingston und seine Mitarbeiter erkannten, daß sie zwei Magnettypen mit verschieden abgeschrägten Polschuhen brauchten, die jeweils abwechselnd angeordnet sein mußten; dadurch vermieden sie es, die Teilchen, die sie in der einen Richtung beisammenhalten konnten, in der anderen Richtung zu verlieren. Der Grieche Nicholas Christofilos hatte sich zwei Jahre zuvor dieselbe Idee patentieren lassen, ohne daß die Physiker in Brookhaven davon wußten; Christofilos schloß sich später der Konkurrenz in Berkeley an.

Bei dieser Methode der *starken Fokussierung* (auch „AG-Fokussierung" genannt,

wurde erstmals an einem *Elektronen*synchrotron an der Cornell-Universität in Ithaca im US-Bundesstaat New York angewandt. Die 1,5-GeV-Maschine, die dort von Robert Wilson – einem früheren Mitarbeiter von Lawrence in Berkeley – gebaut worden war, ging 1954 in Betrieb.

In der Zwischenzeit hatten sich in Europa einige Nationen unter der Schirmherrschaft der UNESCO mit dem Ziel zusammengeschlossen, den Gedanken der europäischen Einheit in einem gemeinsamen Projekt wieder aufleben zu lassen, das von einem Land alleine nicht durchgeführt werden konnte. Die Teilchenphysik mit ih-

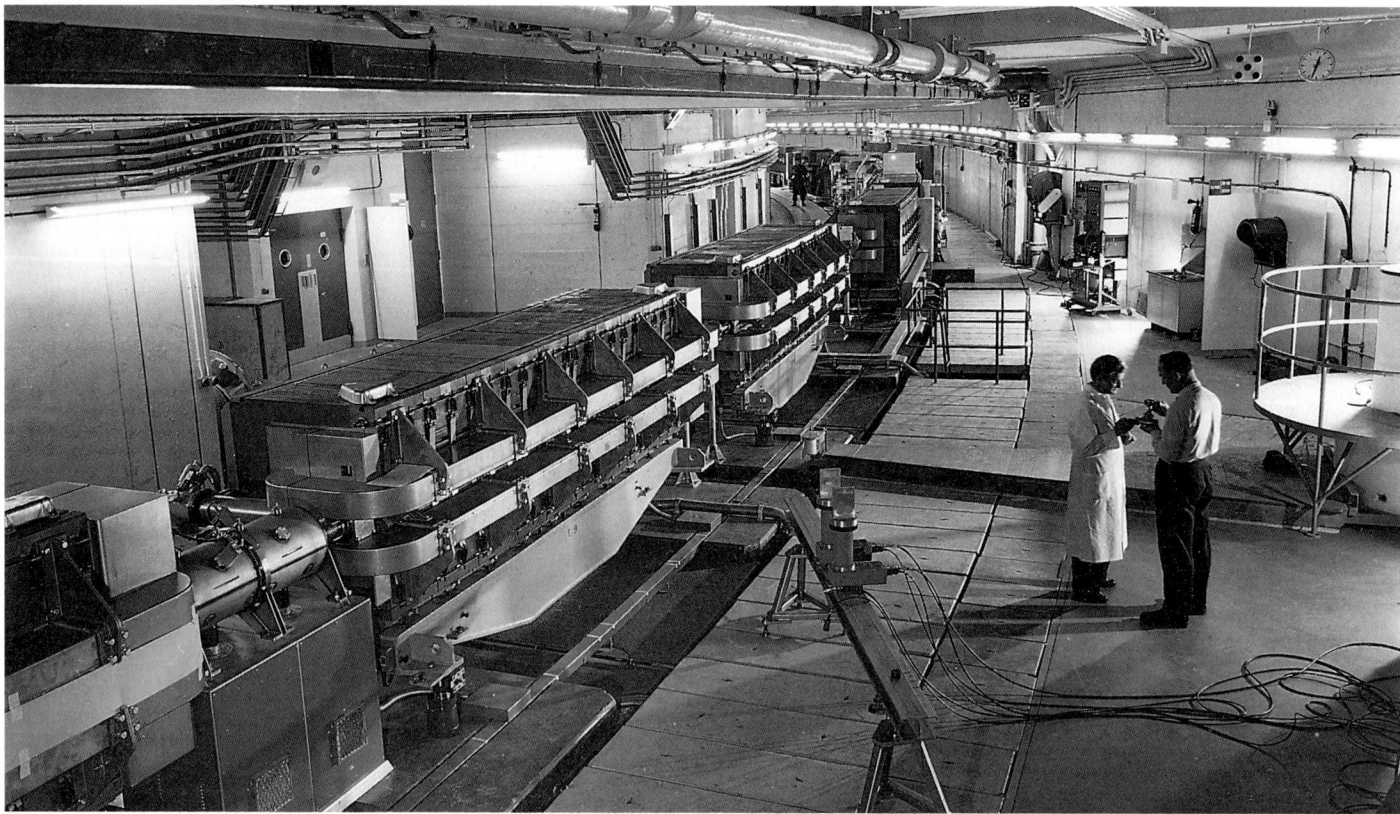

was „**a**lternierender **G**radient" des Magnetfelds bedeutet) folgte also auf einen ersten, horizontal fokussierenden, aber vertikal defokussierenden Magneten ein zweiter mit entgegengesetzter Wirkung: Dieser fokussierte vertikal, aber defokussierte horizontal – und so weiter. Mit dieser Kombination erhielt man einen eng gebündelten Strahl, der von Magneten mit kleineren Polschuhen in einer kleineren Vakuumkammer geführt werden konnte. Das Prinzip der starken Fokussierung

ren riesigen Beschleunigern bot sich dafür geradezu an. Das war die Geburtsstunde des CERN, des „**C**onseil **E**uropéen pour la **R**echerche **N**ucléaire". Bereits im Mai 1951 machte eine Expertenkommission, die der zuständige Direktor für Naturwissenschaften an der UNESCO, Pierre Auger, einberufen hatte, den Vorschlag, nicht bloß ein bescheidenes Synchrozyklotron zu bauen, sondern außerdem einen Beschleuniger, der der größte und leistungsstärkste in der Welt sein sollte.

Als 1952 ein „Provisorisches CERN" offiziell seine Arbeit aufnahm, begann eine von vier vorbereitenden Arbeitsgruppen, die Möglichkeiten für eine solch große Maschine auszuloten. Die Methode der starken Fokussierung, deren Leistungsfähigkeit bis dahin noch nicht getestet worden war, wurde von der Expertengruppe mit ins Programm für die geplante Maschine aufgenommen. Nicht zuletzt waren es gerade auch die europäischen Pläne für einen Großbeschleuniger gewesen, die den Anstoß dafür gegeben hatten, nach besseren Fokussierungsmethoden zu suchen. Ein Team begann mit dem Entwurf eines stark fokussierenden Synchrotrons, das für 25 GeV ausgelegt war — dem Vierfachen der Energie, die mit dem Bevatron erreicht werden konnte.

Ende September 1954 ratifizierten zunächst neun europäische Staaten ein Abkommen, mit dem das CERN offiziell gegründet wurde; in den folgenden fünf Monaten traten ihm drei weitere Staaten bei. Das Gemeinschaftsprojekt lief nun unter dem Namen „European Organization for Nuclear Research", aber das Kürzel CERN wurde bis heute beibehalten. Am Stadtrand von Genf hatte man sich einen Standort für die Forschungsanlage ausgesucht, wohin die Synchrotronkonstrukteure bereits im Oktober 1953 gezogen waren. Das Team hatte inzwischen die Vorschläge für die neue Maschine so weit ausgearbeitet, daß sie auf einer internationalen Konferenz, an der auch Wissenschaftler aus Brookhaven teilnahmen, von der Fachwelt begutachtet werden konnten. Auch die Forscher aus Brookhaven arbeiteten bereits an Plänen für eine ähnlich große Maschine, die kurze Zeit später von der US-amerikanischen Atomenergiekommission gebilligt wurden. Das Wettrennen hatte begonnen.

Die Forscher des CERN kamen als erste ins Ziel: Am 24. November 1959 beschleunigte dessen **P**rotonensynchrotron — kurz „PS" genannt — Protonen auf 24 GeV. Die Maschine war innerhalb von sechs Jahren nach Unterzeichnung des Abkommens planmäßig fertig geworden und kostete an die zehn Millionen englische Pfund. John Adams, der das Beschleunigerteam zu seinem Erfolg geführt

hatte, feierte den Energierekord mit einer Flasche Wodka, die Wladimir Nikitin, der Leiter des Dubna-Laboratoriums in der UdSSR, gestiftet hatte. Bis zu diesem Zeitpunkt hatte die 10-GeV-Maschine in Dubna den Rekord gehalten. Am darauffolgenden Tag ging die Wodkaflasche zurück nach Dubna; statt des Wodkas enthielt sie eine Aufnahme der Bildschirmanzeige, die bewies, daß man in Genf die 24 GeV erreicht hatte. Der 10-GeV-Rekord war also mehr als doppelt überboten.

Das PS unterschied sich deutlich vom „Synchrophasotron", wie die Sowjets ihr Protonensynchrotron in Dubna nannten. Für die 100 stark fokussierenden Magnetsektoren des PS, die in einem Ring mit einem Radius von 100 Metern angeordnet sind, waren insgesamt 3200 Tonnen Eisen nötig; sie wogen damit weniger als ein Zehntel des schwach fokussierenden Magneten in Dubna. Gleichzeitig war die Vakuumkammer — ehemals ein riesiger „Tank" — auf ein elliptisches Strahlrohr mit einer Breite von 14,5 Zentimetern und einer Höhe von sieben Zentimetern zusammengeschrumpft.

6.29 John Adams (1920—1984) im November 1959, einen Tag nachdem der neue Protonenbeschleuniger am CERN erfolgreich die 24 GeV erreicht und damit den bis dahin geltenden Rekord der Maschine in Dubna überboten hatte. In seiner linken Hand hält er ein Photo der Bildschirmanzeige, die den neuen Energierekord bestätigte. Die Wodkaflasche in seiner rechten Hand hatte der Direktor des Laboratoriums in Dubna mit der Bemerkung geschickt, sie dann zu öffnen, wenn der alte Rekord gebrochen sein würde — auf dem Photo ist die Flasche bereits leer.

6.30 Am 29. Juli 1960 versammelten sich Mitarbeiter des Brookhaven National Laboratory erwartungsvoll im Kontrollraum des Alternating Gradient Synchrotron (AGS), das an jenem Tag erstmals Protonen beschleunigte und dabei 30 GeV erreichte. Vor dem Oszilloskop in der Bildmitte sitzt Ken Green, der Leiter der Beschleunigerabteilung.

6.31 Der Kontrollraum des Alternating Gradient Synchrotron in Brookhaven im Jahre 1966. Vergleichen Sie seine Ausstattung mit dem modernen computerisierten Kontrollraum des Fermilab, der in Abbildung 6.5 zu sehen ist.

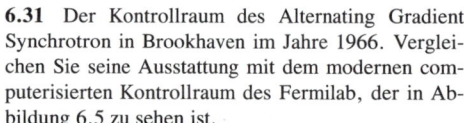

Funkenkammern

Das CERN hatte im Rennen um die 25-GeV-Marke die Führung übernommen, aber die Wissenschaftler in Brookhaven waren den Europäern dicht auf den Fersen: im Jahre 1960 wurde dort das AGS (**A**lternating **G**radient **S**ynchrotron) in Betrieb genommen. Am 29. Juli desselben Jahres wurde der Energierekord des CERN gebrochen, als der Teilchenstrahl im AGS 30 GeV erreichte, und im darauffolgenden Dezember begannen die Physiker in Brookhaven mit den Experimenten. Die amerikanischen Teilchenforscher konnten beim Aufbau und bei der Durchführung der Experimente auf Erfahrungen zurückgreifen, die sie hauptsächlich am Bevatron in Berkeley, aber auch am Cosmotron in Brookhaven gesammelt hatten. Für die Europäer hingegen waren Forschungsprojekte dieser Größenordnung eine neue Erfahrung. Nach dem glänzenden Erfolg des neuen Beschleunigers am CERN brauchten sie daher eine ganze Weile, bis sie die ebenfalls enormen experimentellen Apparaturen aufgestellt hatten. In den sechziger Jahren konnte Brookhaven einige beachtenswerte Erstentdeckungen für sich verbuchen; dennoch war die Arbeit am CERN ebenso wichtig — insbesondere was die Entwicklung von Detektoren für die neue Welt der Teilchen betraf, die die 30-GeV-Maschinen zugänglich gemacht hatten. Hier wurden die Detektoren entwickelt, die der Vorherrschaft der Blasenkammer bald Konkurrenz machen sollten.

Eine Blasenkammer kann zwar ein vollständiges Bild von einer Teilchenwechselwirkung liefern, unterliegt dabei aber einigen Beschränkungen. Sie ist zum Beispiel nur dann einsatzbereit, wenn sich ihre Flüssigkeit nach der raschen Expansion der Kammer im überhitzten Zustand befindet. Während dieser entscheidenden Zeitspanne von einigen Millisekunden müssen die Teilchen in die Kammer eindringen, bevor der Druck wieder aufgebaut wird, um das Wachstum der Blasen zu stoppen. Woher aber „weiß" die Kammer, welches der eindringenden Teilchen interessante Reaktionen erzeugen wird? Die Frage erinnert an die Schwierigkeiten, die man in früheren Jahren bei den Experimenten mit kosmischen Strahlen in Nebelkammern hatte. In jenem Fall konnte man das Problem, den richtigen Zeitpunkt für die Aufnahme zu finden, lösen, weil die Nebelkammer eine Art „Gedächtnis" hat: Es genügte nämlich, die Expansion der Nebelkammer auszulösen, *nachdem* die Teilchen durch sie hindurchgeschossen waren; dies geschah über ein Signal, das außerhalb der Kammer angebrachte Zähler bei einem möglicherweise interessanten Ereignis abgaben.

Eine Blasenkammer kann nicht in dieser Weise gesteuert werden; die Expansion der Kammer muß einsetzen, *bevor* die

hatte Marcello Conversi − einer der italienischen Physiker, die während des Zweiten Weltkriegs mithalfen, das Müon zu identifizieren − sogenannte „Funkenzähler" erfunden, die vielerorts bei der Untersuchung der kosmischen Teilchenschauer verwandt wurden. Funkenzähler sind

6.32 Fred Ashton (geboren 1935) bei der Arbeit an einer Anordnung von Funkenzählern an der Universität von Durham. Die Glasröhren, deren Stirnseiten hier zu sehen sind, haben einen Durchmesser von etwas mehr als 1,5 Zentimetern und sind hauptsächlich mit Neongas gefüllt. Sie wurden zwischen Metallplatten übereinandergestapelt, an die eine hohe Spannung angelegt wurde, nachdem ein Teilchen durch sie hindurchgeschossen war.

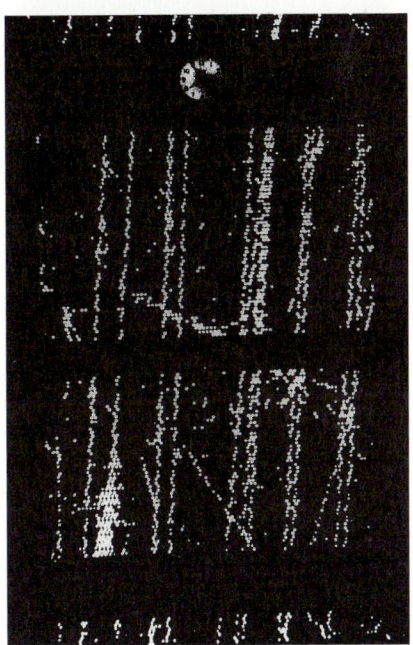

Teilchen ankommen. Da außerdem der gesamte Zyklus von Expansion und Rekompression ungefähr eine Sekunde dauert, kann es sehr zeitaufwendig sein, seltene Ereignisse zu sammeln. Für die Untersuchung einer großen Anzahl seltener Teilchenwechselwirkungen benötigte man ein effektiveres Auswahlverfahren. In den sechziger Jahren stellte sich die *Funkenkammer* als vorläufig beste Kompromißlösung heraus.

Ebenso wie die Koinzidenztechnik, die bei der Entdeckung des Antiprotons eine wesentliche Rolle gespielt hatte, wurde auch die Funkenkammer im Zusammenhang mit der Erforschung der kosmischen Strahlung entwickelt. Mitte der fünfziger Jahre

6.33 Funkenkammern am CERN in Aktion (eine Aufnahme aus dem Jahre 1969). Zwischen den Metallplatten der Kammer befinden sich Gasschichten, in denen sich entlang der Ionisationsspuren geladener Teilchen Funken ausbilden. Der Hochspannungsimpuls wird dabei an jeweils banachbarte Platten angelegt und löst blitzartig die Funkenentladung aus.

neongefüllte Glasröhren, die − wie die Stämme eines Floßes − zwischen Metallplatten schichtweise angeordnet wurden (siehe Abbildung 6.33). Geladene Teilchen ionisieren das Gas in den Röhren, durch die sie hindurchfliegen; legt man dann einen Hochspannungsimpuls an die Metallplatten, so wird in den getroffenen Röhren eine elektrische Gasentladung ausgelöst, die zu einem Funkendurchbruch führt.

6.34 Diese Aufnahme zeigt die Stirnseite einer Reihe von Funkenzählern mit den deutlich sichtbaren Spuren eines Teilchenschauers der kosmischen Strahlung, der die Anordnung passiert hat.

151

Wenn man die ganze Röhrenanordnung von ihrer Stirnseite aus photographiert, ergibt sich aus den einzelnen, aufeinanderfolgenden Funken ein Bild der Teilchenspur (siehe Abbildung 6.34). Etwa zur selben Zeit fanden Forscher in Großbritannien und Japan unabhängig voneinander eine andere Möglichkeit, die Funken zum Nachweis von Teilchen auszunutzen. Sie kamen ohne die Glasröhren aus, so daß sich das Gas direkt zwischen den Metallplatten befand, an die die Hochspannung angelegt wurde. Damit hatten sie die Funkenkammer erfunden.

Im wesentlichen besteht eine Funkenkammer aus einer Reihe dünner Metallplatten, die parallel im Abstand von einigen Millimetern angeordnet und von einem Edelgas wie beispielsweise Neon umgeben sind. Wenn ein geladenes Teilchen durch die Kammer hindurchschießt, hinterläßt es — genau wie in einer Nebelkammer — im Gas eine Ionisationsspur. Sobald das Teilchen die Kammer passiert hat, legt man an jeweils benachbarte Platten der Funkenkammer eine Hochspannung. Unter dem Einfluß des elektrischen Felds bilden sich dann entlang der Ionisationsspur Funken aus — ein Prozeß, der mit der Entstehung von Blitzen während eines Gewitters durchaus vergleichbar ist. Neben der Möglichkeit, die Funken einfach zu photographieren, kann man auch das akustische Knacken der Blitze (den „Donner") mit Mikrophonen aufnehmen und aus dem zeitlichen Eintreffen der Geräusche auf die ursprüngliche Position der Blitze rückschließen. Beide Verfahren liefern Bilder der Teilchenspuren, die vom Computer analysiert werden können.

Eine besonders willkommene Eigenschaft der Funkenkammer ist nun, daß sie wie die Nebelkammer ein „Gedächtnis" hat. Deshalb ist es möglich, die Funkenkammer durch schnell ansprechende Szintillationszähler zu steuern, die außen angebracht sind und ein Signal geben, wenn ein Teilchen die Kammer passiert hat. Schafft man es, innerhalb einer Zehnmillionstelsekunde den Hochspannungsimpuls auszulösen, so sind die Ionen im Gas noch vorhanden, und man erhält eine sichtbare Funkenspur. Wartet man zu lange, dann sind die Ionen bereits von einem „Räumfeld" niedriger Spannung weggefegt worden, das die Funkenkammer ansonsten von unerwünschten Ionen freihält.

Eine verbesserte Version der Funkenkammer wurde in den sechziger Jahren von Frank Kriernen am CERN erfunden. Kriernen hatte die Idee, die Metallplatten in der Funkenkammer durch Lagen paralleler Drähte zu ersetzen, die in einem Abstand von etwa einem Millimeter gespannt waren. Der Hochspannungsimpuls, der an die benachbarten Drahtebenen angelegt wird, löst wie gehabt entlang der Ionisationsspur eines geladenen Teilchens Funken aus; doch der mit jedem Funken verbundene elektrische Stromimpuls wird nur auf die ein oder zwei in unmittelbarer Nähe liegenden Drähte übertragen. Wenn man feststellt, welche Drähte auf die Funken angesprochen haben, erhält man ein hinreichend genaues Bild der Teilchenspur — etwa bis auf einen Millimeter genau. Bei diesem Verfahren ist ein Arbeitsgang in der Datenanalyse überflüssig geworden, nämlich das Abtasten sämtlicher Teilchenspuren auf der Aufnahme, das notwendig war, um die visuellen Informationen in Zahlen umzuwandeln. Demgegenüber liefern die Drähte einer solchen Funkenkammer die Informationen bereits in Form elektrischer Signale, die über eine verhältnismäßig einfache elektronische Aufbereitung direkt dem Computer zugeführt werden können.

Die „Drahtelektroden-Funkenkammer" oder kurz Drahtfunkenkammer setzte sich in den späten sechziger Jahren weithin durch, wobei man mehrere Verfahren entwickelte, um die Drahtsignale zu verarbeiten. Neben dem Effekt der Ersparnis eines Arbeitsgangs (dem Abtasten der Filme) boten die Drahtfunkenkammern den zusätzlichen Vorteil einer kürzeren Regenerationszeit. Da die Funken elektronisch registriert wurden, brauchte man sie nicht so groß werden zu lassen wie bei einem photographischen Verfahren. Das bedeutete, daß die Kammer schneller wieder einsatzbereit war — die Ionen einer Funkenentladung konnten rascher abgesaugt und die nächste Entladung vorbereitet werden. Drahtfunkenkammern können 1000mal in der Sekunde ansprechen, 1000mal schneller als die meisten Blasenkammern.

Die Drahtfunkenkammer bewährte sich insbesondere in Kombination mit der computerisierten Verarbeitung experimenteller Daten, die in den sechziger Jahren entwickelt wurde. Signale aus vielen Einzeldetektoren − unter anderem Szintillationszähler, Tscherenkow-Zähler und Drahtfunkenkammern − konnten gleichzeitig in einen kleinen „on-line"-Computer eingegeben werden. Der Computer speicherte nicht nur die Daten auf Magnetbändern, die der späteren „off-line"-Analyse dienten, sondern konnte − noch während das Experiment im Gang war − den Physikern wertvolle Informationen rückmelden. Anordnungen von Funkenkammern, deren Drähte in alle drei Raumrichtungen gespannt waren, lieferten genügend Informationen, um die Teilchenspuren dreidimensional rekonstruieren zu können. Und wie bei der Auswertung von Blasenkammeraufnahmen berechnete der Computer Energie und Impuls der Teilchen und prüfte, um welche Teilchen es sich gehandelt haben könnte.

Experimente mit Funkenkammern, Szintillationszählern und Tscherenkow-Zählern erwiesen sich in den sechziger Jahren als nützliche Ergänzung zu den Blasenkammerexperimenten am CERN und in Brookhaven. Die Funkenkammern ermöglichten insbesondere ein rasches Aufzeichnen der Daten von bestimmten Wechselwirkungen; auf der anderen Seite lieferten Blasenkammern ein weitaus vollständigeres Bild der Ereignisse, einschließlich des Wechselwirkungspunkts, des sogenannten „Vertex". Die elektronischen und visuellen Aufnahmeverfahren bewährten sich und waren ein erfolgreiches Rüstzeug bei der Jagd nach bisher unbekannten Teilchen. Die Physiker entdeckten zuerst in der kosmischen Strahlung, dann mit Hilfe der Beschleuniger, einen ständig anwachsenden „Teilchenzoo"; die darin zum Vorschein kommende komplexe Vielfalt der Natur auf der subatomaren Ebene wurde durch die Entdeckung der sogenannten „Resonanzen" in den fünfziger Jahren immer unübersichtlicher. (Als Resonanzen bezeichnet man extrem kurzlebige angeregte Zustände des gewöhnlichen Protons und schwererer Teilchen, die im nächsten Kapitel noch im einzelnen erläutert werden.)

In dem Bemühen, das Durcheinander zu ordnen, kam man 1962 einen Schritt weiter. Die beiden Theoretiker Murray Gell-Mann und Yuval Ne'eman hatten unabhängig voneinander den Einfall, die damals bekannten Teilchen − einschließlich der Resonanzen − symmetrisch in verschiedenen „Familien" anzuordnen. Gell-Mann nannte seine Theorie den „Achtfachen Weg", in Anlehnung an Buddhas „Achtfachen Pfad zur Wahrheit". Bei einer Tagung am CERN sagte Gell-Mann 1962 die Existenz eines weiteren Teilchens voraus, das eine der Familien des „Achtfachen Wegs" vervollständigen sollte − deshalb nannte er es „Omega". Eine fieberhafte Suche nach dem Omega begann. Im Februar 1964 fand ein Team in Brookhaven, das die Wechselwirkungen von Kaonen in der 200-Zentimeter-Blasenkammer untersuchte, ein Ereignis, das Gell-Manns Ideen entscheidend erhärtete: den Zerfall eines Teilchens, bei dem es sich nur um das von ihm vorausgesagte Omega handeln konnte (siehe Kapitel 7). Einige Wochen später bestätigten Experimente am CERN die Entdeckung in Brookhaven.

6.35 Murray Gell-Mann (geboren 1929).

6.36 Yuval Ne'eman (geboren 1925) auf einer Aufnahme aus dem Jahre 1966.

Die Supersynchrotrone

Mit der Entdeckung des Omegateilchens schien es, als führte der von Gell-Mann und Ne'eman eingeschlagene „Achtfache Weg" in die richtige Richtung. Die Ordnung der Teilchen durch eine Symmetrie konnte das Hauptproblem der frühen sechziger Jahre jedoch nicht lösen: Warum ist die Natur so komplex? Warum gibt es so viele verschiedene Teilchen? Gell-Manns Antwort darauf war, daß die bisher beobachteten Teilchen nicht wirklich elementar, sondern aus noch fundamentaleren Grundbausteinen aufgebaut seien, die er „Quarks" nannte.

Die Idee der Quarks setzte sich nur sehr zögernd durch, zumal es kaum ein Anzeichen dafür gab, daß Quarks aus Protonen herausgestoßen werden könnten — etwa wie man Protonen aus Atomkernen oder Elektronen aus Atomen herausstoßen kann. Aber die Suche nach einer einfachen Ordnung der Natur und die Aussicht, möglicherweise „freie" Quarks bei höheren Energien zu entdecken, führten die Teilchenphysiker Anfang der sechziger Jahre dazu, den Bau noch größerer Beschleuniger ins Auge zu fassen, die in ganz neue Energiebereiche vordringen sollten — weit über denen des AGS in Brookhaven und des PS beim CERN.

1967 übernahm erneut die Sowjetunion die Führung — mit einem 70-GeV-Protonensynchrotron, das in der Nähe von Moskau in Serpuchow am Institut für Hochenergiephysik untergebracht ist; diese Maschine war fünf Jahre lang der größte Teilchenbeschleuniger der Welt. Physiker in Europa und den Vereinigten Staaten waren begierig darauf, sich an der Erforschung des neuen Energiebereichs zu beteiligen; zumindest in der Teilchenphysik war die sich abzeichnende Phase der Entspannung bereits Wirklichkeit. Dann wurde im Jahre 1972 der große Beschleuniger des Fermilab in Betrieb genommen, der Protonen auf 200 GeV beschleunigte. Bis 1976 gelang es sogar, die verfügbare Energie auf 500 GeV zu steigern — nach einem Weg voller Hindernisse.

Wenngleich die Maschine im Lawrence Berkeley Laboratory entworfen wurde, war sie in Wirklichkeit das Kind Robert Wilsons von der Cornell-Universität, einem der Pioniere des Elektronensynchrotrons. 1967 übernahm Wilson die Leitung des Projekts. Der neue Beschleuniger sollte an einem Ort namens *Coon Hollow* (aus dem Amerikanischen, etwa: „Höhle des schlauen Fuchses") westlich von Chicago entstehen. Wilson befand sich in einer nicht gerade beneidenswerten Lage: Obwohl die Konstrukteure in Berkeley 350 Millionen Dollar für den Bau der Maschine veranschlagt hatten, wurden ihm „nur" 250 Millionen Dollar bewilligt.

Wilson entschloß sich nicht nur, diese finanzielle Herausforderung anzunehmen, sondern sogleich eine 500-GeV-Maschine — also das Zweieinhalbfache der ursprünglich geplanten Energie — anzupeilen! Er selbst war sich wohl bewußt, daß dies ein »schier übermütiges Unterfangen« war, doch erreichte er damit immerhin, bald eine beherzte Mannschaft für sein Projekt zusammenzuhaben, die eine Ringmaschine mit einem Durchmesser von genau zwei Kilometern entwarf. Doch selbst bei diesem enormen Umfang waren für ihr ehrgeiziges Ziel von 500 GeV immer noch Magnetfelder erforderlich, die um knapp 20 Prozent stärker sein mußten als die bisher erreichten. Zu diesem Zweck verwandten sie für Ablenkung und Fokussierung des Strahls jeweils eigene Magnetsysteme, ein Verfahren, das in Synchrotronen erstmals eingesetzt wurde.

1969 versuchte Wilson die schleppende Finanzierung durch seine Ankündigung zu forcieren, daß die Maschine bereits im Juli 1971 — ein Jahr früher als geplant — in Betrieb gehen könne. Er hätte mit seiner Prognose recht gehabt, wären ihm nicht zwei Probleme dazwischengekommen. Zunächst stellte sich heraus, daß Verunreinigungen im 6,3 Kilometer langen Strahlrohr die Protonen von ihrer Umlaufbahn abbrachten. Die Maschinenbauer ließen in ihrer Verzweiflung sogar ein Frettchen namens Felicia durch das Stahlrohr laufen, das Magnete an Drähten hinter sich herzog, mit denen das Rohr versuchsweise gereinigt werden sollte! Noch verheerendere Probleme gab es mit den

Magneten. Der Ringtunnel, der im tiefgefrorenen Winterboden fertiggestellt worden war, war im darauffolgenden Sommer derart naß, daß fast die Hälfte der Magnete bei der ersten Belastungsprobe in einem Funkenregen zerstört wurden.

Im März 1972 war es dennoch soweit: Die Maschine beschleunigte Protonen auf 200 GeV, aber die Schwierigkeiten wollten nicht aufhören. So erhielt man anfangs überhaupt nur in der Hälfte der Zeit einen Protonenstrahl. Trotz dieser Rückschläge konnten viele Arbeitsgruppen ihre Experimente in dem neuen aufregenden Energiebereich erfolgreich durchführen. Die Forscher kamen von den US-amerikanischen Universitäten, die das Fermilab gemeinsam betrieben, aber auch aus dem Ausland. Im Mai 1976 erreichte die Maschine 500 GeV; Wilsons Traum war in Erfüllung gegangen.

Mittlerweile waren auch die Europäer in das Rennen um noch höhere Energien eingestiegen. Nach einigen heftigen Auseinandersetzungen unter den Mitgliedsstaaten hatte man beim CERN beschlossen, eine Maschine zu bauen, die Protonen auf 400 GeV beschleunigen würde. Es dauerte sechs Jahre, bis das sogenannte **S**uper **P**roton **S**ynchrotron (SPS) seine ersten Teilchenstrahlen lieferte — fast zur selben Zeit, als der Beschleuniger des Fermilab schließlich seine 500 GeV erreichte. Obwohl das SPS dadurch anfangs in den Schatten gestellt wurde, sollte es später dennoch — aufgrund einer bemerkenswerten technischen Neuerung — die Aufmerksamkeit der Physiker in der ganzen Welt auf sich ziehen (siehe hierzu Kapitel 8 in diesem Buch).

Das SPS und das Tevatron sind derzeit die weltweit führenden Protonensynchrotrone. Wie aber steht es um die Elektronenbeschleuniger? Der gegenwärtig leistungsstärkste Elektronenbeschleuniger befindet sich in Stanford in Kalifornien, nicht weit südlich von Berkeley. Es handelt sich dabei nicht um einen Ringbeschleuniger wie das Synchrotron, sondern um einen Linearbeschleuniger — den mit drei Kilometern längsten der Welt.

Warum verwendet man hier einen Linearbeschleuniger? Synchrotrone für Elektronen arbeiten im Prinzip einwandfrei, sind aber mit einem grundsätzlichen Problem behaftet: Hochenergetische Elektronen strahlen nämlich elektromagnetische Energie ab, wenn sie auf einer kreisförmigen Bahn fliegen. Diese *Synchrotronstrahlung* ist um so größer, je kleiner der Radius der Umlaufbahn und je höher die Energie der Teilchen ist. Protonen emittieren zwar ebenfalls Synchrotronstrahlung, doch da sie beinahe 2000mal schwerer sind, wird der damit verbundene Energieverlust erst bei viel höheren Energien bedeutsam. Die in einem Synchrotron zirkulierenden Elektronen aber strahlen schon bei einigen wenigen GeV ständig einen ansehnlichen Teil ihrer Energie ab, der über die Radiowellen in den Hohlraumresonatoren nachgepumpt werden muß.

Aus diesen Gründen entschlossen sich die Physiker in Stanford, einen riesigen Linearbeschleuniger zu bauen, und begründeten damit das **S**tanford **L**inear **A**ccelerator **C**enter (SLAC). Die Idee geht auf William Hansen zurück, der bereits 1934 an der Stanford-Universität überlegte, wie man einen linearen Elektronenbeschleuniger bauen könnte. Eine solche Maschine mußte ähnlich wie Wideröes Prototyp aufgebaut sein, erforderte aber eine leistungsstarke Quelle hochfrequenter Radiowellen, um die leichten und damit sehr schnellen Elektronen beschleunigen zu können. (Zur Erinnerung: Die Frequenz der Radiowellen muß auf die Zeit abgestimmt werden, die die Teilchen benötigen, um von einer Beschleunigungsstrecke zur nächsten zu gelangen.)

Hansen erhielt bald Verstärkung durch Russel und Sigurd Varian, zwei Brüder,

6.37 Robert Wilson (geboren 1914), Leiter des Fermilab von 1967 bis 1978, dankt hier seinen Maschinenkonstrukteuren, nachdem das neue Synchrotron im März 1972 zum ersten Mal Protonen beschleunigt hatte und einen neuen Weltrekord von 200 GeV aufstellte.

6.38 William Hansen (1909–1949) mit einem Abschnitt seines ersten linearen Elektronenbeschleunigers, der 1947 an der Stanford-Universität in Betrieb genommen wurde. Die Maschine hatte im Endausbau eine Länge von 3,6 Metern und konnte Elektronen auf eine Energie von 6 MeV beschleunigen.

6.39 Der drei Kilometer lange Linearbeschleuniger des Stanford Linear Accelerator Center (SLAC). Am vorderen Ende der Maschine, nahe der rechten unteren Bildecke, befindet sich eine „Elektronenkanone", in der die Elektronen aus einem Glühdraht austreten und starten. Sie durchlaufen dann eine Kette von 100000 Hohlraumresonatoren − Kupferzylindern mit einem Durchmesser von etwa zwölf Zentimetern −, in denen sie mittels Radiowellen beschleunigt werden. Sie reiten dabei sozusagen auf einer Radiowelle mit, die diese Kette mit Lichtgeschwindigkeit entlangläuft. Die Maschine ist über ihre gesamte Länge auf 0,5 Millimeter genau ausgerichtet. Wenn die Elektronen das hinter der Autobahn erkennbare Ende des Beschleunigers erreichen, haben sie eine Energie von 30 GeV und können den Experimenten zugeführt werden.

die in ihrem eigenen Privatlabor nach einer Möglichkeit suchten, Radiowellen mit Wellenlängen im Zentimeterbereich zu erzeugen und zu empfangen. Sigurd war Pilot bei einer Fluggesellschaft gewesen und brannte darauf, bessere Navigationshilfen für Flugzeuge zu entwickeln. Russel hatte in Stanford studiert und in der Rundfunk- und Fernsehforschung gearbeitet; er verfügte über die richtige Art von Sachkenntnis für diese Aufgabe.

Die Ankunft der Brüder Varian stellte sich als Wendepunkt heraus. Abgesehen von 100 Dollar für Materialkosten bekamen die beiden kein Geld für ihre Arbeit und interessierten sich auch nicht besonders für die Beschleunigung von Elektronen; in Zusammenarbeit mit Hansen entwickelten sie aber eine leistungsstarke Quelle für Radiowellen, das *Klystron*, das inzwischen zur Standardausrüstung von Elektronen- wie Protonenbeschleunigern gehört, aber auch anderweitig technisch eingesetzt wird, etwa bei der Übertragung von Fernsehsignalen. 1937 arbeitete Russel Varian den Entwurf für das Klystron aus, Hansen und Sigurd Varian konnten ihre Erfahrung und ihr technisches Geschick einbringen, so daß ihr erster Prototyp schließlich im August desselben Jahres funktionierte.

Nach dem Zweiten Weltkrieg wandte sich Hansen erneut seinem Vorhaben zu, einen linearen Elektronenbeschleuniger zu bauen, in dem die Teilchen ihre Energie aus dem neuentwickelten Klystron beziehen sollten. Nacheinander entwickelte er eine Serie von Maschinen, die immer leistungsstärker wurden, und im Jahre 1953 konnte Stanford mit einem 63,6 Meter langen Elektronenbeschleuniger auftrumpfen, der eine Energie von 600 MeV erreichte.

Ungefähr zur gleichen Zeit reifte bei mehreren Forschern in Stanford, unter ihnen Wolfgang Panofsky, der Plan für den Bau des „Monsters". Bei einem Treffen in Panofskys Haus am 10. April 1956 wurden die ersten, noch inoffiziellen Eckdaten festgelegt: drei Kilometer Länge (eigentlich genauer zwei Meilen) und mindestens 15 GeV Energie. 1959 hatte sich Präsident Eisenhower für eine staatliche Finanzierung der Maschine als nationale Einrichtung stark gemacht; damit war das SLAC geboren. Im Januar 1967 erreichte das „Monster" seine vorgesehene Energie von 20 GeV.

Die Beschleunigermaschine des SLAC ist seitdem verbessert worden und erzeugt heute eine maximale Elektronenenergie von 30 GeV, die etwa mit der Energie der Protonen aus dem PS oder dem AGS vergleichbar ist. Einige ihrer interessantesten Ergebnisse stammen jedoch aus den ersten Jahren nach Inbetriebnahme der Maschine. Die damals durchgeführten Experimente machten immer deutlicher, daß Protonen und Neutronen aus noch kleine-

ren Bestandteilen aufgebaut sind. Dabei erwiesen sich die hochenergetischen Elektronen des SLAC als ideale Sonden, um ins Innere des Protons vorzudringen.

Seit den ersten Beschleunigern von Lawrence und anderen Pionieren hatten sich innerhalb von 40 Jahren die Vorstellungen von den Grundbausteinen der Materie enorm gewandelt. Als im Jahre 1932 das Neutron entdeckt wurde, vermutete man, daß es vier fundamentale Teilchen gäbe: Proton, Neutron, Elektron und das damals noch hypothetische Neutrino. Wenn Dirac mit seiner Theorie recht behalten sollte (und die Experimente in Berkeley

wieder eine einfachere Ordnung fand. 1973 schien es folgende (vierzehn) Grundbausteine der Materie zu geben: das Elektron, das Müon, zwei Neutrinos (siehe Seite 175 – 179) und drei Arten von Quarks sowie jeweils deren Antiteilchen. Doch schon im Jahr darauf mußte dieses Bild erneut korrigiert werden. Darauf werden wir in Kapitel 8 zurückkommen.

6.40 Die hier abgebildete „Endstation A" des SLAC ist einer der Experimentierbereiche, die der Elektronenstrahl schließlich anläuft. Der Strahl kommt durch das Rohr in der linken Bildmitte herein und trifft frontal auf das Target, das von massiven Klötzen abgeschirmt wird. Die Elektronen werden bei Zusammenstößen mit Targetkernen in viele Richtungen gestreut, als handele es sich um ein subatomares Billardspiel; sie können in den Hochenergiekollisionen aber auch neue, andere Teilchen erzeugen. Drei „Spektrometer" registrieren die Ergebnisse: Eines davon ist der hohe graue Zylinder hinter dem Targetbereich; das zweite ist der Aufbau, zu dem der große gelbe Container gehört; dahinter befindet sich, teilweise verdeckt, das dritte Spektrometer. Die Spektrometer enthalten Kombinationen verschiedener Detektoren, um die ge-

bestätigten dies Mitte der fünfziger Jahre), mußte es zu jedem dieser „Elementarteilchen" ein komplementäres Antiteilchen geben, so daß man insgesamt auf acht fundamentale Teilchen käme. Mit der Entdeckung vieler weiterer Teilchen, insbesondere am Bevatron, war dieses Bild vom Aufbau der Materie dann zunächst immer komplexer geworden, bis man

streuten Teilchen zu registrieren, sowie Magnete zur Messung der Teilchenimpulse. Sie können auf den Schienen um das Target herum in verschiedene Positionen gefahren werden. Diese Meßapparate lieferten die ersten direkten Indizien für die Existenz von Quarks. Der Mann am Fuße des gelben Containers macht die Größe des Aufbaus deutlich.

7. Die Teilchenexplosion

Das Jahr 1952 war ein Meilenstein in der Geschichte der Elementarteilchenphysik. In diesem Jahr wurde ein neuer Detektortyp, die Blasenkammer, erfunden, der während der nächsten 30 Jahre einen Großteil der neuen Entdeckungen ermöglichte, und außerdem eine neue Generation von Beschleunigern, die Synchrotrone, entwickelt. Sie wurden speziell zu dem Zweck gebaut, Teilchen, wie sie in der kosmischen Strahlung auftreten, künstlich zu erzeugen. Es war der Beginn einer neuen Ära in der Elementarteilchenphysik. Dieses Gebiet, das zunächst nur ein Zweig der Kernphysik war und später ein Teilgebiet der Erforschung kosmischer Strahlung wurde, hatte sich inzwischen zu einer eigenständigen und erfolgreichen Forschungsrichtung gemausert. In den frühen sechziger Jahren überboten sich dann die Elementarteilchenphysiker förmlich bei ihren Versuchen, neue Teilchen zu entdecken.

Experimente mit den neuen Beschleunigern erlaubten es den Physikern, Lücken in dem sich allmählich abzeichnenden Ordnungsschema der Teilchen zu schließen. Das erste Teilchen, das mit Hilfe eines Beschleunigers entdeckt wurde, das neutrale Pion, vervollständigte die dreiteilige Pionenfamilie. In ähnlicher Weise gesellte sich das neutrale Xi, das schließlich in einer Blasenkammer nachgewiesen wurde, zu dem negativen Xi, das bereits zuvor in der kosmischen Strahlung gefunden worden war. Mit der Möglichkeit, immer größere Mengen an Energie in ihren Experimenten einzusetzen, gelang es den Experimentalphysikern, zu den bekannten Teilchen jeweils die zugehörigen Antiteilchen nachzuweisen und damit Diracs Theorie der Antimaterie experimentell zu bestätigen. Die Entdeckung des Antiprotons, des Antineutrons, des Antilambda und so fort folgten in kurzem Abstand aufeinander.

Die Blasenkammer liefert zwar Bilder, die gelegentlich so leicht zu lesen sind wie ein Buch und die durchaus als Kunstwerke angesehen werden können (vergleiche Abbildung 7.1). Trotzdem ist sie nicht immer der geeignete Detektor. In vielen Fällen, insbesondere beim Aufspüren von selteneren, sehr kurzlebigen Teilchen, ha-

ben sich elektronische Nachweismethoden mit Teilchenzählern als unverzichtbar erwiesen. In den folgenden Abschnitten wird deutlich, wie sich Experimente mit Blasenkammern und Teilchenzählern in den fünfziger und sechziger Jahren gegenseitig ergänzten, ähnlich wie zuvor Nebelkammern und Kernemulsionen. Teilchen wie das Pi-null und das Antiproton wurden zuerst mit Zählern nachgewiesen. Mit solchen elektronischen Zählvorrichtungen gelang es, nicht nur die Existenz von Neutrinos zu beweisen, sondern darüber hinaus zwei Neutrinoarten zu unterscheiden, von denen die eine mit dem Elektron, die andere mit dem Müon zusammen auftritt; damit schien sich auch bei den Leptonen eine Ordnung herauszubilden.

Nachdem diese beiden Nachweisverfahren bereits eine erstaunliche Fülle von Teilchen ans Tageslicht gebracht hatten, lieferten sie Anfang der sechziger Jahre überraschend immer mehr Hinweise darauf, daß Protonen und Neutronen womöglich nicht die „letzten" fundamentalen Bausteine der Materie sind. Zunächst stieß man auf sogenannte Resonanzen − sehr kurzlebige Zustände der Materie, die allem Anschein nach komplexe, angeregte Strukturen waren. Ihre Entdeckung wurde erst möglich, als man Hunderttausende von Blasenkammeraufnahmen automatisch auswerten konnte. Bei dem Versuch, diese Resonanzen in ein Ordnungsschema der Teilchen einzufügen, fanden die Wissenschaftler Gell-Mann und Ne'eman, daß dieser Vielfalt an Materieformen eine neue, in der Natur bislang unbekannte Symmetrie zugrunde liegen könnte. Die Entdeckung des Omega-minus 1964 erhärtete diese Überlegungen und führte schließlich zu der Vermutung, daß Teilchen wie das Proton, das Pion, seltsame Teilchen und so weiter wiederum aus kleineren Bausteinen bestehen könnten. Diese fundamentalen Teilchen erhielten den Namen Quarks.

Gegen Ende der sechziger Jahre konnte man in Experimenten mit elektronischen Teilchenzählern am Stanford Linear Accelerator Center das Eindringen hochenergetischer Elektronen in ein Proton verfolgen und dabei dessen „körnige" Struktur aufdecken. 60 Jahre nachdem sich Rutherford mit Alphateilchen einen Zugang zum

7.1 Die Blasenkammer wurde in den sechziger Jahren zu *dem* Gerät, mit dem man Bilder subatomarer Teilchen machte. Die dynamischen Blasenkammeraufnahmen zeichnet zusätzlich zu ihrer wissenschaftlichen Aussagekraft ein ganz eigener künstlerischer Reiz aus, was auf diesem Bild durch die photographischen Färbetechniken von Patrice Loïez am CERN besonders hervorgehoben wird.

Inneren des Atoms verschafft hatte, bedienten sich die Physiker erneut desselben Prinzips, um nun eine Stufe tiefer in die Materie vorzudringen.

Die experimentellen Indizien, die auf das Vorhandensein von Quarks in Protonen und verwandten Teilchen schließen lassen, sind sehr indirekter Natur und machen den Begriff der „Wahrnehmung" noch problematischer, als dies bereits bei den anderen in diesem Buch besprochenen Teilchen der Fall war. Trotzdem sind diese Effekte genauso real wie bei anderen Teilchen. Es erfordert allerdings wesentlich größere Anstrengungen, diese tieferliegenden Strukturen der Materie zu entschlüsseln.

Das neutrale Pion

Das neutrale Pion oder Pi-null war das erste instabile subatomare Teilchen, das mit Hilfe eines Teilchenbeschleunigers entdeckt wurde. Es ist das neutrale Gegenstück zu den positiven und negativen Pionen, die zuerst beobachtet wurden, als man Wechselwirkungen kosmischer Strahlen untersuchte (vergleiche die Beschreibung auf Seite 111–114). Genau wie seine elektrisch geladenen Partner entsteht auch das Pi-null in großen Mengen bei Kollisionen kosmischer Strahlen; da es aber keine elektrische Ladung trägt, zeigt es ein anderes Verhalten und ist sehr viel schwerer nachzuweisen.

Positive und negative Pionen haben eine Lebensdauer von 10^{-8} Sekunden, bevor sie in andere Teilchen zerfallen, hinterlassen also auf Nebelkammer- und Blasenkammeraufnahmen relativ lange Spuren. Das Pi-null dagegen existiert nur 10^{-16} Sekunden, das heißt, seine Lebensdauer ist hundert Millionen Male kürzer. Da es elektrisch neutral ist, hinterläßt es keinerlei Spuren in Nebel- oder Blasenkammern. Diese „Unsichtbarkeit" setzt sich zudem dadurch fort, daß das Pi-null in 99 Prozent aller Fälle in zwei sehr energiereiche Photonen, also Gammastrahlen, zerfällt, die ebenfalls neutral sind und deshalb selbst keine Spuren im Detektor hinterlassen. Wie also läßt sich ein solch kurzlebiges Teilchen überhaupt nachweisen, das

selbst keine Spuren hinterläßt und sich auch nicht durch seine unmittelbaren Zerfallsprodukte verrät?

Ein paar spezielle Kunstgriffe bringen das Teilchen, das sich so hartnäckig zu entziehen scheint, aber doch dazu, seine Anwesenheit zu verraten. Alle Pi-null-Detektoren enthalten ein Material mit sehr hoher Dichte – wie zum Beispiel Blei, das die unsichtbaren Gammaphotonen dazu bringt, Elektron-Positron-Paare zu produzieren. In Abbildung 7.2, einer Blasenkammeraufnahme, die am Lawrence Berkeley Laboratory aufgenommen wurde, ist dieser Effekt deutlich sichtbar. Ein negatives Kaon – vom unteren Bildrand kommend – erzeugte ein sichtbares negatives Pion und ein unsichtbares Pi-null. Das Pi-null zerfiel sofort in zwei Gammaphotonen, die sich – genauso unsichtbar – auf den oberen Bildrand zu bewegten. Wo sie auf die in die Blasenkammer eingesetzte Bleiplatte stießen, verwandelten sie sich in zwei sichtbare Elektron-Positron-Paare.

Blei hat sich als ideales Material erwiesen, um Gammaphotonen in Elektron-Positron-Paare „umzuwandeln". Heute verwendet man in vielen Experimenten ganze Stapel mit Blei angereicherter Glasblöcke – ähnlich dem Bleikristall feiner Gläser –, um Pi-null-Teilchen nachzuweisen. Das Blei bewirkt die Umwandlung der Photonen in Elektronen und Positronen, die ihrerseits im Glas Tscherenkow-Licht abstrahlen. Eine photoelektrische Zelle am Ende des Blocks fängt dieses Licht auf und registriert so die Ankunft eines Pi-null. Gleichzeitig regt das Blei die Elektronen und Positronen dazu an, Photonen zu

7.2 Ein negatives Kaon (K$^-$) zerfiel in einer Blasenkammer am Lawrence Berkeley Laboratory, wobei es ein negatives Pion (π^-) und ein neutrales Pion (π^0) erzeugte. Das neutrale Pion zerfiel sofort in zwei Gammaquanten (γ), deren Flugbahn durch die gestrichelten Linien im Diagramm angedeutet wird. Die Gammastrahlen trafen auf eine Bleiplatte in der Kammer, wobei beide jeweils in ein Elektron-Positron-Paar (e$^+$ und e$^-$) umgewandelt wurden. Durch das Magnetfeld der Blasenkammer wurden negative Teilchen nach rechts, positive nach links abgelenkt. Die enge Spirale gegen Ende der Spur des unteren Elektrons stammt von einem anderen Elektron, das aus einem Atom in der Blasenkammerflüssigkeit herausgeschlagen wurde; andere Spuren wurden gelöscht.

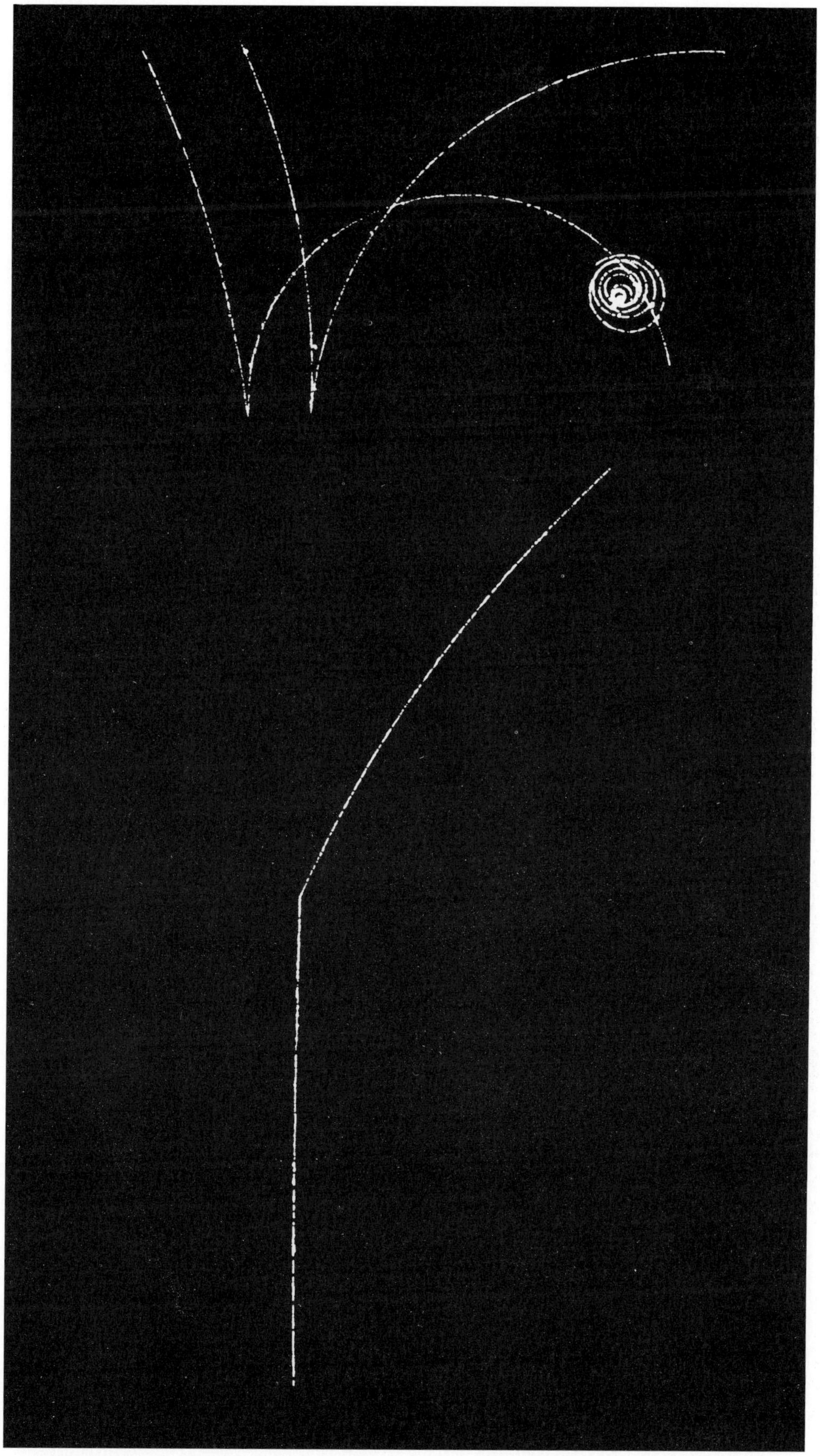

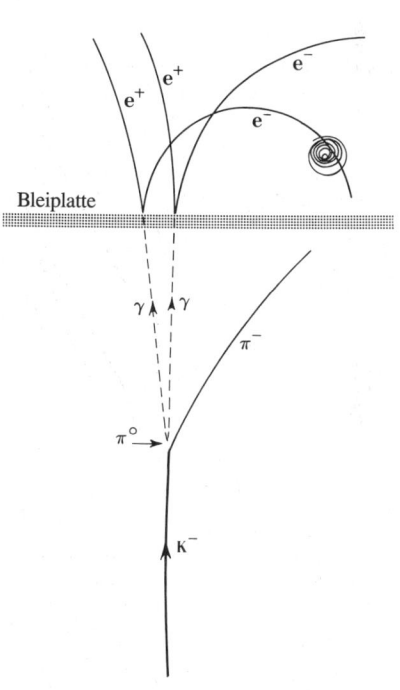

7.3 Pi-null-Teilchen, die in hochenergetischen Wechselwirkungen der kosmischen Strahlung in der oberen Atmosphäre entstehen, zerfallen schnell in Gammastrahlung und können Schauer von Elektronen und Positronen erzeugen. Hier wurde ein solcher Schauer in einer Nebelkammer produziert, an die ein Magnetfeld angelegt war. Ein hochenergetischer Gammastrahl erzeugte im oberen Teil der Kammer eine Kaskade von Elektron-Positron-Paaren, die durch das Magnetfeld in entgegengesetzte Richtungen abgelenkt wurden. Durch gegenseitige Vernichtung und Zerstrahlung erzeugten die Elektronen und Positronen weitere Gammastrahlen; dort, wo diese Strahlen auf die zwei hintereinander angeordneten Bleiplatten trafen, wiederholte sich dieser Prozeß, wodurch sich der Teilchenschauer jedesmal erneuerte.

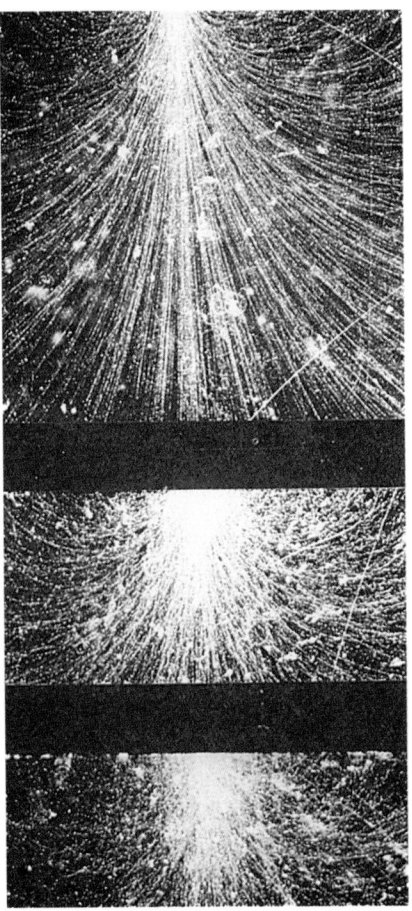

emittieren, die wiederum neue Paare erzeugen können, und so weiter – es entsteht ein „Schauer" elektrisch geladener, sichtbarer Teilchen. Abbildung 7.3 zeigt einen solchen Vorgang: Ein Pi-null der kosmischen Strahlung, das in eine Nebelkammer eintrat, erzeugte an aufeinanderfolgenden Bleiplatten eine wahre Lawine von Elektronen und Positronen.

Der hohe Anteil an Gammastrahlung in der kosmischen Strahlung war für die theoretischen Physiker ein erster Hinweis, der die Existenz eines Pi-null vermuten ließ. Robert Oppenheimer in Berkeley und zwei seiner Studenten, H. W. Lewis und S. A. Wouthuysen, veröffentlichten 1948 einen Artikel, in dem sie die Hypothese aufstellten, die kosmische Gammastrahlung resultiere aus dem Zerfall neutraler Pionen. Sicher konnte sich dessen allerdings damals niemand sein.

Im nächsten Jahr suchten dann R. Bjorkland und seine Kollegen an Berkeleys neuem 4,6-Meter-Synchrozyklotron mit elektronischen Nachweismethoden nach dem Teilchen. Die im Zyklotron beschleunigten Protonen trafen auf Metalltargets im Inneren der Maschine, wo sie Pionen in Hülle und Fülle erzeugten. Wenn es neutrale Pionen gab, mußten sie bei diesem Vorgang ebenfalls entstehen, aber sofort in zwei Gammaphotonen zerfallen. Durch zwei gezielt plazierte Öffnungen in der Betonwand, die das Zyklotron abschirmte, konnten die Gammastrahlen austreten; sie trafen dann auf Tantalfolien, die wie Bleiplatten die Erzeugung von Elektron-Positron-Paaren induzierten.

Die Elektronen und Positronen, die von den Tantalfolien ihren Ausgang nahmen, wurden durch ein Magnetfeld in entgegengesetzte Richtungen abgelenkt und erzeugten in sogenannten Proportionalzählern koinzidente Signale. Der Grad der Ablenkung der Teilchen durch das Magnetfeld und das Ausmaß an Ionisation, das sie in den gasgefüllten Proportionalzählrohren bewirkten, ermöglichten es den Experimentalphysikern, die Energie der Teilchen zu bestimmen. Daraus konnten sie schließlich Rückschlüsse auf die Energie der Gammastrahlen ziehen, die die Elektronen und Positronen hervorgebracht

hatten. Die Resultate entsprachen den Energien, die zu erwarten waren, wenn die Gammastrahlung in der Tat aus dem Zerfall von neutralen Pionen stammte. Für die gemessene Energieverteilung gab es keine andere Erklärung; damit war der erste stichhaltige Beweis für die Existenz des neutralen Pions erbracht.

Die neutrale Kaskade

Das neutrale Kaskadenteilchen, das Xi-null, ist wie das Pi-null schwer nachzuweisen, da es in zwei neutrale Teilchen zerfällt – wovon eines das Pi-null ist! Abbildung 7.4 zeigt ein besonders schönes Beispiel für ein Xi-null, das in einer Blasenkammer des Lawrence Berkeley Laboratory beobachtet wurde.

Ein negatives Kaon, das von unten ins Bild eintrat, erzeugte insgesamt vier Teilchen: ein Xi-null, ein K-null, ein Pi-plus und ein Pi-minus. Das K-null zerfiel unmittelbar darauf in zwei Pionen; nur die winzige Lücke zwischen seinem Entstehungs- und seinem Zerfallsort verrät seine Existenz. Das Xi-null dagegen bewegte sich unsichtbar noch ein Stück weiter, bevor es in ein Lambda-null und ein Pi-null zerfiel. Da diese beiden Teilchen neutral sind, hinterlassen sie selbst wieder keine Spuren; sie machen sich aber durch ihre Zerfallsprodukte bemerkbar. Das Lambda verwandelte sich in ein Proton und ein Pi-minus. Beim Pi-null trat ein überaus seltenes Ereignis ein, nämlich der Zerfall in ein Elektron-Positron-Paar und ein einzelnes Gammaphoton (nur jeder hundertste Zerfall verläuft so). Das Elektron und das Positron werden in dem Magnetfeld der Blasenkammer stärker abgelenkt als die anderen, schwereren Teilchen; ihre Bahnen sind deshalb stärker gekrümmt.

Das Xi-null wurde erst 1959 entdeckt, war aber bereits früher vorhergesagt worden. Die Einteilung der Teilchen nach ihrer „Seltsamkeit", wie sie Gell-Mann und Nishijima 1953 vorschlugen, um Teilchen ähnlicher Masse zusammenzufassen, machte seine Existenz erforderlich. In diesem Schema sind beispielsweise Proton und Neutron elektrisch geladene beziehungsweise neutrale Partner mit einer

7.4 Entstehung und Zerfall eines Xi-null — ein überaus seltenes Ereignis. In einer Blasenkammer in Berkeley traf ein negatives Kaon (K^-) auf ein Proton, wobei es ein neutrales Kaon (K^0), ein Xi-null (Ξ^0), ein negatives Pion (π^-) und ein positives Pion (π^+) erzeugte. Das neutrale Kaon zerfiel fast sofort, und zwar in ein weiteres negatives und positives Pionenpaar. Das Xi-null bewegte sich weiter auf den oberen Bildrand zu (gestrichelte Linie im Diagramm), in fast dieselbe Richtung wie das ursprüngliche negative Kaon, bevor es in ein neutrales Lambda (Λ) und ein Pi-null (π^0) zerfiel. Das ebenfalls nur wenig abgelenkte Lambda bewegte sich weiter nach oben (gestrichelte Linie) und zerfiel dann seinerseits in ein Proton (p) und ein negatives Pion. Das Pi-null hatte eine so kurze Lebensdauer, daß es auf dem Diagramm nicht als gestrichelte Linie

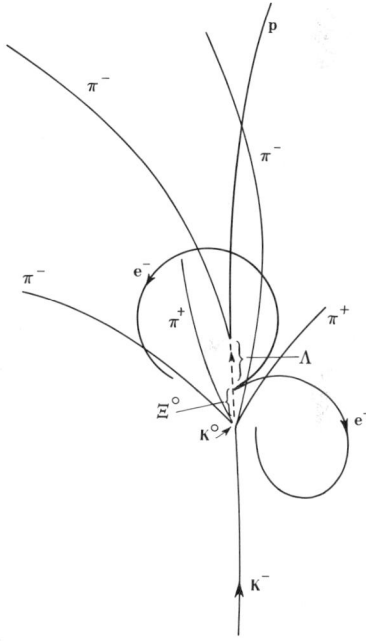

eingezeichnet werden konnte; es zerfiel sofort in ein einzelnes Gammaphoton (nicht markiert, da es die Blasenkammer unbemerkt verließ) und ein Elektron-Positron-Paar (e^-, e^+). Dieses Paar weist genau auf *die* Stelle, an der das Xi-null zerfiel; ohne das Elektron und das Positron wäre dieser Punkt nicht bekannt. (Irrelevante Spuren wurden aus dem Bild entfernt.)

163

Masse von jeweils knapp unter 1 GeV, die aber keine Einheit der Qualität besitzen, die Gell-Mann als Strangeness (Seltsamkeit) bezeichnete. Ähnlich erwartete man, daß das negative Xi mit seiner Masse von etwas mehr als 1,3 GeV, das man in der kosmischen Strahlung nachgewiesen hatte, ein neutrales Pendant mit etwa derselben Masse haben werde – eben das Xi-null. Beide Xi-Teilchen tragen zwei Einheiten negativer Seltsamkeit – man sagt, ihre Seltsamkeit beträgt −2. Je eine Einheit dieser Seltsamkeit geht bei einem Zerfallsprozeß verloren. Das Xi-null zum Beispiel zerfällt in ein Pi-null ohne Seltsamkeit und ein neutrales Lambda mit Seltsamkeit −1. Das neutrale Lambda wiederum verliert seine Seltsamkeit beim Zerfall in ein Pion und ein Proton, die beide nicht seltsam sind.

Das neutrale Xi blieb unentdeckt, bis schließlich gegen Ende des Jahres 1958 Luis Alvarez und seine Mitarbeiter in einer gemeinsamen Anstrengung sich daran machten, das flüchtige Teilchen bei Wechselwirkungen negativer Kaonen in ihrer 38-Zentimeter-Blasenkammer nachzuweisen (das war kurz bevor die berühmte 1,8-Meter-Blasenkammer ihren Betrieb aufnahm). Das K-minus besitzt eine Seltsamkeit von −1; um also ein Xi-null mit Seltsamkeit −2 zu erzeugen – bei *insgesamt* unveränderter Seltsamkeit −, muß gleichzeitig mit dem Xi-null ein Teilchen mit Seltsamkeit +1 erzeugt werden.

Unter Tausenden von Bildern fand Alvarez *eine* Photographie, auf der die sichtbaren Spuren ausreichend Hinweise darauf gaben, daß hier wahrscheinlich ein Xi-null entstanden war (siehe Abbildung 7.5). Nachdem sie die Winkel und Impulse der relevanten Spuren ausgemessen hatten, kamen die Physiker zu dem Schluß, daß die beiden linken Pionen von einem K-null stammten – dem entscheidenden Teilchen mit Seltsamkeit +1. Dann zeigten sie, daß das obere „V", das aus den Spuren eines Protons und eines Pi-minus gebildet wird, von einem neutralen Lambda herrührte. Dieses „V" deutete aber nicht direkt auf den Ursprungsort des K-null zurück; ein anderes neutrales Teilchen mußte also zunächst entstanden sein, und es war der Zerfallsort *dieses* Teilchens, wor-

auf das „V" des Lambda zeigte. Die Auswertung der Massen-, Impuls- und Winkelverhältnisse der beteiligten Teilchen ergab, daß dieses neutrale Teilchen ungefähr dieselbe Masse haben mußte wie das Xi-minus. Es trug alle entscheidenden Merkmale eines Xi-null.

(Ein neutrales Teilchen, das in ein „V" zerfällt, bewegt sich nicht unbedingt entlang der Linie, die in ihrer Verlängerung das „V" genau halbiert; die Richtung seiner Bahn hängt jeweils von den Massen und Impulsen der beiden Teilchen ab, die das „V" bilden. Im Fall des vom Lambda verursachten „V", das auf dem Diagramm zu Abbildung 7.5 zu sehen ist, bewegt sich das relativ schwere Proton in fast der gleichen Richtung weiter wie das neutrale Lambda, während das vergleichsweise leichte Pion stark nach rechts weggestoßen wurde.)

Die Entdeckung des Xi-null war ein Meisterstück, das sowohl die Leistungsfähigkeit der Flüssigwasserstoff-Blasenkammer als auch der analytischen Auswertungsmethoden demonstrierte, die in der Anfangszeit in Berkeley entwickelt worden waren. Indem man die Winkel und Energien der elektrisch geladenen Teilchen gegeneinander aufrechnete, konnte man rückschließen, wo ein unsichtbares neutrales Teilchen aufgetreten war. Die Entdeckung des Xi-null bestätigte außerdem das bisher allerdings noch recht schematische Konzept der Seltsamkeit, das zuverlässige Vorhersagen erlaubt hatte und somit nun als gesicherte Ausgangsbasis für weitergehende Überlegungen grundlegenderer Natur gelten konnte.

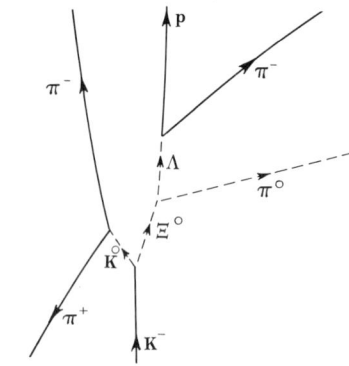

7.5 Obwohl auf den ersten Blick gänzlich anders aussehend, zeigt diese erste Aufnahme eines Xi-null von der wasserstoffgefüllten 38-Zentimeter-Blasenkammer in Berkeley fast genau dieselbe Abfolge von Zerfällen wie Abbildung 7.4. Ein negatives Kaon (K⁻) mit einer schwachen und zeitweilig unterbrochenen Spur traf auf ein Proton und erzeugte ein neutrales Kaon (K⁰) und ein neutrales Xi (Ξ⁰). Das neutrale Kaon zerfiel in ein positives und ein negatives Pion (π⁺, π⁻). Wie die Rekonstruktion im Diagramm zeigt, zerfiel das Xi-null in ein Lambda (Λ) und ein Pi-null (π⁰) und das Lambda seinerseits in ein Proton (p) und ein Pi-minus. Das Pi-null nahm wahrscheinlich seinen üblichen Zerfallsweg in zwei Gammaphotonen (γ), die unentdeckt blieben.

Antimaterie

Unsere Erde, das Sonnensystem, zu dem sie gehört, unsere ganze Milchstraße und Millionen anderer Galaxien im Universum — sie alle bestehen offensichtlich aus Materie, die aus Atomen aufgebaut ist, in denen Elektronen Atomkerne aus Protonen und Neutronen umkreisen. Doch 1932 entdeckte Carl Anderson in seinen Experimenten mit kosmischen Strahlen das Antielektron oder Positron — ein Teilchen, das dem Elektron genau entspricht, aber eine positive statt einer negativen elektrischen Ladung trägt. In der Tat forderte schon eine von Paul A. M. Dirac 1928 aufgestellte Theorie die Existenz eines solchen Teilchens, und seine spätere Entdeckung legte die Existenz auch anderer Antiteilchen nahe, da analoge Gleichungen auch für Protonen, Neutronen und viele andere subatomare Teilchen galten, die seit den frühen dreißiger Jahren entdeckt wurden.

Für jede Form der Materie sollte entsprechende Antimaterie existieren — mit entgegengesetzter elektrischer Ladung und Seltsamkeit, aber identischer Masse. Wir können uns Antiatome vorstellen, in denen Positronen Antikerne aus Antiprotonen und Antineutronen umkreisen. Diracs Theorie besagte außerdem, daß Materie und Antimaterie nie gleichzeitig nebeneinander existieren können. Trifft ein Teilchen auf sein Antiteilchen, so vernichten sich die beiden gegenseitig — ein explosionsartiger Prozeß, in dem die Masse der beiden Teilchen unmittelbar in Energie umgewandelt wird. Diese Energie kann sich in Form von Photonen „verflüchtigen" oder in neue Teilchen und Antiteilchen rematerialisieren, die vom Ort ihrer Entstehung rasch auseinanderfliegen.

Auch heute gibt es noch keine Beweise dafür, daß irgendwo im Universum größere Mengen an Antimaterie existieren, die aus Antiatomen aufgebaut wäre. Physiker können aber in Hochenergiekollisionen an ihren Beschleunigern nach Belieben Antiprotonen, Antineutronen und andere Antiteilchen erzeugen, um sie in den Dienst ihrer Forschungen zu stellen. Allerdings dauerte es nach Andersons Entdeckung des Positrons 20 Jahre, bis man auch das Antiteilchen des Protons, das Antiproton, experimentell nachweisen konnte. Einige weitere Jahre vergingen, bis die Physiker endlich sicher sein konnten, daß für jedes Materieteilchen ein entsprechendes Antiteilchen existiert.

Das Antiproton war das erste in einer Reihe von Antiteilchen, die am Lawrence Berkeley Laboratory entdeckt wurden. Seine genau definierten Eigenschaften — gleiche Masse wie das Proton, aber negative elektrische Ladung — machten es zum idealen Objekt für elektronische Teilchenzähler, wie auf Seite 136—139 beschrieben. Auf diese Weise fanden Emilio Segrè und seine Kollegen 1955 die ersten Anzeichen für Antiprotonen. Gleichzeitig suchten sie mit visuellen Nachweismethoden nach einer Bestätigung ihrer Entdeckung. Die Protonen, die im Bevatron beschleunigt wurden, erzeugten beim Auftreffen auf ein Target sehr viele Teilchen; davon wurden die Teilchen mit negativer elektrischer Ladung herausgefiltert und durch Magnetfelder gebündelt, um damit Stapel von Kernemulsionen zu beschießen. Irgendwann, so hoffte man, werde ein vereinzeltes Antiproton zwischen den anderen negativen Teilchen auf ein Proton in der Emulsion treffen, so daß sich die beiden Teilchen gegenseitig vernichten und dabei einen Explosionsstern hervorrufen sollten, der sich deutlich von allen anderen Spuren abhebt.

Die bestrahlten Emulsionen wurden sowohl in Berkeley als auch von der Arbeitsgruppe um Eduardo Amaldi an der Universität von Rom untersucht. Die Italiener fanden kurz nach der Entdeckung des Antiprotons den ersten „Stern", der eine Proton-Antiproton-Vernichtung anzeigte (Abbildung 7.6). Später fand Segrès Team einen Stern, bei dem die Gesamtenergie aller bei dem Vernichtungsprozeß neu entstandenen Teilchen eindeutig größer war als die Energie des ursprünglichen Antiprotons, und bestätigte damit diese Entdeckung. Da Energie nicht einfach aus dem Nichts entstehen kann, hieß das, daß der Stern nicht aus einem Zerfall des eintretenden Teilchens resultieren konnte; er mußte das Ergebnis der gegenseitigen Vernichtung zweier Teilchen, eines Protons und eines Antiprotons, sein.

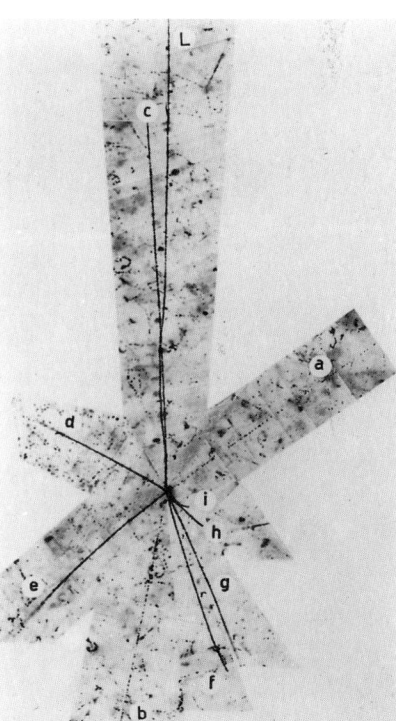

7.6 Die erste Aufnahme von einem Vernichtungsstern, den ein Antiproton erzeugt hatte. Er wurde in einer Kernemulsion gefunden, die man 1955 am Bevatron mit Antiprotonen beschoß. Das Antiproton, vom oberen Bildrand kommend (seine Spur ist mit „L" bezeichnet), legte ungefähr 430 Mikrometer zurück, bevor seiner Existenz in einer explosionsartigen gegenseitigen Vernichtung mit einem Proton ein Ende bereitet wurde. Neun elektrisch geladene Teilchen entstanden am Vernichtungspunkt, die sich rasch von ihrem Ursprungsort entfernten und den charakteristischen Stern bildeten. Die mit „a" und „b" bezeichneten Spuren waren wahrscheinlich Pionen, die anderen wahrscheinlich Protonen.

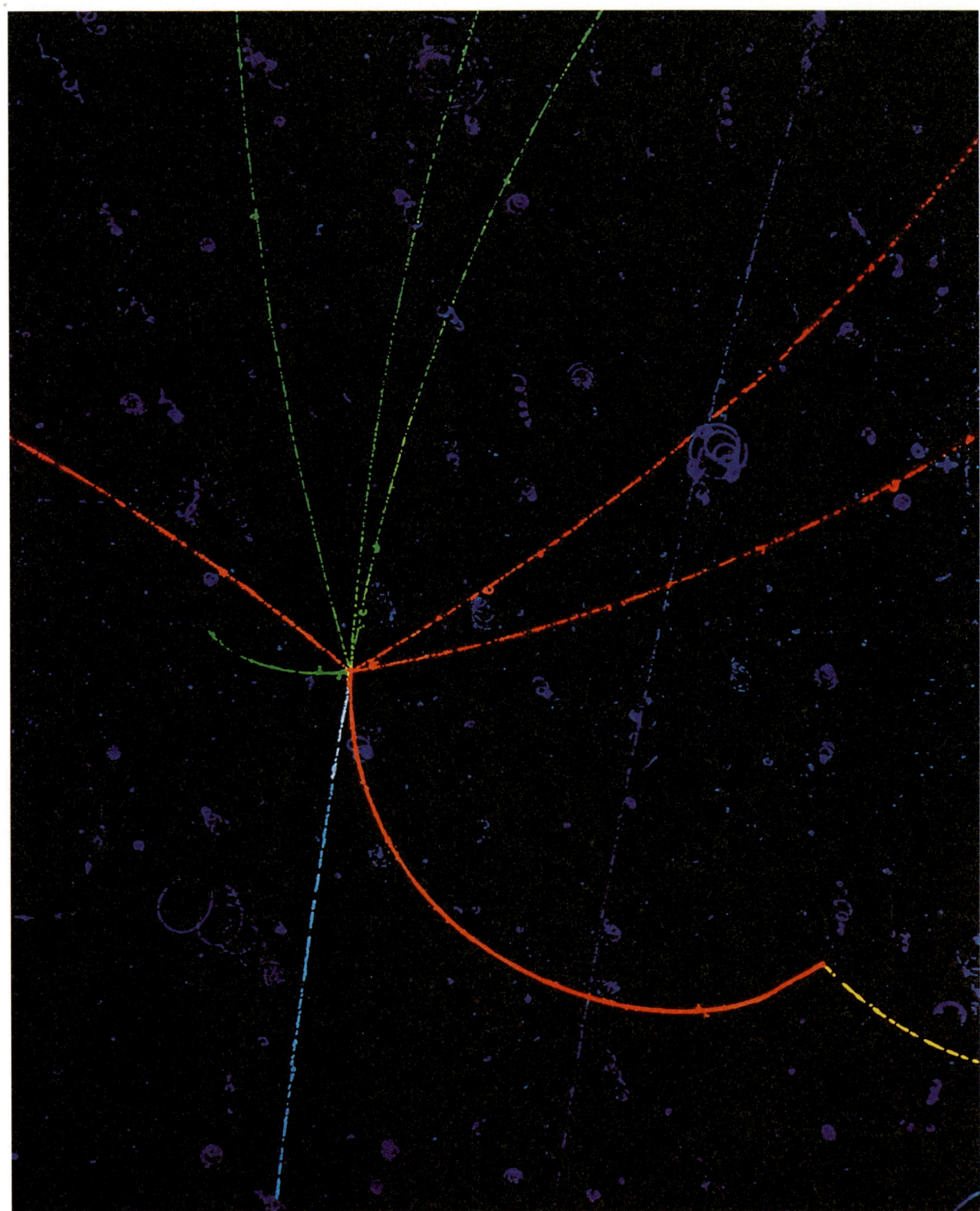

Abbildung 7.7 zeigt einen Antiproton-Stern, der später in Berkeley mit der wasserstoffgefüllten 1,8-Meter-Blasenkammer eingefangen wurde. Die Spuren wurden verschieden eingefärbt, um die einzelnen Teilchen leichter identifizieren zu können. Das ankommende Antiproton und ein Proton löschten sich gegenseitig aus, wobei acht Pionen entstanden — vier positive (rot) und vier negative (grün).

Die Entdeckung des Antiprotons ebnete den Weg für die Suche nach dem Antineutron. Wenn ein Proton und ein Antiproton sich knapp verfehlen, so entgehen sie zwar der Vernichtung, können aber ihre elektrische Ladung gegenseitig neutralisieren. Das Proton wird zu einem Neutron, das Antiproton zu einem Antineutron. Inmitten der feindlichen Materie, die das Antineutron umgibt, ist es dann nur eine Frage der Zeit, wann es sich mit einem Neutron oder Proton gegenseitig vernichtet und in einer charakteristischen Energieexplosion untergeht.

Bruce Cork und einige seiner Kollegen in Berkeley beschlossen, sich diesen Prozeß des Ladungsaustauschs bei der Suche nach Antineutronen zunutze zu machen. Sie benutzten ein Becken, das mit flüssigem Szintillatormaterial gefüllt war, um die Antineutron-Vernichtungen nachzuweisen; die Antineutronen selbst entstanden durch Ladungsaustausch aus Antiprotonen, die im Bevatron erzeugt wurden. Ein solcher Vernichtungsprozeß im

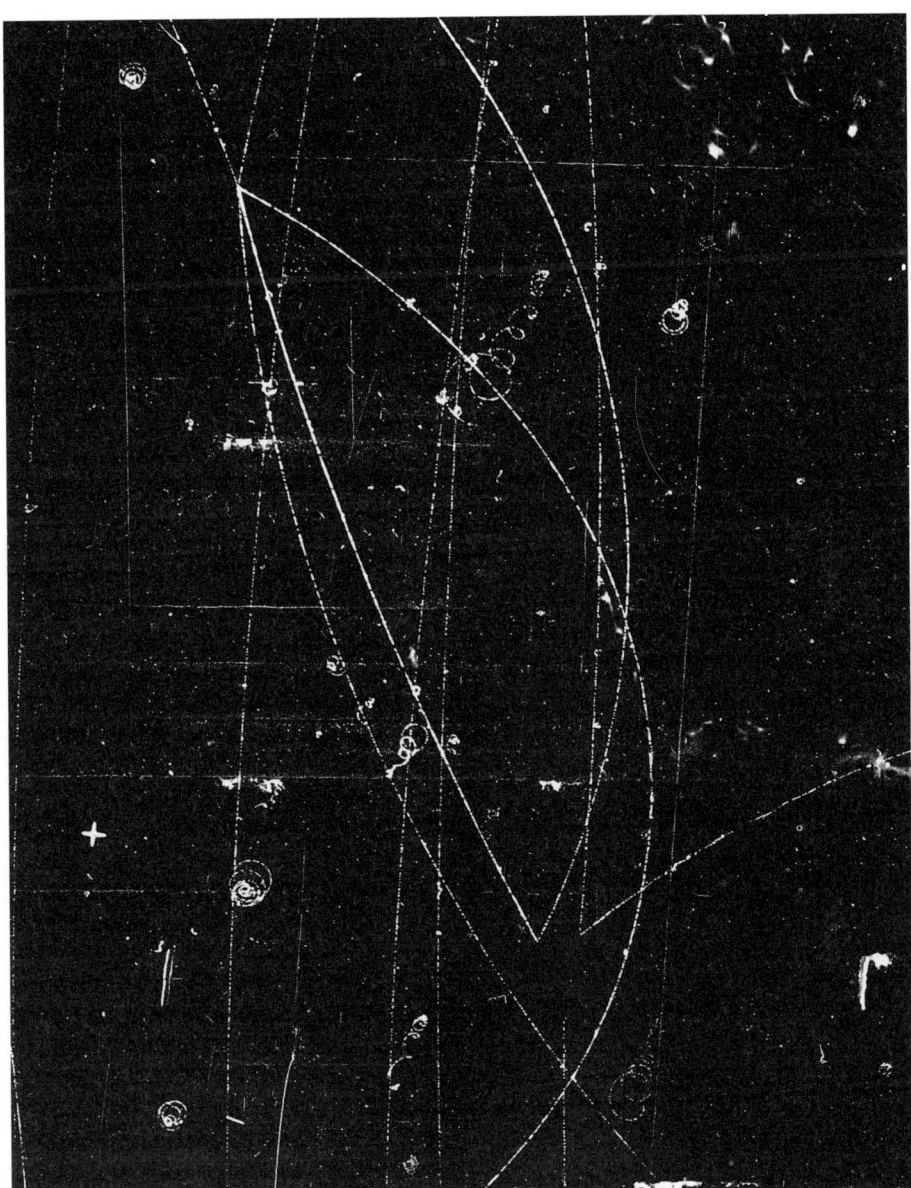

7.7 Ein Antiproton (hellblaue Spur) und ein Proton erzeugten bei einer Kollision diesen Vernichtungsstern in einer Blasenkammer in Berkeley. Bei der Vernichtung rematerialisierte die freigesetzte Energie in vier positive Pionen (rot) und vier negative Pionen (grün). Im Magnetfeld der Blasenkammer krümmten sich die Bahnen der negativen Pionen und des negativen Antiprotons im Uhrzeigersinn, die der positiven Teilchen entgegen dem Uhrzeigersinn. Die beiden unteren Pionen besaßen weniger Energie als die anderen; sie wurden deshalb stärker abgelenkt und hinterließen dickere Spuren. Das linke Pion legte nur ein kurzes Stück zurück; seine Spur endete, als es von einem Proton eingefangen wurde. Das rechte Pion endete durch den Zerfall in ein Müon (gelb) und ein Neutrino, das keine sichtbare Spur hinterlassen hat. Die Spuren von weiteren Teilchen, die an der Wechselwirkung nicht beteiligt waren, darunter auch die charakteristischen Spiralen von niederenergetischen Elektronen, die aus Atomen herausgeschlagen wurden, wurden dunkelblau eingefärbt.

7.8 Auf diesem ersten Bild, das die Erzeugung eines Lambda (Λ) zusammen mit einem Antilambda ($\overline{\Lambda}$) dokumentierte, vernichteten sich ein Antiproton ($\bar{p}$) und ein Proton gegenseitig am Punkt A in der 180-Zentimeter-Blasenkammer in Berkeley. Das Lambda zerfiel in ein Proton (p) und ein Pi-minus (π^-), das Antilambda „spiegelbildlich" dazu in die entsprechenden Antiteilchen, ein Antiproton und ein Pi-plus (π^+). Das Antiproton schoß nach links oben, bis es sich am Punkt B mit einem anderen Proton im flüssigen Wasserstoff vernichtete und dabei sechs neue Teilchen produzierte; zwei davon — ein Neutron und ein Pi-null — waren neutral und daher unsichtbar. Die restlichen vier Teilchen bestanden aus zwei negativen und zwei positiven Pionen. Das Bild ist insbesondere seiner Symmetrie wegen interessant — das Lambda und das Antilambda haben fast genau die gleiche „Länge".

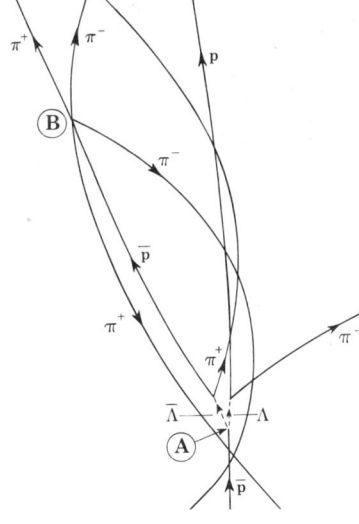

167

7.9 Diese Spuren wurden im Oktober 1985 bei einer der ersten Proton-Antiproton-Kollisionen mit einer Rekord-Gesamtenergie von 1600 GeV (1,6 TeV) in der Collider Detector Facility am Fermilab aufgenommen. Die elektronischen Detektorkomponenten umgeben das Strahlrohr des supraleitenden Beschleunigerrings im Tevatron in konzentrischen Schichten. Die Computerdarstellung zeigt eine Seitenansicht der oberen und unteren Hälften der innersten Detektorkammer. Zwischen den beiden Teilen befindet sich das (spurenfreie) Strahlrohr. Die Protonen und Antiprotonen, die sich im Ring in entgegengesetzte Richtungen bewegen, kamen von links beziehungsweise von rechts in den Detektor und vernichteten sich an dem Punkt, der durch das violette Kreuz gekennzeichnet ist. Viele der Teilchen, die bei dem Zusammenstoß erzeugt wurden,

Szintillator erzeugte ein Feuerwerk elektrisch geladener Teilchen, was wiederum einen starken, charakteristischen Lichtimpuls bewirkte, der von Photomultiplierröhren registriert wurde. Mit Hilfe dieser Methode fand Corks Team 1956 114 Antineutron-Vernichtungen.

Berkeley spielte auch weiterhin eine wichtige Rolle beim Aufspüren von Antiteilchen. Das erste Antilambda wurde 1958 in einer Emulsion gefunden, die einem Strahl negativer Pionen aus dem Bevatron ausgesetzt wurde. 1959 wurde dann die 1,8-Meter-Blasenkammer in Betrieb genommen, und schon bald erzielte man

„V" eines Lambda besteht aus einem Piminus und einem Proton, das eines Antilambda aus einem Pi-*plus* und einem *Antiproton*.

Deutlich wird an diesem Bild auch, daß eine ganze Ereigniskette in ihrem zeitlichen Verlauf aufgezeichnet wurde. Das Antiproton, das beim Zerfall des Antilambda entstand, kam nicht sehr weit, bevor es sein Schicksal ereilte und es sich mit einem Proton in der Blasenkammerflüssigkeit gegenseitig vernichtete. Zwei der elektrisch geladenen Pionen wurden in Richtung auf den unteren Bildrand zurückgeschleudert; ihre Bahnen überschneiden

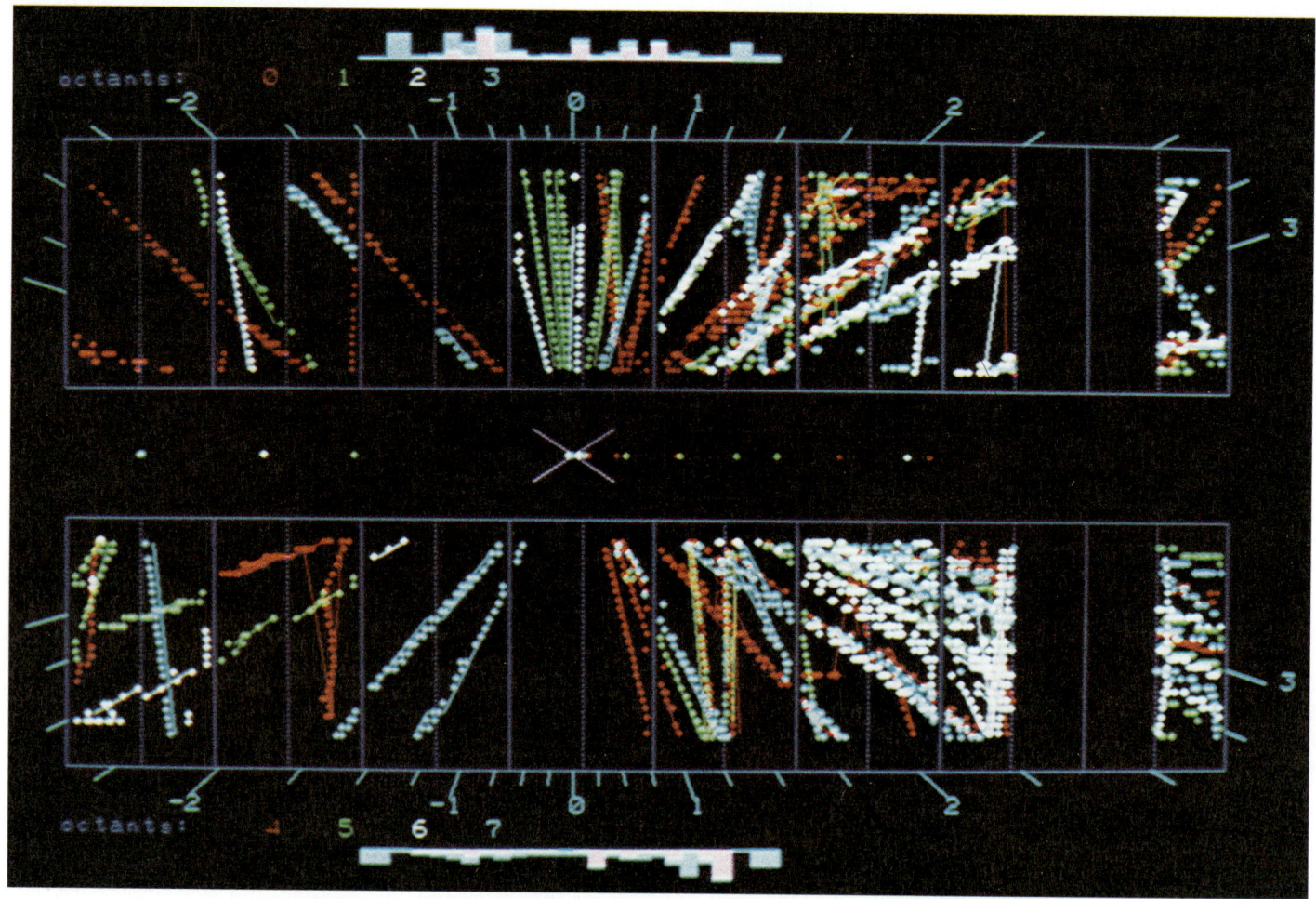

schossen in die gasgefüllte Detektorkammer, wo ein dichtes Netz gespannter Drähte die Ionisation der geladenen Teilchen aufnimmt und registriert. Die Kammer ist in acht Oktanten eingeteilt, die um das Strahlrohr angeordnet sind, je vier in der oberen und unteren Hälfte, und die Spuren wurden farbig unterschieden, um den jeweils getroffenen Sektor anzuzeigen. (Die vier leeren Abschnitte waren bei der Aufnahme noch nicht in Betrieb.)

spektakuläre Ergebnisse. Abbildung 7.8 war die erste Aufnahme eines Antilambda, das zusammen mit einem Lambda erzeugt wurde. Lambdateilchen sind elektrisch neutral und hinterlassen keine Spuren, aber sie verraten ihre Existenz durch den Zerfall in elektrisch geladene Teilchen, die sichtbare „V"s formen. Das

sich an einem Punkt nahe der Spur des ursprünglichen Antiprotons, das Milliardstelsekunden früher in die Kammer eingetreten war und die ganze Ereigniskette in Gang gesetzt hatte.

In den frühen sechziger Jahren waren die entsprechenden Antiteilchen zu den meisten damals bekannten Teilchen experimentell nachgewiesen; heute werden Antiteilchen — hauptsächlich Positronen und Antiprotonen — routinemäßig als Hilfsmittel in Wissenschaft, Technik und Medizin eingesetzt. Auf dem Gebiet der Hochenergiephysik sind die modernen Zweistrahl-Beschleuniger (die sogenannten Collider) heute führend, in denen Strahlen von Elektronen und Positronen beziehungsweise Protonen und Antiprotonen im Inneren desselben Strahlrohrs in entgegengesetzte Richtungen beschleunigt und an ausgewählten Punkten frontal aufeinandergeschossen werden.

Diese Kollisionen beschleunigter Teilchen und Antiteilchen setzen enorme Energien frei und erlauben es den Physikern, die grundlegendsten Strukturen der Materie zu untersuchen. Abbildung 7.9 ist eine elektronische Rekonstruktion einer Kollision eines Protons mit einem Antiproton, die im Tevatron am Fermilab beide auf 800 GeV beschleunigt wurden. Die freiwerdende Energie reichte aus, um Dutzende neuer Teilchen — hauptsächlich Pionen — zu erzeugen, die sich in den Detektor ergossen.

Obwohl wir mit den Antiteilchen inzwischen wohlvertraut sind, bleibt die Frage, ob es Antimaterie in größerem Umfang irgendwo im Universum gibt, ein ungelöstes Problem. Schließlich müssen bei dem enormen Energiestoß des Urknalls Materie und Antimaterie sicherlich in gleicher Menge erzeugt worden sein. Was aber ist mit der Antimaterie geschehen? Wieso können wir keinerlei Anzeichen für Antigalaxien mit Antisternen finden — umkreist von Antiplaneten, die vielleicht von Antielefanten und Antiküchenschaben besiedelt werden? Die Fähigkeit, Antworten auf diese Fragen geben zu können, ist ein entscheidender Prüfstein für die neuesten Theorien über die Materie und die Natur des Universums, die sogenannten Großen Vereinigungstheorien oder GUTs (Grand Unified Theories), die in Kapitel 10 beschrieben werden.

Die Resonanzen

Viele der Teilchen, die uns bisher begegnet sind, überleben nur eine sehr kurze Zeit, sind aber durchaus wahrnehmbar: Ein Teilchen, das sich annähernd mit Lichtgeschwindigkeit bewegt, legt während seiner Lebenszeit von 10^{-11} Sekunden einige Millimeter zurück, und seine Spur ist auf Vergrößerungen von Kernemulsionen oder Blasenkammeraufnahmen deutlich zu erkennen. Es gibt aber viele Teilchen, deren Lebensspanne viele Millionen Male kleiner ist. Sie hinterlassen in Detektoren keine auflösbaren Spuren; die Physiker können ihre Existenz daher nur aus den längerlebigen Teilchen, in die sie zerfallen, erschließen.

Diese extrem kurzlebigen Teilchen werden allgemein als Resonanzen oder *Resonen* bezeichnet. Ihre Lebensdauer liegt in der Größenordnung von 10^{-23} Sekunden — einer Zeitspanne, die zu einer Millionstelsekunde im selben Verhältnis steht wie eine Millionstelsekunde zu 1000 Jahren. Daher ist es alles andere als verwunderlich, daß Resonanzen keine sichtbaren Spuren hinterlassen: Selbst wenn sie sich beinahe mit Lichtgeschwindigkeit bewegen, kommen sie kaum weiter als eine Strecke, die gerade ihrem eigenen Durchmesser entspricht.

Etwas, das zerfällt, bevor es den Ort seiner Entstehung verlassen hat, selbst wenn es sich mit Lichtgeschwindigkeit fortbewegt — kann man von einer so merkwürdigen Erscheinung überhaupt sagen, sie habe existiert? Als die erste Resonanz in den frühen fünfziger Jahren entdeckt wurde, waren deshalb viele Physiker anfangs nur widerwillig bereit, ihr eine Realität zuzusprechen.

Die ersten Anzeichen für Resonanzen lieferten Experimente von Enrico Fermi und Mitarbeitern an der Universität von Chicago. Sie wollten die Wechselwirkungen von Pionen und Protonen genauer untersuchen, da sie dies für die beste Methode hielten, um die Kräfte im Atomkern verstehen zu lernen. 1951 wurde in Chicago ein neues Synchrozyklotron in Betrieb genommen, und im Jahr darauf erzeugten Fermi und sein Team damit Pionen mit sechs verschiedenen Energien, mit denen sie dann Protonen in einem Target aus flüssigem Wasserstoff beschossen.

Viele Pionen flogen geradewegs durch den leeren Raum in den Wasserstoffatomen, andere dagegen prallten ab oder wurden absorbiert. Vor dem Target registrierten zwei kleine Szintillatorblöcke mit 25 Zentimetern Durchmesser die Zahl der ankommenden Pionen, während zwei größere Szintillatoren hinter dem Target aufzeichneten, wie viele den Wasserstoff durchquert hatten. Die Forscher fanden bei diesen Experimenten schließlich heraus, daß um so weniger Teilchen die

Resonanz ist im Spiel, wenn die Stimme einer Opernsängerin ein Weinglas zum Zerspringen bringt. Die Sängerin trifft dabei genau den Ton, dessen Frequenz der natürlichen Schwingungsfrequenz des Glases entspricht: Das Glas beginnt — durch die Schallwellen angeregt — immer stärker mitzuschwingen, bis es zerbricht. Auch auf der Ebene der Atome gibt es Resonanz, etwa wenn die Natriumatome in einer Straßenlampe elektrische Energie absorbieren und sie als Licht wieder abstrahlen. Diesen resonanten Systemen ist allen die Eigenschaft gemeinsam, Energie auf ganz charakteristische Weise zu absorbieren. Stellt man den Verlauf der Energie-

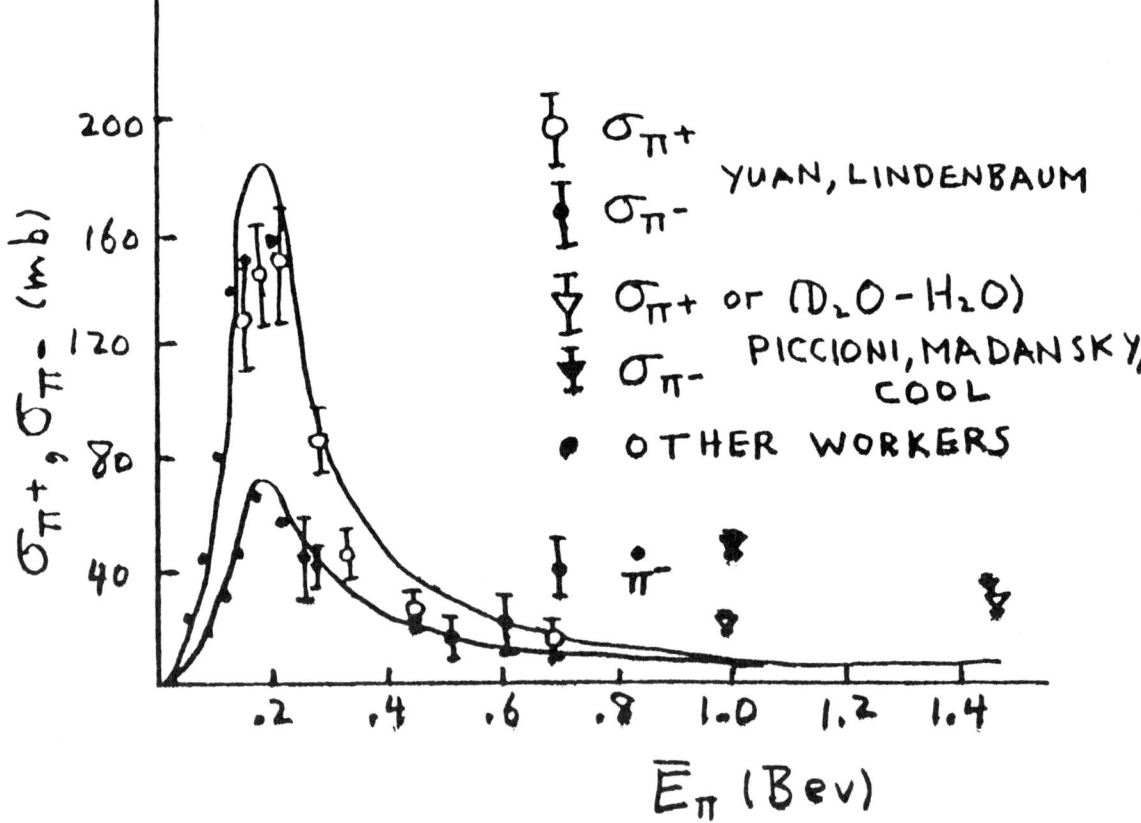

7.10 Bereits frühe Daten aus Pion-Proton-Streuungen zeigten den typischen Resonanzpeak, hier skizziert von Luke Yuan für die 4. Rochester-Konferenz im Dezember 1954, eine alle zwei Jahre stattfindende internationale Konferenz über Hochenergie- und Kernphysik. Yuan vom Brookhaven National Laboratory und sein Kollege Sam Lindenbaum lieferten damit Beweismaterial für die Hypothese, daß Pionen kurzlebige Resonanzzustände von Protonen und Neutronen anregen können.

Szintillatoren hinter dem Target erreichten, je höher die Energie der Pionen war. Dieser Effekt trat sowohl bei den positiven als auch den negativ geladenen Pionen auf, war aber bei den positiven noch stärker ausgeprägt. Es schien so, als seien sie erstmals auf Anzeichen eines Phänomens gestoßen, das den Physikern und Ingenieuren auf der makroskopischen Ebene der Materie durchaus vertraut war — einer *Resonanz.*

absorption graphisch dar, so steigt die Kurve zunächst kontinuierlich bis zur Resonanzspitze an und fällt danach wieder ab, wenn man die Frequenz (oder Wellenlänge) über die Resonanzfrequenz hinweg verändert.

In dem Experiment von Fermi und seinen Kollegen wurde die Energie der Pionen und damit ihre Wellenlänge variiert, denn nach der Quantentheorie ist jedem Teilchen eine Materiewelle zugeordnet, deren Frequenz und Wellenlänge sich aus der Energie des Teilchens ergibt. Die Kurve, die sich Stück für Stück abzeichnete, als immer energiereichere Pionen auf das Wasserstofftarget trafen, ähnelte einer Resonanzkurve; die Forscher konnten ihre Vermutung aber nicht beweisen, da das Zyklotron in Chicago nicht die Pionen genügend hoher Energie erzeugen konnte, die nötig gewesen wären, um zu zeigen, daß die Kurve tatsächlich einen Höhepunkt erreichte und danach wieder abfiel. 1953 aber wiederholte eine Arbeitsgruppe am Brookhaven National Laboratory das Experiment mit energiereicheren Pionen, die im neu gebauten Cosmotron erzeugt wurden, und fand tatsächlich einen deutlichen Resonanzpeak bei der Absorption der Pionen (Abbildung 7.10). Irgendwie konnten Pionen einer bestimmten Energie Protonen in einen angeregten Resonanzzustand versetzen. Dieser Zustand manifestierte sich im Experiment so ausgeprägt, daß man ihm eine eigene Bezeichnung gab − Delta.

Woher wissen wir aber, daß die Lebensdauer einer Delta-Resonanz nur 10^{-23} Sekunden beträgt? Diese Information gewinnen wir aus der Breite der Resonanzspitze in der Energieverteilungskurve. In der Quantentheorie sind Lebensdauer einer Resonanz und Breite des Resonanzpeaks miteinander korreliert, und zwar derart, daß einer kurzlebigen Resonanz eine breite Spitze entspricht, während länger andauernde Zustände schmalere, steilere Spitzen haben. Die Breite der Delta-Resonanzen (und vieler anderer Resonanzen) ist sehr groß, woraus wir also schließen können, daß sie in der Tat nur für unvorstellbar kurze Zeit existieren.

Lange Zeit war die Delta-Resonanz ein isoliertes, unerklärtes Phänomen. Resonanzen waren davor nur bei komplexen, zusammengesetzten Strukturen beobachtet worden, deren einzelne Komponenten Energie absorbieren können, indem sich ihre innere Konfiguration ändert. Wenn zum Beispiel Elektronen in einem Natriumatom Energie absorbieren, dann werden sie für kurze Zeit auf ein höheres internes Energieniveau angehoben. In den fünfziger Jahren betrachtete man aber das Proton als einzelne, unteilbare Einheit. Niemand wagte die Entdeckung der Delta-Resonanz als ernsthaften Hinweis darauf zu werten, daß das Proton selbst aus noch fundamentaleren Teilchen zusammengesetzt sein könnte.

Erst in den frühen sechziger Jahren, fast ein Jahrzehnt nach Fermis Arbeit, wurden weitere Beispiele für Teilchenresonanzen entdeckt. Am Lawrence Berkeley Laboratory hatten Physiker Millionen von Blasenkammerbildern angesammelt, die sie nun mit Hilfe von Computern nach und nach analysieren konnten. Sie berechneten die Energien der verschiedenen an einem Ereignis beteiligten Teilchen, summierten diese Energien auf verschiedene Arten auf und stellten die Resultate graphisch als Kurven dar. Diese Kurven zeigten, wie oft für einen einzelnen Wechselwirkungstyp eine bestimmte Gesamtenergie auftrat − sie lieferten letztlich nichts anderes als die Energieverteilung oder das Spektrum der bei dem Stoßereignis entstandenen Teilchen, wobei eine Resonanz als Spitze oder Emissionslinie im Spektrum erschien.

Dies war gerade die umgekehrte Vorgehensweise zu der, die Fermi davor eingeschlagen hatte. Das Delta machte sich damals zuerst bei der Absorption von Pionen durch Protonen bemerkbar. Auf ähnliche Weise wurde das Vorkommen verschiedener Elemente in der Sonne entdeckt, weil diese Licht bestimmter Wellenlängen absorbieren und damit im Sonnenspektrum dunkle Absorptionslinien erzeugen (Abbildung 7.11). Andererseits weist das Spektrum der Sonne aber auch helle Emissionslinien bei bestimmten Wellenlängen auf, bei denen die Sonne besonders viel Licht aussendet. Auch das Spektrum einer Natriumdampflampe weist solche Emissions-

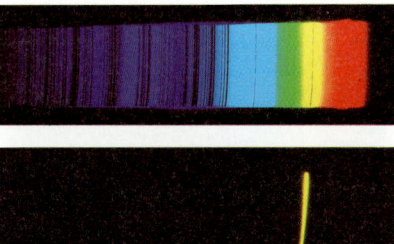

7.11 Das Spektrum der Sonne weist viele schwarze Absorptionslinien auf, die dadurch entstehen, daß Photonen mit bestimmten Energien (beziehungsweise Wellenlängen) von Elementen in der Atmosphäre der Sonne absorbiert werden. Auf ganz ähnliche Weise wie diese Linien entsteht die Absorptionsspitze, die die von Fermi entdeckte Delta-Resonanz auszeichnete. Die helleren Emissionslinien, die auch im Sonnenspektrum auftreten, sind auf dieser Aufnahme nicht sichtbar.

7.12 Die Emissionsspitze der Y-stern-Resonanz ist ein Phänomen, das zum Beispiel dem Emissionsspektrum von Natrium völlig analog ist. Das Spektrum weist auf diesem Photo nur eine einzelne, helle gelbe Linie auf; tatsächlich handelt es sich um zwei Emissionslinien, die aber so nah beieinander liegen, daß die Photographie auf eine Länge von mindestens zwei Metern vergrößert werden müßte, bevor man sie unterscheiden könnte.

171

7.13 Resonanzen existieren im allgemeinen nur 10^{-23} Sekunden und hinterlassen daher keine sichtbaren Spuren in einer Blasenkammer. Indem sie aber von den Energien und Winkeln der direkt beobachteten Teilchen zurückrechnen, können die Physiker schließen, daß eine Resonanz aufgetreten ist. Auf dieser Blasenkammeraufnahme aus Berkeley vernichteten sich ein Antiproton, von unten kommend, und ein Proton gegenseitig. Sie produzierten dabei Pionen: zwei negative, ein neutrales und zwei positive. Die negativen Pionen bewegten sich nach links, die positiven nach rechts; das Pi-null hinterließ keine Spur. Das untere Pi-plus zerfiel in ein Müon (kurze Spur) und dann in ein Positron, das sich spiralförmig aus dem Bild bewegte. Die Informationen, die man diesem Bild entnehmen kann, stimmen mit der Interpretation überein, die die beiden niederenergetischen Pionen (die unteren Spuren) als Zerfallsprodukte eines Resonanzzustands Omega (ω) deutet.

linien auf, die spezifischen Bewegungszuständen der Elektronen in den resonant angeregten Natriumatomen entsprechen (Abbildung 7.12).

Zwei junge Studenten, Stan Wojcicki und Bill Graziano, fanden 1960 die ersten Indizien für eine solche Emissionsresonanz in Filmmaterial aus einer Blasenkammer in Berkeley. Sie werteten Bilder von Ereignissen aus, bei denen ein Kaon und ein Proton aufeinandergeprallt waren und ein Lambda und zwei Pionen erzeugt hatten. Dabei war zu erwarten, daß die Energie jedes Teilchens gleichmäßig statistisch verteilt sein würde, da die Teilchen, die bei einer Wechselwirkung entstehen, die verfügbare Energie normalerweise demokratisch untereinander aufteilen: Einmal ist das eine Teilchen energiereicher, einmal das andere.

Statt dessen wies die Verteilungskurve der Bewegungsenergie des Lambda und der Pionen völlig überraschend eine deutliche Spitze auf. Das ließ darauf schließen, daß diese Emissionslinie auf ein zunächst entstandenes, extrem kurzlebiges resonantes Lambda zurückzuführen sein müsse, das dann in das längerlebige normale Lambda übergehe.

Die Ypsilon-stern-Resonanz (Y*), wie sie genannt wurde, stand am Anfang einer ganzen Serie von Resonanzen, die dann noch in Berkeley entdeckt wurden. Inzwischen wissen wir, daß nicht nur Protonen und Lambdas, sondern auch Pionen und Kaonen Resonanzzustände besitzen.

Abbildung 7.13 zeigt eine Blasenkammeraufnahme aus Berkeley, bei der ein Antiproton von unten in die Kammer eintrat und sich mit einem Proton der Kammerflüssigkeit gegenseitig vernichtete, wobei vier sichtbare elektrisch geladene Pionen und ein unsichtbares Pi-null entstanden.

Bei einer genauen Analyse des Ereignisses kamen die Forscher zu dem Schluß, daß nicht alle Pionen am Vernichtungspunkt, dem *Vertex* der Wechselwirkung, entstanden sein konnten, wie es zunächst den Anschein hatte. Die beiden äußeren, elektrisch geladenen Pionen und das

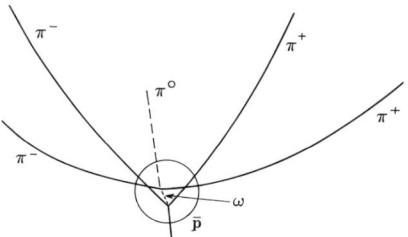

7.14 So mag der Zerfall des Resonanzzustands ω aussehen, wenn wir den Bereich um den Zerfallsort herum billionenfach vergrößern könnten. Das Antiproton ($\bar{p}$) vernichtet sich mit einem Proton in der Blasenkammer gegenseitig und erzeugt dabei ein Piminus (π^-), ein Pi-plus (π^+) und eine Omega-Resonanz (ω). Kurz danach zerfällt das neutrale Omega in ein Pi-minus, ein Pi-plus und ein Pi-null (π^0). (Da das Pi-null keine sichtbare Spur hinterläßt, ist seine Bahn gestrichelt gezeichnet.)

Pi-null stammten statt dessen wahrscheinlich aus dem Zerfall einer Pion-Resonanz,
die unter dem Namen Omega-Meson bekannt ist (sie wird mit dem griechischen
Buchstaben ω bezeichnet).

Abbildung 7.14 vermittelt einen Eindruck
davon, wie das ganze Ereignis in millio-
nenmal millionenfacher Vergrößerung aussehen würde; am Ort der Vernichtung
entstehen zwei geladene Pionen und ein ω,
ein kurzes Stück weiter dann zerfällt das
ω in die beiden anderen geladenen Pionen
und das Pi-null. (Trotz der Namensgleich-
heit ist das Omega-Meson nicht mit dem
Omega-minus verwandt, das im nächsten
Abschnitt im einzelnen noch genauer be-
sprochen wird.)

Wir wissen heute, daß die Resonanzen auftreten, weil Protonen, Pionen, Kaonen,
und so weiter aus noch kleineren Teilchen
bestehen — den Quarks. Auf ganz ähnliche Weise, wie sich die Elektronen eines
Atoms neu formieren, um Resonanzzustände des Atoms zu bilden, können auch
die Quarks Resonanzzustände der Teilchen bewirken, die aus ihnen zusammengesetzt sind.

Das Omega-minus

Eines der berühmtesten Bilder der Elementarteilchenphysik, sozusagen die Mona
Lisa der Physiker, ist die Blasenkammeraufnahme in Abbildung 7.15. Sie gehörte
zu einer Serie von 80 000 Photographien,
die mit der 200-Zentimeter-Blasenkammer
am Brookhaven National Laboratory
auf Long Island gemacht wurden, und
zeigte zum ersten Mal die Entstehung und
den Zerfall eines Omega-minus. Als es im
Februar 1964 veröffentlicht wurde, verursachte es große Aufregung — das letzte
Teil eines Puzzles, das die Forscher in den

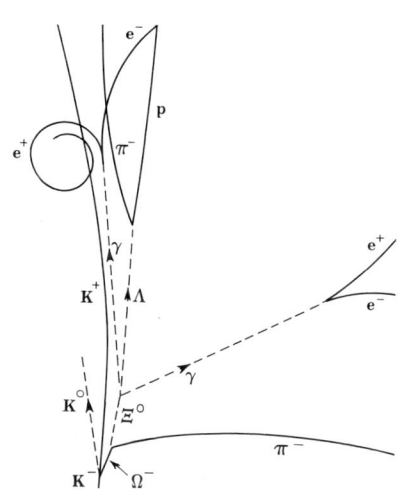

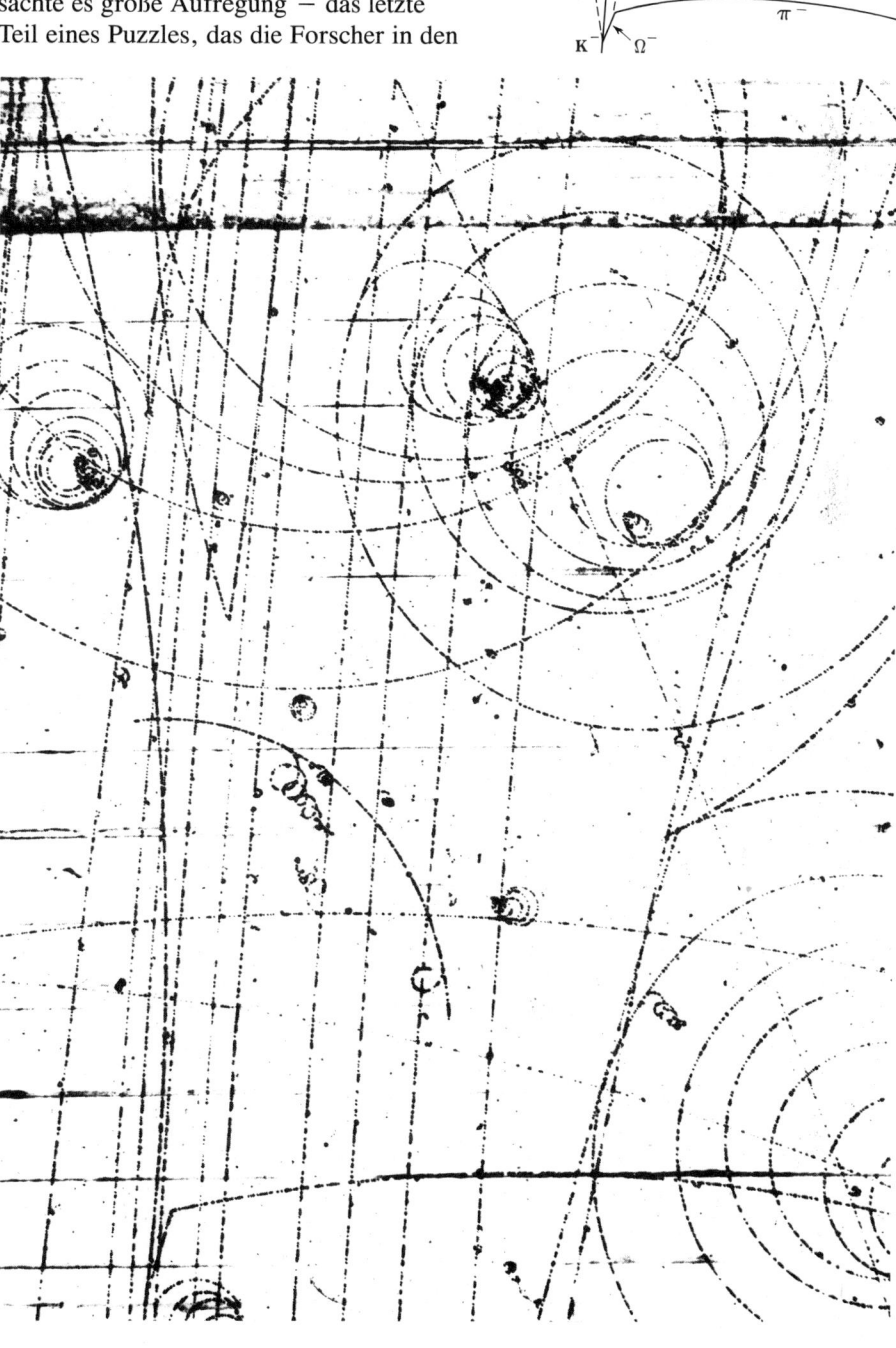

7.15 Dieses historische Bild von der wasserstoffgefüllten 200-Zentimeter-Blasenkammer in Brookhaven
war die erste Beobachtung eines Omega-minus. Ein
negatives Kaon (K⁻) war hier mit einem Proton zusammengestoßen und hatte dabei drei Teilchen erzeugt — ein Omega-minus (Ω⁻), ein positives Kaon
(K⁺) und ein nicht sichtbares neutrales Kaon (K⁰),
das im Diagramm durch eine gestrichelte Linie dargestellt wird. Das Omega-minus legte eine kurze Strek-
ke (2,5 Zentimeter) zurück und zerfiel dann in ein Pi-
minus (π⁻), das eine scharfe Wendung nach rechts
machte, und in ein neutrales Xi (Ξ⁰), das selbst in drei
weitere neutrale Teilchen zerfiel — ein Lambda (Λ)
und zwei Gammaphotonen (γ). Diese neutralen Teilchen, die ebenfalls gestrichelt in das Diagramm eingezeichnet wurden, machten sich erst durch ihre Zerfälle als sichtbare „V"s bemerkbar; die Gammastrahlen zerfielen in Elektron-Positron-Paare (e⁻, e⁺), das
Lambda in ein Proton (p) und ein Pi-minus.

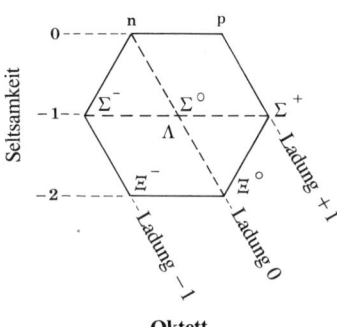

Oktett

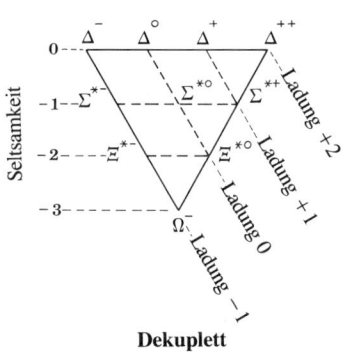

Dekuplett

7.16 Diese Diagramme zeigen zwei Teilchenfamilien, ein Oktett und ein Dekuplett, die sich bei der Klassifikation durch den Achtfachen Weg ergeben, den Gell-Mann und Ne'eman 1962 vorgeschlagen hatten. Die Mitglieder jeder Familie sind nach ihrer Seltsamkeit (vertikale Achse) und ihrer elektrischen Ladung (diagonale Achse) angeordnet. Das Oktett (oben) besteht aus dem bekannten Neutron (n) und Proton (p), dem Trio der Sigmateilchen (Σ), dem Lambda (Λ) und den zwei Xi-Teilchen (Ξ). Den zentralen Platz des Oktetts teilen sich das neutrale Sigma und das Lambda (Λ), das auch neutral ist und eigentlich ein gesondertes Singulett darstellt. (Diese beiden Teilchen haben die gleiche elektrische Ladung und Seltsamkeit; sie bestehen aus den gleichen Quarks, die allerdings etwas unterschiedlich angeordnet sind.)

Im unteren Dekuplett ist jeder Platz nur einfach besetzt. Seine zehn Mitglieder bestehen aus vier Delta-Resonen (Δ), drei Sigma-stern-Resonen (Σ*), zwei Xi-stern-Resonen (Ξ*) und dem dreifach seltsamen Omega-minus (Ω⁻) — jenem fehlenden Teilchen, dessen Existenz Gell-Mann und Ne'eman vorhersagten. (Eines der Delta-Resonen trägt eine doppelt positive elektrische Ladung!)

174

Jahren davor Stück für Stück zusammengetragen hatten, war gefunden.

Die rapide wachsende Anzahl subatomarer Teilchen — einschließlich der Resonanzen — war eine Herausforderung an die Theoretiker, Ordnung in das Durcheinander zu bringen. 1960/61 schlugen zwei Physiker — Murray Gell-Mann, der am Caltech arbeitete, und Yuval Ne'eman, ein Angehöriger der israelischen Streitkräfte, den Moshe Dayan für sein Physikstudium in London vorübergehend vom Dienst freigestellt hatte — unabhängig voneinander eine Methode zur Klassifikation aller damals bekannten Teilchen vor. Dieses System wurde unter dem Namen *Der Achtfache Weg* bekannt, den Gell-Mann vorgeschlagen hatte.

Der Achtfache Weg leistete für die Elementarteilchen- und Hochenergiephysik dasselbe, was Mendelejews Periodensystem für die Atome und die Chemie geleistet hatte. In der Theorie des Achtfachen Weges werden die Elementarteilchen nach Eigenschaften wie elektrische Ladung und Seltsamkeit in verschiedenen Familien angeordnet. Abbildung 7.16 zeigt zwei solcher Familien, eine mit acht Mitgliedern (ein Oktett) und eine mit zehn (ein Dekuplett). Jedes Teilchen nimmt aufgrund seiner elektrischen Ladung und Seltsamkeit einen genau definierten Platz innerhalb seiner Familie ein.

Ein Schlüssel zum tieferen Verständnis dieser Anordnung liegt darin, daß bestimmte Eigenschaften der Teilchen dadurch besonders ausgezeichnet sind, daß sie erhalten bleiben, wenn die Teilchen miteinander reagieren oder zerfallen. Ein Proton und ein Antiproton zum Beispiel haben eine elektrische Ladung von +1 beziehungsweise −1, was zusammen Null ergibt. Wenn sie aufeinandertreffen und sich gegenseitig vernichten, können sie vier negative Pionen (−4) und vier positive Pionen (+4) erzeugen, wie in Abbildung 7.7, oder ein neutrales Lambda und ein neutrales Antilambda wie in Abbildung 7.8, da in beiden Fällen die elektrische Gesamtladung gleich Null bleibt. Sie können aber nicht beispielsweise drei negative und vier positive Pionen erzeugen, denn dabei erhielte man eine elektrische Ge-

samtladung von +1, was den Erhaltungssatz für die elektrische Ladung verletzen würde. Die Seltsamkeit ist ein anderes Beispiel für eine Eigenschaft, die erhalten bleibt, wenn seltsame Teilchen über die starke Kraft erzeugt werden; allerdings kann sie beim Zerfall eines solchen Teilchens über die schwache Kraft in festen Einzelbeträgen abgegeben werden.

Diese beiden *Erhaltungsgrößen*, die elektrische Ladung und die Seltsamkeit, legen — zusammen mit einer inneren Drehimpulsgröße, dem Spin — das Teilchen innerhalb des Achtfachen Weges vollständig fest und weisen ihm seinen Platz in einer der vielen Teilchenfamilien zu.

1962 war der Achtfache Weg eine neue, weithin unverstandene Theorie, die außer einer Handvoll theoretischer Physiker kaum jemand genauer kannte. Einige Kritiker waren der Ansicht, diese ausgeklügelten symmetrischen Anordnungen seien eher zufällig als ein Ausdruck fundamentaler Gesetzmäßigkeiten, zumal sie lediglich die bereits bekannten Teilchen klassifizierten.

Im Juli 1962 nahmen Gell-Mann und Ne'eman an einer internationalen Konferenz am CERN teil; beide waren unter den Zuhörern, als ein Forscherteam von der Universität von Los Angeles die Entdeckung zweier neuer Resonanzen ankündigte, eines negativen und eines neutralen Xi-stern (Ξ*⁻ und Ξ*⁰). Gell-Mann wie auch Ne'eman war klar, daß die beiden Xi-stern-Teilchen ein neues Dekuplett des Achtfachen Weges weitgehend vervollständigen würden.

Es handelte sich dabei um die Teilchenfamilie, die in Abbildung 7.16 die Form eines auf dem Kopf stehenden gleichseitigen Dreiecks hat. Sie besteht aus vier Resonanzen ohne Seltsamkeit (den Delta-Resonen), drei Sigma-stern-Resonen mit je einer Einheit an Seltsamkeit und den beiden neu entdeckten Xi-stern-Resonen mit der Seltsamkeit −2. Es fehlte nun nur noch das zehnte, dreifach seltsame Mitglied der Familie.

Für den nächsten Konferenztag, den 10. Juli, war unter anderem ein Überblick über die bekannten seltsamen Teilchen vorgesehen. Nach dem Vortrag bat der Diskussionsleiter um Kommentare aus dem Publikum. Sowohl Ne'eman als auch Gell-Mann hoben die Hand. Der Gesprächsleiter erteilte Gell-Mann, der damals als der führende Kopf der theoretischen Physiker galt, das Wort. Gell-Mann ging zur Tafel und erläuterte dort seine Prognose, daß es ein dreifach seltsames Teilchen geben müsse, das das neue Dekuplett vervollständigen werde.

Gell-Mann nannte dieses Teilchen *Omega-minus*: *minus*, weil es negativ geladen sein müsse, und *Omega*, nach dem letzten Buchstaben des griechischen Alphabets, weil es das Dekuplett vervollständigen würde. Indem er die Massen der neun schon bekannten Resonen der Teilchenfamilie extrapolierte, konnte Gell-Mann darüber hinaus sogar seine Masse vorhersagen. Es müsse noch schwerer sein als die beiden Xi-stern-Teilchen und um die 1680 MeV wiegen.

Das war eine Herausforderung an die Experimentatoren, und Forscherteams in Brookhaven und am CERN begannen damit, Tausende von Blasenkammeraufnahmen zu durchforsten. Im Februar 1964 ging die „Goldmedaille" in diesem Rennen an das Team in Brookhaven: Es fand das erste Beispiel für ein Omega-minus — die Originalaufnahme ist in Abbildung 7.15 reproduziert. Die Berechnungen ergaben eine Masse von etwa 1686 MeV. Ein paar Wochen später fanden die Forscher am CERN eine ähnlich klare Aufnahme.

Damit existierte nun, nach Jahren zunehmender Verwirrung, ein funktionierendes Klassifikationssystem für viele der subatomaren Teilchen. Der Achtfache Weg leistete dies ausgesprochen erfolgreich, soviel war offensichtlich; warum er dies aber tat, war niemandem so ganz klar. Wieso paßten die Teilchen so perfekt in dieses Schema der Familien? Welches Prinzip lag dieser subatomaren Ordnung zugrunde? Die Antwort darauf geben die Quarks, wie wir in einem der nächsten Abschnitte sehen werden.

Das Neutrino

Das Neutrino ist eine der weitverbreitetsten Formen der Materie in unserem Universum und gleichzeitig eine der am schwersten nachweisbaren. Es besitzt keine elektrische Ladung, hat eine extrem kleine oder gar keine Masse und durchdringt die Erde mit derselben Leichtigkeit, wie eine Gewehrkugel eine Nebelbank durchquert. Während Sie diese Zeilen lesen, rasen Milliarden von Neutrinos mit Lichtgeschwindigkeit — aber unsichtbar — durch Ihre Augen. Theoretiker schätzen, daß jeder Kubikzentimeter Raum im Durchschnitt zwischen hundert und tausend Neutrinos enthält.

Ein intensiver, aber unmerklicher „Wind" von Neutrinos, die bei Kernprozessen in der Sonne entstehen, geht andauernd auf die Erde nieder; dazu kommen schwächere Brisen von Neutrinos und Antineutrinos, die zum Beispiel aus einem Sternkollaps oder anderen kosmischen Katastrophen in unserer Milchstraße oder gar anderswo im All herrühren. Da die Erde für Neutrinos so durchlässig ist, werden wir nachts durch unser Bett hindurch genauso mit Neutrinos beschossen, wie sie uns tagsüber auf den Kopf herabregnen!

Auf uns haben die Neutrinos keine direkten Auswirkungen, aber die Theoretiker sind mittlerweile der Meinung, daß sie eine zentrale Rolle in den Prozessen spielen, die unser Universum entstehen ließen und es fortlaufend weiter formen. Die Neutrinos werden heute als wirklich elementare Materieteilchen angesehen.

Obwohl ein Neutrino extrem selten mit anderen Formen von Materie in Wechselwirkung tritt, haben Experimentalphysiker doch Mittel und Wege gefunden, das Teilchen dazu zu bringen, seine Anwesenheit zu verraten. Man geht dabei nach der simplen Devise vor, genügend viele Neutrinos auf ein ausreichend großes Target zu richten — dann müssen einfach ein paar Wechselwirkungen dabei herauskommen.

7.17 Diese Computergraphik, die den mit 10000 Tonnen sehr reinen Wassers gefüllten Tank des IMB-Detektors abbildet, zeigt den Effekt eines ganzen Bündels elektrisch geladener Teilchen, die beim Zusammenstoß eines kosmischen Neutrinos mit einem Proton des Wassers erzeugt wurden. Der Detektor, der von mehreren Teams aus **I**rvine, **M**ichigan und **B**rookhaven aufgebaut wurde, liegt 600 Meter unter der Erdoberfläche; seine Wände sind mit lichtempfindlichen Photoröhren bestückt (vergleiche Seite 251). Auf diesem Bild sehen wir auf die Tankoberseite (rote Linien). Das Neutrino, das die Erde durchquert hatte, kam von unten in das Becken und trat mit einem Teilchen des Wassers in Wechselwirkung. Der daraus resultierende Schauer elektrisch geladener Teilchen erzeugte einen Tscherenkow-Lichtkegel, der von Photoröhren in einem

Abbildung 7.17 zeigt eine dieser seltenen Wechselwirkungen eines kosmischen Neutrinos in einem riesigen Becken extrem reinen Wassers, das sich in einer Salzmine 600 Meter unter dem Bett des Eriesees in Ohio befindet. Der Tank wurde eigentlich angelegt, um die vermuteten Protonzerfälle zu erforschen, wie in Kapitel 10 beschrieben wird; gelegentlich kommt es aber vor, daß ein Neutrino beim Durchqueren der Erde frontal auf ein Elektron oder Proton im Wasser stößt und dadurch elektrisch geladene Teilchen erzeugt. Diese Teilchen wiederum strahlen Tscherenkow-Licht ab, das von Detektoren an der Beckenwand registriert wird.

Dabei ist es gerade 30 Jahre her, daß ihre Existenz im Experiment bewiesen werden konnte.

In den späten zwanziger Jahren standen die Physiker, die den radioaktiven Betazerfall von Atomkernen untersuchten, vor einem Rätsel. Bei einem Betazerfall, so dachte man, wandele sich ein Neutron in ein Proton um, während es gleichzeitig ein Elektron freisetze. Diese beiden Teilchen, das Proton und das Elektron, sollten dann die verfügbare Energie in immer der gleichen Weise untereinander aufteilen, was aus der Erhaltung der Energie und des Impulses folgte. In den Experimenten zeich-

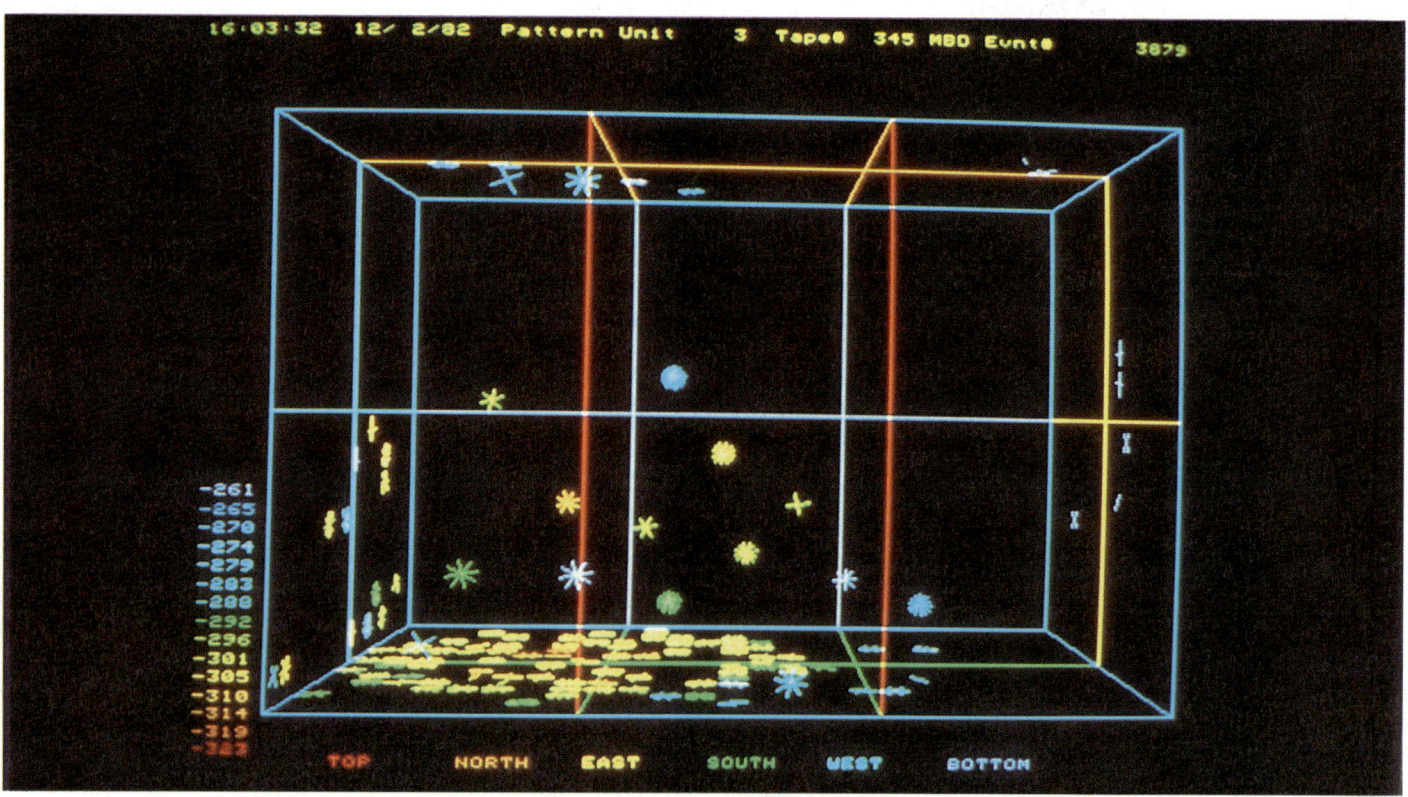

kreisförmigen Bereich an einer der Seitenwände des Beckens registriert wurde (im unteren Teil des Bilds). Die Farben zeigen die zeitliche Reihenfolge der Signale von den Photoröhren an, wobei die frühesten Signale rot und die spätesten blau dargestellt sind. Die Anzahl der Striche in den Sternen der „Treffer" steht für die Zahl der von einer Photoröhre registrierten Photonen.

Heute können Elementarteilchenphysiker nach Bedarf Neutrinostrahlen erzeugen, um mit ihnen die Grundbestandteile der Materie zu erforschen. Es gibt sogar Neutrino- und Antineutrino-„Teleskope", die die Herkunft dieser Teilchen von der Sonne oder anderen galaktischen und außergalaktischen Objekten unterscheiden können.

Obgleich sie sich unserem Zugriff immer noch weitgehend entziehen, ist es gelungen, die Neutrinos zumindest teilweise für Forschungszwecke nutzbar zu machen.

nete sich allerdings ein ganz anderes Erscheinungsbild ab: Das Elektron, dessen Energie leichter zu messen war als die des trägen Protons, besaß kontinuierlich verteilte Energiewerte. Das aber widersprach allem Anschein nach dem grundlegenden Satz von der Erhaltung der Energie.

Der österreichische Physiker Wolfgang Pauli stellte nun die damals sehr kühne Hypothese auf, daß ein bislang völlig unvermutetes Teilchen dafür verantwortlich sei. Seine Idee war einfach: Wenn drei Teilchen — ein Proton, ein Elektron und das geheimnisvolle neue Teilchen — die Energie aus dem Betazerfall untereinander aufteilten, dann konnte die beim Zerfall freiwerdende Energie auf verschiedenste Weise zwischen ihnen verteilt sein. Das würde erklären, wieso die beim Neutronzerfall freiwerdenden Elektronen nicht immer dieselbe Energie hatten. Der Einfluß dieses geheimnisvollen Teilchens ist auf Abbildung 7.18, einer Nebelkammeraufnahme aus dem Jahre 1957, „sichtbar". Das Elektron und der restliche Atomkern fliegen nämlich nicht auf einer Geraden auseinander, wie es der Fall wäre, wenn sie die einzigen an diesem Ereignis beteiligten Teilchen wären.

Aufgrund theoretischer Überlegungen, die die möglichen Eigenschaften des Teilchens stark einschränkten, ergab sich, daß das von Pauli postulierte Teilchen im Vergleich zu den bisher bekannten recht merkwürdig sein würde. Es mußte neutral sein, eine sehr geringe bis gar keine Masse besitzen, sich aber wie ein Elektron oder Proton um seine eigene Achse drehen. Enrico Fermi nannte es auf italienisch Neutrino — zu deutsch: „Neutralchen" — und machte es salonfähig, indem er es 1933 in seine Theorie des Betazerfalls einbaute.

Das Neutrino blieb hypothetisch, bis in den frühen fünfziger Jahren zwei Physiker am Los Alamos National Laboratory in New Mexico von der Idee gepackt wurden, »das schwierigste physikalische Experiment zu machen, das sie sich vorstellen konnten«. Clyde Cowan und Fred Reines beschlossen zu zeigen, daß Neutrinos *etwas* bewirkten, wie selten auch immer, und daher physikalische Realität besaßen.

Zuerst dachten sie, daß Atombomben Neutrinos — genauer gesagt Antineutrinos — in genügend großer Anzahl produzieren könnten, und zwar durch den Zerfall der bei der Explosion freigesetzten Neutronen. Schließlich gelangten sie zu der Auffassung, daß das geplante Experiment genau-

sogut mit Neutrinos funktionieren müßte, die unter kontrollierteren Bedingungen in einem Kernreaktor erzeugt würden.

Cowan und Reines beschlossen, nach sogenannten „inversen Betazerfällen" Ausschau zu halten, bei denen ein Proton ein Antineutrino einfängt und zu einem Neutron wird, wobei es ein Positron abgibt. Die Arbeit mit dem Prototyp eines Detektors (siehe Abbildung 7.19) ermutigte sie, am Savannah River Reactor in South Carolina eine große Anlage zu bauen. Da das Teilchen, dem sie auf der Spur waren, unauffindbar schien, nannten sie ihr Unternehmen „Projekt Poltergeist".

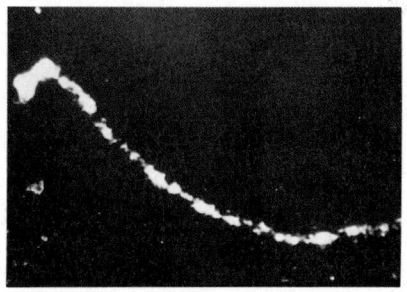

7.18 Der Einfluß des unsichtbaren dritten Teilnehmers am Betazerfall zeigt sich deutlich auf dieser Nebelkammeraufnahme, die S. Szalay und J. Csikay am Kernforschungsinstitut in Debrecen in Ungarn 1957 machten. Sie schossen Helium-6-Kerne, die zwei Neutronen mehr besitzen als normales Helium, in die Kammer. Eines der zusätzlichen Neutronen zerfiel in weniger als einer Sekunde, und wir sehen hier die Resultate dieses Zerfalls; die kurze dicke Spur oben links stammt von dem Kern, der einen Rückstoß erfuhr, und die dünnere, gebogene Spur von dem Elektron. Die beiden Spuren laufen nicht auf einer Geraden auseinander, was auf die Gegenwart des dritten Zerfallsprodukts, des Neutrinos, hinweist.

Um nachzuweisen, daß tatsächlich ein inverser Betazerfall stattgefunden hatte, war Poltergeist so konzipiert, daß zwei getrennte Ausstöße von Gammastrahlung, die als Resultat dieses Prozesses auftraten, registriert werden konnten. Der erste Gammaausstoß sollte bei einer gegenseitigen Vernichtung des Positrons mit einem Elektron entstehen, der zweite beim Einfangen des Neutrons durch einen Cadmiumkern in Target-Becken voll Cadmiumchlorid (vergleiche Abbildung 7.20). Entscheidend war die zeitliche Abfolge der beiden Gammaemissionen. Das Positron würde unmittelbar nach seiner Entstehung wieder zerstrahlen, während das energiereichere Neutron erst durch eine Reihe von Kollisionen abgebremst werden mußte, bevor ein Cadmiumkern es einfangen konnte. Nach Berechnungen von Cowan und Reines mußte bei einem inversen Betazerfall der zeitliche Abstand der beiden Gammastrahlungsimpulse etwa bei fünf Mikrosekunden (fünf Millionstelsekunden) liegen. Im Sommer 1956 erlebte Poltergeist seinen großen Triumph: Der Detektor registrierte Gammaemissionen, die 5,5 Mikrosekunden auseinanderlagen (wie Abbildung 7.21 zeigt). Am 14. Juni schickten Cowan und Reines ein Telegramm an Pauli, um ihm mitzuteilen, daß das Neutrino, das er vor fast 30 Jahren aus der Taufe gehoben hatte, endlich nachgewiesen sei.

Neutronen sind nicht die einzigen Teilchen, aus denen Neutrinos und Antineutrinos entstehen können; so können sie beispielsweise auch aus Pionen und Müonen hervorgehen. Aber der Fall des Müons stellte die Physiker in den fünfziger Jahren vor einige Rätsel. Neutrinos und Antineutrinos sollten sich eigentlich selbsttätig gegenseitig vernichten; das Neutrino und das Antineutrino, die zusammen beim Zerfall eines Müons entstanden, taten das aber offensichtlich nicht. Das brachte Theoretiker dazu, die Existenz zweier Arten von Neutrinos in Erwägung zu ziehen. Da manche Neutrinos anscheinend immer zusammen mit einem Elektron oder Positron emittiert wurden (zum Beispiel beim Neutronzerfall), andere dagegen (etwa beim Pionzerfall) immer zusammen mit einem positiven oder negativen Müon, nannte man die beiden Arten Elektron-Neutrino und Müon-Neutrino.

Bestätigt wurde diese Vermutung, als die neu in Dienst gestellten 30-GeV-Synchrotrone am CERN und in Brookhaven die Erzeugung von Neutrino*strahlen* möglich machten, was bereits 1959 von Bruno Pontecorvo in Dubna (Sowjetunion) und Melvin Schwartz an der Columbia-Universität in New York vorgeschlagen wurde. Der Trick dabei ist, die Pionen, die beim Auftreffen der Beschleunigerprotonen auf ein Target entstehen, durch eine Kombination elektrischer und magnetischer Felder auszusortieren. Diese Pionen läßt man dann zerfallen, wobei ein Strahl von Müonen und Müon-Neutrinos entsteht. Nach einer angemessenen Laufstrecke — bei den Energien der beiden Beschleuniger am CERN und in Brookhaven einige zehn Meter — filtert eine massive, mehrere Meter starke Eisenwand die Müonen und alle übrigen Teilchen aus dem Strahl heraus. Nur die extrem durchdringenden Neutrinos passieren diese

7.19 1956 gelang es Clyde Cowan (geboren 1920, links im Bild) und Fred Reines (geboren 1918, rechts) nachzuweisen, daß Antineutrinos Wechselwirkungen auslösen können. Die Photographie zeigt einen Teil der Meßapparaturen ihres Prototyps eines Antineutrino-Detektors („Projekt Poltergeist"), den sie 1953 am Kernreaktor der Hanford Engineering Works im US-Bundesstaat Washington bauten.

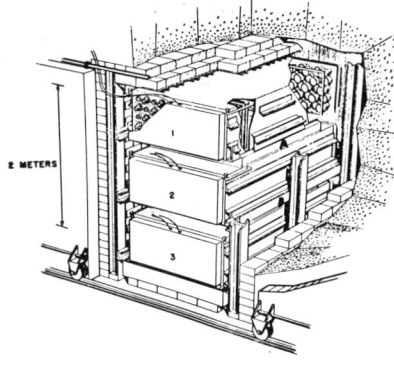

7.20 Cowan und Reines bauten später eine größere Version ihres Antineutrino-Detektors am Savannah River Reactor in South Carolina. Dieser zehn Tonnen schwere Detektor enthielt in drei übereinander gestapelten Becken (1, 2, 3) einen Flüssigszintillator. In den Zwischenräumen zwischen den Tanks saßen zwei kleinere Becken mit Wasser, in dem Cadmiumchlorid gelöst war (A, B). Der Ablauf des Experiments war so gedacht, daß ein Antineutrino mit einem Proton im Wasser reagieren und dabei ein Neutron und ein Positron erzeugen sollte. Das Positron mußte dann fast augenblicklich in Gammastrahlung zerfallen; das Neutron sollte zuerst abgebremst und dann von einem Cadmiumkern eingefangen werden, der dabei erneut Gammastrahlung — allerdings einige Mikrosekunden später — freisetzen würde.

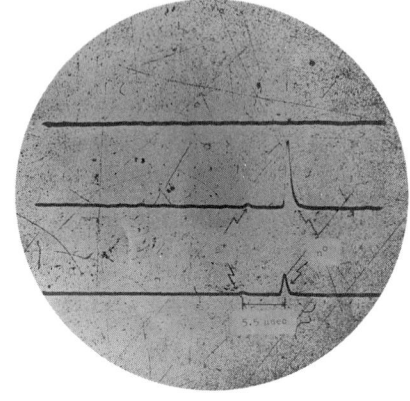

7.21 Ein Oszilloskop zeichnete die einzelnen Signale aus den drei Szintillator-Becken von Abbildung 7.20 in drei übereinanderliegenden Meßkurven auf. Ein Antineutrino hatte in Becken B zwischen den beiden unteren Szintillator-Tanks einen inversen Betazerfall ausgelöst. Jede der beiden unteren Meßkurven zeigte einen kleinen Ausschlag aufgrund der Gammastrahlung, die bei der Positronzerstrahlung freigesetzt wurde (bei den beiden Pfeilen). 5,5 Mikrosekunden später folgte ihnen ein stärkerer Impuls, der auf die Gammastrahlung zurückgeht, die nach dem Einfang des Neutrons durch einen Cadmiumkern frei wurde.

Mauer und gelangen in einen Detektor, wo ein winziger Bruchteil von ihnen mit anderen Teilchen reagiert. Eine derartige Versuchsanordnung verwandten Schwartz und Mitarbeiter in ihrem berühmten Zwei-Neutrino-Experiment in Brookhaven, mit dem sie 1962 definitiv zeigen konnten, daß Neutrinos, die zusammen mit Müonen erzeugt werden, sich in entsprechenden Reaktionen immer in Müonen und nie in Elektronen umwandeln. Für dieses wichtige Experiment erhielt Schwartz zusammen mit Jack Steinberger und Leon Lederman, die maßgeblich daran beteiligt waren, im Jahre 1988 den Nobelpreis für Physik.

Trotz der Flüchtigkeit der Neutrinos produzieren und manipulieren Physiker sie heutzutage nach Belieben. An CERN und Fermilab verwendet man hochenergetische Neutrinostrahlen, um die innere Struktur von Protonen und Neutronen aufzuklären. Auch für das Studium einer der vier Grundkräfte der Natur, der schwachen Kraft, sind Neutrinostrahlen ein ideales Hilfsmittel. (Die schwache Kraft bewirkt den radioaktiven Zerfall von Neutronen und anderen Teilchen und ist für die nuklearen Wechselwirkungen verantwortlich, aus denen die Sonne und andere Sterne ihre Energie gewinnen.) Bei der Aufstellung der sogenannten „elektroschwachen Theorie", die die schwache Kraft und den uns vertrauteren Elektromagnetismus als zwei Erscheinungsformen ein und derselben Kraft vereinigte, spielten die Neutrinos eine besonders wichtige Rolle.

In den sechziger Jahren des 19. Jahrhunderts hatte James Clerk Maxwell zwei der damals bekannten physikalischen Kräfte — Elektrizität und Magnetismus — in einer vereinigten Theorie des Elektromagnetismus zueinander in Beziehung gesetzt. Hundert Jahre später entwickelten Sheldon Glashow und Steven Weinberg von der Harvard-Universität und Abdus Salam am Imperial College in London unabhängig voneinander Theorien, die den Elektromagnetismus und die schwache Kraft miteinander vereinigten. Aber eine solche elektroschwache Theorie aufzustellen, ist nur die *eine* Seite; sie experimentell zu beweisen, ist eine ganz andere Aufgabe.

Seit den zwanziger Jahren wissen Physiker, daß die elektromagnetische Kraft von Photonen „übertragen" wird. Je nach ihrer Energie erscheinen die Photonen als Radiowellen, Gammastrahlen oder sichtbares Licht. Wenn zwischen zwei Teilchen eine elektromagnetische Wechselwirkung stattfindet, so sagt man, sie werde durch ein Photon vermittelt. Die Theorie, die auf diesem Konzept beruht, funktioniert so ausgezeichnet, daß Physiker der Meinung sind, auch Wechselwirkungsprozesse, die nicht elektromagnetischer Natur sind, könnten durch Trägerteilchen vermittelt sein. Jede physikalische Kraft besäße demnach ihren eigenen Träger. Auch Yukawa hatte sich bereits bei seiner Theorie der starken Kraft von derselben Idee leiten lassen.

Glashow, Weinberg und Salam fanden, daß sie in einer elektroschwachen Theorie drei Trägerteilchen für die schwache Kraft ansetzen mußten: zwei elektrisch geladene W-Teilchen (W^+, W^-) und ein neutrales Z-Teilchen (Z^0). Man kann sich diese Teilchen als schwerere Ausführungen des masselosen Photons vorstellen, und daher werden sie manchmal auch als „schweres Licht" bezeichnet. Die W-Teilchen waren bereits implizit in Fermis Theorie der schwachen Kraft aus den dreißiger Jahren enthalten, das Z^0 jedoch war völlig neu, und sein experimenteller Nachweis würde bei der Verifizierung der elektroschwachen Theorie eine entscheidende Rolle spielen. Hier kamen die Neutrinos ins Spiel. Die Theorie sagte nämlich voraus, daß das Z^0 eine bislang unbeob-

179

7.22 Ein Beispiel für eine Wechselwirkung über einen *neutralen Strom* in einem Neutrino-Detektor am Fermilab (Experiment 594). Der Detektor besteht aus etwa 445 000 sogenannten „flash chambers", die schichtweise in einem 18 Meter langen Versuchsaufbau angeordnet sind. Außerdem enthält der Detektor Zwischenlagen aus Sand und Stahlschrott, die den nur schwach wechselwirkenden Neutrinos als Target dienen. Hinter dieser Konstruktion befindet sich ein großer Müon-Detektor. Die Graphik zeigt eine Seitenansicht von Teilen des Detektors; außen angebrachte Auslösezähler sind oben und unten in Orange angedeutet. Die rechteckigen Leuchtpunkte symbolisieren Treffer in den „flash chambers" und sind je nach Anzahl der in ihnen ausgelösten Zellen eingefärbt (orange = 1, blau/weiß = 10). Bei dem hier abgebildeten Ereignis war ein von

achtete Form der schwachen Kraft übertragen würde, die dazu führe, daß Neutrinos von Elektronen oder Quarks weggestoßen würden und — ähnlich wie beim Billard — die getroffenen Teilchen dabei in Bewegung versetzten.

In den Jahren 1972/73 vertieften sich Physiker, die an der Gargamelle-Blasenkammer am CERN arbeiteten, in ihre mehr als 290 000 Photographien von Wechselwirkungsereignissen, die durch den Eintritt von Neutrino- oder Antineutrinostrahlen in die Kammer ausgelöst wurden. Dabei fanden sie genau 166 Beispiele des neuen Wechselwirkungstyps,

Obwohl Wechselwirkungen über *geladene Ströme* auch selten sind — die Analyse der Gargamelle-Bilder förderte unter den 290 000 untersuchten Photographien nur 576 Ereignisse zutage —, waren sie schon vor 1973 beobachtet worden. Erst die Entdeckung der *neutralen Ströme*, die auf die Existenz des entscheidenden Z-Teilchens schließen ließ, führte dazu, daß die elektroschwache Theorie schließlich allgemein anerkannt wurde — obwohl es danach noch weitere zehn Jahre dauerte, bis die W- und das Z-Teilchen direkt beobachtet und die Theorie damit in vollem Umfang bestätigt werden konnten (vergleiche Seite 236−241).

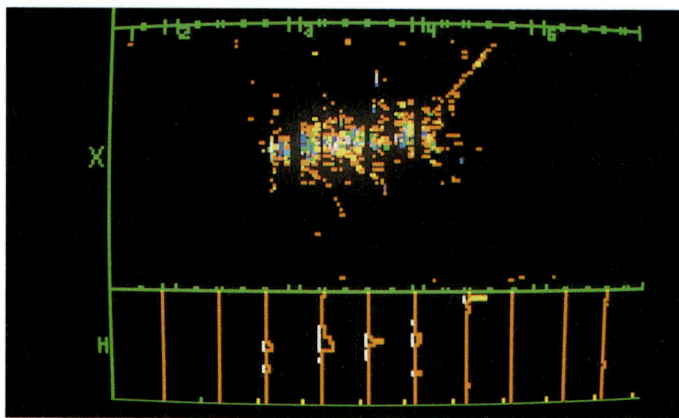 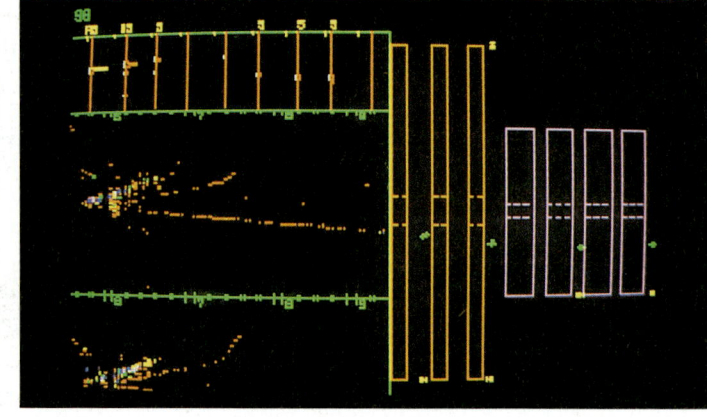

links eingetretenes Neutrino an einem Kern abgeprallt, wobei ein Schauer von Teilchen entstand, die sich leicht nach oben zu bewegten. Das Neutrino bewegte sich — unsichtbar — weiter leicht abwärts; es wurde zwar abgelenkt, blieb aber ansonsten unverändert. Genau dies ist aber charakteristisch für das Auftreten eines neutralen Stroms.

7.23 Dieses Ereignis im selben Detektor wie in Abbildung 7.22 scheint bis auf die lange Spur eines durchdringenden Müons dem vorherigen sehr ähnlich. Das Müon bewegte sich auf einer leicht nach unten geneigten Bahn durch die „flash chambers" und erzielte dann einzelne Treffer (dargestellt als grüne Punkte) in den Müon-Detektoren, die rechts in Lila und Orange umrissen sind. In diesem Fall war das Neutrino (ein neutrales Teilchen) mit einem Kern in Wechselwirkung getreten und hatte sich in ein Müon — ein geladenes Teilchen — umgewandelt; es wurde also ein *geladener Strom* übertragen.

eines „neutralen Stroms", der so heißt, weil er durch ein neutrales Z statt eines elektrisch geladenen W übertragen wird.

Abbildung 7.22 zeigt ein Beispiel einer solchen Wechselwirkung in einem elektronischen Neutrino-Detektor am Fermilab. Ein hochenergetisches Müon-Neutrino war — unsichtbar — von links eingetreten und traf auf einen Atomkern, was einen kleinen Schauer anderer Teilchen hervorrief; das Neutrino wurde vom Kern weggestoßen. Ein dazu komplementäres Ereignis im selben Detektor, bei dem ein „geladener Strom" — ein W-Teilchen — ausgetauscht wurde, ist in Abbildung 7.23 zu sehen. Wieder war ein Müon-Neutrino unsichtbar von links eingedrungen, traf auf einen Atomkern im Detektor und erzeugte einen kleinen Teilchenregen, dieses Mal aber zusammen mit einem Müon, das die lange, leicht gekrümmte Spur hinterließ. Im Gegensatz zum vorherigen Ereignis hatte sich das Neutrino hier in ein Müon umgewandelt.

Heute gehen die Teilchenphysiker von der Existenz dreier Arten von Neutrinos aus: Elektron-Neutrinos, Müon-Neutrinos und Tau-Neutrinos (vergleiche Seite 226). Das Tau, das 1975 am SLAC entdeckt wurde, ist eine schwerere Version des Müons, so wie das Müon eine schwerere Form des Elektrons ist. Wenn dem Elektron und dem Müon jeweils ein Neutrino zugeordnet ist, dann sollte dies auch für das Tau gelten. Bis jetzt gibt es allerdings nur indirekte Hinweise auf die Existenz eines Tau-Neutrinos — ein analoges Experiment, wie es von Schwartz und Mitarbeitern für das Müon-Neutrino durchgeführt wurde, steht noch aus.

Quarks

Up und *down*, *charm* und *strange*, *top*
(oder *truth*) und *bottom* (oder *beauty*) — so
lauten die merkwürdigen Namen, die die
Physiker den sechs bekannten Quarks gegeben haben, die — so glaubt man heute
— zusammen mit den sechs Leptonen die
Grundbausteine der Materie bilden.
Schlagzeilen in den Wissenschaftsseiten
der Zeitungen verkünden »Die Entdek-
kung verborgenen Charmes« oder sprechen von der »Suche nach dem nackten
Bottom«; diese in der ansonsten eher trok-
kenen wissenschaftlichen Terminologie
unüblichen Ausdrucksweisen verschleiern

daß auch die Atomkerne nicht unteilbar
sind, sondern wiederum aus Protonen und
Neutronen bestehen. Quarks sind nun die
Bausteine, aus denen Protonen und Neutronen zusammengesetzt sind, aber auch
viele andere Teilchen, die man in der kosmischen Strahlung nachgewiesen oder in
Beschleunigern künstlich erzeugt hat. Sie
bilden eine noch tieferliegende Schicht
der Materie — nach heutigem Wissen vermutlich eine wirklich elementare.

Quarks treten in kleinen Gruppen auf, entweder als Paar oder als Triplett. Proton
und Neutron zum Beispiel sind beide Bündel aus je drei Quarks; das Proton besteht

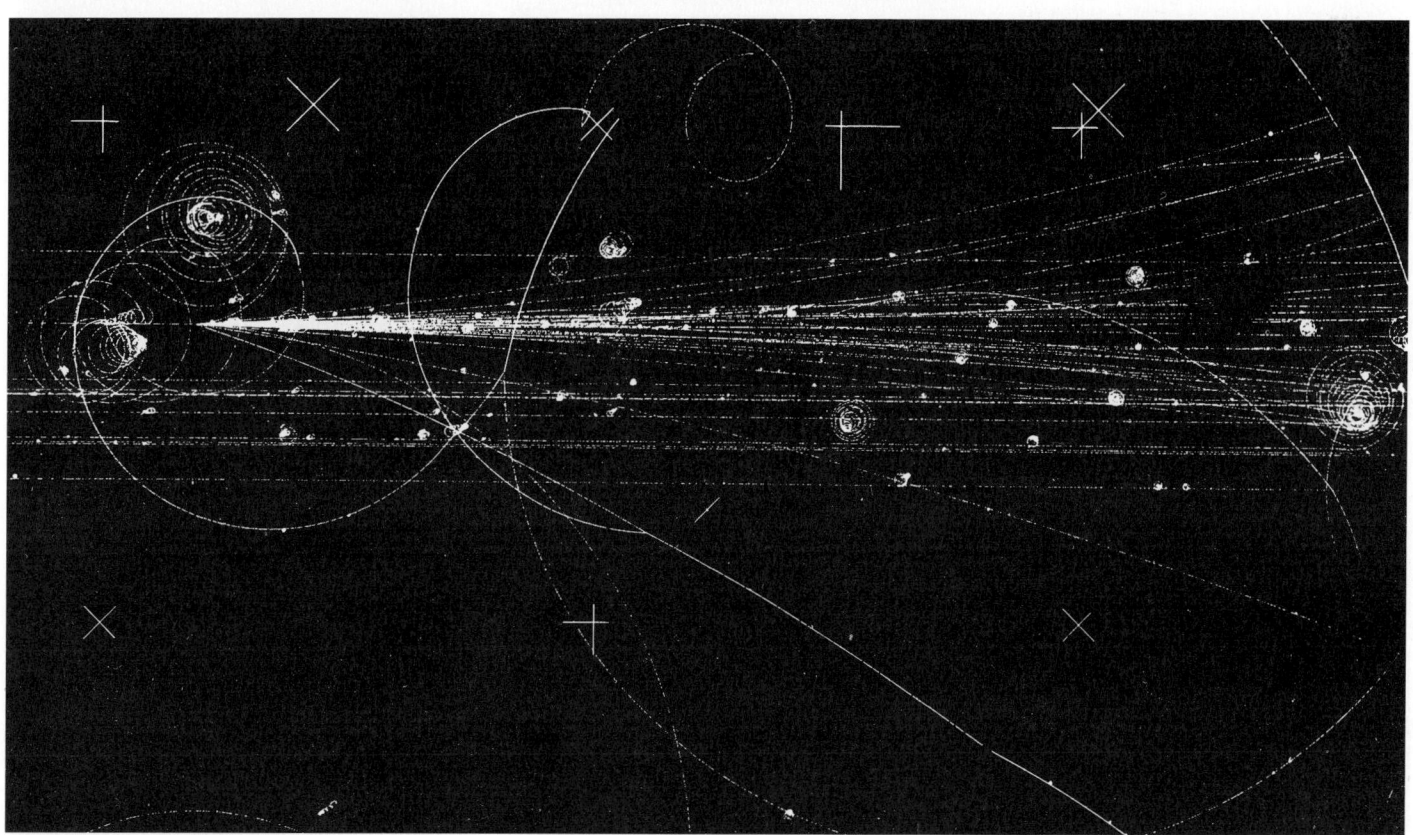

aber, daß sich hier vielleicht eine der
wichtigsten Entwicklungen in der modernen Physik abspielt.

In Kapitel 2 wurde beschrieben, wie sich
den Physikern eine neue Ebene der Realität auftat, als sie entdeckten, daß der
Stoff, aus dem die Welt im Innersten aufgebaut ist, aus Atomkernen besteht, um
die Elektronen kreisen. Ein paar Jahre später fand man eine noch elementarere
Schicht der Materie, als sich herausstellte,

7.24 Bei dem Versuch, die Quarkbestandteile eines
Protons freizusetzen, indem man zwei Protonen aufeinanderschießt, erhält man lediglich weitere neue
Teilchen, aber keine freien Quarks. Diese Aufnahme,
die an der 75-Zentimeter-Blasenkammer am Fermilab
aufgenommen wurde, zeigt einen Sprühregen von 26
geladenen Teilchen, hauptsächlich Pionen, die entstanden, als ein auf 300 GeV beschleunigtes Proton
von links in die Kammer eingetreten war und dort auf
ein zweites Proton des flüssigen Wasserstoffs stieß.
Die stark gekrümmten und spiralförmigen Spuren
stammen von den leichtgewichtigen Elektronen, die
im Magnetfeld der Kammer stärker abgelenkt werden
als die anderen Teilchen. Die Breite des Originalbilds
beträgt etwa 60 Zentimeter.

7.25 Ein typisches symmetrisches Zwei-Jet-Ereignis in einer Computerdarstellung des Mark-J-Detektors am PETRA-Collider des DESY, der Elektronen und Positronen aufeinanderschießt. Dieses Spurmuster ist ein untrügliches Kennzeichen dafür, daß hier ein Quark und ein Antiquark entstanden. Die Graphik zeigt einen Querschnitt durch den Detektor; das weiße Kreuz in der Mitte bezeichnet das Strahlrohr, in dem die Kollision stattfand. Direkt um das Rohr herum sind verschiedene Detektoren für geladene Teilchen angeordnet – sowohl innerhalb wie außerhalb des großen Eisenkerns des Magneten, dessen Umrisse durch die beiden gelben Quadrate angezeigt werden. Weiße Punkte stellen die „Treffer" dar, die in verschiedenen Teilen des Detektors registriert wurden. Das Elektron und das Positron kamen in rechtem Winkel zum Bild von vorne und aus dem Bildhintergrund, um sich im Zentrum des Detektors gegenseitig zu vernichten und die beiden seitwärts strebenden Teilchenschauer zu erzeugen. Der Magnetkern steht in einem Abstand von etwa 1,5 Metern vom Zentrum.

aus zwei up-Quarks und einem down-Quark, das Neutron aus zwei down-Quarks und einem up-Quark. Niemand hat bisher ein einzelnes — „nacktes" — Quark beobachtet, und die meisten Physiker glauben, daß Quarks als isolierte ungebundene Teilchen gar nicht existieren. Die starke Kraft, der die Quarks unterworfen sind, scheint sie so eng aneinander zu binden, daß sie nicht voneinander getrennt werden können. Wenn ein Proton in einem Beschleuniger auf hohe Energie gebracht wird und auf ein ruhendes Proton in einem Target prallt, werden durch die Kollision nicht die einzelnen Quarks herausgeschleudert; statt dessen formieren sich die Quarks wieder zu neuen Paaren und Tripletts, und die zusätzlichen Quarks und Antiquarks, die aus der bei der Kollision freiwerdenden Energie entstehen, bilden ebenfalls sofort Paare und Dreiergruppen. Zusammen ergibt das einen Teilchenregen, wie dies beispielsweise die Blasenkammeraufnahme einer Proton-Proton-Kollision in Abbildung 7.24 zeigt.

Wie wir in diesem Kapitel gesehen haben, gab es in den fünfziger und frühen sechziger Jahren Hinweise darauf, daß Protonen, Pionen und viele andere Teilchen vielleicht gar nicht so elementar seien wie zunächst angenommen. Ein entscheidender Anhaltspunkt dafür war die Existenz von angeregten Zuständen subatomarer Teilchen, der Resonanzen. Physiker wußten, daß Atome energetisch angeregt werden können, weil sie eine innere Substruktur besitzen; in Analogie dazu war naheliegend, daß dasselbe für Protonen und Pionen gelten könnte. Ein anderes Indiz war die elegante Klassifikation der Teilchen in verschiedenen Familien durch den Achtfachen Weg. Diese Ordnung mußte eine tieferliegende Struktur widerspiegeln.

Der Mann, der die Quarks „erfand" und damit dieses Rätsel lösen half, Murray Gell-Mann, hatte als Theoretiker am Caltech bereits den Achtfachen Weg mitentwickelt. 1964 postulierte er die Existenz dreier Quarks — *up*, *down* und *strange*; mehr brauchte er damals nicht, um alle anderen Teilchen — mit Ausnahme der Leptonen — zu erklären. Weshalb aber ausgerechnet *Quarks*? Einer Anekdote zufolge mochte Gell-Mann einfach den Klang des Wortes und entdeckte es erst später in James Joyces *Finnegans Wake* — »drei Quarks für Muster Mark«.

Gell-Mann war nicht der einzige, der in dieser Richtung Überlegungen anstellte. Auch George Zweig, ein Kollege vom Caltech, der sich zu dieser Zeit gerade am CERN aufhielt, entwickelte im selben Jahr die gleiche Idee. Aber die Hypothese der Existenz solcher Quarks fand nur langsam Anklang. Es gab keinerlei handfeste Beweise für sie — und nach damaligen Maßstäben waren die Quarks auch ausgesprochen bizarre Gebilde. Insbesondere sollten sie jeweils ein oder zwei Drittel der Grundeinheit der elektrischen Ladung tragen, was noch nie dagewesen war. Alle anderen Teilchen trugen ganze Einheiten: 0, 1, 2, ... Bruchteile von Elementarladungen konnte man sich damals noch nicht ohne weiteres vorstellen.

Das erste hieb- und stichfeste Beweismaterial für die Existenz von Quarks wurde gegen Ende der sechziger Jahre in Experimenten am Stanford Linear Accelerator Center (SLAC) mit den drei riesigen Spektrometern gefunden, die in der gigantischen Experimentierhalle „Endstation A" aufgestellt waren (vergleiche Abbildung 6.40). Die Experimente ähnelten vom Prinzip her denen von Geiger und Marsden, die im Jahre 1911 Atome mit Alphateilchen beschossen und so die Atomkerne entdeckt hatten. In der modernen Entsprechung dieser Versuche feuerte man Elektronen, die am Linearbeschleuniger des SLAC auf hohe Energien beschleunigt wurden, auf Protonen.

Die sehr hochenergetischen Elektronen, die damals nur im drei Kilometer langen Linearbeschleuniger des SLAC erzeugt werden konnten, waren für dieses Experi-

183

ment eine entscheidende Voraussetzung. Ein Elektron in Bewegung verhält sich nämlich wie eine Welle, deren Wellenlänge von der Energie des Elektrons abhängig ist: Hochenergetische Elektronen laufen als kurze Wellen und können deshalb in das Proton eindringen und entsprechend kleine Strukturen abtasten. Elektronen niedrigerer Energie entsprechen im Gegensatz dazu längeren Wellen und können das im Vergleich zu ihrer Wellenlänge kleine Proton nur als Ganzes beeinflussen und ablenken.

Wäre nun das Proton ein einzelnes elementares Teilchen, dann sollten die auftreffenden leichten Elektronen mit nahezu derselben Energie wieder abprallen, mit der sie angekommen waren; nur wenig Energie würde in den Rückstoß des massiven Protons gehen. Wenn das Proton aber aus Quarks zusammengesetzt ist, müssen die Resultate ganz anders ausfallen. Die Quarks im Inneren eines Protons sind nämlich nicht unbeweglich, sondern in dauernder Bewegung; man könnte das Proton sozusagen als vibrierendes Quarkbündel beschreiben. Das Elektron könnte dann also auf ein sehr energiereiches Quark, genauso aber auch auf ein fast regungsloses treffen.

In den Experimenten am SLAC sollten die Elektronen an den vermuteten Quarks abprallen und anschließend in ein Spektrometer fliegen. Bei einem überdurchschnittlich schnellen Quark sollte das Elektron nach der Streuung mit überdurchschnittlich hoher Energie in das Spektrometer eintreten; bei einem langsameren Quark wäre die Energie des gestreuten Elektrons relativ niedrig. Auf diese Weise lieferten die Energien, mit denen die Elektronen in das Spektrometer gelangten, einen direkten Maßstab für die Energien etwaiger im Proton verborgener Quarks.

Die Antwort von Endstation A war eindeutig — die Energien der zurückkehrenden Elektronen variierten. Dann wurden die Spektrometer so postiert, daß sie die Elektronen registrierten, die in sehr großem statt kleinem Winkel zurückprallten (genauso waren auch Geiger und Marsden mit ihrem Szintillationsschirm vorgegangen). Die Unterschiede in den einzelnen

Energieverteilungen und die Anzahl der registrierten Elektronen für die jeweils eingestellten Winkel zeigten, daß das Proton aus drei Quarks besteht.

Ungefähr zur selben Zeit wurden am CERN ähnliche Experimente mit Neutrinos statt mit Elektronen durchgeführt. Der detaillierte Vergleich der Resultate von CERN und SLAC erbrachte schließlich den endgültigen Beweis, daß das Proton aus Quarks bestehen mußte.

In den siebziger Jahren konnte man mit Beschleunigern, die Elektronen und Positronen bei hohen Energien aufeinanderschossen, die Existenz von Quarks auch noch anders sichtbar machen. Wenn ein Elektron und ein Positron aufeinandertreffen und sich gegenseitig vernichten, wandeln sie sich in reine Energie um. Diese Energie rematerialisiert sofort, etwa in Form eines neuen Elektrons und eines Positrons oder eines Müons und eines Antimüons oder eines Quarks und eines Antiquarks. Quark und Antiquark fliegen in entgegengesetzte Richtungen auseinander, aber sie können einzeln für sich nicht existieren und müssen sich zu Gruppen zusammentun, die wir als Teilchen — Pionen, Kaonen, Protonen und so weiter — wahrnehmen. Dazu katalysieren sie in ihrer unmittelbaren Umgebung die Umwandlung von Energie in Masse und erzeugen aus der Energie des Zusammenstoßes zusätzliche Quarks und Antiquarks.

All das geschieht in einem winzigen Augenblick — einigen 10^{-23} Sekunden —, so daß das, was wir bei der Elektron-Positron-Kollision wahrnehmen, nicht ein Quark und ein Antiquark sind, sondern zwei deutlich voneinander abgehobene Teilchenströme oder *Jets* von Teilchen (hauptsächlich Pionen), die sich um die Quarks herum gebildet haben. Abbildung 7.25 zeigt zwei solche auseinanderstrebende Teilchenjets, die im Mark-J-Detektor am DESY in Hamburg erzeugt wurden. Womöglich ist dies die direkteste Art, wie wir Quarks in Experimenten „sichtbar" machen können.

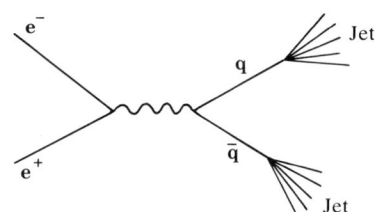

7.26 Dieses Feynman-Diagramm symbolisiert das in Abbildung 7.25 aufgetretene Ereignis. Es zeigt, wie der Zusammenprall eines Elektrons (e⁻) und eines Positrons (e⁺) ein Photon erzeugt (die geschlängelte Linie), das als Quark (q) und Antiquark (q̄) rematerialisiert; Quark und Antiquark erzeugen beide je einen Teilchenjet.

8. Collider und Bildkammern

Sechzig Meter unter Schweizer Weideland befindet sich nördlich von Genf, nahe der französischen Grenze, ein riesiger Teilchendetektor − so groß wie ein zweistöckiges Haus und so schwer wie fünf Jumbo-Jets: der UA1, dessen Initialen für „**un**derground **a**rea 1" (unterirdischer Bereich) stehen. Die ganze Anlage könnte aus einer Erzählung von H. G. Wells stammen; sie produziert ihre eigenen phantastischen Visionen − Aufnahmen wie die in Abbildung 8.2, auf der Dutzende von Spuren geladener Teilchen zu sehen sind, die bei der Kollision eines Protons mit seinem physikalischen Gegenstück, einem Antiproton, erzeugt und fortgeschleudert wurden. Während eine Blasenkammer sichtbare Teilchenspuren erzeugt und photographiert, registrieren Detektoren wie der UA1 den Durchgang der geladenen Teilchen als elektronische Signale, aus denen erst der Computer die Spuren rekonstruieren und in eindrucksvollen Farbgraphiken darstellen kann.

Steigt der Besucher den riesigen zylindrischen Schacht hinab, an dessen Fuß sich der UA1 befindet, so sieht der Detektor von oben zunächst wie ein aluminiumverkleideter Transportcontainer aus. Das Aluminium bildet aber nur die äußere Hülle des UA1; dahinter verbirgt sich − wie bei einer russischen Puppe − eine Vielzahl ineinandergeschachtelter verschiedener Detektoren, die ringförmig um das Strahlrohr des Super Proton Synchrotron angeordnet sind. Im Zentrum des UA1 stoßen die im Strahlrohr gegenläufig zirkulierenden Protonen und Antiprotonen frontal zusammen, und die dabei erzeugten Teilchen schießen explosionsartig durch die

vielen Schichten des Detektors in alle Richtungen davon. Die Komplexität der gesamten Anordnung kommt erst zum Vorschein, wenn man Schicht für Schicht abträgt.

Jede Schicht des UA1 liefert ganz spezifische Informationen über die Teilchen, die in den Proton-Antiproton-Kollisionen erzeugt werden. Die innerste Schicht, der Zentraldetektor, registriert die Spuren der geladenen Teilchen. Das Gerät ist mit einer Mischung aus Ethan- und Argongas gefüllt und von einem feinen Netz aus Tausenden parallel gespannter Drähte durchzogen. Die Drähte nehmen winzige

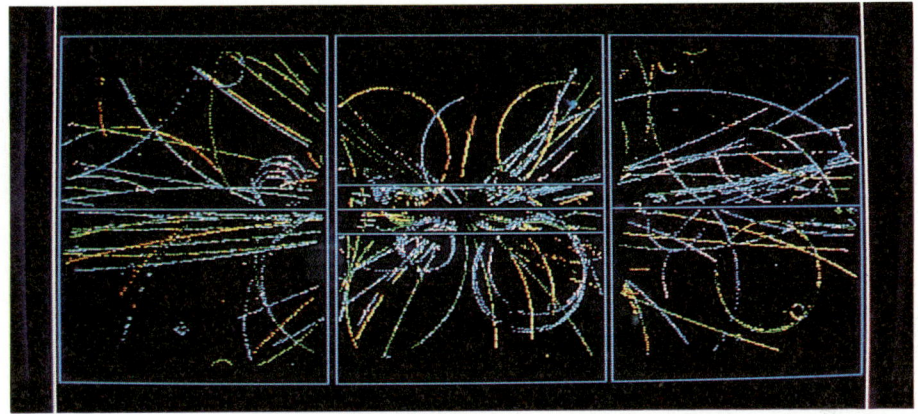

8.2 Ein Computerbild mit den Spuren geladener Teilchen, die im Zentraldetektor des UA1 am CERN registriert wurden. Ein hochenergetisches Proton und ein Antiproton waren von den Seiten in die zwei Meter lange, zylinderförmige Kammer eingedrungen und in deren Zentrum frontal aufeinandergeprallt; die sechs Bereiche des Zylinders sind hier blau umrandet. Durch die gasgefüllte Kammer sind Tausende von Drähten gespannt, die elektrische Impulse von den Ionisationsspuren aufnehmen, welche geladene Teilchen beim Durchgang durch das Gas hinterlassen. Jeder farbige Punkt auf diesem Bild repräsentiert einen „Treffer", der von einem Draht registriert wurde. Die Farben zeigen die räumliche „Tiefe" der Spuren: Rote und gelbe Spuren sind näher am Betrachter, blaue und grüne weiter entfernt. Die Experimentatoren können diese Graphik bereits on-line abrufen, also noch während das Experiment im Gange ist.

8.1 Ein Blick hinunter in den Einstiegsschacht, an dessen Fuß, 60 Meter unter der Erdoberfläche, der UA1-Detektor zu sehen ist. Die auf dem Detektor und an seinen Seiten erkennbaren aluminiumverkleideten Boxen sind Müon-Kammern; sie bilden die äußere Hülle des UA1. In dieser Position befindet sich der UA1 nicht im Tunnel des Super Proton Synchrotron (SPS), wo die Proton-Antiproton-Kollisionen stattfinden, sondern in seiner „Garage", wo an ihm gearbeitet werden kann, während am SPS andere Experimente laufen. Wenn der Detektor zum Einsatz kommen soll, wird er nach unten rechts aus dem Bild in den Tunnel gerollt. Die gelben Träger halten Kabelstränge, die mit den verschiedenen Teilen des UA1 verbunden sind und die lang genug sein müssen, um der Apparatur in den Tunnel folgen zu können.

elektrische Signale von den Ionisationsspuren auf, die die geladenen Teilchen hinter sich lassen. Die ganze Drahtkammer befindet sich in einem Magnetfeld, das die Spuren der Teilchen entsprechend ihrer elektrischen Ladung und ihrem Impuls krümmt − wie bei einer Blasenkammer.

Um den Zentraldetektor herum sind weitere Schichten angeordnet, von denen jede einzelne auf den Nachweis spezieller Teilchensorten eingerichtet ist. So unterscheidet man zwei verschiedene Arten von „Kalorimetern", die so heißen, weil sie die Energie der Teilchen messen (in der Wärmelehre benutzt man gewöhnliche Kalorimeter, um Wärmemengen zu messen). Das elektromagnetische Kalorimeter, das aus einander abwechselnden Schichten von Plastikszintillator und Blei aufgebaut ist, zeigt den Durchgang von Elektronen und Photonen an. Wenn diese Teilchen durch die Bleiplatten hindurchschießen, erzeugen sie charakteristische Elektron-

Positron-Schauer, die von den Szintillatorschichten aufgenommen werden. Die geladenen Teilchen lösen dort jeweils Lichtblitze aus, die über lange Plastikstreifen — Lichtleiter — Photoröhren zugeführt werden, in denen das Licht in elektrische Signale umgewandelt wird (siehe Abbildung 6.15).

In ähnlicher Weise ist die nächste Detektorschicht darauf zugeschnitten, Protonen, Pionen und andere *Hadronen* nachzuweisen — Teilchen also, die aus Quarks aufgebaut sind. Sie heißt deshalb Hadron-Kalorimeter und ist abwechselnd aus Eisen- und Szintillatorplatten aufgebaut. In

8.3 Der Zentraldetektor des UA1 wird angeschlossen. Man sieht das Äußere der Kammer, deren gewölbte Oberfläche mit elektronischen Schaltkreisen bedeckt ist, die die winzigen Signale von den Drähten im Inneren des Zylinders verstärken. Kabel in dem vertikalen Aufbau über der Kammer leiten diese Signale zur elektronischen Verarbeitung weiter; die Röhren dienen der Versorgung der Kammer mit Gas. Die dunklen senkrechten „Wände" links und rechts gehören zu den Enden des Hadron-Kalorimeters, das aus Eisenplatten besteht (die gleichzeitig Bestandteile

des Magneten sind), zwischen denen sich Szintillatorplatten befinden. Schwarz umwickelte Lichtleiter aus Kunststoff führen von den Rändern der Szintillatorplatten zu Photoröhren, die an der Außenseite des Kalorimeters befestigt sind.

8.4 Das rechte Photo zeigt den UA1-Detektor ohne die äußere Hülle der Müon-Kammern, wie er gerade aus seiner „Garage" durch eine Öffnung in der dicken Betonwand in den Ringtunnel gerollt wird. Die Schienen sind für diesen „Umzug" notwendig.

diesem Fall dient das Eisen einem doppelten Zweck, denn es bildet auch einen Teil des Elektromagneten, mit dem man die Spuren geladener Teilchen krümmt.

Die äußerste Schicht des UA1 spricht auf Müonen an, die − abgesehen von den flüchtigen Neutrinos − einzigen Teilchen, die durch die vielen Blei- und Eisenplatten hindurch so weit vordringen können. Die Müon-Detektoren befinden sich in den flachen länglichen Aluminiumboxen, die den UA1 abdecken und ihm das Aussehen eines riesigen Containers geben.

Der UA1 ist ein Riese. Er enthält rund 2000 Tonnen Eisen und über 100 Tonnen Blei. Allein die 7000 Platten des Hadron-Kalorimeters aus einen Zentimeter dickem Plastikszintillator ergeben eine Gesamtfläche von 6300 Quadratmetern. 7000 Glasfasern leiten Laserlichtimpulse in den Szintillator, mit denen das Ansprechverhalten des Detektors und die Funktionstüchtigkeit der Lichtleiter und Photoröhren geprüft werden.

Eine einzige Proton-Antiproton-Kollision erzeugt Hunderte von elektrischen Signalen, wenn die entstandenen Teilchen durch die verschiedenen Schichten des UA1 hindurchschießen. Über ein System von Mikroprozessoren und Kleinrechnern werden diese Signale an den Hauptcomputer weitergeleitet, der alle darin enthaltenen Informationen auf Magnetbänder aufnimmt. Jedes Stoßereignis liefert ungefähr 70000 Informationseinheiten, für deren Speicherung der Computer etwa eine Viertelsekunde benötigt. Die gegenläufig zirkulierenden Bündel von Protonen und Antiprotonen im Super Proton Synchrotron treffen jedoch alle 7,6 Mikrosekunden (Millionstelsekunden) aufeinander; während also der Hauptcomputer noch die vollständigen Daten einer einzigen Kollision − eines Ereignisses − abspeichert, finden schon 3000 weitere, möglicherweise interessante Proton-Antiproton-Wechselwirkungen statt.

An dieser Stelle kommt das Triggersystem der Mikroprozessoren und Kleincomputer zum Einsatz, die dem Hauptcomputer vorgeschaltet sind. Diese sind so programmiert, daß sie innerhalb von vier Mikrosekunden eine Reihe von schnellen Abschätzungen durchführen und aufgrund dessen beurteilen können, ob die Signale einer Kollision in eine der Klassen fallen, die die Physiker zuvor als interessant definiert haben. Aus den 12000 Kollisionen, die sich jede Sekunde im Strahlrohr im Inneren des UA1 ereignen, filtert das Triggersystem im allgemeinen nicht mehr als eine oder zwei heraus. So verschwenden die Physiker keine Zeit damit, riesige Informationsmengen aufzunehmen, die für ihre Suche nach ganz bestimmten seltenen Ereignissen irrelevant sind. Andererseits erfassen sie mit diesem Verfahren nur, was sie im voraus als interessant definiert haben, und verzichten zwangsläufig darauf, gänzlich neue und unerwartete Ereignisse zu bekommen. Deswegen ist die Programmierung des Triggersystems so wesentlich für den Betrieb des Detektors; da das System jedoch flexibel ist und sich jederzeit neu programmieren läßt, kann man immer wieder gezielt nach anderen Ereignistypen Ausschau halten.

Der Hauptcomputer kann nicht nur die vom Triggersystem herausgefilterten Ereignisse aufnehmen, sondern auch bereits während des Experiments − on-line − Rückmeldungen an die Forscher geben und ihnen so unverzüglich einen ersten Eindruck von der Qualität der Daten vermitteln. Wenn die bei den Kollisionen anfallenden Daten dann einmal auf Magnetbändern gespeichert sind, wandern sie in einen Standardrechner, der aus dem numerischen Datenmaterial die Spuren der Teilchen rekonstruiert und berechnet, wieviel Energie die Teilchen in den Kalorimetern zurückgelassen haben. Eine IBM 370/108 − ein Rechner mittlerer Größe − ist damit mehr als 20 Sekunden für eine einzige Kollision beschäftigt. Besonders interessante Kollisionen können die Physiker mit einem Computergraphiksystem genauer untersuchen. Damit kann man ganz nach Bedarf die räumliche Perspektive der Darstellung drehen, interessante Bildausschnitte vergrößern und unwichtige Informationen ausblenden. Es hat sich

8.5 Mit einer Vielzahl von integrierten Schaltkreisen bestückt ist diese Platine, die zum Triggerprozessor des UA1 gehört. In jeder Sekunde finden Tausende von Proton-Antiproton-Wechselwirkungen im Inneren des UA1 statt, von denen aber nur einige wenige physikalisch interessante Ereignisse darstellen. Die Aufgabe des Triggerprozessors besteht darin, anhand einiger charakteristischer Signale aus verschiedenen Teilen des Detektors zu entscheiden, ob das ganze Datenmaterial eines Ereignisses von den Tausenden von Drähten und Szintillatorplatten des UA1 aufgezeichnet werden soll. Dazu müssen die Physiker von vornherein diejenigen Signalmuster bestimmen, von denen sie glauben, daß sie interessanten Wechselwirkungen entsprechen, und diese Muster als Vergleichsdaten in den Prozessor einprogrammieren.

8.6 Carlo Rubbia (geboren 1934), aufgenommen am CERN im Jahre 1984. Der Monitor zeigt den Zerfall eines Z-Teilchens im UA1.

als unentbehrliche Hilfe erwiesen, etwa wenn es darum geht, Ereignisse zu interpretieren, die der Computer nicht eindeutig klassifizieren kann, oder wenn überprüft wird, ob dieser die aufgenommenen Ereignisse tatsächlich korrekt ausgewählt hat.

Der ganze Koloß kostete 20 Millionen englische Pfund und wurde in knapp vier Jahren zusammengebaut, gerechnet von den ersten ernsthaften Entwürfen bis hin zu den ersten beobachteten Proton-Antiproton-Kollisionen im Juli 1981. Es war eine wahrlich internationale Leistung, die von Wissenschaftler- und Ingenieurteams nicht nur vom CERN, sondern auch aus vielen europäischen Ländern und sogar den Vereinigten Staaten, erbracht wurde. 52 Physiker aus Städten und Institutionen in vielen Teilen der Welt — Aachen, Annecy, Birmingham, Collège de France (Paris), Queen Mary College (London), Riverside (Kalifornien), dem Rutherford Appleton Laboratory (Oxfordshire), Saclay (Paris) und dem CERN — setzten zu Beginn ihre Namen unter den Antrag für den Bau des UA1. Als die Forscher die ersten Ergebnisse des Detektors veröffentlichten, zählte das Team an die 135 Mitarbeiter, und darüber hinaus hatten sich auch einige Gastwissenschaftler sowie Arbeitsgruppen aus Helsinki, Rom und Wien dem Projekt angeschlossen.

Die verschiedenen Bauteile des Detektors mußten von weit her transportiert werden. Teile des Hadron-Kalorimeters wurden in Großbritannien montiert und dann per Schiff zum CERN gebracht; die Müon-Detektoren wurden in Aachen gebaut, und Teile des elektromagnetischen Kalorimeters wurden von Teams aus Annecy, Saclay und Wien zusammengesetzt. Die Koordination all dieser Arbeiten war für das Gelingen des Projekts von entscheidender Bedeutung. Natürlich gab es kleinere Pannen, aber regelmäßige Treffen der Arbeitsgruppen und insbesondere zwischen den Mitarbeitern der Kerngruppe am CERN sorgten dafür, daß schließlich alles wie geplant zusammenpaßte. Geleitet wurde das ganze Unternehmen von einem Mann, der bemerkenswerten Elan und Entschlossenheit zeigte, dem Italiener Carlo Rubbia.

Rubbia — ein Wissenschaftler mit einer enormen physischen wie intellektuellen Energie, der es fertig bringt, gleichzeitig eine Professur in Harvard und eine führende Stelle am CERN innezuhaben — hat als Leiter des UA1-Teams maßgeblich dazu beigetragen, daß Proton-Antiproton-Kollisionen am CERN zustande kamen. Seine Leistungen wurden 1983 mit der Entdeckung der lange gesuchten W- und Z-Teilchen — den Trägerteilchen der schwachen Kraft, die beispielsweise für Kernumwandlungen verantwortlich ist — und im Jahr darauf mit dem Nobelpreis gekrönt.

Der UA1-Detektor verkörpert die neue Generation der Teilchendetektoren der achtziger Jahre — er ist eine Art „elektronische Blasenkammer". Die Apparatur umschließt den Raum um die Wechselwirkungszone so vollständig wie möglich. Auch wenn der Detektor keine Neutrinospuren registriert (Neutrinos sind ja elektrisch neutral und lösen praktisch keine Wechselwirkungen mit Materie aus), kann das Computersystem des UA1 aus den Kollisionsdaten dennoch unter bestimmten Umständen die Energie der unsichtbaren Neutrinos ermitteln und sogar deren Spuren in die Computergraphiken des Ereignisses nachträglich einzeichnen. Die einzigen Teilchen, die gänzlich unbemerkt entkommen können, sind diejenigen, die in Richtung des Strahlrohrs davonsausen, in dem die kollidierenden Teilchen umlaufen.

Was nun aber die Bilder der Teilchenspuren angeht, so ist zweifellos der Zentraldetektor der eindrucksvollste Teil des UA1, der die Spuren geladener Teilchen mit nahezu derselben Genauigkeit wiedergibt wie eine Blasenkammer. Dieser Detektor — Rubbia bezeichnete ihn als „Bildkammer" — beruht auf dem Prinzip der Driftkammer, die in den späten sechziger Jahren am CERN erfunden wurde. Driftkammern und die ihnen verwandten Vieldraht-Proportionalkammern werden heute in fast allen Beschleunigerexperimenten eingesetzt. In vielen Fällen liefern sie, wie im UA1, detaillierte Bilder der Teilchenspuren. Diese Geräte haben mehr als alle anderen die elektronische Blasenkammer möglich gemacht.

Elektronische Blasenkammern

In den siebziger Jahren brachte die Erfindungsgabe des Franzosen Georges Charpak vom CERN umwälzende Neuerungen in die experimentellen Methoden der Teilchenphysik. Seine Arbeit hat zu Teilchendetektoren geführt, die Schnelligkeit und Präzision in sich vereinen. In den sechziger Jahren hatten sich die Draht-Funkenkammern bewährt, weil sie viel schneller als Blasenkammern arbeiteten, obwohl sie nicht annähernd so detaillierte Informationen liefern konnten. Charpaks Kammern nahmen es mit beiden Vorgängern gleichzeitig auf: Sie arbeiteten weit schneller

schneller und weitaus präziser als die Draht-Funkenkammern waren. Diese neuen Drahtkammern spielen mittlerweile eine entscheidende Rolle beim Nachweis der enormen Teilchenlawinen, die von den intensiven Strahlen an modernen Beschleunigern erzeugt werden.

Die Vieldraht-Proportionalkammer ist, oberflächlich betrachtet, einer Draht-Funkenkammer recht ähnlich. Ihr Grundelement besteht aus drei übereinanderliegenden Ebenen paralleler Drähte (in einer Funkenkammer bilden immer zwei Ebenen eine Lage), die in ein gasgefülltes Gehäuse eingepaßt sind. Der Unterschied liegt

8.7 Georges Charpak (geboren 1925) am CERN im Jahre 1984. Er zeigt eine der ersten Driftkammern, die er Ende der sechziger Jahre baute.

8.8 Die Zeichnungen links illustrieren das Prinzip zweier Teilchendetektoren. Eine Vieldraht-Proportionalkammer (oben und unten rechts) ist aus drei Lagen parallel gespannter Drähte aufgebaut, die von einem Gas umgeben sind und von einem Rahmen mit einem dünnen Plastikfenster gehalten werden. An den beiden äußeren Drahtebenen liegt ständig eine negative Hochspannung, die mittlere Drahtebene liegt demgegenüber an einer Spannung von null Volt. Ein geladenes Teilchen, das die Kammer durchquert, ionisiert das Gas entlang seiner Bahn (rote Spur), wodurch sich eine Elektronenlawine in Richtung auf den nächstgelegenen Draht der mittleren Ebene hin ausbildet. Die Position desjenigen Drahts, der die Elektronen aufnimmt, liefert einen Punkt der Teilchenspur. Eine Driftkammer (unten links) ist ähnlich aufgebaut, aber der Abstand zwischen den Drähten der mittleren Ebene ist deutlich größer. Außerdem variieren die Spannungen an den Kathodendrähten derart, daß in der Kammer ein elektrisches Feld entsteht, in dem die durch Ionisation freigesetzten Elektronen mit *konstanter* Geschwindigkeit zum nächstliegenden Signaldraht driften können. Eine elektronische Stoppuhr, die durch ein Signal eines parallel zur Kammer angebrachten Szintillationszählers gestartet wird, mißt die Driftzeit der Elektronen; diese ist dann direkt proportional zur Entfernung der Teilchenspur von dem Draht, der die ankommenden Elektronen registriert.

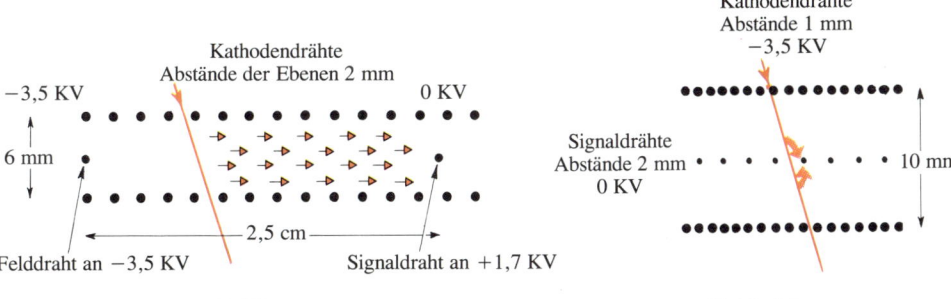

gasdichter Rahmen mit Plastikfolienfenster — Kathodendrähte in zwei Ebenen an negativer Hochspannung
Platinen — Signaldraht am 0 V
Einlaßrohre zum Auspumpen und Füllen mit Gas

Kathodendrähte Abstände der Ebenen 2 mm
−3,5 KV — 0 KV — 6 mm — 2,5 cm
Felddraht an −3,5 KV — Signaldraht an +1,7 KV
Driftkammer

Kathodendrähte Abstände 1 mm −3,5 KV
Signaldrähte Abstände 2 mm 0 KV — 10 mm
Vieldrahtkammer

als Funkenkammern und kamen dabei durchaus an die Genauigkeit der Blasenkammer heran.

Wenn ein geladenes Teilchen durch ein Gas hindurchschießt, hinterläßt es eine Spur aus ionisierten Atomen. Eine ganze Reihe von Teilchendetektoren — von der Nebelkammer bis zur Draht-Funkenkammer — beruht darauf, diese Ionisationsspur in irgendeiner Weise zu registrieren. Im Jahre 1968 entdeckte Charpaks Forschungsgruppe neue Methoden, die ebenfalls den Ionisationseffekt beim Aufspüren der Teilchen ausnutzen. Das Team entwickelte zwei Grundtypen von Detektoren, die Vieldraht-Proportionalkammer und die Driftkammer, die beide erheblich

bei diesen beiden Geräten in ihrer Betriebsart: In einer Funkenkammer legt man unmittelbar nach dem Durchgang eines geladenen Teilchens kurzzeitig eine hohe Spannung (10 bis 20 kV) an die eng benachbarten Drahtebenen an. Die Hochspannung induziert Funkensprünge zwischen den Ebenen, aber nur dort, wo das Gas ionisiert worden ist — also entlang der Bahn des zuvor hindurchgeschossenen Teilchens.

Eine Vieldraht-Proportionalkammer hingegen funktioniert eher wie der zylinderförmige Proportionalzähler, den Rutherford und Geiger benutzten (siehe Seite 39−40) und der nur einen Draht entlang der Rohrachse besaß. In diesem Fall legt man

191

sie den der Ionisationsspur am nächsten liegenden Signaldraht durch den ausgeprägten Impuls, den dieser abgab, leicht bestimmen konnten; mit einer Reihe von Kammern ließ sich also die ganze Bahn eines Teilchens verfolgen. Außerdem stellten sie fest, daß eine Kammer mit Signaldrähten im Abstand von nur ein bis zwei Millimetern bereits innerhalb von wenigen Hundertstelmikrosekunden, nachdem ein Teilchen hindurchgeschossen war, ansprach. Folglich kann jeder Signaldraht einer Vieldrahtkammer mühelos eine Million vorbeischießender Teilchen pro Sekunde nachweisen − 1000fach mehr als die Draht-Funkenkammer.

Vieldrahtkammern sind heutzutage Bestandteil nahezu jedes Experiments der Teilchenphysik und werden inzwischen auch in der Astronomie und Medizin eingesetzt, wo sie sich für die elektronische Bilderzeugung bestens eignen. Es gibt sie in vielen Formen und Größen − als Kammern mit einer Aufnahmefläche von wenigen Quadratzentimetern zur Messung der Größe von Teilchenstrahlen bis hin zu einige Quadratmeter großen Anordnungen, die Tausende von Drähten enthalten. An den Zweistrahl-Maschinen, wo die Apparatur um das ganze Strahlrohr herum angepaßt werden muß, haben die Vieldrahtkammern oft die Form eines Zylinders, in dem Schichten paralleler Drähte das Strahlrohr konzentrisch umgeben.

Eine Vieldrahtkammer schlägt die Blasenkammer um Längen, wenn es darum geht, möglichst viele Teilchen in kürzester Zeit zu registrieren; sie nimmt die Spuren der Teilchen aber mit einer erheblich geringeren Genauigkeit auf, nämlich bestenfalls auf etwas weniger als einen Millimeter genau. Die Driftkammer jedoch − der andere Detektortyp, den Charpaks Gruppe in den späten sechziger Jahren entwickelte − überwindet diesen Nachteil weitgehend. So wie die Vieldrahtkammer neue Maßstäbe setzte, was die Geschwindigkeit anbelangt, mit der Spuren registriert werden konnten, so erzielte die Driftkammer eine bislang unerreichte Genauigkeit bei der Positionsbestimmung der Spuren.

Auch die Driftkammer besteht aus drei Ebenen paralleler Drähte, die in einem

8.9 Die Driftkammer des Mark-II-Detektors, aufgenommen während der Aufbauphase, mit ihren Tausenden von Drähten, die die durch Ionisation freigesetzten Elektronen aufnehmen. Die Kammer ist ein typisches Beispiel für einen modernen elektronischen Teilchenspurdetektor.

eine zeitlich konstante Spannung (etwa 3 bis 5 kV) an, und zwar so, daß die mittlere Drahtebene ständig auf einem positiven elektrischen Potential gegenüber den beiden äußeren Ebenen liegt. Sobald ein geladenes Teilchen durch das Gas in der Kammer hindurchrast, löst es eine Ionisationslawine von Elektronen aus. Ein Signaldraht der mittleren Ebene, welcher der ursprünglichen Bahn des Teilchens am nächsten liegt, übt dann durch sein starkes elektrisches Feld eine kräftige Verstärkungs- und Sogwirkung auf die Elektronenlawine aus (siehe Abbildung 8.8). Entscheidend dabei ist, daß diese Signaldrähte dünn sind − ungefähr 20 Mikrometer im Durchmesser −, so daß das Feld um sie herum sehr stark ist. Das hat zur Folge, daß der größte Teil der Lawine auf einen einzigen Draht zurollt, wodurch die mittlere Drahtebene wie eine Reihe unabhängiger Proportionalzähler wirkt.

Charpak und seine Mitarbeiter erprobten eine solche Anordnung und fanden, daß gasgefüllten Raum gespannt und von einem elektrischen Feld umgeben sind. Die Signaldrähte der mittleren Ebene sind jedoch relativ weit voneinander entfernt, und gemessen wird nun die *Zeit*, die die Elektronen benötigen, um von der Ionisationsspur eines geladenen Teilchens zum nächstgelegenen Signaldraht zu driften, wo sie schließlich eine Lawine von Sekundärelektronen und ein elektrisches Signal auslösen. Wenn die Elektronen mit konstanter Geschwindigkeit fliegen, dann ist die gemessene Driftzeit ein gutes Maß für die Entfernung der Spur vom Signaldraht (siehe Abbildung 8.8, unten links). Tatsächlich ist es mit dieser Technik möglich geworden, Teilchenspuren bis zu einer Genauigkeit von etwa 50 Mikrometern zu lokalisieren.

Normalerweise werden die in einem Gas freigesetzten Elektronen zunehmend langsamer, weil sie in Kollisionen mit den Gasmolekülen Energie verlieren. Ein starkes elektrisches Feld hingegen beschleunigt die Elektronen, so daß sie Energie gewinnen. Der Kunstgriff bei einer Driftkammer besteht nun gerade darin, durch Anlegen verschiedener Spannungen an die einzelnen Drähte ein so bemessenes elektrisches Feld zu erzeugen, daß die Elektronen immer genau den Energiebetrag aus dem Feld zurückgewinnen, den sie in Kollisionen verlieren — insgesamt fliegen sie dann mit einer konstanten, bekannten Geschwindigkeit.

Das Startsignal für die Zeitmessung gibt normalerweise ein schnell ansprechender Szintillationszähler, der eine elektronische „Stoppuhr" in Gang setzt. Die freigewordenen Elektronen driften dann zum nächstliegenden Signaldraht und stoppen — dort angekommen — durch den Impuls des Drahts die Uhr, deren gemessene Driftzeit von einem Computer abgelesen werden kann.

Driftkammern gibt es ebenfalls in verschiedensten Ausführungen und Größen; sie sind in vielen Experimenten weit verbreitet. Im Vergleich zu Vieldrahtkammern arbeiten sie nicht nur präziser, sondern haben auch den Vorteil, mit relativ wenigen Drähten auszukommen, wodurch sich der Aufwand an Elektronik reduziert.

Die Drähte in einer Driftkammer können in Abständen von mehreren Zentimetern gespannt werden — in Vieldrahtkammern sind es ein bis zwei Millimeter —, weil hier die Drift*zeit* die Information über den Ort der Teilchenspur liefert. Allerdings können Vieldrahtkammern viel schneller arbeiten als Driftkammern; wenn man mit hohen Teilchenraten experimentiert oder rasche Signale für die Ansteuerung anderer Detektoren benötigt, werden sie deshalb bevorzugt.

Eine Weiterentwicklung der Driftkammer, die die Anzahl der Drähte sogar noch mehr reduziert, ist die sogenannte Time Projection Chamber (eigentlich „Zeit-Projektions-Kammer" meist kurz als TPC bezeichnet). Das Gerät wurde von David Nygren vom Lawrence Berkeley Laboratory erfunden. Nygren ist Mitarbeiter eines Teams am SLAC in Kalifornien, das an einer Maschine namens PEP experimentiert, die Elektronen und Positronen aufeinanderschießt.

8.10 Dieser Blick auf eine Endkappe der Time Projection Chamber, die vom SLAC und vom Lawrence Berkeley Laboratory gebaut wurde, zeigt das Gewirr der Kabel, die die Signale vom Detektor zum Datenerfassungssystem übertragen. Die Endkappen der gasgefüllten Kammer sind in sechs gleich große Sektoren unterteilt und mit parallelen Drähten bespannt (siehe auch Abbildung 8.11); diese nehmen die Elektronen der Ionisationsspuren auf, wenn sie an den Endkappen ankommen. Die hier erkennbaren sechs Sektoren erstrekken sich über einen Bereich von 20 bis 100 Zentimetern Abstand um die Zylinderachse der Kammer. Das Vakuumrohr, in dem die Elektronen- und Positronenstrahlen gegenläufig zirkulieren, führt normalerweise durch das Loch in der Mitte.

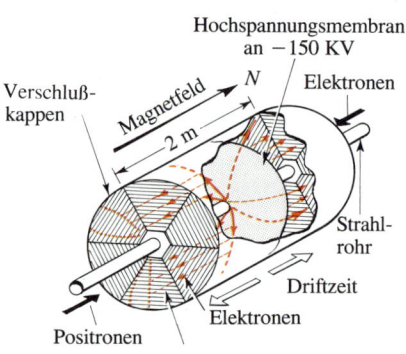

Hochspannungsmembran
an −150 KV

Verschluß-
kappen

Magnetfeld

N

Elektronen

2 m

Strahl-
rohr

Driftzeit

Elektronen

Positronen

200 Signaldrähte in jedem Sektor

8.11 Die Time Projection Chamber ist ein zwei Meter langer gasgefüllter Zylinder mit einem Durchmesser von zwei Metern, der durch eine Membran in der Mitte in zwei Hälften von je einem Meter Länge unterteilt ist. Die Membran liegt an einer sehr hohen negativen Spannung gegenüber den auf null Volt liegenden Zylinderenden. Elektronen, die entlang der Ionisationsspuren geladener Teilchen freigesetzt werden, driften dann von dieser Membran weg zu den Zylinderenden. Die in sechs gleich große Sektoren unterteilten Endkappen sind mit Drähten bespannt, die die ankommenden Elektronen registrieren. Jede Endkappe nimmt eine zweidimensionale Projektion der Teilchenspuren in ihrer Zylinderhälfte auf: Eine Dimension ergibt sich aus dem angesprochenen Draht direkt, die andere erhält man von Sensoren, die die Drähte ihrer Länge nach unterteilen und anzeigen, wo der Draht getroffen wurde. Die gemessenen Ankunftszeiten der Elektronen an der Endkappe liefern die dritte Dimension, wobei Elektronen von einem Spurabschnitt nahe den Zylinderenden früher ein Signal auslösen als solche, die nahe der Membran freigesetzt werden.

Nygren hatte die Idee, einen gasgefüllten Zylinder in der Mitte durch eine einzelne Elektrode zu unterteilen, die an einer negativen Hochspannung gegenüber den beiden Endkappen des Zylinders liegt. Elektronen, die entlang der Ionisationsspuren geladener Teilchen freigesetzt werden, driften dann zum nächstgelegenen Ende des Zylinders. Ihre Ankunftszeit an den drahtbespannten Endkappen ist ein Maß für die Länge des Wegs, den sie *parallel* zur Zylinderachse zurückgelegt haben — Elektronen von der Mitte des Zylinders brauchen für ihren Weg länger als andere, die näher an den Zylinderenden freigesetzt werden. Andererseits ergeben die Positionen der auftreffenden Elektronen eine zweidimensionale Projektion der Teilchenspuren auf die Endkappen der Kammer. Die gemessenen Auftrefforte enthalten zusammen mit den Ankunftszeiten der Elektronen genügend Informationen, um ein dreidimensionales Bild der Teilchenspuren per Computer zu rekonstruieren.

Das Kühne an Nygrens Konzept war, dies alles in einem Zylinder von zwei Metern Durchmesser und zwei Metern Länge zu realisieren, so daß die freigesetzten Elektronen Strecken von bis zu einem Meter driften können (siehe Abbildung 8.11). Es dauerte fast zehn Jahre, bis die TPC einsatzbereit war und 1983 schließlich als Kernstück eines riesigen Detektors in Betrieb genommen werden konnte, der eine der Wechselwirkungszonen des PEP umschließt. Inzwischen ist das der TPC zugrundeliegende Prinzip ausgereift, und TPCs werden von nun an in den verschiedensten Ausführungen in einer Reihe von Experimenten auf der ganzen Welt arbeiten.

Synchroclash

Elektronische Detektoren haben ihre spektakulärsten Ergebnisse an einem Beschleunigertyp hervorgebracht, an dem Blasenkammern nicht eingesetzt werden können, nämlich an Zweistrahl-Maschinen, wo die Teilchen innerhalb des Strahlrohrs frontal aufeinanderprallen. Diese Maschinen erzeugen heftigere Kollisionen als Beschleuniger, die Teilchen auf ein ruhendes Target schießen. In einem Collider besteht das Target weder aus einem ruhenden Metallklotz noch aus einer Flüssigkeit wie in einer Blasenkammer, sondern aus einem zweiten Teilchenstrahl, der gleich schnell in entgegengesetzter Richtung umläuft.

Warum aber der Aufwand, zwei Strahlen aufeinanderzuschießen? Ein kleiner Autounfall mag uns hier als Veranschauchung dienen: Sie stehen an einer Ampel, und plötzlich erhalten Sie einen heftigen Stoß von hinten und rammen unvermeidbar das vor Ihnen wartende Auto. Der Fahrer hinter Ihnen mag zwar die Schuld dafür tragen, der Impuls seines Wagens aber wurde dabei — wegen der Erhaltung des Impulses — zwischen den beiden Fahrzeugen aufgeteilt; Sie machen dann ungefähr mit der halben Geschwindigkeit des anderen Wagens einen Satz nach vorne.

Dieser Effekt ist auch den Teilchenphysikern ein durchaus vertrautes Ärgernis. Die hochenergetischen Teilchen, die sich in die Protonen und Neutronen eines ruhenden Targets rammen, treiben die getroffenen Teilchen und die Stoßtrümmer als Ganzes — wie bei dem Auffahrunfall — nach vorne. Vom Standpunkt des Physikers ist das alles andere als wünschenswert, weil die mit viel Mühe errungene Energie der Strahlteilchen zu einem guten Teil als Bewegungsenergie der Targetteilchen verpufft und somit nicht mehr für die Erzeugung neuer Teilchen bei der Wechselwirkung zur Verfügung steht.

Angenommen aber, zwei ähnlich schwere Autos fahren auf derselben Straße und mit derselben Geschwindigkeit aufeinander zu und stoßen frontal zusammen, dann werden die Wrackteile in entgegengesetzte Richtungen davongeschleudert, wobei sich die gesamte Energie der beiden Autos auf die Stoßtrümmer verteilt — es wird also keine Energie verbraucht, um ruhende Objekte in Bewegung zu setzen.

Nicht anders verhält es sich bei Teilchenstrahlen. Wenn wir zwei Teilchen frontal aufeinanderprallen lassen, kann ihre gesamte Energie in die Wechselwirkung eingehen, ohne daß ein Teil davon als Bewegungsenergie verschwendet wird. Tatsächlich ist dieser Vorteil von Frontalkollisionen bei Teilchen, die mit nahezu Lichtgeschwindigkeit fliegen, noch viel größer; denn der Physiker hat es, anders als etwa der an der Ampel wartende Autofahrer, mit relativistischen Effekten zu tun, die die Energiebilanz bei einem Stoßprozeß in einem konventionellen Teilchenbeschleuniger mit ruhendem Target zusätzlich verschlechtern. Teilchen, die sich der Lichtgeschwindigkeit nähern, werden nämlich schwerer, und ihr Impuls (das Produkt aus Masse und Geschwindigkeit) wächst sehr schnell, so daß sie dementsprechend mehr Impuls auf ein ruhendes Target übertragen können. Je höher also die Teilchenenergie ist, desto mehr Energie wird durch das Anstoßen des Targets verschwendet und desto größer ist der Energiegewinn durch die Zweistrahl-Maschinen.

Diese Argumente waren auch den Beschleunigerkonstrukteuren nicht entgangen, die bereits die Bezeichnung „Synchroclash" für eine Maschine, in der Teilchenstrahlen frontal kollidieren, gewählt hatten. Aber obwohl das Grundprinzip bereits in den vierziger Jahren verstanden war, sollte es noch 20 Jahre dauern, bis es Gestalt annahm, und weitere 15 Jahre vergingen, bis Collider-Maschinen die vorherrschenden Teilchenbeschleuniger wurden, wie sie es heute noch sind.

Im Jahre 1943 meldete Rolf Wideröe, dessen Doktorarbeit Lawrence zur Erfindung des Zyklotrons inspiriert hatte, in Deutschland ein Patent für ein Verfahren an, um Teilchen, die auf derselben Bahn in entgegengesetzten Richtungen umlaufen, zu speichern und dann zusammenstoßen zu lassen. Das Patent ging nicht besonders auf die höhere effektive Energieausbeute ein, die in Frontalzusammenstößen verfügbar ist. Man gab Wideröe zu verstehen,

daß ihm für eine so naheliegende Idee niemals ein Patent zuerkannt würde — tatsächlich war diese Idee so „naheliegend", daß weitere 15 Jahre verstrichen, bevor andere Physiker sie unabhängig voneinander in die Tat umsetzten! Dennoch ließ Wideröe sich verschiedene Verfahren zur Kollision von gegenläufig zirkulierenden Strahlen patentieren, die entweder aus entgegengesetzt geladenen Teilchen oder aus Teilchen mit derselben Ladung bestehen sollten. Im ersten Fall sollte ein einzelner magnetischer Speicherring die Teilchen auf ihrer Umlaufbahn halten, im zweiten elektrostatische Führungsfelder.

Das Schlüsselwort hierbei ist „Speicherung". Wenn man zwei übliche Teilchenstrahlen aufeinanderschießt, wird es nur sehr vereinzelt zu Teilchenkollisionen kommen — genausowenig, wie man damit rechnen kann, daß sich Schrotkugeln aus zwei aufeinandergerichteten Flinten treffen. Wideröes Vorschlag eines Speicherrings stützte sich auf die Tatsache, daß man durch sukzessive Anhäufung von Teilchenbündeln aus einem Beschleuniger viel dichtere Strahlen erzeugen und so die Erfolgsaussichten verbessern kann. Da trotzdem nur relativ wenige Teilchen tatsächlich miteinander in Wechselwirkung treten, wenn sich die beiden Strahlen treffen, kann man die zirkulierenden Teilchenbündel zudem viele Male umlaufen und sich gegenseitig durchdringen lassen, so daß für eine gegebene Anzahl von Teilchen der Anteil der kollidierenden gesteigert wird.

Die Idee gegenläufiger Teilchenstrahlen wurde gegen Ende der fünfziger Jahre erneut diskutiert, als einige Forscher in den Vereinigten Staaten unabhängig voneinander noch ein anderes Verfahren vorschlugen, um Teilchen derselben Ladung aufeinanderzuschießen. Sie wollten *zwei* Speicherringe bauen, in denen die Strahlen durch Magnete genau wie in gewöhnlichen Beschleunigern gelenkt werden sollten. An einem Punkt zwischen den Magneten könnten sich diese Ringe überschneiden und die gespeicherten, gegenläufig zirkulierenden Strahlen dann dort frontal aufeinanderprallen.

8.12 Gerard O'Neill (geboren 1927).

8.13 Die erste Zweistrahl-Maschine, die ein erfolgreiches Experimentierprogramm absolvierte, ging 1965 in Betrieb; sie bestand aus zwei Elektronenspeicherringen, von denen einer auf dem Bild zu sehen ist; er setzt sich aus vier bogenförmigen Magnetsegmenten zusammen und umgibt das große rechtwinklige Gebilde in der Mitte. Die im Ring zirkulierenden Elektronen stießen an einem Punkt nahe der Mitte des oberen Bildrands frontal mit Elektronen aus dem zweiten Ring zusammen, die ihnen in einem gemeinsamen geraden Streckenabschnitt entgegenkamen. Funkenkammern, die um den Wechselwirkungspunkt herum angeordnet waren, nahmen die Spuren der erzeugten Teilchen auf. Der Magnetbogen im Vordergrund und die Rohre waren Komponenten des Systems, das die Elektronen in die Ringe einspeiste.

So begann eine fruchtbare Zusammenarbeit zwischen Gerard O'Neill von der Princeton-Universität, der sich später durch seine Arbeit über Weltraumkolonien einen Namen machte, und Wolfgang „Pief" Panofsky von der Stanford-Universität. O'Neill, einer der Pioniere der Idee getrennter Speicherringe, entschloß sich, mit *Elektronen* zu beginnen, die leichter als Protonen zu handhaben sind. Zusammen mit Panofsky stellte er ein kleines Team von Physikern auf die Beine, das beabsichtigte, einen Doppelspeicherring für Elektronen in Stanford zu bauen, wo es damals bereits einen 1-GeV-Linearbeschleuniger für Elektronen gab. Einer der Mitarbeiter im Team war ein junger Mann namens Burton Richter, von dem wir später noch mehr hören werden.

Der Bau der Speicherringe in Stanford begann 1959. Die beiden Ringe wurden Seite an Seite aufgebaut und in einem gemeinsamen Punkt aneinandergekoppelt. Jeder Ring sollte einen zirkulierenden Strahl aus 0,5-GeV-Elektronen speichern, so daß sich insgesamt eine Kollisionsenergie von 1 GeV ergab. Das mag nicht sehr viel klingen, aber um diesen Energiebetrag in einer Kollision mit einem ruhenden Target freizusetzen, müßte ein Elektronenstrahl auf etwa 1000 GeV beschleunigt werden — etwa das 30fache der Energie, die man heute am SLAC mit dem größten linearen Elektronenbeschleuniger der Welt erreicht!

Bis 1965 hatten O'Neill und seine Mitarbeiter alle aufgetretenen Probleme gelöst und waren in der Lage, die ersten physikalischen Messungen an den kollidierenden Teilchenstrahlen vorzunehmen. Dafür benutzten sie einen Satz von Funkenkammern, die um die Wechselwirkungszone aufgebaut waren. Die Funkenkammer erwies sich hierbei als ideal, weil sie so gesteuert werden konnte, daß sie genau dann ansprach, wenn zwei Elektronen tatsächlich in Wechselwirkung getreten waren; denn die meiste Zeit durchdrangen sich die Teilchenbündel ja einfach nur, ohne daß etwas passierte.

Die gemeinsame Arbeitsgruppe aus Princeton und Stanford war keineswegs das einzige Team, das sich mit Speicherringen beschäftigte. Im Jahre 1959 begann eine Gruppe italienischer Physiker unter der Leitung von Bruno Touschek am Frascati-Laboratorium in der Nähe von Rom mit der Arbeit an einer kleinen Maschine, die Elektronen und deren Gegenstücke aus Antimaterie, Positronen, aufeinanderschießen sollte. Positronen haben dieselbe Masse wie Elektronen, aber die entgegengesetzte elektrische Ladung. Folglich wird ein Magnetfeld, das Elektronen nach rechts ablenkt, Positronen gerade nach links ablenken.

Angenommen aber, die Positronen und Elektronen fliegen in *entgegengesetzte* Richtungen, dann wird das Magnetfeld die entgegengesetzt geladenen Teilchen zur selben Seite ablenken. Mit anderen Worten, Elektronen und Positronen, die in entgegengesetzte Richtungen fliegen, können in einem einzigen Magnetring auf exakt derselben Kreisbahn gehalten werden − vorausgesetzt sie haben dieselbe Energie; ein Magnetring, der Elektronen beispielsweise im Uhrzeigersinn führt, kann also Positronen gegen den Uhrzeigersinn führen.

Die Maschine in Frascati wurde AdA genannt, eine Abkürzung für **A**nello **d'A**ccumulazione (Speicherring), und war für die Speicherung von Teilchenstrahlen mit einer Energie von je 0,25 GeV ausgelegt. Ende 1961 gelang es damit erstmals, Elektronen zu speichern, doch wurde die Maschine dann nach Orsay bei Paris verlegt, wo ein intensiverer Elektronenstrahl zur Verfügung stand. Dort beobachtete man schließlich Ende 1963 AdAs erste Elektron-Positron-Stöße: Eine neue Generation von Beschleunigermaschinen war damit geboren, die die experimentelle Teilchenphysik in den folgenden Jahren entscheidend beeinflussen sollte. AdA selbst wurde allerdings nie dazu benutzt, experimentelle Daten aus Hochenergiekollisionen zu sammeln; dieser Beschleuniger diente in erster Linie als Prototyp, an dem man die neue Technik der Speicherringe testete.

Mehrere Elektron-Positron-Collider folgten bald, so in Frascati und Orsay und im fernen Nowosibirsk in der Sowjetunion. In den Vereinigten Staaten wurde der von der Harvard-Universität gemeinsam mit dem **M**assachusetts **I**nstitute of **T**echnology (MIT) in Cambridge bei Boston betriebene Elektronenbeschleuniger Mitte der sechziger Jahre zu einem Speicherring umgebaut. Doch erst in den siebziger Jahren war es soweit, daß eine Elektron-Positron-Maschine am SLAC unser Wissen über die fundamentalen Teilchen um einen Riesenschritt voranbrachte.

8.14 Der erste Elektron-Positron-Collider, genannt AdA, wurde in den frühen sechziger Jahren am Frascati-Laboratorium in Italien gebaut. Er diente als Prototyp für eine ganze Reihe von weiterentwickelten Speicherringen, an denen immer wieder bedeutende Entdeckungen gemacht wurden.

Der Ring auf dem Parkplatz

Das Beschleunigerzentrum SLAC in Stanford ist berühmt für seinen drei Kilometer langen linearen Elektronenbeschleuniger, der auch Ende der achtziger Jahre weltweit immer noch die größte Maschine dieser Art ist. Aber bereits als der Linearbeschleuniger in den frühen sechziger Jahren Gestalt annahm, machten Burton Richter, der inzwischen zum SLAC gekommen war, und Daniel Ritson von der Stanford-Universität den Vorschlag, einen Elektron-Positron-Collider zu bauen, den sie SPEAR nannten, eine Abkürzung für **S**tanford **P**ositron **E**lectron **A**symmetric **R**ings.

8.15 Eine Luftaufnahme des SPEAR-Rings. Der Elektron-Positron-Collider SPEAR wurde Anfang der siebziger Jahre auf einem Parkplatz des SLAC gebaut. Das Gebäude links davon ist die Endstation A (siehe Abbildung 6.40) des drei Kilometer langen Linearbeschleunigers, der SPEAR mit Elektronen und Positronen versorgt und über dem oberen Bildrand dieser Aufnahme liegt.

Richter, der mehrere Jahre mit O'Neill in der gemeinsamen Arbeitsgruppe von Princeton und Stanford an den Elektronenspeicherringen gearbeitet hatte, sah in Elektron-Positron-Kollisionen eine hervorragende Möglichkeit, um das Verhalten von Teilchen zu erforschen, die nach der gegenseitigen Vernichtung von Materie mit Antimaterie aus der freigewordenen reinen Energie materialisieren. Obwohl der erste offizielle Antrag für SPEAR schon im Jahre 1964 gestellt wurde, dauerte es bis 1970, bis die US-amerikanische Atomenergiekommission — die damals die Gelder für die Teilchenphysik bewilligte — dem SLAC die Genehmigung erteilte, eine vereinfachte Version der Maschine mit nur einem ovalen Ring und einem großen Mehrzweckdetektor zu bauen. Außerdem sollte das Geld dafür aus dem normalen Jahresbudget des Forschungszentrums abgezweigt werden.

Unverzagt und angefeuert von ihrem Enthusiasmus trieben Richter und sein Team das SPEAR-Projekt energisch voran. Sie bauten den Ring auf einem Parkplatz des SLAC, nahe dem Ende des Linearbeschleunigers. Dipolmagnete, die die Teilchenstrahlen auf ihrer gekrümmten Bahn führen sollten, und Quadrupolmagnete (Abbildung 1.7), die die Teilchen des Strahlbündels zusammenhalten sollten, wurden auf Träger aus Stahlbeton montiert. Insgesamt 18 Träger bildeten den ovalen Ring mit einem Durchmesser von 63 bis 80 Metern, der Teilchen mit Energien zwischen 1,3 und 2,4 GeV pro Strahl speichern sollte. Mehr als irgendeinem anderen Projekt vielleicht verdanken die amerikanischen Physiker dem SPEAR ihren Ruf, über alle finanziellen Hürden hinweg ihre Vorhaben realisieren zu können. SPEAR war bald fertiggestellt, und zu Beginn des Jahres 1972 — nur 20 Monate nach Erteilen der Baugenehmigung — ließ man die ersten Teilchenstrahlen miteinander kollidieren. Das Projekt hatte letztendlich nur 5,3 Millionen Dollar gekostet.

8.16 Burton Richter (geboren 1931), kurz bevor er im September 1984 Direktor des SLAC wurde.

Wie arbeitet nun eine Maschine wie der SPEAR? Zunächst werden die Elektronen bündelweise aus dem großen Linearbeschleuniger in den Ring eingespeist. Der große Linearbeschleuniger braucht dabei nicht auf voller Kraft (30 GeV) zu laufen, da der SPEAR bei viel niedrigeren Energien arbeitet. Im Ring sammeln sich die Elektronen in einem einzigen schmalen Bündel, das nur einige Zentimeter lang und weniger als einen Millimeter breit ist. Nach ein paar Minuten enthält dieses Bündel etwa 10^{11} Elektronen — genug, um eine ausreichende Anzahl von Wechselwirkungen zu erzeugen, sobald die Elektronen und Positronen aufeinandertreffen.

SPEAR benötigt aber auch Positronen. Diese erhält man, indem man Elektronen nach etwa einem Drittel der Beschleunigungsstrecke aus dem Linearbeschleuniger abzweigt und auf ein Kupfertarget schießt. Aus den daraus resultierenden Stoßtrümmern filtert man die Positronen heraus und beschleunigt sie auf der Reststrecke des Linearbeschleunigers, auf der die elektrischen Felder einfach umgepolt werden, so daß sie statt der üblichen negativ geladenen Elektronen nun die positiv geladenen Positronen beschleunigen können. Die Positronen treten dann genau wie die Elektronen bündelweise in den Ring ein, und zwar so, daß sie gegen den Uhrzeigersinn zirkulieren. Diese einzelnen Positronenbündel, die an den SPEAR-Ring abgegeben werden, sind allerdings ungefähr zehnmal kleiner als die entsprechenden Elektronenbündel; es nimmt daher etwa zehn bis zwanzig Minuten in Anspruch, um eine ausreichende Anzahl Positronen zusammenzubekommen. Sind schließlich genügend Teilchen in der Maschine, so können diese zwei bis drei Stunden zirkulieren, bevor die Bündel wieder mit neuen Teilchen aus dem Linearbeschleuniger aufgefüllt werden müssen.

Die beiden kurzen, gegenläufig zirkulierenden Teilchenbündel im SPEAR durchdringen sich zweimal pro Umlauf, wenn sie an den Wechselwirkungspunkten auf jeder Seite des Rings frontal aufeinandertreffen. Diese Kreuzungszonen befinden sich an den geradlinigen Abschnitten des ovalen Rings, an denen die Detektoren installiert sind, die die Reaktionsprodukte

der Elektron-Positron-Vernichtungen aufnehmen. An einer dieser Stellen — dem
West pit — installierten Richter, Martin
Perl und andere Physiker vom SLAC zusammen mit Willy Chinowsky, Gerson
Goldhaber, George Trilling und Mitarbeitern vom Lawrence Berkeley Laboratory
den großen Detektor, den sie noch während der Bauphase des SPEAR konstruiert hatten. Dieses neuartige Gerät — der
Mark-I-Detektor — sollte den Physikern
bald zu bedeutenden Entdeckungen verhel-
fen und zum Prototyp für viele andere Detektoren an nachfolgenden Beschleunigern
werden.

Der Mark I deckte 65 Prozent des Raums
um die Kollisionszone ab und kam damit
der Idee einer elektronischen Blasenkammer, die wie eine herkömmliche Blasenkammer die Vorgänge rund um den Strahl
vollständig aufzeichnet, bereits sehr nahe.

8.17 Der Mark-I-Detektor am SPEAR wurde Mitte
der siebziger Jahre durch die Entdeckung des J/Psi-
Teilchens und seiner verwandten Teilchen sowie des
Tau-Leptons berühmt. Draht-Funkenkammern, die in
konzentrischen Zylindern um das Strahlrohr herum
angeordnet sind (sie reichen bis zu dem Ring, auf
dem der Physiker Carl Friedberg mit seinem rechten
Fuß steht), nahmen die Spuren geladener Teilchen
auf. Dieser Ring ist von zwei Lagen hervorstehender
Röhren umgeben, in denen sich Photomultiplier befinden, die die Lichtblitze aus verschiedenen Szintillationszählern in elektrische Signale umwandeln. Die
Drahtspule des Elektromagneten liegt zwischen den
beiden Photomultiplierschichten; das Eisen des Magneten bildet den Rahmen des Detektors. Die Ma-
gnetblöcke links im Bild führten die Teilchenstrahlen,
die im Zentrum des Detektors kollidierten.

Der Detektor war um eine riesige Drahtspule herum aufgebaut, die etwa drei Meter lang war, einen Durchmesser von drei
Metern hatte und das Strahlrohr um-
schloß. Wenn ein elektrischer Strom durch
die Wicklungen floß, erzeugte die Spule

199

8.18 Sam Ting (geboren 1936) mit einigen seiner Mitarbeiter in ihrem Kontrollraum in Brookhaven. Auf dem Tisch im Vordergrund liegt eine graphische Darstellung ihrer Meßdaten; das J/Psi hatte sich als deutlicher Peak in ihrem Diagramm zu erkennen gegeben.

8.19 Mitarbeiter des Teams vom SLAC, das das J/Psi fand, prüfen die Protokolle ihrer Experimente; links im Bild Martin Perl, in der Mitte Burton Richter und rechts Gerson Goldhaber. Der Fernsehmonitor im Hintergrund zeigt Spuren eines J/Psi-Zerfalls im Mark-I-Detektor.

ein magnetisches Feld, um die Spuren geladener Teilchen zu krümmen. Den Raum in der Spule füllten Draht-Funkenkammern mit insgesamt 100 000 Drähten aus, die in 16 Schichten übereinander gepackt waren; zusammen lieferten sie ein genaues Bild der Spuren geladener Teilchen, die bei den Elektron-Positron-Kollisionen entstanden und fortgeschleudert wurden. Andere Arten von Detektoren, sowohl innerhalb als auch außerhalb der Magnetspule, halfen, die Teilchen zu identifizieren, so daß die Physiker später zwischen Elektronen, Müonen, Pionen und so weiter unterscheiden konnten.

Ein Computer nahm all die Informationen von den Funkenkammern und den anderen Detektoren auf Magnetband auf. Er konnte auch einige einfache Berechnungen online durchführen und lieferte bereits im laufenden Experiment ein Fernsehbild mit den rekonstruierten Spuren geladener Teilchen, die durch die Funkenkammern hindurchschossen. Diese on-line-Bilder sorgten am Wochenende des 9. und 10. November 1974 für erhebliche Aufregung, als immer klarer wurde, daß in den Kollisionen am SPEAR ein völlig neues Teilchen aufgetaucht war. Es war ein wenig wie bei der Entdeckung der V-Teilchen durch Rochester und Butler, denn das Teilchen leitete eine neue Ära der Teilchenphysik ein. Zwei Jahre später teilte sich Richter den Nobelpreis mit Sam Ting vom MIT, dessen Arbeitsgruppe dasselbe Teilchen in Brookhaven entdeckt hatte.

Neue Quarks und neue Leptonen

Das neue Teilchen erhielt den Doppelnamen J/Psi (siehe Seite 220), und wir wissen heute, daß es aus einem charm-Quark und seinem Antiquark aufgebaut ist. Es war das erste Beispiel für ein Teilchen, das ein solches Quark enthält. Die Entdeckung des charm-Quarks paßte den auf einfache Symmetrien bedachten Physikern gut ins Konzept, denn sie kannten nun *vier* Arten von Quarks — up, down, strange und charm — und *vier* Arten von Leptonen: das Elektron, das Müon, das Elektron-Neutrino und das Müon-Neutrino.

Während der folgenden Monate nach der Erstentdeckung sammelte der Mark-I-Detektor am SPEAR eine Fülle von Daten über das J/Psi und seine angeregten Zustände — Teilchen aus demselben Quark-Antiquark-Paar also, das aber jeweils anders angeordnet ist und deshalb eine höhere Energie als im Grundzustand J/Psi besitzt. Überdies waren inzwischen die Physiker am Deutschen Elektronen-Synchrotron (DESY) in Hamburg in der Lage, ihre Kollegen am SLAC bei der Suche nach weiteren Teilchen der J/Psi-Familie zu unterstützen. Während des Jahres 1974 nahm dort eine Maschine mit der Bezeichnung „DORIS" (für Doppel-Ring-Speicher) ihren Betrieb auf, die aus zwei übereinanderliegenden Speicherringen aufgebaut war, so daß man zeitweise auch zwei Elektronenstrahlen miteinander kollidieren lassen konnte, wenn dies gewünscht war. Elektronen und Positronen kollidierten in der Maschine bei einer Gesamtenergie von maximal 7 GeV; das war 1 GeV weniger als die Energie, die nach einem Umbau im Sommer 1974 am SPEAR erreicht wurde.

Der Mark I hielt unterdessen noch weitere Überraschungen bereit: 1974 fanden Martin Perl und seine Mitarbeiter erstmals Hinweise auf ein neues Teilchen, das dem Elektron und dem Müon zwar ähnelte, aber viel schwerer war als diese beiden Leptonen (was eigentlich „leichte Teilchen" heißt). Zunächst waren sich die Physiker im Unklaren darüber, was sie eigentlich entdeckt hatten; die Masse des Teilchens — beinahe doppelt so groß wie die Protonenmasse — lag nämlich in der

Größenordnung der Massen, die man auch für „Charm-Teilchen" erwartete, das heißt für Teilchen, die ein einzelnes charm-Quark enthalten (siehe Seite 219). Die Situation war ähnlich wie bei der Entdeckung des Müons durch Anderson im Jahre 1935, als das neue Teilchen in etwa die Masse aufwies, die man für das von Yukawa vorausgesagte und später entdeckte Pion erwartete. Diesmal ließen sich die Physiker jedoch nicht irreführen, und 1975 hatten sie sich schließlich davon überzeugt, daß sie tatsächlich die Erzeugung und den Zerfall eines neuen Leptons beobachtet hatten. Sie nannten es Tau (abgekürzt: τ), nach dem ersten Buchstaben des griechischen Worts für „das Dritte". Experimente am DORIS-Ring des DESY bestätigten die Entdeckung, und das Tau war bald in die Liste der allgemein anerkannten Teilchen aufgenommen, wobei es fast sicher schien, daß es zusätzlich von einem entsprechenden Neutrino — dem Tau-Neutrino (ν_τ) — begleitet wird.

Die Entdeckung des Tau durchbrach die übersichtliche Ordnung der fundamentalen Teilchen — vier Quarks und vier Leptonen —, die sich erst kurz zuvor mit der Entdeckung der Charm-Teilchen zwanglos ergeben hatte. Nun diskutierte man die Möglichkeit, daß in der Natur vielleicht noch zwei weitere Quarks — sozusagen als Pendant zum Tau und seinem Neutrino — existierten, so daß die Gesamtzahl der fundamentalen Teilchen auf ein rundes Dutzend steigen würde, nämlich sechs Quarks und sechs Leptonen.

Man erwartete, daß die neuen Quarks schwerer als das charm-Quark sein würden und deswegen noch schwerere Teilchen als die der J/Psi-Familie bildeten. Speicherringe wie SPEAR und DORIS hatten sich bei der Suche nach neuen Teilchen als wahre Fundgruben erwiesen, aber für die Erzeugung von Teilchen, die schwerer als etwa 8 GeV sind, waren ihre Stoßenergien nicht hoch genug. Neue, größere Elektron-Positron-Collider befanden sich bereits im Bau: Das PEP am SLAC und PETRA am DESY waren beide für eine Gesamtenergie von über 30 GeV ausgelegt. Aber noch während der aufregenden Ereignisse am SPEAR hatte schon ein neues, riesiges Protonensynchrotron,

das Tevatron am Fermilab (siehe Seite 126–129), seinen Betrieb aufgenommen.

So kam es, daß 1977 Leon Lederman — heute Direktor des Fermilab — und sein Team, das sich aus Mitarbeitern der Columbia-Universität, der Staatsuniversität von New York in Stony Brook und des Fermilab zusammensetzte, dort ein neues Teilchen entdeckten, das etwa dreimal so schwer wie das J/Psi und mehr als neunmal schwerer als das Proton war. Dieses Teilchen wurde unter dem Namen Ypsilon bekannt, und es stellte sich heraus, daß hiermit zum ersten Mal eine fünfte Art von Quark in Erscheinung getreten war, nämlich das bottom-Quark (siehe Seite 229). Das Ypsilon-Teilchen ist — analog dem J/Psi — aus einem bottom-Quark und einem bottom-Antiquark aufgebaut.

Mit einer Masse von 9,4 GeV war das Ypsilon zu schwer, um am SPEAR oder am DORIS in seiner ursprünglichen Form als Doppelring erzeugt zu werden. Durch einen Umbau der beiden Ringe zu einem einzelnen Ring, der viel intensivere Teilchenstrahlen speichern konnte, waren die Maschinenphysiker am DESY jedoch in der Lage, den Energiebereich des Ypsilon zu erreichen. Im Mai 1978 sahen die Physiker am DORIS-Ring die ersten Anzeichen des Ypsilon und begannen bald darauf, die verschiedenen Zustände dieses Teilchensystems aus einem bottom-Quark und einem bottom-Antiquark zu untersuchen — das „Bottomonium". Mittlerweile ist noch eine weitere Maschine hinzugekommen, die zur Erforschung des Ypsilon und verwandter Phänomene eingesetzt wird. Im Juni 1979 nahm ein neuer Elektron-Positron-Collider an der Cornell-Universität im US-Bundesstaat New York seine Arbeit auf, der Cornell Elektron Storage Ring (CESR oder „Cäsar", wie die Amerikaner sagen), der eine maximale Energie von 8 GeV pro Strahl — insgesamt also 16 GeV — erreicht und somit genau dafür ausgelegt ist, Teilchen zu erzeugen, die schwere bottom-Quarks enthalten.

8.20 Martin Perl (geboren 1927) im Inneren des demontierten Mark-II-Detektors am SLAC (1984).

8.21 DORIS war der erste Elektron-Positron-Colli-der am DESY, dem Beschleunigerzentrum in Hamburg. Die Maschine bestand ursprünglich aus zwei Magnetringen, die übereinanderlagen, so daß darin je nach Bedarf auch zwei Elektronenstrahlen — statt Elektronen und Positronen — gespeichert und aufeinandergeschossen werden konnten. 1977 wurde DORIS jedoch umgebaut und die beiden Ringe zu einem Ring mit demselben Radius zusammengeschlossen, der nun aber mit ungewöhnlich langen Magneteinheiten ausgerüstet war (mit blauen Oberseiten). Eine der wichtigen Aufgaben von DORIS heute ist es, Experimente mit Synchrotronstrahlung zu versorgen, die die hochenergetischen Elektronen aussenden, wenn sie sich auf gekrümmten Bahnen bewegen. Was für die Teilchenphysiker lediglich ein lästiger Energieverlust bei der Beschleunigung der Teilchen ist, erweist sich nämlich für andere Wissenschaftler als höchst nützliche Quelle sehr intensiver Röntgen- und UV-Strahlung, beispielsweise in der Materialforschung oder bei der Strukturaufklärung von Atomen und Molekülen. Hier sehen wir die (zum linken oberen Bildrand weisenden) Rohre, durch die die Synchrotronstrahlung aus dem Beschleunigerring zu Experimenten hinter der Wand geleitet wird.

Holographie und Chips

Die „neuen" Teilchen der siebziger Jahre haben eine viel längere Lebensdauer als die Resonanzen, die man gut zehn Jahre früher erstmals beobachtet hatte. Sie überleben aber nicht so lange wie die seltsamen Teilchen, die in Nebel- und Blasenkammern meßbare Spuren oder — im Falle neutraler Teilchen — deutliche Lücken hinterlassen, mit deren Hilfe man sie identifizieren kann. Teilchen mit „Charme" leben im allgemeinen nur 10^{-13} Sekunden, zerfallen also 1000mal schneller als ihre seltsamen Pendants. Die Lebensdauer des Tau-Leptons beträgt ebenfalls etwa 10^{-13} Sekunden.

In Experimenten an Synchrotronen mit ruhendem Target besteht die größte Schwierigkeit beim Nachweis dieser kurzlebigen Teilchen darin, daß sie sich wegen ihrer kurzen Lebensdauern nicht weit genug von der Vorwärtsrichtung des sie erzeugenden Strahls wegbewegen können. Ein Teilchen mit einer Lebensdauer von beispielsweise 10^{-13} Sekunden entfernt sich von der Strahlrichtung nicht weiter als 300 Mikrometer. Dies macht die Identifizierung der V-Spuren und damit der Zerfallsorte der Teilchen äußerst schwierig, und die Anforderungen an das Auflösungsvermögen der Detektoren sind dementsprechend hoch.

In einer durchschnittlichen Blasenkammer zum Beispiel haben die Spurbläschen im Moment der Aufnahme einen typischen Durchmesser von 300 Mikrometern; in einer großen Kammer für Experimente mit

Neutrinos sind es sogar 700 Mikrometer. Die Blasenkammern der siebziger Jahre waren daher bestenfalls in der Lage, den Zerfall eines Charm-Teilchens indirekt aufzunehmen, nämlich durch das Muster der Spuren, die im wesentlichen alle vom selben Punkt ausgingen, an dem das zerfallende Teilchen zuvor erzeugt worden war. In Abbildung 9.9 (auf Seite 225) handelt es sich wahrscheinlich um die Erzeugung und den Zerfall einer Variante des Sigmateilchens mit Charm, die in der 210-Zentimeter-Blasenkammer in Brookhaven aufgenommen wurde. Erzeugung und Zerfall des Teilchens sind auf dieser Aufnahme im selben Punkt zusammengedrängt: Wir können darauf nicht mehr als einen Fächer von Teilchenspuren erkennen, die von dem Punkt ausgehen, wo ein Neutrino — das selbst keine Spur hinterließ — mit einem Proton der Kammerflüssigkeit kollidierte. Die Existenz des Charm-Sigma läßt sich nur aus detaillierten Berechnungen der Winkel, Energien und so weiter der davonstiebenden Zerfallsprodukte rückschließen.

Warum aber photographiert man die Teilchen nicht einfach früher, wenn die Bläschen noch nicht so groß sind? Das Problem kennt jeder, der sich ein wenig mit Photographie beschäftigt hat: Um derart

8.23 Die Rapid Cycling Bubble Chamber (eine Blasenkammer mit sehr schnellem Betriebszyklus) bei ihrer Installation am CERN im Jahre 1980. Die 250-Liter-Kammer wurde am Rutherford Appleton Laboratory in Großbritannien entworfen und gebaut und ist für eine Betriebsgeschwindigkeit von maximal 30 Expansionen pro Sekunde ausgelegt — also etwa 30mal schneller als herkömmliche Blasenkammern. Sie bildet einen Bestandteil des Europäischen Hybrid-Spektrometers, einer umfangreichen Apparatur, die auch eine Vielzahl elektronischer Detektoren für den Nachweis von Teilchen umfaßt.

8.22 Der CESR-Elektronenspeicherring an der Cornell-Universität in Ithaca, New York, befindet sich im selben Tunnel wie das Synchrotron, das ihn mit Teilchen versorgt. Das 12-GeV-Synchrotron (der Magnetring auf der linken Bildseite) beschleunigte 1967 seine ersten Elektronen. Mitte der siebziger Jahre kam der Vorschlag für den Bau des CESR-Rings, und Ende 1977 war es soweit, daß das Synchrotron auch Positronen erfolgreich beschleunigen konnte, die in einen ersten Testabschnitt des Speicherrings eingespeist wurden. Die ersten Elektron-Positron-Kollisionen im CESR-Ring (auf der rechten Seite) fanden im Juni 1979 statt; seitdem wurden dort im wesentlichen die schweren Bottom-Teilchen erforscht, die das bottom-Quark enthalten. Der Speicherring wurde für eine Maximalenergie von 8 GeV pro Strahl ausgelegt, doch betreibt man ihn meist nur bei einer Strahlenergie um 5 GeV, der optimalen Kollisionsenergie für die Untersuchung der Bottom-Teilchen.

kleine Bläschen auflösen zu können — beispielsweise mit einem Durchmesser von 30 Mikrometern — muß die Kamera mit einer viel geringeren Tiefenschärfe arbeiten; dadurch wird es unmöglich, eine Spur auf ihrer ganzen Länge scharf abzubilden. Wenn dann aber sowieso nur ein kleiner Raumbereich scharf eingestellt werden kann, könnte man doch eine kleine Blasenkammer benutzen, deren Arbeitszyklus aus Kompression, Expansion und Rekompression viel schneller durchlaufen werden kann als bei einer größeren Kammer. Der schnellere Betriebszyklus kleiner Blasenkammern würde die Chancen für die Aufnahme seltener Ereignisse — etwa den Zerfall eines Charm-Teilchens — erheblich vergrößern.

Genau diesen Weg hat ein internationales Team am CERN eingeschlagen und eine winzige Blasenkammer gebaut, die einen Durchmesser von nur 20 Zentimetern hat und vier Zentimeter tief ist. Die Forscher setzen die Kammer in Verbindung mit einer ausgeklügelten Anordnung elektronischer Detektoren ein. Diese Detektoren registrieren die Spuren geladener Teilchen, die aus der Kammer entweichen, und sprechen auch auf neutrale Pionen an, die in der Kammer keine Spuren hinterlassen. Die winzige Blasenkammer liefert hochinteressante Nahaufnahmen von den Spuren, die die kurzlebigen Charm-Teilchen hinterlassen.

Am SLAC hat eine Gruppe von Physikern aus Japan, Israel, Großbritannien und den Vereinigten Staaten ein anderes Verfahren entwickelt. Sie benutzen eine Ein-Meter-Blasenkammer, die mit einer hochauflösenden Kamera ausgerüstet ist, um Charm-Teilchen zu untersuchen, die von einem 20-GeV-Photonenstrahl in flüssigem Wasserstoff erzeugt werden (siehe Abbildung 9.7). Die Kamera nimmt die Blasen nur 200 Mikrosekunden nach dem Durchgang des Photonenstrahls auf, wenn sie einen Durchmesser von erst 55 Mikrometern haben. Um das Problem der geringen Tiefenschärfe der Kamera zu umgehen, hat man außerhalb der Kammer Detektoren angebracht, die nur dann ein Blitzlicht auslösen, wenn die Spuren in den etwa sechs Millimeter tiefen Schärfebereich der Kamera zurückführen.

Hochenergetische Neutrinostrahlen eignen sich sehr gut für die Untersuchung von Charm-Teilchen und Bottom-Teilchen, weil sie diese relativ häufig erzeugen. Um allerdings mit Neutrinos an Blasenkammern arbeiten zu können, mußte man experimentelles Neuland betreten: In diesem Fall *muß* nämlich das Flüssigkeitsvolumen sehr groß sein, um den Neutrinos eine gute Chance zur Wechselwirkung zu bieten. Gefragt war also ein anderes Verfahren, um das Problem der begrenzten Tiefenschärfe zu lösen, das sich bei den erforderlichen starken Vergrößerungen stellt. Eine Methode, die in der großen 4,5-Meter-Blasenkammer am Fermilab erfolgreich erprobt wurde, benutzt statt der *Photographie* die *Holographie*, um Teilchenspuren aufzunehmen.

Bei einem Hologramm überlagern sich zwei Laserstrahlen aus ein und derselben Quelle zu einem Interferenzmuster, wobei der eine Strahl am Objekt gestreut wird, bevor er zusammen mit dem anderen — direkt ankommenden — auf eine Photoplatte fällt. Das holographische Muster enthält mehr Informationen als eine herkömmliche Photographie und erlaubt die Rekonstruktion von dreidimensionalen Bildern. Ein einzelnes Hologramm könnte im Prinzip den gesamten Innenraum einer Blasenkammer aufnehmen; sein Hauptvorteil besteht jedoch darin, daß auf dem einen Hologramm mehrere Meter der Kammer scharf abgebildet werden können.

Andere Forscher haben sich den Zauberstoff der modernen Welt — das Silicium — zunutze gemacht, um die Spuren der neuen kurzlebigen Teilchen aufzunehmen. Der sogenannte Siliciumstreifendetektor (kurz SSD, siehe Abbildung 8.24) sammelt die Ladungsträger, die ein geladenes Teilchen im Inneren von Siliciumdioden durch Ionisation freisetzt. Dioden sind einfache elektronische Bauelemente, die den elektrischen Strom nur in einer Richtung durchlassen, nicht aber in der entgegengesetzten, und die auf einem Siliciumplättchen in großer Zahl als eng aneinanderliegende parallele Streifen realisiert werden können. Wenn die Dioden in Sperrichtung betrieben werden, fließt nur dann ein gewisser Strom, wenn sie von ei-

nem ionisierenden Teilchen getroffen werden. Ein Team am CERN konnte auf diese Weise Spuren von den Zerfällen von Charm-Teilchen auflösen, die nur 0,1 Millimeter auseinanderlagen, wobei die Diodenstreifen auf dem Siliciumplättchen etwa 0,02 Millimeter breit waren.

Das CCD, eine Art ladungsgekoppeltes Meßgerät (englisch: **c**harge-**c**oupled **d**evice; siehe Abbildung 8.25), ist eine weitere Möglichkeit, Siliciumchips für Detektoren mit hohem Auflösungsvermögen einzusetzen. Ein CCD besteht aus einer zweidimensionalen Anordnung von Bildelementen, sogenannten Pixeln, die jeweils etwa 0,02 Quadratmillimeter groß sind. Diese Geräte werden in Kameras für Aufnahmen bei besonders geringer Lichtstärke benutzt, zum Beispiel bei Aufnahmen von lichtschwachen astronomischen Objekten. Die von Licht (Photonen) oder einem ionisierenden Teilchen freigesetzten Elektronen sammeln sich in den Pixeln und werden dann in einen elektronischen Schaltkreis eingespeist, der sich „merkt", welche Pixel angesprochen haben. Obwohl CCDs schwierig zu handha-

ben sind — sie erfordern eine Kühlung auf Betriebstemperaturen von ungefähr minus 150 Grad Celsius —, haben sie gegenüber Streifendetektoren den Vorteil, daß sie zweidimensionale Informationen liefern, und das allein schon macht die CCDs zu einem präziseren Meßgerät.

CCDs, holographische Blasenkammern und andere neue Detektortypen sind gerade erst dabei, den mehr traditionellen Nachweisverfahren Konkurrenz zu machen. Sie werden sich in den nächsten Jahren aber vielleicht durchsetzen können und mit dazu beitragen, die Lebensdauern und andere wichtige Eigenschaften der „neuen" Teilchen exakt zu bestimmen.

8.24 Der SSD („Siliciumstreifendetektor") besteht aus einem in Streifen unterteilten Siliciumplättchen (das glänzende Quadrat in der Mitte), wobei jeder Streifen eine Diode bildet — ein elektronisches Schaltelement, das elektrischen Strom nur in einer Richtung durchläßt. Der Detektor arbeitet letztlich nach einem ähnlichen Prinzip wie eine Drahtkammer: Er sammelt einfach die Ladungen, die von einem ionisierenden Teilchen in den Diodenstreifen freigesetzt wurden. Die Streifen liegen so eng beieinander, daß ihre Anschlüsse sorgfältig auf der umgebenden Schalttafel aufgefächert werden müssen, bevor sie an übliche elektronische Komponenten angeschlossen werden können, die die Signale verstärken und weiterleiten.

8.25 Das CCD kann man als eine Art elektronische Photoplatte auffassen. Es besteht aus einem einzelnen Siliciumchip, der in ein zweidimensionales Raster aus etwa 250000 Bildelementen — den Pixeln — unterteilt ist. Diese Pixel sprechen jeweils auf einzelne Photonen (Lichtquanten) oder den Durchgang eines geladenen Teilchens an, so daß das Gerät insgesamt ein zweidimensionales Bild erzeugen kann. CCDs werden in vielen Bildaufnahmeverfahren eingesetzt und sind, zum Beispiel in der Astronomie, weitverbreitet. In der Teilchenphysik sind sie deshalb von Nutzen, weil sie eng benachbarte Spuren von Teilchen auflösen können, die unter mehr oder weniger rechten Winkeln zur Chip-Oberfläche durch den Detektor hindurchschießen.

8.26 Ein Luftbild vom DESY zeigt, wie der unterirdische Ringtunnel für PETRA gerade auf das Gelände der Forschungsanlage in einem Hamburger Vorort zugeschnitten ist. Durch Straßen und Wege ist der Ringverlauf erkennbar: Vom Schornstein in der oberen Bildmitte führt er rechts an den Häusern und vor den Sportplätzen am unteren Bildrand vorbei über die Grünfläche auf der linken Seite zurück.

8.27 Einige der 224 Ablenkmagnete im Inneren des PETRA-Tunnels; jeder einzelne von ihnen ist 5,4 Meter lang. Die kürzeren, würfelförmigen Magnete dienen der Strahlfokussierung. Der Tunnel hat einen Umfang von 2,3 Kilometern — daher das Fahrrad!

8.28 Die Klystrone, die eine Radiowellenleistung von bis zu 4,8 Megawatt abgeben, um die Teilchenstrahlen in PETRA zu beschleunigen.

Die Antiproton-Alternative

Die Entdeckung des bottom-Quarks im Jahre 1977, das sich im Ypsilon-Teilchen verbarg, bestärkte die Physiker in der Vorstellung einer natürlichen Symmetrie zwischen den fundamentalen Bausteinen der Natur, bei der den sechs verschiedenen Leptonen sechs Quark-Arten gegenüberstanden. Das bottom-Quark war jedoch erst das fünfte Quark; ein sechstes, das top-Quark, fehlte noch. Die Suche nach dem top-Quark war denn auch in den späten siebziger Jahren eines der dringlichsten Vorhaben der Teilchenphysiker. Außerdem wollten die Physiker endlich die W- und Z-Teilchen finden, von denen man annahm, daß sie die schwache Kernkraft in ganz ähnlicher Weise übertragen wie Photonen die elektromagnetische Kraft.

Zu Beginn der achtziger Jahre hatte eine neue Generation von Elektron-Positron-Beschleunigern ihren Betrieb aufgenommen, die höhere Energien anstrebten. 1974 waren sowohl am DESY als auch am SLAC Vorschläge für den Bau größerer Collider gemacht worden. Die deutsche Bundesregierung ergriff die Gelegenheit, um die stagnierende Bauindustrie zu stützen, und im folgenden Jahr wurden die Pläne für PETRA gebilligt: die **P**ositron-**E**lektron-**T**andem-**R**ing-**A**nlage. Der neue Collider, der genau auf das DESY-Gelände zugeschnitten war, wurde noch vor Ende 1978 fertiggestellt.

PETRA lief nur langsam an und kam erst 1980 in die Nähe der anvisierten Energie von 19 GeV pro Strahl. Trotzdem war die Kollisionsenergie, die in der Anfangsphase zunächst bei 6,5 GeV und dann bei 8,5 GeV pro Strahl lag, die höchste, die man mit Elektronen und Positronen bis dahin erreicht hatte. Noch gab es auch keine Konkurrenz vom **P**ositron-**E**lectron **P**roject (PEP) am SLAC, das für eine Gesamtenergie von 36 GeV ausgelegt war. Eine Reihe finanzieller und technischer Schwierigkeiten verzögerten die Fertigstellung dieser Maschine bis 1980.

Eine Schwierigkeit bei der Beschleunigung von Elektronen in Kreisbeschleunigern wie PETRA und PEP besteht darin, daß diese Teilchen — wie alle bewegten Ladungen — auf ihren gekrümmten Bahnen Energie abstrahlen. Verdoppelt man die Energie der umlaufenden Teilchen, dann steigt der Betrag dieser (in Abbildung 8.21 bereits erwähnten) Synchrotronstrahlung auf das 16fache! In Protonensynchrotronen ist das unproblematisch, weil Protonen rund 2000mal schwerer als Elektronen sind und daher nur wenig Energie abstrahlen; in Elektronensynchrotronen dagegen macht sich der Effekt schon bei vergleichsweise niedrigen Energien störend bemerkbar. Um die Elektronen- und Positronenstrahlen zu beschleunigen, benutzt PETRA leistungsstarke Radiowellengeneratoren (Klystrone), die den Energieverlust durch Synchrotronstrahlung ausgleichen. Jeder dieser Generatoren gibt eine Wellenleistung von maximal 500 Kilowatt ab, und insgesamt wendet die gesamte Ringanlage bis zu zehn Megawatt allein für die Beschleunigung der Teilchen auf.

1979 trumpfte PETRA mit einigen bemerkenswerten Ergebnissen im Zusammenhang mit der starken Kernkraft auf. Bei den höheren Energien der Maschine zeigte sich bei der Analyse der Spurbündel, daß unter den Kollisionsprodukten *Gluonen* aufgetreten sein mußten — bis dahin hypothetische Trägerteilchen der starken Kraft, die zwischen den Quarks herumschwirren und sie in den Teilchen, die sie bilden, zusammenhalten (siehe Seite 232−236). Dies war eine wichtige Stütze für die **Q**uanten**c**hromo**d**ynamik (QCD), eine Theorie der starken Kraft, die in Analogie zur Quantentheorie geladener Teilchen — der **Q**uanten**e**lektro**d**ynamik (QED) — entwickelt wurde. Die Entdeckung bei PETRA zeigte, daß Quarks Gluonen abstrahlen können, ebenso wie Elektronen Photonen emittieren.

Im Frühjahr 1984 erreichte PETRA nach verschiedenen technischen Verbesserungen eine Energie von etwas mehr als 23 GeV pro Strahl und stellte damit einen neuen Weltrekord für Elektron-Positron-Collider auf. Aber das top-Quark entzog sich den Teams am PETRA-Ring weiter-

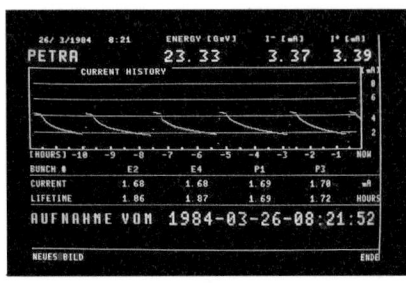

8.29 Dieses Computerbild zeigte im Frühjahr 1984 in PETRAs Hauptkontrollraum den neuen damaligen Energierekord von 23,3 GeV pro Strahl.

hin; die Physiker konnten lediglich sagen, daß die Masse des top-Quarks, sofern es existierte, größer sein mußte als 23 GeV. In diesem Fall benötigte man eine Maschine, die höhere Energien erreichen könnte, um dieses Quark zu erzeugen.

Wie wir bereits gesehen haben, ist die Beschleunigung von Elektronen und Positro-

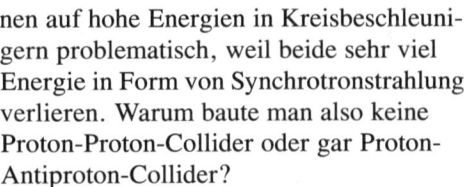

8.30 Eine Kreuzungsstelle der beiden Strahlrohre im ISR des CERN, dem ersten und bis heute einzigen Proton-Proton-Collider der Welt. Die Protonen wurden in gegenläufigen Strahlen in zwei ineinander verflochtenen Ringen gespeichert. Die Maschine war von 1971 bis 1984 in Betrieb.

nen auf hohe Energien in Kreisbeschleunigern problematisch, weil beide sehr viel Energie in Form von Synchrotronstrahlung verlieren. Warum baute man also keine Proton-Proton-Collider oder gar Proton-Antiproton-Collider?

Ende der fünfziger Jahre hatte sich Gerard O'Neill dafür entschieden, Speicherringe für Elektronen zu bauen, da damals niemand so genau wußte, wie man Protonen speichern könnte. Etwa ein Jahrzehnt später, 1971, hatten Ingenieure am CERN das Problem gelöst und erfolgreich die ersten Frontalzusammenstöße zwischen Protonen in einer Maschine erzeugt, die ISR genannt wurde (eine Abkürzung für Intersecting Storage Rings, also sich kreuzende Speicherringe).

Der ISR bestand aus zwei ineinander verflochtenen Magnetringen mit zwei Strahlrohren, die sich an acht Stellen kreuzten. Er wurde mit 26-GeV-Protonen aus dem Proton Synchrotron versorgt und brachte die beiden Strahlen zur Kollision, nachdem sie auf 31,5 GeV beschleunigt worden waren. Die gesamte Stoßenergie von 63 GeV entsprach der Wirkung eines Protonenstrahls, der mit der phantastischen Energie von 1800 GeV auf ein ruhendes Target trifft! Mit einem Mal hatte der ISR die Teilchenphysik in einen neuen Energiebereich katapultiert, den herkömmliche Beschleuniger niemals erreichen würden — die höchste Protonenenergie, die damals für ein Synchrotron vorgesehen war, lag „lediglich" bei 500 GeV (das Tevatron erreichte 1983 zwar 1000 GeV, was aber auch „nur" einer effektiven Kollisionsenergie von rund 41 GeV entspricht).

Die Physiker aus aller Welt, die am ISR arbeiteten, erlebten in der ersten Zeit immer neue Überraschungen bei der Arbeit mit dem neuen Collidertyp, und es dauerte mehrere Jahre, bis sie allmählich herausgefunden hatten, welche Konstruktionen sich am besten eigneten und wie man die Daten am besten auswerten konnte. Unterdessen lernten auch die Spezialisten, die für den Bau und den Betrieb der Maschine zuständig waren, mit den gespeicherten Protonenstrahlen umzugehen. Der holländische Ingenieur Simon van der Meer begann insbesondere nach einem Verfahren

zu suchen, das die Strahlen im ISR besser bündeln sollte, so daß mehr Teilchen kollidieren würden, wenn die Strahlen sich kreuzten.

Van der Meers raffinierte Idee beruhte auf einigen geschickten Manipulationen des Teilchenstrahls. Einfach ausgedrückt mißt man, wie weit die mittlere Position einer willkürlichen Auswahl von Protonen im Strahl von der idealen Umlaufbahn abweicht und gibt diesen Teilchen dann einen entsprechenden Korrekturstoß. Wiederholt man dieses Verfahren viele Male mit immer neu zufällig ausgewählten Stichproben aus dem Protonenstrahl, so wird der ganze Teilchenstrahl langsam immer enger um seine Soll-Bahn schwingen. In der Praxis mißt eine Abtastvorrichtung (pick-up) die mittlere Position einer Anzahl Protonen in einem Querschnitt des Strahls. Diese Information dient als Korrektursignal, das quer durch den Ring zu einem Impulsgeber (kicker) geschickt wird; dieser erzeugt dann ein genau bemessenes elektrisches Feld, das die Protonen — wiederum im Mittel, also das Bündel als Ganzes — in Richtung auf die ideale Bahn zurückschubst. Eine raffinierte Elektronik sorgt dafür, daß das Korrektursignal rechtzeitig auf der anderen Seite des Rings ankommt, um die dort (mit beinahe Lichtgeschwindigkeit!) vorbeirasenden Protonen noch zu erwischen.

Protonen zirkulieren nicht in fester Formation wie marschierende Soldaten, sondern bewegen sich willkürlich und unregelmäßig relativ zueinander. Eine Folge davon ist, daß der Abtastsensor bei jedem Umlauf ein etwas anderes Protonenbündel herausgreift. Der Impulsgeber wirkt dementsprechend jedesmal auf verschiedene Stichproben von Protonen, so daß die einzelnen Protonen immer mehr zusammenrücken und — nachdem man dieses Verfahren viele Male wiederholt hat — der Strahl im Endeffekt um seine Soll-Umlaufbahn zusammengepreßt wird. Diese Methode nennt man stochastische Kühlung, weil sie mit Zufallsstichproben aus dem Protonenstrahl (stochastisch) arbeitet und weil das Zusammenpressen des Strahls die seitlichen, ungeordneten Bewegungen der Strahlteilchen vermindert, was in Analogie zur thermischen Bewegung von Molekülen in einem Gas als eine Kühlung des Strahls aufgefaßt werden kann.

1975 zeigten die Maschinenphysiker am CERN, daß die stochastische Kühlung auf die Protonenstrahlen des ISR erfolgreich angewandt werden könne. Van der Meers Idee sollte jedoch erst bei einem anderen Projekt des CERN richtig zur Geltung kommen, was ihm 1984 schließlich auch den Nobelpreis für Physik einbrachte. Sein Verfahren trug nämlich entscheidend dazu bei, daß das 400-GeV-Super-Proton-Synchrotron des CERN zu einem Proton-*Anti*proton-Collider umgebaut werden konnte.

Der ISR hatte demonstriert, daß Protonenspeicherringe geeignet sind, um höhere Energien zu erzielen. Mitte der siebziger Jahre erwogen Forscher in den Vereinigten Staaten den Bau eines gigantischen Proton-Proton-Colliders, in dem Teilchenstrahlen mit Energien von jeweils 200 oder gar 400 GeV zusammenstoßen sollten. Ein solches Unternehmen wäre kostspielig und zeitaufwendig, und es würde praktisch die Konstruktion von zwei kompletten Maschinen erforderlich machen, jede davon vergleichbar mit dem SPS am CERN oder der 500-GeV-Maschine am Fermilab. Am Brookhaven National Laboratory wurde 1978 tatsächlich ein solches Projekt namens ISABELLE in Angriff genommen, das dann aber zugunsten eines anderen Collidertyps — des **S**uperconducting **S**uper **C**ollider (SSC) — aufgegeben wurde. Zwei Jahre zuvor hatten drei Physiker einen einfacheren Weg vorgeschlagen, um die von ISABELLE anvisierten Energien zu erreichen.

8.31 Simon van der Meer (geboren 1925).

Carlo Rubbia vom CERN regte damals gemeinsam mit den Amerikanern David Cline und Peter McIntyre an, zusätzlich Antiprotonen in den Ring der großen Synchrotrone am CERN beziehungsweise am Fermilab einzuspeisen. Die Maschine könnte dann nämlich wie ein Elektron-Positron-Collider betrieben werden, mit gegenläufig zirkulierenden Protonen und Antiprotonen, die von denselben Magneten geführt und von denselben elektrischen Feldern beschleunigt würden. Die Idee war verblüffend einfach; das Problem dabei war nur, genügend Antiprotonen in der Maschine zusammenzubekommen, um überhaupt Kollisionen zu erreichen. An dieser Stelle kam van der Meers Arbeit über stochastische Kühlung ins Spiel.

Antiprotonen werden in großer Zahl erzeugt, wenn ein Strahl hochenergetischer Protonen in ein Metalltarget einschlägt. Die Antiprotonen fliegen mit ganz verschiedenen Geschwindigkeiten aus dem Target und sind über einen weiten Winkelbereich verstreut; deswegen können sie nicht direkt in ein Synchrotron eingespeist werden, das wohldefinierte kontrollierte Strahlen von Teilchen benötigt, die alle mehr oder weniger dieselbe Geschwindigkeit haben. Man entschloß sich daher am CERN, eine kleine Maschine zu bauen, die die ungeordnet davonschießenden Antiprotonen bändigen sollte, bevor sie in das Super Proton Synchrotron eintreten. Dieser Antiproton-Akkumulator nimmt die aus dem Target austretenden Antiprotonen auf, speichert sie und nutzt das Prinzip der stochastischen Kühlung, um sie zu einem brauchbaren Strahl zu bündeln.

1978 gab CERN das offizielle Startsignal für das Proton-Antiproton-Projekt und den Bau des Antiproton-Akkumulators. Drei Jahre später, im August 1981, lieferte der Akkumulator die ersten Antiprotonen an das Super Proton Synchrotron, und die begeisterten Physiker am CERN registrierten die ersten Kollisionen von Materie mit Antimaterie bei einer Rekordenergie von 270 GeV pro Strahl — gleichbedeutend einem Strahl von 150 000 GeV, der auf ein ruhendes Target trifft.

Der Betrieb des Proton-Antiproton-Colliders erfordert ein außergewöhnliches Jon-

8.32 In diesen Antiproton-Akkumulator kommen die Antiprotonen für den Proton-Antiproton-Collider am CERN, nachdem sie in Kollisionen von Protonen mit einem Metalltarget erzeugt wurden. Hier werden die Antiprotonen nach und nach gesammelt und „gekühlt" — ein Prozeß, bei dem der Strahl schließlich so gut gebündelt wird, daß er anschließend in das Super Proton Synchrotron eingespeist werden kann. Die Magnete (blau) sind ungewöhnlich dick, weil das Strahlrohr sehr breit sein muß, um möglichst viele der Antiprotonen, die unter völlig verschiedenen Winkeln aus dem Ursprungstarget austreten, aufzunehmen.

8.33 Der Tunnel des Super Proton Synchrotron in den Wochen vor seiner Erstinbetriebnahme (1976). Seit 1981 wird die Maschine als Proton-Antiproton-Collider betrieben, in dem dieselben Ablenkmagnete (rot) und Fokussierungsmagnete (blau) sowohl die Protonen als auch die Antiprotonen führen können — vorausgesetzt die beiden Teilchenarten, die entgegengesetzte elektrische Ladung tragen, zirkulieren in entgegengesetzten Richtungen.

glieren mit Teilchenstrahlen. Die 26-GeV-Protonen, die die Antiprotonen erzeugen, kommen alle zwei Sekunden aus dem kleineren Synchrotron des CERN, dem PS. Die Antiprotonen treten schubweise in den Antiproton-Akkumulator ein und werden dort zwei Sekunden lang gekühlt, bevor das nächste Paket ansteht. Das sehr breite Strahlrohr des Akkumulators ist der Länge nach von meterlangen Metallklappen in zwei Abteilungen unterteilt – die Maschine besteht also eigentlich aus zwei Ringen in einem. Auf der einen Seite der Metallwand, im äußeren Teil des Strahlrohrs, werden die frisch vom PS kommenden Antiprotonen gekühlt; im anderen Teil zirkuliert das Häufchen von Antiprotonen, das sich aus den vorangegangenen Stoßereignissen bereits angesammelt hatte. Kurz bevor der nächste Schub Teilchen ankommt, öffnen sich die Klappen: Die Antiprotonen werden quer durchs Rohr auf die Innenseite des Rings geführt und in das umlaufende Teilchenpaket integriert. Dann schließen sich die Klappen wieder, und der Akkumulator ist aufnahmebereit für erneuten Nachschub von Antiprotonen aus dem Target.

Sind die Antiprotonen einmal in dem Haufen, werden sie weiter abgekühlt, wobei alle zwei Sekunden mehr und mehr Antiprotonen hinzukommen. Nach ungefähr 40 Stunden haben sich im dichten Kern des Haufens etwa dreihunderttausend Millionen (3×10^{11}) Antiprotonen angesammelt – genug, um damit am Super Proton Synchrotron zu experimentieren; zuvor machen die Antiprotonen allerdings noch einen Umweg. Der Antiproton-Akkumulator sammelt Teilchen mit einer Energie von 3,5 GeV, der häufigsten Energie, mit der die Antiprotonen aus dem Target austreten. Diese Energie ist jedoch zu niedrig, um die Antiprotonen direkt in den großen SPS-Ring einspeisen zu können. Statt dessen müssen sie zunächst in den kleineren PS-Ring zurück, der bereits 40 Stunden zuvor mit der Beschleunigung der Protonen begonnen hatte, die die ersten Antiprotonen erzeugten! Das PS beschleunigt nun die Antiprotonen auf 26 GeV, bis sie schließlich schnell genug sind für den Eintritt in das SPS, in dem bereits 26-GeV-Protonen zirkulieren. Insgesamt werden auf diese Weise drei Anti-

protonenbündel aus dem Akkumulator abgezogen und in das Super Proton Synchrotron eingespeist; dementsprechend laufen dort auch drei Protonenbündel, in entgegengesetzter Richtung, um.

Schließlich sind die Protonen und Antiprotonen soweit präpariert, daß sie den letzten großen Beschleunigungsschub erhalten können, der sie auf Energien von mehreren hundert Milliarden Elektronenvolt bringt. 1981 fanden die ersten Kollisionen bei einer Gesamtenergie von 540 GeV statt. Nach Abänderungen an der Maschine ist es in der Zwischenzeit möglich geworden, die normale Kollisionsenergie auf insgesamt 630 GeV zu steigern, und unter besonderen Umständen kann sie sogar 900 GeV erreichen – gleichbedeutend einem Protonenstrahl von 400 000 GeV, der auf ein ruhendes Target trifft.

540 GeV . . . und darüber

Bald nach den ersten Proton-Antiproton-Kollisionen im Super Proton Synchrotron waren bereits mehrere Experimente vorbereitet, um den neuerschlossenen Energiebereich zu erforschen. Die Jagd nach dem top-Quark sowie den W- und Z-Teilchen hatte begonnen. Es war aber auch schon aufregend genug, einfach die Eigenart dieser enorm hochenergetischen Kollisionen zu beobachten und erste Messungen

8.34 Die Nachwirkungen einer Proton-Antiproton-Vernichtung bei einer Gesamtenergie von 900 GeV. Normalerweise kollidieren die Protonen und Antiprotonen am CERN mit einer Gesamtenergie von 630 GeV, die aber unter besonderen Umständen auf 900 GeV gesteigert werden kann. Die hier abgebildeten Spuren geladener Teilchen, die in einer der ersten Kollisionen bei einer derart hohen Energie entstanden, stammen aus der Streamerkammer des UA5-Detektors – einer gasgefüllten Kammer, in der das Gas entlang der Ionisationsspuren geladener Teilchen durch einen kurzzeitigen Hochspannungsimpuls zum Leuchten angeregt wird, wobei sich winzige Leuchtfäden (streamer) ausbilden. Dieses Bild wurde mit einer Fernsehkamera aufgenommen und anschließend elektronisch vergrößert. Die Farben entsprechen der registrierten Lichtintensität, wobei die lichtschwächsten Bereiche durch das rote Ende des Spektrums und die hellsten durch das violette Ende repräsentiert werden.

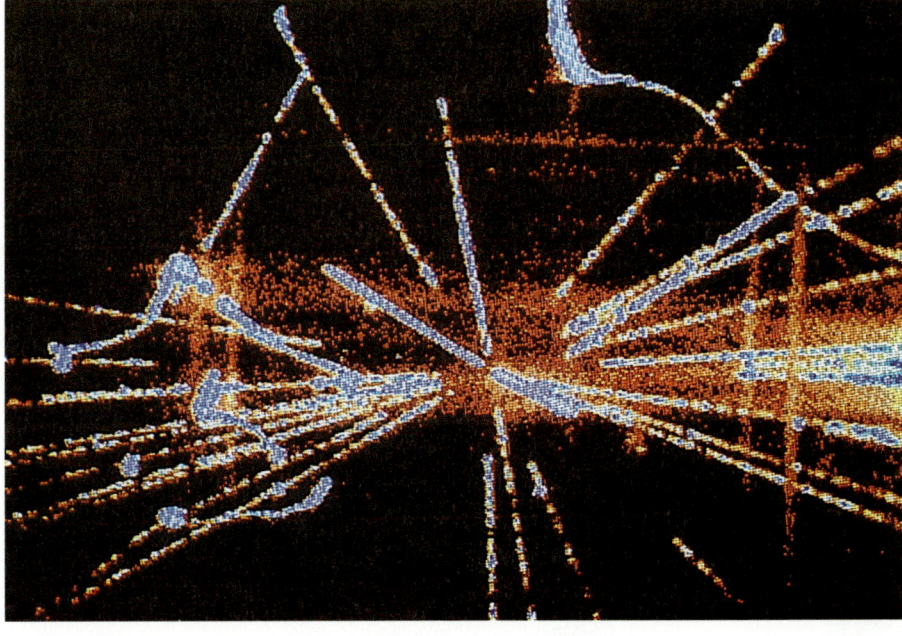

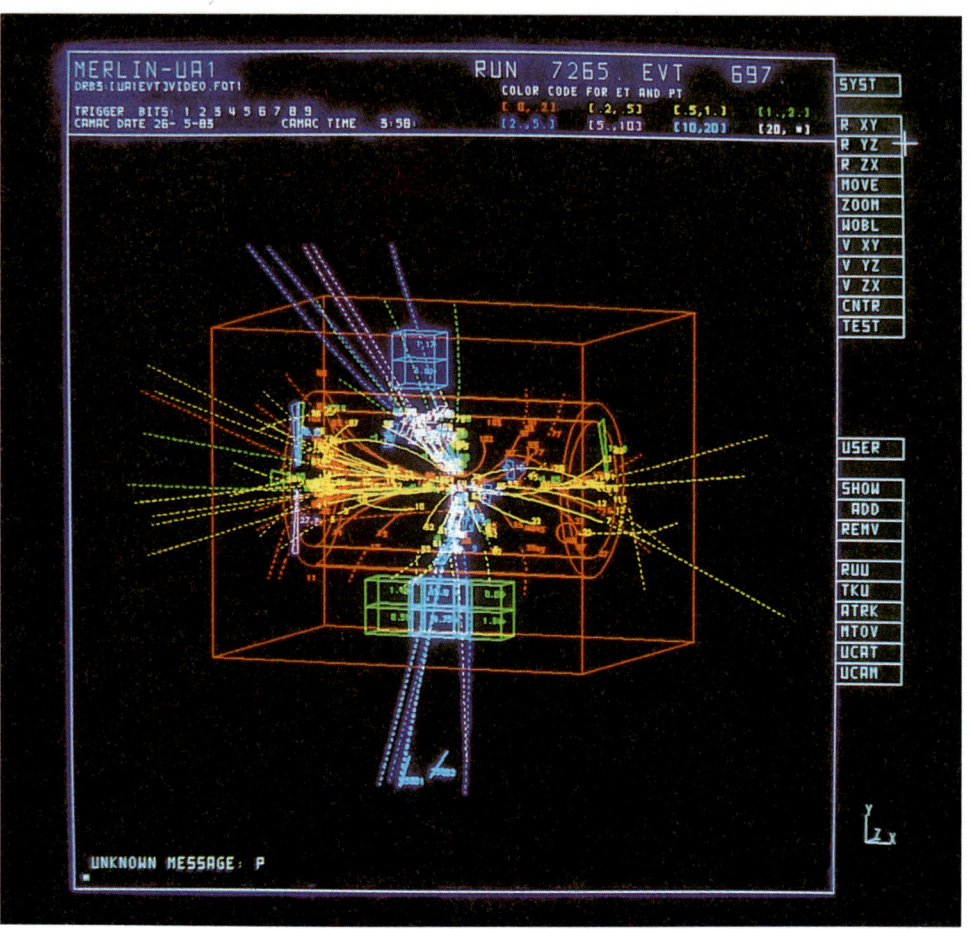

8.35 Auf diesem Computerbild einer Proton-Antiproton-Kollision im UA1-Detektor sind deutlich die zwei Hochenergiejets zu erkennen, die in entgegengesetzte Richtungen (zum oberen beziehungsweise unteren Bildrand) davonschießen. Die Spuren wurden entsprechend der Teilchenimpulse gefärbt: Das rotgelbe Ende des Spektrums repräsentiert niedrigere Impulse, das blau-violette Ende höhere Impulse. Proton und Antiproton mit ihren Quarks und Antiquarks kamen von links und rechts ins Bild. Die flach davonfliegenden Teilchen mit niedrigem Impuls resultieren aus Quark-Antiquark-Kollisionen, bei denen sich die beiden Teilchen nur gestreift haben. Die beiden nach oben und unten weisenden blauen Jets aus Teilchen mit hohem Impuls bildeten sich jedoch bei einem Frontalzusammenstoß eines Quarks und eines Antiquarks, wodurch die Teilchen unter einem Winkel von etwa 90 Grad zu ihren ursprünglichen Flugrichtungen heftig zur Seite gestoßen wurden.

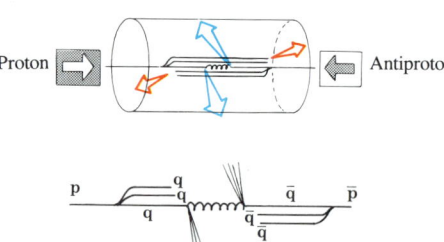

8.36 Dieses Diagramm beschreibt das Ereignis in Abbildung 8.35 auf der Ebene der Quarks (q) und Antiquarks (q̄). Ein Quark und ein Antiquark innerhalb des kollidierenden Protons (p) und Antiprotons (p̄) können über den Austausch eines Gluons (geschlängelte Linie) miteinander in Wechselwirkung treten und werden dabei seitwärts weggeschleudert. Sie bilden dann im Detektor Teilchenjets mit hohem Impuls (blaue Pfeile); die verbleibenden Quarks und Antiquarks, die zum ursprünglichen Proton beziehungsweise Antiproton gehörten, erzeugen Jets aus Teilchen mit niedrigem Impuls (rote Pfeile), die mehr oder weniger horizontal davonstieben. Der ganze Prozeß spielt sich innerhalb des Strahlrohrs in einem winzigen Raumbereich ab, der nur noch in Femtometern (10^{-15} Metern!) zu vermessen ist.

an den Teilchen durchzuführen, die unter ähnlichen Bedingungen erzeugt wurden wie in den Kollisionen energiereicher kosmischer Strahlen beim Eindringen in die obere Erdatmosphäre. Das Datenmaterial lieferte der UA5-Detektor, der 1981 erstmals Teilchenkollisionen bei einer Gesamtenergie von 540 GeV und vier Jahre später bei 900 GeV aufnahm. Meistens werden die Proton-Antiproton-Kollisionen jedoch unter der Obhut von zwei anderen riesigen Detektoren registriert, die in unterirdischen Schächten an verschiedenen Stellen des Rings untergebracht sind. Diese Detektoren sind der UA1 (den wir zu Beginn dieses Kapitels kennengelernt haben) und der UA2, der in Abbildung 1.10 zu sehen ist; beide zusammen haben sie eine Fülle von Teilchen und physikalischen Phänomenen, die in diesem Energiebereich verborgen lagen, zutage gefördert.

Eines der ersten Phänomene, die am UA1 und UA2 genauer untersucht wurden, waren vom Kollisionsort ausgehende charakteristische Teilchenbündel oder Jets. In der Sprache der Teilchenphysiker ist ein Jet ein auffällig scharf gebündelter Teilchenschauer, der von einem einzelnen Quark, Antiquark oder Gluon erzeugt wird. Wie wir in Kapitel 7 gesehen haben, scheinen Quarks innerhalb von Teilchen wie Protonen und Pionen ständig eingeschlossen zu sein. Auch wenn ein Quark und ein Antiquark in einer Elektron-Positron-Vernichtung gänzlich neu erzeugt werden, treten diese nicht selbst als freie Teilchen in Erscheinung, sondern benutzen gewissermaßen ihre Energie, um damit in ihrer unmittelbaren Nachbarschaft weitere Quarks und Antiquarks zu materialisieren, die sich zu den „Trauben" zusammenschließen, welche wir als Protonen, Pionen und dergleichen registrieren. Bewegen sich das Quark und das Antiquark sehr schnell, so erzeugen sie je einen getrennten Schauer von Teilchen, die alle in fast dieselbe Richtung davonfliegen. Solche Jets wurden erstmals (etwa 1977) von einem Team am Elektron-Positron-Collider SPEAR beobachtet, und ihr Auftreten ist die deutlichste Art und Weise, wie sich bisher ein einzelnes Quark manifestierte — der Jet enthält nämlich die Information über die Flugrichtung des primären Quarks, aus dem er entstand.

Jets sind nicht nur an Elektron-Positron-Maschinen beobachtet worden. Sie können auch auftreten, wenn zwei aus Quarks zusammengesetzte Teilchen — Hadronen — miteinander kollidieren, vorausgesetzt die Quarks prallen heftig genug aufeinander und werden unter großen Winkeln zur Hauptflugrichtung der Stoßtrümmer davongeschleudert. Die Chance, Quarks auf diese Weise voneinander zu trennen, steigt mit der Kollisionsenergie. Der Proton-Antiproton-Collider des CERN bot daher eine Gelegenheit, klare Beispiele von Jets auch in hadronischen Kollisionen zu beobachten.

Abbildung 8.35 zeigt ein Beispiel von Jets, die im Zentrum des UA1-Detektors erzeugt wurden. Selbst in dem komplizierten Wirrwarr der Teilchenspuren kann man die beiden Jets (die blauen Spuren) deutlich unterscheiden, die sich von der Masse der roten und gelben Spuren abheben. Der Computer hat die Spuren entsprechend dem zugehörigen Teilchenimpuls gefärbt, den er aus der Spurkrümmung im Magnetfeld ermittelte. Die Zuordnung entspricht der Farbfolge im Regenbogen, von Rot für niedrigen Impuls bis Blau für hohen Impuls. Spuren zu niedrigem Impuls resultieren aus leichten Kollisionen, bei denen sich die Quarks und Antiquarks nur gestreift haben, während ein heftiger Frontalzusammenstoß zwischen ihnen die energiereichen Jets erzeugte.

Ein Vorteil von Proton-Antiproton-Kollisionen gegenüber Kollisionen zwischen Leptonen besteht darin, daß die kollidierenden Teilchen Gluonen enthalten, die um die Quarks (und Antiquarks) in ihrem Inneren herumschwirren und sie aneinanderbinden. In den Kollisionen können diese Gluonen ebenfalls als Jets materialisieren. Tatsächlich kann man solche Gluonjets unter den physikalischen Bedingungen am Proton-Antiproton-Collider des CERN viel leichter beobachten als an Elektron-Positron-Collidern, die hauptsächlich Quark- und Antiquarkjets erzeugen (siehe auch Seite 232).

Außer den Aufnahmen von Jets gelang am UA1 und UA2 der Nachweis, auf den die Physikergemeinde schon lange wartete: Zu Beginn des Jahres 1983 kündigten die Teams der beiden Experimente die Entdeckung der W-Teilchen an, einige Monate später auch die Entdeckung des verwandten, aber selteneren Z-Teilchens (siehe Seite 236—241). Das top-Quark war da schon viel schwieriger nachzuweisen; immerhin präsentierte der UA1 1984 auch das erste — noch unbestätigte — Anzeichen für den Zerfall von Teilchen, die top-Quarks enthalten haben könnten (siehe Seite 241—244). Der Proton-Antiproton-Collider scheint also das symmetrische Bild von den fundamentalen Bausteinen der Natur endlich vervollständigt zu haben; doch liefert er auch gewisse Anzeichen dafür, daß wir an der Schwelle einer ganz neuen Welt von Hochenergiephänomenen stehen.

213

Die Jets treten in den Proton-Antiproton-Kollisionen am CERN so deutlich in Erscheinung, daß die Physiker sie dort sehr detailliert untersuchen können. Dabei kam manch Sonderbares zum Vorschein. Zum Beispiel gibt es seltene Ereignisse, bei denen nur ein Jet nach einer Seite herausschießt, ohne daß in der entgegengesetzten Richtung eine Teilchenspur zu sehen ist — ein oder mehrere elektrisch neutrale Teilchen müssen hier also unbeobachtet entkommen sein, die die Impulsbilanz des Gesamtereignisses ausglichen. Die Physiker tun sich schwer damit, diese neutralen Teilchen im Rahmen der Standardtheorien zu erklären: Entweder verhalten sich hier bekannte Teilchen in einer neuen Weise, oder aber diese hohen Energien erzeugen neue Materieformen. Wie dem auch sei — bislang wurde nur eine Handvoll dieser rätselhaften Ereignisse registriert, und es mag sein, daß sie letztendlich doch konventionelle physikalische Prozesse darstellen; möglicherweise hat die Natur die Physiker an der Nase herumgeführt und ihnen in der ersten Lawine von Daten einige höchst seltene Prozesse präsentiert.

Die Bedeutung dieser und anderer eigenartiger Wechselwirkungsprozesse am CERN wird man wahrscheinlich nur mit neuen Maschinen klären können, die in einen Bereich noch höherer Energien vordringen werden. Mehrere solcher Maschinen wurden bereits gebaut oder befinden sich noch im Bau. So hat man am Fermilab das große Synchrotron, das Tevatron, in einen Proton-Antiproton-Collider umgebaut und ist damit dem Beispiel des CERN gefolgt. Das Tevatron kann Protonen auf 1000 GeV oder 1 TeV beschleunigen; es liefert also Proton-Antiproton-Kollisionen mit einer Gesamtenergie von 2 TeV — mehr als das Dreifache der am CERN normalerweise eingesetzten Energie; hier sind die Experimente bereits im Gange (1988). Am Institut für Hochenergiephysik in Serpuchow bei Moskau entsteht zudem derzeit ein Doppelspeicherring für Protonen, der im Endausbau Proton-Antiproton- *und* Proton-Proton-Kollisionen bei einer Gesamtenergie von 6 GeV ermöglichen soll.

Am SLAC ist inzwischen ein neuer Collidertyp unter der Leitung von Burton Richter fertiggestellt worden. Diese Zweistrahl-Maschine nutzt den dort bereits vorhandenen drei Kilometer langen Linearbeschleuniger, um Elektronen und Positronen in entgegengesetzte Richtungen in zwei sich kreuzende Ringbögen einzuspeisen. Die Teilchenbündel kollidieren darin — anders als in herkömmlichen Collidern — nur einmal. Nachdem man die Maximalenergie des Linearbeschleunigers von 30 auf 50 GeV gesteigert hat, erreicht Richters Linearcollider SLC (für **S**tanford **L**inear **C**ollider) nun eine Kollisionsenergie von 100 GeV; aufgrund technisch wie finanziell bedingter Verzögerungen konnten die eigentlichen Experimente bis Anfang 1989 jedoch noch nicht anlaufen. Ein weiterer linearer Elektron-Positron-Collider mit einer Kollisionsenergie von mehreren hundert GeV soll in den neunziger Jahren in Nowosibirsk in der Sowjetunion seinen Betrieb aufnehmen. Ein anderer Elektron-Positron-Collider namens TRISTAN am KEK in Tokio, Japan, ist bereits in Betrieb; hier beträgt die verfügbare Gesamtenergie knappe 60 GeV.

Mittlerweile wird am CERN ein neuer, riesiger Elektron-Positron-Collider mit einem Umfang von 27 Kilometern gebaut. Die Größe des Rings ermöglicht eine sehr geringe Bahnkrümmung, wodurch der Energieverlust bei der Beschleunigung durch Synchrotronstrahlung reduziert werden kann. Die Maschine, kurz LEP genannt (für **L**arge **E**lectron-**P**ositron Collider), soll zunächst eine Gesamtenergie von 100 GeV erreichen — das Doppelte der Energie von PETRA am DESY — und später 200 GeV. Das mag im Vergleich zu den 630 GeV der Proton-Antiproton-Kollisionen am CERN nicht viel klingen, aber in Elektron-Positron-Collidern geht die gesamte Energie ungeteilt in die Vernichtung der Leptonen ein. In einer Proton-Antiproton-Maschine dagegen verteilt sich die Energie in jedem Strahlteilchen auf die Quarks und Gluonen, aus denen es zusammengesetzt ist; der Energiebetrag, der dabei auf ein einzelnes Quark entfällt, macht durchschnittlich nur ein Fünftel der angegebenen Strahlenergie aus. Mit den Elektron-Positron-Kollisionen am LEP

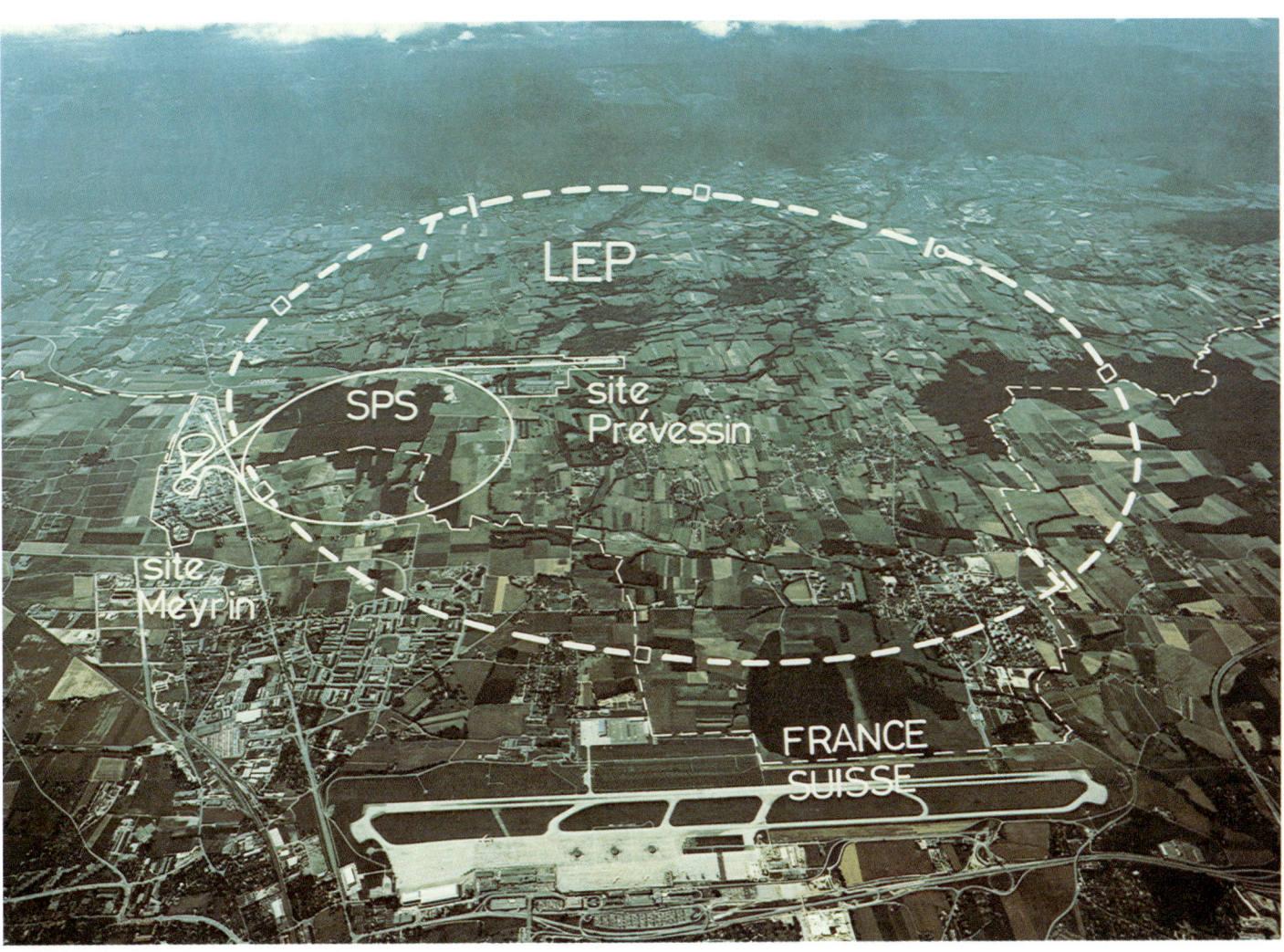

werden die Physiker also einen ähnlichen Energiebereich erforschen wie gegenwärtig mit den Proton-Antiproton-Experimenten. In einer zweiten Bauphase soll die Kollisionsenergie am LEP auf 100 GeV pro Strahl, insgesamt also auf 200 GeV, gesteigert werden. Eine andere Möglichkeit wäre, einen Proton-Antiproton-Collider in den 27 Kilometer langen LEP-Tunnel einzubauen. Diese Maschine, für die bereits Pläne existieren, könnte Energien von rund 10 TeV pro Strahl erreichen.

Am DESY, wo die Maschinenphysiker bereits viele Erfahrungen im Umgang mit Elektronen und Positronen gesammelt haben, sollen ab 1990 auch Protonen beschleunigt werden. Dort befindet sich zur Zeit ein ganz neuartiger Maschinentyp im Bau, der Protonen und Elektronen aufeinanderschießen wird. Da Elektronen und Protonen völlig verschiedene Teilchen

8.37 Am CERN wird der neue große Collider LEP (Large Electron-Positron Collider) in einem 27 Kilometer langen Ringtunnel untergebracht, dessen Verlauf der gestrichelte Kreis auf diesem Luftbild andeutet, das die ländliche Gegend im Norden von Genf zeigt. Nach Abschluß der ersten Bauphase soll LEP Elektronen und Positronen auf jeweils 50 GeV beschleunigen und anschließend mit einer Gesamtenergie von 100 GeV frontal aufeinanderschießen. Der größere durchgezogene Kreis markiert den unterirdischen Verlauf des Super Proton Synchrotron (SPS); links davon ist das Hauptgelände des CERN (site Meyrin) abgebildet. Das SPS versorgt zwei Experimentierbereiche auf dem Hauptgelände und auf französischem Gebiet (site Prévessin). Die fein gestrichelte Linie folgt dem Grenzverlauf zwischen Frankreich (oben) und der Schweiz (unten). Im Vordergrund liegt der Genfer Flughafen; der Französische Jura ist unter den Wolken am oberen Bildrand gerade noch erkennbar.

sind, benötigen sie jeweils einen eigens konstruierten Beschleunigerring. Die **H**adron-**E**lektron-**R**ing-**A**nlage (HERA) wird also aus zwei separaten, übereinanderliegenden Ringen bestehen, die im selben, 6,3 Kilometer langen Tunnel untergebracht sind. Die Ringe kreuzen sich an vier Stellen, wo die Elektronen bei jedem Umlauf mit 30 GeV auf die ihnen entgegenkommenden 820-GeV-Protonen treffen. HERA wird den Physikern also Elektronen zur Verfügung stellen, die die Struktur des Protons bei viel höheren Kollisionsenergien erkunden werden, als dies am SLAC oder mit sekundären Elektronenstrahlen am CERN und Fermilab möglich war.

In der Zwischenzeit waren auch die amerikanischen Teilchenphysiker nicht untätig. Einige von ihnen arbeiten derzeit an den Plänen für den Bau des **S**uperconducting **S**uper **C**ollider (SSC), der Protonen und Antiprotonen auf jeweils 20 TeV (also 20 000 GeV) pro Strahl beschleunigen soll. Der SSC wird supraleitende Magnete benutzen, eine Technik, die bereits im Tevatron am Fermilab erfolgreich eingesetzt wurde. Aber auch mit den damit erreichbaren höheren Feldstärken wird der SSC einen Umfang von etwa 83 Kilometern haben müssen, um die anvisierten Energien von 20 TeV zu erreichen. Der Supercollider soll 1996 seinen Betrieb aufnehmen und wird im US-Bundesstaat Texas gebaut.

Die neunziger Jahre versprechen für die Teilchenforscher eine aufregende Zeit der Erforschung völlig neuer Energiebereiche zu werden. Der Proton-Antiproton-Collider des CERN hat bereits erste faszinierende Einblicke darüber vermittelt, welche Überraschungen noch im Verborgenen liegen mögen. Dennoch wird der Einsatz immer höherer Energien allein nicht alle Fragen beantworten können, die von den Teilchenphysikern noch immer gestellt werden: Warum zum Beispiel tragen das Elektron und das Proton exakt denselben Betrag an elektrischer Ladung, wenn doch das – nach heutigem Wissen – strukturlose Elektron und das zusammengesetzte Proton so völlig verschiedene Formen der Materie zu sein scheinen? Warum leben wir in einem vierdimensionalen Univer-

sum mit drei Raumdimensionen und einer Zeitdimension? Warum besteht das Universum anscheinend nur aus Materie, nicht aber aus Antimaterie? Es ist gut möglich, daß die Antworten auf diese und weitere Fragen in anderen Experimenten gefunden werden, die von denen an Teilchenbeschleunigern völlig verschieden sind. Mehr darüber in Kapitel 10.

9. Vom Charm zum Top

Materie ist aus Quarks und Leptonen aufgebaut, die von Grundkräften zusammengehalten werden, die selbst wiederum von Teilchen, den Eichbosonen, vermittelt werden. Dies ist eine der Kernaussagen des Standardmodells der Teilchenphysik, das den Kenntnisstand vom Aufbau der Materie gegen Ende der achtziger Jahre beschreibt. Eine so prägnante Aussage wäre in den frühen siebziger Jahren nicht möglich gewesen; wir können daraus ersehen, welche enormen Fortschritte in den Jahren seit 1974 in der Teilchenphysik gelungen sind.

Das Jahr 1974 wird oft als Beginn einer neuen Physik bezeichnet. Mit der Entdeckung des J/Psi-Teilchens im November jenes Jahres erhöhte sich die Anzahl der bekannten Quarks auf vier — mehr als zehn Jahre lang hatte es so ausgesehen, als seien drei Quarks ausreichend. Innerhalb von drei Jahren tauchten dann Beweise für die Existenz einer fünften Art von Quark (bottom) und einer dritten Art elektrisch geladener Leptonen (das Tau) auf.

All diese „neuen" Teilchen hätten wohl eher zur Verwirrung beigetragen, wäre man nicht auch zur selben Zeit im Verständnis der zwischen den Teilchen wirkenden Kräfte ein gutes Stück weitergekommen. Die Idee, schwache und elektromagnetische Kraft in einem gemeinsamen mathematischen Rahmen zu vereinigen, erwies sich mehr und mehr als der physikalischen Realität angemessen. Das vierte Quark (charm) konnte nicht nur problemlos in die elektroschwache Theorie eingebaut werden, seine Existenz war dafür geradezu notwendig, wie sich herausstellte. Dies wiederum spornte die Experimentalphysiker an, nach den von der Theorie vorausgesagten Trägern der elektroschwachen Kraft zu suchen: den W^+-, W^-- und Z^0-Teilchen. (Das Photon der elektromagnetischen Kraft war ja längst bekannt.)

Zur selben Zeit kristallisierte sich immer mehr eine neue Theorie der starken Kraft heraus, die sich ebenfalls an dem Konzept der kraftübertragenden Teilchen orientierte. Sie führte eine neue Eigenschaft der Materie ein, die man „Farbe" nannte; sie spielt für die starke Kraft dieselbe Rolle wie die elektrische Ladung für die elektromagnetische Kraft — deshalb spricht man hier auch von Farbkraft. Nach dieser Theorie, der sogenannten *Quantenchromodynamik*, tragen die Quarks Farbladungen (Farbe), und zusammengehalten werden sie von Gluonen, die die Farbkraft übertragen. Außerdem wuchs die Überzeugung, daß Quarks wie Leptonen paarweise zusammengehören und daß je drei Paare davon in der Natur vorkommen — insgesamt also sechs Quarks und sechs Leptonen.

Bis 1984 hatten die Experimentatoren überzeugende Beweise nicht nur für die Existenz von Gluonen, sondern auch für die Existenz der schwer faßbaren W-Teilchen und des Z gefunden. Trotz einiger positiver Andeutungen ließ sich allerdings das sechste Quark, das top-Quark, bisher nicht überzeugend nachweisen; es wird vom Standardmodell aber gefordert, um die Symmetrie zwischen Quarks und Leptonen zu vervollständigen.

In den Jahren nach 1974 setzten die Physiker in ihren Experimenten weiterhin, wie schon in den beiden vorangegangenen Jahrzehnten, Blasenkammern und elektronische Zähler ein. Die meisten wichtigen Entdeckungen wurden aber — wie die Bilder in diesem Kapitel — an den riesigen, aus vielen elektronischen Einzelkomponenten bestehenden Detektoraufbauten gemacht, die um das Strahlrohr der neuen Zweistrahl-Maschinen herum angeordnet wurden.

Die ersten beachtlichen Erfolge mit einem solchen Collider erreichte man am SLAC mit einem kleinen Magnetring für Elektronen und Positronen, dem SPEAR. Die dortigen Physiker wurden mit der Entdeckung des J/Psi und seiner verwandten Charm-Teilchen belohnt und fanden schließlich auch das Tau. Später konnte ein größerer Elektron-Positron-Collider am DESY in Hamburg die Entdeckung des Gluons für sich verbuchen, und zu Beginn der achtziger Jahre rückte dann das CERN mit seinem Proton-Antiproton-Collider in den Mittelpunkt des Interesses.

In der Zeit von den ersten Experimenten am SPEAR bis hin zu den Erfolgen am

9.1 Dieses Computerbild einer Proton-Antiproton-Vernichtung im UA1-Detektor des CERN nimmt sich nach seiner photographischen Behandlung durch Patrice Loïez recht exotisch aus; es enthält unter anderem auch den Zerfall eines Z-Teilchens (siehe Seite 236—242) in ein Elektron und ein Positron, deren Spuren gelb gefärbt wurden.

219

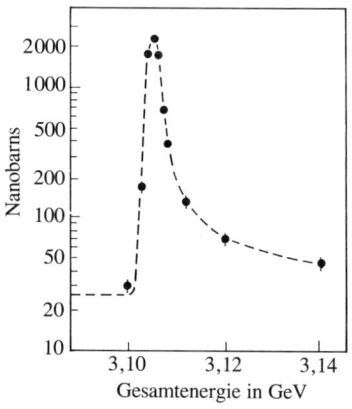

9.2 Dieser Anstieg der Zahl von Hadronen aus Elektron-Positron-Vernichtungen bei einer Kollisionsenergie von 3,1 GeV signalisierte die Erzeugung und den Zerfall von J/Psi-Teilchen im Mark-I-Detektor am SPEAR.

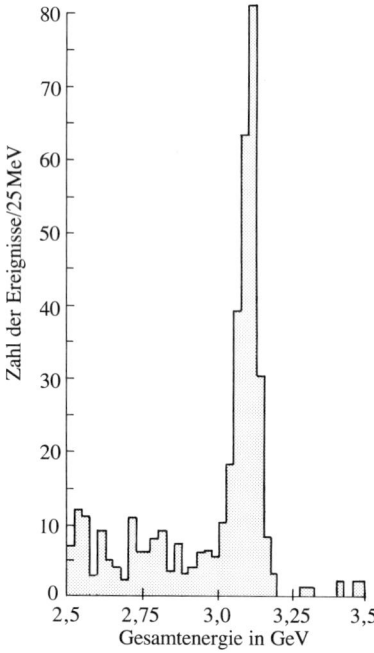

9.3 Das scharfe Maximum in der Anzahl von Elektron-Positron-Paaren, die in Kollisionen eines Protonenstrahls mit einem Berylliumtarget erzeugt wurden, verriet den Physikern in Brookhaven die Existenz des J/Psi.

CERN wurden die elektronischen Detektoren, die man an den Collidern einsetzte, immer raffinierter. Blasenkammern kamen für den Einsatz an Collidern nicht in Frage, da der Detektor das Strahlrohr umgeben muß, doch können moderne elektronische Detektoren beinahe ebenso detaillierte Informationen liefern. Darüber hinaus können die Signale dieser Detektoren von Computern auf verschiedenste Weise in farbige Darstellungen der Teilchenspuren umgesetzt werden, die für die weitere Auswertung sehr hilfreich sein können.

Charmonium

Am Morgen des 11. November 1974 versammelten sich die Mitglieder der wissenschaftlichen Projektkommission des SLAC zu einer ihrer regelmäßigen Sitzungen. Sam Ting vom Brookhaven National Laboratory begrüßte bei dieser Gelegenheit Burt Richter, einen der führenden Experimentalphysiker am SLAC, mit den Worten: »Burt, ich habe eine interessante physikalische Neuigkeit für Dich.« Richter antwortete prompt: »Sam, ich habe eine interessante physikalische Neuigkeit für *Dich*.« Keiner von beiden ahnte, daß sie jeder das gleiche Teilchen in ganz verschiedenen, nahezu 5000 Kilometer voneinander entfernten Experimenten entdeckt hatten. Richters Team hatte das Teilchen bereits „Psi" genannt, während sich Ting für den Buchstaben „J" entschieden hatte, der dem chinesischen Schriftzeichen für Ting ähnelt. Bis heute ist dem Teilchen der Doppelname *J/Psi* (abgekürzt J/Ψ) geblieben — ein etwas langatmiger Name für ein Teilchen, das eine neue Ära der Teilchenphysik einleitete.

Das J/Psi trat als Resonanzphänomen in Erscheinung. Bei einer bestimmten Kollisionsenergie verriet es sich durch ein scharfes Maximum in der Produktionsrate von geladenen Teilchen, die bei den Elektron-Positron-Vernichtungen am SPEAR-Ring entstanden (Abbildung 9.2). In Tings Experiment in Brookhaven beobachtete man eine ähnliche Resonanzspitze für die Anzahl von Elektron-Positron-Paaren, die in Kollisionen hochenergetischer Protonen mit einem Berylliumtarget erzeugt wurden (Abbildung 9.3). In beiden Experi-

menten trat das Maximum bei einer Gesamtenergie von 3,1 GeV auf, entsprechend der Masse des neuen Teilchens, das also mehr als dreimal so schwer war wie das Proton.

Resonanzen waren 1974 nichts Ungewöhnliches; das J/Psi aber fiel durch seinen äußerst schmalen Resonanzpeak auf. Je schmaler aber der Resonanzbereich — die Resonanzbreite — in der Energieverteilungskurve ist, desto länger ist die Lebensdauer der Resonanz; für das J/Psi ergab sich demnach eine Lebensdauer von 10^{-20} Sekunden. Das klingt nicht nach viel, doch es war 1000mal länger, als man für ein so schweres Teilchen wie das J/Psi erwartete, das weitaus schneller in leichtere Teilchen hätte zerfallen sollen.

Und als wäre ein neues Teilchen nicht genug gewesen, fand Richters Team am SPEAR zehn Tage nach seiner ersten Entdeckung — am 21. November um 3 Uhr 20 morgens — ein zweites scharfes Maximum bei einer etwas höheren Energie, knapp unterhalb von 3,7 GeV. Wie das J/Psi hatte auch das neue Teilchen, das Ψ′ (sprich: „Psi-strich"), eine schmale Resonanzbreite und darum eine verhältnismäßig lange Lebensdauer. Die Entdeckungen des Ψ′ und des J/Ψ waren für die Physiker eine Überraschung. Es war, als wären Anthropologen auf einen Volksstamm gestoßen, dessen Angehörige bis zu 70 000 Jahre alt würden. Was aber konnte der Grund für die lange Lebensdauer der neuen Teilchen sein?

Am wahrscheinlichsten war, daß das Ψ′ und das J/Ψ irgendeine neue Eigenschaft besaßen, die sie nicht ohne weiteres loswerden konnten und die einen raschen Zerfall verhinderte (ganz ähnlich gelagert war der Fall ja bei den seltsamen Teilchen, für die man die neue Eigenschaft Seltsamkeit postuliert hatte). In den Monaten nach diesen Entdeckungen wurde eine enorme Anzahl wissenschaftlicher Arbeiten veröffentlicht, die Erklärungen für die Stabilität der neuen Teilchen anboten; mit der Zeit setzte sich jedoch eine der Theorien durch.

Um 1970 hatten die Theoretiker Sheldon Lee Glashow, John Iliopoulos und Luciano Maiani untersucht, wie man das Verhalten der Quarks im Rahmen der neuen, vereinigten Theorie von Elektromagnetismus und schwacher Kraft beschreiben könnte. Sie kamen zu dem Ergebnis, daß eine solche Theorie nur dann konsistent aufgestellt werden konnte, wenn eine vierte Art Quark existierte, das sie charm-Quark nannten. (Ein viertes Quark war bereits 1964 wegen der Quark-Lepton-Symmetrie von Bjorken, Glashow und anderen gefordert worden.) Die im Jahre 1973 in Neutrinoexperimenten beobachteten neutralen Ströme (siehe Seite 180) stützten die vereinigte Theorie, und mit der Entdeckung des J/Ψ war dann das charm-Quark mit einem Male in aller Munde. Die Eigenschaften des J/Ψ und seines schwereren Verwandten konnten nämlich leicht erklärt werden, wenn man annahm, daß sie beide aus einem charm-Quark und seinem Antiquark aufgebaut seien.

Ein Teilchen aus einem charm-Quark und einem charm-Antiquark trägt zwar die Eigenschaft Charm in sich, zeigt sie aber nach außen insgesamt nicht − der Charm des Quarks und der Anticharm des Antiquarks heben einander auf. Ganz ähnlich verhält es sich mit dem „exotischen Atom" Positronium, das aus einem Elektron und einem Positron besteht. Hier gleichen sich die beiden entgegengesetzten elektrischen Ladungen insgesamt aus. Darüber hinaus ist das Positronium instabil; es überlebt nur so lange, wie das Elektron und das Positron sich nicht „berühren" und vernichten. Ein System aus einem charm-Quark und einem charm-Antiquark ist ebenfalls nur so lange stabil, wie das Quark seinem Antiquark nicht zu nahe kommt. Wegen der Parallele zum Positronium bezeichnet man dieses System als Charmonium.

Das charm-Quark und sein Antiquark „umkreisen" einander ähnlich wie Elektron und Proton im Wasserstoffatom oder Elektron und Positron im Positronium. Und wie das Wasserstoffatom oder das Positronium besitzt auch das Charmonium eine Vielzahl von Orbitalen mit verschiedenen Energien. Wenn sich Quark und Antiquark mit hoher Energie umkreisen, bilden sie ein verhältnismäßig schweres Teilchen − Energie ist ja gleichbedeutend mit

Masse. Gehen Quark und Antiquark in einen niedrigeren Energiezustand über, strahlt dieses schwerere Teilchen Energie ab und kann somit zu einem leichteren Teilchen werden: Die abgegebene Energie materialisiert in Form von Pionen, Müonen, Elektronen oder Photonen. Befinden sich das Quark und das Antiquark schließlich im Grundzustand − dem Zustand mit der niedrigsten Energie −, können sie keine weitere Energie abstrahlen. Statt dessen vernichten sie einander nach einer gewissen Zeit, wobei die ihnen verbliebene Energie zerstrahlt und ebenfalls in Form von leichteren Teilchen materialisiert.

Unter den Energiezuständen des Charmoniums, die in Elektron-Positron-Vernichtungen direkt erzeugt werden können, hat das J/Ψ die niedrigste Energie, das Ψ′ die zweitniedrigste. Tatsächlich kann beim Zerfall eines Ψ′ ein J/Ψ entstehen. In Abbildung 9.4 sehen wir, wie ein Ψ′ in ein J/Ψ zerfiel, wobei die überschüssige Energie in Form zweier Pionen (einem positiven und einem negativen) abgegeben wurde; das J/Ψ zerfiel unmittelbar darauf, als

9.4 Ein Ψ′-Teilchen hatte hier seinen griechischen Buchstaben im Mark-I-Detektor zurückgelassen, als es in zwei Pionen, π^+ und π^- (gekrümmte Spuren), und in ein J/Ψ zerfiel, das sich seinerseits augenblicklich in ein Positron (e$^+$) und ein Elektron (e$^-$) umwandelte. Das Achteck stellt den Umriß des Detektors dar, der einen Radius von etwa zwei Metern hat. Die Kreuze markieren Treffer in den vier Schichten konzentrisch um das Strahlrohr angeordneter, zylinderförmiger Funkenkammern, und die schwarzen Balken zeigen an, welche Szintillationszähler angesprochen haben. Das Ψ′ war bei der Vernichtung eines Elektrons und eines Positrons erzeugt worden, die jeweils senkrecht zur Bildebene, von vorne beziehungsweise aus dem Bildhintergrund kommend, im Zentrum des Mark-I-Detektors frontal kollidierten.

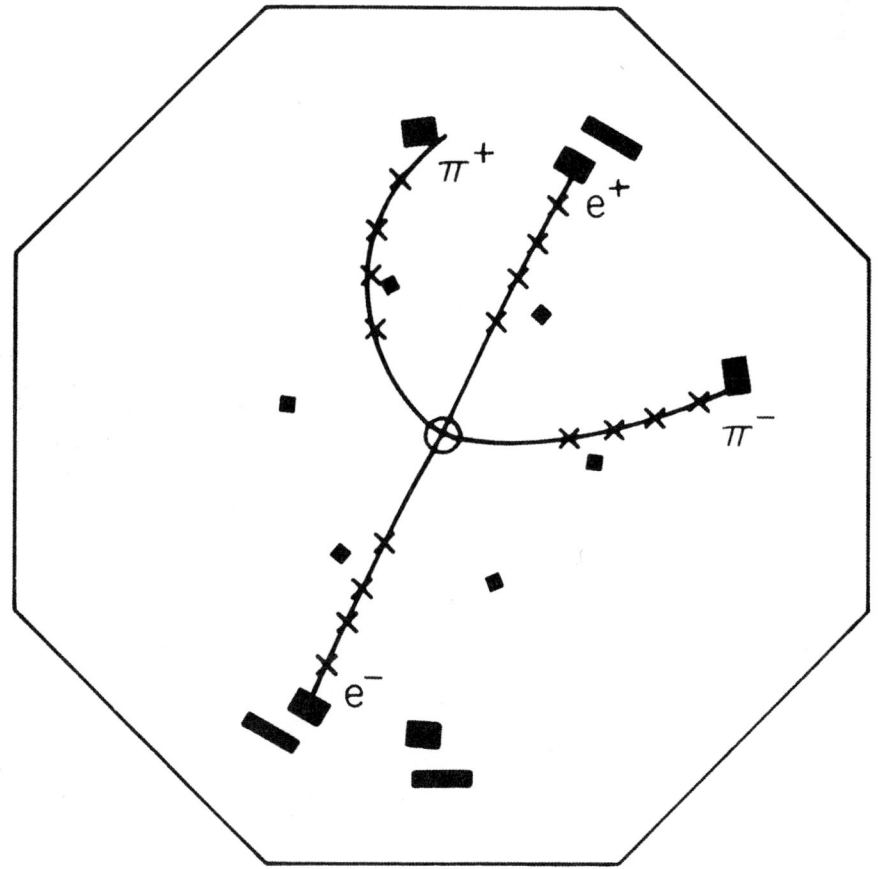

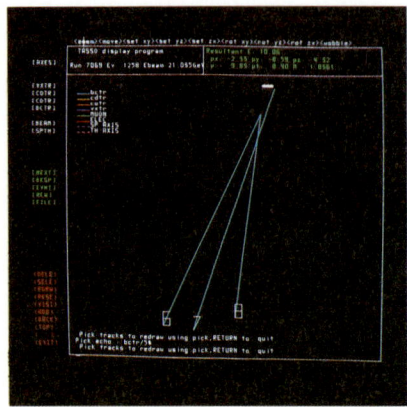

9.5 Der Zerfall eines Charm-Teilchens im TASSO-Detektor am DESY. Das Bild zeigt nur die Treffer, die im Vertex-Detektor registriert wurden — einer zylinderförmigen Drahtkammer, die das Strahlrohr umschließt und geladene Teilchen auf den ersten sieben Zentimetern ihrer Bahn außerhalb des Rohrs nachweist. (Die trefferfreie kreisförmige Zone in der Bildmitte stellt das Strahlrohr dar.) Ein Computer hat die Flugbahnen durch die Trefferpunkte durchgezogen und bis in die für den Detektor unsichtbare Zone innerhalb des Strahlrohrs zurückverlängert.

9.6 Wenn man diese Zone vergrößert, wird deutlich, daß die Spuren 6 und 8 ein „V" bilden, dessen Spitze einen knappen Millimeter unterhalb des Strahldurchgangs (weißer Querstrich) liegt. Das „V" stammt von den Zerfallsprodukten eines Charm-Teilchens, eines D-null, das seinerseits zusammen mit einem Pion (Spur 7) beim Zerfall eines D-stern entstand; das D-stern wurde direkt bei der Elektron-Positron-Vernichtung erzeugt.

das charm-Quark und sein Antiquark einander vernichteten und ihre Energie in Form eines Positrons und eines Elektrons rematerialisierte. Die Spuren der Teilchen bildeten den griechischen Buchstaben Ψ.

Das Charmonium ist viel schwerer als all die anderen Teilchen, denen wir bisher begegneten. Die unerwartet hohe Stabilität des Charmoniums sowie die Form seines Zustandsspektrums bestätigten eindrucksvoll eine Überlegung der Theoretiker, wonach die Stärke der zwischen den Quarks wirkenden starken Kraft mit steigender Energie (kleinerem Abstand) *abnimmt*. Dies könnte aber bedeuten, daß die starke

Kraft bei extrem hohen Energien (im Bereich von 10^{15} GeV) gerade noch so stark wie die elektromagnetische Kraft sein mag, die normalerweise — bei atomaren Größenordnungen von einigen wenigen Elektronenvolt — etwa hundertmal schwächer ist als die starke Kraft. Vielleicht könnten die Quarkkraft und die elektromagnetische Kraft bei solch hohen Energien sogar genau gleich stark werden. Dieses Konzept, das die Grundkräfte der Natur bei sehr hohen Energien zu einer einzigen „Urkraft" vereinigt, ist die zentrale Idee der „Großen Vereinigungstheorien" (**G**rand **U**nified **T**heories, kurz GUTs).

Teilchen mit Charm

Up-, down- und strange-Quarks können sich zu dritt zu Baryonen zusammenschließen, beispielsweise zu einem Proton, Neutron oder einem Lambda, oder sie können Quark-Antiquark-Paare bilden und damit Mesonen wie das Pion und das Kaon formen. Auch das charm-Quark kann sich mit irgendeinem dieser drei leichteren Quarks zusammentun, wobei es denselben Regeln der Anziehung und Abstoßung gehorcht, um Charm-Baryonen und Charm-Mesonen hervorzubringen. Die Bezeichnungen Baryon und Meson leiten sich dabei von den griechischen Worten „barys" und „mesos" für schwer und mittel(schwer) ab. So wie es eine Welt aus seltsamer Materie gibt, die die Physiker in den frühen fünfziger Jahren entdeckten, so sollte es auch „Materie mit Charme" geben, die charm-Quarks und ihre Antiquarks enthält. Nach der Entdeckung der Charmonium-Familie begann die Suche nach dieser neuen Welt; doch die Charm-Teilchen haben viel kürzere Lebensdauern als ihre seltsamen Partner, so daß es eine lange und schwierige Suche wurde.

Abbildung 9.5 veranschaulicht die Probleme, denen sich die „Charm-Jäger" gegenübersahen. Sie zeigt die Nachwirkungen einer Elektron-Positron-Vernichtung, die vom TASSO-Experiment am PETRA-Collider in Hamburg registriert wurden. Unter den vielen Spuren sind drei, die von den Zerfallsprodukten eines Charm-Mesons stammen und im Detailausschnitt (Abbildung 9.6) deutlicher zu sehen sind.

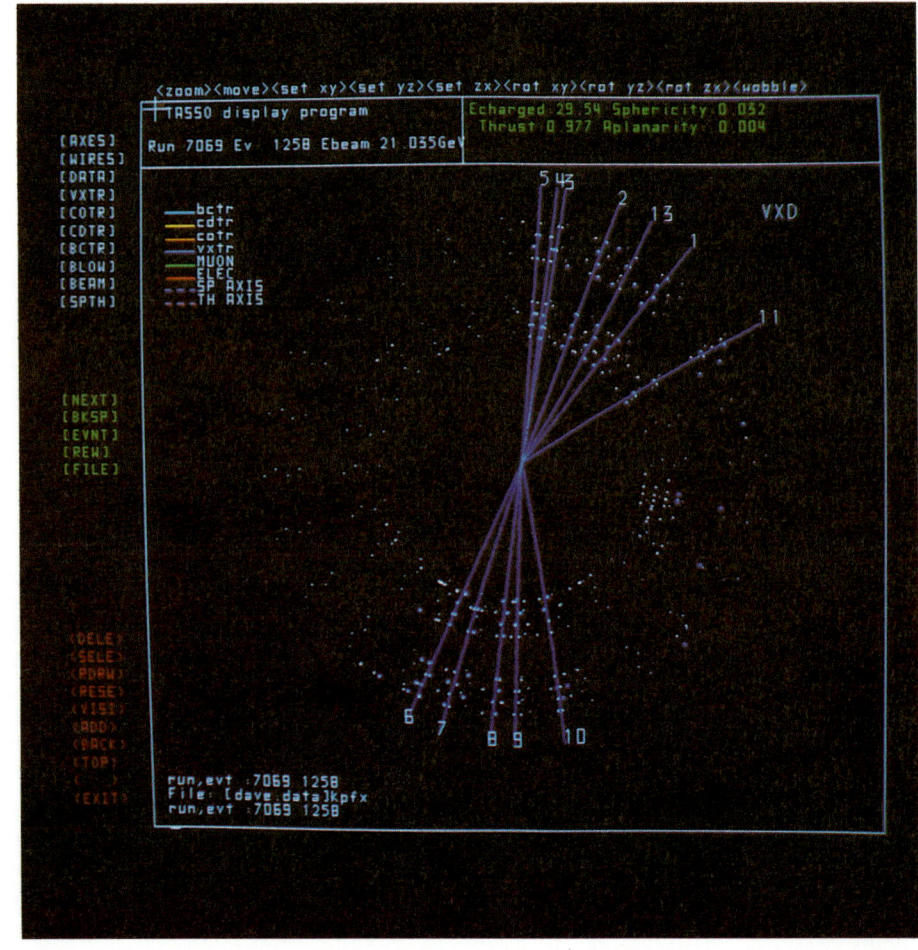

Ein elektrisch geladenes D* (sprich: „D-stern"), das aus einem charm-Quark und einem down-Antiquark besteht, zerfiel in ein elektrisch neutrales D-null und emittierte dabei gleichzeitig ein geladenes Pion. Dieser Zerfall geschah sehr schnell, so daß die Spur des Pions direkt am Wechselwirkungspunkt zu entspringen scheint, wo sich das Elektron und das Positron vernichteten. Das D-null (ein charm-Quark und ein up-Antiquark) nahm sich mehr Zeit — ungefähr 5×10^{-13} Sekunden — und legte etwas weniger als einen Millimeter zurück, bevor es ebenfalls zerfiel, und zwar in ein Kaon (Spur 8) und ein Pion (Spur 6).

Der eigentliche Vernichtungsprozeß im Wechselwirkungspunkt, dem sogenannten Vertex, und die nachfolgende Erzeugung sowie der Zerfall des D-stern und des D-null fanden alle innerhalb des Strahlrohrs von PETRA statt, das einen Durchmesser von 13 Zentimetern hat, und waren daher für TASSOs Detektoren unsichtbar. Die Ereignisse im unmittelbaren Umkreis des Wechselwirkungspunkts können aber wie in Abbildung 9.6 mit Hilfe des Computers rekonstruiert werden. Eine Präzisions-Drahtkammer im TASSO-Detektor registriert die Spuren auf den ersten sieben Zentimetern, nachdem die Teilchen aus dem Strahlrohr ausgetreten sind; diese Spuren können dann zu ihrem Ursprung zurückverlängert werden, um zum Vorschein zu bringen, was um den Vertex herum passiert ist.

In Kapitel 5 sahen wir, daß die starke Kraft die seltsamen Teilchen in den Teilchenkollisionen stets paarweise erzeugt — die Physiker sprechen von einer assoziierten Produktion; dies ist deshalb so, weil die Erzeugung eines strange-Quarks mittels der starken Kraft immer durch die Erzeugung eines strange-Antiquarks (mit entgegengesetzter Seltsamkeit) ausgeglichen wird, das für die Erhaltung der Seltsamkeit sorgt. Genau dieselbe Regel gilt auch für Teilchen mit Charm: Wenn die starke Kraft ein charm-Quark erzeugt, muß sie gleichzeitig auch ein charm-Antiquark erzeugen. Charm-Anticharm-Paare entstehen häufig in Elektron-Positron-Vernichtungen, und manchmal schließen sich die beiden auch zusammen und bilden ein

9.7 Der „Fußabdruck" einer assoziierten Produktion von Teilchen mit Charm in der „Hybrid Facility"-Blasenkammer am SLAC. Ein unsichtbares Photon war vom oberen Rand ins Bild eingedrungen und kollidierte mit einem Proton im flüssigen Wasserstoff der Kammer, wobei zwei Charm-Teilchen entstanden: Das eine war elektrisch neutral, das andere geladen. Das neutrale Teilchen, vermutlich ein D-null, hinterließ keine Spur, erzeugte aber bei seinem Zerfall das „V" auf der linken Seite des Bilds. Das geladene Charm-Teilchen kam ungefähr zwei Millimeter weit, bis es ebenfalls zerfiel, und zwar in drei geladene Teilchen. In dieser Blasenkammer läßt man die Blasen nur auf etwa 0,055 Millimeter Durchmesser anwachsen, bevor sie photographiert werden. Das gewährleistet die hohe Auflösung, die man für die Beobachtung der Spuren von kurzlebigen Charm-Teilchen benötigt (vergleiche dazu Abbildung 9.9). Die Aufnahme wurde nachträglich eingefärbt.

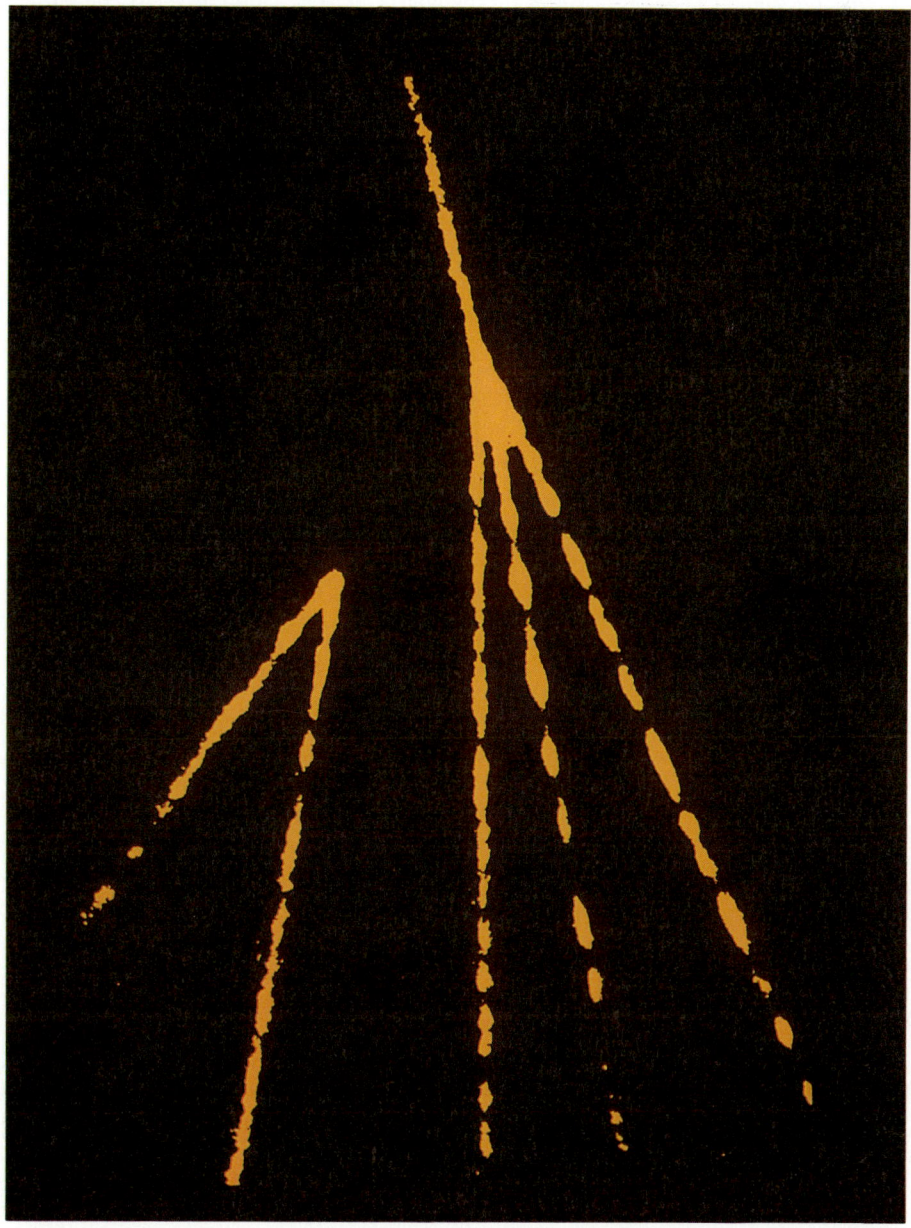

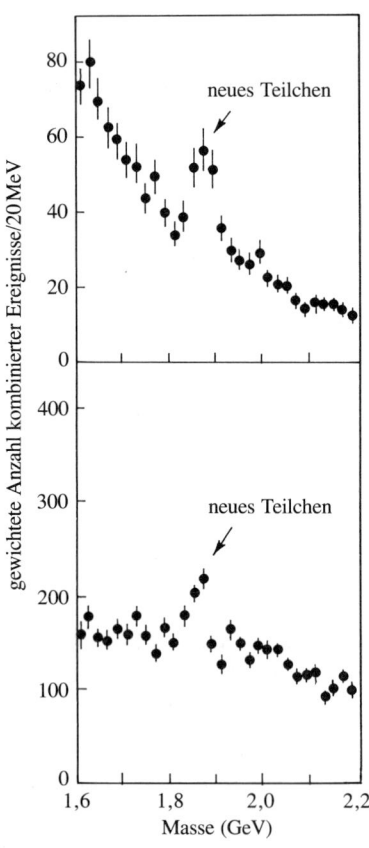

9.8 Den ersten eindeutigen Nachweis eines Charm-Teilchens — des D-null — lieferten diese graphischen Darstellungen von Daten aus dem Mark-I-Detektor. Im oberen Diagramm ist die Häufigkeit, mit der ein positives (oder negatives) Pion zusammen mit einem negativen (oder positiven) Kaon erzeugt wurde, über deren jeweilige Gesamtenergie (Masse) aufgetragen. Das untere Diagramm stellt dieselbe Abhängigkeit für die gemeinsame Erzeugung eines Pions und dreier Kaonen dar. Beide Darstellungen zeigen einen deutlichen „Peak" bei 1,865 GeV, ein klares Indiz dafür, daß die gemessenen Teilchenkombinationen aus dem Zerfall eines Teilchens mit einer Masse von 1,865 GeV stammen: eines D-null.

Charmonium; wenn sie bei der Wechselwirkung allerdings eine genügend hohe Geschwindigkeit mitbekommen haben, können sie der zwischen ihnen wirkenden starken Anziehungskraft entkommen und sich statt dessen mit up-, down- und strange-Quarks sowie Antiquarks verbinden, die ebenfalls aus der Strahlungsenergie der Vernichtungsreaktion materialisierten. So entstehen zwei Charm-Teilchen, die einzeln auseinanderfliegen und schließlich — jedes für sich — in einem Prozeß zerfallen, der dem Betazerfall des Neutrons völlig analog ist und bei dem sich ein Quark in ein anderes umwandelt. Die in der Ausgangsreaktion von der starken Kraft erzeugten Charm-Ladungen — von denen man in Analogie zu den elektrischen Ladungen spricht — „fließen" also durch das Wirken der schwachen Kraft, die auch für den Betazerfall verantwortlich ist, nach und nach ab.

Die Theorie sagt voraus, daß das charm-Quark eher in ein strange-Quark als in ein up- oder down-Quark übergehen sollte. Folglich müßten seltsame Teilchen wie zum Beispiel Kaonen von dem kurzen Auftritt und anschließenden Zerfall eines Charm-Teilchens zeugen. Auf diesem Weg wurde 1975 das erste Teilchen mit Charm entdeckt. Gerson Goldhaber aus Berkeley hatte dazu eine gründliche Auswertung der Daten aus Elektron-Positron-Kollisionen am SPEAR in Angriff genommen. Er addierte die Energien und Impulse für verschiedene Kombinationen von Pionen und Kaonen auf, die aus den Elektron-Positron-Vernichtungen materialisierten, und war so schließlich in der Lage zu zeigen, daß einige dieser Kombinationen bei bestimmten Gesamtenergien der Pionen und Kaonen häufiger vorkamen. Bei diesen Energien mußte zunächst ein neutrales Charm-Meson aufgetreten sein — mit einer Masse von 1,865 GeV —, das anschließend in die entsprechende Teilchenkombination zerfallen war (siehe Abbildung 9.8); damit war zum ersten Mal das D-null gesichtet. Zudem hatte sich bestätigt, daß sich charm-Quarks unter dem Einfluß der schwachen Kraft vorzugsweise in strange-Quarks umwandeln.

Dieses Vorgehen bei den Charm-Teilchen, also das Aufsuchen von Resonanzspitzen

in den Energieverteilungen, erinnert an die Entdeckung des J/Psi und anderer kurzlebiger Resonanzen. Aber die Lebensdauern und damit die Reichweiten der Charm-Teilchen — in der Größenordnung von 10^{-13} Sekunden — sind viel länger als die des J/Psi (10^{-20} Sekunden) und nahe der Grenze dessen, was in den Blasenkammern Mitte der siebziger Jahre direkt nachgewiesen werden konnte. Moderne hochauflösende Blasenkammern, die inzwischen zur Verfügung stehen, können die Spuren von Charm-Teilchen direkt aufnehmen. Solche Aufnahmen rechtfertigen im nachhinein die Vorgehensweise, Teilchen indirekt anhand der Energie-Impuls-Diagramme zu identifizieren.

Ein Beispiel dafür ist in Abbildung 9.7 zu sehen. In diesem Fall lieferte ein Photon die Energie für die Erzeugung eines Teilchenpaares mit Charm, als es auf ein Proton in einer Blasenkammer am SLAC traf. Dabei entstanden zwei Charm-Mesonen, ein geladenes und ein elektrisch neutrales. Das geladene Meson hinterließ eine sichtbare Spur und zerfiel dann in drei geladene Teilchen, deren Spuren ebenfalls zu sehen sind. Das neutrale Charm-Meson zerfiel in ein negativ und ein positiv geladenes Teilchen, deren Spuren ein „V" bilden. Das Besondere an diesem Bild ist, daß wir die Flugstrecken der Charm-Teilchen vor ihrem Zerfall messen und damit ihre Lebensdauern berechnen können.

In den letzten 15 Jahren haben die Teilchenphysiker viele Details über eine ganze Reihe von Charm-Teilchen — sowohl Mesonen als auch Baryonen — zusammengetragen, die allesamt etwa doppelt so schwer wie das Proton sind. Abbildung 9.9 zeigt eine der ersten Aufnahmen, die als Zerfall eines Sigmateilchens mit Charm — eines Charm-Baryons — interpretiert werden konnte und die 1975 in der 2,1-Meter-Blasenkammer in Brookhaven photographiert wurde. Hier können wir die Spur des Charm-Teilchens nicht erkennen, sondern seine Existenz nur aus den Informationen ableiten, die in den Spuren seiner Zerfallsprodukte enthalten sind. Ein Neutrino, das selbst keine Spur erzeugt, war in die Blasenkammer eingedrungen und mit einem Proton in Wechselwirkung getreten. Dabei entstanden ein Müon und

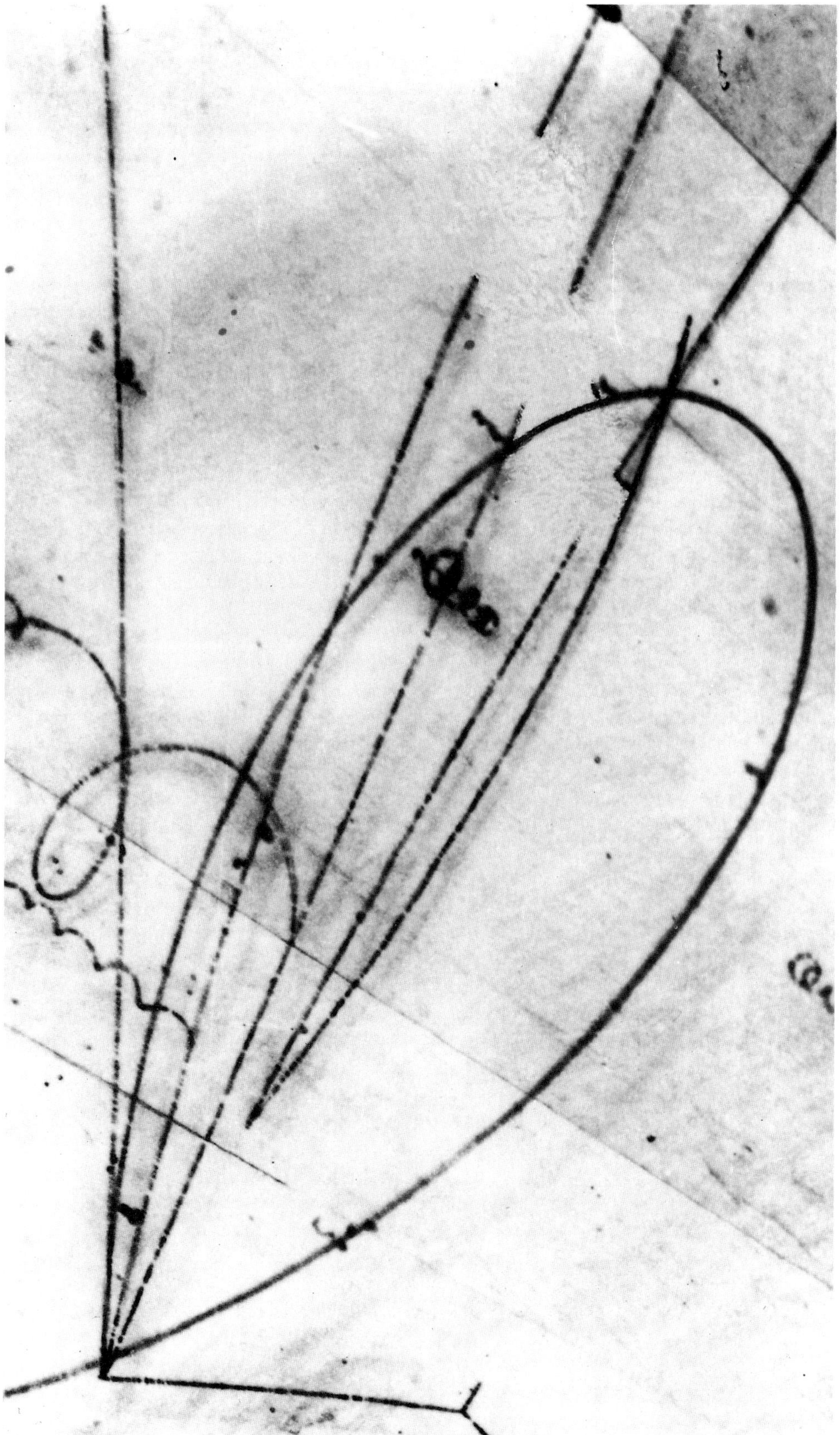

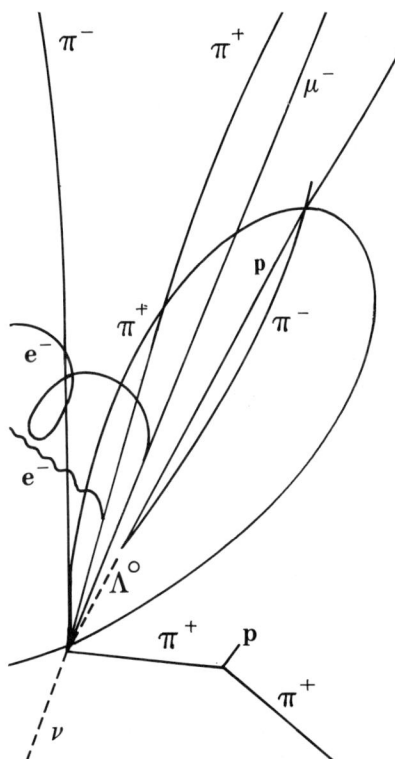

9.9 Eines der ersten Beispiele für ein Ereignis, das als Erzeugung und Zerfall eines Charm-Baryons (eines Teilchens aus drei Quarks, darunter ein charm-Quark) interpretiert werden konnte. Die Aufnahme wurde 1974 in der 2,1-Meter-Blasenkammer in Brookhaven photographiert. Ein Neutrino (ν) kam vom linken unteren Rand ins Bild und kollidierte mit einem Proton in der Kammerflüssigkeit. Bei der Kollision entstanden anscheinend fünf geladene Teilchen — ein negatives Müon (μ^-), drei positive Pionen (π^+) und ein negatives Pion (π^-) — sowie ein neutrales Lambda (Λ^0). Das Müon und eines der Pionen schlugen Elektronen (e^-) aus Atomen der Kammerflüssigkeit heraus, die im Magnetfeld der Kammer spiralförmige Spuren hinterließen. Das Lambda erzeugte das charakteristische „V", als es in ein Proton (p) und ein Pi-minus (π^-) zerfiel. Die Impulse und Winkel der Spuren ergaben insgesamt, daß das Lambda und die vier mit ihm erzeugten Pionen aus dem Zerfall eines Charm tragenden Sigmateilchens mit einer Masse von etwa 2,4 GeV stammen mußten. Der Zerfall des Charm-Teilchens (des neben dem Müon ursprünglichen Kollisionsprodukts) verlief aber zu rasch — innerhalb von 10^{-12} Sekunden —, um in dieser Kammer eine beobachtbare Spur zu hinterlassen (vergleiche Abbildung 9.7).

ein „Charm-Sigma", das dem Sigmateilchen (siehe Seite 120−123) ähnlich ist, aber anstelle des strange-Quarks ein charm-Quark enthält. Das Müon verließ rasch die Szene und hinterließ eine lange, fast geradlinige Spur; das Charm-Sigma hingegen zerfiel, bevor es überhaupt eine sichtbare Spur hinterlassen konnte.

Die Entdeckung der Charm-Teilchen in den siebziger Jahren zeigte, daß in der Natur eine Symmetrie zwischen Quarks und Leptonen existiert: Das Elektron und sein Neutrino sind demnach den up- und down-Quarks, das Müon und sein Neutrino den strange- und charm-Quarks zugeordnet. Unsere Alltagswelt umfaßt Materie, deren Atomkerne up- und down-Quarks enthalten; der Aufbau dieser Materie in Kernreaktionen im Inneren der Sterne und in Supernovae beruht auf radioaktiven Umwandlungen zwischen up- und down-Quarks. Der Betazerfall eines Neutrons in ein Proton, bei dem ein down-Quark in ein up-Quark übergeht und gleichzeitig ein Elektron und ein Antineutrino emittiert, ist ein klassisches Beispiel für einen solchen Umwandlungsprozeß.

Wir können uns jedoch auch ein anderes, „zweites Universum" vorstellen, das aus strange- und charm-Quarks aufgebaut ist, und deren radioaktive Umwandlungen denen zwischen up- und down-Quarks entsprechen. Solche seltsame und „gecharmte" Materie existierte vermutlich für einen kurzen Augenblick unmittelbar nach dem Urknall gleichberechtigt mit der Materie aus up- und down-Quarks. Heute können wir nur mehr einen flüchtigen Eindruck von Seltsamkeit und „Charme" erhaschen; die genaue Bedeutung dieser Qualitäten ist uns in den bisherigen Experimenten verborgen geblieben.

Das Tau

Die Teilchenphysiker waren noch dabei, ihre neuentdeckte Symmetrie zwischen den vier Quark-Arten und den vier Leptonen zu feiern, als auch schon ein weiterer, unerwarteter „Gast" auf dem Fest auftauchte und die Ordnung wieder durcheinander brachte: das Tau (abgekürzt: τ). Ein Team am Mark-I-Detektor, an dem auch die ersten Anzeichen von Charm registriert worden waren, hatte das unverhoffte Teilchen aufgestöbert. Das Tau, ein elektrisch geladenes Lepton, ist eine − allerdings viel schwerere − Version des Elektrons und des Müons. Es wiegt etwa doppelt soviel wie ein Proton, 20mal soviel wie das Müon und sogar 4000mal soviel wie das Elektron. Wie diese Massenverhältnisse der fundamentalen Teilchen zustande kommen, ist heute eines der großen Rätsel der Teilchenphysik.

Wie das Elektron und das Müon ist das Tau elektrisch negativ geladen und besitzt auch ein positiv geladenes Gegenstück aus Antimaterie. Es wird nicht von der starken Kraft beeinflußt, nimmt aber an Wechselwirkungen teil, die der elektromagnetischen und schwachen Kraft unterliegen; und genauso, wie das Elektron und das Müon von ihren jeweils verschiedenen Neutrinos begleitet werden, vermuten wir, daß auch das Tau zusammen mit einer dritten Spielart des Neutrinos, dem *Tau-Neutrino* (ν_τ), auftritt und somit die Gesamtzahl der Leptonen auf sechs erhöht. (Das Tau-Neutrino ist bislang (1989) noch nicht beobachtet worden; man nimmt aber seine Existenz aufgrund fehlender Impuls- und Energiebeträge beim Tauzerfall an.)

Damit ein Teilchen in einer Elektron-Positron-Vernichtung erzeugt werden kann, muß die Gesamtenergie groß genug sein, um das Teilchen samt seinem Antiteilchen zu produzieren. Ab einer Gesamtenergie von etwa 3,6 GeV kann man dann also mit der Erzeugung eines Tau und eines Antitau rechnen, die in entgegengesetzte Richtungen davonschießen. In vier von 100 Ereignissen wird das negative Tau dann in ein Elektron und zwei Neutrinos sowie das positive Antitau in ein positives Müon und zwei Neutrinos zerfallen. In einem anderen charakteristischen Zerfall erzeugen das Tau und das Antitau ein negatives Müon und ein Positron zusammen mit den entsprechenden unsichtbaren Neutrinos. Gleichartige Leptonpaare wie ein Elektron und ein Positron vernichten einander, aber ein Elektron und ein Müon (oder ein Positron und ein Müon) entkommen der Wechselwirkungszone. Solche ungewöhnlichen Ereignisse am Mark-I-Detektor des Elektron-Positron-Colliders SPEAR gaben Martin Perl und seinen Mitarbeitern 1974 die ersten Hinweise auf die Existenz eines Tauteilchens; doch erst 1975 konnten die Physiker diese Ereignisse eindeutig auf ein schweres Lepton zurückführen.

An den modernen Elektron-Positron-Collidern, die viel höhere Energien als die 8 GeV des SPEAR erreichen, können Tauteilchen heute selbst dann identifiziert werden, wenn sie auf andere Weise zerfallen. Anders als das Müon kann das Tau nämlich auch in Teilchen zerfallen, die Quarks enthalten, wie zum Beispiel in

Pionen und Kaonen; denn das Tau ist schwer genug, um Quark und Antiquark eines Pions oder Kaons zu erzeugen, die außerdem von einem energiereichen (Tau-) Neutrino begleitet werden, das eine Eigenschaft des Tau-Leptons, die Leptonenzahl, übernimmt, die ebenfalls bei dem Prozeß erhalten bleiben muß. In niederenergetischen Elektron-Positron-Vernichtungen kann man die aus Tauzerfällen stammenden Pionen und Kaonen nur schwer von den vielen anderen Teilchen unterscheiden, die nach den Vernichtungen materialisieren. Für höherenergetische Vernichtungsreaktionen sind jedoch Jets aus sehr vielen Teilchen charakteristisch, wovon sich die wenigen, vereinzelten Teilchen eines Tauzerfalls deutlich abheben.

Ein besonders auffälliges Kennzeichen ist der sogenannte „3 + 1"-Zerfall des Tau, der in Abbildung 9.10 zu sehen ist. In der Ausgangsreaktion wurde hierbei zunächst ein positives Tau zusammen mit einem negativen Tau erzeugt. Eines der Taus zer-

9.10 Der charakteristische „3 + 1"-Zerfall eines Tau-plus und eines Tau-minus im TASSO-Detektor am DESY. Ein Elektron und ein Positron vernichteten einander im Zentrum des Detektors (das gelbe Kreuz). Aus der Strahlungsenergie materialisierten ein Tauplus und ein Tau-minus, die in entgegengesetzte Richtungen davonschossen, aber noch innerhalb des Strahlrohrs (des gelben Kreises) zerfielen. Das Tau-plus zerfiel in zwei Neutrinos, die keine Spuren hinterließen, und in ein positives Müon, das zum linken unteren Bildrand raste. Das Müon kann identifiziert werden, weil es die Argon- und Bleischichten (violette Blöcke) der Schauerzähler durchdrang und einen Treffer in einer der Müon-Kammern erzielte. (Die blaue Linie deutet die Größe der Kammer an, und das blaue Kreuz markiert den Ort des Treffers.) Das Tau-minus seinerseits zerfiel in ein unsichtbares Neutrino und drei geladene Pionen, die nach oben rechts flogen. Die Pionen und das Müon hinterließen Spuren in der Driftkammer, die den größten Teil des Raums zwischen dem Strahlrohr und den Schauerzählern ausfüllt. Blaue Punkte zeigen an, welche Drähte der Driftkammer getroffen wurden; der Computer hat daraus die rot eingezeichneten Spuren der Teilchen berechnet. Die äußeren Drähte der Driftkammer sind etwa 1,3 Meter vom Zentrum des Detektors entfernt.

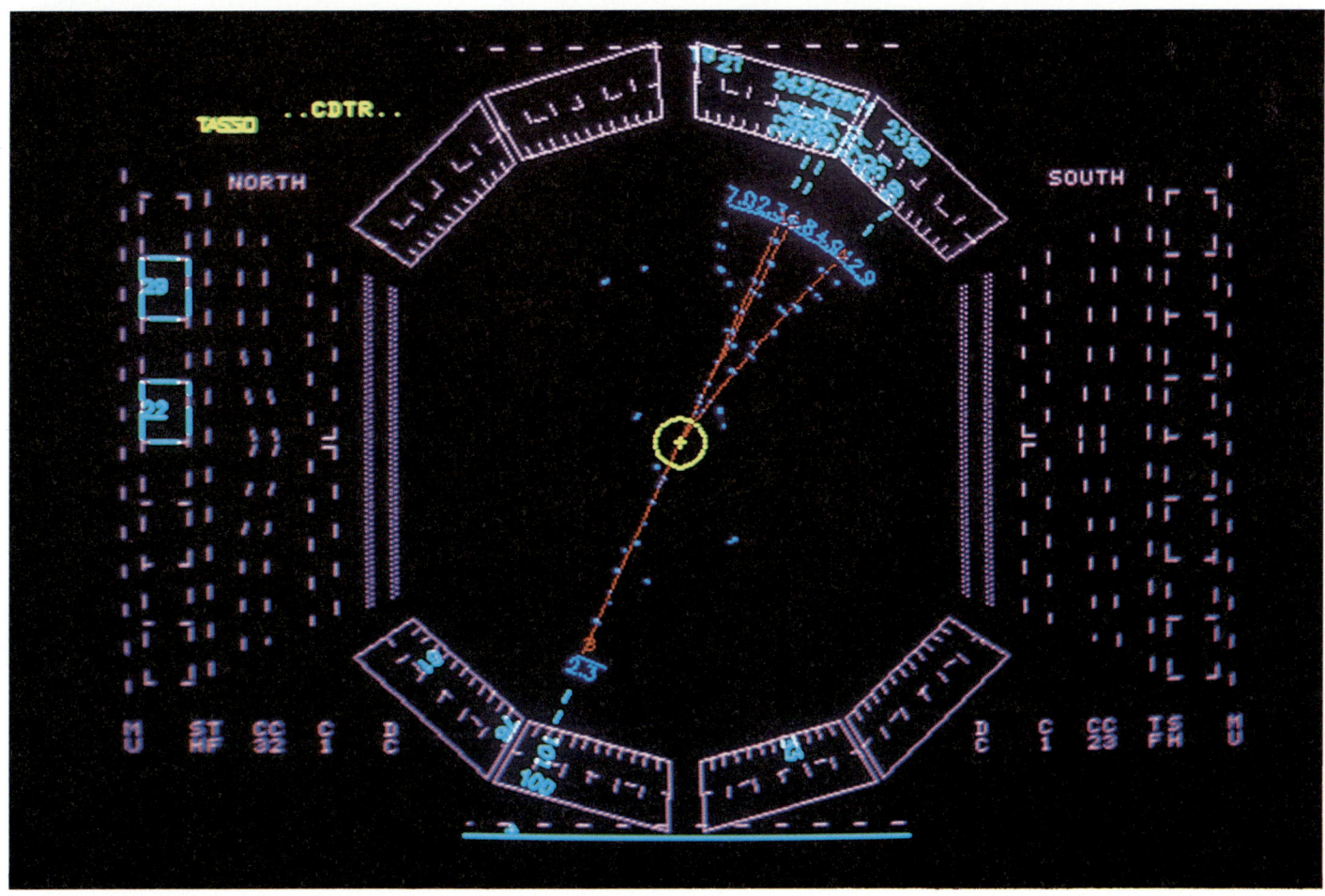

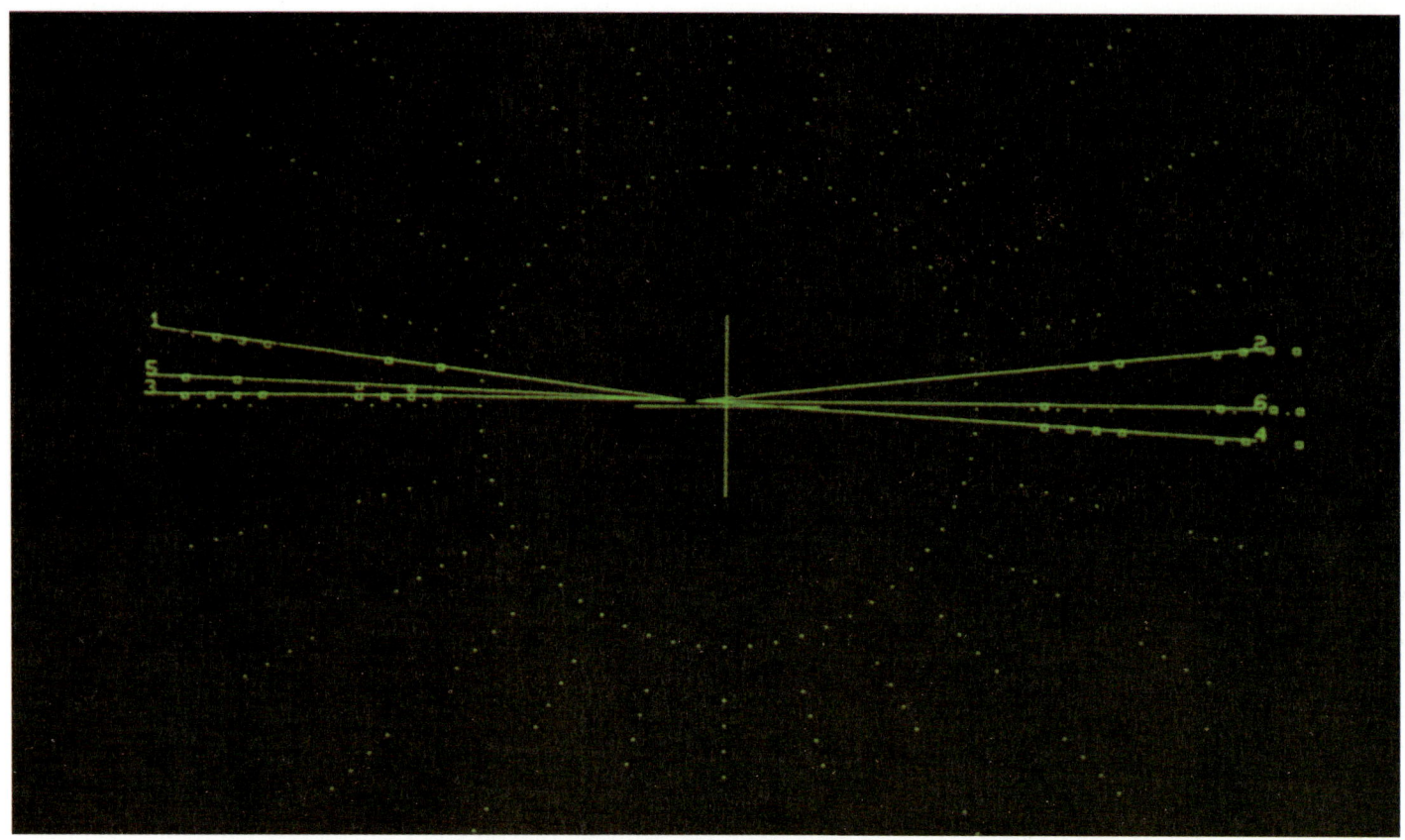

9.11 Ein „3 + 3"-Zerfall zweier Tauteilchen innerhalb des Strahlrohrs im Zentrum des TASSO-Detektors. In einer Elektron-Positron-Vernichtung waren ein Tau-plus und ein Tau-minus entstanden, die fast augenblicklich jeweils in drei geladene Pionen und ein Neutrino zerfielen. Die Pionen hinterließen Spuren in der Vertexkammer, die das Strahlrohr umschließt (siehe Abbildung 9.5). Der Computer extrapolierte diese Spuren zu ihrem Ursprung im Strahlrohr, wodurch erkennbar wird, daß sie von zwei verschiedenen Punkten in der Nähe des Strahldurchgangs ausgehen. Die kleine Lücke zwischen diesen beiden Punkten ist die Gesamtstrecke, die das Tau und das Antitau zurücklegten, als sie von ihrem gemeinsamen Ursprungsort in entgegengesetzte Richtungen davonschossen, bis sie zerfielen. Der gepunktete Kreis deutet den Umriß des Strahlrohrs an, das einen Durchmesser von 13 Zentimetern hat.

fiel in drei geladene Teilchen, deren Spuren mehr oder weniger in dieselbe Richtung führen; in der entgegengesetzten Richtung hinterließ ein einzelnes geladenes Teilchen seine Spur, das aus dem Zerfall des anderen Tau stammt.

Die Theorie besagt, daß — falls das Tau tatsächlich als eine schwere Version des Elektrons und des Müons betrachtet werden kann — die Lebensdauern des Tau und des Müons miteinander in Beziehung stehen müßten; es ergibt sich daraus für das Tau zwingend eine Lebensdauer von 3×10^{-13} Sekunden, was tatsächlich mit dem experimentell gefundenen Wert übereinstimmt.

Diese Lebensdauer ist eigentlich ein statistischer Mittelwert, der bis auf einen Faktor 1,443 der Halbwertszeit entspricht, die angibt, wie lange es dauert, bis die Hälfte einer großen Zahl von Taus zerfallen ist; einzelne Teilchen können aber viel kürzer oder länger leben. Hin und wieder lebt ein Tau sogar so lange, daß in Präzisionsdetektoren die Flugstrecke des Teilchens erfaßt werden kann.

Abbildung 9.11 zeigt den Zerfall zweier Tauteilchen im TASSO-Detektor am DESY in Hamburg. Die Taus zerfielen zwar, bevor sie die erste der zylinderförmigen Detektorschichten erreichten; der Computer konnte aber die Spuren ihrer Zerfallsprodukte zu den Zerfallsorten in der Nähe des Wechselwirkungspunkts zurückverfolgen, wo die Taus in einer Elektron-Positron-Vernichtung erzeugt wurden.

Bottom-Teilchen

»Herzlichen Glückwunsch, Leon. Diesmal hast Du's geschafft!«, begrüßte ein Physiker seinen Kollegen Leon Lederman nach der Entdeckung des Teilchens, das den Namen *Ypsilon* (Y) erhielt. Am 30. Juni 1977 kündigten Lederman, der heute Direktor des Fermilab ist, und sein Team ihren bedeutsamen Fund an. Das Ypsilonteilchen war der erste Hinweis darauf, daß es eine fünfte Art von Quark geben könnte; manchmal wird es zwar auch beauty-Quark genannt − nach „Charme" nun also „Schönheit" −, meist trägt es aber die eher nüchterne Bezeichnung bottom (Boden), in Analogie zum down-Quark (unten). Das bottom-Quark kann mit seinem Antiquark ein gebundenes System, das Bottomonium, bilden, und Ledermans Ypsilon mit einer Masse von 9,46 GeV ist gerade dessen (Spin-Eins)-Zustand mit der niedrigsten Energie.

Das Bottomonium weist enge Analogien zum J/Psi und den anderen Mitgliedern der Charmonium-Familie auf, die aus einem charm-Quark und einem charm-Antiquark zusammengesetzt sind. Mit der Bottom-Materie wiederholt sich sozusagen nochmals die ganze Vielfalt an Materieformen, die man auch in der Charm-Materie vorfindet, allerdings bei deutlich höheren Massen beziehungsweise Energien − das bottom-Quark ist etwa dreimal so schwer wie das charm-Quark. Im Bottomonium „umkreisen" das schwere Quark und Antiquark einander enger als im Charmonium und bilden ein Teilchen, das fünf- bis zehnmal kleiner ist als ein Proton. Das Charmonium und das Bottomonium sind für die Physiker ausgesprochen interessante Objekte, da man an ihnen das Verhalten eng benachbarter Quarks und deren Bindungskraft bei kleiner werdendem Abstand untersuchen kann.

Das Charmonium war noch nicht einmal drei Jahre bekannt, als Lederman seine Entdeckung machte. Die Theoretiker hatten sich allmählich mit der Vorstellung angefreundet, daß es eine Symmetrie zwischen Quarks und Leptonen gab, die jeweils paarweise zusammengehörten. Up- und down-Quark bilden dabei zusammen mit dem Elektron und seinem Neutrino, den Bausteinen unserer Alltagswelt, die erste Generation der fundamentalen Teilchen. Bei höheren Energien sind strange- und charm-Quark dem Müon und seinem Neutrino zugeordnet; sie bilden die zweite fundamentale Teilchengeneration.

Dann wurde jedoch das Tau-Lepton entdeckt. Die Ähnlichkeiten des Tau mit den Leptonen der anderen beiden Generationen legten natürlich die Vermutung nahe, daß es auch eine dritte Generation von Quarks geben könnte. Für viele Physiker war damit bereits ausgemacht, daß es zwei weitere Quarks geben *mußte*, die die Symmetrie zwischen Quarks und Leptonen wiederherstellen würden. Die Theoretiker konnten konkrete Voraussagen über diese beiden Quarks machen. Das eine, das bottom- (oder beauty-)Quark, sollte die elektrische Ladung $-1/3$ und das andere, das schwerere top- (oder truth-)Quark, sollte die Ladung $+2/3$ tragen. (Die Bezeichnungen „top" und „truth" bedeuten soviel wie „an der Spitze" und „Wahrheit".) Ähnlich wie bei den anderen beiden Quarkpaaren erwartete man, daß die zwei Quarks der dritten Generation über die schwache Kraft miteinander in Beziehung stünden; analog dem Betazerfall sollte das top-Quark in das leichtere bottom-Quark übergehen können und dabei gleichzeitig ein Positron emittieren, das die Ladungsdifferenz ausgleicht, sowie ein Neutrino. Ledermans Entdeckung des Ypsilons bestärkte die Theoretiker darin, daß sie auf dem richtigen Weg waren.

Lederman ging bei seinem Experiment im Prinzip genauso vor wie seinerzeit Ting bei der Entdeckung des J/Psi. (Tatsächlich hatte Ledermans Team das J/Psi einige Jahre zuvor in einem Experiment in Brookhaven nur knapp verfehlt.) Tings Team registrierte die Elektron-Positron-Paare, die erzeugt wurden, als ein hochenergetischer Protonenstrahl in ein Berylliumtarget einschlug. Lederman und seine Mitarbeiter entschlossen sich hingegen, Paare aus negativen und positiven Müonen nachzuweisen, die die hochenergetischen Protonen aus dem Protonensynchrotron am Fermilab in ähnlicher Weise erzeugten. Sie benutzten Beryllium, um den Großteil der geladenen Teilchen aus den Kollisionen zu absorbieren; nur die Müonen mit

9.12 Leon Lederman (geboren 1922), seit 1979 Direktor des Fermilab.

229

9.13 Dieses Computerbild einer Elektron-Positron-Vernichtung im CLEO-Detektor an der Cornell-Universität zeigt den Zerfall eines angeregten Zustands des Bottomoniums, das aus einem bottom-Quark und seinem Antiquark besteht. Das Elektron und Positron vernichteten einander im Strahlrohr, angedeutet durch den innersten Kreis im Zentrum des Bildes. Das dabei entstandene „angeregte Ypsilon" emittierte ein unsichtbares Photon und zerfiel in einen anderen angeregten Zustand geringerer Energie; dieser zerfiel dann ebenfalls, und zwar in den Grundzustand mit der niedrigsten Energie, das eigentliche Ypsilon, wobei gleichzeitig ein zweites Photon emittiert wurde. Das erste Photon wandelte sich in ein Elektron (grün) und ein Positron (rot) um, bevor es überhaupt in die Driftkammer eintreten konnte, die sich bis zum großen gelben Kreis ausdehnt. Das zweite Photon „schauerte" unten rechts in den Bleiplatten der Schauerzähler auf (blaue Kreuze) – in der äußersten

ihrem hohen Durchdringungsvermögen kamen durch die Abschirmung hindurch. Nachdem sie das Beryllium passiert hatten, wurden die positiven und negativen Müonen durch Magnete voneinander getrennt und in zwei separate „Arme" der Apparatur gelenkt, die jeweils zwei Meter breit, zwei Meter hoch und etwa 35 Meter lang waren. In jedem Arm registrierte eine Reihe von Detektoren die Energien und Bahnwinkel der Müonen, aus denen die Forscher die Häufigkeit berechnen konnten, mit der die Müonpaare bei verschiedenen Energiewerten auftraten. Bei bestimmten Energiewerten fanden sie deutlich mehr Ereignisse, was darauf hin-

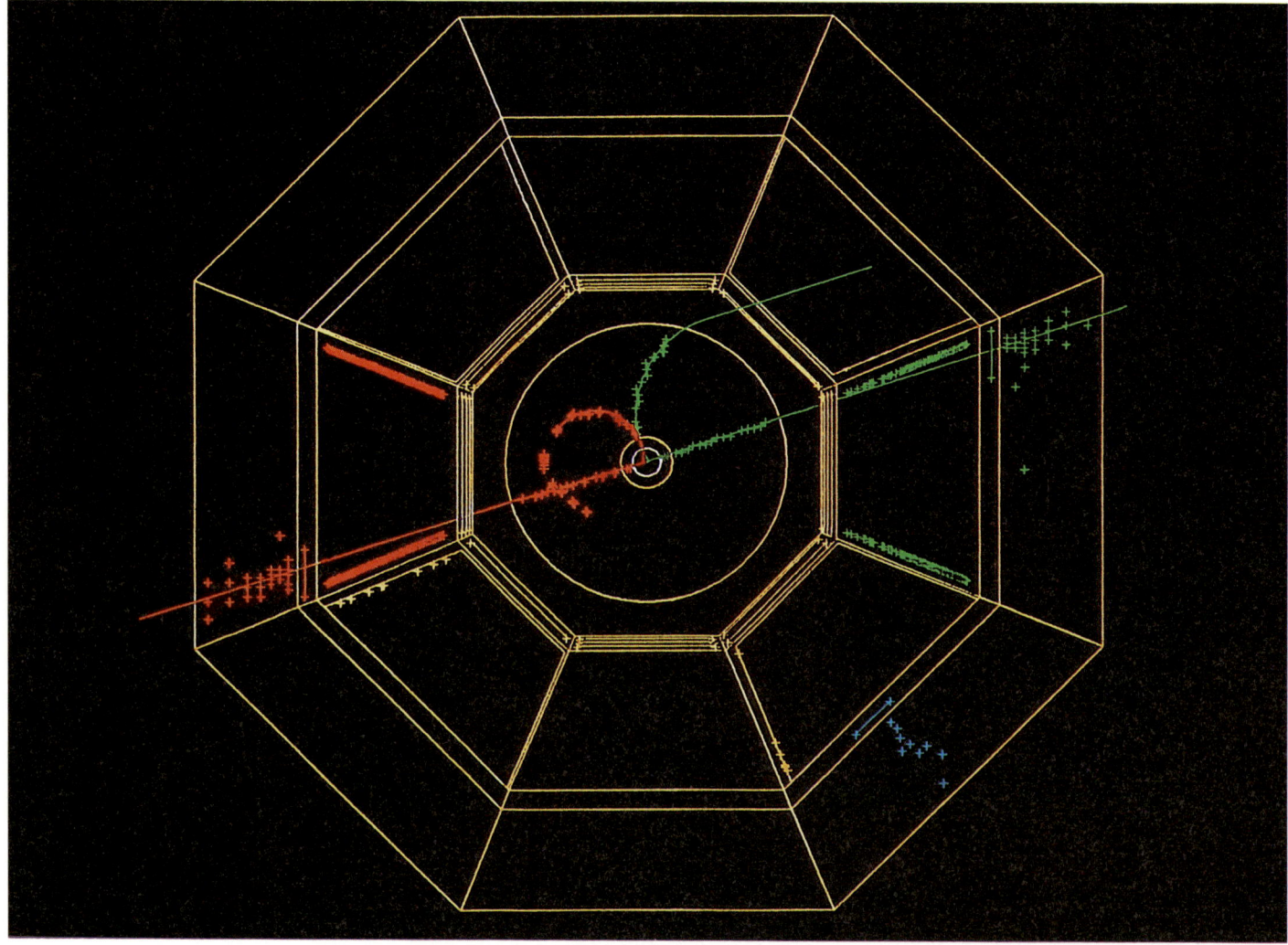

achteckigen Detektorschicht. Das Ypsilon im Grundzustand zerfiel schließlich in ein Elektron und ein Positron sehr hoher Energie, die durch alle Detektorschichten hindurchschossen und in der äußersten Schicht Teilchenschauer erzeugten. Die dargestellte Apparatur ist etwas mehr als sechs Meter breit.

wies, daß diese Müonpaare aus dem Zerfall neuer Teilchen stammten. Das Team entdeckte so zuerst zwei Mitglieder und später noch ein drittes Mitglied der Bottomonium-Familie.

Ein Jahr später, 1978, erreichte der Elektron-Positron-Collider DORIS in Hamburg nach einem Umbau ebenfalls die nötige Energie für die Erzeugung des Bottomoniums, ein weiteres Jahr später bereits gefolgt von „Cäsar" (CESR), dem Elektronenspeicherring an der Cornell-Universität. Heute sind zumindest einige Mitglieder dieser Familie bis in Einzelheiten untersucht.

In den energiereicheren Anregungszuständen des Bottomoniums können das bottom-Quark und sein Antiquark durch Abstrahlung von Photonen Energie abgeben und so in den Grundzustand des Bottomoniums, das Ypsilon, zurückkehren. Abbildung 9.13 zeigt einen solchen Zerfall im CLEO-Detektor am CESR-Collider. Ein angeregter Zustand des Bottomoniums hatte hier ein Photon mit einer Energie von 128 MeV emittiert und bildete vorübergehend einen energieärmeren Zwischenzustand; das Photon materialisierte sofort in ein Elektron und ein Positron, die im Magnetfeld des Detektors die typischen gekrümmten Spuren hinterließen. Der neuentstandene Bottomonium-Zustand emittierte dann ein zweites Photon, das in einem der Schauerzähler (mit den blauen Kreuzen) einen meßbaren Energiebetrag deponierte; das Bottomonium-System ging dabei in den niedrigsten Spin-Eins-Zustand über, das Ypsilon. Schließlich zerfiel das Ypsilon in ein Elektron und ein Positron — ein verhältnismäßig seltenes Ereignis.

So wie es außer dem Charmonium (aus dem entsprechenden Quark-Antiquark-Paar) auch Charm-Teilchen (mit nur einem charm-Quark oder -Antiquark) gibt, findet man außer dem Bottomonium auch Bottom-Teilchen, die aus einem einzelnen bottom-Quark oder -Antiquark und anderen Quarks oder Antiquarks bestehen. Das bottom-Quark trägt wie das strange-Quark die elektrische Ladung −1/3; zu jedem seltsamen Teilchen sollte es daher ein korrespondierendes Bottom-Teilchen geben, wobei die Bottom-Teilchen allerdings fünf- bis zehnmal schwerer sind als ihre seltsamen Entsprechungen. Das negative Kaon beispielsweise, das aus einem strange-Quark und einem up-Antiquark aufgebaut ist, hat eine Masse von unge-

9.14 Dieses Spurmuster, aufgenommen mit dem TASSO-Detektor, ist typisch für den Zerfall eines B-Mesons, das bei der Vernichtung eines Elektrons und eines Positrons entstand. Gelbe Punkte stellen getroffene Drähte der Driftkammer dar, und die ockerfarbenen Linien die vom Computer berechneten Spuren der Zerfallsprodukte. Die blauen Striche und Zahlen beziehen sich auf „Flugzeit"-Zähler, deren Signale eine elektronische Uhr stoppen, die beim Eintreffen der kollidierenden Teilchenbündel gestartet wurde. Diese Informationen helfen bei der Identifizierung der Teilchen, denn schnellere Teilchen lösen früher Signale aus als langsamere. Drei Anhaltspunkte deuten darauf hin, daß ein B-Meson erzeugt wurde: Erstens konnte eines der Teilchen, dessen Spur geradewegs nach oben weist (Spur 3), als Müon identifiziert werden, denn es wurde vom (nicht abgebildeten) Müon-Detektor registriert; die Emission eines Müons oder eines Elektrons ist aber zu erwarten, wenn ein bottom-Quark in einem B-Meson in ein leichteres Quark übergeht. Zweitens gehen einige der Spuren von einem Punkt aus, der gegenüber dem Wechselwirkungspunkt geringfügig verschoben ist, wie die exakte Rekonstruktion des Ereignisses durch den Computer zeigte. Es muß also ein Teilchen mit sehr kurzer Lebensdauer aus der Vernichtungsreaktion hervorgegangen und an jenem Punkt zerfallen sein. Drittens breiten sich die Spuren in viele Richtungen aus, statt Jets zu bilden.

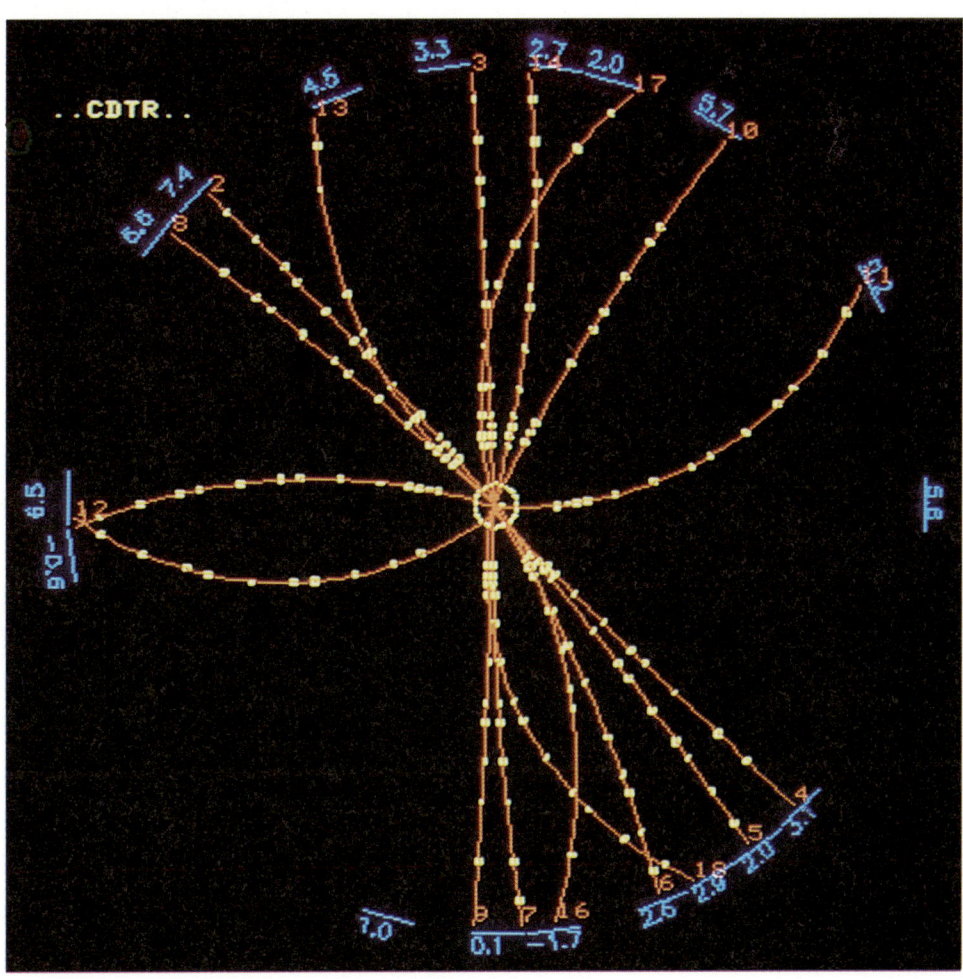

fähr 0,5 GeV; das entsprechende Bottom-Teilchen, das B-minus, besteht aus einem bottom-Quark und einem up-Antiquark und hat eine Masse von etwa 5 GeV.

Die schweren bottom-Quarks gehen nach recht kurzer Zeit meist in leichtere charm-Quarks über, die sich ihrerseits rasch in noch leichtere Quarks umwandeln, so daß die Bottom-Teilchen schnell in vertrautere Teilchen zerfallen. Die typische Lebensdauer der Bottom-Teilchen beträgt etwa 10^{-12} Sekunden, ist also zehnmal länger als die von Charm-Teilchen. Dennoch ist ihre Erforschung eine recht aufwendige Angelegenheit, da die Bottom-Teilchen nur schwer zu identifizieren sind.

Das liegt hauptsächlich an der großen Masse der Bottom-Teilchen. Da sie noch erheblich schwerer als Charm-Teilchen sind, können Bottom-Teilchen auf vielerlei Weise und in viele Teilchen zerfallen. Die Experimentatoren suchen dann unter den Zerfallsprodukten nach Anhaltspunkten, etwa nach einem schnellen Lepton, das freigesetzt wird, wenn sich ein bottom-Quark in ein charm-Quark umwandelt, oder sie halten nach etwa aufgetretenen Charm-Teilchen Ausschau. In Abbildung 9.14 handelte es sich wahrscheinlich um den Zerfall eines B-Mesons, das in einer Elektron-Positron-Vernichtung im TASSO-Detektor am DESY erzeugt wurde und eine Vielzahl von geladenen Teilchen hinterließ.

Zerfälle von Bottom-Teilchen konnten nur selten einzeln identifiziert werden. Meistens erschließen sich die Experimentalphysiker die Eigenschaften der Bottom-Teilchen indirekt dadurch, daß sie eine Vielzahl von Ereignissen auswerten, in denen sie Bottom-Teilchen vermuten, und die Winkel- und Energieverteilungen der Zerfallsprodukte graphisch darstellen. Häufen sich die Ereignisse bei bestimmten Massen (Energien), so ist das ein indirekter Hinweis auf ein Bottom-Teilchen (vergleiche Abbildung 9.3).

In einem Experiment am CERN gelang es sogar, den Zerfall eines Bottom-Teilchens direkt zu beobachten, also sozusagen erstmals „nackten Boden" zu sehen. Bei dem Experiment mit der Bezeichnung „WA 75" wurde ein Pionenstrahl in einen Stapel von Photoemulsionen gelenkt. Informationen von elektronischen Detektoren, die hinter dem Stapel angeordnet waren, halfen, den Wechselwirkungsbereich innerhalb der Emulsion genau zu lokalisieren. Bei der Auswertung der Kernemulsionsaufnahmen konnten die Forscher ein Ereignis identifizieren, in dem ein negatives und ein neutrales B-Meson gemeinsam erzeugt worden waren und bei dem die „V"s der beiden Zerfälle dieser Bottom-Teilchen deutlich zu erkennen sind.

Bottom-Teilchen geben ihre Geheimnisse nicht so ohne weiteres preis; man verspricht sich von ihnen aber noch immer wertvolle Informationen darüber, wie sich die dritte Materiegeneration in die zweite umwandelt — in Teilchen also, die charm- und strange-Quarks enthalten. Die Eigenschaften der Bottom-Teilchen, insbesondere ihre exakten Lebensdauern, sind harte Prüfsteine für moderne Theorien, die die Umwandlungsprozesse der Quarks und die ihnen zugrundeliegende schwache Kraft beschreiben. In diesem Sinne sind Messungen an den Bottom-Teilchen Tests der elektroschwachen Theorie, die die schwache Kraft mit der elektromagnetischen vereinigt, und bringen uns einem besseren Verständnis der verschiedenen Quark- und Leptongenerationen näher. Für das nächste Jahrzehnt planen die Physiker denn auch bereits den Bau sogenannter B-Mesonen-Fabriken, die Bottom-Teilchen in ausreichender Anzahl bereitstellen sollen, um solche Untersuchungen zu ermöglichen.

Gluonen

Die stärkste uns bekannte Kraft im Universum — die starke Kraft — bindet die Quarks aneinander, aus denen Protonen, Neutronen und all die anderen Hadronen aufgebaut sind. Die Kraft zwischen den Quarks ist so stark, daß es anscheinend unmöglich ist, ein einzelnes, nacktes Quark aus einem Hadron herauszuschlagen — so als würden die Quarks von einer Art Superklebstoff zusammengehalten. Es war eine der größten Leistungen der Teilchenphysik in den siebziger Jahren, die Natur dieser mächtigen Kraft aufzuklären.

Die quantentheoretische Beschreibung der Grundkräfte der Natur hat zur Folge, daß man für die Übertragung der Kräfte im Raum Trägerteilchen ansetzen muß; eine spezielle Sorte von Teilchen, die die Physiker Eichbosonen nennen, erwies sich dabei als besonders geeignet. Im Falle der elektromagnetischen Kraft ist das beispielsweise das Photon. Die starke Kraft hingegen wird von *Gluonen* (nach dem griechischen Wortstamm für Klebstoff) übertragen, von denen es der Theorie zufolge acht verschiedene gibt. Gluonen sind − ähnlich wie Photonen − masselose Pakete aus „starker Strahlung", Energiequanten ohne Ruhemasse. Aber während

Solche Gluonjets entstehen zum Beispiel in Elektron-Positron-Vernichtungen, bei denen ein Quark und ein Antiquark materialisieren. Ist die Energie hoch genug, fliegen das Quark und das Antiquark auseinander und erzeugen zwei Hadronjets − Teilchenschauer aus Pionen, Kaonen und anderen Hadronen. Die gewaltsame Trennung des Quark-Antiquark-Paares kann zusätzlich aber auch ein oder mehrere Gluonen aus dem Verbund herausreißen. Schießt das Gluon mit genügend hoher Energie heraus, wird es seinen eigenen Teilchenjet erzeugen, der sich von denen des Quarks und Antiquarks erkennbar unterscheidet. In Elektron-Positron-Kolli-

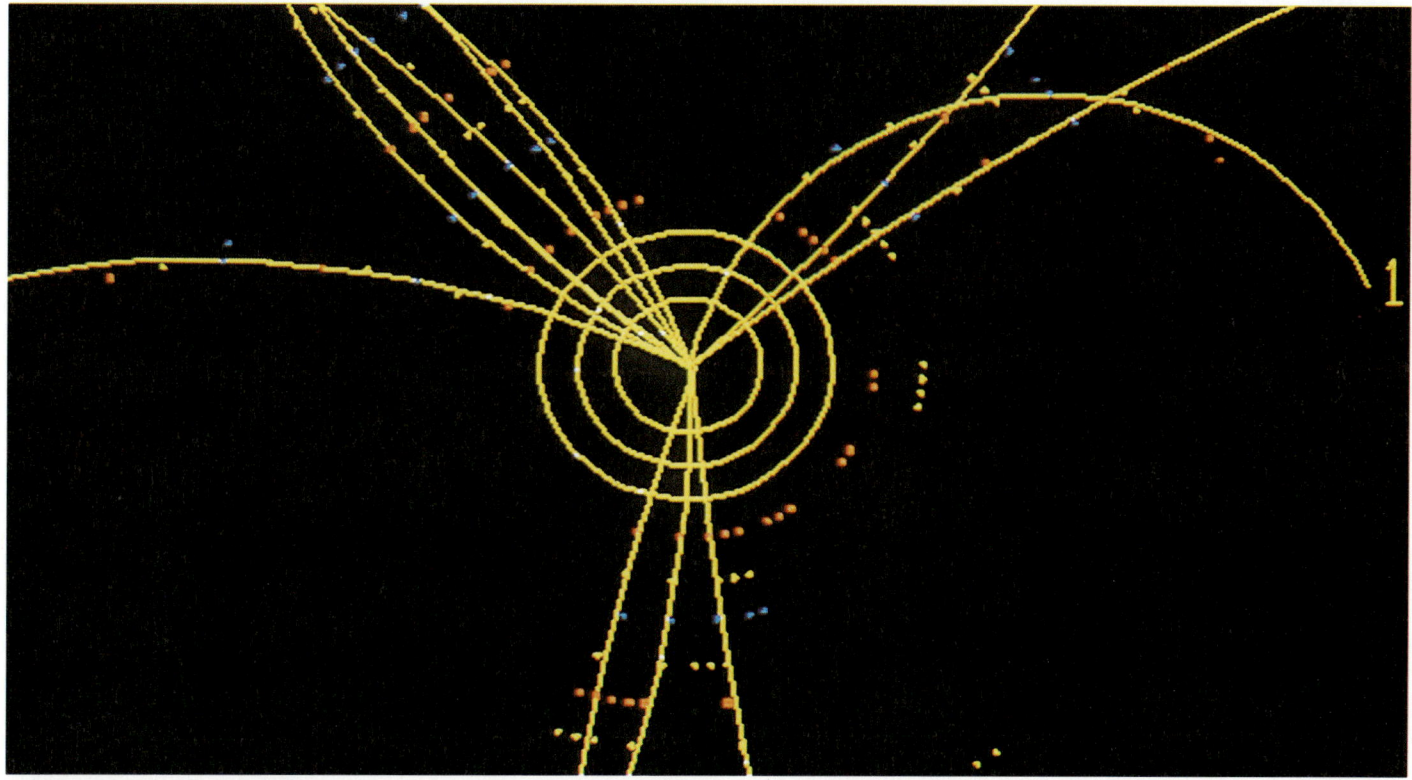

Photonen über unbegrenzte Entfernungen hinweg durch den Raum fliegen können, scheinen sich die Gluonen nur innerhalb winzigster Raumbereiche frei zu bewegen, in der Größenordnung von 10^{-15} Metern, einem Femtometer. Dies ist die typische Größe von Teilchen wie Proton oder Pion.

Gluonen sind also wie Quarks in Hadronen eingesperrt, und sie können ihre Anwesenheit ebenfalls nur indirekt verraten, indem sie in Hochenergiekollisionen Teilchenjets erzeugen.

9.15 Ein typisches Drei-Jet-Ereignis, beispielhaft für das Spurmuster, das den ersten überzeugenden Nachweis von Gluonen lieferte. Solche Ereignisse wurden zuerst in Experimenten am PETRA-Collider in Hamburg gefunden. Dieses Computerbild der Nachwirkungen einer Elektron-Positron-Vernichtung zeigt die Spuren geladener Teilchen in der zentralen Driftkammer des HRS am PEP in Stanford mit einem Durchmesser von zwei Metern. Bei der Elektron-Positron-Vernichtung waren im Zentrum des Detektors ein Quark und ein Antiquark entstanden, die seitwärts davonschossen und von denen eines ein Gluon abstrahlte. Quark, Antiquark und Gluon kamen jedoch nicht weiter als etwa 10^{-15} Meter, da sie sogleich in weitere Teilchen materialisierten und in die drei Jets übergingen.

233

9.16 Dieses Computerbild vom Mark-J-Detektor am Elektron-Positron-Collider PETRA zeigt vier Jets aus geladenen Teilchen, die aus der Kollisionszone (in der Bildmitte) in verschiedene Richtungen davonschossen. Solche Vier-Jet-Ereignisse kann man mit zwei Gluonen erklären, die nach einer Elektron-Positron-Vernichtung durch ein Quark und ein Antiquark abgestrahlt wurden, die ihrerseits aus der Energie einer Elektron-Positron-Vernichtung materialisiert waren. Die gelben Quadrate umranden das Eisen des Magneten und sind etwa zwei Meter vom Zentrum des Detektors entfernt.

sionen am PEP und an PETRA treten solche Drei-Jet-Ereignisse, die von einem Quark, Antiquark und einem Gluon herrühren, etwa zehnmal seltener auf als Zwei-Jet-Ereignisse aus einem Quark und einem Antiquark. Die Emission zweier Gluonen in Vier-Jet-Ereignissen schließlich kommt gerade noch einmal unter 100 Ereignissen mit zwei Jets vor. Abbildung 9.15 zeigt ein Drei-Jet-Ereignis, das im

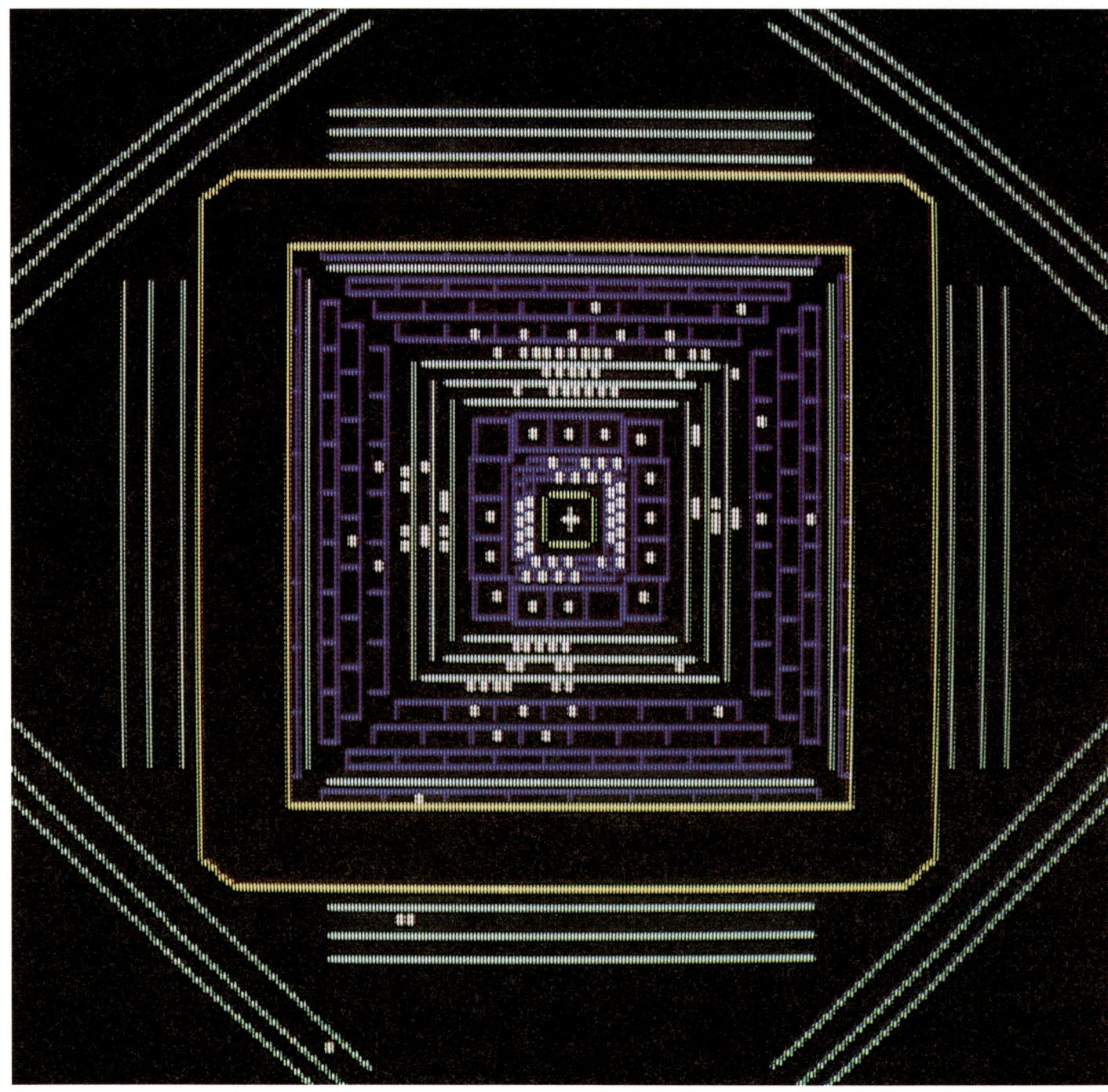

HRS-Detektor (**H**igh **R**esolution **S**pectrometer) am PEP-Collider in Stanford registriert wurde. Bei diesem Ereignis wurde das Gluon unter großen Winkeln relativ zum Quark und Antiquark emittiert, so daß sich ein einigermaßen symmetrischer „Mercedesstern" als Spurmuster ergab. Abbildung 9.16 zeigt das seltenere Ereignis, wo zwei schnelle Gluonen abgestrahlt wurden und insgesamt vier Jets auftraten, diesmal im Mark-J-Detektor am PETRA-Collider in Hamburg. So deutliche Beispiele von Drei- und Vier-Jet-Ereignissen sind verhältnismäßig selten; oft wird das Gluon mehr in Flugrichtung des Quarks (oder Antiquarks) emittiert, und die Jets laufen ineinander. Durch eine statistische Analyse der Richtungen des Energieflusses und der relativen Orientierungen der Jets können die Physiker dennoch herausfinden, ob Gluonen abgestrahlt wurden. Das hierbei zusammengetragene Beweismaterial trägt dazu bei, die Theorien über die starke Kraft und die Vorhersagen zum Verhalten von Quarks zu untermauern, die die Physiker seit den frühen sechziger Jahren entwickelt haben.

Quarks sind elektrisch geladen und „spüren" daher die elektromagnetische Kraft; sie tragen aber zusätzlich noch eine andere Art von Ladung, die Farbe, die die „Quelle" der starken Kraft darstellt. Aus dieser Idee der Farbladungen hat sich als eine bislang sehr erfolgreiche Theorie die **Q**uanten**c**hromo**d**ynamik (QCD) entwickelt, die die starke Kraft in ähnlicher Weise zu beschreiben sucht, wie dies die in den vierziger Jahren entwickelte Quantenelektrodynamik (QED) für die elektromagnetische Kraft leistet.

Farbladungen können demnach wie elektrische Ladungen positiv oder negativ sein. Wenn wir die Farbladungen der Quarks per Konvention als positiv festlegen, dann tragen die Antiquarks entsprechend negative Farbladungen. Gleichnamige elektrische Ladungen stoßen einander ab, ungleichnamige ziehen einander an und neutralisieren sich, wenn sie gleich groß sind; dasselbe gilt auch für Farbladungen, und aus diesem Grund ziehen Quarks und Antiquarks einander an und bilden Mesonen – Teilchen wie Pionen, Kaonen, das J/Psi und das Ypsilon.

Einen großen Unterschied gibt es allerdings zwischen der elektrischen Ladung und der Farbladung: Während wir nur eine Sorte von elektrischer Ladung kennen, die positiv oder negativ sein kann, kommt die Farbladung tatsächlich in drei Sorten vor, von denen *jede* positiv oder negativ sein kann. Die drei Farbladungen werden in Analogie zu den drei Grundfarben Rot, Blau und Gelb (oder Grün) genannt. Und nicht nur positive und negative Farbladungen (einer Sorte) ziehen einander an, sondern auch die verschiedenen Farben selbst: Rot zieht zum Beispiel Blau und Gelb an, stößt aber Rot ab. Ungleiche Farben ziehen also einander an, und nur gleiche Farben stoßen einander ab.

Als Folge davon können drei Quarks verschiedener Farbe ein Baryon bilden, zum Beispiel ein Proton, ein Neutron oder ein Omega-minus. Wie immer sich diese Teilchen aus drei der sechs verfügbaren Quarktypen (oder Flavours, sozusagen „Aromen" der Quarks) zusammensetzen (ob wie das Proton aus zwei up-Quarks und einem down-Quark oder wie das Omega-minus aus drei strange-Quarks), sie müssen stets drei verschiedenfarbige Quarks enthalten. Tatsächlich kommen überhaupt nur solche Teilchen vor, deren Farbladungen sich insgesamt neutralisieren und die also nach außen „farblos" oder „weiß" sind (in Analogie zur additiven Farbmischung). In den Baryonen „mischen" sich drei Grundfarben zu einem farblosen Teilchen; in Mesonen hingegen neutralisiert die positive Farbe eines Quarks die entsprechende negative Farbe eines Antiquarks, was ebenfalls ein farbloses Teilchen ergibt. Aus diesem Grund beobachten wir keine Teilchen, die aus zwei Quarks oder etwa zwei Antiquarks bestehen.

Wenn die Eigenschaft Farbe innerhalb der Baryonen und Mesonen verborgen ist, wie konnte sie dann überhaupt entdeckt werden? Einen ersten Hinweis darauf gab die Existenz von Teilchen wie dem Omega-minus, die auf den ersten Blick drei identische Quarks zu enthalten scheinen. Nach einer Grundregel der Quantentheorie, dem Ausschließungsprinzip von Pauli (Pauli-Prinzip), darf ein Teilchen aber nicht mehr als ein Quark in einem gegebenen Quantenzustand enthalten. Um diesen Widerspruch aufzulösen, schlug der amerikanische Theoretiker Oscar Greenberg 1964 vor, daß Quarks nicht nur in verschiedenen Flavours auftreten — also up, down, strange und so weiter —, sondern auch in drei unterschiedlichen Farben. Wenn nun jedes der drei strange-Quarks, aus denen das Omega-minus besteht, eine andere Farbe hat, sind sie nicht mehr identisch, und das Pauli-Prinzip ist nicht verletzt.

In den vierziger und fünfziger Jahren dachten die Theoretiker, daß Pionen die Übermittler der starken Kraft seien. Experimente in späteren Jahren zeigten aber, daß Pionen und andere Hadronen zusammengesetzte Teilchen sind; die Theorie der starken Kraft mußte von Grund auf überarbeitet werden. Heute glauben wir, daß die Farbe (Farbladung) *innerhalb* des Protons und Neutrons für deren gegenseitige Anziehung im Kern verantwortlich ist. Die Bindung der Nukleonen könnte dann vielleicht in ähnlicher Weise wie die Bindung in komplexen Molekülen beschrieben werden. Die Molekülbindung, die auf der elektromagnetischen Kraft (also elektrischen Ladungen) beruht, wird aufrechterhalten, indem einzelne Elektronen zwischen den Atomen des Moleküls ausgetauscht werden. Eine ähnliche Rolle mögen Pionen — Zweiergruppen von Quarks und Antiquarks — für den Zusammenhalt der Neutronen und Protonen im Kern spielen.

Die Gluonen leben in dieser Farbwelt als Trägerteilchen: Sie übertragen die Farbkraft zwischen einem Quark und einem anderen so wie das Photon die elektromagnetische Kraft zwischen elektrisch geladenen Teilchen. Es gibt aber einen entscheidenden Unterschied zwischen dem Photon und den Gluonen: Das Photon ist selbst nicht geladen, also elektrisch neutral, und tritt daher nicht mit anderen Photonen in Wechselwirkung. Gluonen hingegen tragen Farbladungen, weswegen sie sowohl miteinander als auch mit den Quarks stark wechselwirken.

Weil Photonen elektrisch neutral (und masselos) sind, können sie die elektromagnetische Kraft durch den ganzen Raum übertragen, wobei die Stärke der Kraft mit größer werdendem Abstand von der Kraftquelle abnimmt. Dagegen neigen die Gluonen wegen ihrer Farbladung dazu, einander anzuziehen. Dies mag auch der Grund sein, warum Quarks und Gluonen anscheinend unlösbar aneinandergekettet sind.

Bis heute sind sich die Theoretiker allerdings nicht sicher, ob dies eine streng gültige, unausweichliche Konsequenz der Quantenchromodynamik ist, auch wenn sie in den letzten Jahren einem Verständnis dieses Phänomens durch Simulationsrechnungen an Supercomputern ein gutes Stück nähergekommen sind. Es besteht also nach wie vor die Möglichkeit, daß Quarks bei extrem hohen Energien doch freigesetzt werden können — Energien, die weit über denen der gegenwärtigen Beschleuniger liegen.

Die W- und Z-Teilchen

Im Jahre 1979 teilten sich drei Theoretiker den Nobelpreis für Physik: Sheldon Lee Glashow, Abdus Salam und Steven Weinberg. Sie alle hatten wesentlichen Anteil an der Entwicklung der elektroschwachen Theorie. Die Preisverleihung an diese drei Physiker kam eigentlich nicht überraschend, denn es gab eine ganze Reihe von experimentellen Beweisen für die vereinigte Theorie — obwohl sich das Nobelpreiskomitee bei *einer* Voraussage darauf verließ, daß zukünftige Experimente sie noch bestätigen würden.

Die elektroschwache Theorie fordert die Existenz von vier Eichbosonen als Vermittler der elektroschwachen Kräfte. Neben dem bereits bekannten Photon postulierte sie ein negatives und ein positives W-Teilchen und ein elektrisch neutrales Z, die alle drei für die schwachen Wechselwirkungen verantwortlich sind. 1979 gab es noch keinen direkten experimentellen Nachweis für die Existenz des W und des Z. Die Teilchenphysiker mußten weitere vier Jahre warten, bis das CERN im Januar 1983 triumphierend die Entdeckung der W-Teilchen und im darauffolgenden Mai die des Z-Teilchens bekanntgab (siehe die Abbildungen 9.17 und 9.18).

Seit den dreißiger Jahren vermuteten die Physiker, daß die schwache Kraft in ähnlicher Weise von Teilchen übertragen wird wie die elektromagnetische Kraft durch das Photon. Diese Teilchen, die man Weakonen oder einfach W-Teilchen nannte (von englisch „weak" für schwach), lösen den Betazerfall des Neutrons und anderer instabiler Teilchen aus. Aber sie mußten sich in einer wichtigen Beziehung vom Photon unterscheiden: Sie mußten schwer sein, weil die Reichweite der schwachen Kraft begrenzt ist — in Abständen von mehr als 10^{-15} Metern von der Kraftquelle ist sie bereits nicht mehr nachweisbar.

(Wir wissen heute, daß auch die starke Kraft nur einen ähnlich kleinen Wirkungsbereich besitzt. In diesem Fall liegt dies jedoch nicht in der Masse der Trägerteilchen begründet — die Gluonen sind ja masselos —, sondern in der Farbladung, die die Gluonen selbst tragen und die sie miteinander in Wechselwirkung treten läßt.)

Dieser Zusammenhang von Masse und Reichweite der W-Teilchen ist letztlich die Konsequenz einer der merkwürdigen Regeln, die in der mikrokosmischen Quantenwelt herrschen. In unserer alltägli-

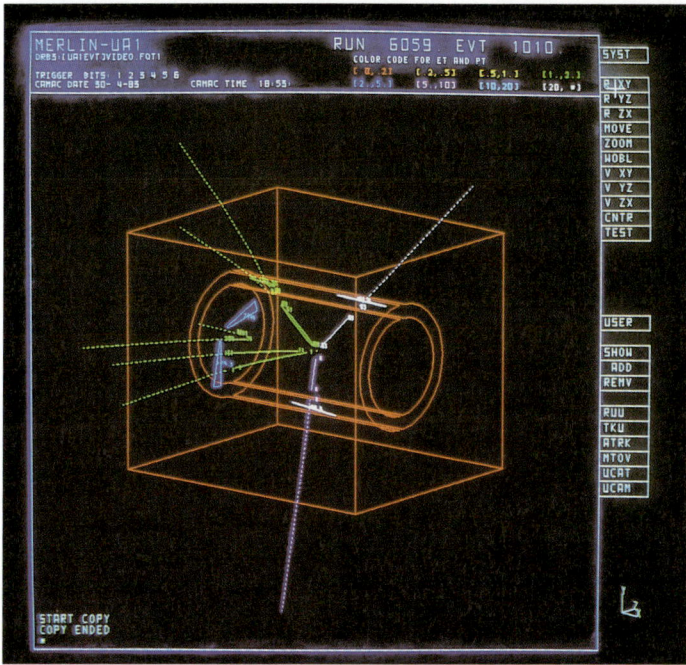
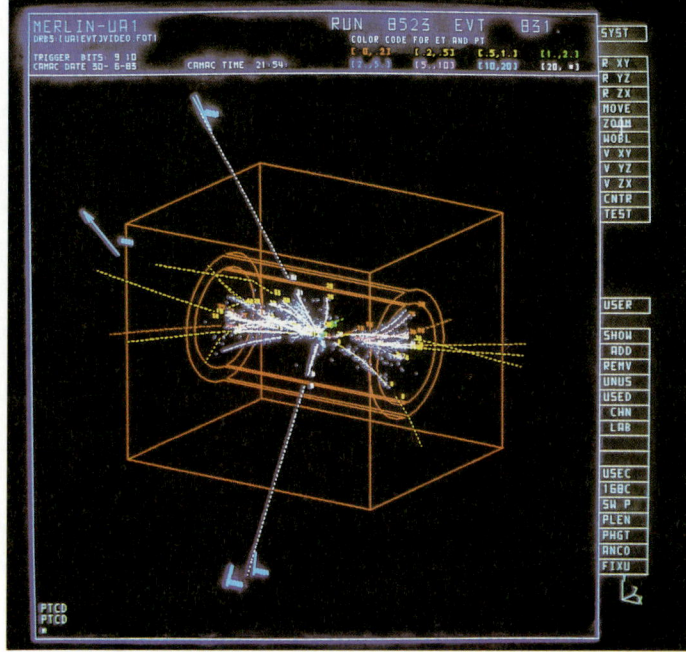

9.17 Ein Z-Teilchen kann in ein Elektron und ein Positron zerfallen, wie bei diesem Computerbild vom UA1-Detektor am CERN. Ein Proton und ein Antiproton waren entlang der Achse des zylinderförmigen Zentraldetektors (rot umrandet) ins Bild gekommen und frontal zusammengestoßen. Der Zentraldetektor nahm die Spuren der dabei erzeugten geladenen Teilchen auf, die teilweise auch in anderen Detektorschichten registriert wurden. Auf diesem Bild hat der Computer alle Spuren zu niedrigem Teilchenimpuls gelöscht und nur wenige (grüngefärbte) Spuren, die mittleren Impulsen entsprechen und zum linken Bildrand weisen, sowie zwei Spuren mit hohen Impulsen stehengelassen. Die beiden hochenergetischen Teilchen lösten je ein Signal in einem Segment des elektromagnetischen Kalorimeters aus (der Zylinderring um den Zentraldetektor; die getroffenen Segmente sind durch weiße Querstäbe angedeutet), was diese Teilchen als Elektronen oder Positronen ausweist. Eine leichte Krümmung ihrer Spuren im Magnetfeld verrät, daß die weiße Spur von einem Positron und die violette von einem Elektron stammt. Aus Messun-

gen der im elektromagnetischen Kalorimeter deponierten Energien konnten die Physiker die Gesamtenergie des Elektrons und Positrons berechnen; sie betrug fast 93 GeV, die für das Z-Teilchen vorausgesagte Masse.

9.18 Auf diesem Bild vom UA1 zerfiel ein Z-Teilchen, das in einer Proton-Antiproton-Vernichtung entstand, in zwei Müonen. Es sind alle im Zentraldetektor registrierten Spuren zu sehen, einschließlich derjenigen, die niedrigen Teilchenimpulsen entsprechen. Der Computer hat zwei dieser Spuren mit Treffern in den Müonkammern in Verbindung gebracht (blaue Markierungen), die sich hinter dem Eisen des Magneten (rote rechteckige Umrandung) befinden. Müonen sind die einzigen geladenen Teilchen, die bis zu dieser äußeren Detektorschicht vordringen können. Berechnet man die Impulse der beiden Müonen aus der leichten Krümmung ihrer Spuren im Magnetfeld, so zeigt sich, daß die Summe der entsprechenden Energiebeträge die für das Z-Teilchen erwartete Masse ergeben.

237

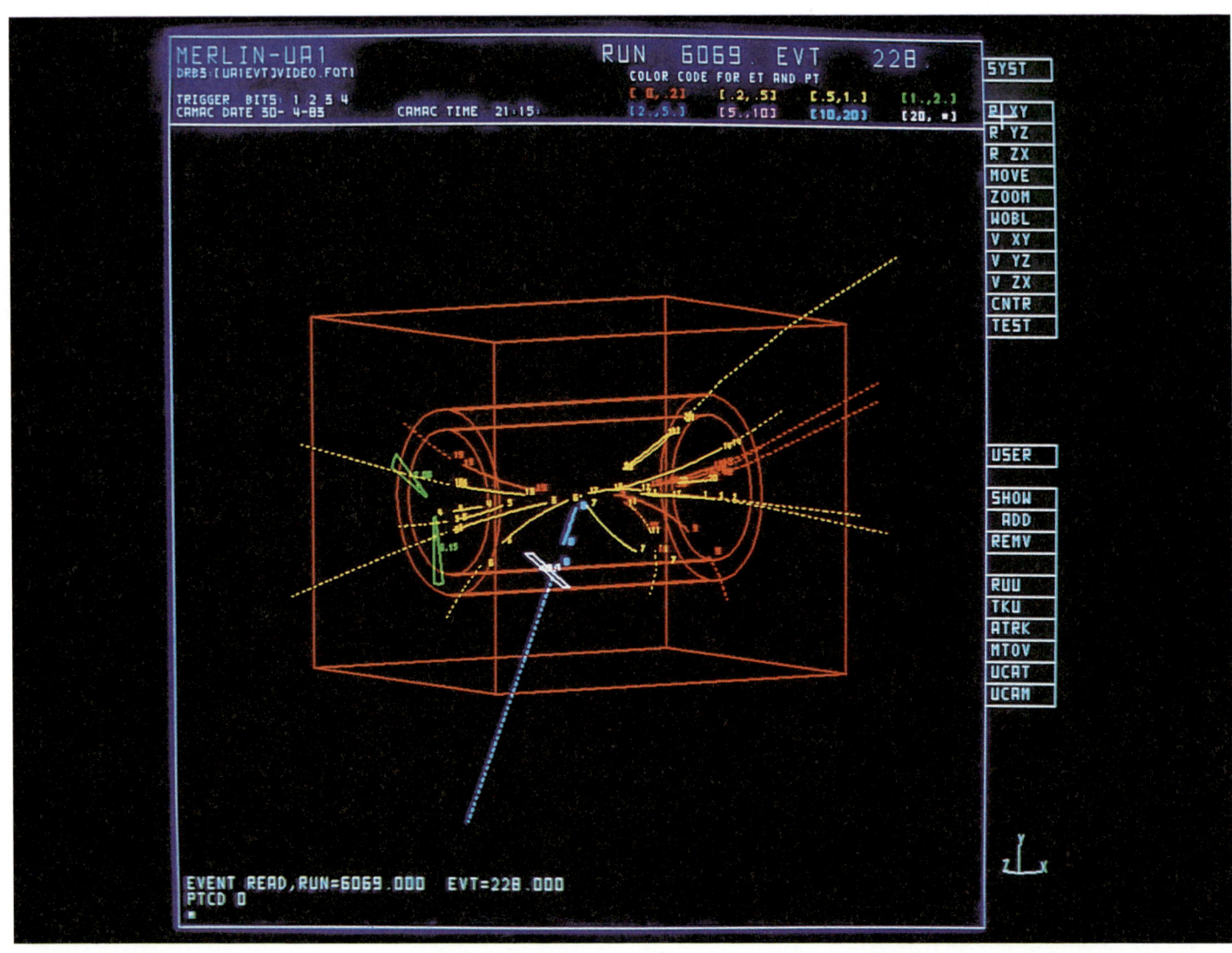

9.19 Dieses Bild vom UA1 zeigt den Zerfall eines W-Teilchens in ein Elektron und ein Neutrino. Die im Zentraldetektor aufgenommenen Spuren geladener Teilchen wurden wiederum entsprechend ihrer Impulse gefärbt. Die meisten Spuren stammen von Teilchen mit niedrigen Impulsen (rot und gelb); eines der Teilchen besaß jedoch einen sehr hohen Impuls (blau). Seine Spur führt zu einem Segment des elektromagnetischen Kalorimeters, das einen Treffer signalisierte; sie stammt also von einem Elektron (die kaum merkliche Spurkrümmung schließt die andere Möglichkeit, daß es sich um ein Positron handelte, aus). Spuren zu niedrigen Teilchenimpulsen weisen gleichermaßen zur rechten wie zur linken Seite des Detektors. Das hochenergetische Elektron hingegen schoß links unten durch die Vorderseite des Detektors heraus und scheint keinen geladenen Partner gehabt zu haben, der in die entgegengesetzte Richtung davongesaust wäre, um den Impuls des Elektrons auszugleichen; daher muß dort ein Neutrino entkommen sein. Die Berechnung des fehlenden Energiebetrags ergab, daß das Neutrino und das Elektron zusammen die Energie eines W-Teilchens besaßen (83 GeV).

chen Makrowelt gilt grundsätzlich der Energieerhaltungssatz; in der Mikrowelt subatomarer Teilchen aber braucht die Energie nicht exakt erhalten zu sein, vorausgesetzt, das Defizit in der Energiebilanz tritt nur für eine sehr kurze Zeit und damit in einem sehr kleinen Raumbereich auf − so kurz, daß wir davon mit unseren makroskopischen Sinnen gar nichts bemerken. Die Energiebeträge sind in diesen mikroskopischen Prozessen sozusagen unscharf − infolge der Heisenbergschen Unschärferelationen.

Wenn ein Teilchen wie das Neutron durch die schwache Kraft zerfällt, borgt es sich gewissermaßen für einen kleinen Moment die Energie, die es benötigt, um ein W-Teilchen zu erzeugen. Wir wissen, daß das Teilchen nur für eine äußerst kurze Zeit existiert, weil die schwache Kraft eine so geringe Reichweite hat; das bedeutet aber auch, daß die geborgte Energie — also die Masse des W-Teilchens — dementsprechend groß sein muß. Die elektroschwache Theorie sagte für das W schließlich eine Masse von 83 GeV voraus; es sollte somit beinahe 90mal schwerer als ein Neutron sein.

Ein W-Teilchen, das in einem Wechselwirkungsprozeß auf diese Weise kurzfristig entsteht, um beispielsweise einen Neutronzerfall auszulösen, kann prinzipiell nicht nachgewiesen werden. Das ist keine Frage unzulänglicher Experimente, sondern liegt in der Natur eines solchen „virtuellen" Teilchens begründet, das seine Existenz lediglich einer zeitlich befristeten Energieunschärfe verdankt und damit nicht beobachtet werden kann. Das W ist in dieser Form wie die flinke Maus in der Speisekammer: Wir bemerken sie nur anhand ihrer Hinterlassenschaften — in diesem Falle sind es das Elektron und das Antineutrino, die das W zurückläßt. Um ein „reelles" W-Teilchen zu erzeugen, muß man den vollen Energiebetrag von 83 GeV bereitstellen. Dies galt insbesondere auch für das neu postulierte Z-Teilchen, und so begannen die Physiker in den siebziger Jahren, darüber nachzudenken, wie sie diesen hohen Energiebetrag aufbringen könnten.

Die Theorie sagte für das Z eine Masse von 93 GeV voraus, das somit etwas schwerer sein sollte als das W. Das Z vermittelt der schwachen Kraft unterliegende „neutrale" Wechselwirkungen, bei denen keine elektrische Ladung zwischen den teilnehmenden Teilchen übertragen wird. In den sechziger Jahren, als die elektroschwache Theorie erstmals das Z forderte, waren jedoch nirgendwo solche Prozesse beobachtet worden. Das änderte sich erst 1973, als bei der Auswertung von Blasenkammeraufnahmen aus einem Neutrinoexperiment am CERN Ereignisse mit „neutralen Strömen" zum Vorschein kamen, die mit Hilfe des Z-Bosons erklärt werden konnten.

Diese Beobachtungen stärkten das Vertrauen der Physiker in die elektroschwache Theorie und trugen dazu bei, daß Glashow, Salam und Weinberg schließlich den No-

belpreis bekamen. Daneben konnte die ähnlich konzipierte Quantenchromodynamik immmer mehr Erfolge vorweisen. Somit schien das Teilchenmosaik beinahe vollständig zu sein — doch ein entscheidendes Steinchen fehlte noch: Niemand hatte bisher W- und Z-Teilchen in Hochenergiekollisionen freisetzen können.

Die Suche nach den W- und Z-Teilchen wurde zu *der* zentralen Herausforderung für viele Teilchenphysiker. Man ging davon aus, daß die Teilchen kürzer als 10^{-24} Sekunden lebten, bevor sie über die schwache Kraft in leichtere Teilchen zerfallen würden; sie wären also nur durch ihre Zerfallsprodukte nachzuweisen. Die elektroschwache Theorie machte jedoch genaue Angaben darüber, in welche Teilchen die W und das Z zerfallen sollten und wie häufig jede dieser Zerfallsarten auftreten würde.

So waren die Erwartungen der Physiker recht groß, als Ende der siebziger Jahre der Vorschlag kam, das große Protonensynchrotron SPS des CERN in einen Proton-Antiproton-Collider umzubauen, der genügend hohe Energien erreichen würde, um wenigstens ein paar W- und Z-Teilchen hervorzulocken — vorausgesetzt natürlich, die elektroschwache Theorie würde sich tatsächlich als richtig erweisen. Internationale Physikerteams begannen, zwei riesige Detektoren zu bauen, den UA1 und den UA2, mit denen sie die Proton-Antiproton-Kollisionen erforschen wollten.

Man erwartete nicht viele W- und Z-Teilchen, aber die wenigen sollten zum Glück charakteristische Zerfallsmuster aufweisen. Ein neutrales Z könnte beispielsweise in zwei gleichartige, aber entgegengesetzt geladene Leptonen zerfallen; insbesondere sollten also besonders auffällige Zerfälle in ein Elektron und ein Positron oder in ein positives und ein negatives Müon auftreten. Entsprechend könnten die geladenen W-Teilchen in ein geladenes Lepton und ein Neutrino zerfallen. In diesem Fall würde ein einzelnes energiereiches Elektron oder Müon den Zerfall eines W signalisieren (siehe Abbildung 9.19); das Neutrino sollte sich dabei indirekt durch den Energiebetrag bemerkbar machen, den es mitnimmt und der in der Gesamtbilanz dann als Fehlbetrag nachweisbar ist.

Im Januar 1983 kam die Erfolgsmeldung der UA1- und UA2-Teams: Sie hatten die Zerfälle von W-Teilchen beobachtet. Die selteneren Z-Teilchen – die entscheidenden Prüfsteine für die elektroschwache Theorie – entdeckten die beiden Teams ein paar Monate später. Es war eine glänzende Bestätigung der elektroschwachen Theorie: Die Teilchen hatten nicht nur die von der Theorie geforderten Massen, sondern ihre Zerfälle traten in den Proton-Antiproton-Kollisionen darüber hinaus auch

mit den theoretisch vorhergesagten relativen Häufigkeiten auf.

Wenn wir Protonen und Antiprotonen aufeinanderschießen, lassen wir in Wirklichkeit jedesmal ein Bündel aus drei Quarks (samt den sie begleitenden Gluonen) mit einem entsprechenden Bündel aus drei Antiquarks zusammenprallen. Vernichten sich dabei ein Quark und ein Antiquark gegenseitig, so kann aus der Strahlungsenergie ein W- oder Z-Boson materialisieren. Gleichzeitig hinterlassen aber auch die Stoßprozesse der anderen Quarks eine Vielfalt von Teilchen, die das typische Spurmuster eines W- oder Z-Zerfalls ver-

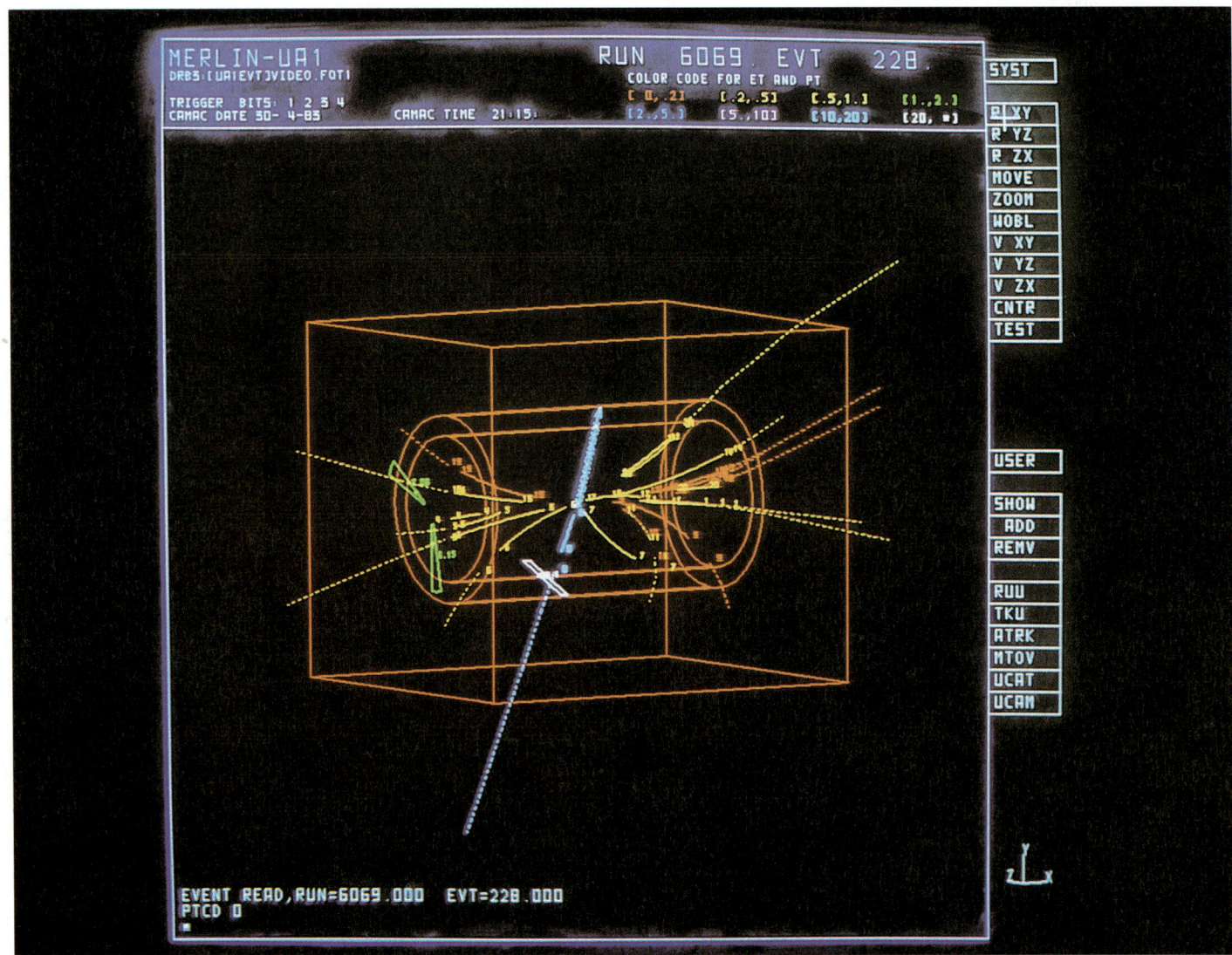

9.20 Indem man die Energie- und Impulsbilanz aller Spuren aufstellt, ist es möglich, die Flugrichtung des Neutrinos exakt zu ermitteln. Das Bild zeigt dasselbe Ereignis wie Abbildung 9.19, doch hat der Computer dieses Mal die berechnete Bahn des Neutrinos – als blauen, nach oben gerichteten Pfeil – mit eingezeichnet; wir sehen hier also das vollständige Spurmuster des W-Zerfalls.

decken können. Mit moderner Elektronik und leistungsstarken Computern verfügen die Physiker allerdings über die Hilfsmittel, um dennoch die berühmte Stecknadel im Heuhaufen auffinden zu können.

Abbildung 9.17 zeigt ein Beispiel vom UA1-Experiment. Eingezeichnet sind Spuren von Stoßtrümmern einer Proton-Antiproton-Kollision, nicht aber die der beiden kollidierenden Teilchen, die von links und rechts ins Bild kamen. Der größte Teil der Stoßtrümmer bestand aus niederenergetischen Pionen und Kaonen, deren Flugbahnen im Magnetfeld um die Kollisionszone gekrümmt werden. Der Computer hat diese niederenergetischen Spuren aus dem Bild entfernt und nur die wenigen höherenergetischen stehengelassen. Zwei dieser Spuren verraten den Zerfall eines Z-Teilchens, denn sie führen jeweils zu Segmenten des Elektron-Detektors. Eine der Spuren stammt von einem Elektron, die andere von einem Positron. Die Summe ihrer im Detektor gemessenen Energien lag nahe bei 93 GeV — der Masse des Z.

Ebenso deutlich erkennbar ist in Abbildung 9.18 der Zerfall eines Z-Teilchens in ein positives und ein negatives Müon. In diesem Fall führen zwei gerade Spuren zu den Müon-Detektoren, die die äußere Schicht des UA1 bilden. Sie heben sich klar von den niederenergetischen Spuren ab, die diesmal nicht gelöscht wurden.

Wie das Z wird auch das W-Boson bei seiner Erzeugung in Proton-Antiproton-Kollisionen von Hagelschauern niederenergetischer Teilchen begleitet. Aber im Unterschied zum Z zerfällt das W nur in *ein* geladenes Lepton, das eine Spur hinterlassen kann; das gleichzeitig emittierte Neutrino durchdringt die Apparatur hingegen, ohne eine sichtbare Spur zu hinterlassen — es verrät sich jedoch trotzdem.

Schauen wir uns dazu die Abbildung 9.19 einmal genauer an: Das einzelne Elektron aus dem Zerfall des W-Bosons ist selbst unter den vielen anderen Teilchen eindeutig identifizierbar. Seine hellblaue Spur ähnelt den Leptonspuren, die wir bereits beim Z-Zerfall beobachtet haben, doch fehlt hier die sichtbare Spur eines Partners

in der mehr oder weniger entgegengesetzten Richtung. Da die niederenergetischen anderen Teilchen mit kleinen Impulsen (rote und gelbe Spuren) nur wenig dazu beitragen können, die Impulsbilanz des Ereignisses auszugleichen, muß also ein anderes unsichtbares und damit elektrisch neutrales Teilchen den Rückstoß des Elektrons aufgefangen haben.

Der UA1-Detektor kann das Neutrino nicht direkt nachweisen, aber er liefert einem Computer genügend Informationen, um die Bahn des Neutrinos nachträglich zu berechnen und einzuzeichnen. Die Apparatur hat ja die Energien und Flugrichtungen von allen anderen an dem Ereignis beteiligten Teilchen registriert, mit Ausnahme derjenigen, die entlang des Strahlrohrs entkamen. Der Computer zählt dann die Energie- und Impulsbeiträge zusammen, die in jeder Flugrichtung fortgetragen wurden; findet er eine Richtung, in der die Bilanz nicht ausgeglichen ist, dann muß dort ein Neutrino entkommen sein, das den fehlenden Energie- beziehungsweise Impulsbetrag mitgenommen hat. In Abbildung 9.20 hat der Computer die Flugbahn des Neutrinos (aus demselben Ereignis in der vorherigen Abbildung) durch eine Pfeilspur angedeutet und somit das Neutrino „sichtbar" gemacht! Nachdem Elektron und Neutrino einmal identifiziert waren, konnte der Computer die Masse des W-Bosons berechnen. Die Summe ergab 83 GeV — genau den Wert, den die Theorie vorhersagte.

Mit der Beobachtung der W-Teilchen am CERN ist unsere Geschichte beinahe wieder am Ausgangspunkt angelangt, denn das W spielt eine Schlüsselrolle in unserem modernen Verständnis der Radioaktivität: In der elektroschwachen Theorie sind Radioaktivität, Elektrizität und Magnetismus verschiedene Ausdrucksformen ein und derselben Wechselwirkung der Materie. Wir machen für diese Phänomene nur deswegen verschiedene Kräfte verantwortlich, weil wir es normalerweise mit niederenergetischen Prozessen um uns herum zu tun haben. Bei höheren Energien können die schweren W- und Z-Teilchen genauso leicht wie Photonen erzeugt werden, und Wechselwirkungen, die der schwachen Kraft unterliegen, treten dann

241

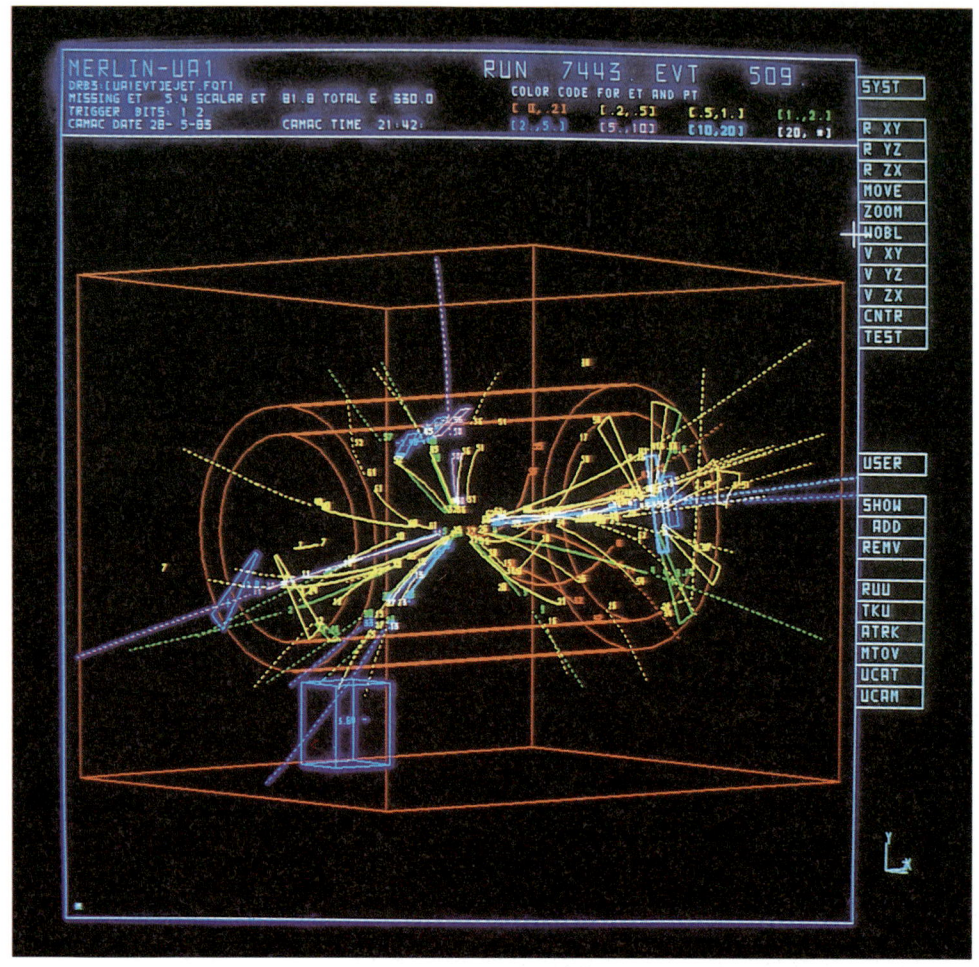

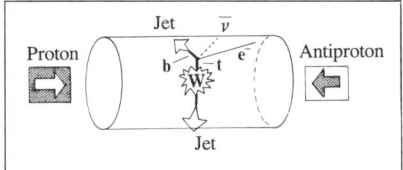

9.21 Das Diagramm veranschaulicht, wie ein Zwei-Jet-Ereignis zustande kommen könnte. Ein Proton und ein Antiproton vernichten einander und erzeugen ein W-Teilchen; dieses zerfällt augenblicklich in ein top-Quark und ein bottom-Antiquark (nicht eingezeichnet). Das bottom-Antiquark materialisiert in weitere Quarks, bildet vorübergehend ein Bottom-Teilchen und geht schließlich in einen Teilchenjet über, der nach unten davonschießt. Das top-Quark jedoch bildet ein Top-Teilchen (t), das rasch in ein Elektron (e⁻), ein unsichtbares Antineutrino (ν̄) und in ein Bottom-Teilchen (b) mit einem bottom-Quark im Inneren zerfällt. Dieses Bottom-Teilchen erzeugt dann bei seinem Zerfall einen zweiten Jet.

9.22 Die Spuren dieser Proton-Antiproton-Vernichtungsreaktion im UA1 wiesen die Merkmale auf, die man für den Zerfall eines Top-Teilchens (mit einem top-Quark) erwartete. Die entscheidenden Indizien sind zwei hochenergetische Jets, ein hochenergetisches Elektron — und ein Fehlbetrag in der Energiebilanz, der auf ein Neutrino schließen läßt. Dieses Bild zeigt die Spuren aller registrierten Teilchen, mit niedrigem Impuls (rot, gelb und grün) genauso wie mit hohem Impuls (blau und violett); trotzdem sind die Zerfallsmerkmale noch einigermaßen erkennbar. Die einzelne blaue Spur, die zum rechten Bildrand führt, geht durch ein Segment des elektromagnetischen Kalorimeters, das getroffen wurde (blaues Rechteck); sie gehört zu einem hochenergetischen Elektron. Zwei Teilchenjets schossen zum oberen Bildrand und nach unten links.

ebenso häufig auf wie elektromagnetische Prozesse. Die Experimente am CERN erlauben uns wenigstens einen flüchtigen Einblick in dieses „heiße" Hochenergie-Universum.

Die elektroschwache Theorie vereinigt erfolgreich zwei der vier Grundkräfte — nämlich die elektromagnetische und die schwache Wechselwirkung. Die Quantenchromodynamik mit ihren Gluonen beschreibt hingegen Prozesse der starken Kraft. Beide Theorien haben eine gemeinsame mathematische Grundstruktur, die zum Konzept von Eichbosonen — wie Photon, W-Teilchen oder Gluonen — führt, wobei diese Eichbosonen Kräfte vermitteln, die die Struktur unseres Universums bestimmen.

Diese beiden „Eichfeldtheorien" haben sich bisher sehr bewährt, aber es ist noch nicht gelungen, auch die vierte Grundkraft der Natur, die Gravitation, in eine umfassende vereinigte Feldtheorie zu integrieren. Gleichwohl hat die Suche nach dem hypothetischen Eichboson der Gravitation, dem Graviton, begonnen. Allerdings sind alle bisherigen Nachweisversuche erfolglos geblieben.

Top

„Wo bleibt das top-Quark?" Diese Frage beschäftigt die Teilchenphysiker seit 1977, dem Entdeckungsjahr des bottom-Quarks, das im Inneren des Ypsilonteilchens versteckt war. Die Theoretiker wußten, daß ein sechstes Quark − wenn es existiert − schwerer sein müßte als das bottom-Quark; viel mehr ließ sich theoretisch nicht vorhersagen. Als die Beschleuniger mit der Zeit immer höhere Energien erreichten, suchten die Experimentatoren sorgfältig nach Anzeichen von top-Quarks − bisher jedoch nahezu erfolglos. Für eine kurze Zeit schien es, als habe man das top-Quark am CERN entdeckt; die UA1-Gruppe hatte ein Jahr nach der Entdeckung der W- und Z-Teilchen einige Ereignisse gesichtet, die möglicherweise auf ein top-Quark zurückzuführen schienen. Der Fund ließ sich jedoch seither nicht mehr reproduzieren, so daß das Rennen um die Entdeckung nun wieder offen ist. Um jedoch einen Eindruck davon zu vermitteln, wie die Physiker bei ihrer Suche vorgehen, möchten wir uns im folgenden diese Ereignisse aus dem Sommer 1984 genauer ansehen.

Sowohl das charm- als auch das bottom-Quark hatte man zuvor in ihren „verborgenen" Zuständen entdeckt: im Charmonium und Bottomonium, wo sie mit ihrem jeweiligen Antiquark ein gebundenes System bilden. Später erst fand man Charm- und Bottom-Teilchen, die aus Kombinationen von nur einem charm- beziehungsweise bottom-Quark mit anderen Quarks unterschiedlicher Flavours bestehen. Ganz anders schien es beim sechsten Quark: Die Computerbilder, die das UA1-Team vorlegte, enthielten Spuren, die als Zerfall eines W-Bosons in ein top-Quark gedeutet werden konnten − ein weiteres Beispiel dafür, wie rasch gerade erst entdeckte Teilchen bei der Suche nach neuen Phänomenen eingesetzt werden.

Aus der Theorie weiß man, daß die schweren W-Teilchen mindestens genauso oft in ein top-Quark und ein bottom-Quark zerfallen sollten wie zum Beispiel in ein Elektron und ein Neutrino, da die schwache Kraft gleichermaßen auf Leptonen wie auf Quarks wirkt. Die erstgenannte Art des W-Zerfalls sollte ein charakteristisches Spurmuster erzeugen, wenn die top- und bottom-Quarks in leichtere Quarks übergehen. Der Computer des UA1 wurde nun dafür programmiert, solche Spurmuster unter den Millionen von Proton-Antiproton-Vernichtungen herauszufischen. Man fand tatsächlich mehrere Beispiele, darunter das Ereignis in Abbildung 9.21. Das W-Teilchen und die top- und bottom-Quarks, in die es zerfällt, sind alle viel zu kurzlebig, um Spuren hinterlassen zu können. Wir müssen also versuchen zu rekonstruieren, was bei einem solchen Ereignis geschieht, um das Spurmuster zu verstehen, das auf das Auftreten eines top-Quarks hinweist. Dazu schauen wir uns das Diagramm in Abbildung 9.21 an.

In der dargestellten Proton-Antiproton-Vernichtungsreaktion entsteht ein W-Boson, das anschließend zerfällt; die Zerfallsprodukte sind ein top-Quark (oder sein Antiquark), das relativ träge nach oben davonfliegt, und ein leichteres bottom-Antiquark (oder sein Quark), das schneller in die entgegengesetzte Richtung davonsaust. Bei ihrer Trennung materialisieren sie weitere Quarks und Antiquarks und bilden ein Top-Teilchen (t) und ein Bottom-Teilchen (nicht eingezeichnet). Das Top-Teilchen zerfällt rasch in ein Bottom-Teilchen (b) und emittiert dabei gleichzeitig ein energiereiches Elektron (e⁻) sowie ein Antineutrino ($\bar{\nu}$) − dies ist nichts anderes als eine etwas exotische Form des Betazerfalls, bei dem ja ein Neutron unter Aussendung eines Elektrons und eines Antineutrinos in ein Proton übergeht (wobei sich ein down-Quark in ein up-Quark umwandelt). Jetzt sind also zwei Bottom-Teilchen vorhanden − genaugenommen ist eines davon ein „Antibottom"-Teilchen, das ein bottom-Antiquark enthält −, die ihrerseits in zwei Teilchenjets zerfallen, je einer auf jeder Seite der Strahlachse, entlang derer das ursprüngliche Proton und Antiproton aufeinander zuflogen. Jetzt

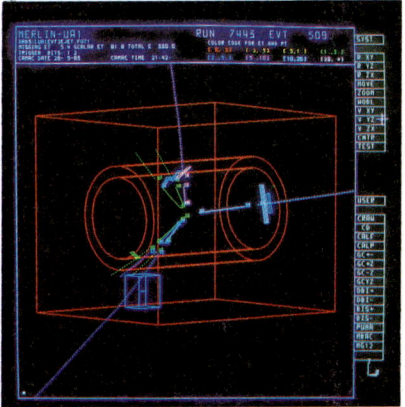

9.23 Eine Darstellung desselben Ereignisses wie in Abbildung 9.22, jedoch ohne die Spuren der Teilchen, die niedrige Impulswerte (Energien) besaßen. Das charakteristische Spurmuster des top-Quarks ist nun klar erkennbar.

haben wir alle Indizien zusammen, die auf das top-Quark hindeuten: ein schnelles Elektron und ein Neutrino — aus dem Betazerfall des Top-Teilchens in ein Bottom-Teilchen — sowie zwei in entgegengesetzte Richtungen schießende Jets — aus dem Zerfall der beiden Bottom-Teilchen.

Genau dieses Muster können wir aber in Abbildung 9.22 wiederfinden. Die Spuren wurden entsprechend der zugehörigen Teilchenimpulse (und das heißt Energien) gefärbt: Rote und gelbe Spuren gehören zu den niedrigsten Impulswerten, blaue und violette zu den höchsten. In dem Durcheinander der niederenergetischen Teilchen, die in der ursprünglichen Vernichtungsreaktion entstanden, können wir zwei energiereiche Jets unterscheiden (blau und violett), die senkrecht nach oben und nach links unten davonschossen. Ein hochenergetisches Elektron (blaue Spur) flog über den rechten Bildrand hinaus. Das Spurmuster wird sofort deutlich, wenn der Computer die niederenergetischen Spuren aus dem Bild entfernt hat, wie in Abbildung 9.23.

Das Neutrino aus dem Zerfall des Top-Teilchens hinterläßt zwar keine Spur, aber die Energie, die es fortträgt, kann dennoch im Prinzip berechnet werden. Die Energien der beiden Jets sowie des Elektrons und des Neutrinos ergeben zusammengenommen die Ruhemasse (Ruheenergie) des W-Teilchens. Angenommen das W zerfiel in ein top-Quark und ein bottom-Antiquark; wenn man also die Energie des unteren Jets, der zum bottom-Antiquark gehört, von der Ruheenergie des W abzieht, erhält man die Energie beziehungsweise die Masse des top-Quarks. Sie läge bei unserem Ereignis bei etwas über 40 GeV — mehr als der 40fachen Protonenmasse.

Trotz intensiver Suche wurden seither keinerlei Anzeichen von top-Quarks mehr gefunden. Man vermutet heute, daß es wahrscheinlich eine deutlich größere Masse hat; neuere theoretische Überlegungen haben die Erwartungen auf mehr als 50 GeV oder sogar 80 GeV und mehr ansteigen lassen, bei einer oberen Grenze von 200 GeV. Experimentell gesichert ist ein Wert von 43 GeV als untere Grenze für die Masse des top-Quarks (1989).

Das gebundene System aus einem top-Quark und seinem Antiquark, das Toponium, würde folglich eine Masse von mindestens 86 GeV haben, was ungefähr den Massen der W- und Z-Teilchen entspricht. Das Super Proton Synchrotron des CERN erreicht bei Proton-Antiproton-Kollisionen diesen Energiewert, doch ist es schwierig, die Zerfälle des Toponiums aus der Vielzahl anderer Teilchen herauszupicken, die aus den Vernichtungen ebenfalls hervorgehen. An Elektron-Positron-Collidern wäre das Toponium viel leichter zu identifizieren, weil dort weniger Nebenprodukte entstehen; die Energien der bislang leistungsstärksten Collider dieser Art, PETRA in Hamburg (inzwischen außer Betrieb) und TRISTAN in Japan, reichen jedoch dafür nicht aus. Erst die Experimente am LEP in Genf und am SLC in Stanford, mit denen nun begonnen werden kann, werden hoffentlich mehr Klarheit bringen.

Noch ist die Existenz des top-Quarks, das das symmetrische Gesamtbild aus sechs Leptonen und sechs Quarks vervollständigen würde, nicht gesichert, da spekulieren freilich schon einige Physiker, daß möglicherweise ein weiteres Paar noch schwererer Quarks existieren könnte, aber die meisten sind mit der momentan erreichten Symmetrie zufrieden. Dafür sprechen auch Argumente einiger Astrophysiker, wonach die Geschwindigkeit, mit der sich Wasserstoff und Helium im frühen Universum bildeten, zwanglos erklärt werden kann, wenn es genau drei Generationen von Quarks und Leptonen gibt. So werden die zu erwartenden Entdeckungen an den neuen Elektron-Positron-Maschinen auch einen direkten Einfluß auf unser Verständnis von den Anfängen des Universums haben.

Sechs Quarks und sechs Leptonen genügen, um die Vielfalt und den Aufbau dreier möglicher Universen zu verstehen, von denen anscheinend nur eines überlebt hat — dasjenige mit den leichtesten Teilchen der ersten Generation. Seine Atomkerne bestehen aus up- und down-Quarks, die sich zu Protonen und Neutronen verbinden, und die von Elektronen „umkreist" werden. Sie können radioaktiv zerfallen und dabei unter anderem Elektron-Neutrinos emittieren. Dies ist das Universum, das wir bewohnen — der Stoff, aus dem wir gemacht sind. Aber offenbar hätte unter nur geringfügig anderen physikalischen Bedingungen auch ein „schwereres Universum" aus Teilchen der zweiten Generation — strange- und charm-Quarks, Müonen und Müon-Neutrinos — entstehen können oder sogar ein noch schwereres Universum, das von bottom- und top-Quarks, Taus und Tau-Neutrinos — Teilchen der dritten Generation — bevölkert wäre.

10. An die Grenzen

Unsere technischen Möglichkeiten sind begrenzt − eine Tatsache, die insbesondere jenen Theoretikern mißfallen muß, die Berechnungen über Materie unter äußerst extremen Bedingungen anstellen, die wir auf der Erde nie werden künstlich erzeugen können. Sollte es also für immer unmöglich sein, ihre Vorhersagen experimentellen Prüfungen zu unterziehen? Die Theorien der Teilchenphysik bewegen sich mittlerweile in Größenordnungen von Energien, die es nur in den ersten Augenblicken nach dem Urknall gab. Selbst die größten Beschleuniger im letzten Jahrzehnt dieses Jahrhunderts − der Elektron-Positron-Collider LEP des CERN und der supraleitende Super-Collider SSC in den Vereinigten Staaten − werden nur ein Billionstel (10^{-12}) solcher Energien erreichen. Die Spanne zwischen der am SSC anvisierten Energie und den Energien des frühen Universums ist so riesig wie der Energiesprung von Chemie und Molekularphysik zu den Teilchenkollisionen des Super-Colliders. Deshalb haben sich die Physiker nach anderen Wegen umgesehen, um ihre Theorien zu testen.

Ihr Interesse an extrem hohen Energien entspringt der Hoffnung, eine den Naturgesetzen zugrundeliegende, elegante Symmetrie zu finden, die unterhalb einer bestimmten Temperatur gar nicht in Erscheinung tritt. Experimente bei extrem hohen Energien − und damit Temperaturen − könnten diese Symmetrie zum Vorschein bringen, die bei niedrigen Energien in jedem Fall verborgen bleibt.

Als Beispiel mag uns die vollkommene Symmetrie eines Regentropfens dienen.

Der Tropfen sieht rundherum gleich aus, egal aus welcher Richtung wir ihn betrachten, weil die Gesetze, die das Verhalten der Wassermoleküle bestimmen, kugelsymmetrisch sind: Alle Raumrichtungen sind gleichberechtigt. Wenn der Regentropfen zu Eiskristallen gefriert und eine Schneeflocke bildet, wird diese Kugelsymmetrie gebrochen. Schneeflocken haben ihre eigene reizvolle Symmetrie, aber diese Symmetrie ist nicht vollkommen: Die Schneeflocke besitzt nämlich bevorzugte Raumrichtungen und sieht nicht von allen Seiten gleich aus. Erwärmt man sie jedoch, so daß sie schmilzt, kommt die vollständige Symmetrie, die im gefrorenen Zustand verborgen war, wieder zum Vorschein.

Die Physiker haben Anzeichen für einen ähnlichen „Schmelzprozeß" im Verhalten der Elementarteilchen bemerkt, wenn diese „erhitzt" werden − wenn man sie also auf hohe Energien beschleunigt und dann aufeinanderprallen läßt. Es scheint so, daß sich der Charakter ihrer Wechselwirkungen mit zunehmender Kollisionsenergie langsam verändert. Diese Beobachtung, aber auch die elegante mathematische Struktur, die den drei Theorien der elektromagnetischen, schwachen und starken Kräfte gemeinsam ist, haben die Physiker auf die Idee gebracht, daß diese drei Grundkräfte an sich gleich stark sein könnten und ihre Symmetrie nur deswegen verborgen ist, weil wir in einem „gefrorenen" Universum leben.

Die mathematischen Konzepte, die diese Vereinigung der elektromagnetischen, schwachen und starken Kräfte vorhersagen und erklären, faßt man unter dem Sammelbegriff Große Vereinigte Theorien oder GUTs zusammen. Es sind eine ganze Reihe miteinander konkurrierender GUTs im Umlauf, die fortwährend kritisch geprüft und den neuesten Erkenntnissen angepaßt werden. Die „richtige" GUT zu finden, ist zu einer der größten Herausforderungen für die heutige theoretische Physik geworden. Deshalb ist es den Physikern so wichtig, Mittel und Wege zu finden, um die von den verschiedenen GUTs gemachten Voraussagen experimentell zu überprüfen. Auf den ersten Blick scheint dies schier unmöglich, da alle GUTs darin übereinstimmen, daß die

10.1 Schneeflocken faszinieren durch die ihnen eigene hexagonale Symmetrie. Nur wenn man sie um ein ganzzahliges Vielfaches von 60 Grad dreht, kommen sie wieder mit ihrer ursprünglichen Gestalt zur Deckung; Regentropfen hingegen, aus denen sie kristallisieren, sind vollkommen symmetrisch: Sie sehen rundherum gleich aus. Die Theoretiker vermuten, daß Symmetrien, die im frühen, noch heißeren Universum vorhanden waren, mit dessen Abkühlung „gebrochen" wurden und in unserem heutigen, relativ kalten Universum verborgen sind. Es könnte zum Beispiel eine Symmetrie zwischen den vier Grundkräften der Natur geben, die zur Zeit des Urknalls vorherrschte, heute aber nicht mehr in Erscheinung tritt. Die Teilchenphysiker hoffen, diese Symmetrie bei extrem hohen Energien zu beobachten.

„Große Vereinigung" erst bei Temperaturen oberhalb von 10^{28} Grad auftritt.

Selbst im Innersten der Sterne, wo die Elemente in einem Inferno von einigen Milliarden (10^9) Grad brodeln, ist es vergleichsweise kühl. Die Grundkräfte und Gesetze der Natur sind unter den Temperaturbedingungen, die wir praktisch überall im Weltall vorfinden, immer asymmetrisch. Glücklicherweise ist das so, denn erst die Brechung der Symmetrien bei niedrigeren Temperaturen, also die Ausdifferenzierung der einzelnen Kräfte, ermöglicht die ungeheure Vielfalt an Naturphänomenen und damit letztlich auch das Leben und unsere Existenz. Die starke Kraft hält den kompakten Atomkern zusammen, die weniger starke elektromagnetische Kraft bindet die Elektronen in der vergleichsweise weitläufigen Atomhülle, und die noch schwächere schwache Kraft ist für die radioaktiven Prozesse und das nukleare Feuer der Sterne verantwortlich; sie ist schwach genug, um der Evolution des Lebens genügend Zeit zu geben, bevor die Sonne ausbrennt, aber nicht so schwach, daß sich mangels Sonnenenergie überhaupt kein Leben hätte entwickeln können. Die vierte und schwächste Grundkraft, die Gravitation, ist für die Physiker nach wie vor ein Rätsel, das den Rahmen der GUTs sprengt. Vielleicht wird man sie eines Tages in eine noch umfassendere Theorie einbauen können.

Können wir jemals hoffen, Materie stark genug „aufzuheizen", um diese fundamentale Symmetrie zu erkennen? Indem wir Teilchen bei hohen Energien zusammenstoßen lassen, erzeugen wir in einem mikroskopisch kleinen Raumbereich für einen winzigen Augenblick eine immens hohe Temperatur. Die Physiker am CERN haben dies in Kollisionen von Protonen und Antiprotonen realisiert. Die 600 GeV, bei denen die Teilchen dort aufeinanderprallen, entsprechen immerhin einer effektiven Temperatur von etwa 10^{15} Grad — warm genug, um die schwache Kraft zu „schmelzen". Schwache Strahlung entsteht dann in Form von W- und Z-Teilchen ebenso leicht wie elektromagnetische Strahlung, das heißt Photonen.

Die erfolgreiche Voraussage der elektroschwachen Symmetrie hat die Theoretiker in ihrer Vorstellung bestärkt, daß die starken und elektroschwachen Kräfte ihrerseits ineinander verschmelzen und — bei Temperaturen von 10^{28} Grad — gleich stark werden. Um aber diese Voraussage mit Experimenten an Beschleunigern zu überprüfen, wäre eine Kollisionsenergie von unglaublichen 10^{15} GeV nötig. Beim gegenwärtigen Stand der Technik bräuchte man dafür einen Beschleuniger, dessen Gesamtlänge beinahe ein Lichtjahr betragen würde — eine Strecke von hundert Millionen Erdumrundungen!

Die Überprüfung der GUTs erfordert also andere Testverfahren, die die parallel dazu weitergeführten, „nieder"-energetischen Beschleunigerexperimente ergänzen. Wir können zum Beispiel Teilchen der kosmischen Strahlung beobachten, die von natürlichen Beschleunigern wie der Sonne, den Sternen und Galaxien auf extrem hohe Energien beschleunigt wurden. Eine andere Möglichkeit ist, nach Überbleibseln aus der Zeit des Urknalls zu suchen, als die Teilchen im noch glühend heißen Universum bei extremen Energien kollidierten, die für die GUTs von Bedeutung sind — also eine Art subatomarer Archäologie zu betreiben.

Eine erfolgreiche GUT muß ferner ein anderes Rätsel erklären können, vor das uns die Entstehung des Universums stellt. In den niederenergetischen Beschleunigerexperimenten erzeugen die Physiker Materie und Antimaterie stets in genau gleichen Mengen — immer entstehen gleich viele Teilchen wie Antiteilchen. Unser Universum besteht nun aber offensichtlich vorwiegend aus Materie, so daß bei der Bildung der Materie aus der Energie des Urknalls also irgendwie ein Überschuß von Protonen gegenüber Antiprotonen entstanden sein mußte, was auf eine leichte Asymmetrie zwischen Materie und Antimaterie hinausliefe. Den GUTs zufolge sollte diese Asymmetrie auch heute noch versteckte, aber beobachtbare Folgen haben. Andrei Sacharow insbesondere, der Vater der russischen Wasserstoffbombe und Friedensnobelpreisträger von 1975, erkannte, daß dieser Protonenüberschuß zur Konsequenz habe, daß das Proton instabil sein müsse. Die uns bekannte Materie würde also allmählich verschwinden, und dies wäre nichts anderes als die Umkehrung des Prozesses, der den Protonenüberschuß zu Beginn des Universums zur Folge hatte.

So wie die Teilchenphysiker durch die GUTs angeregt wurden, sich für das frühe Universum zu interessieren, begannen umgekehrt die Astrophysiker, der Rolle fundamentaler Teilchen im Universum als Ganzes mehr Aufmerksamkeit zu schenken. Zwischen diesen beiden Sparten der Physik hat sich mittlerweile eine fruchtbare Zusammenarbeit entwickelt. Kosmologen, die Theorien über die Entstehung von Galaxien und die Evolution des Universums entwerfen, greifen auf die Grundgesetze der Materie zurück, die die Teilchenphysiker gefunden haben. Messungen der Astronomen können andererseits Theorien wie den GUTs weitgehende Beschränkungen auferlegen.

Dies sind einige der Wege, die die Teilchenphysiker eingeschlagen haben, um die abgesteckten Grenzen der Teilchenbeschleuniger zu umgehen. Indem sie seltenen Relikten aus heißeren Zeiten nachjagen, den Zerfall von Materie aufzuspüren suchen und ihre Detektoren auf die Sterne richten, hoffen sie, die Symmetrie zwischen den Naturkräften aufzudecken. In diesem Kapitel gehen wir auf diese und andere Experimente ein, für die man keine Beschleuniger benötigt.

Der Tod des Protons

Die Materie um uns herum besitzt eine Eigenschaft, die so selbstverständlich ist, daß wir uns selten darüber wundern: Sie ist elektrisch neutral. Doch wenn wir eine Weile darüber nachdenken, erweist sich diese Tatsache als ausgesprochen rätselhaft. Proton und Elektron tragen dieselbe Ladungs*menge,* wobei das Proton positiv und das Elektron negativ geladen ist; alle bisherigen Experimente konnten keinen noch so kleinen Unterschied in ihren Ladungsbeträgen finden, und das bei einer Genauigkeit von mindestens eins zu tausend Milliarden Milliarden ($1:10^{21}$). Alles spricht also dafür, daß ihre Ladungsmengen identisch sind. Warum aber ist das so? Woher „wissen" Protonen und Elektronen voneinander?

Dieses exakte Ladungsgleichgewicht zwischen Elektron und Proton ist der Grund dafür, daß Atome keine Nettoladung haben und die Materie nach außen hin elektrisch neutral ist. Wäre dies nicht so, würden die elektrischen Ladungen auf der Sonne, der Erde und auf den Sternen enorme abstoßende (beziehungsweise anziehende) elektrische Kräfte hervorrufen, die die normalerweise dominierenden Gravitationskräfte weit übertreffen würden. Das Zusammenspiel von Elektronen und Protonen ist daher für das Verhalten des Universums als Ganzes entscheidend.

Dennoch sind sich Elektronen und Protonen ganz und gar unähnlich. Wir wissen heute, daß Protonen komplexe, aus Quarks zusammengesetzte Objekte sind. Auf der anderen Seite scheint das Elektron, das leichteste elektrisch geladene Lepton, ein wirklich elementares Teilchen zu sein. Warum aber sind Proton und Elektron derart perfekt aufeinander abgestimmt, daß sie unser Universum bilden können, wo sie doch gleichzeitig so grundsätzlich verschieden sind?

Eine weitere Eigenschaft des Protons, die unsere Existenz erst ermöglicht, ist seine außerordentliche Stabilität. Falls Protonen überhaupt zerfallen, dann jedenfalls extrem langsam. Wäre ihre mittlere Lebensdauer auch nur kürzer als 10^{17} Jahre, würde die Strahlung unseres eigenen Körpers,

249

dessen Protonen ja nach und nach zerfallen würden, uns selbst zerstören. Wir würden es buchstäblich „in unseren Knochen spüren".

Es mag paradox scheinen, daß die Spanne eines Menschenlebens — kaum ein Jahrhundert lang — genügt, um zu zeigen, daß Protonen wenigstens 10^{17} Jahre überleben müssen. Das liegt jedoch einfach daran, daß wir es hier mit reinen *Wahrscheinlichkeits*aussagen zu tun haben. Ein Versicherungsmathematiker mag zwar genau wissen, daß mindestens die Hälfte von uns vor dem 80. Lebensjahr sterben wird, dessen ungeachtet werden aber einige von uns 100 Jahre alt werden und andere viel früher sterben. Genauso ist es mit den Protonen: 10^{17} Jahre ist eine durchschnittliche Lebensdauer. (Sie steht in unmittelbarem Zusammenhang mit der Halbwertszeit, während der die Hälfte einer großen Anzahl Protonen zerfallen wird.) Nun gibt es ungefähr 10^{27} Protonen in unserem Körper, von denen bei einer Lebensdauer von unvorstellbaren 10^{17} Jahren immer noch im Mittel an die 10^{10} pro Jahr zerfallen würden — genug, um uns zu töten.

Die GUTs bieten Erklärungen für diese beiden charakteristischen Merkmale der Materie, ihre elektrische Neutralität und ihre grundlegende Stabilität. Diese Theorien vereinigen nicht nur die elektroschwache mit der starken Kraft, sie verknüpfen auch Quarks und Leptonen miteinander in einer umfassenden Symmetrie der Materie. Insbesondere können nach dieser Theorie die (schwereren) Quarks in Leptonen übergehen, was bedeutet, daß Protonen zerfallen können.

Die Vorhersage des Protonzerfalls ist eine der wenigen Möglichkeiten, die GUTs beim gegenwärtigen Stand der Technik zu testen. Die Theorien sagen im allgemeinen eine mittlere Lebensdauer von etwa 10^{32} Jahren für das Proton voraus. Das ist viel länger als das Alter des Universums, das auf ungefähr 10^{10} Jahre geschätzt wird. Trotzdem hoffen die Physiker, ein paar Protonen jung sterben zu sehen. In 1000 Tonnen Materie sollten nämlich innerhalb eines Jahres etwa 100 Protonen zerfallen. Wenn wir also statt der wenigen Kilogramm unseres Körpers mehrere tausend

Tonnen Material einsetzen und dieses mit empfindlichen Detektoren umgeben, könnten in dieser gigantischen Masse Protonzerfälle nachweisbar sein. Jedenfalls ist das die Strategie, die in den momentan laufenden Experimenten verfolgt wird, aus denen wir uns Aufschluß darüber erhoffen, ob wir tatsächlich in einem dahinschwindenden Universum leben.

Um einen Protonzerfall zu registrieren, muß man sehr genau hinschauen; und wenn man glaubt, ein Signal aufgefangen zu haben, muß man sich vergewissern, daß es nicht etwa durch einen anderen Effekt ausgelöst wurde, der einen echten Protonzerfall nur vortäuscht. Ein derart leises Flüstern kann man nur wahrnehmen, wenn man so viele Hintergrundgeräusche wie möglich ausblendet. Treffen zum Beispiel kosmische Strahlen die Apparatur, können sie Signale auslösen, die denen aus Protonzerfällen ganz ähnlich sind. Ein Schutzschild über dem Experiment, Hunderte von Metern dick, kann den Großteil der kosmischen Strahlung abschirmen, mit Ausnahme der energiereichsten Teilchen allerdings. Felsgestein ist dafür gut geeignet, und so haben sich die Physiker auf ihrer Suche nach Anzeichen eines sterbenden Universums tief unter die Erdoberfläche, in Bergwerke und unter Bergmassive, begeben.

In der Nähe von Bangalore in Indien haben Physiker in 2300 Metern Tiefe eine Mine in den Goldfeldern von Kolar bezogen. Ein japanisches Team hat seine Apparatur, den Kamiokande-Detektor, in einem Bleibergwerk aufgebaut. Eine europäische Arbeitsgruppe nutzt eine Höhle neben dem Fréjus-Tunnel in den französischen Alpen, ein anderes Team hat sich 3000 Meter unter dem Gipfel des Mont Blanc in einer Seitengarage des Straßentunnels eingerichtet. In den Vereinigten Staaten hat man Detektoren in der Soudan-Eisenmine in Minnesota und in einer Salzmine in Ohio, 600 Meter unter dem Eriesee nahe Cleveland, untergebracht.

In diesen Kavernen befinden sich riesige Wasserbecken oder gewaltige Blöcke aus Beton und Stahl mit Abermilliarden Protonen, von denen eines vielleicht heute, nächste Woche oder auch erst nächstes

Jahr zerfallen könnte. Falls tatsächlich ein Proton zerfällt, werden die Fledermäuse und Insekten, die in den Höhlen leben, davon nichts spüren. Aber ein elektronischer Detektor wird darauf ansprechen und das Ereignis auf Magnetband aufnehmen. Später können die Physiker in ihren etwas gemütlicheren Arbeitszimmern untersuchen, was aus dem toten Proton geworden ist.

Das Morton-Thiokol-Salzbergwerk in Ohio beherbergt den größten „Wasserbekken"-Detektor. Er wurde von Physikern der Universität von Kalifornien in Irvine, der Universität von Michigan sowie des Brookhaven National Laboratory aufgebaut und heißt deshalb kurz IMB-Detektor. Der riesige Hohlraum, in dem er sich befindet, wurde mit einem speziellen Räumwerkzeug aus dem Steinsalz herausgehauen, während 2000 Steinbolzen die Wände vor dem Einsturz sicherten.

Der Hohlraum hat annähernd die Form eines Würfels mit einer Kantenlänge von etwa 20 Metern − die Größe eines siebenstöckigen Wohnblocks. Zwei kräftige Polyethylenfolien kleiden die Wände aus und bilden sozusagen einen riesigen Sack, der das Wasser aufnimmt. Um den IMB-Tank vorsichtig mit 8000 Tonnen speziell gereinigtem Wasser zu füllen, benötigte man zwei Monate, und auch das gelang erst im zweiten Anlauf; beim ersten Versuch riß die Polyethylenverkleidung. Um zu verhindern, daß dies noch einmal passierte, gossen die Ingenieure nach und nach Beton hinter die Verkleidung, während der Wasserspiegel langsam anstieg. Der erstarrte Beton sollte den Druck der anwachsenden Wasserwand auffangen und verhindern, daß die Plastikhülle überdehnt wurde. Als der Tank im Juni 1982 aufgefüllt war, zogen sich die Physiker und Techniker Taucheranzüge an und installierten 2048 Photodetektoren an den Innenflächen.

Wenn ein Proton zerfällt, wird es sich nämlich durch sichtbares Licht verraten. Es erzeugt zunächst geladene Teilchen, die sich im Wasser schneller fortbewegen als Licht. Dabei emittieren diese Teilchen sichtbares Licht − Tscherenkow-Strahlung −, und zwar unter einem charakteri-

stischen Winkel zu ihrer Flugbahn, der vom Verhältnis ihrer Geschwindigkeit zur Lichtgeschwindigkeit im Wasser abhängt. Ähnlich wie die Schallwellen eines Überschallflugzeugs breiten sich die Lichtwellen dann auf einem Kegel aus (siehe Seite 139 − 140).

Die rund um den IMB-Tank installierten Photoröhren registrieren den Tscherenkow-Lichtblitz eines vorbeischießenden geladenen Teilchens. Ein Computer speichert, wieviel Licht auf jede Röhre gefallen ist, und vermerkt auch die Reihenfolge, in der die verschiedenen Röhren angesprochen haben. Diese Informationen geben ein detailliertes Bild von der Richtungsverteilung des Tscherenkow-Lichts, das der Computer benutzt, um die Flugbahn des Verursachers zu rekonstruieren.

Falls ein einzelnes Proton in zwei Teilchen zerfällt, werden diese − wegen der Impulserhaltung − in entgegengesetzte Richtungen auseinanderfliegen. Man geht dabei typischerweise von einem Zerfall in ein Positron und ein Pi-null aus, wobei sich das letztere seinerseits in zwei Gammaphotonen umwandeln würde (siehe Abbildung 10.4). Das Positron würde folglich einen Tscherenkow-Lichtkegel in einer Richtung erzeugen, die beiden Photonen bei ihrem Zerfall in Elektron-Positron-Paare zwei Kegel in der nahezu entgegengesetzten Richtung. Abbildung 10.5 zeigt eine Computersimulation der mutmaßlichen Auswirkungen eines solchen Protonzerfalls im IMB-Tank. Die gelben Linien (in Y-Form) kennzeichnen die kurzen Flugbahnen des Positrons und der beiden Photonen. Die Lichtkegel dieser Teilchen breiten sich aus und treffen auf die Wände des Tanks. Rote Markierungen entsprechen den zuerst angesprochenen Photoröhren, blaue den zuletzt ausgelösten. Da die drei Teilchen annähernd in entgegengesetzte Richtungen auseinanderfliegen, häufen sich die Markierungen an der Seite oben links und am Tankboden, wo sich mehr oder weniger kreisförmige Muster abzeichnen.

10.2 Der IMB-Detektor, der für den Nachweis von Protonzerfällen konstruiert wurde, füllt einen riesigen Hohlraum aus; er ist 23 Meter hoch, besitzt eine Grundfläche von $22,5 \times 17$ Quadratmetern und befindet sich etwa 600 Meter unter dem Grund des Eriesees. Wie ein Spielzeug wirkt der Bulldozer am unteren Rand der Aufnahme, die kurz nach Beendigung der Ausschachtungsarbeiten im Jahre 1981 gemacht wurde. Nach der Ausschachtung mußte der Hohlraum mit Plastikfolie ausgekleidet und mit Wasser gefüllt werden − keine einfache Aufgabe. Danach folgte die aufwendige Installation der Photoröhren, die in Abständen von einem Meter an den Wänden des Hohlraums angebracht wurden.

10.3 Reihen von Photoröhren mit einem Durchmesser von 13 Zentimetern überziehen die Wände und den Boden des IMB-Tanks, der hier von einem Taucher aufgenommen wurde. Die Röhren fangen das Tscherenkow-Licht der geladenen Teilchen auf, die das Wasser schneller als Licht durchqueren.

Das Aufspüren der seltenen Protonzerfälle wird dadurch noch erschwert, daß selbst 600 Meter dicke Erd- und Gesteinsschichten die Apparatur nicht von *allen* kosmischen Strahlen abschirmen können. Neutrinos können sogar die Erde durchdringen und mit Protonen im Tank in Wechselwirkung treten, wobei sie Signale auslösen, die einen spontanen Protonzerfall vortäuschen. Solche Ereignisse ergeben seltsamerweise ein ganz ähnliches Signalmuster, wie es für echte Protonzerfälle erwartet wird (siehe Abbildung 10.6). Erst die vollständige Auswertung aller Informationen durch den Computer zeigt dann, daß das registrierte Ereignis nicht als Protonzerfall gedeutet werden kann, sondern

Andere mögliche Zerfälle signalisierte ein Vertreter des zweiten Detektortyps, der für den Nachweis von Protonzerfällen entwickelt wurde: ein Eisenmonolith, der im Inneren des Mont-Blanc-Massivs an der französisch-italienischen Grenze steht. Der Detektor mit der Bezeichnung NUSEX (für **Nu**cleon **S**tability **Ex**periment) ist in einer Seitengarage des Straßentunnels, der durch den Berg führt, untergebracht. Doch statt des Rumpelns der Schwerlastzüge vernehmen wir hier nur das Summen der Elektronik, die die 150 Tonnen schwere Anordnung überwacht. Sie besteht aus zentimeterdicken Eisenplatten, die zu einem Würfel mit 3,5 Metern Kantenlänge übereinandergestapelt wurden; zwischen

10.4 Das Diagramm zeigt die zu erwartenden Auswirkungen eines Protonfalls im IMB-Detektor. Das Proton zerfällt entsprechend den theoretischen Voraussagen in ein Positron (e⁺) und ein neutrales Pion, die – weil das Proton in Ruhe war – in entgegengesetzte Richtungen davonschießen. Das Pion zerfällt fast augenblicklich in zwei Photonen (γ), die sich im Wasser ihrerseits in Elektron-Positron-Paare umwandeln. Da das Positron aus dem Protonzerfall und die beiden Elektron-Positron-Paare der Photonen geladene Teilchen sind, strahlen sie Tscherenkow-Licht ab; die Lichtkegel fallen auf die Wände des Detektors, wo sie Photoröhren in benachbarten Ringsegmenten auslösen.

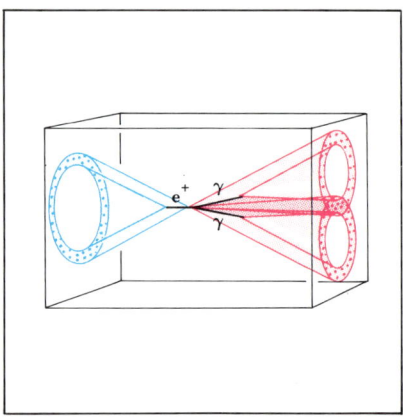

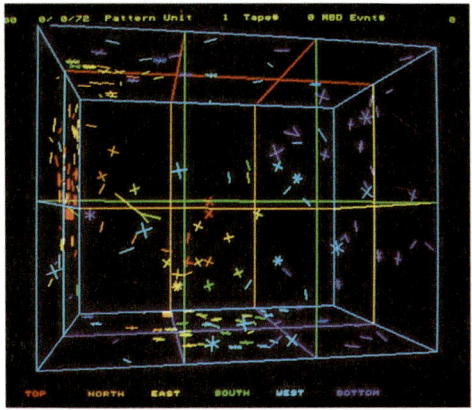

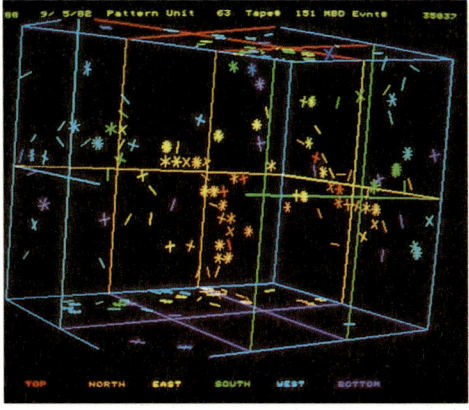

10.5 Eine Computersimulation eines Protonzerfalls im IMB-Detektor. Das hypothetische Proton zerfiel links in der Bildmitte. Die kurzen gelben Linien (das umgekippte Y) sind die vom Computer berechneten Flugbahnen des Positrons und der beiden Photonen. Man kann einigermaßen erkennen, wie die angesprochenen Photoröhren ein Ringmuster bilden, und zwar oben links, in der Mitte des Bodens und rechts. Die Farben kennzeichnen die Reihenfolge, in der die Röhren angesprochen haben, wobei die roten zuerst und die violetten zuletzt ausgelöst wurden. Die Anzahl der Striche in jedem „Stern" gibt die Zahl der in der betreffenden Röhre registrierten Photonen an.

10.6 Echte Daten im IMB-Detektor ergaben dieses Bild, mit zwei Ringen ausgelöster Photoröhren oben rechts und an der unteren Rückwand des Detektors. Die sorgfältige Prüfung der Daten ergab aber, daß dieses Signalmuster nicht von einem Protonzerfall stammt, sondern von der Wechselwirkung eines Neutrinos der kosmischen Strahlung mit einem Atomkern im Wasser erzeugt wurde.

von einem Neutrino stammen muß, das in den Tank eingedrungen war.

Eine der einfachsten GUTs sagt voraus, daß der Zerfall eines Protons in ein Pi-null und ein Positron am häufigsten auftreten sollte. Aber weder im IMB-Tank noch in irgendeinem anderen Detektor konnte bisher ein überzeugendes Beispiel dieser Art des Protonzerfalls beobachtet werden. Verschiedene andere Detektoren haben jedoch einige vereinzelte Ereignisse ausfindig gemacht, die von anderen Zerfallsarten des Protons herrühren könnten. Die japanische Version des IMB-Detektors, der Kamiokande-Detektor, ist ein mit 3000 Tonnen Wasser gefüllter Tank, der sich rund 1000 Meter unter dem Erdboden befindet. Hier wurden Spuren registriert, die vom Zerfall eines Protons in ein positives Müon und ein Eta, einen schweren Verwandten des Pi-null, stammen könnten.

die Platten hat man, nebeneinander aufgereiht, Streamerröhren aus Plastik schichtweise eingebracht.

Jede der Röhren ist mit einem Gas gefüllt (einer Mischung aus Argon, Kohlendioxid und n-Pentan); entlang ihrer Achsen ist ein Draht gespannt, an dem eine positive Spannung anliegt. Durchquert ein geladenes Teilchen die Röhre, ionisiert es das Gas und löst im starken elektrischen Feld um den Draht eine Entladung aus. Die Entladung wird von Metallstreifen registriert, die außerhalb der Röhren sowohl parallel als auch senkrecht zu diesen verlaufen. Die Signale von den Streifen werden einem Computer zugeführt, der sie speichert und aus den Informationen ein dreidimensionales Bild der Teilchenspuren zusammenfügt. Abbildung 10.8 zeigt die rekonstruierten Spuren eines Ereignisses im NUSEX-Detektor, die vom Zerfall eines Protons in ein positives Müon und ein neutrales Kaon herrühren könnten.

Bisher konnte nicht bewiesen werden, daß
Protonen tatsächlich zerfallen. Beim
Stand von 1988 konnte man den Experi-
menten jedoch eine untere Schranke für
die Lebensdauer des Protons von 6×10^{32}
Jahren entnehmen.

Damit sind zumindest die einfacheren
GUTs widerlegt, auch wenn dies noch
nicht das endgültige „Aus" für die GUTs
bedeuten muß. Die Möglichkeit des Protonzerfalls besteht weiterhin und wird den
Scharfsinn und die Erfindungsgabe der Experimentalphysiker auch in Zukunft auf
die Probe stellen.

10.7 Der NUSEX-Detektor befindet sich in
einer „Garage" neben dem Mont-Blanc-Tunnel. Er hat die Form eines Würfels mit einer
Kantenlänge von 3,5 Metern und besteht aus
übereinandergestapelten, zentimeterdicken Eisenplatten. Zwischen diese Platten wurden
Reihen von Streamerröhren eingeschoben, die
einen Impuls abgeben, wenn ein geladenes
Teilchen durch sie hindurchschießt. Auf dieser
Aufnahme kann man an den Seiten des Detektors die hervorstehenden Teile der Elektronik
erkennen, die mit den Röhren verbunden sind.
Zwei Mitarbeiter des NUSEX-Teams, Gianfranco Bologna (im blauen Hemd) und Oscar
Saavedra, überprüfen gerade einige der Schal-
tungen. Das orangefarbene Gebilde ist ein Hebekran zum Auf- und Abbau des Detektors.

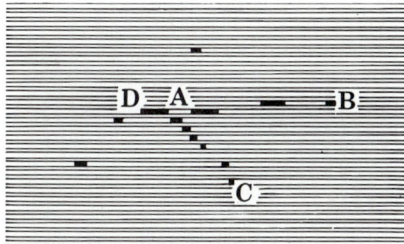

10.8 Drei geladene Teilchen hinterließen dieses Spurmuster im NUSEX-Detektor, das vielleicht den Zerfall eines Protons in ein neutrales
Kaon und ein positives Müon darstellt. Das
Computerbild zeigt eine Seitenansicht von einem Teil des Detektors; angedeutet sind die
abwechselnden Schichten aus Eisen und Streamerröhren. Wir sehen auf die Stirnseiten der
Röhren, von denen nur diejenigen eingezeichnet sind, die angesprochen haben. Am Ver-
zweigungspunkt der Spuren (A) könnte ein
Proton zerfallen sein, worauf das erzeugte
Müon nach rechts davonschoß (A-B), während
das Kaon in zwei Pionen zerfiel (A-D und A-
C). Die Physiker werden jedoch erst dann davon überzeugt sein, daß es sich hier um einen
Protonzerfall handelt, wenn sie eine Reihe von
Ereignissen dieser Art gesammelt haben.

253

Rätselhafte Monopole

Experimente zum Protonzerfall testen die Vereinigungstheorien der Hochenergiephysik auf indirekte Weise. Es gibt jedoch eine Quelle hochenergetischer Teilchen, die nicht auf die beschränkten Möglichkeiten menschlicher Beschleunigertechnologie angewiesen ist: die kosmische Strahlung. Am Fermilab werden Protonen auf eine Endenergie von 1000 GeV beschleunigt, aber die Natur stellt diese Meisterleistung bei weitem in den Schatten; ihre Beschleunigungsmechanismen können kosmische Strahlen im Weltraum auf Energien von 100 Milliarden (10^{11}) GeV bringen. Mit solch extremen Energien kommen allerdings nur wenige Teilchen pro Quadratkilometer innerhalb eines Jahrhunderts auf die Erde an. Diese seltenen Ereignisse stellen jedoch den einzigen direkten Zugang zur Erforschung ultrahoher Energien dar und versetzen uns in die Lage, nach möglichen superschweren Teilchen mit Massen bis zu 10^{11} GeV zu suchen – Teilchen, die milliardenmal schwerer sind als die W-Teilchen und das Z.

Den GUTs zufolge wurden unmittelbar nach dem Urknall sogar noch schwerere Teilchen erzeugt, von denen möglicherweise noch einige wenige im heutigen Universum herumspuken. Hin und wieder könnte vielleicht eines dieser schweren Relikte mit der kosmischen Strahlung die Erde erreichen. Der magnetische Monopol ist unter diesen hypothetischen Exoten wahrscheinlich der am wenigsten umstrittene. Es handelt sich dabei um ein Teilchen, das eine einzelne Einheit an magnetischer „Ladung" trägt – mit anderen Worten um einen isolierten Magnetpol.

Ein Magnet hat immer einen Nord- und einen Südpol. Wenn Sie versuchen, ihn in zwei Teile zu zerschneiden, um einzelne Pole zu erhalten, wird Ihnen das nicht gelingen; Sie haben dann einfach zwei kleinere Magnete vor sich, jeder wiederum mit einem Nord- und einem Südpol – zwei magnetische Dipole also. Niemand hat bislang je einen isolierten Nord- oder Südpol – einen Monopol – beobachtet, was manche Forscher aber nicht davon abgehalten hat, Vermutungen über die Existenz von magnetischen Monopolen anzu-

stellen. 1931 wies der Theoretiker Paul A. M. Dirac, der ein paar Jahre zuvor das Positron vorausgesagt hatte, darauf hin, daß die eigentlich sehr rätselhafte Tatsache, daß die elektrische Ladung stets in ganzzahligen Vielfachen der Elektronen- oder Protonenladung auftritt, eine einfache mathematische Erklärung fände, wenn es auch magnetische Ladungen – Monopole – gäbe. Seither haben sich die Physiker immer wieder auf die Suche nach solchen Objekten gemacht.

Aus zweierlei Gründen hat das Interesse an Monopolen in der jüngsten Zeit enorm zugenommen. Zum einen sagen die GUTs die Existenz magnetischer Monopole voraus, und zwar bei einer Masse, die in der Größenordnung der Energie liegt, bei der man die Große Vereinigung erwartet, also im Bereich von 10^{16} GeV, was der Masse eines kleinen Bakteriums, rund einem hundertmillionstel Gramm, entspricht.

Dieser schwere Monopol würde durchaus mit anderen Teilchen in Wechselwirkung treten; insbesondere könnte er Protonzerfälle auslösen, die folglich häufiger in Materie auftreten müßten, durch die ein Monopol zuvor hindurchgepflügt war. Wenn er dabei die gesamte Masse des Protons in Energie umwandeln könnte, würde ein einziger Monopol theoretisch einen Energiebetrag von 10^{14} Joule pro Gramm Materie freisetzen – 1000mal mehr als bei der Kernfusion!

Monopole wären jedoch nicht so ohne weiteres aufzuhalten; im Prinzip könnten sie die Erde ohne großen Energieverlust durchqueren. Ein Monopol könnte sogar in die dichte Materie von Neutronensternen eindringen und dort die Neutronen „verschlingen". So gerne die Forscher einen Monopol finden würden, so sehr hoffen sie doch insgeheim, daß dies nicht allzu leicht gelingt, da Monopole eigentlich die Stabilität der Materie ins Wanken bringen. Grund zur Panik besteht allerdings nicht. Falls es überhaupt Monopole gibt, sind sie bestimmt nicht sehr zahlreich. Andernfalls hätten sie die Magnetfelder in unserer Galaxie neutralisiert, was bis jetzt noch nicht geschehen ist.

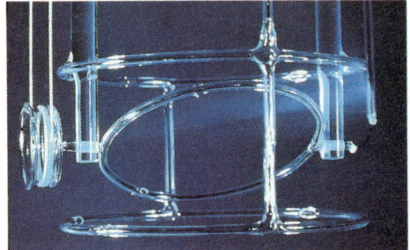

10.9 Blas Cabreras Detektor, der am 14. Februar 1982 ein Signal abgab, das von einem magnetischen Monopol stammen könnte. Das Herzstück des Detektors ist der mittlere, geneigte Ring, in dem sich vier Windungen eines supraleitenden Niobdrahts befinden. Der Ring mit einem Durchmesser von fünf Zentimetern liegt normalerweise horizontal zwischen den beiden größeren Kalibrierringen. Der gesamte Aufbau ist von einem magnetischen Schild umgeben, der sicherstellt, daß das Innere bis auf ein Restfeld von höchstens einem Millionstel des Erdmagnetfelds feldfrei ist. Schießt ein Monopol durch den supraleitenden Ring hindurch, wird ein Strom induziert – und tatsächlich hatte Cabrera einen solchen Strom beobachtet.

10.10 Blas Cabrera (geboren 1946) in seinem Laboratorium an der Stanford-Universität. Die Aufnahme aus dem Jahre 1984 zeigt ihn neben seiner verbesserten Version eines Drei-Ring-Monopol-Detektors.

Am frühen Nachmittag des 14. Februar 1982 gab jedoch der kleine Detektor von Blas Cabrera an der Stanford-Universität ein verblüffendes Signal ab — der zweite Anlaß für das gegenwärtige Interesse an Monopolen. Cabrera benutzte eine Spule aus supraleitendem Niobdraht, die einen Durchmesser von fünf Zentimetern hatte und von einem supraleitenden magnetischen Schild umgeben war, der alle störenden Magnetfelder aus dem Inneren der Anordnung fernhielt. Falls eine magnetische Ladung die Apparatur passierte, würde sie in der (zuvor stromlosen) Spule einen elektrischen Strom induzieren, der praktisch konstant bliebe, da die Spule supraleitend ist. Genau dies geschah an jenem Tag im Februar 1982: Plötzlich setzte in der Spule ein Strom ein, der exakt die Stärke aufwies, die Cabrera für den Durchgang eines Monopols erwartete.

War das nun tatsächlich ein „echtes" Ereignis, oder war es lediglich der Effekt einer rätselhaften Störung im Experiment, die bislang einfach noch nicht erklärt werden konnte? Die Antwort auf diese Frage steht noch aus. Seit diesem ersten Signal haben Physiker in der ganzen Welt, einschließlich Cabrera, verbesserte Versionen des Monopol-Detektors aufgebaut, mit größeren Spulen, die einen größeren Raumbereich abdecken. Bis heute wurde erst ein weiteres mögliches Monopol-Signal registriert, und zwar in einem Experiment am Imperial College in London.

Auf der Suche nach freien Quarks

Monopole sind nicht die einzigen Relikte des Urknalls, die wir in unserem heutigen Universum noch antreffen könnten. In den vergangenen Jahrzehnten haben die Physiker Hunderte von Teilchen entdeckt, die aus Quarks aufgebaut sind. Niemand hat jedoch je ein einzelnes freies Quark beobachtet, und das nicht etwa, weil man nicht danach gesucht hätte; an jedem der neuen Beschleuniger haben die Physiker auch nach freien Quarks gesucht — bislang erfolglos. Ein Grund dafür könnte sein, daß Quarks sich zwar im Inneren eines Teilchens, beispielsweise eines Protons, wie leichte Teilchen bewegen, aber als isolierte Teilchen vermutlich sehr schwer sind.

(Dieses scheinbare Paradoxon folgt aus der Eigenart der starken Kernkraft.) Denkbar wäre also, daß wir in unseren Beschleunigern einfach nicht über die erforderlichen Energien verfügen, um Quarks im Laboratorium freisetzen zu können. Im Urknall jedoch — und vielleicht sogar noch heute in einigen Sternsystemen — war ausreichend Energie vorhanden, aus der eventuell auch schwere isolierte Quarks materialisierten. Falls diese auf ihrem langen Weg zur Erde überlebt haben sollten, müßten sie in der kosmischen Strahlung anzutreffen sein.

Aufgrund ihrer ungewöhnlichen elektrischen Ladungen müßten freie Quarks deutlich auffallen. Up-, charm- und top-Quarks tragen 2/3 Protonenladungen — oder Elementarladungen —, down-, strange- und bottom-Quarks jeweils −1/3 Elementarladungen. Diese drittelzahligen Elementarladungen sind ein herausragendes Kennzeichen der Quarks. Ein Teilchen mit gebrochener Ladung würde man in einem Detektor sofort bemerken, weil das Ionisationsvermögen eines geladenen Teilchens vom Quadrat seiner Ladung abhängt. Ein Teilchen mit der doppelten Ladung hat also die vierfache ionisierende Wirkung, und seine Spur ist demnach viermal so dicht wie die eines Teilchens mit einfacher Ladung. Deswegen würde ein Quark mit 2/3 Protonenladungen nur 4/9mal so viele Ionen erzeugen wie ein Proton und nur eine etwa halb so kräftige Spur ausbilden.

Eine solche Spur entdeckte Brian McCusker an der Universität von Sydney im Jahre 1969 auf einer Nebelkammeraufnahme. Er hoffte, freie Quarks dort finden zu können, wo eine hohe Dichte von energiereichen Teilchen gegeben war, nämlich in den „Kernen" kosmischer Teilchenschauer. Zu diesem Zweck stellte er vier Nebelkammern auf, die über drei Geigerzähler-Sets angesteuert wurden. Die Geigerzähler waren im Abstand von einigen Metern aufgebaut und gaben genau dann das Signal zur Expansion der Kammern, wenn mehrere tausend Teilchen gleichzeitig auf einer Fläche von wenigen Quadratmetern eintrafen, also das Zentrum eines intensiven Teilchenschauers durch die Apparatur hindurchgegangen war.

Abbildung 10.11 zeigt die Nebelkammeraufnahme, die McCusker zu seiner Behauptung veranlaßte, ein isoliertes Quark beobachtet zu haben. In einer der Spuren ist die Dichte der Tropfen deutlich geringer als in den anderen: McCusker zählte 16 Tropfen pro Zentimeter, im Gegensatz zu 40 Tropfen in den anderen Spuren — also ziemlich genau die Ionisationsdichte, die man für ein Teilchen mit 2/3 Protonenladungen erwarten würde. Doch sind auch andere Erklärungen für die geringe Spurdichte denkbar. So schwankt die Dichte der Spuren stets um einen Durchschnittswert, und die schwache Spur könnte daher einfach eine statistische Fluktuation sein — eine seltene, besonders ausgeprägte Abweichung vom Mittelwert. Tatsächlich konnte diese Beobachtung in den folgenden Jahren nicht wiederholt werden: Kein anderes ähnliches Experiment wartete mit einem vergleichbar deutlichen Anzeichen für ein freies Quark auf, und so beurteilen die anderen Physiker McCuskers Beobachtung weiterhin sehr skeptisch.

Ganz andersartige Hinweise auf freie Quarks — oder andere außergewöhnlich schwere Teilchen — lieferte ein weiteres Experiment mit kosmischen Strahlen, das hoch oben auf dem Chacaltaya in Bolivien durchgeführt wurde. Ein Team bolivianischer und japanischer Physiker hatte dort eine Reihe großflächiger Emulsionsdetektoren aufgebaut, die jeder eine Fläche von etwa 40 Quadratmetern abdeckten und abwechselnd Schichten aus Blei und Photoemulsion enthielten. In den siebziger Jahren fand das Team nun fünf ausgesprochen ungewöhnliche Teilchenschauer.

Die Bleischichten ermöglichten es den Physikern, Elektronen und Gammastrahlen einerseits von Protonen und geladenen Pionen andererseits anhand ihrer verschiedenen Auswirkungen im Detektor zu un-

terscheiden, denn letztere drangen tiefer in den Detektor ein als erstere. In den fünf Schauern befanden sich überraschenderweise nur sehr wenige Gammaquanten, aber Dutzende von geladenen Pionen und Protonen. Eigentlich geht man davon aus, daß bei den Kollisionsprozessen in der kosmischen Strahlung ebenso viele neutrale wie geladene Pionen erzeugt werden und die neutralen Pionen dann rasch in Gammaquanten zerfallen. Bei den Energien von über 100000 GeV, aus denen die Schauer hervorgingen, erwartete man pro Ereignis etwa zwanzig neutrale Pionen; wahrscheinlich enthielten aber alle fünf Ereignisse jeweils nur ein Pi-null.

Die Physiker sind sich bis heute nicht sicher, ob diese „Zentaurus-Ereignisse" (die so heißen, weil die Diskrepanz zwischen den Meßdaten aus der oberen und der unteren Hälfte des Detektors an die Zentauren der griechischen Mythologie erinnert) ein echtes physikalisches Phänomen darstellen, auch wenn man sie nicht so einfach als experimentelle Artefakte wegdiskutieren kann. Man hat versucht, diese Ereignisse auf freie Quarks zurückzuführen, aber ohne weiteres Beweismaterial sind diese und andere Deutungen, die sich auf noch exotischere Teilchen stützen, nicht überzeugend.

Falls überhaupt Quarks über die kosmische Strahlung die Erde erreichen, müssen sie äußerst selten sein, sonst wären sie schon auf irgendeine zufriedenstellende Weise nachgewiesen worden. Es ist aber nicht auszuschließen, daß sich kosmische Quarks im Laufe der 4500 Millionen Jahre während Erdgeschichte auf der Erdoberfläche allmählich angereichert haben. Über die Jahrtausende hinweg könnte so eine geringe Konzentration von einem Quark auf 10^{20} Protonen und Neutronen in irdischen Substanzen entstanden sein — eine Größenordnung, die zu der oberen Schranke paßt, die sich für diesen Wert aus der bislang erfolglosen Suche nach Quarks in der kosmischen Strahlung ergibt. Denkbar wäre auch, daß die Atmosphäre für Quarks undurchlässig ist; dann sollte man sie vielleicht in Mondgestein nachweisen können. In den Steinen, die die Astronauten vom Mond mitbrachten, wurden jedoch keine Quarks gefunden.

10.11 Brian McCuskers Nebelkammeraufnahme, die er als Beweis für ein freies Quark anführte. Die durchgezogenen Linien am oberen und unteren Bildrand kennzeichnen drei verhältnismäßig dicke Spuren; links davon verläuft eine dünnere Spur (verlängert durch gestrichelte Linien), die von einem Quark mit der Ladung 2/3 stammen könnte, das 4/9 des Ionisationsvermögens eines Teilchens mit einer ganzen Ladungseinheit besitzt. Als Erklärung kämen aber auch statistische Schwankungen in Frage.

Man hat große Mengen verschiedenster irdischer Materialien untersucht. Niemand kann sagen, in welchen Substanzen isolierte Quarks wohl am ehesten anzutreffen wären. William Fairbank von der Stanford-Universität in Kalifornien, der zusammen mit seinen Studenten Art Hebard und George LaRue solche Untersuchungen begann, hatte also nicht mehr und nicht weniger Erfolgsaussichten wie alle anderen auch, die nach Quarks suchten. Sie arbeiteten mit winzigen Kugeln aus Niob, mit einem Durchmesser von nur 0,25 Millimetern, und fanden tatsächlich einige faszinierende Anzeichen für gebrochene Ladungen.

Fairbank und seine Mitarbeiter kühlten zunächst ihre Kugel, bis das Niob supraleitend wurde, so daß die Kugel einen eventuellen elektrischen Strom in sich praktisch verlustfrei leiten konnte. Dann schickten sie durch eine supraleitende Spule unterhalb des Tellers, auf dem sich die Kugel befand, einen Strom. Die stromdurchflossene Spule erzeugte ein magnetisches Feld, das seinerseits in der supraleitenden Niobkugel einen Strom und dieser wiederum ein Magnetfeld induzierte. Die beiden Magnetfelder sind dann entgegengerichtet; magnetische Abstoßungskraft und Gravitationskraft finden schließlich ein Gleichgewicht und lassen die Kugel frei im Raum schweben.

Die Experimentatoren „kitzelten" die frei schwebende Kugel daraufhin mit einem elektrischen Wechselfeld. Besitzt die Kugel eine elektrische Ladung, so wird sie dadurch in Bewegung gesetzt; ist sie jedoch ungeladen, so bleibt sie davon ungerührt. Nun wurden zusätzlich einzelne Elektronen oder Positronen auf die Kugel aufgebracht und dabei stets deren Bewegung gemessen. Wenn sich anfänglich eine ganzzahlige Ladungsmenge auf der Kugel befand, mußte es durch das wiederholte Aufbringen von Elektronen oder Positronen — die ja jeweils eine ganzzahlige (negative beziehungsweise positive) Ladungseinheit tragen — irgendwann möglich sein, den Ladungsüberschuß auf der Kugel zu neutralisieren, so daß sie schließlich zur Ruhe käme. Hätte die Kugel zunächst aber eine *gebrochene* Gesamtladung getragen, wäre es unmöglich, diese völlig

zu neutralisieren, da ja nach der Hinzunahme *ganzzahliger* Ladungseinheiten immer eine gebrochene Restladung auf der Kugel verbliebe — die Kugel würde nie zur Ruhe kommen.

Genau dies aber fand Fairbanks Team bei mehreren Kugeln; sie trugen anscheinend eine Restladung von $+1/3$ oder $-1/3$ Protonenladungen, was natürlich nahelegte, daß ein einzelnes freies Quark auf diesen Kugeln saß. Keinem anderen Team ist es jedoch seither gelungen, diese Ergebnisse in ähnlichen Experimenten zu reproduzieren. Es ist außerordentlich schwierig, alle möglichen Störquellen auszuschalten, und viele Physiker sind daher der Auffassung, daß irgendeine unbekannte Fehlerquelle für die beobachteten Effekte verantwortlich ist — aber welche?

In jüngster Zeit hat in Großbritannien ein Team vom Rutherford Appleton Laboratory und vom Imperial College in London einen verbesserten „Levitationsapparat" gebaut und damit nicht nur Niob, sondern auch viele andere Mineralien getestet. In diesem Experiment überwachen Laserstrahlen die Positionen der Kugeln und verraten deren Oszillationen, wenn ein elektrisches Feld niedriger Frequenz angelegt wird. Die Störeffekte, mit denen Fairbank in seinem Pionierversuch zu kämpfen hatte, sind hier weitgehend aus-

10.12 William Fairbank (geboren 1917) von der Stanford-Universität im Jahre 1984. Er hält einen der Teller, zwischen denen die winzigen Niobkugeln bei seinem Experiment in der Schwebe gehalten wurden; das Experiment lieferte tatsächlich Hinweise auf gebrochene Ladungen.

10.13 Dieses Experiment zum Nachweis gebrochener Ladungen wurde im Rutherford Appleton Laboratory in Großbritannien aufgebaut. Der eigentliche „Levitationsapparat" befindet sich in einem zylindrischen Vakuumgefäß in dem man die Kugeln aus Niob, Stahl und anderen Materialien mit Hilfe eines Magneten zum Schweben bringt; seine Polschuhe gehen durch die Wände des Vakuumgefäßes hindurch. Laserstrahlen überwachen die Position der Kugeln und messen die Oszillationen.

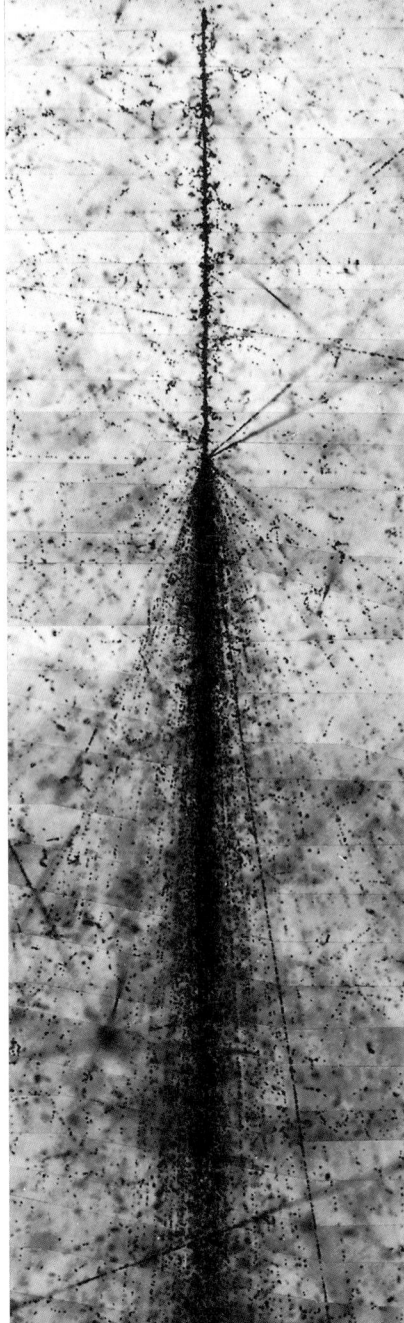

geschlossen; die Apparatur kann Ladungen noch bei 1/20 Protonenladung nachweisen. Bisher hat das Team aber keine Anzeichen von gebrochenen Ladungen entdecken können, obwohl es eine große Vielfalt von Materialien untersuchte.

Die Eigenart der Farbkräfte zwischen den Quarks scheint die Existenz von einzelnen freien Quarks zu verhindern, aber niemand hat bis heute eindeutig bewiesen, daß dies aus theoretischen Gründen so sein *muß*. Die Entdeckung freier Quarks würde die Theoretiker mit ihren Großen Vereinigungstheorien also nicht unbedingt in große Verlegenheit stürzen; allerdings würden dadurch neue Fragen aufgeworfen. Dann gälte es zu klären, wieviel Energie nötig ist, um ein Quark freizusetzen.

Kosmische Boten

In den Kapiteln 4 und 5 sahen wir, wie sich in den dreißiger und vierziger Jahren die Teilchenphysik als eigenständiger Forschungszweig herausbildete, als man bei der Erforschung der kosmischen Strahlung neue Teilchen wie das Positron, das Müon und das Kaon entdeckte. Mit der Entwicklung der Hochenergie-Beschleuniger in den fünfziger Jahren gingen Strahlen- und Teilchenphysiker mehr und mehr getrennte Wege. Während die Teilchenphysiker sich auf die künstlich herbeigeführten Teilchenkollisionen konzentrierten, untersuchten die Strahlenexperten den Ursprung und die Zusammensetzung der kosmischen Strahlung. In jüngster Zeit interessieren sich die Teilchenphysiker jedoch für Energien, die in ihren Beschleunigern unerreichbar sind, und wenden sich verstärkt der kosmischen Strahlung zu.

10.14 Eine der Stahlkugeln mit einem Durchmesser von 0,25 Millimetern auf dem Kopf einer Stecknadel.

10.15 Ein sehr hochenergetischer Eisenkern der kosmischen Strahlung schoß hier in eine Photoemulsion und kollidierte mit einem Silber- oder Bromkern; dabei entstand ein gewaltiger Jet aus ungefähr 850 Mesonen. Aus dem Öffnungswinkel des Jets konnte man die Gesamtenergie des eingedrungenen Eisenkerns abschätzen: Sie betrug mehr als 15000 GeV — ein verschwindend geringer Betrag allerdings im Vergleich zu den selteneren ultra-hochenergetischen kosmischen Strahlen. Der zentrale schwarze Kern des Jets ist etwa 0,04 Millimeter breit.

Kosmische Strahlungspartikel können eine enorme Wucht haben. In einigen Bereichen des Kosmos bringt es die Natur fertig, einzelne Atomkerne auf Energien von $1,5 \times 10^{11}$ GeV (150 Milliarden GeV) zu beschleunigen. Heute erst beginnt man allmählich zu verstehen, woher diese ultrahochenergetischen Strahlenteilchen kommen und wie sie entstehen, und zwar, indem man die Wechselwirkungsprozesse untersucht, die sie bei ihrem Eindringen in die Erdatmosphäre auslösen.

Elektrisch geladene Teilchen der kosmischen Strahlung mit Energien unterhalb von etwa 10^9 GeV werden von magnetischen Feldern in unserer Galaxie so stark abgelenkt, daß sie aus allen möglichen Richtungen auf der Erde ankommen. Auf die energiereicheren Strahlungspartikel haben die Magnetfelder jedoch nur geringen Einfluß, so daß diese die Erde auf einigermaßen direktem Weg erreichen können. Durch die Erforschung dieser seltenen hochenergetischen Teilchen hoffen die Physiker, die Quellen der kosmischen Strahlen auszumachen.

Wenn ein hochenergetischer kosmischer Strahl durch die obere Atmosphäre herunterschießt, löst er eine Lawine subatomarer Teilchen aus; ein primärer kosmischer Strahl mit einer Energie von 10^{10} GeV erzeugt einen Schauer, der auf Meereshöhe schließlich auf ungefähr zehn Milliarden Teilchen angewachsen ist. Die Teilchen schießen in verschiedene Richtungen davon, behalten aber die allen gemeinsame Hauptflugrichtung bei, so daß sich der Schauer nur langsam auffächert.

Auf einer Momentaufnahme der aufprallenden Teilchen wäre der Schauer als eine dünne Scheibe von Teilchen zu sehen, die mit nahezu Lichtgeschwindigkeit auf den Erdboden zurast. Die Scheibe kann einen Durchmesser von mehreren Kilometern haben; wenn der Schauer schräg auf die Erde einfällt, erreicht eine Seite der Scheibe den Boden zuerst. Durch die Messung der relativen Ankunftszeiten der Teilchen an mehreren, weit voneinander entfernten Orten können die Physiker dann die Richtung des Schauers (die Kegelachse) auf zwei oder drei Winkelgrade genau bestimmen.

Solche Meßanordnungen zur Untersuchung „ausgedehnter Luftschauer" wurden in Kiel in der Bundesrepublik und im Haverah Park in Großbritannien aufgebaut. Messungen mit diesen Detektoren ergaben, daß kosmische Strahlen von über 10^6 GeV aus der Richtung des Sternbilds Schwan kommen. Bei dieser verhältnismäßig niedrigen Energie erwartet man, daß das galaktische Magnetfeld die kosmischen Strahlungspartikel durcheinanderwirbelt, ihr Ursprung somit nicht geortet werden kann. Bei den recht eindeutig aus dieser Richtung kommenden Strahlen kann es sich dann eigentlich nur um Gammaphotonen handeln, die — weil sie keine La-

gegebenen Röntgenstrahlung entspricht dem Zehntausendfachen des *gesamten* Energieausstoßes der Sonne. Die Astrophysiker sind der Auffassung, daß es sich bei Cygnus X3 um ein Doppelstern-System handelt, in dem ein kleiner, aber äußerst kompakter Stern einen gewöhnlichen, sonnenähnlichen Stern umkreist. Das starke Gravitationsfeld des kleinen Sterns zieht dann kontinuierlich gasförmige Materie von der Oberfläche seines Begleitsterns ab, beschleunigt sie und erhitzt sie dabei so stark, daß das Gas Röntgenstrahlung emittiert. Der kleine kompakte Stern ist wahrscheinlich ein Neutronenstern aus reiner Neutronenmaterie, der durchgehend

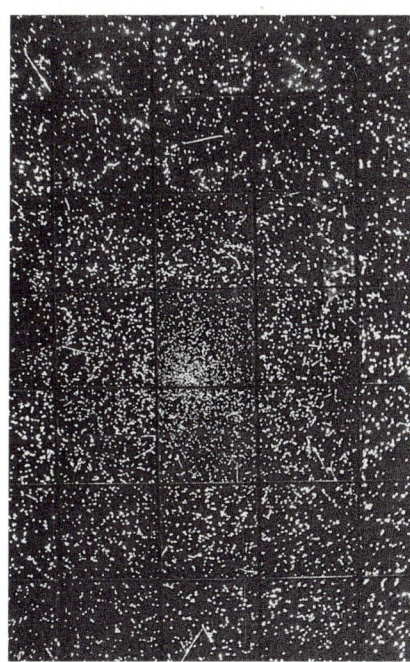 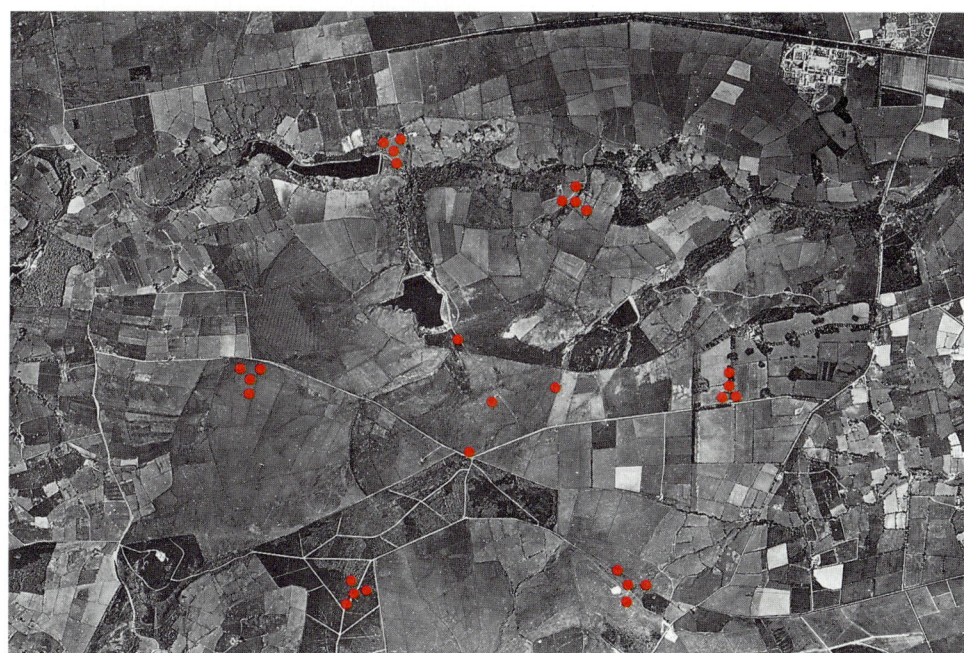

dung tragen — nicht von magnetischen Feldern abgelenkt werden und daher geradewegs von ihrer Quelle zur Erde gelangen können, wo die Detektoren sie registrieren. (Neutronen beispielsweise haben eine zu kurze Lebensdauer, als daß sie die Erde erreichen könnten.) Diese kosmische Gammastrahlung scheint zudem von einem besonders interessanten Objekt im Sternbild Schwan auszugehen, das als Cygnus X3 bekannt ist (Cygnus — Schwan — steht für das Sternbild, X3 für die drittstärkste Quelle von Röntgenstrahlen, englisch *X-rays*)

Cygnus X3 ist eine unglaubliche Energiequelle: Allein die Energie der von ihm ab-

10.16 Das linke Photo zeigt einen „Schnappschuß" von der Ankunft eines kosmischen Luftschauers auf Meereshöhe. Der Schauer enthielt etwa 200 000 Teilchen und fiel (aus dem Bildvordergrund kommend) mehr oder weniger senkrecht auf eine 35 Quadratmeter große Anordnung von Funkenkammern. Der dichtere Kern des Schauers ist deutlich erkennbar. (Die Gitterquadrate haben eine Seitenlänge von einem Meter.) Diese Anlage wird von Physikern der Universität von Leeds betrieben.

10.17 Luftschauer, die sich über eine Fläche von etwa zwölf Quadratkilometern erstrecken, können mit dieser hexagonalen Anordnung von Tscherenkow-Detektoren registriert werden, die das Moorland im Haverah Park in der Nähe von Leeds umschließt. Die Tscherenkow-Detektoren — verschweißte Tanks, die mit extrem reinem Wasser gefüllt sind und mit Hilfe von Photoröhren überwacht werden — befinden sich in Baracken, die als rote Punkte in das Luftbild eingezeichnet wurden.

259

so dicht ist wie ein Atomkern; solche Neutronensterne können bei einem Sternkollaps entstehen. Die Intensität der Röntgenstrahlen von Cygnus X3 ändert sich mit einer Periode von 4,8 Stunden, entsprechend der Umlaufzeit der beiden Sterne. Genau dieselbe Periodizität weisen auch die ausgedehnten Luftschauer auf, so daß man davon ausgehen kann, daß sie tatsächlich auf Strahlung von Cygnus X3 zurückzuführen sind.

Die extrem energiereichen Gammaphotonen, die die Luftschauer hervorrufen, werden möglicherweise in Zusammenstößen von sehr hochenergetischen Protonen (aus dem Neutronenstern) mit Atomkernen der Gasatmosphäre des Begleitsterns erzeugt. Die durch einen bislang unbekannten Mechanismus beschleunigten Protonen erzeugen zunächst Pionen, die dann zerfallen: Die neutralen Pionen zerfallen in die hochenergetischen Gammaquanten, die für die kosmischen Teilchenschauer in der Erdatmosphäre verantwortlich sind, während die geladenen Pionen im wesentlichen hochenergetische Neutrinos abgeben, die unseren Instrumenten bislang allerdings verborgen geblieben sind.

Cygnus X3 hat auch die Aufmerksamkeit der Teilchenphysiker auf sich gezogen, die Experimente zum Protonzerfall durchführen. Ihre Detektoren befinden sich zwar tief unter der Erde, können aber energiereiche kosmische Strahlen noch nachweisen. Für die Forscher, die nach den schwachen Signalen von Protonzerfällen suchen, sind die durchdringenden kosmischen Strahlen normalerweise eher unliebsame Störenfriede. Es scheint aber möglich, daß man mit Hilfe dieser Detektoren Teilchen von Cygnus X3 aufspüren kann.

Eines dieser Experimente wurde in 655 Metern Tiefe in einem Eisenbergwerk in Minnesota aufgebaut. Die einzigen kosmischen Strahlungspartikel, die bis zum Detektor vordringen können, sind Neutrinos und hochenergetische Müonen; der Rest bleibt in der Erde stecken. Die Physiker haben in dem Detektor, der (nach dem Namen der Mine) Soudan-I-Teleskop genannt wird, über 800 000 Müonen aufgespürt, aus deren räumlicher Verteilung sie sogar die Topographie der Erdoberfläche ablesen können. Die Müonen durchdringen nämlich, je nachdem, woher sie kommen, mehr oder weniger dicke Gesteinsschichten — Hügel und Täler —, um den Detektor zu erreichen, was sich in der Anzahl der unter dem jeweiligen Winkel registrierten Müonen bemerkbar macht.

Das Soudan-I-Teleskop besteht aus einem eisenerzhaltigen Betonblock, in den nahezu 3500 Proportional-Zählrohre aus Stahl eingebettet sind. Wie das Team erwartet hatte, durchquerten im Schnitt zwei Müonen pro Minute den Detektor. Überrascht waren die Forscher jedoch, als sie bei der Auswertung von Müonsignalen aus der Richtung von Cygnus X3 die charakteristische 4,8-Stunden-Periodizität wiederfanden, die zuvor schon an den Röntgenstrahlen und den kosmischen Teilchenschauern aus dieser Richtung beobachtet wurde. Ähnliche Effekte fand man bei NUSEX im Mont-Blanc-Tunnel (siehe Abbildung 10.8), während der Kamiokande-Detektor in Japan und der Detektor im Fréjus-Tunnel diese Ergebnisse nicht reproduzieren konnten.

Die Müonen selbst können nicht von Cygnus X3 stammen, weil sie auf ihrem langen Weg von den galaktischen Magnetfeldern abgelenkt worden wären. Sie müssen statt dessen in der Erdatmosphäre entstanden sein, und zwar in den Luftschauern, die elektrisch *neutrale* Teilchen von Cygnus X3 auslösen. Eigentlich erwartet man dann, daß es sich um Gammaphotonen handele, doch besteht zwischen der an den verschiedenen Detektoren *gemessenen* Müonenrate und der *theoretisch* aus solchen Photon-Wechselwirkungen zu erwartenden Müonenrate eine erhebliche Diskrepanz: Luftschauer, die von primären Gammastrahlen ausgelöst werden, sollten

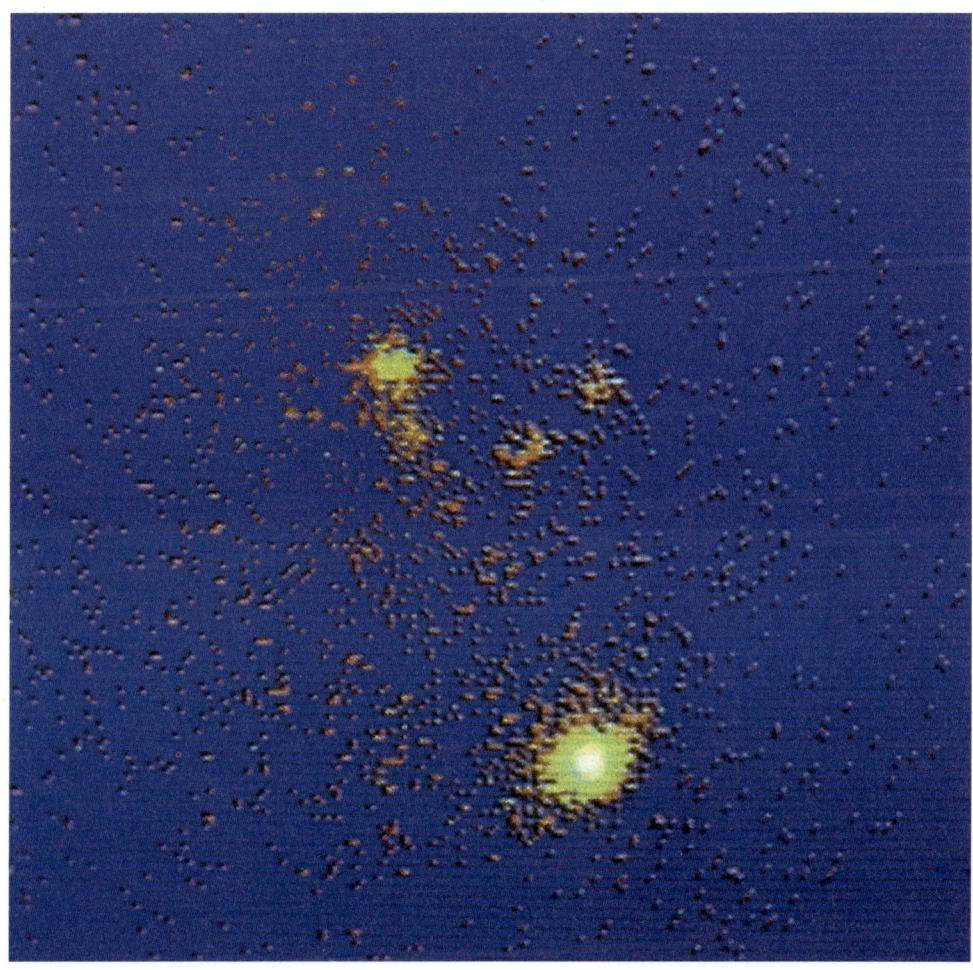

10.18 Eine Röntgenaufnahme von Cygnus X3 (der große helle Fleck), die aus den Daten des Einstein-Observatoriums gewonnen wurde, einem Satelliten-Observatorium in einer Erdumlaufbahn. Cygnus X3 ist eine der stärksten Röntgenquellen in unserer Galaxie und emittiert möglicherweise bisher unbekannte kosmische Strahlungspartikel — jedenfalls scheinen das die ungewöhnlichen Meßergebnisse einiger Detektoren nahezulegen.

10.19 Der Soudan-I-Detektor, der sich in 655 Metern Tiefe in einem Eisenbergwerk in Minnesota befindet, wurde vorrangig für die Suche nach Protonzerfällen konstruiert; er hat aber auch Müonen registriert, die anscheinend mit der Aktivität von Cygnus X3 in Verbindung stehen. Der Detektor besteht aus einem Betonblock mit einer Grundfläche von 2,9 Quadratmetern und einer Höhe von 1,9 Metern, in den nahezu 3500 Stahl-Zählrohre eingebettet sind. Die Zählrohre enthalten ein Gasgemisch aus Argon und Kohlendioxid sowie einen Wolframdraht, der entlang der Rohrachse gespannt ist. Der Draht liegt an einer positiven Hochspannung gegenüber dem Zählergehäuse und nimmt die Elektronenlawinen auf, die beim Durchgang geladener Teilchen freigesetzt werden. Diese Ansicht des Detektors zeigt die Elektronik, die mit den Rohrenden verbunden ist.

viel weniger Müonen enthalten, als tatsächlich gemessen wurden. Außerdem konnten beide Teams die Möglichkeit ausschließen, daß die Müonen in Neutrino-Wechselwirkungen erzeugt werden.

Es gibt verschiedene Möglichkeiten, diese unerwartet hohe Müonenrate zu erklären. So kann man annehmen, daß die Teilchenkollisionen in Cygnus X3 neue Arten von Teilchen hervorbringen, die in unseren irdischen Beschleunigermaschinen nicht aufgetaucht sind. Daher ist Cygnus X3 momentan für Astrophysiker und Teilchenphysiker gleichermaßen ein Kuriosum. Ein erst vor kurzem durchgeführtes Experiment, das CYGNUS-Experiment in Los Alamos, hat auch in Teilchenschauern, die auf ein anderes Sternsystem zurückgehen, eine deutlich überhöhte Anzahl von Müonen nachweisen können.

Das Soudan-I-Teleskop und der NUSEX-Detektor wurden zum Aufspüren von Protonzerfällen konstruiert, und es ist in mancher Hinsicht ein glückliches Zusammentreffen, daß sie ebenso hilfreiche Informationen über kosmische Strahlen liefern. Wie schon in den dreißiger Jahren verwenden die Strahlenphysiker jedoch auch heute noch Nachweisverfahren, die denen der Teilchenphysik ganz ähnlich sind: Ihre vielfältigen Detektoren bestehen aus Geigerzählern, Drahtkammern, Szintillatoren und Emulsionen, die uns allesamt bereits wohlvertraut sind. Und wie in der Teilchenphysik eröffneten sich auch in der Strahlenphysik durch die Fortschritte der Elektronik und moderner Computer ganz neue Möglichkeiten.

Einer dieser mit modernster Technologie ausgestatteten Detektoren ist das „Fliegenauge" (Fly's Eye). Jede Nacht sucht es den klaren Himmel über der Dugway-Wüste im US-Bundesstaat Utah nach kosmischen Luftschauern ab. Das Fliegenauge besteht in Wirklichkeit aus zwei „Facettenaugen", die vier Kilometer voneinander entfernt sind. Das größere von beiden setzt sich aus 67 Einzelspiegeln zusammen, die auf große Metallträger montiert sind. Jeder der Spiegel hat einen Durchmesser von 1,5 Metern; in ihren Brennpunkten sitzen Photoröhren zum Nachweis der Szintillationsblitze, die die kosmischen Strahlen beim Durchgang durch die Atmosphäre erzeugen.

Eigentlich ist dies nichts anderes als ein altes Meßverfahren in neuem Gewand. Mehr als 70 Jahre zuvor registrierte Rutherford Alphateilchen anhand der schwachen Lichtblitze (Szintillationen), die die Teilchen beim Aufprall auf einen Zinksulfidschirm erzeugten. Genauso gibt auch der Stickstoff der Luft Szintillationsblitze ab, wenn elektrisch geladene Teilchen durch sie hindurchschießen. Der Effekt ist äußerst schwach — die Stickstoffatome emittieren entlang der Spur eines sehr hochenergetischen Elektrons nur etwa fünf Photonen pro Meter; das ist zu wenig, als daß wir es mit bloßem Auge wahrnehmen könnten. Modernste Photoröhren aber, die an eine höchst empfindliche Elektronik angeschlossen sind, können die Lichtblitze registrieren; das Fliegenauge ist ein Kind der achtziger Jahre.

Die Bezeichnung Fliegenauge rührt daher, daß der Detektor — wie das Facettenauge einer Fliege — den gesamten Himmel überblickt, wobei sich die von jedem Einzelspiegel beobachteten Teilausschnitte überlappen. In klaren mondlosen Nächten kann der Detektor kosmische Teilchenschauer wahrnehmen, die in mehr als 20 Kilometern Entfernung durch den Himmel blitzen. Ein Computer speichert, wieviel Licht in welchen Photoröhren und in welcher Reihenfolge registriert wurde. Aus diesen Informationen rekonstruiert er die Entwicklung des Schauers und die Herkunftsrichtung des primären kosmischen Strahls.

Die Gesamtenergie des Luftschauers — und damit die Energie des primären Strahlungspartikels — läßt sich aus der Intensität des Detektorsignals abschätzen, wenn man die Entfernung des Schauers kennt. Das Fliegenauge hat eine Reihe von Schauern mit Energien von über 10^{10} GeV beobachtet und damit frühere Meßergebnisse vom Detektor im Haverah Park bestätigt. Eine der grundlegenden Fragen, die man mit dem Detektor zu beantworten sucht, lautet, ob die Energie der kosmischen Strahlen nach oben hin begrenzt ist.

Wir wissen, daß die kosmische Primärstrahlung Protonen und Atomkerne enthält. Diese elektrisch geladenen Teilchen sollten aber oberhalb einer Energie von etwa 10^{11} GeV gar nicht mehr vorkommen — aus einem recht exotisch klingenden Grund. Das ganze Universum ist nämlich von einer Mikrowellenstrahlung durchzogen, die ein Überbleibsel des heißen Urknalls ist und nunmehr eine allgegenwärtige kosmische Hintergrundstrahlung darstellt. Ein Proton, das durch die Hintergrundstrahlung mit genügend hoher Geschwindigkeit hindurchrast, sieht diese nun nicht als niederenergetische Mikrowellen, wie wir dies mit unseren Antennen auf der Erde tun, sondern als hochenergetische Gammaquanten.

Für das schnelle Proton ist die Frequenz und damit die Energie der Strahlung viel höher als für uns — ein Effekt, wie wir ihn in ähnlicher Weise tagtäglich im Straßenverkehr erleben können: der Ton einer Autohupe erscheint höher, wenn das Auto auf uns zufährt. Das Proton bewegt sich also durch ein Meer von Gammaphotonen anstatt Mikrowellen, die, wenn sie das Proton treffen, von ihm absorbiert werden und das Proton zur Emission eines Pions anregen (wie Abbildung 3.26 zeigt). Als Folge dieses Prozesses wird das Proton langsamer, und man kann sich theoretisch überlegen, daß Protonen mit einer Energie von über 10^{11} GeV durch diesen Energieverlust innerhalb von 100 Millionen Jahren unter diesen Wert abgebremst werden — verglichen mit dem Alter des Universums, das etwa 20 Milliarden Jahre beträgt, ist das eine recht kurze Zeit. Daher ist es überraschend, wenn kosmische Strahlen mit solch ultrahohen Energien überhaupt auf der Erde ankommen.

Dennoch wurden vereinzelt Schauer mit dieser und noch höheren Energien registriert. Die sie auslösenden Primärteilchen müssen also die Erde erreicht haben,

ohne von der Hintergrundstrahlung aufge-
halten worden zu sein: Sie müssen somit
relativ jung sein — zumindest weniger als
100 Millionen Jahre alt. Darüber hinaus
deuten Messungen ihrer Herkunftsrichtun-
gen darauf hin, daß diese ultra-hochenergetischen kosmischen Strahlen ihren Ursprung außerhalb unserer Galaxie haben
und vielleicht aus der Richtung des Sternbilds Jungfrau kommen.

Seit Robert Millikan hat sich eine ganze
Reihe von Physikern damit befaßt, die
Quellen der kosmischen Strahlung zu bestimmen, eine Aufgabe, die noch längst
nicht bewältigt ist. In diesem Unterkapitel
konnten wir die große Palette von Experimenten, die sich die Physiker zu diesem
Zweck erdacht haben, nur andeuten. Die
Teilchenphysiker erwarten die Ergebnisse
dieser Experimente mit großer Spannung,
weil die Beschleunigungsmechanismen in
der Natur Aufschluß über Teilchenwechselwirkungen bei ultrahohen Energien geben könnten, die wir im Laboratorium
voraussichtlich nie erreichen können. Tatsächlich schauen die Teilchenphysiker
längst über den Rand unserer Galaxie hinaus; bei ihrer Suche nach der „letzten",
umfassenden Theorie, die alle Grundkräfte
der Natur vereinigt, ist das ganze Universum zum Gegenstand ihrer Untersuchungen geworden.

Das Universum als Laboratorium

Im Jahre 1929 entdeckte der amerikanische
Astronom Edwin Hubble, daß die Galaxien voneinander fortstreben. Diese Beobachtung, die darauf hindeutet, daß sich
das Universum ausdehnt, ist ein Grund-
pfeiler des Fundaments der modernen
Kosmologie, der Urknall-Theorie. Nach
dieser Theorie müssen wir uns die gesamte Materie unseres heutigen Universums
vor etwa 20 Milliarden Jahren in einem
winzigen Volumen zusammengepreßt denken, kleiner noch als eine geballte Faust
— extrem komprimiert und unvorstellbar
heiß, ein Feuerball aus Strahlung und Materie. Die Materieteilchen kollidierten bei
hohen Energien unter ähnlichen Bedingungen, wie wir sie heute in einem kleinen
Raumbereich in einem Teilchenbeschleuniger herstellen können. In diesen Hoch-
energieexperimenten, in denen wir die
physikalischen Bedingungen des frühen
Universums zu simulieren suchen, berühren sich Teilchenphysik und Kosmologie.
Die Astrophysiker haben daraus und aus
vielen astronomischen Beobachtungen wie
theoretischen Extrapolationen ein Szenario entwickelt, das beschreibt, wie sich unser Universum entwickelt haben könnte.

Während der ersten 10^{-33} Sekunden war
das Universum demnach heißer als 10^{32}
Grad. Bei diesen Temperaturen, die alles
weit hinter sich lassen, was wir in unseren
irdischen Beschleunigern erreichen können, wurde ständig Materie und Antimaterie erzeugt und vernichtet. Das Universum war eine überkochende Ursuppe aus
Quarks, Antiquarks, Leptonen, Antilep-
tonen, Photonen, W-Teilchen, Z-Teilchen,
Gluonen und vielleicht noch anderen
schweren Teilchen, von denen die Theoretiker noch nicht einmal zu träumen wagen. Dieser Zustand hielt nicht lange an,
weil sich das expandierende Universum
rasch abkühlte, bis es so „kalt" wurde, daß
Materie und Antimaterie nicht mehr aus
der Strahlungsenergie rematerialisieren
konnten. Der größte Teil der Materie und
Antimaterie vernichtete sich dann tatsächlich gegenseitig, aber irgendwie muß —
wahrscheinlich in den ersten 10^{-35} Sekunden — ein geringer Überschuß an Materie
entstanden sein, der schließlich zu der
Materie führte, die wir heute vorfinden.

Die zweite wichtige Phase setzte eine Milliardstelsekunde nach dem Urknall ein. Jetzt war das Universum bereits so kalt, daß die schweren W- und Z-Teilchen „träge" wurden; die radioaktiven Prozesse, die der schwachen Kraft unterliegen, verlangsamten sich gegenüber elektromagnetischen Effekten. Diese – immer noch hochenergetischen – Bedingungen, die im frühen Universum herrschten, als es gerade eine Milliardstelsekunde alt war, lassen sich im Proton-Antiproton-Collider des CERN simulieren.

Quarks und Gluonen konnten sich noch für eine weitere Hundertstelsekunde wie freie

wurden, wo man die ersten Anzeichen von Quarks in Protonen beobachtete.

Nach weiteren 100 Sekunden war das Universum so weit abgekühlt, daß die Protonen und Neutronen sich zu Atomkernen formieren konnten; das allgemein vorherrschende Klima entsprach den Verhältnissen, wie wir sie heute im Inneren der Sonne vorfinden (etwa 15 Millionen Grad). Nach einer Million Jahren (10^{13} Sekunden) war die durchschnittliche Temperatur auf 1000 Grad abgesunken – kälter als die Sonnenoberfläche heute und kalt genug, daß sich die negativ geladenen Elektronen mit den positiv geladenen Kernen

10.20 Ein Antiproton aus dem Low Energy Antiproton Ring (LEAR) des CERN zerstrahlte in einer mit Helium gefüllten Streamerkammer. Das Antiproton, das vom unteren Rand ins Bild kam, sowie eines der beiden Protonen eines Heliumkerns vernichteten sich gegenseitig, woraus ein Tritiumkern und zwei Pionen entstanden. Der positiv geladene Tritiumkern – ein Kern des schweren Wasserstoffs, der ein Proton und zwei Neutronen enthält – flog zur rechten Bildseite und hinterließ im Magnetfeld der Kammer eine gegen den Uhrzeigersinn gekrümmte Spur. Eines der Pionen, das negativ geladen war, schoß oberhalb der dicken Spur des langsamen schweren Tritiumkerns nach rechts oben davon; das andere, positiv geladene Pion sauste nach oben links. Reaktionen wie diese traten auch im frühen Universum auf, zu einer Zeit, als sich leichte Kerne wie Helium zu bilden begannen. (Die Farben des Bilds sind nicht echt; der Abstand zwischen den beiden Kreuzen in der Bildmitte entspricht 28 Zentimetern.)

Teilchen bewegen. Als sich das Universum aber weiter abkühlte, wurden die zwischen den Quarks wirkenden Farbkräfte so stark, daß sich die Quarks zu Dreiergruppen zusammenfanden – es entstanden Protonen und Neutronen. Diese Phase entspricht den Experimenten, die Anfang der siebziger Jahre am SLAC durchgeführt

aufgrund der elektrischen Anziehung zusammentun konnten. Es bildeten sich elektrisch neutrale Atome, und die elektromagnetische Strahlung konnte sich nun ungehindert im Universum ausbreiten. Diese Strahlung kühlte sich bei der weiteren Ausdehnung des Universums ebenfalls ab und hat heute eine Temperatur von nur drei

Grad über dem absoluten Temperatur-Nullpunkt, der bei minus 273 Grad Celsius liegt. Sie bildet die kosmische Hintergrundstrahlung, von der weiter oben bereits die Rede war.

Sobald es Atome gab, konnte sich die Materie zusammenballen und schließlich Galaxien bilden. Heute beobachten wir, daß die Galaxien weiterhin voneinander fliehen; wie aber wird es weitergehen? Falls die kinetische Energie (Bewegungsenergie) der auseinanderstrebenden Galaxien ihrer gegenseitigen Anziehung aufgrund der Gravitationskraft überwiegt, wird sich das Universum in alle Ewigkeit ausdehnen.

wir durch seine Strahlungsemissionen wahrnehmen, enthält deutlich weniger als zehn Prozent der Materie, die nötig wäre, um den Expansionsprozeß umzukehren. Man hat jedoch gute Gründe anzunehmen, daß außer dieser sichtbaren Materie bei weitem mehr „dunkle Materie" existiert, die mit keinem Teleskop auszumachen ist.

Die Astronomen haben den Himmel auf der ganzen Bandbreite des elektromagnetischen Spektrums — von Gammastrahlen bis Radiowellen — abgesucht und dabei Sterne und Galaxien entdeckt, die für optische Teleskope unsichtbar sind; die auf

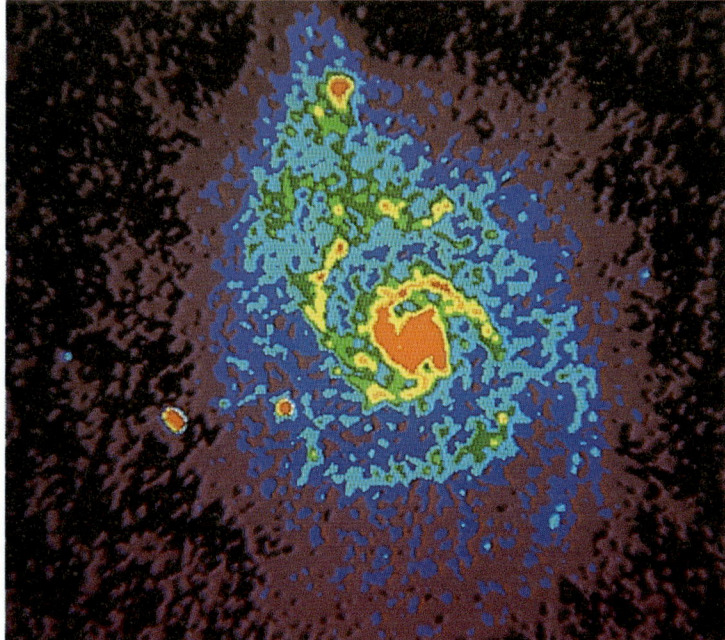

Die fernere Zukunft des Universums wird dann bis zu einem gewissen Grad davon abhängen, ob die Protonen — der Stoff, aus dem die Materie ist — stabil sind oder sich langsam in Strahlung umwandeln. Ist die Massenanziehung im Universum dagegen größer als die Fluchtenergie, so wird der Expansionsprozeß irgendwann zu einem Ende kommen und sich umkehren: Das Universum wird dann unter seiner eigenen Gravitation kollabieren.

Wir vermögen nicht mit Sicherheit vorherzusagen, welches der beiden Szenarios eintreffen wird, denn die Gesamtmasse im Universum liegt nahe der Grenzmasse zwischen Kollaps und kontinuierlicher Expansion. Das sichtbare Universum, das

diese Weise aufgespürte Materie besteht aus Protonen und gewöhnlichen Atomkernen. In Spiralgalaxien zum Beispiel sind jedoch vermutlich ungefähr 90 Prozent der vorhandenen Materie in keinem dieser Spektralbereiche nachweisbar.

Daß dem so ist, können wir indirekt aus der Bewegung der strahlenden Materie in den rotierenden Galaxien erschließen. Die in den Galaxien herumwirbelnden Sterne spüren eine Zentrifugalkraft — dieselbe Kraft, die wir als Autofahrer in einer scharfen Kurve spüren —, die sich aus ihrer Rotationsgeschwindigkeit errechnet und die mit der Gravitationskraft im Gleichgewicht steht. Es zeigt sich dann, daß die beobachteten Bewegungen nicht

10.21 Die Spiralgalaxie M 51 und ihr kleinerer Begleiter NCG 5195 (der helle Fleck am oberen Rand). Das Bild wurde vom US-amerikanischen Marine-Observatorium im optischen Wellenlängenbereich aufgenommen.

10.22 Ein elektronisch in Farben umgesetztes Radiowellenbild derselben Galaxien, aufgenommen bei einer Wellenlänge von 21 Zentimetern mit dem Very Large Array, dem größten Radioteleskop der Welt in Socorro, New Mexico. Die Regionen mit höchster Emission sind rot gefärbt, die mit niedrigster Emission dunkelblau und violett. Diese und die vorherige Aufnahme zeigen Materie, die in verschiedenen Wellenlängenbereichen des elektromagnetischen Spektrums strahlt. Berechnungen der Rotationsbewegung von Spiralnebeln wie M 51 haben aber ergeben, daß bis zu 90 Prozent ihrer Materie bei keiner sichtbaren Wellenlänge des Strahlungsspektrums beobachtet werden kann.

265

10.23 1500 Meter unter der Erdoberfläche befindet sich in der Homestake-Goldmine in South Dakota ein riesiger Tank, der mit einer chemisch reinen Flüssigkeit (Perchlorethylen) gefüllt ist und zum Nachweis von Sonnenneutrinos eingesetzt wird. Hin und wieder tritt ein Neutrino mit einem Chlor-37-Kern der Flüssigkeit in Wechselwirkung und wandelt ihn in einen instabilen Kern des Argon-Isotops ^{37}Ar um. Die Zerfälle der Argonkerne verraten dann, wie viele solcher Neutrino-Wechselwirkungen stattgefunden haben. Der Detektor, der seit annähernd 20 Jahren im Einsatz ist, registriert aber erheblich weniger Neutrinos, als man aufgrund der allgemein anerkannten Theorie der Kernprozesse innerhalb der Sonne erwarten würde.

dem entsprechen, was man aufgrund der Gravitationsgesetze erwarten würde.

Wenn die Sterne in einer Galaxie eine zentrale Masse umkreisen, dann sollte dies um so langsamer geschehen, je weiter ihre Bahn vom Zentrum entfernt ist. Genau dies beobachten wir − in kleinerem Maßstab − in unserem Sonnensystem: Pluto und die anderen äußeren Planeten bewegen sich langsamer als die Erde, während Merkur, der der Sonne am nächsten ist, um einiges schneller als die Erde ist. Die Astronomen fanden jedoch, daß sich die Sterne am Rand einer Galaxie im Verhältnis zu den näher am Zentrum gelegenen zu schnell bewegen, als ob unsichtbare Materie die äußeren Sterne zusätzlich beschleunigen würde; zumindest könnte man sich so erklären, warum der Unterschied in den Umlaufzeiten der inneren und äußeren Sterne so gering ist.

Woraus die dunkle Materie besteht, ist noch völlig unbekannt; um diesem Rätsel auf die Spur zu kommen, lassen sich die Astrophysiker auch von den Theorien der Teilchenphysiker inspirieren. Möglicherweise handelt es sich bei der dunklen Materie um Neutrinos. Falls nämlich das Universum tatsächlich mit einem heißen Urknall begann, müßten heute laut Theorie in jedem Kubikzentimeter des Universums etwa hundert Neutrinos enthalten sein; dies ist ungefähr das Hundertmillionenfache der Protonendichte im Universum − die sichtbaren Galaxien wären also nur Inseln in einem Meer von Neutrinos. Selbst wenn ein Neutrino weniger als 30 eV wöge (weniger als ein Dreißigmillionstel der Protonenmasse), würden Neutrinos dennoch den Löwenanteil an der Gesamtmasse des Universums stellen, und das Rätsel um die dunkle Materie wäre gelöst. Die Masse des Elektron-Neutrinos wurde bisher am genauesten gemessen; wahrscheinlich ist sie deutlich kleiner als 30 eV. Es ist aber auch gut möglich, daß Neutrinos überhaupt keine Masse haben.

Das Verhalten unserer Sonne deutet vielleicht darauf hin, daß sie nicht masselos sind. Astrophysiker können nämlich ausrechnen, wie viele Neutrinos von der Sonne auf der Erde ankommen sollten. In einem berühmten Experiment in der Homestake-Goldmine im US-Bundesstaat South Dakota, das von Ray Davis vom Brookhaven National Laboratory durchgeführt wurde, hat man über einen längeren Zeitraum hinweg diese Zahl gemessen und dabei aber nur ein Drittel der erwarteten Neutrinos gefunden. Dieses „Sonnenneutrino-Rätsel" ist bis heute (1989) ungelöst, und neuere Messungen von Davis und am japanischen Kamiokande-Detektor 1987/ 88 bestätigten die Abweichung von der Theorie. (Davis erhielt diesmal allerdings etwa die Hälfte des theoretischen Werts.) Um die Meßergebnisse mit der Sonnentheorie in Einklang zu bringen, könnte man die Neutrinos mit einer kleinen Masse ausstatten. Aber dies ist nicht der Weisheit letzter Schluß, denn Neutrinos mit einer Masse von nur 30 eV stellen jene Astrophysiker vor Probleme, die versuchen, die Bildung von Galaxien zu verstehen.

Falls Neutrinos eine − wenn auch noch so kleine − Masse haben, dann hätten sie sich in den ersten zehntausend Jahren nach dem Urknall mit nahezu Lichtgeschwindigkeit fortbewegt und sich mit dem expandierenden Universum ausgebreitet. Als das Universum dann kühler und die Neutrinos langsamer wurden, hätten sie unter dem Einfluß der Gravitation begonnen, sich zu dichten Haufen zusammenzuballen, die das gesamte Universum

durchzogen hätten. Aus lokalen Instabilitäten in diesen Strukturen wären dann Kerne von galaktischen Haufen und Riesenhaufen entstanden, aus denen später einzelne Galaxien auskondensierten. Dieses Szenario nennen die Astrophysiker in ihrem Jargon „vom Großen zum Kleinen" (top down), weil sich kleinere Strukturen wie Galaxien aus größeren wie galaktischen Haufen und Riesenhaufen „herauskristallisieren".

Sollte sich die geheimnisvolle dunkle Materie schnell bewegen und daher heiß sein − was der Fall wäre, wenn sie aus Neutrinos mit einer kleinen Masse bestünde −, dann würde man aufgrund von Computersimulationen erwarten, daß es Bereiche mit dichten Galaxienhaufen gibt, zwischen denen sich weithin leerer Raum erstreckt (siehe Abbildung 10.24). Die Astronomen beobachten allerdings etwas anderes: Die Anhäufung von Galaxien *ist* zwar unregelmäßig, aber nicht annähernd so unregelmäßig, wie es Computersimulationen des „top down"-Modells fordern.

Ganz anders wäre die Entwicklung von Galaxien abgelaufen, wenn die dunkle Materie aus kalten, langsamen Teilchen bestünde. Solche Teilchen könnten entweder deshalb langsam sein, weil sie so erzeugt wurden oder von Anfang an sehr schwer

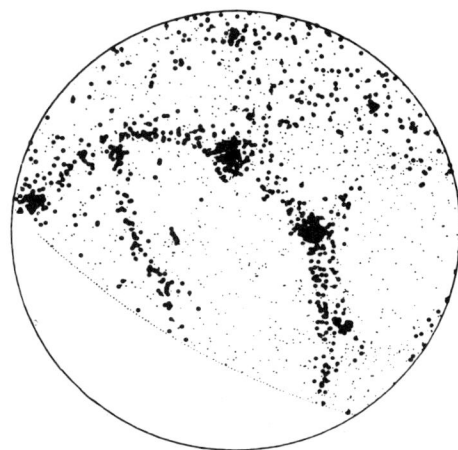
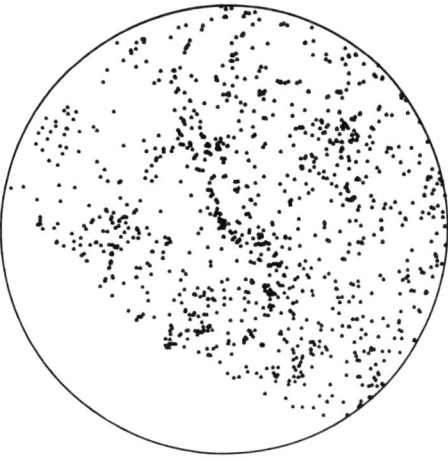
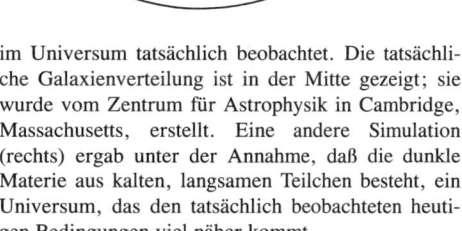
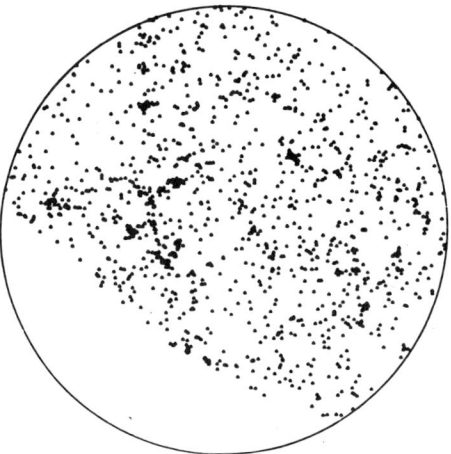

10.24 Die dunkle Materie im Universum könnte in unterschiedlichen kosmischen Szenarios ganz andere Verteilungen von Galaxienhaufen hervorrufen. Das linke Bild ist eine Computersimulation, die auf der Annahme beruht, daß die dunkle Materie aus „heißen" Neutrinos mit einer Masse von 30 GeV besteht. Die Anhäufungen, die sich unter diesen Voraussetzungen ergeben, liegen aber viel dichter, als man es im Universum tatsächlich beobachtet. Die tatsächliche Galaxienverteilung ist in der Mitte gezeigt; sie wurde vom Zentrum für Astrophysik in Cambridge, Massachusetts, erstellt. Eine andere Simulation (rechts) ergab unter der Annahme, daß die dunkle Materie aus kalten, langsamen Teilchen besteht, ein Universum, das den tatsächlich beobachteten heutigen Bedingungen viel näher kommt.

waren. In beiden Fällen hätten diese langsamen Teilchen nicht mit der Expansion des Universums Schritt halten können — sie wären hinter der allgemeinen Fluchtbewegung zurückgeblieben und von der Gravitationskraft zu Haufen verschiedenster Größe zusammengetrieben worden, von Sternhaufen bis hin zu einzelnen Galaxien oder Galaxienhaufen. Dabei hätten sich zuerst die kleinen Haufen entwickelt, die sich dann zu größeren Haufen vereinigten. Dieses Szenario wird als „vom Kleinen zum Großen" (bottom up) bezeichnet, und es scheint unserem Universum näherzukommen als die „top down"-Version.

Die relative Bewegung der Sterne in den Galaxien legt also die Vermutung sehr nahe, daß es dort unsichtbare dunkle Materie gibt, während die Verteilung der sichtbaren Galaxien im Universum darauf hinweist, daß diese dunkle Materie aus Teilchen besteht, die an den Hochenergie-Beschleunigern bisher nicht beobachtet wurden. Dies ist nur ein Beispiel dafür, wie sich aus der Kosmologie und Astrophysik Fragen an die Teilchenphysik ergeben können und umgekehrt.

Theorien, die alles vereinigen?

Die GUTs beschreiben nur die starke und die elektroschwache Kraft; eine brauchbare alles vereinigende Theorie, kurz TOE genannt (nach dem englischen *theory of everything*), muß auch die Gravitation mit berücksichtigen. Viele Theoretiker geben sich derzeit größte Mühe, Theorien zu finden, in denen die Gravitation untergebracht werden kann. Hier sind wir an der vordersten Front der theoretischen Forschung angelangt, wo Ideen und exotische Begriffe wie „Supergravitation" und „Superstrings" erdacht werden. Keine dieser Ideen ließ sich bisher auch nur annähernd einer experimentellen Prüfung unterziehen; es ist einfach noch zu früh, um erkennen zu können, ob einer dieser Entwürfe tatsächlich das Naturgesetz des Universums widerspiegelt oder ob sie alle im großen Papierkorb der verworfenen wissenschaftlichen Theorien enden werden.

Eine der ersten interessanten Ideen hierzu war der Vorschlag einer neuen, umfassenderen Symmetrie, einer „**S**upersymmetrie" oder SUSY. Die GUTs unterscheiden im Grunde zwei Teilchenfamilien: die Bausteine der Materie (Quarks und Leptonen) sowie die Austauschteilchen (Eichbosonen), die die Kräfte übertragen. Die Supersymmetrie hingegen verknüpft all diese Teilchen innerhalb einer „Superfamilie" — der Preis dafür ist allerdings, daß eine Unmenge neuer Teilchen postuliert werden muß.

Materieteilchen und Austauschteilchen unterscheiden sich nun in einer Eigenschaft, die als Spin bekannt ist. Viele Teilchen besitzen eine Art inneren Drehimpuls, eben den Spin, und verhalten sich in dieser Hinsicht wie Kreisel. Drehrichtung und Drehzahl dieser Teilchenkreisel sind jedoch durch die Quantentheorie eingeschränkt; ähnlich wie Elektronen in der Atomhülle nur bestimmte erlaubte Energiezustände einnehmen können, können sie nur mit ganz bestimmten erlaubten Richtungen und Geschwindigkeiten um ihre Achse rotieren, die für das jeweilige Teilchen typisch sind. Der Spin kann experimentell ermittelt werden; in der Teilchentabelle am Ende dieses Buchs ist der Spin für jedes Teilchen in Einheiten der Planckschen Konstanten — in Vielfachen von $h/2\pi = 1,055 \times 10^{-34}$ Joulesekunden — angegeben. In diesen Einheiten haben Elektron und Proton jeweils den Spin 1/2, während die W-Teilchen und das Z den Spin 1 haben. Hierin liegt offenbar ein Unterschied zwischen Materie- und Austauschteilchen: Während alle Quarks und Leptonen Spin-1/2-Teilchen sind, haben die Eichbosonen Spin 1.

Die Supersymmetrie bringt die fundamentalen Teilchen mit verschiedenem Spin zwar in einen Zusammenhang, benötigt dazu jedoch eine ganze Reihe neuer Materie- und Austauschteilchen, von denen wir bisher allerdings nichts bemerkt haben. Sie fordert die Existenz von „Supermaterie" aus Teilchen mit ganzzahligen Spins (0, 1, 2, . . .) anstelle von halbzahligen (1/2, 3/2, . . .) sowie „Superkräfte", die von Teilchen mit halbzahligem statt mit ganzzahligem Spin vermittelt werden. Bis heute gibt es allerdings keine experimentellen Belege für die Existenz solcher Superteilchen.

Was hat das alles aber mit Gravitation zu tun? Die Idee der Supersymmetrie entsprang eingehenden Untersuchungen der Raum-Zeit-Struktur, mit der die Gravitation eng verknüpft ist. Im Rahmen der Supersymmetrie kann die Theorie der Gravitation, die Einsteinsche Allgemeine Relativitätstheorie, als Teil einer umfassenderen Theorie der Supergravitation aufgefaßt werden, die sich − und das ist neu − mit den supersymmetrischen Theorien der anderen Grundkräfte im Prinzip verknüpfen läßt. Nach dieser Theorie müßte es dann zusätzlich sogenannte Gravitinos geben, die mit dem Graviton, dem hypothetischen Trägerteilchen der Gravitationskraft, zusammenhängen. Man hat die Hoffnung, diese Teilchen vielleicht an den neuen Beschleunigern zu finden, die in den neunziger Jahren zur Verfügung stehen werden.

Supersymmetrie und Supergravitation könnten vielleicht auch eine Antwort auf die Frage geben, warum beispielsweise der Raum ausgerechnet drei Dimensionen hat. Die Einsteinsche Relativitätstheorie behandelt die Zeit als eine vierte Dimension; könnte es nicht auch weitere Dimensionen geben, die mit den uns vertrauten so verflochten sind, daß wir sie mit unseren Sinnen nur nicht wahrnehmen? Einige Theorien besagen, daß wir Auswirkungen solcher zusätzlichen Dimensionen vielleicht schon immer bemerkt, aber nicht richtig interpretiert haben. Vor mehr als 40 Jahren kamen Theodore Kaluza und Oscar Klein auf die Idee, daß der Elektromagnetismus ein Gravitationseffekt sein könnte − einer Gravitation allerdings, die sich aus einer fünften Dimension sozusagen in die vierdimensionale Raum-Zeit „ergießt". Sie stellten eine Gravitationstheorie in fünf Dimensionen auf und ließen darin eine der Dimensionen langsam wieder verschwinden, ihre fünfdimensionale Welt also in unsere vierdimensionale einmünden. Als Ergebnis dieses Übergangs bekamen Kaluza und Klein eine Art Elektromagnetismus. Analog könnten die schwache und die starke Kraft Effekte einer höherdimensionalen Gravitation sein.

In jüngerer Zeit eröffnete sich die Möglichkeit, eine Theorie zu konstruieren, die all diese und noch andere sonderbare Ideen enthält. Danach begann das Universum mit zehn Dimensionen (in neueren Entwürfen sogar mit 26 Dimensionen!), von denen sich nur vier entfalteten, die unsere Raum-Zeit aufspannen. Teilchen ergeben sich aus der mathematischen Grundstruktur dieser Theorie nicht als punktförmige Objekte, sondern als im Raum ausgedehnte Gebilde − wenn auch nur in der Größenordnung von 10^{-35} Metern; diese ausgedehnten Teilchen heißen Strings („Fäden"). Supersymmetrie ist ein wesentlicher Bestandteil dieser Theorie, und man spricht deswegen auch von Superstrings. Die Begeisterung der Physiker angesichts dieser neuen Entwicklungen war groß, denn die Theorie kann im Prinzip alle vier Grundkräfte − einschließlich der Gravitation − beschreiben. Sie läßt hoffen, daß die langgesuchte Versöhnung von Gravitationstheorie und Quantentheorie − das Herzstück einer jeden TOE − in greifbare Nähe gerückt ist.

Die anfängliche Begeisterung für die Superstrings hat in jüngster Zeit allerdings einer gewissen Ernüchterung Platz gemacht, als sich herausstellte, daß nicht weniger als 10^{38} (!) verschiedene Theorien möglich sind, die allesamt *die* Theorie des Universums darstellen könnten. Bislang konnte man keinerlei Kriterien finden, um unter diesen Theorien zu wählen.

Interessanterweise erzeugen diese Theorien in Wirklichkeit zwei parallele Universen; eines von diesen könnte das uns vertraute sein, in dem Elemente verschmelzen, Sterne leuchten und Menschen existieren. Das andere Universum wird womöglich von Kräften beherrscht, die ganz anders geartet sind als die uns bekannten Grundkräfte, so daß wir seine Strahlung nicht wahrnehmen können.

Wie können wir dann aber herausfinden, ob es ein solches „Schatten-Universum" tatsächlich gibt? Hier kommt die Gravitation ins Spiel, das einzige Merkmal, das den beiden Universen gemein sein sollte. Die Materie des Schatten-Universums sollte nämlich hartnäckig an den Sternen und Galaxien unseres eigenen Universums zerren und ihre Bewegungen stören. Science fact oder Science fiction? Zeit (und Raum) werden es an den Tag bringen.

269

11. Teilchen bei der Arbeit

In diesem Buch sind wir dem Entwicklungsgang einer Wissenschaft gefolgt, die bis in die kleinsten Dimensionen der Materie, aber auch in die Tiefen des Universums vordringt. Wir begegneten der Mikrowelt des Elektrons und stießen auf die ungeheuren Energien kosmischer Strahlen; wir lernten die riesigen Maschinen kennen, deren Stromverbrauch dem einer Kleinstadt entspricht und die Milliarden von winzigen Teilchen auf Bruchteile von Millimetern genau auf ihrem Kurs halten; Detektoren, so groß wie ein Haus, denen selbst jene Teilchen nicht entgehen, die überhaupt keine Spuren hinterlassen. Ein langer Weg führte uns von den ersten verschwommenen Röntgenbildern und diffusen Schatten radioaktiver Strahlen zu den modernen Farbbildern, die uns den Zerfall des Z-Teilchens zeigen und letztlich die Theorie bestätigen, die die beiden verschiedenen Phänomene Röntgenstrahlung und Radioaktivität elegant unter einem Dach vereint.

Teilchenphysik ist ein aufregendes wissenschaftliches Abenteuer, eine Glanzleistung des menschlichen Geistes. Und wie in jeder anderen Sparte der sogenannten „reinen" Wissenschaft ist auch hier die menschliche Neugier eine der Triebfedern des wissenschaftlichen Fortschritts. Aber die faszinierende Aussicht, irgendwann einmal das Wesen der Materie und der sie beherrschenden Kräfte zu verstehen, verstellt uns auch den Blick darauf, daß unsere Forschungen an den Atomen und ihrer Innenwelt durchaus praktische Konsequenzen haben. So manche Anwendung unserer Erkenntnisse aus der Grundlagenforschung ist zu einem derart selbstverständlichen Teil unserer hochtechnisierten Welt geworden, daß uns gar nicht mehr bewußt ist, daß sie letztlich aus der Pionierarbeit der Forscher des 19. Jahrhunderts hervorging.

Das unscheinbare Elektron etwa begleitet uns in unserem Alltag auf Schritt und Tritt. Von der Digitaluhr über unser Fernsehgerät bis hin zum computerüberwachten Transport- und Kommunikationssystem — moderne Elektronik umgibt uns praktisch in jedem Augenblick. J. J. Thomson erzählte einmal, wie Besucher seines Laboratoriums in Cambridge ihm den Rat

gaben, er möge seine sonderbar anmutende Apparatur doch beiseite legen und seine Zeit mit etwas Nützlichem verbringen. Nun, er folgte diesem Rat nicht, denn er war neugierig, was sich hinter dem Phänomen der Elektrizität verbarg. 1897 wurde seine Neugier mit der Entdeckung belohnt, daß Elektrizität von winzigen Teilchen — Elektronen — transportiert wird, die als Bausteine in jedem Atom enthalten sind.

Heutzutage stehen Abkömmlinge der Thomsonschen Apparatur in beinahe jedem Wohnzimmer, in Form der allgegenwärtigen Fernseh-Bildröhren. Wichtiger und noch weitreichender war aber, daß wir die Eigenschaften von Materialien als Ausdruck ihrer atomaren beziehungsweise „elektronischen" Struktur verstehen lernten, wodurch entscheidende Fortschritte in vielen Bereichen der Wissenschaft erst möglich wurden. Chemiker haben gelernt, neue Substanzen und neue Arzneimittel künstlich herzustellen, und die Biochemiker sind dabei, die komplizierten Vorgänge im menschlichen Körper und im Gehirn zu enträtseln. In der Festkörperphysik führte die Entdeckung des Elektrons letztlich zur Erfindung des Transistors und des Mikrochips, die die Computertechnik und Informationsverarbeitung revolutionierten.

Wir leben in einem elektronischen Zeitalter, aber auch in einem „nuklearen" Zeitalter — dem Zeitalter des Atoms. Ob Sie Ihr Fernsehgerät einschalten, Ihre elektrische Schreibmaschine benutzen oder auch nur zu einer Zeitschrift greifen: Bei vielen Tätigkeiten werden Sie es mit technischen Folgeprodukten einer noch anderen Entdeckung zu tun haben, auf die wir bei unserer Forschungsreise ins Innere der Materie gestoßen sind — die Rede ist vom Atomkern. Meistens sind es die negativen Aspekte, die wir mit dem Begriff „Atom" assoziieren: die Bedrohung durch einen vernichtenden Atomkrieg zum Beispiel, das Risiko von Unfällen in Atomkraftwerken oder die Schwierigkeiten bei der Entsorgung von radioaktivem Müll — all dies sind für uns lebenswichtige Fragen, zu denen sich die Kernphysiker als Wissenschaftler und betroffene Mitbürger zu Wort melden sollten. „Atomar" und „nuklear" muß aber nicht gleichbedeutend

11.1 Wir leben in einem elektronischen Zeitalter, das vor nahezu 100 Jahren mit J. J. Thomsons Entdeckung des Elektrons seinen Anfang nahm. Dieses Plättchen mit über 150 aneinanderhängenden Siliciumchips, oben etwa in wahrer Größe und unten vergrößert abgebildet, ist nur eine der vielen Folgen dieser Entdeckung. Wer vermag schon zu sagen, welche technologischen Neuerungen die nächsten 100 Jahre mit sich bringen werden, Entwicklungen, deren Keime in der gegenwärtigen „reinen" Wissenschaft liegen mögen?

sein mit „verhängnisvoll". Viele Menschen sind sich vermutlich nicht bewußt, wie viele nutzbringende Anwendungen die Entdeckung des Atomkerns und später des ganzen Teilchenzoos mit sich gebracht haben.

In diesem abschließenden Kapitel lernen wir einige Beispiele dafür kennen, wie ursprünglich in der Grundlagenforschung entdeckte Teilchen in so verschiedenen Bereichen wie Medizin und Archäologie bereits zu unentbehrlichen Helfern geworden sind, und wir werfen auch einen Blick auf andere, aufregende Möglichkeiten, Teilchen nutzbringend einzusetzen, die sich uns heute auftun und vielleicht einmal — letztlich als ein Ergebnis unserer „Neugier" — Realität werden.

Der Kern als Magnet

Die Kerne vieler Elemente wie beispielsweise Radium sind dafür bekannt, daß sie radioaktiv sind, eine Eigenschaft, mit der wir uns in Kapitel 2 beschäftigt haben. Einige Kerne aber zeichnen sich durch ein weniger berüchtigtes Merkmal aus: Sie sind magnetisch. Während der letzten drei Jahrzehnte nun haben Wissenschaftler verschiedener Disziplinen ein Verfahren entwickelt, das die magnetischen Eigenschaften von Atomkernen nutzbar macht und das als (magnetische) *Kernspinresonanz* — oder kurz NMR (**n**ukleare **m**agnetische **R**esonanz) — bezeichnet wird.

Wie kann ein Kern magnetisch sein? Die Antwort liegt in seiner positiven elektrischen Ladung. Wenn sich eine elektrische Ladung um eine Achse dreht, erzeugt sie ein Magnetfeld. Auf diese Weise funktioniert ein Elektromagnet: Der elektrische Strom, der durch die Drahtspule fließt, ist ja nichts weiter als eine Unmenge bewegter Ladungen, die von den Elektronen durch die Spiralwindungen der Spule befördert werden. Man kann nun auch einen Kern in gewisser Hinsicht als Kreisel auffassen, der um seine Achse rotiert; im Jargon der Kernphysik sagen wir, daß der Kern einen Spin hat. Dabei tragen sowohl die Drehimpulse der Bahnbewegungen der einzelnen Kernteilchen (wie bei der Elektronenbewegung in einer Magnetspule) als

auch ihre internen Eigenrotationen (die Spins, die wir bereits auf Seite 268 kennengelernt haben) zum magnetischen Gesamtmoment des Kerns bei.

Der Gesamtspin eines Kerns hängt davon ab, wie sich die Bewegungen der einzelnen Protonen und Neutronen im Kern zueinander verhalten; unter Umständen kompensieren sie sich sogar vollständig, so daß der Kern gar keinen Spin (Spin Null) besitzt. Ein Kern mit Spin jedoch wirkt wie eine rotierende elektrische Ladung und erzeugt ein Magnetfeld, stellt also eine Art winzigen Elektromagnet dar. Diese Eigenschaft machen wir uns bei der Kernspinresonanz zunutze.

Setzt man eine Materialprobe, die magnetische Kerne enthält, in ein Magnetfeld, so werden die winzigen Kernmagnete versuchen, sich entlang der Feldlinien auszurichten. Die Eigenrotation der Kerne hindert diese aber daran, exakt in die Richtung des Magnetfelds einzuschwenken, und statt dessen beginnt ihre Drehachse, periodisch um die Richtung der Feldlinien herum zu schwanken. Die so hin und her wackelnde Drehachse der Kernkreisel beschreibt dann im Raum einen Kegelmantel, dessen Symmetrieachse die Richtung des Magnetfelds ist. Denselben Effekt können wir an einem Spielzeugkreisel beobachten, dessen Drehachse nicht genau vertikal ausgerichtet ist; seine Achse beginnt ebenfalls periodisch zu schwanken, nur daß in diesem Fall nicht eine magnetische Kraft, sondern die Schwerkraft der Erde dafür verantwortlich ist. Die mit dieser Schwankungsbewegung verbundene Frequenz — die Präzessionsfrequenz — hängt von der Stärke des Felds und vom Kernspin, also der Art des Kerns, ab. Hierin liegt nun der Schlüssel zur praktischen Anwendung. Mißt man die Frequenz, mit der die magnetischen Kerne in einer kleinen Materialprobe „präzedieren", und kennt man die Stärke des Felds, dann kann man den Kern identifizieren; umgekehrt, wenn man weiß, um was für Kerne es sich in der Probe handelt, kann man aus der gemessenen Frequenz auf die Stärke des Magnetfelds schließen.

Um ihre Frequenz zu messen, stimuliert man die Kerne, indem man kurzzeitig ein zusätzliches magnetisches Wechselfeld anlegt (in der Praxis werden Radiowellen eingestrahlt), das mit der Präzessionsfrequenz der Kerne schwingt. Damit bringen wir die Kerne in Resonanz (siehe Seite 169−173) − und nun wissen wir auch, wieso das Verfahren magnetische Kernspinresonanz heißt. Nach der Stimulation, die die Kerne in eine heftige Präzessionsbewegung versetzt, kehren die Kerne wieder in ihren Normalzustand zurück, wobei sie ihre gerade erst gewonnene Energie in Form von Radiowellen mit der Präzessionsfrequenz abstrahlen.

Die ersten Untersuchungen über Kernspinresonanz in Festkörpern begannen in den

Umgebung leicht unterschiedliche Frequenzen ab. So weicht das Signal von Wasserstoffkernen − Protonen − einer CH_2-Gruppe in einem Kohlenwasserstoff-Molekül geringfügig vom Signal der Protonen einer CH_3-Gruppe desselben Moleküls ab. Deshalb liefert ein NMR-Spektrum einen hervorragenden chemischen „Fingerabdruck", der helfen kann, Chemikalien zu identifizieren und die Strukturen komplexer Moleküle aufzuklären. Auch in der Biochemie und der Medizin entwickelt sich die NMR-Spektroskopie immer mehr zu einem nützlichen Hilfsmittel. Die NMR-Spektroskopie läßt sich in der

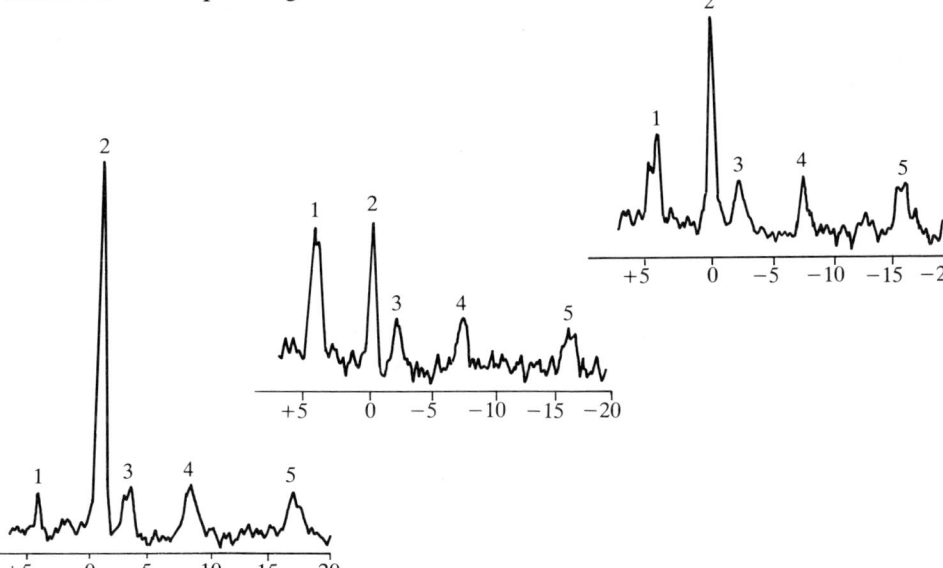

Frequenzverschiebung in ppm

11.2 Die NMR-Spektroskopie kann wichtige Stoffwechselveränderungen im menschlichen Körper aufzeigen. Hier sind Phosphorspektren eines menschlichen Armmuskels abgebildet, die sich bei Kontraktion des Muskels verändern. Das erste Spektrum wurde bei ruhendem Muskel aufgenommen und zeigt ein ausgeprägtes Maximum von Phosphokreatin (Peak 2), einer chemischen Verbindung, die man im Muskelgewebe des Menschen und aller Wirbeltiere vorfindet. Bei der Aufnahme des mittleren Spektrums bewegte die Person ihren Arm: Während der Phosphokreatinwert abfiel, nahm die Menge an anorganischem Phosphat (Peak 1) gleichzeitig zu. Phosphokreatin dient dazu, den Adenosintriphosphat-Spiegel (Peaks 3, 4 und 5) aufrechtzuerhalten. (Adenosintriphosphat, kurz ATP, ist die Energiequelle der Muskelzellen.) Das dritte Spektrum zeigt, daß der Phosphokreatinwert nach der Armbewegung wieder anzusteigen beginnt.

vierziger Jahren, und die Physiker erkannten bald, daß sie damit ein empfindliches neues Instrument zur Messung von Magnetfeldern in Händen hielten. Mittlerweile nutzen Geologen, Bauingenieure, Archäologen und Weltraumspezialisten NMR-Verfahren routinemäßig, um magnetische Felder auszumessen. Den Chemikern hilft die Kernspinresonanz bei der Analyse von Chemikalien, da die gemessenen Präzessionsfrequenzen für die jeweiligen Elemente charakteristisch sind. Darüber hinaus verschieben sich die Frequenzen der Kerne, wenn sie in chemische Gruppen eingebunden werden, weil deren Atome ein spezifisches magnetisches Feld erzeugen. Kerne ein und desselben Elements geben deshalb je nach chemischer

Diagnostik nutzen, um beispielsweise wichtige Stoffwechselveränderungen aufzuzeigen, die bei Patienten aufgrund körperlicher Bewegung oder nach Verabreichung von Medikamenten eintreten.

Die Kernspinresonanz besitzt in der Medizin noch eine andere, besser bekannte Anwendung, die es möglich macht, auch innere Körperstrukturen darzustellen. Der mit Abstand häufigste magnetische Kern in unserem Körper ist der Wasserstoffkern − das Proton. Bei diesem NMR-Aufnahmeverfahren liegt nun der Patient in einem Magnetfeld, dessen Stärke in seinem Körper räumlich variiert. Die Protonen im Körper des Patienten präzedieren dann, je nachdem, wo sie sich befinden, mit verschiedenen Frequenzen. Das NMR-Spektrum enthält daher Informationen über die Anzahl der Protonen – die Menge an Wasserstoff – an den verschiedenen Stellen des Körpers. Ein Computer kann diese Informationen auswerten und in ein Bild umsetzen, das einen Schnitt durch den Körper darstellt. Die Methode ist unter dem Namen Kernspintomographie bekannt geworden, nach dem griechischen Wort „tome" für „(Aus)Schnitt".

Die Kernspintomographie ist eine recht aufwendige Angelegenheit, scheint aber doch gewisse Vorteile gegenüber anderen Verfahren zu haben. Insbesondere ist es

Ein weiterer Vorteil des Verfahrens ist, daß keine potentiell gesundheitsgefährdende Strahlung eingesetzt wird. Die Strahlendosis, die eine Person durch die Radiowellen abbekommt, wenn sie sich einer Kernspintomographie unterzieht, ist zu gering, um im Körper chemische Veränderungen hervorzurufen. Starke statische Magnetfelder – zumindest in der Größenordnung, wie sie in der Kernspintomographie üblich sind – scheinen zudem keine schwerwiegenden schädlichen Auswirkungen zu haben. Im Gegensatz dazu können Röntgenstrahlen Körperzellen schädigen, wenn sie in hinreichenden Dosen aufgenommen werden. In der medizinischen Diagnostik ergänzen sich beide Verfahren jedoch, weil sie verschiedene Einblicke in den Körper erlauben.

Ganzkörperaufnahmen in der Kernspintomographie oder auch NMR-Aufnahmen von lebendem Gewebe erfordern den Einsatz modernster Technologie. Der Patient muß in einem sorgfältig überwachten Magnetfeld liegen, in der Praxis direkt im Inneren der Spule eines Elektromagneten. Spektroskopische Verfahren erfordern insbesondere hohe Feldstärken auf kleinstem Raum, gewöhnlich einigen wenigen Kubikzentimetern, während die Tomographie mit schwächeren Feldern auskommt, die dafür aber unter Umständen einen ganzen menschlichen Körper abdecken müssen, was einen großen Magneten erfordert. In beiden Fällen haben sich supraleitende Magnete als die beste Lösung erwiesen: Mit ihnen kann man sowohl hohe Feldstärken als auch ausgedehnte Felder erzeugen. Diese Technologie der Supraleitung hatten ursprünglich die Teilchenphysiker so weit vorangebracht, weil sie leistungsstarke Magneten für ihre Beschleuniger brauchten; jetzt kam dieselbe Technologie in einem anderen Bereich der Wissenschaft zum Einsatz, der letztlich ebenfalls aus der Entdeckung des Atomkerns hervorgegangen war.

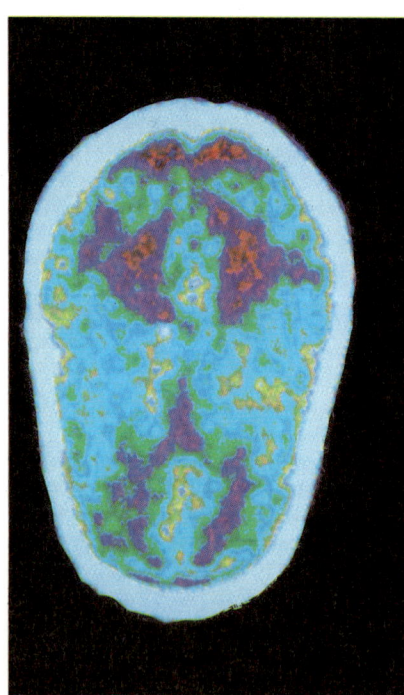

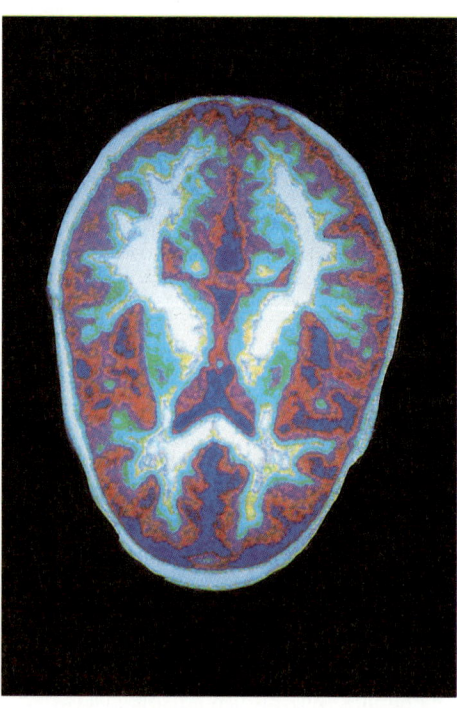

11.3 Aufnahmen vom menschlichen Körper mit Hilfe der Kernspintomographie an Protonen lassen Unterschiede in weichem Gewebe erkennen, die mit Röntgenstrahlen nicht sichtbar gemacht werden können. Dieses farbcodierte Bild vom Gehirn eines Neugeborenen zeigt, daß die Gehirnstrukturen noch verhältnismäßig wenig entwickelt sind.

11.4 Verglichen mit der NMR-Aufnahme in Abbildung 11.3 zeigt diese Aufnahme des Gehirns eines fünfjährigen Kindes eine deutliche Entwicklung. Die weißen Regionen deuten auf Myelin hin, eine komplexe Substanz aus Eiweiß und Phospholipiden, die eine isolierende Schicht um Nervenfasern bestimmter Nervenzellen im Gehirn bildet. Solche Nerven leiten Impulse schneller als andere ohne Myelinschicht.

hiermit möglich, Signale von verschiedenen weichen Geweben zu unterscheiden, die Röntgenstrahlen verhältnismäßig ungehindert durchlassen. Darüber hinaus enthalten NMR-Signale zusätzliche Informationen: Aus der Relaxationszeit (Erholungszeit), die die Protonen brauchen, um nach der Anregung wieder in ihren Normalzustand zurückzukehren, kann man nämlich Rückschlüsse auf das untersuchte Gewebe ziehen. Dabei zeigt sich, daß zum Beispiel Protonen in Tumoren längere Relaxationszeiten haben als Protonen in gesundem Gewebe; warum das so ist, konnte man bis heute allerdings noch nicht restlos klären.

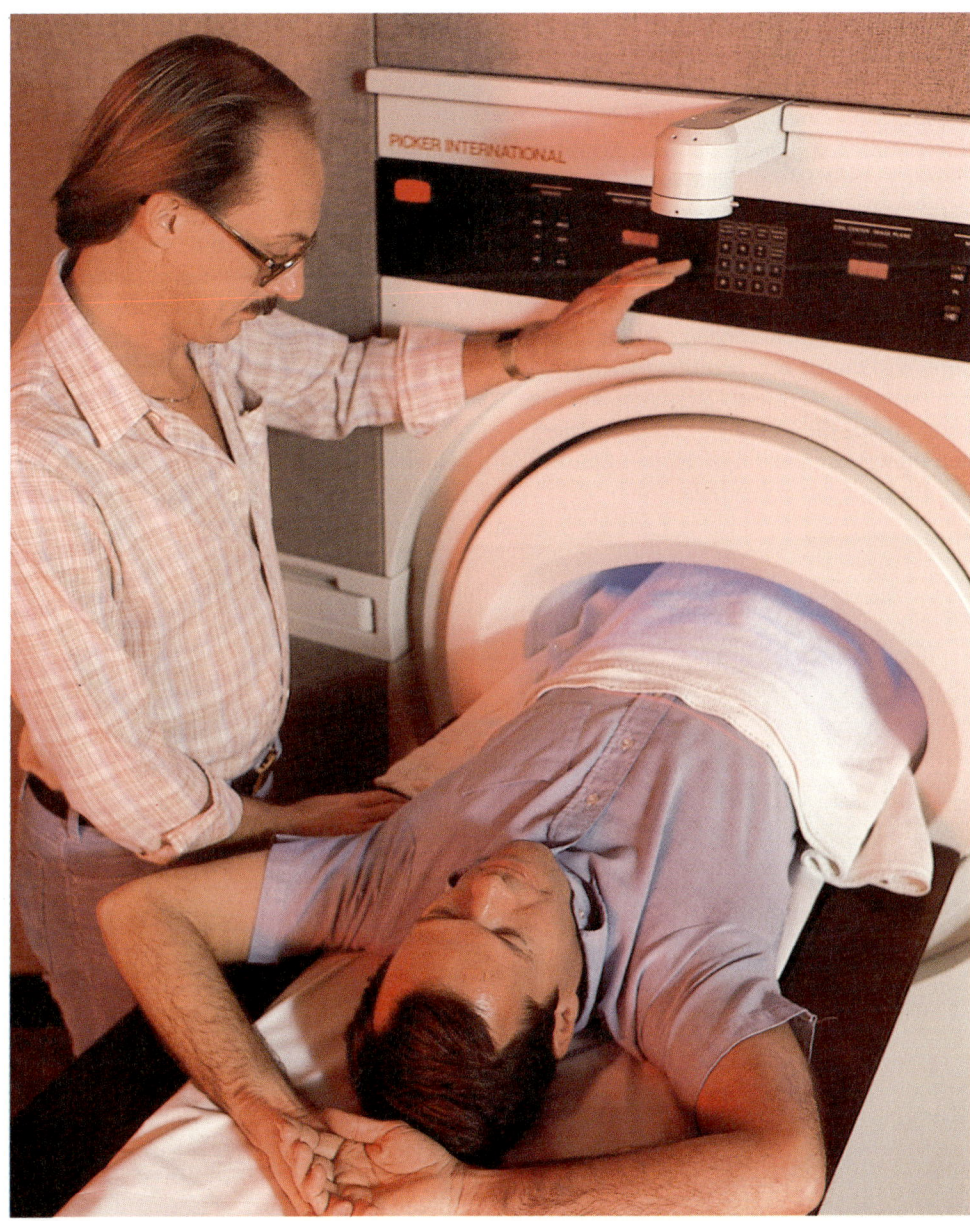

11.5 Ein Patient bei einer Kernspintomographie; ein Teil seines Körpers liegt in der Spule des supraleitenden Magneten.

Teilchen gegen den Krebs

Kernspinresonanz ist nur ein Beispiel dafür, wie Entdeckungen auf der Suche nach dem Aufbau der Materie zu Fortschritten in der Medizin geführt haben. Die medizinischen Anwendungsmöglichkeiten von Röntgenstrahlen, die Bilder aus dem Inneren des Körpers lieferten, waren, unmittelbar, nachdem Röntgen die durchdringenden Strahlen entdeckt hatte, offenkundig; wenig später erkannte man auch, daß man mit gebündelten Röntgenstrahlen gezielt Krebsgewebe zerstören konnte. Die heutige Röntgentherapie, die speziell dafür konstruierte Röntgenapparate verwendet,

gehört zu den gängigsten Behandlungsmethoden gegen Krebs. Röntgenstrahlen zeigen jedoch keineswegs immer den gewünschten Erfolg, wenn es darum geht, bösartiges Gewebe zu zerstören. Die Krebsspezialisten stellen zunehmend fest, daß bestimmte Tumoren besser auf andere Strahlungsarten ansprechen, nämlich auf einige der subatomaren Teilchen, die in den Jahrzehnten nach der Entdeckung der Röntgenstrahlen gefunden wurden.

Die in der Strahlentherapie am weitesten fortgeschrittene Alternative zu Röntgenstrahlen sind Neutronen. Neutronen sind wie Röntgenstrahlen eine elektrisch neu-

275

trale Form von Strahlung; ihre Wirkung ist daher indirekt. In beiden Fällen wirken nicht die primären Strahlungspartikel schädigend, sondern die elektrisch geladenen Teilchen, die die neutrale Strahlung freisetzt. Im Fall der Röntgenstrahlung verursachen Elektronen den Zerstörungseffekt; Neutronen hingegen schlagen Protonen und Alphateilchen aus den Atomkernen heraus. Diese schweren elektrisch geladenen Teilchen können viel verheerendere Wirkungen hervorrufen als Elektronen, was der Vergleich zwischen den dikken Spuren, die Kerne in Photoemulsionen hinterlassen und den dünnen Spuren der Elektronen verdeutlicht.

derschuhen, und es wird noch einige Jahre dauern, bis man den medizinischen Nutzen von Neutronen richtig beurteilen kann.

Seit kurzem spielen in der Krebstherapie auch Pionen eine Rolle. Die Einsatzmöglichkeiten der konventionellen Röntgentherapie sind wesentlich durch die Strahlendosis eingeschränkt, die gesundes Gewebe in der Umgebung des Tumors überstehen kann. Zwar kann man den Röntgenstrahl sorgfältig dosieren und präzise plazieren, so daß möglichst wenige Röntgenquanten in die Nachbarschaft des Tumors gelangen, aber bei Tumoren unterhalb der Haut stellt sich weiterhin das Problem,

11.6 Während der Hauptbeschleuniger am Fermilab seine Protonen auf 1 TeV beschleunigt, werden verhältnismäßig niederenergetische Protonen aus dem Linearbeschleuniger für die Erzeugung von Neutronen benutzt, die man in der Krebstherapie einsetzt. Hier wird demonstriert, wie man mit Laserstrahlen (rot) den Kopf eines Patienten für eine Behandlung in Position bringt. Der Neutronenstrahl tritt aus der quadratischen Öffnung in der rechten Bildhälfte aus.

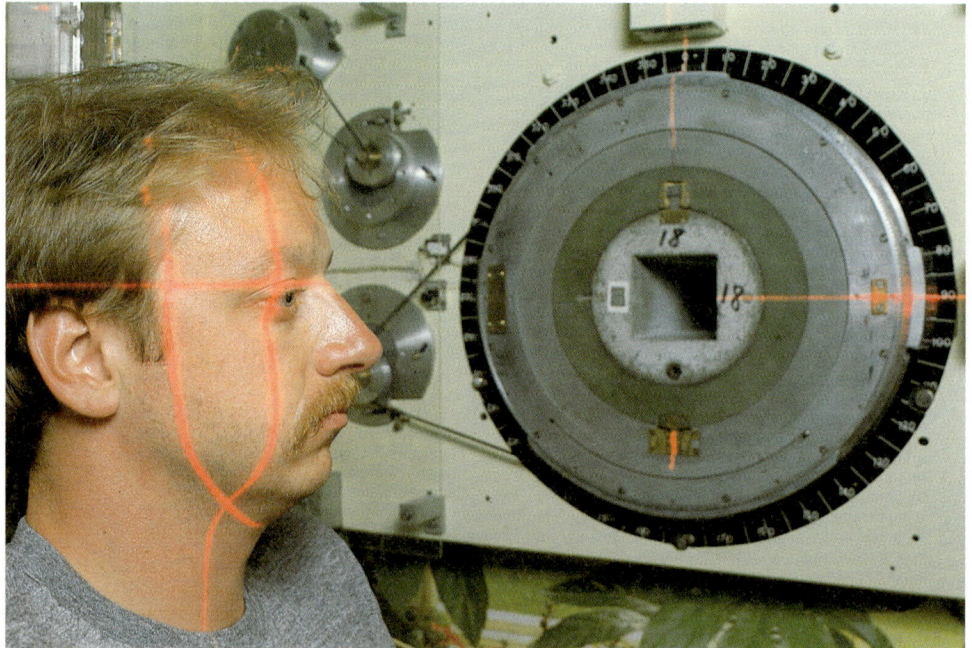

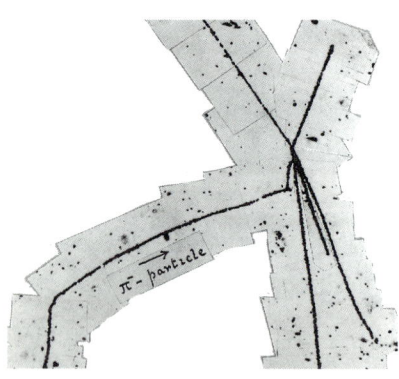

11.7 Dieser in einer Kernemulsion aufgenommene „Pionenstern" ist typisch für die Art von Wechselwirkung, die man in der Krebstherapie mit Pionenstrahlen ausnutzt. Ein Piminus kam von links unten ins Bild und stieß – nachdem es zuvor „elastisch" gestreut wurde und einen scharfen Richtungswechsel vollführt hatte – wahrscheinlich mit einem Sauerstoffkern der Gelatinesubstanz in der Emulsion zusammen, der daraufhin in viele Fragmente auseinanderbrach. Zwei Protonen schossen nach oben links beziehungsweise unten rechts davon; ein Alphateilchen flog nach oben rechts, während ein weiteres Alphateilchen und ein Tritiumkern links von der unteren Protonspur nach unten sausten. In der Krebstherapie mit negativen Pionenstrahlen ist Sauerstoff das häufigste „Target" in bösartigem Gewebe. Die Länge der Alphateilchenspur oben rechts entspricht 40 Mikrometer. Alphateilchen sind besonders gewebeschädigend.

Eine Krebszelle ist erst dann zerstört, wenn man ihre Reproduktion *irreparabel* gestoppt hat, und zwar dadurch, daß man ihre Erbsubstanz DNA beschädigt. Auf das kursiv gedruckte Wörtchen kommt es hier entscheidend an, denn die Zellen können unter Umständen den von Röntgenstrahlen angerichteten Schaden beheben, nicht aber die von Neutronen verursachte Zerstörung. Wie wirksam die Reparaturmechanismen greifen, hängt von der Art der Krebszelle ab. Einige Krebsarten sind völlig resistent gegenüber Röntgenstrahlen, und genau diese versucht man heutzutage mit Neutronen zu behandeln. Im Vergleich zur Röntgentherapie steckt die Neutronentherapie allerdings noch in den Kin-

daß gesunde Zellen zwischen Haut und Tumor geschädigt werden. Die Pionentherapie bietet hier eine Lösung an, da man die Zerstörungskraft der Strahlen auf ein Zielgebiet *innerhalb* des Körpers konzentrieren kann. Bei dieser Methode läßt man negative Pionen in den Körper des Patienten eintreten, die gerade die richtige Geschwindigkeit besitzen, um bis zum Tumor vorzudringen und nicht weiter.

Das negative Pion wirkt in Materie wie eine Bombe, ganz gleich, durch welche Art von Materie es hindurchschießt. Es lebt durchschnittlich nur 26 Milliardstelsekunden. Während seines Flugs schädigt es die Substanz, die es durchquert, nur geringfügig; erst in den letzten Augenblicken seiner Existenz übt das negative Pion eine enorme zerstörerische Wirkung aus, wenn es nämlich von einem positiven Atomkern in einer Zelle eingefangen wird. Der Kern wird dadurch instabil und bricht in kleinere Fragmente auseinander, die einen „Pionenstern" bilden, wie ihn bereits Cecil Powell und seine Mitarbeiter in ihren Kernemulsionsexperimenten Ende der vierziger Jahre erstmals beobachteten. Die Kernfragmente des Sterns können dann auch Krebszellen in der näheren Umgebung des Kerns in Mitleidenschaft ziehen. Auf diese Weise kann ein negatives Pion durch gesundes Gewebe dringen, bis es auf das „Target" — die Tumorzellen — stößt und „explodiert".

Erste klinische Erfahrungen mit der Pionentherapie, die insbesondere am Schweizer Institut für Kernphysik nahe Zürich und in der Meson Physics Facility am Los Alamos Scientific Laboratory in den Vereinigten Staaten gesammelt wurden, sind vielversprechend. Dabei zeigte sich, daß einige Tumoren im Kopf- und im Nackenbereich auf die Bestrahlung mit Pionen besonders gut ansprechen.

Verschiedene Arten von Augenkrebs scheinen noch mit einer anderen Art von Teilchentherapie eingedämmt werden zu können, nämlich durch die Bestrahlung mit Protonen oder Alphateilchen. Tumoren im Auge treten zu nahe an anderen, lebenswichtigen Gewebepartien auf, als daß man hier sinnvoll mit Röntgenstrahlen arbeiten könnte. Die leichtgewichtigen Elektronen, die die Röntgenstrahlen freisetzen, fliegen zu weit und schädigen deshalb mehr gesundes Gewebe als Krebszellen. Im Gegensatz dazu stoßen Protonen und Alphateilchen schwere Teilchen aus Atomkernen heraus, und diese schädigen dann nur einen gut kontrollierbaren schmalen Bereich um den eindringenden Strahl. Ein Team in Berkeley verwandte Alphastrahlen aus Lawrences berühmtem 4,6-Meter-Zyklotron, um neben Augenkrebs auch bestimmte Gehirnerkrankungen zu behandeln. Im Kampf gegen eine Reihe verschiedener Tumorarten untersucht man in Berkeley darüber hinaus auch die Wirksamkeit von Strahlen schwerer Ionen aus dem Bevatron.

Das diagnostische Positron

In der Strahlentherapie macht man sich die zerstörerische Wirkung der Radioaktivität zunutze, indem man Strahlen hoher Intensität auf krebsartiges Gewebe lenkt. Eine andere Möglichkeit, Radioaktivität für medizinische Zwecke einzusetzen, und zwar bei viel geringeren Strahlendosen, besteht darin, interessante Substanzen im Körper mit radioaktiven Stoffen zu markieren. Diese radioaktiven Marker oder Tracer werden in winzigsten Mengen in den Körper gespritzt oder über die Nahrung aufgenommen. Sie nehmen an den biochemischen Reaktionen im Körper ebenso teil, wie es die „normalen" Analoge tun. Man verfolgt die Stoffe einfach anhand ihrer radioaktiven Emissionen und kann sich so ein Bild davon machen, was mit der untersuchten Substanz passiert.

Eines der bekanntesten Beispiele für einen radioaktiven Marker ist das Isotop Jod-131, das Gammastrahlen emittiert. Jod wird von der Schilddrüse aufgenommen; falls eine Über- oder Unterfunktion vorliegt, nimmt sie dabei mehr oder weniger Jod als normal auf. In beiden Fällen leidet die betreffende Person unter unangenehmen Auswirkungen, da die Hormone, die die Schilddrüse absondert, das Wachstum regulieren und in den Stoffwechsel eingreifen. Man injiziert dem Patienten Jod-131 und registriert in gewissen Zeitabständen dessen Gammaemissionen; ein Radiologe kann daraus den Jodanteil bestimmen, der in der Schilddrüse eingelagert wurde, und feststellen, ob ihre Aktivität normal ist oder nicht. Da Jod-131 recht schnell wieder zerfällt (seine Halbwertszeit beträgt acht Tage) und nur winzigste Mengen im Spiel sind, ist die Strahlenbelastung der Patienten bei diesen Tests gering, etwa vergleichbar mit der Belastung, die man während eines Atlantikflugs aufgrund der kosmischen Strahlung abbekommt.

Die ersten radioaktiven Marker, die man benutzte, waren, wie das Jod-131, Gammastrahler; heutzutage gewinnen jedoch radioaktive Stoffe, die Positronen abgeben, zunehmend an Bedeutung. Positronen sind aber eine Form von Antimaterie, die — wie wir in früheren Kapiteln gesehen ha-

277

ben — sofort zerstrahlt, wenn sie auf Materie trifft. Die Positronen aus dem Zerfall eines geeigneten radioaktiven Kerns werden sich daher mit Elektronen seiner näheren Umgebung gegenseitig vernichten und dabei Gammaquanten erzeugen. Da die Elektronen und Positronen mehr oder weniger in Ruhe sind, wenn sie sich treffen, werden die beiden Gammaquanten in entgegengesetzte Richtungen davonfliegen, wodurch die Erhaltung von Energie und Impuls gewährleistet wird. Die beiden Gammas können mit Koinzidenzschaltkreisen, die uns aus der Teilchenphysik vertraut sind, nachgewiesen werden. Der springende Punkt dabei ist, daß man *Paare*

von Gammaquanten registriert, die eine viel genauere Lokalisierung des ursprünglichen radioaktiven Kerns ermöglichen, als dies mit einzelnen Quanten eines Gammastrahlers möglich wäre.

In den letzten Jahren wurden unter anderem Kohlenstoff-11, Stickstoff-13 und Sauerstoff-15 als Positronstrahler erprobt. Diese Isotope sind radioaktive Formen von Hauptbestandteilen des Körpers und daher als Marker besonders gut geeignet. So kann man mit Hilfe von radioaktiven Sauerstoffatomen die Sauerstoffaufnahme im Körper untersuchen; Kohlenmonoxid dient dazu, das Blutvolumen zu

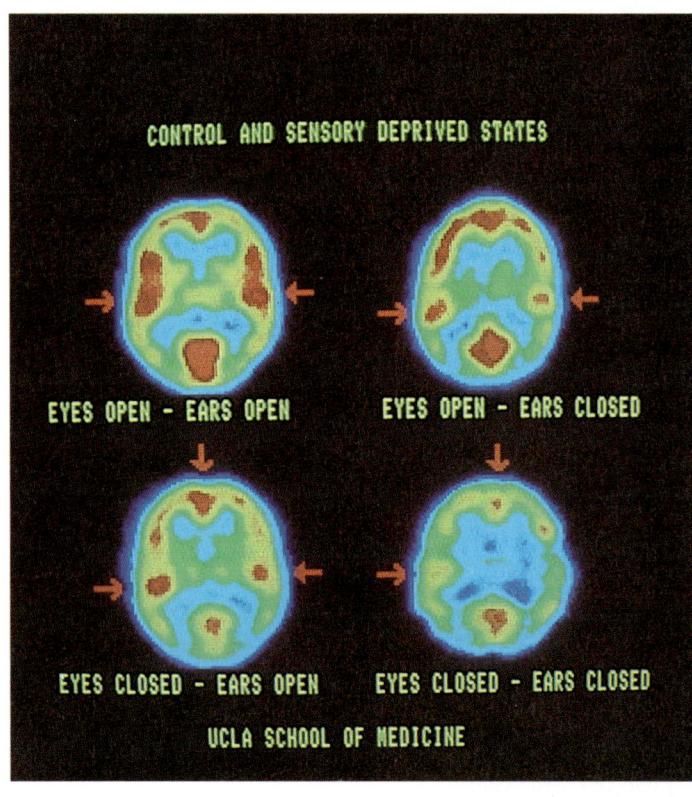

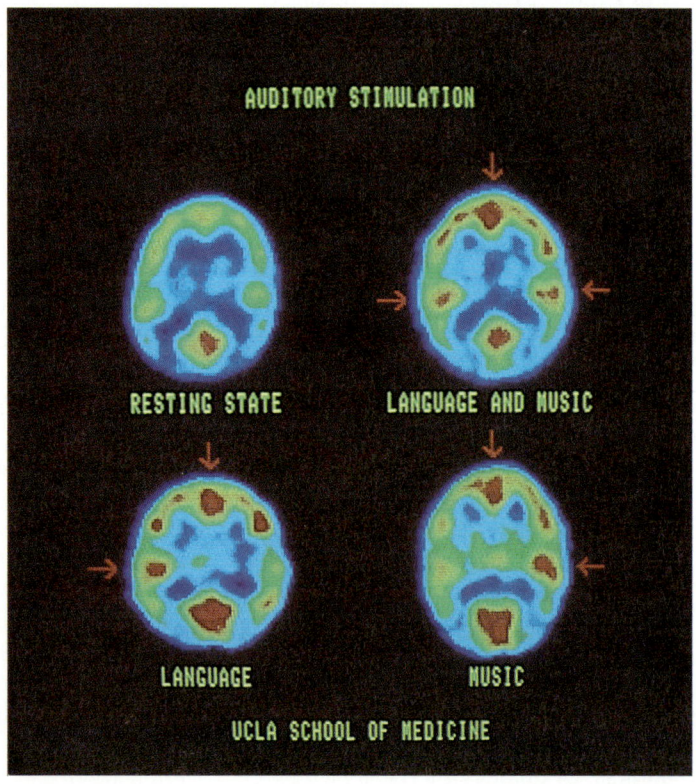

11.8 Mit der Positron-Emissions-Tomographie (PET) kann man die Aktivität des Gehirns in Abhängigkeit von verschiedenen Reizen sichtbar machen. Hier wurde den Versuchspersonen ein Positronstrahler injiziert, der sich an die Glucosemoleküle im Blut (den Blutzucker) anhängt. Die Glucose konzentriert sich in den Bereichen des Gehirns, wo die Stoffwechselaktivität erhöht ist, was sich wiederum in einer erhöhten Radioaktivität äußert. Diese und die vier nebenstehenden Aufnahmen wurden an der Universität von Kalifornien in Los Angeles gemacht.
Die Bildbeschriftungen geben den jeweiligen Zustand der Augen und Ohren der Versuchsperson an — also ob die Augen beziehungsweise Ohren offen oder zu (abgedeckt) waren. War die Person einem äußeren Reiz über die Sinnesorgane ausgesetzt, beobachtete

man in ihrer Hirnaktivität eine Links-Rechts-Symmetrie; waren Augen und Ohren statt dessen geschlossen (unten rechts), trat in der rechten Gehirnhälfte eine geringere Aktivität als in der linken auf.

11.9 Diese vier Aufnahmen zeigen die Hirnaktivität bei verschiedenen Arten von akustischen Reizen. Bei ausschließlich verbaler Stimulation (ein Sherlock-Holmes-Krimi, links unten) war die linke Hälfte des Gehirns aktiver, bei nonverbaler Stimulation (einem Brandenburgischen Konzert, rechts unten) war die Aktivität in der rechten Hälfte größer.

ermitteln, und mit markiertem Wasser kann man beispielsweise die Duchblutung des Gehirns verfolgen. Radioaktives Fluor-18, das an ein Zuckermolekül angehängt wird, gibt uns Aufschluß über den Zucker-Stoffwechsel des Gehirns, wodurch es möglich wird, den Einfluß äußerer Sinnesreize auf die Gehirnaktivität zu untersuchen. Kohlenstoff-11 schließlich − eingebaut in den Neurotransmitterstoff Dopamin − hilft, der Ursache der Parkinsonschen Krankheit im Gehirn auf die Spur zu kommen.

In den letzten 15 Jahren ist es nun gelungen, aus solchen Positronsignalen detaillierte Aufnahmen des Gehirns zu gewinnen, eine Methode, die man **P**ositron-**E**missions-**T**omographie (PET) nennt. Hierbei ist der Kopf des Patienten von einem Detektorkranz umgeben, der die Gammaquanten aus den Vernichtungen der Elektronen und Positronen registriert. Ein Computer kann aus diesen Signalen Schnittbilder durch das Gehirn erstellen, weshalb man auch hier von Tomographie spricht.

Eine Reihe von Strahlenzentren auf der ganzen Welt besitzt eigene Zyklotrone, die allein dazu dienen, die für die medizinischen Anwendungen benötigten radioaktiven Isotope herzustellen. Die Marker werden erzeugt, indem man einen Strahl hochenergetischer Protonen (auch Alphateilchen oder Deuteronen) mit Kernen eines geeigneten Elements kollidieren läßt. Oftmals muß das Zyklotron sogar im Krankenhaus selbst stehen, wenn man kurzlebige Isotope benötigt. Sauerstoff-15 zum Beispiel, das eine Halbwertszeit von zwei Minuten hat, kann dann direkt vom Produktionstarget nahe dem Zyklotron in die Atemmaske des Patienten geleitet werden, der sich gerade einer PET-Diagnose unterzieht. Manchmal wird dasselbe Zyklotron auch dazu benutzt, Strahlen für die Neutronentherapie zu erzeugen, wie es auch am Hammersmith-Krankenhaus in London der Fall war, wo ein Großteil der Pionierarbeit über Neutronentherapie geleistet wurde, bis man das veraltete Zyklotron 1985 außer Dienst stellte.

Auch für die Untersuchung von industriell genutzten Materialien haben sich die Positronen als brauchbar erwiesen. Wenn sich Positronen mit Elektronen beispielsweise in Metallen gegenseitig vernichten, können sie Hinweise auf eine einsetzende Materialermüdung geben. Versetzungen im atomaren Gitter des Metalls stellen sozusagen „Ruheplätze" für die Positronen dar, wo sie ein klein wenig länger überleben können, bevor sie mit einem Elektron zerstrahlen. Diese kurze Verzögerung kann man messen und damit eventuelle Ermüdungserscheinungen im Material feststellen, noch ehe Risse überhaupt sichtbar werden. Turbinenschaufeln und andere kostspielige Bauteile lassen sich damit gefahrlos auf ihre Bruchfestigkeit hin testen, etwa um Sicherheitsfaktoren zu optimieren, was natürlich in finanzieller Hinsicht besonders interessant ist.

Neutronen als Detektive

Eine ganz andere Möglichkeit, Radioaktivität nutzbringend einzusetzen, besteht darin, die Atomkerne in einer Materialprobe zu bestrahlen, wodurch sie selbst radioaktiv werden und ihre Identität zu erkennen geben. Neutronen erweisen sich für diese Aufgabe als geradezu ideal, da sie leicht in Materialien eindringen können. Bestrahlt man eine Substanz aus verschiedenen chemischen Elementen mit Neutronen, so werden die Atomkerne die Neutronen einfangen und sich dadurch vorübergehend in radioaktive Kerne − Isotope des ursprünglichen Elements − verwandeln. Die radioaktiven Kerne zerfallen unterschiedlich rasch und emittieren zudem jeweils charakteristische Strahlungen. Genau dies kann man ausnutzen: Aus dem Spektrum der radioaktiven Emissionen zu verschiedenen Zeitpunkten nach der Bestrahlung lassen sich die in der bestrahlten Substanz enthaltenen Elemente direkt ablesen − selbst dann, wenn sie nur in winzigsten Mengen vorhanden waren. Die Aufgabe der Neutronen dabei ist es, die ursprünglichen Elemente in der Substanz zu „aktivieren" und gleichsam herauszufordern, ihre Identität preiszugeben.

Eine ungewöhnliche Anwendung findet diese Methode der Neutronenaktivierung bei der Aufdeckung von Fälschungen in kunsthistorischen Untersuchungen, bei denen selbst berühmte Gemälde gelegentlich mit Überraschungen aufwarten. Durch eine etwa einstündige Bestrahlung kann man in den Farbstoffen eines Gemäldes eine, wenn auch schwache, Eigenradioaktivität erzeugen. Die emittierten Elektronen — Betastrahlen — schwärzen dann einen speziell präparierten Film und hinterlassen dort einen Bildabdruck. Die Isotope der verschiedenen Elemente in den Farbstoffen haben verschiedene, für jedes Isotop charakteristische Halbwertszeiten, so daß einige früher, andere später aufhören werden zu strahlen. Daher liefern Filme, die zu verschiedenen Zeitpunkten nach der Bestrahlung auf das aktivierte Gemälde gelegt werden, verschiedene Bilder, je nachdem, welche Elemente gerade die dominanten Strahler sind.

Die Isotope, die ihre Strahlung am schnellsten verschießen — also die mit den kürzesten Halbwertszeiten —, zeichnen sich nur auf den Bildern ab, die kurz nach der Neutronenaktivierung entstanden. Langlebigere Isotope hinterlassen ihre Spuren hauptsächlich auf späteren Bildern, nachdem die kurzlebigen bereits zerfallen sind. Verschiedene Farbstoffe, die ja aus verschiedenen Elementen bestehen, dominieren daher auf verschiedenen Bildern, die zu jeweils ganz bestimmten Zeitpunkten nach der Aktivierung aufgenommen wurden. Das Verfahren kann einen übermalten Namenszug oder sogar ein ganzes Gemälde zutage fördern, das kaschiert wurde. Wer ein Gemälde fälschen will, sollte sich also zuvor vergewissern, daß die Halbwertszeiten seiner Farben mit denen der Farben übereinstimmen, die der Meister benutzte, dessen Werk er zu fälschen versucht!

Auch mit ganz berühmten Gemälden kann man sein blaues Wunder erleben. Abbildung 11.10 zeigt van Dycks Gemälde *Die heilige Rosalia erbittet das Ende der Pest in Palermo*, das im Metropolitan-Museum in New York hängt. Auf einem Röntgenbild dieses Gemäldes (oben) ist ganz vage ein Gesicht zu erkennen, das anscheinend zuerst auf die Leinwand gezeichnet und dann übermalt wurde. (Das Gesicht können Sie entdecken, wenn Sie das Buch um-

drehen.) Bei Röntgenstrahlen erzeugen die bleihaltigen Farben einen Kontrast auf dem Bild; andere Farben sind für Röntgenstrahlen eher transparent, können dafür aber gut über eine Neutronenaktivierung sichtbar gemacht werden.

Einige Stunden nachdem das Gemälde mit Neutronen bestrahlt worden war (mittleres Bild), kam Mangan zum Vorschein, das in Umbra enthalten ist, einer dunklen Erdfarbe. Der Künstler hatte die Leinwand mit einer umbrahaltigen Grundierung getränkt und die Originalfiguren hineingemalt, wie die Aufnahme des neutronenaktivierten Gemäldes zeigt. Die weißen Stellen rühren von Restaurationsarbeiten in jüngerer Zeit her, bei denen keine Manganfarbe verwandt wurde. Jetzt können wir auch erkennen, daß der Engel unmittelbar hinter dem Kopf der Heiligen nachträglich hinzugefügt worden sein muß, weil er nicht auf dem ursprünglichen Untergrund erscheint.

Vier Tage nach der Aktivierung des Gemäldes war die Strahlung des Umbra so weit abgeklungen, daß nun der radioaktive Phosphor dominierte, der wieder ein anderes Bild zum Vorschein brachte (unten). Der Phosphor, der auf diesem „Vier-Tage-Bild" zutage kam, ist Bestandteil der Knochenkohle („Beinschwarz"), die neben der Zeichenkohle oft für Entwurfskizzen verwandt wurde. Das Gesicht ist jetzt deutlich erkennbar und das Geheimnis gelüftet: Van Dyck hatte ein Selbstportrait angefertigt und es anschließend übermalt.

»... schlichtweg Unsinn«

Beim Einsatz von Protonen, Neutronen, Pionen und Positronen spielt die Radioaktivität oft eine Schlüsselrolle. Die Instabilität von Materie wird einerseits für die Erzeugung der Teilchen ausgenutzt (wie bei den Positronen), auf ihr beruhen aber auch die nutzbringenden Wirkungen, die sie auslösen, wie etwa bei der Pionentherapie. Ein weiteres instabiles Teilchen, dessen Zerfall wir uns zunutze machen können, ist das Müon.

Das Müon ist wie das Proton eine Art Kreisel, eine in sich rotierende elektrische

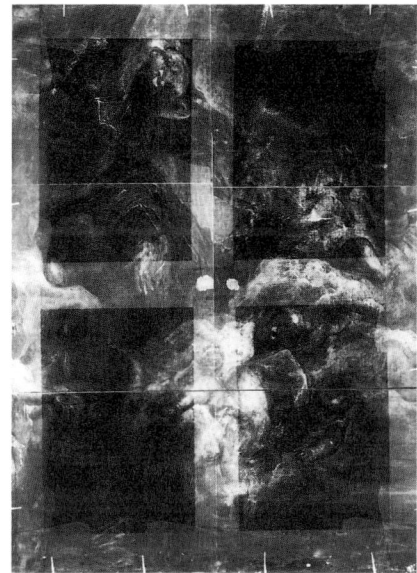

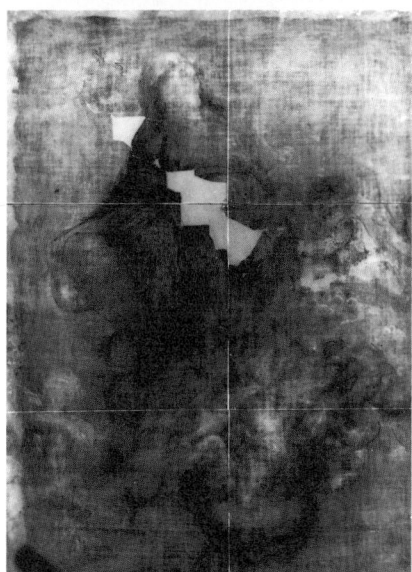

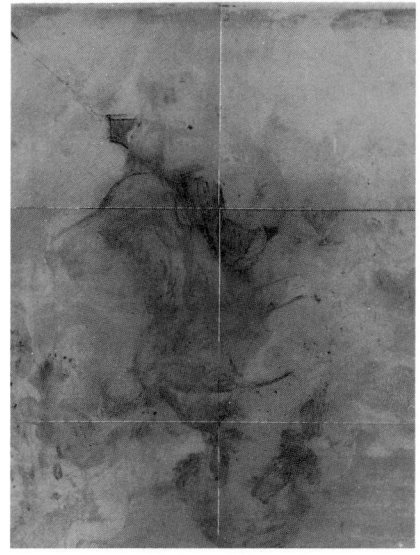

11.10 Die Neutronenaktivierung eines berühmten Gemäldes − *Die heilige Rosalia erbittet das Ende der Pest in Palermo* − von Anthonis van Dyck (1599−1641) brachte ein übermaltes Selbstportrait des Künstlers zum Vorschein. Das große Bild ist eine gewöhnliche Photographie des Gemäldes, das im Metropolitan-Museum in New York hängt. Das Röntgenbild des Gemäldes (oben links) verrät andeutungsweise das Gesicht eines Menschen, das in der unteren Bildhälfte auf dem Kopf steht. Das mittlere Bild wurde wenige Stunden nach der Bestrahlung mit Neutronen aufgenommen; es zeigt, daß in der ursprünglichen Umbra-Grundierung Mangan enthalten ist. Vier Tage nach der Neutronenbestrahlung (unten) ist Phosphor das strahlungsaktivste Element, und wir erkennen jetzt die Grundzüge der Skizze von van Dycks Selbstportrait. (Drehen Sie das Buch um, wenn Sie das Gesicht in den linken Aufnahmen nicht entdecken können.)

281

Ladung und damit ein kleiner, subatomarer Magnet. Aber anders als das Proton zerfällt das Müon rasch und emittiert dabei je nach seiner Ladung ein Elektron oder ein Positron. Die Richtung, in der das Elektron oder Positron ausgestoßen wird, hängt von der Orientierung des müonischen Magneten ab, ein Effekt, auf dem das Verfahren der sogenannten „Müon-Spin-Rotation" beruht.

Wenn ein Müon in eine Stoffprobe eindringt, überdauert es darin nur etwa eine Mikrosekunde, bevor es zerfällt. Das reicht jedoch aus, um die Orientierung des müonischen Magnetkreisels durch den Einfluß der Magnetfelder in der Probe zu drehen. Kennt man die Orientierung des Müons vor seinem Eintritt in die Probe und mißt man die Flugrichtung des Teilchens, das es eine Mikrosekunde später bei seinem Zerfall emittiert, kann man diese Drehung berechnen und daraus Rückschlüsse auf die Magnetfelder in dem betreffenden Stoff ziehen. Hierbei kommt uns eine weitere Eigenschaft des Müons entgegen: Die magnetische Orientierung eines Müons ist nämlich nach seiner Entstehung — beispielsweise aus dem Zerfall eines Pions — festgelegt. Ein Pionenstrahl kann also einen Strahl „polarisierter" Müonen erzeugen, die alle dieselbe magnetische Orientierung aufweisen.

Auf diese Weise produziert man Strahlen positiver Müonen in Laboratorien wie dem CERN und dem Schweizer Institut für Kernphysik und führt diese speziell den Experimenten zu, die sich die Müon-Spin-Rotation zunutze machen. Die Chemiker zum Beispiel verwenden das Verfahren, um die Struktur von Kohlenwasserstoffen aufzuklären. Positive Müonen verhalten sich chemisch wie „leichte Protonen" und hängen sich an Elektronen von reaktiven chemischen Molekülgruppen. Die Beobachtung der Müon-Spin-Rotation in diesen Stoffgruppen kann also Aufschluß darüber geben, wie Protonen in der Regel an solche Gruppen ankoppeln.

Einige Physiker spielen mit dem Gedanken, Müonen für ein noch ehrgeizigeres Vorhaben zu verwenden: Sie sollen „kalte" Kernfusionen katalysieren und dabei enorme Energiemengen freisetzen, in der Hoffnung, damit eine weniger riskante Energiequelle als die Kernspaltung zu erschließen. (Kernfusionen — beispielsweise in der Sonne — laufen normalerweise bei Temperaturen von vielen zig Millionen Grad ab; die „kalte" Fusion hingegen soll schon bei Zimmertemperatur in Gang kommen.) Als Brennstoff für einen Fusionsreaktor würde sich eine Mischung aus zwei schweren Versionen des Wasserstoffs eignen: Deuterium und Tritium. Die Kerne dieser Wasserstoffisotope enthalten — wie der Wasserstoff selbst — jeweils ein einzelnes Proton; Deuterium aber enthält zusätzlich ein Neutron, Tritium sogar zwei Neutronen. Wenn es gelingt, diese Kerne entgegen ihrer wechselseitigen elektrischen Abstoßung nahe genug zusammenzubringen, verschmelzen sie zu einem Helium-4-Kern, der aus zwei Protonen und zwei Neutronen besteht; das dritte Neutron der Ausgangskerne bleibt „übrig". Der Helium-4-Kern benötigt für seinen Zusammenhalt weniger Energie als die beiden getrennten Deuterium- und Tritiumkerne zusammengenommen. Der Fusionsprozeß setzt also Energie frei, die von dem übriggebliebenen Neutron fortgetragen wird.

Bei der müon-katalysierten Kernfusion möchte man die Ähnlichkeit des Müons mit dem Elektron ausnutzen, um die Deuterium- und Tritiumkerne so nahe zusammenzubringen, daß sie verschmelzen. Ein Müon kann nämlich in einem Atom den Platz eines Elektrons einnehmen. Da aber das Müon viel schwerer ist als das Elektron, wird es enger an den Kern gebunden und hält sich in weiter innenliegenden Orbitalen auf. Bringt man ein Müon in ein Gemisch aus Deuterium und Tritium ein, wird es sich mit einem Tritiumkern verbinden und ein kompaktes neutrales Objekt bilden, das in mancher Hinsicht einem Neutron ähnelt (obwohl es dreimal so schwer ist). Dieses neutrale Objekt kann nun praktisch ungehindert in ein Deuteriummolekül (aus zwei Atomen) eindringen und sich an einen der beiden Deuteriumkerne heften. Jetzt sind die Voraussetzungen für die Fusionsreaktion gegeben, bei der das Müon nur mehr Zuschauer ist und freigesetzt wird, um weitere Fusionen in Gang zu bringen, bevor es im Mittel nach 2,2 Mikrosekunden zerfällt.

1956 beobachteten Luis Alvarez und sein Team in Berkeley vermutlich erstmals eine solche müonische Fusion. Sie untersuchten damals die Wechselwirkungen von Kaonen in ihrer wasserstoffgefüllten 25-Zentimeter-Blasenkammer und benutzten einen Kaonenstrahl, der mit Müonen durchsetzt war. Der Wasserstoff, den sie verwendeten, enthielt einen natürlichen Anteil — winzigste Mengen — an schwe-

Was dürfen wir von der müonischen Fusion erwarten? Zunächst muß man ja Energie aufwenden, um Müonen zu erzeugen: Man muß Protonen beschleunigen, um erst Pionen zu erzeugen, die dann in Müonen zerfallen. Jedes Müon muß mindestens 300 bis 400 Fusionen auslösen, damit der Gesamtprozeß unterm Strich auch tatsächlich mehr Energie abwirft, als in ihn hineingesteckt wird. Bis heute hat man in den Experimenten höchstens etwa 150 Fusionen pro Müon vorweisen können. Das ist nahe genug an der erforderlichen Mindestquote, daß einige Physiker optimistisch sind, einmal einen Fusionsreaktor zu bauen, der mit Müonen arbeitet.

11.11 Eines der rätselhaften Ereignisse in Luis Alvarez' wasserstoffgefüllter 25-Zentimeter-Blasenkammer, das uns einen Eindruck von müonischen Kernfusionen gibt. Ein negatives Müon war von unten ins Bild gekommen (die vertikale Spur in der Bildmitte) und wurde offenbar zunächst nach links und dann scharf nach rechts hin abgelenkt, bevor es in ein Elektron zerfiel, das die zum unteren Bildrand führende, gegen den Uhrzeigersinn gekrümmte Spur hinterließ. Dieses Ereignis kann man nun folgendermaßen interpretieren: Das Müon wurde zunächst an einen Deuteriumkern gebunden (Wasserstoff enthält natürlicherweise einen Deuteriumanteil in Höhe von etwa 0,02 Prozent), wodurch ein kleines neutronähnliches Objekt entstand. Dieses Teilchen drang — praktisch am selben Ort — in ein Wasserstoffatom ein und verband sich mit dessen Proton. Proton und Deuteriumkern verschmolzen dann zu einem Helium-3-Kern, wobei das Müon freigesetzt wurde und anschließend (beim zweiten Knick) eine weitere Fusion katalysierte. Jedesmal nahm das Müon die im Fusionsprozeß freigewordene Energie mit, so daß seine beiden kurzen Spurabschnitte annähernd gleich lang sind.

ren Deuteriumkernen, so daß die experimentellen Voraussetzungen für müonische Fusionen gegeben waren, ohne daß dies beabsichtigt gewesen wäre. Als Alvarez und seine Mitarbeiter Spurmuster wie die in Abbildung 11.11 fanden, vermuteten sie zunächst, daß sie eine ungewöhnliche Zerfallsfolge aufgenommen hätten; es stellte sich aber bald heraus, daß diese Deutung nicht mit den Tatsachen in Einklang stand. Jack Crawford, ebenfalls Physiker in Berkeley, schlug eine andere Erklärung vor: Er vermutete, daß in der Blasenkammer ab und zu Ketten von Kernfusionen stattfanden, die von einem einzelnen Müon induziert wurden.

Noch weiter in die Zukunft weist ein Vorschlag, Müonen bei der Suche nach kostbaren Erzen wie zum Beispiel Uran einzusetzen. Dieser Vorschlag gehört zu einem ganzen Paket von Ideen, die von einer Gruppe namhafter Teilchenphysiker angeregt wurden, darunter Georges Charpak (der Erfinder der Vieldraht- und der Driftkammer), Sheldon Lee Glashow (der für seine Beiträge zur elektroschwachen Theorie den Nobelpreis bekam), Robert Wilson (der frühere Direktor des Fermilab) und Alvaro De Rújula (ein Theoretiker am CERN).

Das Kernstück ihres Konzepts ist das GEOTRON: ein Protonenbeschleuniger mit einem Umfang von 160 Kilometern, der intensive Strahlen hochenergetischer Neutrinos erzeugen soll. Sein „Standort" würde diesen Beschleuniger von allen anderen unterscheiden — er würde nämlich auf dem offenen Meer schwimmen. Die Neutrinos, die man wie üblich aus den Zerfällen von Pionen und Kaonen gewinnen würde, könnte man damit in verschiedene Richtungen und unter verschiedenen Winkeln, ja sogar senkrecht nach unten durch die Erdoberfläche lenken, um das Erdinnere zu sondieren.

Die Grundidee dabei ist, Müonen, die von den Neutrinos erzeugt werden, wenn sie durch Gesteinsschichten nahe der Erdoberfläche hindurchdringen, aufzufangen und aus ihrer Verteilung Aufschluß über die geologischen Verhältnisse zu gewinnen. (Dieses Projekt trägt den Namen GEMINI — *Geological Exploration with Muons produced In Neutrino Interactions*.) Die so entstandenen hochenergetischen Müonen hätten selbst ein hohes Durchdringungsvermögen, könnten daher aus dem Gestein heraustreten und von geeigneten Detektoren nachgewiesen werden. Schwere Substanzen wie zum Beispiel Uranerzbrocken neigen dazu, mehr Müonen zu erzeugen als das sie umgebende Gestein; und deshalb hofft man, auf diese Weise Uranerzvorkommen orten zu können.

Eine andere Möglichkeit wäre, die Neutrinostrahlen bei der Suche nach Öl und Erdgas einzusetzen. Bei diesem Verfahren würde man die Schallwellen — also periodische Druckschwankungen — registrieren, die von den Neutrinos Dutzende von Kilometern unter der Erdoberfläche angeregt werden, wenn sie bei ihren Wechselwirkungen Energie abgeben. Aus den gemessenen Schallgeschwindigkeiten für verschiedene Richtungen könnte man dann die Dichteverteilung in den Gesteinsschichten bestimmen; ölführende Schichten oder etwaige Gaseinschlüsse sollten sich daraus ersehen lassen. (Das Projekt trägt das geistreiche Kürzel GENIUS — *Geological Exploration by Neutrino-Induced Underground Sound*.)

Projekte wie GEMINI und GENIUS mögen vielleicht so klingen, als stammten sie aus einem Science-fiction-Roman. Wir sollten sie jedoch nicht zu schnell als Phantasiegebilde abtun. Erinnern wir uns an Rutherfords berühmte Bemerkung aus dem Jahre 1933, daß jeder, der glaube, die Menschen könnten sich einmal die Energie des Atomkerns zunutze machen, »schlichtweg Unsinn« rede — schon wenige Jahre später hatten ihn die Tatsachen widerlegt. Vielleicht *ist* es schlichtweg Unsinn, was Glashow und seine Kollegen vorschlagen, aber es besteht immerhin die Möglichkeit, daß dem nicht so ist. Die heutigen Hochenergie-Teilchenbeschleuniger sind gewiß riesige Ungetüme und sehr kostspielig. Die Physiker suchen jedoch bereits nach neuen Wegen; so wollen sie zum Beispiel die starken elektrischen Felder eines Laserstrahls — Laserlicht ist ja nichts anderes als elektromagnetische Strahlung — für die Beschleunigung geladener Teilchen verfügbar machen. Solche Teilchenbeschleuniger im Kleinformat könnten eine Vielzahl neuer Möglichkeiten eröffnen, angefangen von billigeren High-Tech-Anlagen für Krankenhäuser bis hin zu Projekten wie GEMINI und GENIUS.

Die praktischen Anwendungen von Entdeckungen, die bei der Erforschung des grundlegenden Aufbaus der Materie gemacht wurden, durchlaufen oft einen langen Reifeprozeß. Die Neutronentherapie zum Beispiel steht jetzt erst an ihrem Anfang, 50 Jahre nach der Entdeckung des Neutrons; oder der Transistor, der die elektronische Revolution in der zweiten Hälfte unseres Jahrhunderts auslöste — ein halbes Jahrhundert, nachdem man Thomson geraten hatte, er solle doch besser seine Arbeit über Elektrizität beiseite legen und etwas Nützlicheres tun.

Wir können heute nicht absehen, welcher Nutzen einmal aus der Entdeckung der W- und Z-Teilchen — oder auch der dritten Generation der Quarks und Leptonen — entspringen mag. Das ist aber kein Grund aufzuhören, „neugierige" Fragen zu stellen. Teilchenphysik mag zwar „reine" Grundlagenforschung sein, sie ist aber allemal auch „angewandte" Wissenschaft. Die eindrucksvollen Symmetrien in den

284

modernen Theorien der Materie und der Grundkräfte der Natur gründen auf einem soliden Fundament von Messung und Beobachtung und mögen vielleicht einmal den Ausgangspunkt für künftige technische Entwicklungen bilden. Menschen *stellen* Fragen; sie führen Experimente und Messungen durch und meistern dabei immer neue technologische Herausforderungen. Es ist zu hoffen, daß wir weiterhin Gelegenheit haben werden, Antworten auf solche Fragen zu suchen, und es immer einigen Physikern möglich sein wird, ihrer scheinbar so „unnützen" Tätigkeit nachzugehen.

Tabellarische Übersicht über die wichtigsten Elementarteilchen

Die wichtigsten Elementarteilchen, die in diesem Buch beschrieben sind, wurden in den nachfolgenden Tabellen in Form von Teilchenfamilien zusammengestellt. In einigen Fällen wurden die Antiteilchen (wie etwa das Positron) getrennt von „ihrem" Teilchen (etwa dem Elektron) aufgeführt, weil sie im Buch auch als eigenes Teilchen erläutert werden. Wenn Antiteilchen wie das Positron oder das Antiproton als stabil charakterisiert sind, bedeutet das nur, daß sie aus sich heraus nicht spontan zerfallen, solange sie nicht auf „ihr" Teilchen treffen und mit ihm durch Paarvernichtung zerstrahlen. Für alle Teilchen ist ein Vermerk zu ihrer Entdeckung angegeben, wobei die Laboratorien in Akronymen abgekürzt wurden: BNL bedeutet Brookhaven National Laboratory, LBL Lawrence Berkeley Laboratory, SLAC Stanford Linear Accelerator Center, DESY Deutsches Elektronen Synchrotron, CERN Conseil Européen pour la Recherche Nucléaire, entsprechend der inzwischen geänderten Bezeichnung für das europäische Kernforschungszentrum in Genf.

Leptonen

Name	Physikalische Eigenschaften					Entdeckung				Einordnung/Bedeutung	Seite
	Symbol	Masse	Lebensdauer	Ladung	Spin	Datum	Entdecker	Quelle	Detektor		
Elektron	e^-	0,511 MeV	stabil	-1	1/2	1897	J. J. Thomson	Kathodenstrahlröhre	fluoreszierendes Glas	Lepton der 1. Generation; Träger der elektrischen Ladung; Atombestandteil	64—68
Positron	e^+	0,511 MeV	stabil	$+1$	1/2	1932	C. Anderson	kosmische Strahlung	Nebelkammer	Lepton der 1. Generation; Antiteilchen des Elektrons, erzeugt in kosmischen Schauern	105—106
Müon und Antimüon	μ^- μ^+	105,6 MeV	2×10^{-6} s	-1 $+1$	1/2	1937	S. Neddermeyer und C. Anderson	kosmische Strahlung	Nebelkammer	Lepton der 2. Generation; Zerfallsprodukt von Pionen, Kaonen etc.; in kosmischer Strahlung	107—111
Tau und Antitau	τ^- τ^+	1,784 GeV	3×10^{-13} s	-1 $+1$	1/2	1975	M. Perl und Mitarbeiter am SLAC	Elektron-Positron-Vernichtung	elektronisch nachgewiesen	Lepton der 3. Generation	226—228
Elektron-Neutrino und Antineutrino	ν_e $\bar{\nu}_e$	0 (?), <50 eV	stabil (?)	0	1/2	1956	E. Cowan und F. Reines	Kernreaktor	Flüssigszintillator (Antineutrinoeinfang nachgewiesen)	Lepton der 1. Generation; beteiligt an Prozessen der schwachen Wechselwirkung	175—180
Müon-Neutrino und Antineutrino	ν_μ $\bar{\nu}_\mu$	0 (?), <0,5 MeV	stabil (?)	0	1/2	1962	M. Schwartz und Mitarbeiter am BNL & Columbia	Zerfall von am Beschleuniger erzeugten Pionen	Funkenkammer (Nachweis erzeugter Müonen)	Lepton der 2. Generation; beteiligt an Prozessen der schwachen Wechselwirkung	175—180
Tau-Neutrino und Antineutrino	ν_τ $\bar{\nu}_\tau$	0 (?), <70 MeV	stabil (?)	0	1/2	—	—	—	aus τ-Zerfall erschlossen, nicht direkt nachgewiesen	Lepton der 3. Generation	175—180

Quarks

Name	Symbol	Physikalische Eigenschaften				Entdeckung			Einordnung/Bedeutung	Seite
		Masse	Lebensdauer	Ladung	Spin	Datum	Entdecker	Entdeckung		
up und Anti-up	u $\bar{u}$	~5 MeV	stabil*	+2/3 -2/3	1/2	1964	Gell-Mann und Zweig Quark-Modell	in Elektronenstreuexperimenten am SLAC und Neutrinostreuexperimenten am CERN zwischen 1968 und 1972 direkt beobachtet	Quark der 1. Generation; up ist Bestandteil von Proton, Neutron u. a.	181–184
down und Anti-down	d $\bar{d}$	~10 MeV	verschieden*	-1/3 +1/3	1/2	1964	Gell-Mann und Zweig Quark-Modell	in Elektronenstreuexperimenten am SLAC und Neutrinostreuexperimenten am CERN zwischen 1968 und 1972 direkt beobachtet	Quark der 1. Generation; down ist Bestandteil von Proton, Neutron u. a.	181–184
strange und Anti-strange	s $\bar{s}$	~100 MeV	verschieden*	-1/3 +1/3	1/2	1964	Gell-Mann und Zweig Quark-Modell	in Elektronenstreuexperimenten am SLAC und Neutrinostreuexperimenten am CERN zwischen 1968 und 1972 direkt beobachtet	Quark der 2. Generation; Bestandteil der seltsamen Teilchen	181–184
charm und Anti-charm	c $\bar{c}$	~1,5 GeV	verschieden*	+2/3 -2/3	1/2	1974	B. Richter u. a. am SLAC, S. Ting u. a. am BNL	Existenz erschlossen aus J/Ψ (1974), Charm-Baryon (1975), Charm-Meson (1976) und Charmonium-Spektroskopie	Quark der 2. Generation; Bestandteil der Charm-Teilchen	181–184; 220–226
bottom (o. beauty) und Anti-bottom	b $\bar{b}$	~4,7 GeV	verschieden*	-1/3 +1/3	1/2	1977	L. Lederman u. a. am Fermilab	Existenz erschlossen aus Ypsilon (1977) und Bottomonium-Spektroskopie	Quark der 3. Generation; Bestandteil der Bottom-Teilchen	181–184; 229–232
top (oder truth) und Anti-top	t $\bar{t}$	>30 GeV	verschieden*	+2/3 -2/3	1/2	1984 (?)	C. Rubbia und UA1-Arbeitsgruppe am CERN	erschlossen aus Zerfall des W-Teilchens in Top- und Bottom-Teilchen	Quark der 3. Generation; Bestandteil der hypothetischen Top-Teilchen	243–245

* Da Quarks nie einzeln auftreten, sondern immer entweder paarweise (wie in Mesonen) oder in Tripletts (wie in Baryonen), hängt ihre Lebenszeit von ihrem jeweiligen Bindungszustand und damit dem jeweiligen Meson oder Baryon ab. Das leichteste Quark, das up-Quark des Protons, ist so stabil wie das Proton.

Eichbosonen

Name	Symbol	Physikalische Eigenschaften				Entdeckung				Einordnung/Bedeutung	Seite
		Masse	Lebensdauer	Ladung	Spin	Datum	Entdecker	Quelle	Detektor		
Photon	γ	0	stabil	0	1	1923	A. Compton (A. Einstein 1905 theoretisch)	Röntgenstrahlen; Röntgenstreuung an atomaren Elektronen	Kristall-spektrometer	Trägerteilchen der elektromagnetischen Kraft; Quant der elektromagnetischen Strahlung	78– 81
W (W-plus) (W-minus)	W^+ W^-	83 GeV	10^{-25} s	$+1$ -1	1	1983	UA1- und UA2-Arbeitsgruppen am CERN	Proton-Antiproton-Vernichtung	elektronisch nachgewiesen	Trägerteilchen der schwachen Kraft (zusammen mit Z)	236–242
Z	Z	93 GeV	10^{-25} s	0	1	1983	UA1- und UA2-Arbeitsgruppen am CERN	Proton-Antiproton-Vernichtung	elektronisch nachgewiesen	Trägerteilchen der schwachen Kraft (zusammen mit W^+ und W^-)	236–242
Gluon	g	0	stabil	0	1	1979	Arbeitsgruppen am DESY	Elektron-Positron-Vernichtung	elektronisch nachgewiesen	Träger der starken Kraft und der Farbladung (8 verschiedene Gluonen)	232–236

Mesonen

		Physikalische Eigenschaften					Entdeckung					
Name	Symbol	Masse	Lebensdauer	Ladung	Spin	Quark-Aufbau	Datum	Entdecker	Quelle	Detektor	Einordnung/Bedeutung	Seite
Pion (Pi-null)	π^0	135 MeV	$0{,}8 \times 10^{-16}$ s	0	0	$u\bar{u}$ oder $d\bar{d}$	1949	R. Bjorkland u. a. am LBL	Wechselwirkungsprozesse von Protonen aus Beschleuniger	Tantal-Konverter und Proportionalzähler	sorgt für Kernzusammenhalt; zerfällt in Photonen (Quelle kosmischer γ-Strahlen)	160–162
Pion (Pi-plus) (Pi-minus)	π^+ π^+	140 MeV	$2{,}6 \times 10^{-8}$ s	$+1$ -1	0	$u\bar{d}$ $d\bar{u}$	1947	C. Powell u. a. in Bristol	kosmische Strahlung	Kernemulsion	sorgt für Kernzusammenhalt	111–114
Kaon (K-null)	K^0	498 MeV	kurz: 10^{-10} s* lang: 5×10^{-8} s*	0	0	$d\bar{s}$	1947	G. Rochester und C. Butler	kosmische Strahlung	Nebelkammer	seltsames Meson	114–116
Kaon (K-plus) (K-minus)	K^+ K^-	494 MeV	$1{,}2 \times 10^{-8}$ s	$+1$ -1	0	$u\bar{s}$ $s\bar{u}$	1947	G. Rochester und C. Butler	kosmische Strahlung	Nebelkammer	seltsames Meson	114–116
J/Psi	J/Ψ	3,1 GeV	10^{-20} s	0	1	$c\bar{c}$	1974	B. Richter u. a. am SLAC, S. Ting am BNL	Elektron-Positron-Vernichtung (Richter), Protonenbeschleuniger (Ting)	elektronisch nachgewiesen (Ting und Richter)	das als erstes entdeckte Charm-Teilchen	220–222
D (D-null) (D-plus)	D^0 D^+	1,87 GeV	10^{-12} s 4×10^{-13} s	0 $+1$	0	$c\bar{u}$ $c\bar{d}$	1976	G. Goldhaber u. a. am LBL und am SLAC	Elektron-Positron-Vernichtung	elektronisch nachgewiesen	Charm-Meson	222–226
Ypsilon	Y	9,46 GeV	10^{-20} s	0	1	$b\bar{b}$	1977	L. Lederman u. a. am Fermilab	Wechselwirkungsprozesse von Protonen aus Beschleuniger	elektronisch nachgewiesen	das als erstes entdeckte Bottom-Teilchen	229–231

* Die beiden Teilchenzustände K^0 und $\bar{K}^0$ überlagern sich quantenmechanisch und bilden zwei andere Teilchenzustände, das kurzlebige K^0_S und das langlebige K^0_L, die die Symmetrie von Materie und Antimaterie verletzen (CP-Verletzung).

Baryonen

Name	Symbol	Physikalische Eigenschaften					Entdeckung				Einordnung/Bedeutung	Seite
		Masse	Lebensdauer	Ladung	Spin	Quark-Aufbau	Datum	Entdecker	Quelle	Detektor		
Proton	p	938,3 MeV	stabil (?) $> 10^{32}$ Jahre	+1	1/2	uud	1911 bis 1919	E. Rutherford	Streuung von Alphateilchen an Atomkernen	Szintillator	elektrisch geladener Bestandteil des Atomkerns	73 – 78
Antiproton	$\bar{p}$	938,3 MeV	wie Proton	–1	1/2	$\bar{u}\bar{u}\bar{d}$	1955	E. Segrè u.a. am LBL	Wechselwirkungsprozesse von Protonen aus Beschleuniger	Szintillations- u. Tscherenkow-Zähler	Antiteilchen des Protons	136 – 140; 165 – 169
Neutron	n	939,6 MeV	im Atomkern stabil; frei: ca. 15 Minuten	0	1/2	ddu	1932	J. Chadwick	mit Alphateilchen beschossenes Beryllium	Ionisationskammer	neutraler Bestandteil des Atomkerns	73 – 78
Antineutron	$\bar{n}$	939,6 MeV	wie Neutron	0	1/2	$\bar{d}\bar{d}\bar{u}$	1956	B. Cork u.a. am LBL	Wechselwirkungsprozesse von Protonen aus Beschleuniger	Flüssigszintillator	Antiteilchen des Neutrons	165 – 169
Lambda	Λ	1,115 GeV	$2{,}6 \times 10^{-10}$ s	0	1/2	uds	1951	C. Butler u.a. in Manchester	kosmische Strahlung	Nebelkammer	seltsames Baryon; ersetzt das Neutron in Hyperkernen	116 – 120
Antilambda	$\bar{\Lambda}$	1,115 GeV	wie Lambda	0	1/2	$\bar{u}\bar{d}\bar{s}$	1958	D. Prowse und M. Baldo-Ceolin am LBL	Wechselwirkungsprozesse von am Beschleuniger erzeugten Pionen	Kernemulsion	Antiteilchen des Lambda	165 – 169
Sigma (Sigma-plus)	Σ^+	1,189 GeV	$0{,}8 \times 10^{-10}$ s	+1	1/2	uus	1953	G. Tomasini und Arbeitsgruppe Mailand/Genua	kosmische Strahlung	Kernemulsion	seltsames Baryon	120 – 123
Sigma (Sigma-minus)	Σ^-	1,197 GeV	$1{,}5 \times 10^{-10}$ s	–1	1/2	dds	1953	W. Fowler u.a. am BNL	Wechselwirkungsprozesse von am Beschleuniger erzeugten Kaonen	Diffusions-Nebelkammer	seltsames Baryon	120 – 123
Sigma (Sigma-null)	Σ^0	1,192 GeV	6×10^{-20} s	0	1/2	uds	1956	R. Plano u.a. am BNL	Wechselwirkungsprozesse von am Beschleuniger erzeugten Kaonen	Blasenkammer	seltsames Baryon	120 – 123

Name	Symbol	Masse	Lebensdauer	Ladung	Spin	Quarks	Jahr	Entdecker	Prozess	Detektor	Bemerkung	Seiten
Xi (Xi-minus)	Ξ^-	1,321 GeV	$1{,}6 \times 10^{-10}$ s	-1	1/2	dss	1952	R. Armenteros u.a. in Manchester	kosmische Strahlung	Nebelkammer	seltsames Baryon	120–123
Xi (Xi-null)	Ξ^0	1,315 GeV	3×10^{-10} s	0	1/2	uss	1959	L. Alvarez u.a. am LBL	Wechselwirkungsprozesse von am Beschleuniger erzeugten Kaonen	Blasenkammer	seltsames Baryon	162–164
Omega-minus	Ω^-	1,672 GeV	$0{,}8 \times 10^{-10}$ s	-1	3/2	sss	1964	V. Barnes u.a. am BNL	Wechselwirkungsprozesse von am Beschleuniger erzeugten Kaonen	Blasenkammer	seltsames Baryon; bestätigte die Theorie des „Achtfachen Wegs"	173–175
Charm-Lambda	Λ_c	2,28 GeV	2×10^{-13} s	1	1/2	udc	1975	Arbeitsgruppe am BNL	Wechselwirkungsprozesse von am Beschleuniger erzeugten Neutrinos	Blasenkammer	Charm-Baryon	222–226

Literatur

Im folgenden geben wir einige Bücher zum Thema Elementarteilchen an, die als Anregung zu weiterer Lektüre – und nicht als umfassende Bibliographie – zusammengestellt sind.

Allgemeinverständliche Bücher

Close, F. *The Cosmic Onion: Quarks and the Nature of the Universe.* London (Heinemann Educational) 1983.

Nick, H. *Quantum Reality: Beyond the New Physics.* Rider 1985.

Mulvey, J. H. (Hrsg.) *The Nature of Matter.* Oxford (University Press) 1981.

Pagels, H. R. *The Cosmic Code: Quantum Physics as the Language of Nature.* London (Michael Joseph) 1982.

Pais, A. *Inward Bound.* Oxford (University Press) 1986.

Segrè, E. *Die großen Physiker und ihre Entdeckungen. Von den Röntgenstrahlen zu den Quarks.* München/Zürich (Piper) 1981.

Snow, C. P. *The Physicists: A Generation That Changed the World.* New York (Macmillan) 1981.

Sutton, C. *The Particle Connection: The Discovery of the Missing Links of Nuclear Physics.* London (Hutchinson) 1984.

Sutton, C. (Hrsg.) *Building the Universe.* Oxford (Basil Blackwell/New Scientist) 1985.

Weber, R. *Pioneers of Science.* Bristol/London (Institute of Physics) 1980.

Wilson, D. *Rutherford: Simple Genius.* London (Hodder & Stoughton) 1983.

Barrow, J.; Silk, J. *The Left Hand of Creation.* New York (Basic Books) 1983.

Weinberg, S. *Die ersten drei Minuten. Der Ursprung des Universums.* München (Piper) 1980.

Braunbeck, W.; Röttel, K. *Forscher an den Wurzeln des Seins.** Düsseldorf (Econ) 1981.

Hawking, S. *Eine kurze Geschichte der Zeit. Die Suche nach der Urkraft des Universums.** Reinbek (Rowohlt) 1988.

Feynman, R. P. *Sie belieben wohl zu scherzen, Mr. Feynman! Die Abenteuer eines neugierigen Physikers.** München (Piper) 1988.

Speziellere Bücher zum Thema

Brown, L.; Hoddeson, L. (Hrsg.) *The Birth of Particle Physics.* Cambridge (University Press) 1983.

Duff, B. *Fundamental Particles.* London (Taylor & Francis) 1986.

Feynman, R. P. *QED. Die seltsame Theorie des Lichts und der Materie.* München (Piper) 1988.

Gentner, W.; Maier-Leibnitz, H.; Bothe, W. *An Atlas of Typical Expansion Chamber Photographs.* Oxford/London/New York (Pergamon Press) 1953.

Hendry, J. (Hrsg.) *Cambridge Physics in the Thirties.* In: *Accounts of the Cavendish Laboratory by Physicists Who Worked There.* Bristol (Adam Hilger) 1984.

Powell, C. F.; Fowler, P. H.; Perkins, D. H. *The Study of Elementary Particles by the Photographic Method.* Oxford/London/New York (Pergamon Press) 1959.

Sekido, Y.; Elliott, H. (Hrsg.) *Early History of Cosmic Ray Studies.* Dordrecht (Reidel) 1985.

Weinberg, S. *Teile des Unteilbaren. Entdeckungen im Atom.* Heidelberg (Spektrum der Wissenschaft) 1984.

LBL News Magazine 6/3 (1981).

Fritzsch, H. *Quarks. Urstoff unserer Welt.** München (Piper) 1981.

Becker, P.; Böhm, M.; Joos, H. *Eichtheorien der starken und elektromagnetischen Wechselwirkung.** Stuttgart (Teubner) 1983.

Dosch, H. G. (Hrsg.) *Teilchen, Felder und Symmetrien.** Heidelberg (Spektrum der Wissenschaft) 1984.

---

* Die mit * gekennzeichneten Titel wurden für die deutsche Übersetzung ergänzt.

Danksagung

Dieses Buch wäre ohne die großzügige Unterstützung vieler engagierter Wissenschaftler, Journalisten und Freunde, die uns mit Rat und Tat bei der Ausgestaltung des Textes und der Suche nach Bildmaterial unterstützt haben, nicht möglich gewesen. Insbesondere bei unseren Besuchen am DESY, in Brookhaven, am Fermilab, SLAC und LBL sowie bei CERN haben wir tatkräftige Unterstützung für unser Buch gefunden. Wir möchten allen, die uns geholfen haben, herzlich danken – wir waren bemüht, sie in der nachfolgenden Liste alle namentlich aufzuführen.

Mike Albrow, Luis Alvarez, Herbert Anderson, Richard Ansorge, Roger Anthoine, Larry Arbeiter, Bill Ash, Lawrence Bartell, Gerard Bertin, Roy Billinge, David Blockus, Gianfranco Bologna, Chris Bowdery, Laurie Brown, Blas Cabrera, Allen Caldwell, Harry Carter, Roger Cashmore, Owen Chamberlain, Georges Charpak, Jill Cheney, Dan Coffman, Stephen Compton, Hans Courant, Hank Crawford, Albert Crewe. Don Cundy, Orin Dahl, Per Dahl, Dick Dalitz, Chris Damerell, Paul Dauncey, Raymond Davis jr., Richard Dease, Jonathan Dorfan, Jim Dunlea, Douglas Dupen, John Emsley, Debbie Errede, Steve Errede, William Fairbank, Joe Faust, Colin Fisher, Douglas Fong, Peter Fowler, Bode Franek, Gordon Fraser, Carlos Frenk, Henry Frisch, Günter Flügge, Matt Gaines, Bill Galbraith, Angela Galtieri, Steve Geer, Murray Gell-Mann, Paolo Giromini und das INFN-Team am CDF des Fermilab, Gerson Goldhaber, Judy Goldhaber, Maurice Goldhaber, Dennis Grant, Bruce Gunderson, Jon Guy, P. L. Hain, Gail Hansen, Rick Harnden, Malcolm Harvey, Satio Hayakawa, Richard Hemingway, Michael Houlden, Nick Jackson, Gron Jones, Renee Jones, Steven Kahn, George Kalmus, Peter Kalmus, John Kinson, Roger Klaffky, M. Koshiba, Leon Lederman, Steve Leffler, Sam Lindenbaum, Owen Lock, Fred Loebinger, Patrice Loïez, Bill Love, Gwendoline Lowe, Henry Lowood, Louis Lyons, Tom Madison, John Malos, Elizabeth Marsh und die Mitarbeiter der Rutherford Appleton Library, Robin Marshall, Silvia Miozzi, Nari Mistry, Roberto dal Molin, Alex Montwill, Diane Moss, John Mulvey, Yuval Ne'eman, Aseet Nukherjee, Pierre Odone, Mitsuo Ohtsuki, Margaret Pearson, Marty Perl, Charles Peyrou, Jim Phillips, Guido Piragino, Art Poskanzer, Helen Quinn, Fred Reines, Burt Richter, George Rochester, Phila Rogers, Adib Romaya, Mona Rowe, Carlo Rubbia, Oscar Saavedra, Nick Samios, Giorgio Sartori, David Saxon, Glenn Seaborg, Emilio Segrè, Steve Sewell, Eric Shumard, Ron Sidwell, Janet Sillas, Marilyn Smith, Peter Smith, Mike Sokoloff, Godfrey Stafford, Larry Sulak, Rosemary Taylor, Sam Ting, Timothy Toohig, Art Tressler, Maria Valdata-Nappi, Louis Voyvodic, Pedro Waloschek, Lorraine Ward, Alan Watson, Steve Watts, Geoffrey Webb, Hywell White, Rolf Wideröe, Günter Wolf, Arnold Wolfendale, N. Yandagni, Richard Zdarko und Mike Zguris.

Bildnachweise

Bei den Bildnachweisen wurden einige Abkürzungen für Institutionen verwendet, die als Bildquelle mehrfach genannt werden. So wurde Science Photo Library kurz mit SPL zitiert oder das Buch *The Study of Elementary Particles by the Photographic Method* von C. Powell, P. Fowler und D. Perkins (Pergamon Press, 1959) zu *Elementary Particles*, Powell, Fowler, Perkins verkürzt. Die meisten Illustrationen — einschließlich des Bildmaterials von führenden Großforschungseinrichtungen — sind über die Science Photo Library (2 Blenheim Crescent, London W11 1NN, Tel. 01 727 4712) erhältlich.

Wir waren bemüht, für jede Illustration eine eigene Abdruckgenehmigung zu erhalten, aber bei einigen älteren Abbildungen konnten wir den Verbleib der Originale nicht mehr recherchieren und daher keine exakten Quellenangaben machen.

Titelbild: UA1-Aufnahme, CERN (vom Computerbildschirm mit Spezialeffekten abphotographiert).

1.1	David Parker/SPL.
1.2	Mit Erlaubnis der Archive des California Institute of Technology.
1.3	HRS-Experiment, SLAC/David Parker/SPL.
1.4	Fermi National Accelerator Laboratory.
1.5	Photo CERN.
1.6	Stanford Linear Accelerator Center.
1.7	Brookhaven National Laboratory.
1.8	Photo CERN.
1.9	Photo CERN.
1.10	Brookhaven National Laboratory.
1.11	Lawrence Berkeley Laboratory.
1.12	TASSO-Experiment, DESY.
1.13	Mary Evans Picture Library.
1.14	Photo CERN.
2.1	Neil Hyslop.
2.2	David Parker/SPL.
2.3	Mary Evans Picture Library.
2.4	Jean-Loup Charmet.
2.5	Cavendish Laboratory, University of Cambridge.
2.6	AIP Niels Bohr Library, Lande Collection.
2.7	SPL.
2.8	The Mansell Collection.
2.9	Jean-Loup Charmet.
2.10	AIP Niels Bohr Library, William G. Myers Collection.
2.11	Jean-Loup Charmet.
2.12	*Elementary Particles*, Powell, Fowler, Perkins.
2.13	National Radiological Protection Board.
2.14	Neil Hyslop.
2.15	Cavendish Laboratory, University of Cambridge.
2.16	C. T. R. Wilson/Science Museum.
2.17	C. T. R. Wilson/Science Museum.
2.18	I. Joliot-Curie & F. Joliot/Science Museum.
2.19	McGill University Archives.
2.20	Cavendish Laboratory, University of Cambridge.
2.21	*Elementary Particles*, Powell, Fowler, Perkins.
2.22	Manchester University/Science Museum.
2.23	Mit Erlaubnis der Cambridge University Library.
2.24	Mary Evans Picture Library.
2.25	N. Feather/Science Museum.
2.26	Cavendish Laboratory, University of Cambridge.
2.27	Science Museum.
2.28	Copyright © bei Science Museum.
2.29	C. T. R. Wilson/Science Museum.
2.30	Mary Evans Picture Library.
2.31	P. M. S. Blackett/Science Museum.
2.32	Société Française de Physique, Paris.
2.33	Cavendish Laboratory, University of Cambridge.
2.34	AIP Niels Bohr Library, Margrethe Bohr Collection.
2.35	Cavendish Laboratory, University of Cambridge.
2.36	Cavendish Laboratory, University of Cambridge.
2.37	P. I. Dee/Science Museum.
2.38	Mit Erlaubnis des Curie Laboratory, Radium Institute.
3.1	Lawrence Berkeley Laboratory.
3.2	Science Museum.
3.3	Mitsuo Ohtsuki/SPL.
3.4	David Parker.
3.5	L. S. Bartell.
3.6	David Parker.
3.7	P. Auger/Science Museum; koloriert von David Parker.
3.8	Wilson, J. G. *Proc. Roy. Soc.* London (A), 166, 482 (1938); koloriert von David Parker.
3.9	Lawrence Berkeley Laboratory.
3.10	Stanford Linear Accelerator Center.
3.11	*Elementary Particles*, Powell, Fowler, Perkins.
3.12	*Elementary Particles*, Powell, Fowler, Perkins.
3.13	*Elementary Particles*, Powell, Fowler, Perkins.
3.14	*Elementary Particles*, Powell, Fowler, Perkins.
3.15	P. M. S. Blackett & D. S. Lees/Science Museum; koloriert von David Parker.
3.16	P. M. S. Blackett/Science Museum; koloriert von David Parker.
3.17	P. M. S. Blackett & D. S. Lees; koloriert von David Parker.
3.18	Lawrence Berkeley Laboratory; koloriert von David Parker.
3.19	K. Brueckner & W. M. Powell; koloriert von David Parker.
3.20	I. Joliot-Curie & F. Joliot/Science Museum.
3.21	Lawrence Berkeley Laboratory; koloriert von David Parker.
3.22	Mit Erlaubnis von G. Piragino, Turin University.
3.23	I. K. Bøggild.
3.24	Neil Hyslop.
3.25	Dept. of Physics, Imperial College, London.
3.26	SLAC Hybrid Facility Photon Collaboration.
4.1	David Parker.
4.2	Ullstein-Bilderdienst.
4.3	Mit Erlaubnis der Archive des California Institute of Technology.
4.4	Ullstein-Bilderdienst.
4.5	Neil Hyslop.
4.6	Mit Erlaubnis von Bruno B. Rossi.
4.7	Mit Erlaubnis von D. Skobeltzyn.
4.8	D. Skobeltzyn/Science Museum.
4.9	Mit Erlaubnis der Archive des California Institute of Technology.
4.10	C. D. Anderson/Science Museum.
4.11	C. D. Anderson/Science Museum.
4.12	Mit Erlaubnis von George Rochester.
4.13	Mit Erlaubnis der Archive des California Institute of Technology.
4.14	Mit Erlaubnis von Satio Hayakawa.
4.15	Mit Erlaubnis von George Rochester.
4.16	Mit Erlaubnis von George Rochester.
4.17	Mit Erlaubnis von George Rochester.
4.18	Mit Erlaubnis von George Rochester.
4.19	Mary Evans Picture Library.
4.20	*Nuclear Physics in Photographs*, C. Powell & G. Occhialini.
4.21	Mit Erlaubnis von Ilford Limited.
4.22	*Elementary Particles*, Powell, Fowler, Perkins.
4.23	Dept. of Physics, University of Bristol.
4.24	Dept. of Physics, University of Bristol.
4.25	*Elementary Particles*, Powell, Fowler, Perkins.
5.1	*Elementary Particles*, Powell, Fowler, Perkins.
5.2	Lawrence Berkeley Laboratory; koloriert von David Parker.
5.3	Ritter, O.; Lieseberg, C.; Maier-Leibnitz, H.; Papkow, A.; Schmeiser, K.; Bothe, W. *Z. Naturforsch.* 6a, 243 (1951).
5.4	JADE-Experiment, DESY.
5.5	Irvine-Michigan-Brookhaven (IMB).
5.6	S. H. Neddermeyer & C. D. Anderson/Science Museum.
5.7	Mark-J-Experiment, DESY/David Parker/SPL.
5.8	G. Piragino, Experiment PS 179, CERN.
5.9	*Elementary Particles*, Powell, Fowler, Perkins.
5.10	C. Butler & G. Rochester, Manchester University.
5.11	C. Butler & G. Rochester, Manchester University.
5.12	*Elementary Particles*, Powell, Fowler, Perkins.
5.13	Lawrence Berkeley Laboratory; koloriert von David Parker.
5.14	Lawrence Berkeley Laboratory; koloriert von David Parker.
5.15	Lawrence Berkeley Laboratory; koloriert von David Parker.
5.16	*Elementary Particles*, Powell, Fowler, Perkins.
5.17	Neil Hyslop.
5.18	Lawrence Berkeley Laboratory.
5.19	Lawrence Berkeley Laboratory.
5.20	Lawrence Berkeley Laboratory.
6.1	David Parker/SPL.
6.2	Fermi National Accelerator Laboratory.
6.3	Fermi National Accelerator Laboratory.
6.4	Fermi National Accelerator Laboratory.
6.5	David Parker/SPL.
6.6	Lawrence Berkeley Laboratory.
6.7	Neil Hyslop.
6.8	Lawrence Berkeley Laboratory.
6.9	Lawrence Berkeley Laboratory.
6.10	Lawrence Berkeley Laboratory.
6.11	Lawrence Berkeley Laboratory.
6.12	Lawrence Berkeley Laboratory.

6.13	Brookhaven National Laboratory.	
6.14	Lawrence Berkeley Laboratory.	
6.15	Photo CERN.	
6.16	Lawrence Berkeley Laboratory.	
6.17	David Roberts/SPL.	
6.18	Mit Erlaubnis von Donald Glaser.	
6.19	Lawrence Berkeley Laboratory.	
6.20	Lawrence Berkeley Laboratory.	
6.21	Lawrence Berkeley Laboratory.	
6.22	Brookhaven National Laboratory.	
6.23	Brookhaven National Laboratory.	
6.24	Brookhaven National Laboratory.	
6.25	Brookhaven National Laboratory.	
6.26	Brookhaven National Laboratory.	
6.27	Novosti Press Agency.	
6.28	Photo CERN.	
6.29	Photo CERN.	
6.30	Brookhaven National Laboratory.	
6.31	Brookhaven National Laboratory.	
6.32	Mit Erlaubnis der British Oxygen Company Limited.	
6.33	Photo CERN.	
6.34	Physics Dept., Durham University.	
6.35	AIP Niels Bohr Library.	
6.36	Mit Erlaubnis von Y. Ne'eman.	
6.37	Fermi National Accelarator Laboratory.	
6.38	Stanford Linear Accelerator Center.	
6.39	Stanford Linear Accelerator Center.	
6.40	David Parker/SPL.	
7.1	Patrice Loïez, CERN.	
7.2	Lawrence Berkeley Laboratory.	
7.3	R. D. Leighton.	
7.4	Lawrence Berkeley Laboratory.	
7.5	Lawrence Berkeley Laboratory.	
7.6	Lawrence Berkeley Laboratory.	
7.7	Lawrence Berkeley Laboratory; koloriert von David Parker.	
7.8	Lawrence Berkeley Laboratory.	
7.9	CDF-Experiment, Fermi National Acceleration Laboratory.	
7.10	Brookhaven National Laboratory.	
7.11	Dept. of Physics, Imperial College, London.	
7.12	Dept. of Physics, Imperial College, London.	
7.13	Lawrence Berkeley Laboratory.	
7.14	Neil Hyslop.	
7.15	Brookhaven National Laboratory.	
7.16	Neil Hyslop.	
7.17	Irvine-Michigan-Brookhaven (IMB).	
7.18	Csikay, J.; Szalay, A. *Nuovo Cimento. Suppl.* Padua-Konferenz (1957).	
7.19	Mit Erlaubnis von F. Reines.	
7.20	Mit Erlaubnis von F. Reines.	
7.21	Mit Erlaubnis von F. Reines.	
7.22	Experiment 594, Fermi National Accelerator Laboratory/David Parker/SPL.	
7.23	Experiment 594, Fermi National Accelerator Laboratory/David Parker/SPL.	
7.24	Fermi National Accelerator Laboratory.	
7.25	Neil Hyslop.	
7.26	Mark-J-Experiment, DESY/David Parker/SPL.	
8.1	David Parker/SPL.	
8.2	Mit Erlaubnis von P. I. P. Kalmus.	
8.3	Mit Erlaubnis von P. I. P. Kalmus.	
8.4	Mit Erlaubnis von P. I. P. Kalmus.	
8.5	David Parker/SPL.	
8.6	David Parker/SPL.	
8.7	David Parker/SPL.	

8.8	Neil Hyslop.
8.9	Stanford Linear Accelerator Center.
8.10	Lawrence Berkeley Laboratory.
8.11	Neil Hyslop.
8.12	AIP Niels Bohr Library/Orren Jack Turner.
8.13	Stanford Linear Accelerator Center.
8.14	Mit Erlaubnis des Laboratorio Nazionali di Frascati dell'INFN.
8.15	Stanford Linear Accelerator Center.
8.16	David Parker/SPL.
8.17	Lawrence Berkeley Laboratory.
8.18	Brookhaven National Laboratory.
8.19	Stanford Linear Accelerator Center.
8.20	David Parker/SPL.
8.21	David Parker/SPL.
8.22	Cornell University.
8.23	Photo CERN.
8.24	David Parker/SPL.
8.25	David Parker/SPL.
8.26	Deutsches Elektronen Synchrotron (DESY).
8.27	David Parker/SPL.
8.28	David Parker/SPL.
8.29	David Parker/SPL.
8.30	Photo CERN.
8.31	Photo CERN.
8.32	Photo CERN.
8.33	Photo CERN.
8.34	Cavendish Laboratory UA5-Experiment, CERN/David Parker/SPL.
8.35	UA1-Experiment, CERN/David Parker/SPL.
8.36	Neil Hyslop.
8.37	Photo CERN.
9.1	Patrice Loïez, CERN.
9.2	Mark-I-Experiment, SLAC; neu gezeichnet von Neil Hyslop.
9.3	Experiment der Arbeitsgruppe S. Ting, Brookhaven National Laboratory; neu gezeichnet von Neil Hyslop.
9.4	Mark-I-Experiment, SLAC.
9.5	TASSO-Experiment, DESY.
9.6	TASSO-Experiment, DESY.
9.7	SLAC Hybrid Facility Photon Collaboration.
9.8	Mark-I-Experiment, SLAC; neu gezeichnet von Neil Hyslop.
9.9	Brookhaven National Laboratory.
9.10	TASSO-Experiment, DESY.
9.11	TASSO-Experiment, DESY.
9.12	Fermi National Accelerator Laboratory.
9.13	CLEO-Experiment, Cornell Laboratory; koloriert von David Parker.
9.14	TASSO-Experiment, DESY.
9.15	HRS-Experiment, SLAC/David Parker/SPL.
9.16	Mark-J-Expriment, DESY/David Parker/SPL.
9.17	UA1-Experiment, CERN/David Parker/SPL.
9.18	UA1-Experiment, CERN/David Parker/SPL.
9.19	UA1-Experiment, CERN/David Parker/SPL.
9.20	UA1-Experiment, CERN/David Parker/SPL.
9.21	Neil Hyslop.
9.22	UA1-Experiment, CERN/David Parker/SPL.
9.23	UA1-Experiment, CERN/David Parker/SPL.

10.1	Claude Nuridsany/SPL.
10.2	Irvine-Michigan-Brookhaven (IMB).
10.3	Irvine-Michigan-Brookhaven (IMB).
10.4	Neil Hyslop.
10.5	Irvine-Michigan-Brookhaven (IMB).
10.6	Irvine-Michigan-Brookhaven (IMB).
10.7	David Parker/SPL.
10.8	NUSEX-Experiment; neu gezeichnet von Neil Hyslop.
10.9	Mit Erlaubnis von Blas Cabrera.
10.10	David Parker/SPL.
10.11	Mit Erlaubnis von Brian McCusker.
10.12	David Parker/SPL.
10.13	Rutherford Appleton Laboratory.
10.14	Rutherford Appleton Laboratory.
10.15	Mit Erlaubnis von P. Fowler.
10.16	A. L. Hodson, Physics Dept., Leeds University.
10.17	Mit Erlaubnis von Meridian Airmaps Limited & West Yorkshire County Council.
10.18	Harvard-Smithsonian Center for Astrophysics, mit Erlaubnis von F. R. Harnden, jr.
10.19	Tom Foley, University of Minnesota.
10.20	G. Piragino, Experiment PS 179, CERN.
10.21	US Naval Observatory/SPL.
10.22	R. J. Allen et al./SPL.
10.23	Brookhaven National Laboratory.
10.24	Mit Erlaubnis von C. S. Frenk, S. White, G. Efstathiou & M. Davis.
11.1	David Parker/SPL.
11.2	Taylor, D. J.; Crowe, M.; Bore, P. J.; Styles, P.; Arnold, D. L:; Radda, G. K. *Examination of the Energetics of Aging Skeletal Muscle Using Nuclear Magnetic Resonance.* In: *Gerontology* 30. S. 2−7; neu gezeichnet von Neil Hyslop.
11.3	Petit Format/Nestlé/Steiner/SPL.
11.4	Petit Format/Nestlé/Steiner/SPL.
11.5	Hank Morgan/SPL.
11.6	David Parker/SPL.
11.7	Mit Erlaubnis von P. Fowler & D. H. Perkins, *Nature* 189/2 (1961).
11.8	John Mazziotta et al./SPL.
11.9	John Mazziotta et al./SPL.
11.10	Brookhaven National Laboratory.
11.11	Lawrence Berkeley Laboratory.

Adressen der wichtigsten genannten Bildquellen

Science Photo Library, 2 Blenheim Crescent, London W11 1NN (Telefon 01 727 4712).

Cavendish Laboratory, Madingley Road, Cambridge CB3 OHE (Telefon 0223 66477).

Niels Bohr Library, American Institute of Physics, 335 East 45th Street, New York, NY 10017 (Telefon (212) 661 7680).

Science Museum, Photographic Section, Exhibition Road, London SW7 2DD (Telefon 01 589 3456).

CERN, CH-1211 Genf 23, Schweiz (Telefon (022) 83 61 11).

DESY, Notkestraße 85, 2000 Hamburg 52, Bundesrepublik Deutschland (Telefon (040) 89 980).

Brookhaven National Laboratory, Upton, Long Island, NY 11973 (Telefon (516) 282 2345).

Fermi National Accelerator Laboratory, PO Box 500, Batavia, Illinois 60510 (Telefon (312) 840 3000).

Lawrence Berkeley Laboratory, 1 Cyclotron Road, Berkeley, Kalifornien 94720 (Telefon (415) 486 4000).

Stanford Linear Accelerator Center, PO Box 4349, Stanford, Kalifornien 94305 (Telefon (415) 854 3300).

Index

Das Spektrum der Wissenschaft-Buchprogramm

Reihe Verständliche Forschung

Gehirn- und Nervensystem
208 Seiten, ISBN 3-922508-21-9

Evolution
Mit einer Einführung von Ernst Mayr
208 Seiten, ISBN 3-922508-22-7

Ozeane und Kontinente
Mit einer Einführung von Peter Giese
248 Seiten, ISBN 3-922508-24-3

Industrielle Mikrobiologie
Mit einer Einführung von Heinz Schaller
200 Seiten, ISBN 3-922508-25-1

Kosmologie
Mit einer Einführung von
Immo Appenzeller
208 Seiten, ISBN 3-922508-27-8

Teilchen, Felder und Symmetrien
Mit einer Einführung von
Hans Günter Dosch
224 Seiten, ISBN 3-922508-29-4

Erbsubstanz DNA
Mit einer Einführung von Albrecht
E. Sippel und Alfred Nordheim
204 Seiten, ISBN 3-922508-30-8

Vulkanismus
Mit einer Einführung von Hans Pichler
208 Seiten, ISBN 3-922508-32-4

Die Entstehung der Sterne
Mit einer Einführung von
Joachim Krautter
192 Seiten, ISBN 3-922508-35-9

Die Moleküle des Lebens
Mit einer Einführung von Peter Sitte
224 Seiten, ISBN 3-922508-39-1

Wahrnehmung und visuelles System
Mit einer Einführung von Manfred Ritter
224 Seiten, ISBN 3-922508-36-7

Elementare Materie, Vakuum und Felder
Mit einer Einführung von Walter Greiner
224 Seiten, ISBN 3-922508-37-5

Krebs – Tumoren, Zellen, Gene
Mit Einführungen und einem Vorwort
von Volker Schirrmacher
224 Seiten, ISBN 3-922508-38-3

Die Dynamik der Erde
Mit einer Einführung von
Raymond Siever
216 Seiten, ISBN 3-922508-40-5

Immunsystem
Mit Einführungen von Georges Köhler
und Klaus Eichmann
224 Seiten, ISBN 3-922508-41-3

Gravitation
Mit einer Einführung von Jürgen Ehlers
und Gerhard Börner
192 Seiten, ISBN 3-922508-42-1

Biologie des Sozialverhaltens
Mit einer Einführung von Dierk Franck
200 Seiten, ISBN 3-922508-45-6

Planeten und ihre Monde
Mit einer Einführung von Roland Wielen
224 Seiten, ISBN 3-922508-46-4

Anwendungen des Lasers
Mit Einführungen von F. P. Schäfer und
Alexander Müller
208 Seiten, ISBN 3-922508-47-2

Computer-Kurzweil
Mit einer Einführung von Immo Diener
248 Seiten, ISBN 3-922508-50-2

Die Physik der Musikinstrumente
Mit einer Einführung von Klaus Winkler
196 Seiten, ISBN 3-922508-49-9

Computer-Anwendungen
Mit einer Einführung von
Gerhard Johannsen
224 Seiten, ISBN 3-922508-52-9

Computer-Systeme
Mit einer Einführung von
Jörg H. Siekmann
200 Seiten, ISBN 3-922508-51-0

Siedlungen der Steinzeit
Mit einer Einführung von Jens Lüning
232 Seiten, ISBN 3-922508-48-0

Reihe Spektrum-Bibliothek

Philip und Phylis Morrison
ZEHN^HOCH
168 Seiten, ISBN 3-922508-65-0

Steven Weinberg
Teile des Unteilbaren
200 Seiten, ISBN 3-922508-64-2

George Gaylord Simpson
Fossilien
264 Seiten, ISBN 3-922508-62-6

Roman Smoluchowski
Das Sonnensystem
192 Seiten, ISBN 3-922508-68-5

Thomas A. McMahon und
John Tyler Bonner
Form und Leben
240 Seiten, ISBN 3-922508-70-7

John R. Pierce
Klang
232 Seiten, ISBN 3-922508-72-3

Irvin Rock
Wahrnehmung
232 Seiten, ISBN 3-922508-71-5

Peter William Atkins
Wärme und Bewegung
224 Seiten, ISBN 3-922508-73-1

Richard Lewontin
Menschen
200 Seiten, ISBN 3-922508-80-4

David Layzer
Das Universum
264 Seiten, ISBN 3-922508-81-2

Stefan Hildebrandt und Anthony Tromba
Panoptimum
224 Seiten, ISBN 3-922508-82-0

Herbert Friedman
Die Sonne
224 Seiten, ISBN 3-922508-83-9

Julian Schwinger
Einsteins Erbe
232 Seiten, ISBN 3-922508-84-7

Henry W. Menard
Inseln
224 Seiten, ISBN 3-922508-85-5

Solomon H. Snyder
Chemie der Psyche
224 Seiten, ISBN 3-922508-86-3

Arthur T. Winfree
Biologische Uhren
224 Seiten, ISBN 3-922508-87-1

Steven M. Stanley
Krisen der Evolution
248 Seiten, ISBN 3-922508-89-8

Peter W. Atkins
Moleküle
200 Seiten, ISBN 3-922508-90-1

David H. Hubel
Auge und Gehirn
240 Seiten, ISBN 3-922508-92-8

J. E. Gordon
Strukturen unter Stress
208 Seiten, ISBN 3-922508-94-4

Spektrum-Sachbücher

James D. Watson/John Tooze/
David T. Kurtz
Rekombinierte DNA
232 Seiten, ISBN 3-922508-34-0

Lawrence Crapo
Hormone
176 Seiten, ISBN 3-922508-15-4

Sally P. Springer und Georg Deutsch
Linkes/Rechtes Gehirn
248 Seiten, ISBN 3-922508-14-6

Michael G. Koch
AIDS
320 Seiten, ISBN 3-922508-97-9
Aktualisierte Auflage 1989

Robert Kail/James W. Pellegrino
Menschliche Intelligenz
192 Seiten, ISBN 3-922508-16-2

Christian de Duve
Die Zelle
456 Seiten, ISBN 3-922508-92-8

Banesh Hoffmann
Einsteins Ideen
200 Seiten, ISBN 3-922508-18-9

John R. Anderson
Kognitive Psychologie
432 Seiten, ISBN 3-922508-19-7

Robert W. Weisberg
Kreativität und Begabung
208 Seiten, ISBN 3-89330-698-6

Originaltitel: The Particle Explosion
Aus dem Englischen übersetzt von
Jürgen Brau, Walter Hauser und Roswitha Wellnhofer

CIP-Kurztitelaufnahme der Deutschen Bibliothek:

Close, Frank:
Spurensuche im Teilchenzoo : die elementaren Bausteine
der Materie / Frank Close, Michael Marten u. Christine
Sutton. Aus d. Engl. übers. von Jürgen Brau ... —
Heidelberg : Spektrum-der-Wissenschaft-
Verlagsgesellschaft, 1989.
    Einheitssacht.: The particle explosion ⟨dt.⟩
    ISBN 3-89330-693-5
NE: Marten, Michael; Sutton, Christine :

Originalausgabe 1987 bei Oxford University Press

Lektorat: Walter Hauser, Katharina Neuser-von Oettingen
Produktion: Karin Kern

Typographie, Umschlag- und Buchgestaltung:
Design-Studio Henri Wirthner, Gengenbach

Gesamtherstellung: Klambt-Druck GmbH, Speyer